Titel	Handbuch der Lichtplanung
Autoren	Rüdiger Ganslandt Harald Hofmann
Layout und Gestaltung	otl aicher und Monika Schnell
Zeichnungen	otl aicher Reinfriede Bettrich Peter Graf Druckhaus Maack
Reproduktion	Druckhaus Maack, Lüdenscheid OffsetReproTechnik, Berlin Reproservice Schmidt, Kempten
Satz und Druck	Druckhaus Maack, Lüdenscheid
Buchbinderische Verarbeitung	C. Fikentscher Großbuchbinderei Darmstadt

© ERCO Leuchten GmbH, Lüdenscheid
Friedr. Vieweg & Sohn Verlagsgesell-
schaft mbH, Braunschweig/Wiesbaden
1. Auflage 1992

Der Verlag Vieweg ist ein Unternehmen
der Verlagsgruppe Bertelsmann International.

Printed in Germany

ISBN 3-528-08895-8

Rüdiger Ganslandt
Harald Hofmann

Handbuch der Lichtplanung

ERCO Edition

Vieweg

Zu diesem Buch

Licht und Beleuchtung sind ein vieldiskutiertes Thema geworden, nicht zuletzt, weil mit dem wachsenden Bewußtsein für architektonische Qualität auch die Anforderungen an eine angemessene Architekturbeleuchtung steigen. Ließ sich die Betonarchitektur der jüngsten Vergangenheit noch mit standardisierten Lichtkonzepten beleuchten, so wird für die vielfältigen und anspruchsvollen Bauten der Gegenwart eine ebenso differenzierte und anspruchsvolle Beleuchtung gefordert.

Eine ausreichende Palette an Lichtquellen und Leuchten für diese Aufgabe ist durchaus vorhanden; das Leistungsspektrum der Lichttechnik wird durch den technischen Fortschritt um immer zahlreichere und spezialisiertere Beleuchtungsinstrumente erweitert. Gerade diese Tatsache macht es dem Lichtplaner aber zunehmend schwerer, sich im umfassenden Angebot an Lampen und Leuchten zu orientieren und eine angemessene technische Lösung für die Beleuchtungsanforderungen eines konkreten Projektes zu finden.

Das Handbuch für Lichtplanung will einen Überblick über Grundlagen und Praxis der Architekturbeleuchtung geben. Es versteht sich sowohl als Lehrbuch, z. B. für Studenten der Architektur, wie auch als Nachschlagewerk für den Praktiker. Das Handbuch will weder mit der umfangreichen lichttechnischen Fachliteratur konkurrieren noch die begrenzte Anzahl von Bildbänden zu ausgeführten Planungsbeispielen erweitern. Ziel ist vielmehr, das Thema Architekturbeleuchtung möglichst praxisnah und verständlich zu erschließen. Hintergrundinformationen liefert dabei ein Kapitel zur Geschichte der Beleuchtung. Der zweite Teil des Handbuchs beschäftigt sich mit lichttechnischen Grundlagen und einer Darstellung der verfügbaren Lichtquellen, Betriebsgeräte und Leuchten. Der dritte Teil umfaßt eine Auseinandersetzung mit Konzepten, Strategien und Abläufen der lichtplanerischen Praxis. Im vierten Teil findet sich eine umfangreiche Sammlung exemplarischer Lösungen für die häufigsten Aufgabenstellungen der Innenraumbeleuchtung. Glossar, Register und Literaturverzeichnis unterstützen die Arbeit mit dem Handbuch und erleichtern die Suche nach weiterführender Literatur.

Inhalt

1.0 Geschichte

Geschichte der Architektur- beleuchtung

Während des größten Teils ihrer Geschichte, von der Entstehung der Gattung Mensch bis ins 18. Jhdt., stehen der Menschheit nur zwei Lichtquellen zur Verfügung. Die ältere dieser Lichtquellen ist das Tageslicht, das eigentliche Medium unseres Sehens, an dessen Eigenarten sich das Auge in seiner Jahrmillionen während Entwicklung angepaßt hat. Erst wesentlich später, in der Steinzeit mit ihrer Entwicklung von Kulturtechniken und Werkzeugen, kommt die Flamme als zweite, künstliche Lichtquelle hinzu. Von nun an bleiben die Beleuchtungsbedingungen für lange Zeit gleich; die Höhlenmalereien von Altamira werden unter dem selben Licht gemalt und betrachtet wie die Malerei der Renaissance und des Barock.

Gerade weil die Beleuchtung sich auf Tageslicht und Flamme beschränken muß, wird der Umgang mit diesen Lichtquellen aber während der Zehntausende von Jahren während Praxis immer weiter perfektioniert.

1.1.1 Tageslichtarchitektur

Für den Bereich des Tageslichts bedeutet dies zunächst eine konsequente Anpassung der Architektur an die Erfordernisse einer Beleuchtung mit natürlichem Licht. So wird die Ausrichtung von Gebäuden und die Lage einzelner Räume durch die Einfallsrichtungen der Sonne bestimmt; auch die Ausmaße der Räume orientieren sich an der Möglichkeit zur natürlichen Beleuchtung und Belüftung. Abhängig von den Lichtverhältnissen in unterschiedlichen klimatischen Bereichen der Erde entwickeln sich verschiedene Grundtypen von Tageslichtarchitektur. In kühleren Regionen mit überwiegend bedecktem Himmel entstehen so Gebäude mit großen, hoch angebrachten Fenstern, die möglichst viel Licht direkt einlassen. Durch das diffuse Himmelslicht entsteht dabei eine gleichmäßige Beleuchtung; die Problematik des Sonnenlichts – Schlagschatten, Blendung und Aufheizung des Raums – bleiben auf wenige Sonnentage beschränkt und können vernachlässigt werden.

In Ländern mit hohem Sonnenlichtanteil stehen gerade diese Probleme im Vordergrund. So dominieren dort Gebäude mit kleinen, niedrig liegenden Fenstern und stark reflektierenden Außenwänden. Direktes Sonnenlicht kann auf diese Weise kaum in den Raum dringen; die Beleuchtung erfolgt vor allem durch von der Gebäudeumgebung reflektiertes Licht, das bei der Reflexion gestreut wird und einen großen Teil seines Infrarotanteils bereits abgegeben hat.

Über die Frage nach einer quantitativ ausreichenden Beleuchtung hinaus werden beim Umgang mit Tageslicht aber auch ästhetische und wahrnehmungspsychologische Aspekte berücksichtigt. Dies zeigt sich zum Beispiel bei der Behandlung von Architekturdetails, die je nach Art der

Tageslichtarchitektur: große, hohe Fenster

Sonnenlichtarchitektur: kleine, niedrige Fenster, reflektierende Umgebung

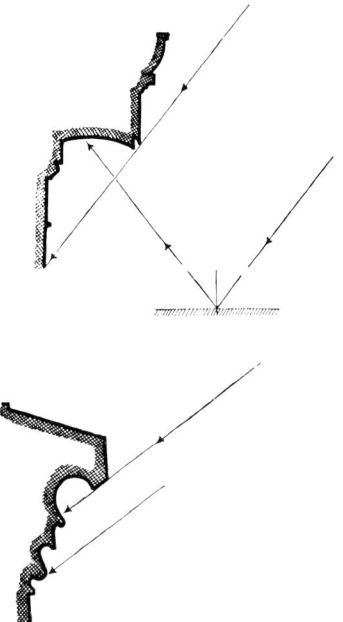

Lichteinfluß auf nördliche und südliche Formgebung. Im Süden werden plastische Formen auf die Wechselwirkung von steil einfallendem Sonnenlicht und Bodenreflexlicht ausgelegt, im Norden ist für die Formgebung ausschließlich das flach einfallende Sonnenlicht entscheidend.

Beleuchtung unterschiedlich gestaltet werden müssen, um durch das Spiel von Licht und Schatten räumlich zu wirken. Im direkten Sonnenlicht erscheinen Säulenkanelluren, Reliefs und Simse schon bei geringer Tiefe plastisch; für die gleiche Wirkung ist bei der Gestaltung diffus beleuchteter Architekturdetails eine wesentlich größere Tiefe erforderlich. So können die Fassaden in südlichen Ländern schon durch leichte Oberflächenstrukturen gegliedert werden, während die Architektur nördlicher Breiten – und die Gestaltung von Innenräumen – auf ausladendere Formen und farbliche Absetzungen zur Strukturierung der Oberflächen angewiesen ist.

Licht dient aber nicht nur der plastischen Wirkung räumlicher Körper, es ist auch ein hervorragendes Mittel zur psychologischen Lenkung der Wahrnehmung. Schon in den Tempeln des alten Ägypten – z. B. im Sonnentempel des Amun Re in Karnak oder in Abu Simbel – findet sich Licht daher nicht in Form einer gleichmäßigen Allgemeinbeleuchtung, sondern als Mittel zur Betonung des Wesentlichen – allmählich dunkler werdende Säulengänge erlauben dem Betrachter die Adaptation an eine Minimalbeleuchtung, aus der heraus dann das punktuell beleuchtete Götterbild als überwältigend hell empfunden wird. Häufig wirkt die architektonische Konstruktion zusätzlich als astronomische Uhr, so daß diese Lichtwirkung nur zu bedeutungsvollen Tages- oder Jahreszeiten auftritt; beim Sonnenauf- oder -untergang bzw. zu den Sonnenwenden.

Diese Fähigkeit zur gezielt differenzierenden, psychologischen Tageslichtbeleuchtung wird im Lauf der Geschichte immer weiter perfektioniert, sie findet ihren Höhepunkt in den Kirchen des Barock, – z. B. der Wallfahrtskirche in Birnau oder der Wies Dominikus Zimmermanns –, die den Blick des Besuchers aus der diffusen Helligkeit des Hauptschiffs auf den lichtüberfluteten Altarbereich lenken, in dessen gerichtetem Licht goldverzierte Schnitzereien brillant und plastisch hervortreten.

1.1.2 Künstliche Beleuchtung

Auch im Bereich der künstlichen Beleuchtung findet eine vergleichbare Perfektionierung statt; eine Entwicklung, der allerdings durch die unzulängliche Leuchtkraft der verfügbaren Lichtquellen deutliche Grenzen gesetzt sind.

Am Anfang steht die Trennung der leuchtenden Flamme vom wärmenden Feuer, das separate Nutzen brennender Äste außerhalb der Feuerstelle. Hierzu liegt es nahe, besonders gut brennbare und leuchtkräftige Holzstücke auszuwählen, den Ast also durch das besonders harzhaltige Kienholz zu ersetzen. Im nächsten Schritt wird nicht mehr nur eine natürliche Eigenschaft des Holzes genutzt; bei der Fackel wird die Leuchtkraft durch Auftragen von brennbaren Materialien künstlich

Öllampe aus Messing

Griechische Öllampe, ein antikes Massenprodukt

Fig. 13. Dampfstrahllampe für schwere Mineralöle.

Luftrohr.

Fig. 7. Patentbrenner für Solaröl.

Fig. 8. Patent-Reformkosmosbrenner.

Fig. 14. Dampftrockner.

Fig. 6. Lampe mit begrenzter Brennzeit.

Fig. 4. u. 5. Flachbrenner für Petroleumlampen.

Fig. 1. Antiklampe.

Fig. 11. Ligroinlampe.

Fig. 9. Patent-Reichslampe.

Fig. 10. Lilienfein und Lutschers Lampe für sehr flüchtige Öle.

Fig. 3. Moderateurlampe.

Brenner der Schiebelampe.

Fig. 2. Schiebelampe mit Sturzflasche.

Fig. 12. Ligroinlampe von Bohm u. Brübler.

Lampen und Brennerkonstruktionen der 2. Hälfte des 19. Jahrhunderts, Kupferstich. Aufbauend auf der Grundkonstruktion des Argandbrenners wird der Gebrauchsgegenstand Öllampe durch zahlreiche technische Neuerungen an unterschiedliche Anforderungen angepaßt. Deutlich erkennbar sind die Unterschiede zwischen Lampen mit Flachdochten und leistungsstärkeren Runddochten. Jüngere Lampen für Petroleum transportieren den dünnflüssigen Brennstoff allein durch die Kapillarwirkung des Dochtes zur Flamme, ältere Lampen für dickflüssige Pflanzenöle benötigen aufwendigere Versorgungslösungen durch Sturzflaschen oder Federsysteme. Für besonders flüchtige oder dickflüssige Öle existieren spezielle, dochtlose Lampen, die durch den eigenen Dampfdruck des leichtflüchtigen Öles oder durch Kompression von außen für brennbare Gasgemische sorgen.

erzeugt. Mit der Entwicklung von Öllampe und Kerze stehen schließlich kompakte, relativ sichere Lichtquellen zur Verfügung; hier werden ausgesuchte Brennstoffe ökonomisch genutzt, der Fackelstab wird auf den Docht als Transportmittel für Wachs oder Öl reduziert.

Mit der Öllampe, die schon in vorgeschichtlicher Zeit entwickelt wird, ist für lange Zeit die höchste Stufe des lichttechnischen Fortschritts erreicht. Zwar wird die Lampe selbst – später kommt der Kerzenhalter dazu – ständig weiterentwickelt, es entstehen prächtige Leuchter in immer neuen Stilrichtungen; die Flamme selbst, und damit auch ihre Leuchtkraft, bleibt jedoch unverändert.

Da diese Leuchtkraft aber, verglichen mit heutigen Lichtquellen, sehr gering ist, bleibt die künstliche Beleuchtung ein Notbehelf. Anders als beim Tageslicht, das eine souveräne und differenzierte Beleuchtung des ganzen Raums zuläßt, ist die Helligkeit der Flamme immer nur auf ihre Umgebung beschränkt. Die Menschen versammeln sich also in der Nähe der Leuchte oder plazieren die Leuchte direkt beim zu beleuchtenden Objekt. Die Nacht wird auf diese Weise nur spärlich erhellt; eine umfassende Illumination erfordert unzählige kostspielige Leuchten und ist nur bei höfischen Prunkveranstaltungen denkbar. Architekturbeleuchtung im heutigen Sinn bleibt bis ins späte 18. Jhdt. fast ausschließlich eine Angelegenheit des Tageslichts.

1.1.3 Naturwissenschaft und Beleuchtung

Der Grund für das Stagnieren der Entwicklung leistungsstarker künstlicher Lichtquellen liegt in unzureichenden naturwissenschaftlichen Kenntnissen; im Fall der Öllampe an falschen Vorstellungen vom Wesen der Verbrennung. Bis zur Entstehung einer modernen Chemie galt hier die aus der Antike überkommene Vorstellung, daß eine Substanz beim Verbrennen „Phlogiston" freisetzen würde. Ein brennbarer Stoff bestände demnach aus Asche und Phlogiston (den antiken Elementen Erde und Feuer), die beim Verbrennen getrennt werden – das Phlogiston wird als Flamme frei, die Erde bleibt als Asche zurück.

Es ist verständlich, daß auf der Grundlage dieser Theorie eine Optimierung von Verbrennungsprozessen unmöglich ist, weil die Bedeutung der Luftzufuhr für die Flamme nicht erkannt wird. Erst durch die Experimente Lavoisiers setzt sich die Erkenntnis durch, daß Verbrennung Anlagerung von Sauerstoff bedeutet und jede Flamme also von der Luftzufuhr abhängig ist.

Lavoisiers Experimente finden in den siebziger Jahren des 18. Jhdt.s statt. Schon wenig später, 1783, werden die neuen Erkenntnisse lichttechnisch umgesetzt. Francois Argand konstruiert die nach ihm

benannte Argandlampe, eine Öllampe mit röhrenförmigem Docht, bei der die Luft sowohl vom Röhreninneren, wie auch von der Außenseite des Dochts zur Flamme gelangen kann. Durch diese verbesserte Sauerstoffzufuhr bei gleichzeitig vergrößerter Dochtoberfläche kommt es zu einer sprunghaften Steigerung der Lichtleistung. In einem weiteren Schritt werden Docht und Flamme mit einem Glaszylinder umgeben, dessen Kaminwirkung für einen erhöhten Luftdurchsatz und damit für eine nochmalige Leistungssteigerung sorgt. Mit der Argandlampe erhält die Öllampe ihre endgültige Form, auch heutige Petroleumlampen arbeiten nach diesem nicht mehr zu verbessernden Prinzip.

Optische Instrumente als Hilfsmittel der Lichtlenkung sind früh bekannt. Schon in der Antike werden Spiegel genutzt und theoretisch beschrieben; von Archimedes berichtet die Legende, daß er feindliche Schiffe vor Syrakus durch Hohlspiegel in Brand setzte. Auch über Brenngläser in Form wassergefüllter Glaskugeln (Schusterkugeln) wird berichtet.

Um die Jahrtausendwende finden sich im arabischen und chinesischen Raum theoretische Arbeiten über die Wirkungsweise optischer Linsen. Ab dem 13. Jhdt. können diese Linsen dann konkret nachgewiesen werden, sie werden meist als Sehhilfen in Form von Lupen (Lesesteinen) oder Brillen genutzt. Als Material wird zunächst geschliffener Beryll verwendet, später wird dieser kostspielige Halbedelstein durch Glas ersetzt, das nun in ausreichend klarer Qualität hergestellt werden kann. Noch heute verweist der Name „Brille" auf das ursprüngliche Material der Sehhilfe.

Im späten 16. Jhdt. werden von holländischen Brillenschleifern erste Teleskope entwickelt. Im 17. Jhdt. werden diese Geräte dann von Galilei, Kepler und Newton perfektioniert; es werden Mikroskope und Projektionsapparate konstruiert.

Gleichzeitig entstehen grundlegende Theorien über das Wesen des Lichts. Hierbei vertritt Newton die These, daß Licht aus Teilchen besteht – eine Anschauung, die sich bis in die Antike zurückverfolgen läßt –, während Huygens Licht als Wellenphänomen begreift. Beide rivalisierenden Theorien werden durch eine Reihe von optischen Phänomenen belegt und existieren parallel zueinander; heute ist klar, daß Licht weder als reines Teilchen- noch als reines Wellenphänomen verstanden werden kann, sondern nur durch eine Kombination beider Ansätze zu verstehen ist.

Mit der Entwicklung der Photometrie – der Lehre von der Messung von Licht- und Beleuchtungsstärken – durch Boguer und Lambert im 18. Jhdt. liegen schließlich die wesentlichsten wissenschaftlichen Grundlagen für eine funktionsfähige Lichttechnik vor. Dennoch beschränkt sich die Anwendung der erkannten Zusammenhänge fast ausschließlich auf die Konstruktion opti-

Petroleumlampe mit Argandbrenner

Christiaan Huygens

Isaac Newton

scher Geräte wie Teleskop und Mikroskop, auf Instrumente also, die der Beobachtung dienen und auf äußere Lichtquellen angewiesen sind. Eine aktive Lichtlenkung durch Reflektoren und Linsen, wie sie theoretisch möglich ist und gelegentlich erprobt wird, scheitert an der Unzulänglichkeit der vorhandenen Lichtquellen.

Im Bereich der häuslichen Beleuchtung kann das Fehlen eines lenkbaren, fernwirkenden Lichts hingenommen werden, es wird durch die abendliche Familienversammlung im Nahlicht der Öllampe kompensiert; in anderen Bereichen führt dieser Mangel jedoch zu erheblichen Problemen. Dies zeigt sich bei Beleuchtungssituationen, in denen ein erheblicher Abstand zwischen Lichtquelle und zu beleuchtendem Objekt vorgegeben ist, vor allem also in der Straßenbeleuchtung und der Bühnenbeleuchtung; in der Signaltechnik vor allem bei der Konstruktion von Leuchttürmen. Es ist daher nicht erstaunlich, daß die Argandlampe mit ihrer erheblich vergrößerten Lichtstärke nicht nur zur Erhellung der Wohnzimmer dient, sondern gerade in diesen Bereichen begeistert aufgenommen und zur Entwicklung lichtlenkender Systeme genutzt wird.

Dies gilt zunächst für die Straßen- und Bühnenbeleuchtung, bei denen die Argandlampe bereits kurz nach ihrer Entwicklung verwendet wird, vor allem aber für die Befeuerung von Leuchttürmen, die bislang mit Kohlenfeuern oder einer Vielzahl von Öllampen nur notdürftig betrieben werden konnten. Der Vorschlag, Leuchttürme mit Systemen aus Argandlampen und Parabolspiegeln zu bestücken, wird schon 1785 gemacht; sechs Jahre später wird er auf Frankreichs prominentestem Leuchtturm in Cordouan verwirklicht. 1820 entwickelt Augustin Jean Fresnel schließlich ein System aus Stufenlinsen und Prismenringen, das ausreichend groß produziert werden kann, um das Licht von Leuchttürmen optimal zu bündeln; auch diese Konstruktion wird in Cordouan zum ersten Mal erprobt. Fresnellinsen bilden seither die Grundlage jeder Leuchtturmbefeuerung, darüber hinaus werden sie aber auch in zahlreichen Scheinwerfertypen verwendet.

1.1.4 Moderne Lichtquellen

Mit der Argandlampe ist der Gipfel einer Entwicklung erreicht, die über Zehntausende von Jahren den Umgang mit der Flamme als Lichtquelle allmählich perfektioniert; hier wird die Öllampe auf ihren optimalen Stand gebracht. Durch den naturwissenschaftlichen Fortschritt, der diesen letzten Entwicklungsschritt ermöglicht, werden nun aber völlig neue Lichtquellen entwickelt, die die Beleuchtungstechnik in immer schnelleren Schritten revolutionieren.

Leuchtturmbefeuerung mit Fresnellinsen und Argandbrenner

Fresnellinsen und Argandbrenner. Der innere Teil des Lichtkegels wird durch eine Stufenlinse gebündelt, der äußere Teil durch separate Prismenringe umgelenkt.

Augustin Jean Fresnel

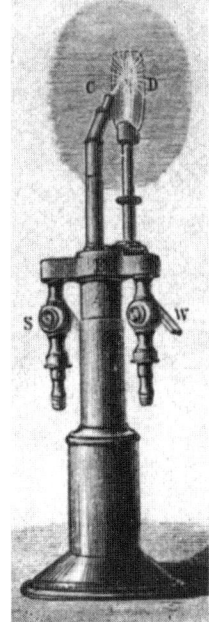

Schaufensterbeleuch-
tung mit Gaslicht
(um 1870)

Carl Auer v. Welsbach

Drummondsches
Kalklicht

Glühstrumpf nach
Auer v. Welsbach

1.1.4.1 Gasbeleuchtung

Zuerst erhält die Argandlampe hierbei
Konkurrenz durch die Gasbeleuchtung.
Daß brennbare Gase existieren, ist schon
seit dem 17. Jhdt. bekannt. Systematisch
verstanden und hergestellt werden Gase
aber wiederum erst im Rahmen der modernen Chemie – fast gleichzeitig mit der
Argandlampe wird ein Verfahren zur Gewinnung von Leuchtgas aus Steinkohle
entwickelt.

Gegen Ende des 18. Jhdt.s wird die Lei-
stungsfähigkeit der Gasbeleuchtung in
einer Reihe von Pilotprojekten – ein Hör-
saal in Löwen durch Jan Pieter Minckelaers,
eine Fabrik, ein Privathaus und sogar ein
Wagen durch den englischen Ingenieur
William Murdoch – demonstriert, die neue
Lichtquelle erreicht hierbei ungekannte
Beleuchtungsstärken. Einer allgemeinen
Verbreitung steht jedoch die aufwendige
Herstellung des Leuchtgases und die Reinigung von übelriechenden Verunreini-
gungen im Wege. Zwar werden kleine
Apparaturen, sogenannte Thermolampen,
entwickelt, die eine Gaserzeugung im Ein-
zelhaushalt ermöglichen und dabei gleichzeitig für Beleuchtung und Heizung sorgen; diesen Geräten ist aber kein Erfolg
beschieden. Wirtschaftlich wird die Gasbeleuchtung erst durch die Kopplung von
Koksgewinnung und Gaserzeugung, d. h.
durch die zentrale Versorgung ganzer
Stadtteile mit Gas. Hierbei bildet die Straßenbeleuchtung den Vorreiter, nach und
nach werden auch öffentliche Gebäude
und schließlich Privathaushalte an die
Gasversorgung angeschlossen.

Wie jede andere Lichtquelle wird auch
das Gaslicht durch eine Reihe von technischen Weiterentwicklungen zunehmend
effizienter genutzt. Ähnlich wie bei der
Öllampe entstehen eine Reihe von Brenner-
formen, die durch vergrößerte Flammen-
flächen für eine erhöhte Lichtstärke sorgen.
Auch das Argandsche Prinzip der ringför-
migen, von beiden Seiten mit Sauerstoff
versorgten Flamme kann bei der Gasbeleuchtung eingesetzt werden und führt
wiederum zu überlegenen Lichtausbeuten.

Der Versuch, durch Weiterentwicklung
des Argandbrenners einen Sauerstoffüber-
schuß im Gasgemisch zu erzeugen, führt
jedoch zu einem überraschenden Ergebnis.
Da aller Kohlenstoff des Gases nun vollständig zu wiederum gasförmigem Kohlen-
dioxyd verbrannt wird, fehlen die glühen-
den Kohlepartikel, die für die Lichterschei-
nung der Flamme verantwortlich sind; es
entsteht die außerordentlich heiße, jedoch
kaum leuchtende Flamme des Bunsen-
brenners. Der Lichtstärke selbstleuchten-
der Flammen sind also Grenzen gesetzt;
eine weitere Leistungssteigerung muß auf
andere Prinzipien der Lichterzeugung zu-
rückgreifen.

Ein möglicher Ansatz eines hocheffizien-
ten Gaslichts ergibt sich hierbei durch das
Phänomen der Thermoluminiszenz, der

Anregung eines Leuchtstoffes durch Erwärmung. Anders als bei Temperaturstrahlern sind Lichtausbeute und Lichtfarbe hierbei nicht allein von der Temperatur, sondern auch von der Art des erhitzten Stoffes abhängig; es wird mehr und weißeres Licht als bei Temperaturstrahlern abgegeben.

Die erste Lichtquelle, die nach diesem Prinzip arbeitet, ist das 1826 entwickelte Drummondsche Kalklicht, bei dem ein Kalkstein mit Hilfe eines Knallgasbrenners zur Thermoluminiszenz angeregt wird. Das Kalklicht ist zwar sehr effektiv, muß aber ständig von Hand nachreguliert werden, so daß es fast nur als Effektlicht in der Theaterbeleuchtung eingesetzt wird. Erst 1890 wird durch den österreichischen Chemiker Carl Auer von Welsbach eine praktikablere Methode zur Nutzung der Thermoluminiszenz entwickelt. Auer von Welsbach tränkt hierbei einen Zylinder aus Baumwollgewebe mit einer Lösung von seltenen Erden – Substanzen die, ähnlich wie Kalkstein, beim Erhitzen ein starkes, weißes Licht abgeben. Diese Glühstrümpfe werden auf Bunsenbrennern angebracht. Beim ersten Betrieb verbrennt die Baumwolle, zurück bleibt nur ein Gerüst aus seltenen Erden – der eigentliche Glühstrumpf. Mit der Kombination der extrem heißen Bunsenbrennerflamme und Glühstrümpfen aus seltenen Erden ist auch bei der Gasbeleuchtung das Optimum erreicht. So wie die Argandlampe als Petroleumlampe bis heute Verwendung findet, wird auch der Glühstrumpf noch immer bei der Gasbeleuchtung, z. B. in Campinglampen, genutzt.

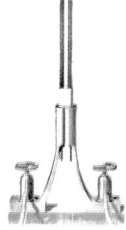

Jablochkoff-Kerzen, freistrahlend und mit Glaskolben

Bogenlampe von Hugo Bremer. Ein einfacher Federmechanismus regelt selbsttätig den Abstand von vier V-förmig angeordneten Kohleelektroden.

Bogenlicht auf der Place de la Concorde

1.1.4.2 Elektrische Lichtquellen

Auch das Gasglühlicht teilt jedoch das Schicksal der meisten Lichtquellen, die zum Zeitpunkt ihrer Perfektionierung durch andere Leuchtmittel bereits überrundet sind. Dies gilt für die altvertraute Kerze, der das Rußen erst 1824 durch einen vorgespannten Docht abgewöhnt wird, dies gilt für die Argandlampe, deren Siegeszug mit der Entwicklung des Gaslichts zusammenfällt, dies gilt aber auch für die Beleuchtung durch Gasglühstrümpfe, die in Konkurrenz zu den neuentwickelten Formen elektrischen Lichts treten muß.

Anders als bei Öllampe und Gasbeleuchtung, die von lichtschwachen Anfängen zu leistungsfähigeren Formen weiterentwickelt wurden, entsteht bei der elektrischen Beleuchtung die lichtstärkste Form zuerst. Schon seit Anfang des 19. Jhdt.s ist bekannt, daß durch Anlegen einer Spannung zwischen zwei Kohleelektroden ein extrem heller Lichtbogen erzeugt werden kann. Ähnlich wie beim Drummondschen Kalklicht ist jedoch ein ständiges manuelles Nachregulieren erforderlich, so daß sich die neue Lichtquelle schon aus diesem Grund nicht durchsetzt. Darüber hinaus müssen Bogenlampen zunächst aufwendig an Batterien betrieben werden.

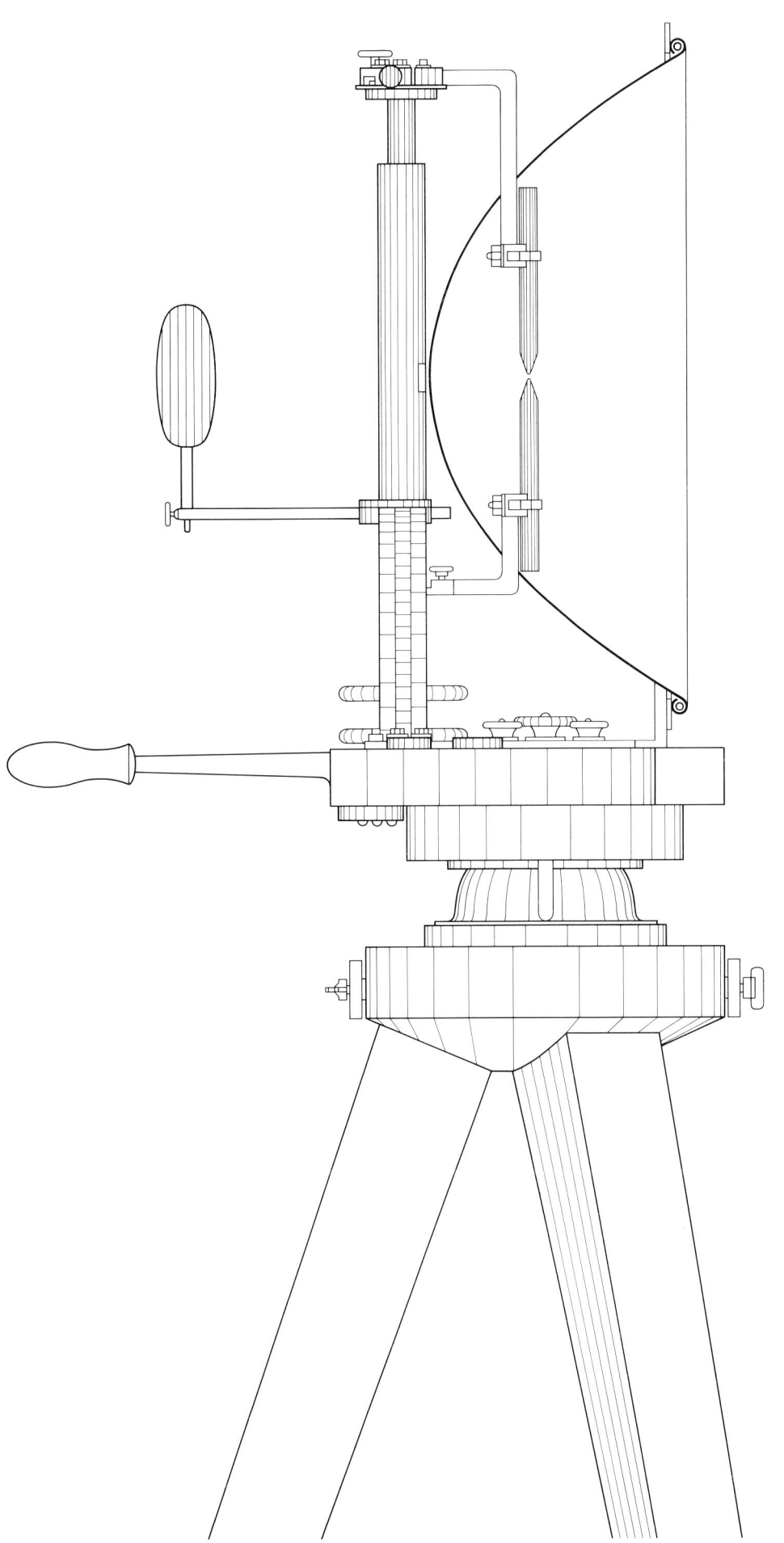

Siemens-Bogenlampe von 1868. Ein schwenkbarer Scheinwerfer, laut Beschreibung mit „Hohlspiegel, Laufwerk, Statif und Blendscheibe" – die älteste mit einer Zeichnung dokumentierte Leuchte im Siemens-Archiv.

Heinrich Goebel, experimentelle Glühlampen (Kohlefäden in luftleer gepumpten Kölnisch-wasserfläschchen).

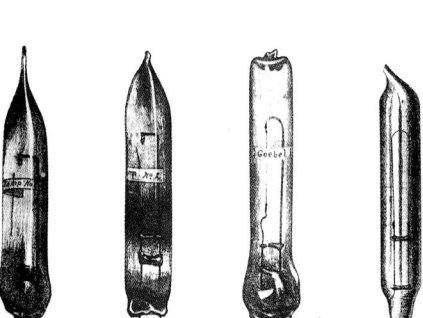

Mitte des Jahrhunderts werden automatisch nachstellende Lampen entwickelt, so daß der Regulieraufwand entfällt, vor allem aber stehen nun Generatoren für die kontinuierliche Stromversorgung zur Verfügung. Weiterhin kann aber pro Stromquelle nur eine Bogenlampe betrieben werden; eine Reihenschaltung von Lampen – die „Teilung des Lichts", wie es in der Sprache der Zeit heißt – ist nicht möglich, da die unterschiedlichen Brennzustände der Einzellampen die gesamte Reihe rasch zum Erlöschen bringt. Erst in den siebziger Jahren des vorigen Jahrhunderts wird auch dieses Problem gelöst. Eine simple Lösung bietet hierbei die Jablochkoff-Kerze, bei der zwei parallele Kohleelektroden in einen Gipszylinder eingebettet sind, die gleichmäßig von oben nach unten abbrennen. Eine komplexere, aber auch zuverlässigere Lösung stellt die Differentiallampe dar – 1878 von Friedrich v. Hefner-Alteneck, einem Siemens-Ingenieur, entwickelt –, bei der Kohlenachführung und Stromkonstanz durch ein elektromagnetisches System bewirkt wird.

Mit der Teilbarkeit des Lichts wird die Bogenlampe zu einer praktikablen Lichtquelle, die nicht nur in Einzelfällen genutzt wird, sondern breite Verwendung finden kann. Eingesetzt wird sie überall dort, wo ihre überragende Lichtstärke genutzt werden kann – wiederum also auf Leuchttürmen, bei der Bühnenbeleuchtung, vor allem aber für alle Formen der Straßen- und Außenbeleuchtung. Für den privaten Haushalt ist die Bogenlampe allerdings wenig geeignet, da sie – ein Novum in der Lichttechnik – viel zu viel Licht liefert. Um das Gaslicht aus den Wohnstuben verdrängen zu können, sind also andere Formen elektrischer Beleuchtung notwendig.

Joseph Wilson Swan, Swan-Glühlampe mit Graphitfaden und Federsockel.

Thomas Alva Edison, Edison-Lampen in Platindraht- und Kohlefadenversion, noch ohne den typischen Schraubsockel.

Daß elektrische Leiter sich bei genügend großem Widerstand erwärmen, gelegentlich sogar zu glühen beginnen, ist früh bekannt; Humphrey Davy demonstriert schon 1802 – acht Jahre vor seiner spektakulären Vorführung einer der ersten Bogenlampen – einen elektrisch zum Leuchten gebrachten Platindraht.

Wie bei der Bogenlampe verhindern aber auch bei der Glühlampe technische Schwierigkeiten die Durchsetzung der neuen Lichtquelle. Nur wenige Stoffe haben einen Schmelzpunkt, der hoch genug liegt, um lichterzeugende Weißglut vor dem Schmelzen zu ermöglichen. Darüber hinaus erfordert der hohe Widerstand dünne Glühfäden, die schwer zu fertigen sind, leicht brechen und im Sauerstoff der Luft rasch verbrennen.

Erste Versuche mit Platindrähten oder Kohlefäden kommen daher über minimale Brennzeiten nicht hinaus. Eine deutliche Verlängerung der Brenndauer wird erst erreicht, als ein Verbrennen des Glühfadens – inzwischen meist aus Kohle oder Graphit gefertigt – durch einen umgebenden, evakuierten oder mit Inertgas gefüllten Glaskolben verhindert wird. Pioniere sind hier

Joseph Wilson Swan, der mit seiner Graphitlampe Edison immerhin um ein halbes Jahr zuvorkommt, vor allem aber Heinrich Goebel, der schon 1854 mit Hilfe verkohlter Bambusfasern und luftleer gepumpter Kölnischwasserflaschen Glühlampen mit einer Lebensdauer von 220 Stunden erzeugt.

Der eigentliche Durchbruch ist aber Thomas Alva Edison zu verdanken, dem es 1879 gelingt, aus den experimentellen Konstruktionen seiner Vorgänger ein industrielles Massenprodukt zu entwickeln, das in vielen Punkten – bis hin zur Konstruktion des Schraubsockels – der heutigen Glühlampe entspricht. Verbesserungsbedürftig bleibt allein der Glühfaden. Von Edison genutzt wird hier zunächst der Goebelsche Kohlefaden aus verkohltem Bambus. Später werden synthetische Kohlefäden entwickelt, die aus Nitrozellulose gespritzt werden. Eine deutliche Steigerung der Lichtausbeute, dem Schwachpunkt aller Glühlampen, ist aber erst durch den Wechsel zu metallischen Glühfäden möglich. Hier tut sich wieder Auer von Welsbach hervor, der schon durch die Entwicklung des Glühstrumpfs eine effizientere Gasbeleuchtung ermöglichte. Er verwendet Osmiumfäden, die mühsam durch Sintern gespritzter Pulverbreistränge gewonnen werden müssen. Die Stabilität der Glühfäden ist aber gering, so daß sich auf dem Markt die etwas später entwickelten, robusteren Tantallampen durchsetzen. Diese wiederum werden von Lampen mit Glühfäden aus Wolfram abgelöst, einem Material, das auch heute noch für die Wendel der Glühlampen benutzt wird.

Nach der Bogenlampe und der Glühlampe entstehen die Entladungslampen als dritte Form der elektrischen Beleuchtung. Auch hier liegen die ersten physikalischen Erkenntnisse lange vor der praktischen Umsetzung. Berichte über Lichterscheinungen in Quecksilberbarometern existieren schon aus dem 17. Jhdt.; die erste Demonstration einer Entladungslampe liefert wiederum Humphrey Davy, der zu Beginn des 18. Jhdt.s alle drei Formen elektrischer Beleuchtung systematisch untersucht. Bis zur Konstruktion anwendungstauglicher Entladungslampen vergehen aber fast achtzig Jahre; erst nach der Durchsetzung der Glühlampen werden um die Wende zum 20. Jhdt. erste Entladungslampen für Beleuchtungszwecke auf den Markt gebracht. Hierbei handelt es sich einerseits um die Moorelampe – einen Vorläufer der heutigen Leuchtröhre –, die mit langen, beliebig formbaren Glasröhren, hohen Spannungen und einer reinen Gasentladung arbeitet, sowie um Niederdruck-Quecksilberdampflampen, die in etwa heutigen Leuchtstofflampen, jedoch ohne Leuchtstoffbeschichtung, entsprechen.

Die Moorelampe wird – wie heute die Leuchtröhre – vor allem zur Konturenbeleuchtung in der Architektur und zu Werbezwecken benutzt; ihre Lichtstärke

Quecksilber-Niederdrucklampe von Cooper-Hewitt. Diese Lampe entspricht von der Funktionsweise in etwa einer heutigen Leuchtstoffröhre, besitzt jedoch noch keinen Leuchtstoff, so daß nur wenig sichtbares Licht abgegeben wird. Die Lampe ist wie ein Waagbalken in der Mitte montiert, da sie durch Kippen der Röhre mittels einer Zugschnur gezündet wird.

Theaterfoyer mit Moorelampen

1.1   Geschichte
1.1.5 Quantitative Lichtplanung
1.1.6 Anfänge einer neuen Lichtplanung

Amerikanischer Licht-
turm (San José 1885)

ist für eine wirkliche Beleuchtungsfunktion zu gering. Im Gegensatz hierzu bietet die Quecksilberdampflampe eine hervorragende Lichtausbeute, die sie zur Konkurrenz der relativ unwirtschaftlichen.Glühlampe macht. Diesem Vorteil steht jedoch eine unzulängliche Farbwiedergabe gegenüber, die eine Verwendung nur bei einfachsten Beleuchtungsaufgaben zuläßt.

Die Lösung dieses Problems wird auf zwei unterschiedliche Weisen gefunden. Eine Möglichkeit ist es, die der Quecksilberdampfentladung fehlenden Spektralanteile durch zusätzliche Leuchtstoffe auszugleichen. Es entsteht hierbei die Leuchtstofflampe, die tatsächlich gute Farbwiedergabewerte erreicht und gleichzeitig durch Ausnutzung der reichlich vorhandenen Ultraviolettanteile eine erhöhte Lichtausbeute bietet.

Der zweite Ansatz besteht in der Erhöhung des Quecksilberdampfdrucks. Hierbei ergibt sich zwar nur eine mäßige Farbwiedergabe, es wird aber eine erheblich verbesserte Lichtausbeute erreicht. Zusätzlich können auf diese Weise hohe Lichtstärken erreicht werden, die die Quecksilberdampf-Hochdrucklampe zur Konkurrenz der Bogenlampe werden lassen.

1.1.5 Quantitative Lichtplanung

Gut hundert Jahre nach dem Beginn der wissenschaftlichen Beschäftigung mit neuen Lichtquellen liegen alle heute gebräuchlichen Lampen zumindest in ihrer Grundform vor. Nachdem in der gesamten bisherigen Geschichte ausreichendes Licht nur am Tag zur Verfügung steht, wandelt sich das künstliche Licht so von einem Notbehelf zu einer ebenbürtigen Beleuchtungsart.

Tageslichtähnliche Beleuchtungsstärken, sei es im Innenraum, z. B. im Wohnbereich oder am Arbeitsplatz, sei es in der Außenbeleuchtung, z. B. auf Straßen und Plätzen oder bei der Anstrahlung von Gebäuden, sind damit nur noch eine Frage des technischen Aufwandes. Vor allem bei der Straßenbeleuchtung ergibt sich die Versuchung, die Nacht zum Tag zu machen und damit quasi abzuschaffen. In den Vereinigten Staaten werden entsprechende Projekte verwirklicht, die jeweils eine ganze Stadt durch ein Raster von Lichttürmen beleuchten. Es zeigt sich jedoch, daß eine solche Flutlichtbeleuchtung durch Blendung und Schlagschatten mehr Nachteile als Vorteile bringt, so daß diese Extremform der Außenbeleuchtung bald wieder verschwindet.

Sowohl der Versuch einer stadtumfassenden Beleuchtung wie dessen Scheitern können als Symptom für eine neue Phase des Umgangs mit künstlichem Licht betrachtet werden. Waren bisher unzulängliche Lichtquellen das Hauptproblem, so steht nun der sinnvolle Umgang mit einem Überfluß an Licht im Vordergrund; es muß

geklärt werden, wieviel Licht und welche Beleuchtungsformen in bestimmten Beleuchtungssituationen benötigt werden.

Vor allem im Bereich der Arbeitsplatzbeleuchtung wird der Einfluß von Beleuchtungsstärke und -art auf die Effektivität der Produktion intensiv untersucht. Basierend auf wahrnehmungsphysiologischen Untersuchungen entsteht so ein umfangreiches Regelwerk, das Mindestbeleuchtungsstärken für bestimmte Sehaufgaben fordert sowie Mindestqualitäten für Farbwiedergabe und Blendungsbegrenzung angibt.

Obwohl dieser Normenkatalog vor allem für die Beleuchtung von Arbeitsplätzen gedacht ist, wird er weit über diesen Bereich hinaus als Richtlinie für die Beleuchtung genutzt; er bestimmt bis in die Gegenwart die Praxis der Lichtplanung. Als umfassende Planungsgrundlage für alle beleuchtungstechnischen Aufgabenstellungen ist dies Konzept einer fast ausschließlich quantitativ orientierten Lichtplanung allerdings wenig geeignet. Zielsetzung der Normen ist die ökonomische Verwaltung der verfügbaren Lichtmenge, ihre Grundlage ist die physiologische Erforschung des menschlichen Auges.

Daß der wahrgenommene Gegenstand zumeist mehr ist als bloße, sinnfreie Sehaufgabe, daß der sehende Mensch außer der Physiologie des Auges auch eine Psychologie der Wahrnehmung besitzt, wird hier außer acht gelassen. So begnügt sich die quantitative Lichtplanung damit, eine gleichmäßige Allgemeinbeleuchtung bereitzustellen, die der schwierigsten zu erwartenden Sehaufgabe gerecht wird und darüber hinaus hinsichtlich Blendung und Farbverfälschung innerhalb der Normgrenze liegt. Wie der Mensch aber z. B. eine Architektur unter diesem Licht sieht, ob ihre Struktur klar und eindeutig wahrgenommen werden kann und wie ihre ästhetische Wirkung durch die Beleuchtung vermittelt wird, liegt außerhalb der Reichweite der angewandten Beleuchtungsregeln.

1.1.6 Anfänge einer neuen Lichtplanung

Es kann daher nicht überraschen, daß sich schon früh neben der quantitativ orientierten Lichttechnik Ansätze einer Planungstheorie entwickeln, die stärker auf die Architekturbeleuchtung und ihre Erfordernisse ausgerichtet ist.

Teilweise entstehen diese Konzepte im Rahmen der Lichttechnik selbst; hier ist vor allem Joachim Teichmüller, der Gründer des ersten deutschen Instituts für Lichttechnik in Karlsruhe, zu nennen. Teichmüller definiert den Begriff der „Lichtarchitektur", einer Architektur, die das Licht als Baustoff begreift und bewußt in die architektonische Gesamtgestaltung einbezieht. Nicht zuletzt aber weist er – wohl als erster – darauf hin, daß das künstliche Licht dem

Tageslicht bei der Architekturbeleuchtung überlegen sein kann, wenn seine Möglichkeiten differenziert und bewußt genutzt werden.

Stärker jedoch als innerhalb der Lichttechnik, die generell eher zu einer quantitativen Beleuchtungsphilosophie neigt, entstehen neue Konzepte der Architekturbeleuchtung durch die Architekten selbst. Schon von alters her ist aus der Tageslichtbeleuchtung die formverdeutlichende und strukturierende Wirkung des Lichts, die Bedeutung des Spiels von Licht und Schatten für die Architektur bekannt. Mit dem Entstehen leistungsfähiger künstlicher Lichtquellen kommen zu diesen Kenntnissen der Tageslichttechnik die Möglichkeiten des künstlichen Lichts hinzu. Licht wirkt nun nicht mehr nur von außen nach innen, es kann Innenräume beliebig beleuchten und sogar von innen nach außen strahlen. Wenn Le Corbusier Architektur als das „weise, richtige und wunderbare Spiel der Körper im Licht" bezeichnet, so meint dies nicht mehr allein das Sonnenlicht, sondern bezieht den künstlich beleuchteten Innenraum ein.

Joachim Teichmüller

Von diesem neuen Verständnis des Lichts ist vor allem die Bedeutung der großen Fensterflächen in der Glasarchitektur betroffen, die nicht mehr nur Einlaßöffnungen für Tageslicht sind, sondern darüber hinaus die nächtliche Wirkung der künstlich beleuchteten Architektur bestimmen. Vor allem von den Architekten der „Gläsernen Kette" wird das Gebäude als kristallines, selbstleuchtendes Gebilde verstanden. Utopische Vorstellungen einer Glasarchitektur, leuchtender Städte aus Lichttürmen und Glashallen, wie sie sich bei Paul Scheerbart finden, schlagen sich zunächst in ebenso visionären Entwurfszeichnungen leuchtender Kristalle und Kuppeln nieder. Wenig später, in den 20er Jahren unseres Jahrhunderts, werden die Konzepte der Glasarchitektur aber bereits konkret umgesetzt; vor allem große Gebäude wie Industriebauten oder Kaufhäuser erscheinen nachts als selbstleuchtende, durch den Wechsel von dunklen Wand- und hellen Glasflächen gegliederte Gebilde. Lichtplanung geht hier schon deutlich über eine bloße Schaffung von Beleuchtungsstärken hinaus, sie bezieht die Strukturen der beleuchteten Architektur in ihre Überlegungen mit ein. Dennoch greift auch dieser Ansatz noch zu kurz, da er das Gebäude nur als Gesamtheit, vor allem als nächtliche Außenansicht betrachtet, den wahrnehmenden Menschen in diesem Gebäude jedoch weiterhin außer acht läßt.

Die Gebäude der Zeit bis zum zweiten Weltkrieg zeichnen sich also durch eine zum Teil hochdifferenzierte Außenbeleuchtung aus; dem Trend zu einer quantitativ orientierten, einfallslosen Rasterbeleuchtung im Gebäudeinneren wird hierdurch jedoch kaum Einhalt geboten.

Um zu weitergehenden Konzepten der Architekturbeleuchtung zu kommen, muß neben dem Licht und der Architektur zu-

Wassili Luckhardt
(1889–1972): Kristall
auf der Kugel. Kultbau. Zweite Fassung.
Ölkreide, um 1920.

J. Brinkmann, L.C. van
der Vlugt und Mart Stam:
Tabakfabrik van Nelle,
Rotterdam 1926–30.

Licht zum Sehen

sätzlich der Mensch als dritter Faktor im Kräftedreieck der Beleuchtung begriffen werden. Anstöße zu dieser Erkenntnis kommen vor allem aus der Wahrnehmungspsychologie. Anders als bei der physiologischen Forschung wird hier nicht nur nach dem Auge, nach quantitativen Grenzwerten für die Wahrnehmung abstrakter „Sehaufgaben" gefragt. Im Mittelpunkt steht vielmehr der wahrnehmende Mensch, die Frage, wie die konkret wahrgenommene Realität im Vorgang des Sehens aufgebaut wird. Sehr schnell wird bei diesen Untersuchungen klar, daß Wahrnehmung kein bloßer Abbildungsprozeß, kein Photographieren der Umwelt ist. Unzählige optische Phänomene zeigen vielmehr, daß bei der Wahrnehmung eine komplexe Deutung der Umgebungsreize vorgenommen wird, daß Auge und Gehirn unsere Realität weniger abbilden als konstruieren.

Vor diesem Hintergrund erhält Beleuchtung eine völlig neue Bedeutung. Licht ist nicht mehr nur eine quasi phototechnische Größe, die für eine ausreichende Belichtung sorgt; es wird zu einem entscheidenden Faktor für unsere Wahrnehmung. Beleuchtung sorgt dabei nicht nur für die allgemeine Sichtbarkeit unserer Umwelt, sie bestimmt als zentrale Wahrnehmungsbedingung, mit welcher Priorität und in welcher Weise die einzelnen Objekte unserer visuellen Umgebung gesehen werden.

1.1.6.1 Impulse aus der Bühnenbeleuchtung

Wesentliche Impulse für eine Beleuchtungstechnik, die auf den wahrnehmenden Menschen zielt, kann die Lichtplanung von der Bühnenbeleuchtung erhalten. Hier tritt die Frage nach Beleuchtungsstärke und Gleichmäßigkeit der Beleuchtung völlig in den Hintergrund, selbst die Verdeutlichung der vorhandenen Gebäudestrukturen ist ohne Bedeutung. Ziel der Bühnenbeleuchtung ist es ja gerade nicht, die real vorhandene Bühne mit ihren technischen Einrichtungen sichtbar werden zu lassen; wahrgenommen werden sollen vielmehr wechselnde Bilder und Stimmungen – Tageszeiten und Wetterwechsel, bedrohliche oder romantische Stimmungen werden innerhalb einer einzigen Dekoration durch gezielte Beleuchtung sichtbar gemacht.

Bühnenbeleuchtung geht in ihren Absichten weit über die Ziele der Architekturbeleuchtung hinaus – sie zielt auf die Schaffung von Illusionen, während es der Architekturbeleuchtung um die Sichtbarmachung realer Strukturen geht. Dennoch kann die Bühnenbeleuchtung als Vorbild der Architekturbeleuchtung dienen; sie verfügt über Methoden zur Erzeugung von differenzierten Lichtwirkungen und über die Instrumente zur Erzeugung dieser Effekte – beides Bereiche, in denen die architektonische Lichtplanung einen großen Rückstand aufzuholen hat. So ist es nicht verwunderlich, daß die Bühnenbeleuchtung großen Einfluß auf die Entwicklung

der Lichtplanung nimmt und zahlreiche bekannte Lichtplaner aus der Bühnenbeleuchtung kommen.

1.1.6.2 Qualitative Lichtplanung

Ansätze einer neuen Beleuchtungsphilosophie, die nicht mehr ausschließlich nach quantitativen Aspekten fragt, entstehen nach dem zweiten Weltkrieg in den USA. Als Pionier ist hier vor allem Richard Kelly zu nennen, der die vorhandenen Anregungen aus Wahrnehmungspsychologie und Bühnenbeleuchtung zu einem einheitlichen Konzept zusammenfaßt.

Kelly löst sich von der Vorgabe einer einheitlichen Beleuchtungsstärke als Zentralkriterium der Lichtplanung. Er ersetzt die Frage nach der Lichtquantität durch die Frage nach einzelnen Qualitäten des Lichts, nach einer Reihe von Funktionen der Beleuchtung, die auf den wahrnehmenden Betrachter ausgerichtet sind. Kelly unterscheidet hierbei drei Grundfunktionen: ambient light (Licht zum Sehen), focal glow (Licht zum Hinsehen) und play of brilliance (Licht zum Ansehen).

Ambient light entspricht hierbei in etwa der bisher üblichen quantitativen Vorstellung vom Licht. Es wird eine Grundbeleuchtung zur Verfügung gestellt, die zur Wahrnehmung der gegebenen Sehaufgaben ausreicht; dies kann die Wahrnehmung von Objekten und Gebäudestrukturen sein, die Orientierung in einer Umgebung oder die Orientierung bei der Fortbewegung.

Focal glow geht über diese Grundbeleuchtung hinaus und berücksichtigt die Bedürfnisse des wahrnehmenden Menschen in der jeweiligen Umgebung. Durch Licht zum Hinsehen werden gezielt bestimmte Informationen aus der Allgemeinbeleuchtung herausgehoben; bedeutsame Bereiche werden betont, während Unwichtiges zurücktritt. Anders als bei einer gleichförmigen Beleuchtung wird die visuelle Umgebung strukturiert, sie kann schnell und eindeutig verstanden werden. Zusätzlich kann der Blick des Betrachters auf einzelne Objekte gerichtet werden, so daß eine fokale Beleuchtung nicht nur zur Orientierung beiträgt, sondern auch bei der Präsentation von Waren und ästhetischen Objekten genutzt werden kann.

Play of brilliance berücksichtigt die Tatsache, daß Licht nicht nur Objekte beleuchtet und Informationen hervorhebt, sondern selbst zum Objekt der Betrachtung, zur Informationsquelle werden kann. In dieser dritten Funktion trägt das Licht selbst zur ästhetischen Wirkung einer Umgebung bei – vom Strahlen einer einfachen Kerzenflamme bis hin zur Lichtskulptur kann einem repräsentativen Raum durch Licht zum Ansehen Leben und Stimmung verliehen werden.

Mit diesen drei Grundkategorien der Beleuchtung ist ein einfaches, aber wirkungsvolles Raster geschaffen, das eine Beleuchtung ermöglicht, die sowohl der beleuchteten Architektur und den Objekten einer Umgebung als auch den Bedürfnissen des wahrnehmenden Menschen gerecht wird. Ausgehend von den USA wandelt sich die Lichtplanung nun allmählich von einer rein technischen Disziplin zu einer gleichberechtigten und unentbehrlichen Disziplin im Prozeß der Architekturgestaltung – zumindest für den Bereich repräsentativer Großprojekte kann die Mitwirkung eines kompetenten Lichtplaners inzwischen als Standard angesehen werden.

1.1.6.3 Lichttechnik und Lichtplanung

Mit den Ansprüchen an die Leistung der Lichtplanung wachsen auch die Ansprüche an die verwendeten Instrumente; eine differenzierte Beleuchtung erfordert spezialisierte Leuchten, die in ihrer Charakteristik auf die jeweilige Aufgabe abgestimmt sind. So erfordert die gleichmäßige Beleuchtung einer Wandfläche völlig andere Leuchten als die Betonung eines einzelnen Objekts; die gleichbleibende Beleuchtung eines Foyers andere Leuchten als die variable Beleuchtung eines Mehrzwecksaals oder eines Ausstellungsraums.

Zwischen der Entwicklung der technischen Möglichkeiten und der planerischen Anwendung ergibt sich so eine Wechselwirkung, in der planerischer Bedarf für neue Leuchtenformen sorgt, andererseits aber auch Weiterentwicklungen bei Lampen und Leuchten der Planung neue Bereiche erschließen.

Lichttechnische Neuentwicklungen dienen dabei vor allem der räumlichen Differenzierung und Flexibilisierung der Beleuchtung. Hier ist zunächst die Ablösung der freistrahlenden Leuchten für Glühlampen und Leuchtstofflampen durch eine Vielzahl spezialisierter Reflektorleuchten zu nennen, die erst eine gezielte und auf den jeweiligen Zweck abgestimmte Beleuchtung einzelner Bereiche und Objekte ermöglicht – von der gleichmäßigen Beleuchtung großer Flächen durch Wand- oder Deckenfluter bis hin zur Heraushebung eines genau umschriebenen Bereichs durch Konturenstrahler. Weitere Möglichkeiten für die Lichtplanung ergeben sich durch die Entwicklung der Stromschiene, die es erlaubt, Beleuchtungsanlagen variabel zu gestalten und den jeweiligen Erfordernissen einer wechselnden Nutzung anzupassen.

Jünger als die Fortschritte bei der räumlichen Differenzierung der Beleuchtung sind die Neuentwicklungen im Bereich der zeitlichen Differenzierung, der Lichtsteuerung. Durch kompakte Steueranlagen wird es möglich, Beleuchtungsanlagen nicht nur auf eine einzelne Anwendungssituation auszurichten, sondern verschiedene Lichtszenen zu definieren. Jede Lichtszene ist jeweils den Anforderungen einer speziellen Situation angepaßt. Dies können die unterschiedlichen Bedingungen einer

Podiumsdiskussion oder eines Diavortrags sein; es kann sich aber auch um die Anpassung an veränderte Umgebungsbedingungen handeln; sei es die wechselnde Intensität des Tageslichts oder die Uhrzeit. Lichtsteuerung ergibt sich dabei als logische Konsequenz der räumlichen Differenzierung. Sie ermöglicht die vollständige Nutzung der vorhandenen Möglichkeiten einer Beleuchtungsanlage – einen simultanen Übergang zwischen einzelnen Lichtszenen, wie er durch das aufwendige Schalten von Hand nicht zu erreichen ist.

Gegenwärtig entstehen lichttechnische Neuerungen vor allem auf dem Gebiet kompakter Lichtquellen. Für den Bereich der Glühlampen ist hier die Halogen-Glühlampe zu nennen, die durch ihr brillantes, gut bündelbares Licht der Präsentationsbeleuchtung neue Impulse gibt. Bei den Entladungslampen werden ähnliche Eigenschaften durch die Halogen-Metalldampflampen erreicht; gerichtetes Licht kann so auch über große Entfernungen wirkungsvoll eingesetzt werden. Als dritte Neuentwicklung ist die kompakte Leuchtstofflampe zu nennen, die die Vorteile der röhrenförmigen Leuchtstofflampe mit einem kleinen Volumen verbindet und so eine verbesserte optische Kontrolle, z. B. in besonders wirtschaftlichen Leuchtstoff-Downlights, erlaubt.

Der Lichtplanung werden hier weitere Instrumente zur Verfügung gestellt, die für eine differenzierte, an der jeweiligen Situation und den Bedürfnissen des wahrnehmenden Menschen ausgerichtete Beleuchtung genutzt werden können. Auch für die Zukunft ist zu erwarten, daß die Fortschritte der Lichtplanung von der kontinuierlichen Weiterentwicklung der Lampen und Leuchten, vor allem aber von der konsequenten Nutzung im Sinn einer qualitativ orientierten Planung ausgehen. Exotische Lösungen – z. B. im Bereich der Laserbeleuchtung oder der Beleuchtung durch große Reflektorsysteme – werden wohl eher Einzelerscheinungen bleiben und keinen Einzug in die allgemeine Planungspraxis finden.

Licht zum Hinsehen

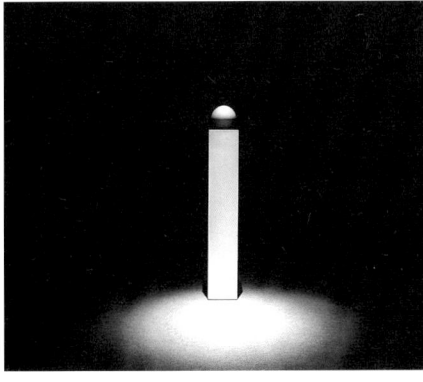

Licht zum Ansehen

2.0 Grundlagen

Wahrnehmung

Den größten Teil der Informationen über seine Umwelt nimmt der Mensch durch das Auge auf. Licht ist dabei nicht nur Voraussetzung und Medium des Sehens; es schafft durch seine Intensität, seine Verteilung und seine Eigenschaften spezifische Bedingungen, die unsere Wahrnehmung beeinflussen.

Lichtplanung ist also Planung der visuellen Umwelt des Menschen – ihr Ziel ist die Schaffung von Wahrnehmungsbedingungen, die ein effektives Arbeiten, eine sichere Orientierung, das Wohlbefinden in einer Umgebung sowie deren ästhetische Wirkung ermöglichen. Die physikalischen Eigenschaften einer Beleuchtungssituation können berechnet und gemessen werden; letztlich entscheidet aber die tatsächliche Wirkung auf den Menschen, die subjektive Wahrnehmung über den Erfolg eines Beleuchtungskonzepts. Lichtplanung kann sich folglich nicht auf die Erstellung technischer Konzeptionen beschränken, sie muß die Wahrnehmung in ihre Überlegungen einbeziehen.

2.1.1 Auge und Kamera

Ein verbreiteter Ansatz zur Deutung des Wahrnehmungsvorgangs ist der Vergleich des Auges mit einer Kamera: Bei der Kamera wird durch ein verstellbares Linsensystem das umgekehrte Bild eines Objekts auf einen lichtempfindlichen Film projiziert; eine Blende übernimmt dabei die Regulierung der Lichtmenge. Nach dem Entwickeln und der Umkehrung beim Vergrößern liegt schließlich ein sichtbares, zweidimensionales Abbild des Objekts vor.
   Ebenso wird im Auge durch eine verformbare Linse ein umgekehrtes Bild auf den Augenhintergrund projiziert, die Iris übernimmt die Funktion der Blende, die lichtempfindliche Netzhaut die Rolle des Films. Von der Netzhaut wird das Bild durch den Sehnerv ins Gehirn transportiert, um dort schließlich in einem bestimmten Bereich – der Sehrinde – wieder aufrecht gestellt und bewußtgemacht zu werden.

Der Vergleich von Kamera und Auge besticht durch seine Anschaulichkeit. Dennoch trägt er nichts zur Klärung des eigentlichen Wahrnehmungsvorgangs bei. Sein Fehler liegt in der Annahme, das auf der Netzhaut abgebildete Bild sei mit dem wahrgenommenen Bild identisch. Daß das Netzhautbild die Grundlage der Wahrnehmung bildet, ist unbestritten; dennoch bestehen erhebliche Unterschiede zwischen der tatsächlichen Wahrnehmung einer visuellen Umgebung und dem Bild auf der Netzhaut.
   Hier ist zunächst die räumliche Verzerrung des Bildes durch die Projektion auf die gekrümmte Fläche der Netzhaut zu nennen – eine gerade Linie wird auf der Netzhaut in der Regel als Kurve abgebildet. Dieser sphärischen Verzeichnung steht eine ebenso deutliche chromatische Aber-

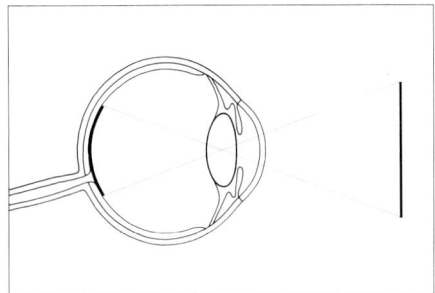

Sphärische Aberration. Abgebildete Objekte werden durch die Krümmung der Netzhaut verzerrt.

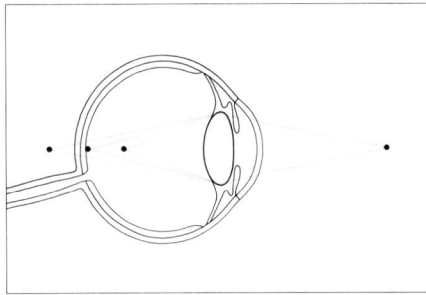

Chromatische Aberration. Unscharfe Abbildung durch die unterschiedliche Brechung der Spektralfarben

ration gegenüber – Licht unterschiedlicher Wellenlängen wird unterschiedlich stark gebrochen, so daß um die Objekte herum Farbringe entstehen.

Das Auge ist also ein sehr unzulängliches optisches Instrument, es erzeugt ein räumlich verzerrtes und nicht farbkorrigiertes Netzhautbild. Diese Fehler tauchen jedoch in der tatsächlichen Wahrnehmung nicht mehr auf, sie müssen folglich während der Verarbeitung des Bildes im Gehirn beseitigt worden sein.

Über diese Fehlerkorrektur hinaus existieren aber noch erheblich weitergehende Unterschiede zwischen dem Netzhautbild und der tatsächlichen Wahrnehmung. Werden räumlich angeordnete Objekte wahrgenommen, so entstehen auf der Netzhaut perspektivisch verzerrte Bilder. So erzeugt z. B. ein im Winkel gesehenes Rechteck ein trapezförmiges Netzhautbild. Dies Bild könnte aber auch von einer frontal gesehenen, trapezförmigen Fläche oder von einer unbegrenzten Zahl im Winkel angeordneter, viereckiger Formen erzeugt worden sein. Wahrgenommen wird nur eine einzige Form – das Rechteck, das dies Bild tatsächlich hervorgerufen hat. Diese Wahrnehmung einer rechteckigen Form bleibt sogar dann konstant, wenn sich Betrachter oder Objekt bewegen, obwohl sich die Form des projizierten Netzhautbildes nun durch die wechselnde Perspektive ständig verändert. Wahrnehmung kann also nicht die bloße Bewußtmachung des abgebildeten Netzhautbildes sein; sie entsteht vielmehr erst aus der Interpretation dieses Bildes.

2.1.2 Wahrnehmungspsychologie

Die Modellvorstellung vom Auge als Kamera kann die Entstehung des wahrgenommenen Bildes nicht erklären – sie transportiert das wahrzunehmende Objekt lediglich von der Außenwelt zur Sehrinde. Für ein wirkliches Verständnis der visuellen Wahrnehmung sind aber weniger der Transport der Bildinformation, als vielmehr der Vorgang der Umsetzung dieser Information, des Aufbaus visueller Eindrücke von Bedeutung.

Hier stellt sich zunächst die Frage, ob die Fähigkeit des Menschen, seine Umwelt geordnet wahrzunehmen, angeboren ist oder ob sie erlernt, d. h. aus Erfahrungen aufgebaut werden muß. Weiter stellt sich die Frage, ob für das wahrgenommene Bild allein die von außen eintreffenden Sinneseindrücke verantwortlich sind oder ob das Gehirn diese Reize durch Anwendung eigener Ordnungsprinzipien in ein wahrnehmbares Bild umsetzt.

Eine eindeutige Beantwortung dieser Fragen ist kaum möglich; die Wahrnehmungspsychologie spaltet sich hier in mehrere, einander widersprechende Richtungen. Jede dieser Richtungen kann eine Reihe von Belegen für ihr Modell anführen, es ist jedoch keine dieser Schulen in der

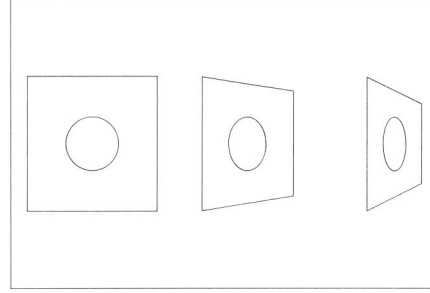

Konstante Wahrnehmung einer Form trotz Veränderung des Netzhautbildes durch die wechselnde Perspektive

Wahrnehmung einer Form allein aufgrund der Schattenbildung bei fehlender Kontur

Erkennen einer Gesamtform aufgrund der Sichtbarmachung wesentlicher Details

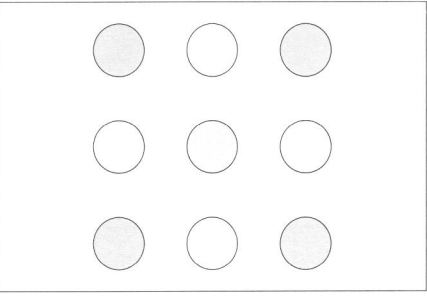

Angleichung einer Farbe an das jeweils wahrgenommene Muster. Die Farbe des grauen Zentralpunktes paßt sich an die weiße oder schwarze Farbe des jeweils wahrgenommenen Fünfermusters an.

Lage, alle auftretenden Phänomene des
Sehens plausibel zu erklären.

So gibt es Hinweise darauf, daß die
räumliche Organisation der Wahrnehmung
angeboren ist. Setzt man neugeborene
Tiere (oder auch Säuglinge) auf eine Glas-
platte, die über einer Stufe liegt, so meiden
sie deutlich den Bereich über der tieferlie-
genden Ebene. Hier hat also ein angebore-
nes visuelles Erkennen von Tiefe und der
damit verbundenen Gefahr Vorrang vor der
Information des Tastsinns, die eine sichere,
plane Oberfläche anzeigt.

Andererseits läßt sich zeigen, daß die
Wahrnehmung auch von Vorerfahrungen
abhängig ist. So werden bekannte Strukturen schneller erkannt als unbekannte; einmal gewonnene Deutungen komplexer
visueller Gebilde bleiben erhalten und prä-
gen die zukünftigen Wahrnehmungen.

Hierbei kann die Erfahrung und die
damit verbundene Vorerwartung so stark
wirken, daß fehlende Teile einer Form ergänzt oder einzelne Details geändert wahrgenommen werden, um den Gegenstand
der Erwartung anzupassen.

Bei der Wahrnehmung spielen folglich
sowohl angeborene Mechanismen als auch
Erfahrung eine Rolle; vermutlich sorgt die
angeborene Komponente dabei für eine
grundlegende Organisation der Wahrnehmung, während auf einer höheren Verarbei-
tungsebene die Erfahrung dazu beiträgt,
komplexe Gebilde zu deuten.

Auch bei der Frage, ob allein die Sinneseindrücke die Wahrnehmung bestimmen oder
ob zusätzlich psychische Ordnungsprinzipien benötigt werden, existieren Belege für
beide Thesen. So läßt sich die Tatsache,
daß ein mittelgraues Feld bei schwarzer
Umrandung als hellgrau, bei weißer Umrandung als dunkelgrau empfunden wird,
durch die direkte Verarbeitung der wahrgenommenen Reize erklären – die wahrgenommene Helligkeit entsteht aus dem
Verhältnis der Helligkeit des grauen Feldes
und der Helligkeit der unmittelbaren Umgebung. Hier entsteht also ein visueller
Eindruck, der ausschließlich auf den von
außen kommenden Sinneseindrücken fußt
und nicht von eigenen Ordnungskriterien
der geistigen Verarbeitung beeinflußt wird.

Andererseits ist die Tatsache, daß vertikale Linien in einer perspektivischen Zeichnung im Hintergrund erheblich größer erscheinen als im Vordergrund, dadurch zu
erklären, daß die wahrgenommene Zeichnung räumlich interpretiert wird. Eine
weiter entfernte Linie muß hier aber, um
ein ebenso großes Netzhautbild zu erzeugen wie eine nahe Linie, größer als diese
sein – die Linie wird also in der Raumtiefe
bei effektiv gleicher Länge als größer interpretiert und wahrgenommen.

Hier bewirkt also die scheinbare Kenntnis der Entfernungsverhältnisse eine Veränderung der Wahrnehmung. Da die Entfernungen in der Zeichnung aber fiktiv
sind, liegt eine von Außenreizen unabhängige, eigenständige Deutungsleistung des

Die Wahrnehmung der
Helligkeit des grauen
Feldes hängt von der
Umgebung ab, bei hel-
lem Umfeld erscheint
ein identisches Grau
dunkler als bei dunklem
Umfeld.

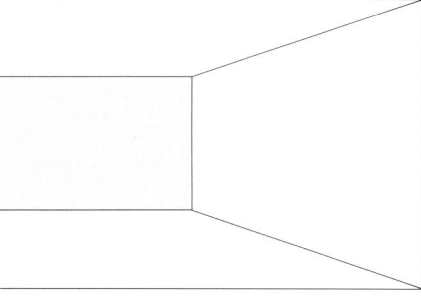

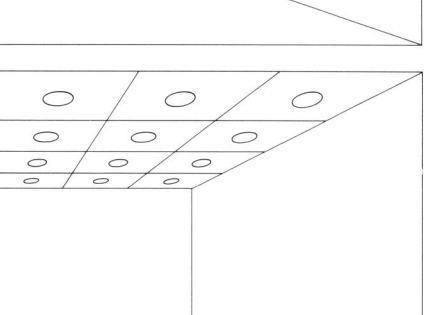

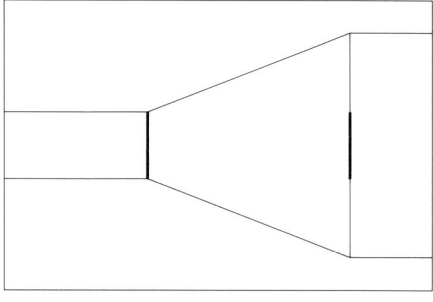

Konstanz der Größen-
wahrnehmung. Durch
die perspektivische
Interpretation der
Abbildung wird trotz
unterschiedlich großer
Netzhautbilder eine
einheitliche Leuchten-
größe wahrgenommen.

Hier führt die perspek-
tivische Interpretation
zu einer optischen Täu-
schung. Die hintere
Vertikallinie erscheint
bei identischer Länge
durch die perspektivi-
sche Interpretation des
Bildes länger als die
vordere.

Der kontinuierliche
Leuchtdichteverlauf
der Wand wird als
Beleuchtungseigen-
schaft interpretiert,
der Reflexionsgrad der
Wand wird dabei als
konstant wahrgenom-
men. Der Grauwert der
scharf konturierten
Bildflächen wird dage-
gen als Materialeigen-
schaft interpretiert,
obwohl seine Leucht-
dichte mit der Leucht-
dichte der Raumecke
identisch ist.

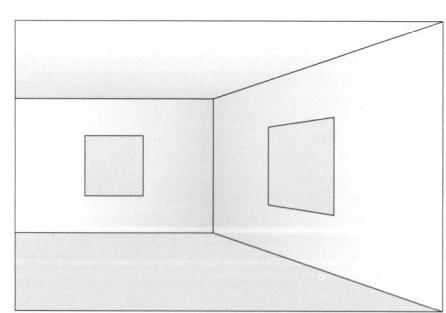

Gehirns vor. Wahrnehmung läßt sich also auch unter dieser Fragestellung nicht auf ein einziges Prinzip zurückführen, sondern läuft nach mehreren Mechanismen ab.

2.1.2.1 Konstanz

Auch wenn die Arbeitsweise der Wahrnehmung nicht mit einem einzigen, einfachen Ansatz zu erklären ist, bleibt jedoch die Frage interessant, welchem Ziel die unterschiedlichen Mechanismen dienen. Gerade scheinbare Fehlleistungen bieten dabei die Möglichkeit, die Wirkungsweisen und Ziele der Wahrnehmung zu untersuchen. Die optische Täuschung erweist sich hierbei nicht als Entgleisung der Wahrnehmung, sondern als Grenzfall eines Mechanismus, der unter alltäglichen Bedingungen lebenswichtige Informationen liefert. Hier zeigt sich, daß beide oben beschriebenen Phänomene, sowohl die wechselnde Helligkeitswahrnehmung bei identischen Flächen als auch die fehlerhafte Wahrnehmung gleich langer Linien aus einer gemeinsamen Zielsetzung erklärt werden können.

Eine der wichtigsten Aufgaben der Wahrnehmung muß es sein, in den ständig wechselnden Formen und Helligkeitsverteilungen des Netzhautbildes zwischen konstanten Objekten und Veränderungen der Umwelt zu unterscheiden. Da aber auch konstante Objekte durch Veränderungen der Beleuchtung, der Entfernung oder der Perspektive Netzhautbilder unterschiedlicher Form, Größe und Helligkeitsverteilung erzeugen, müssen Mechanismen existieren, diese Objekte und ihre Eigenschaften dennoch zu identifizieren und als konstant wahrzunehmen.

Die Fehleinschätzung gleich langer Linien zeigt, daß die wahrgenommene Größe eines Objekts nicht allein auf der Größe des Netzhautbildes beruht, sondern daß zusätzlich die Entfernung des Betrachters zum Objekt berücksichtigt wird. Umgekehrt werden wiederum Objekte bekannter Größe dazu benutzt, um Entfernungen abzuschätzen oder die Größe von Nachbarobjekten zu erkennen.

Im Bereich der Alltagserfahrung reicht dieser Mechanismus aus, um Objekte und ihre Größe verläßlich wahrzunehmen. So wird eine weit entfernte Person nicht als Zwerg, ein Haus am Horizont nicht als Schachtel wahrgenommen. Erst in Extremsituationen versagt die Wahrnehmung; aus dem Flugzeug erscheinen Objekte am Boden winzig – bei noch wesentlich weiter entfernten Objekten wie z. B. dem Mond ergibt sich schließlich ein völlig unzuverlässiges Bild.

Ähnliche Mechanismen wie für die Größenwahrnehmung existieren auch für den Ausgleich der perspektivischen Verzerrung von Objekten. Sie sorgen dafür, daß die wechselnden Trapezoide und Ellipsen des Netzhautbildes unter Berücksichtigung des Winkels, unter dem das Objekt gesehen wird, als räumliche Erscheinungen konstanter, rechtwinkliger oder kreisrunder Objekte wahrgenommen werden können.

Für den Bereich der Lichtplanung ist besonders ein weiterer Komplex von Konstanzphänomenen von Bedeutung, der die Helligkeitswahrnehmung regelt. Bei der Identifikation des Reflexionsgrads einer Oberfläche (seines Grauwerts als Grundlage der gesehenen Helligkeit) ergibt sich die Tatsache, daß eine Fläche je nach der Stärke der umgebenden Beleuchtung unterschiedlich viel Licht reflektiert, also jeweils eine unterschiedliche Leuchtdichte besitzt. So hat die beleuchtete Seite eines einfarbigen Objekts eine höhere Leuchtdichte als die beschattete Seite; ein schwarzer Körper im Sonnenlicht kann eine erheblich höhere Leuchtdichte als ein weißer Körper in einem Innenraum aufweisen. Würde die Wahrnehmung von der gesehenen Leuchtdichte abhängen, so könnte der Reflexionsgrad also nicht als konstante Eigenschaft eines Objektes erkannt werden.

Hier muß ein Mechanismus ansetzen, der den Reflexionsgrad einer Fläche aus dem Verhältnis der Leuchtdichten dieser Fläche und ihrer Umgebung ermittelt. Eine weiße Fläche wird auf diese Weise sowohl im Licht als auch im Schatten als weiß empfunden, weil sie in Relation zu umgebenden Flächen jeweils das meiste Licht reflektiert. Als Grenzfall entsteht hierbei allerdings das oben beschriebene Beispiel, in dem zwei gleichfarbige Flächen unter identischer Beleuchtung durch unterschiedliche Umgebungsflächen unterschiedlich hell wahrgenommen werden.

Die Fähigkeit des Wahrnehmungsprozesses, Reflexionsgrade von Objekten auch bei unterschiedlichen Beleuchtungsstärken zu erkennen, stellt allerdings nur einen Teilaspekt dar. Über die Wahrnehmung des Reflexionsgrads von Objekten hinaus müssen auch Mechanismen existieren, die eine Verarbeitung ungleichmäßiger Helligkeiten, von Leuchtdichteverläufen und -sprüngen möglich machen.

Leuchtdichteverläufe auf Oberflächen sind alltägliche Erscheinungen. Sie können aus der Art der Beleuchtung resultieren; ein Beispiel hierfür ist das allmähliche Abfallen der Helligkeit an den Längswänden eines einseitig mit Tageslicht beleuchteten Raums. Sie können aber auch aus der räumlichen Form des beleuchteten Objekts entstehen; Beispiele hierfür sind die Bildung charakteristischer Schatten auf räumlichen Körpern wie Würfel, Zylinder oder Kugel. Ein dritter Grund für das Vorhandensein unterschiedlicher Leuchtdichten kann schließlich in der Art der Oberfläche selbst liegen; ein ungleichmäßiger Reflexionsgrad führt auch bei gleichmäßiger Beleuchtung zu einer ungleichmäßigen Leuchtdichte. Ziel des Wahrnehmungsvorgangs ist es, zu entscheiden, welche Situation vor-

Der räumliche Eindruck wird durch die Postulierung des Lichteinfalls von oben bestimmt. Beim Drehen der Abbildung wechseln Erhebung und Vertiefung.

Die räumliche Form kann allein aufgrund von Schattenverläufen erkannt werden.

Wahrnehmungswechsel von Hell/Dunkel zu Schwarz/Weiß bei veränderter räumlicher Interpretation einer Figur

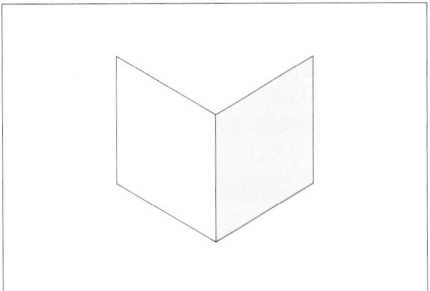

Auf einer unstrukturierten Wand werden Lichtverläufe zur dominierenden Figur; bei einer strukturierten Wand werden Lichtverläufe dagegen als Grund interpretiert und nicht wahrgenommen.

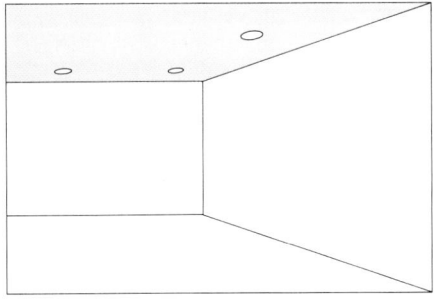 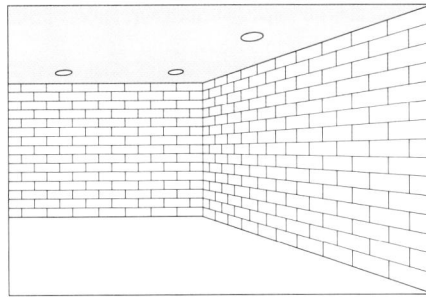

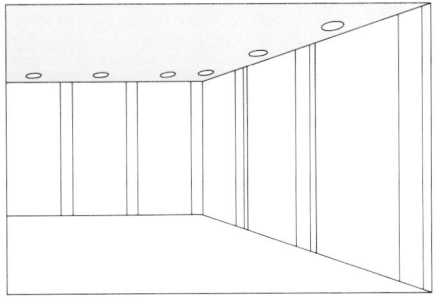 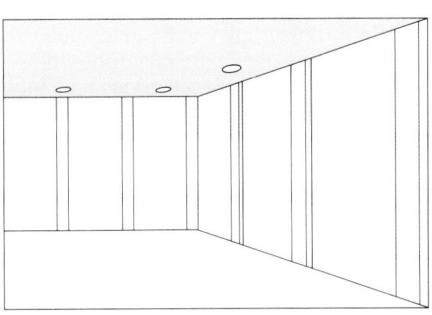

Lichtkegel, die nicht in Übereinstimmung mit der architektonischen Struktur des Raumes verlaufen, werden als störende, selbständige Muster wahrgenommen.

Die Position eines Lichtkegels entscheidet darüber, ob er als Grund oder als störende Figur wahrgenommen wird.

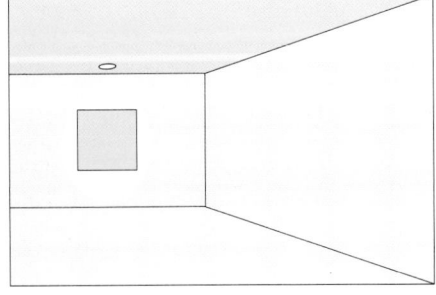 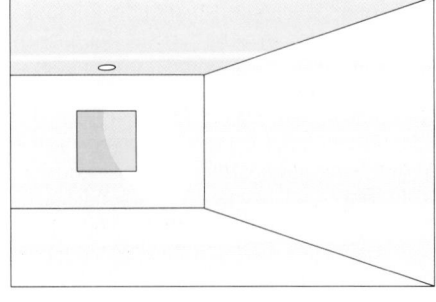

liegt; ob ein Objekt also als einfarbig, aber ungleichmäßig beleuchtet, als räumlich geformt oder als gleichmäßig beleuchtetes Objekt mit ungleichmäßigem Reflektionsgrad wahrgenommen wird.

Im nebenstehenden Beispiel wird dieser Vorgang besonders deutlich. Die geknickte Karte wird in der Regel so wahrgenommen, als ob sie von außen (Kante nach vorn) gesehen würde; in diesem Fall erscheint sie als gleichmäßig weiß, aber einseitig beleuchtet. Wird die Karte aber so gesehen, als ob sie von innen (Kante nach hinten) betrachtet würde, so wird sie als gleichmäßig beleuchtet, aber auf der einen Hälfte schwarz gefärbt wahrgenommen. Das Leuchtdichtemuster des Netzhautbildes wird also unterschiedlich interpretiert; im einen Fall wird es auf eine charakteristische Schwarzweißfärbung des wahrgenommenen Objekts zurückgeführt, im anderen Fall erscheint die unterschiedliche Leuchtdichte in der Wahrnehmung der scheinbar gleichmäßig weißen Karte nicht, sie wird als Merkmal der Beleuchtungssituation registriert.

Es ist also eine charakteristische Eigenschaft der Wahrnehmung, einfache und verständliche Deutungen zu bevorzugen. Hierbei werden Leuchtdichteverläufe entweder weitgehend aus dem wahrgenommenen Bild ausgeblendet oder aber im Gegenteil besonders betont, je nachdem, ob sie als charakteristische Eigenschaft des Objekts oder als Eigenschaft der Umgebung – in diesem Fall der Beleuchtung – interpretiert werden.

Diese Mechanismen sollten bei der Lichtplanung berücksichtigt werden. Die erste Konsequenz ist dabei, daß der Eindruck einer gleichmäßigen Helligkeit nicht von einer völlig gleichförmigen Beleuchtung abhängig ist, sondern schon durch gleichmäßig verlaufende Leuchtdichtegradienten erreicht werden kann.

Auf der anderen Seite können ungleichmäßige Leuchtdichteverläufe zu einer unklaren und verwirrenden Beleuchtungssituation führen. Dies zeigt sich z. B., wenn Lichtkegel unregelmäßig und ohne Bezug zur Architektur auf Wänden abgebildet werden. Hier wird die Aufmerksamkeit des Betrachters auf ein Leuchtdichtemuster gelenkt, das weder durch die Eigenschaften der Wand erklärbar ist, noch als Besonderheit der Beleuchtung einen Sinn ergibt. Leuchtdichteverläufe sollten also, vor allem, wenn sie ungleichmäßig sind, immer durch einen Bezug zur umgebenden Architektur deutbar sein.

Ähnlich wie bei der Wahrnehmung von Helligkeiten ist auch die Farbwahrnehmung abhängig von Umgebungsfarben und der Art der Beleuchtung. Die Notwendigkeit der Interpretation von Farbeindrücken ergibt sich dabei vor allem aus der Auswirkung der ständig wechselnden Lichtfarben in der Umgebung.

So wird eine Farbe sowohl im bläulichen Licht des bedeckten Himmels wie unter dem wärmeren, direkten Sonnenlicht konstant wahrgenommen – unter gleichen Bedingungen hergestellte Farbfotografien zeigen dagegen die zu erwartenden, deutlichen Farbstiche der jeweiligen Beleuchtungsart.

Die Wahrnehmung ist also in der Lage, sich auf die jeweiligen Farbeigenschaften der Beleuchtung einzustellen und so unter wechselnden Bedingungen eine konstante Farbwahrnehmung zu gewährleisten. Dies gilt jedoch nur, wenn die gesamte Umgebung mit Licht gleicher Lichtfarbe beleuchtet wird und die Beleuchtung nicht zu rasch wechselt. Können unterschiedliche Beleuchtungssituationen direkt verglichen werden, so wird der Kontrast einer abweichenden Lichtfarbe wahrgenommen. Dies zeigt sich, wenn der Betrachter zwischen unterschiedlich beleuchteten Räumen wechselt; vor allem aber, wenn unterschiedliche Leuchtmittel in einem Raum verwendet werden oder wenn in einem Raum mit farbiger Verglasung ein Vergleich mit der Außenbeleuchtung möglich ist. Die Beleuchtung eines Raums mit unterschiedlichen Lichtfarben kann dennoch sinnvoll sein, wenn der Wechsel der Lichtfarbe durch einen klaren Bezug zur jeweiligen Umgebung gedeutet werden kann.

2.1.2.2 Gestaltgesetze

Thema dieses Kapitels war bisher vor allem die Frage, wie die Eigenschaften von Objekten – Größe, Form, Reflexionsgrad und Farbe – trotz wechselnder Netzhautbilder konstant wahrgenommen werden können. Die Frage, wie es zur Wahrnehmung der Objekte selbst kommt, ist dabei ausgeklammert worden.

Bevor einem Gegenstand aber Eigenschaften zugewiesen werden können, muß er zunächst erkannt, also von seiner Umgebung unterschieden werden. Diese Identifikation eines Objekts in der Fülle ständig wechselnder Netzhautreize ist nicht weniger problematisch als die Wahrnehmung seiner Eigenschaften selbst. Es muß also gefragt werden, welche Mechanismen die Wahrnehmung von Objekten regeln oder, allgemeiner ausgedrückt, wie der Wahrnehmungsprozeß die Strukturen, auf die er sein Augenmerk richtet, definiert und wie er sie von ihrer Umgebung unterscheidet.

Ein Beispiel soll diesen Vorgang verdeutlichen. Auf der nebenstehenden Zeichnung sieht man meist spontan eine weiße Vase vor grauem Hintergrund. Bei genauerem Hinsehen stellt man jedoch fest, daß die Zeichnung auch zwei sich anblickende, graue Gesichter auf weißem Untergrund darstellen kann. Sind die verborgenen Gesichter einmal entdeckt, können abwechselnd sowohl die Gesichter als auch die Vase wahrgenommen werden, jedoch nur sehr schwer Gesichter und Vase gleichzeitig.

In beiden Fällen wird also eine Figur wahrgenommen – einmal die Vase, beim anderen Mal die beiden Gesichter –, die sich auf einem Untergrund der jeweils entgegengesetzten Farbe befinden. Wie vollständig die Trennung von Gestalt und Umgebung, von Figur und Grund dabei ist, zeigt sich, wenn man in Gedanken die gesehene Figur bewegt – der Hintergrund bewegt sich hierbei nicht mit. In unserer Vorstellung bildet der Grund also eine Fläche, die unter der Figur liegt und gleichmäßig die ganze Zeichnung füllt. Außer seiner Farbe und seiner Funktion als Umgebung werden dem Grund keine weiteren Eigenschaften zugeschrieben, er ist kein weiteres, eigenständiges Objekt und wird von Veränderungen der Figur nicht betroffen. Dieser Eindruck wird vom Wissen, daß der „Hintergrund" unseres Beispiels eigentlich eine weitere Figur ist, nicht beeinflußt – der Wahrnehmungsmechanismus ist stärker als das bewußte Denken.

An diesem Beispiel zeigt sich, daß die komplexen und widersprüchlichen Muster des Netzhautbildes im Wahrnehmungsvorgang geordnet werden, um zu einer einfachen und eindeutigen Interpretation zu kommen. Innerhalb des Bildes wird dabei ein Teil dieser Muster zusammengefaßt und zur Figur, zum Gegenstand des Interesses erklärt, während der Rest der Muster als Hintergrund gesehen und so in ihren Eigenschaften weitgehend ignoriert wird.

Die Tatsache, daß von beiden Deutungen unseres Beispiels zunächst bevorzugt die Vase wahrgenommen wird, zeigt darüber hinaus, daß dieser Deutungsvorgang bestimmten Regeln unterliegt; daß sich also Gesetze formulieren lassen, nach denen bestimmte Anordnungen zu Figuren, zu Objekten der Wahrnehmung zusammengefaßt werden.

Über ihren Wert für die Beschreibung des Wahrnehmungsvorgangs hinaus sind diese Regeln für den Lichtplaner auch von praktischem Interesse. Jede Beleuchtungsanlage besteht aus einer Anordnung von Leuchten, sei es an der Decke, an den Wänden oder im Raum. Diese Anordnung wird jedoch nicht unmittelbar wahrgenommen, sondern nach den Regeln der Gestaltwahrnehmung zu Figuren organisiert. Die umgebende Architektur und die Lichtwirkungen der Leuchten ergeben weitere Muster, die in die Wahrnehmung einbezogen werden.

Hierbei kann es dazu kommen, daß diese Strukturen visuell so umorganisiert werden, daß statt der angestrebten Muster ungeplante Formen wahrgenommen werden. Ein anderer, unerwünschter Effekt kann sein, daß – wie z. B. beim Schachbrettmuster – Figur und Grund nicht eindeutig festlegbar sind, so daß ein unruhiges, ständig umspringendes Bild entsteht. Die Gestaltgesetze sollten also bei der Planung von Leuchtenanordnungen berücksichtigt werden.

Je nach Sichtweise werden auf der Abbildung eine Vase oder zwei gegenüberstehende Gesichter erkannt.

Gestaltgesetz der Nähe. Leuchten werden zu Paaren zusammengeschlossen.

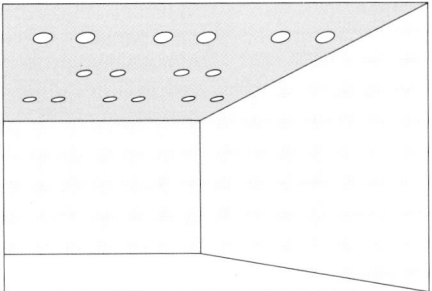

Ein erstes, wesentliches Prinzip der Gestaltwahrnehmung ist die Tendenz, *geschlossene Formen* als Figur zu interpretieren.

Geschlossene Gestalten müssen dabei nicht unbedingt eine durchgehende Kontur besitzen. Nahe beieinander angeordnete Elemente werden nach einem weiteren Gestaltgesetz, dem *Gesetz der Nähe*, zusammengefaßt und bilden eine einzige Figur. So wird im nebenstehenden Beispiel zunächst ein Kreis und erst danach eine ringförmige Anordnung von Punkten gesehen. Die Organisation der Punkte ist dabei so stark, daß die gedachten Verbindungslinien zwischen den einzelnen Punkten nicht geradlinig, sondern auf der Kreislinie verlaufen; es entsteht kein Vieleck, sondern ein perfekter Kreis.

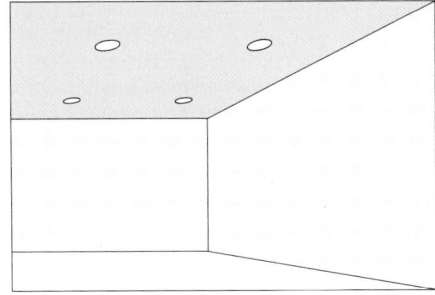

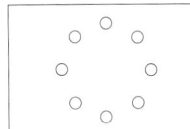

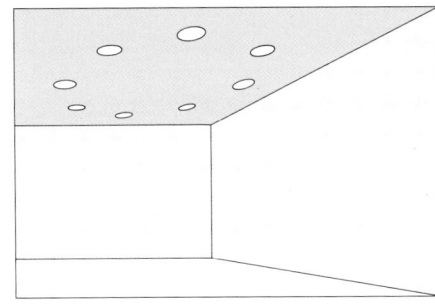

Gestaltgesetz der Nähe. Vier Punkte werden zu einem Quadrat zusammengeschlossen, ab acht Punkten bildet sich ein Kreis.

Neben der Wirkung der Nähe existiert noch ein weiterer Mechanismus, durch den unvollständig umschlossene Gebilde dennoch als Figur wahrgenommen werden können. Eine geschlossene Form findet sich stets auf der *Innenseite* der sie begrenzenden Linie – die formbildende Wirkung der Linie wirkt also nur in einer Richtung. Meist ist diese Innenseite mit der konkaven, umschließenden Seite einer Begrenzung identisch. Dies führt dazu, daß auch bei offenen Kurven oder Winkeln eine Formwirkung auftritt, die eine Figur auf der Innenseite der Linie, also im teilweise umschlossenen Bereich, sichtbar macht. Ergibt sich auf diese Weise eine plausible Deutung des Ausgangsmusters, so kann die Wirkung der Innenseite sehr stark sein.

Oft besitzen Muster keine Formen, die nach den Gesetzen der Geschlossenheit, der Nähe oder der Innenseite zu Figuren organisiert werden können. Auch in solchen Fällen existieren jedoch Gestaltgesetze, die bestimmte Anordnungen bevorzugt als Figur erscheinen lassen. Hier wird der einfache, logische Aufbau zum Kriterium, eine Form als Figur wahrzunehmen, während komplexere Strukturen desselben Musters für die Wahrnehmung im scheinbar durchgehenden Untergrund verschwinden. Eine Möglichkeit des oben angesprochenen, logischen Aufbaus ist die *Symmetrie*.

Die Downlightanordnung wird nach dem Gesetz der guten Gestalt zu zwei Linien zusammengeschlossen. Durch das Hinzufügen zweier Rasterleuchten wird die Anordnung jedoch nach dem Gestaltgesetz der Symmetrie zu zwei Fünfergruppen umorganisiert.

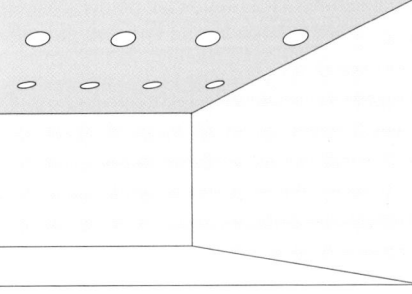

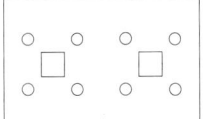

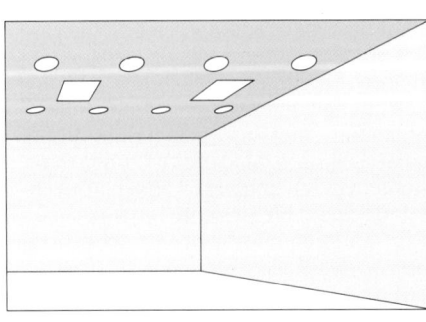

Eine ähnliche Wirkung geht von parallelen, *ebenbreiten Formen* aus. Hier liegt zwar keine strenge Symmetrie vor, es ist jedoch ein ebenso klares Organisationsprinzip erkennbar, das zu einer bevorzugten Wahrnehmung als Figur führt.

Ist in einem Muster keine Symmetrie oder Ebenbreite vorhanden, so reicht schon ein *einheitlicher Stil* aus, um eine Form zur Figur zu machen.

Neben der Leistung, Formen von ihrer Umgebung zu trennen, also Figur und Grund zu unterscheiden, wird bei der Wahrnehmung auch das Verhältnis von Figuren zueinander geklärt; sei es bei der Zusam-

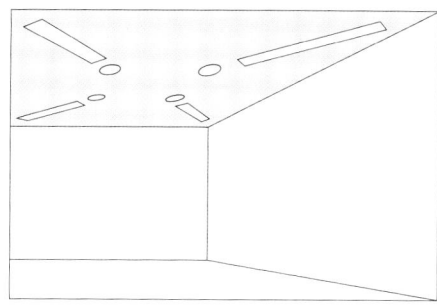

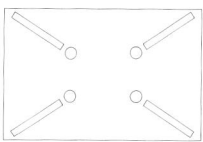

Gestaltgesetz der durchgehenden Linien. Die Anordnung wird als Kreuzung zweier Linien interpretiert.

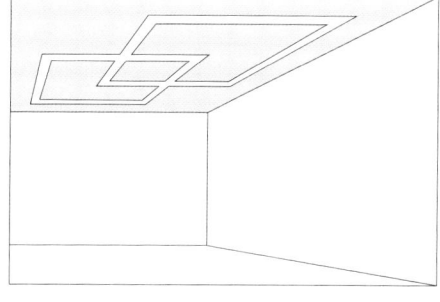

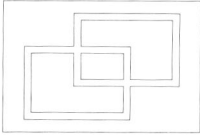

Gesetz der guten Gestalt. Die Anordnung wird als Überlagerung zweier Rechtecke interpretiert.

menfassung von Einzelformen zu einer Großform, sei es bei der Zusammenfassung mehrerer Formen zu einer Gruppe. Auch hier kommt wieder das Grundprinzip zum Tragen, das sich schon bei der Unterscheidung von Figur und Grund abzeichnete – die bevorzugte Wahrnehmung einfacher, geordneter Gebilde.

Ein grundlegendes Gestaltgesetz ist es hier, Linien bevorzugt als gleichmäßige, *durchgehende Kurven* oder Geraden wahrzunehmen, Knicke und Verzweigungen also zu vermeiden. Die Tendenz, durchgehende Linien wahrzunehmen, ist so stark, daß sie die gesamte Deutung eines Bildes beeinflussen kann.

Im Bereich der flächigen Formen entspricht dem Gesetz der durchgehenden Linie das *Gesetz der guten Gestalt.* Auch hier werden Formen so organisiert, daß sich möglichst einfache, geordnete Figuren ergeben.

Beim Zusammenschluß mehrerer Einzelformen zu Gruppen werden ähnliche Gestaltgesetze wirksam wie bei der Organisation von Figur und Grund. Ein wesentliches Prinzip ist auch hier die *Nähe* von Formen.

Ein weiteres Kriterium der Gruppenbildung ist wiederum die *Symmetrie.* Vor allem bei spiegelsymmetrischen Anordnungen um eine vertikale Achse werden die gespiegelten Formen jeweils zu Paaren zusammengefaßt. Diese Wirkung kann so stark sein, daß die Zusammenfassung benachbarter Formen nach dem Gesetz der Nähe ausbleibt.

Neben der räumlichen Anordnung ist für den Zusammenschluß zu Gruppen auch der Aufbau der Formen selbst verantwortlich. So werden die Formen im nebenstehenden Beispiel nicht nach ihrer Nähe oder einer möglichen Achsensymmetrie organisiert, sondern in Gruppen gleicher Formen zusammengefaßt. Dies Prinzip der *Gleichartigkeit* wird auch dann wirksam, wenn die Formen einer Gruppe nicht identisch, sondern nur ähnlich sind.

Das letzte Gestaltgesetz bei der Gruppenbildung stellt insofern einen Sonderfall dar, als es das Element der Bewegung mit ins Spiel bringt. Beim Gesetz des „*gemeinsamen Schicksals*" ist es nicht eine Ähnlichkeit der Struktur, sondern eine gemeinsame Veränderung, vor allem der räumlichen Lage, die Formen zu Gruppen zusammenschließt. Dies zeigt sich sehr anschaulich, wenn einige Formen einer bis dahin wohlgeordneten Gruppe sich gemeinsam bewegen, weil sie, im Gegensatz zum Rest der Formen, auf einer darübergelegten Folie gezeichnet sind. Hier macht die gemeinsame Bewegung der einen Gruppe gegenüber der Unbewegtheit der restlichen Formen eine Zusammengehörigkeit so wahrscheinlich, daß das Ausgangsbild spontan uminterpretiert wird.

Auf den ersten Blick scheinen diese Gestaltgesetze sehr abstrakt und ohne Bedeutung für die Lichtplanung zu sein. Vor allem bei der Entwicklung von Leuchtenanordnungen spielen Gestaltgesetze jedoch eine bedeutsame Rolle; eine geplante Anordnung von Leuchten kann in ihrer tatsächlichen Wirkung völlig vom Entwurf abweichen, wenn ihr Konzept die Mechanismen der Wahrnehmung ignoriert.

Gestaltgesetz der Gleichartigkeit. Gleichartige Leuchten werden zu Gruppen zusammengefaßt.

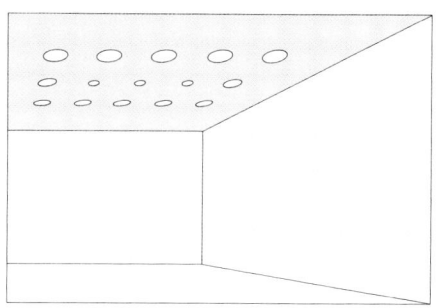

Schnitt durch das Auge,
schematische Darstel-
lung der für die Physio-
logie der Wahrnehmung
bedeutsamen Teile:

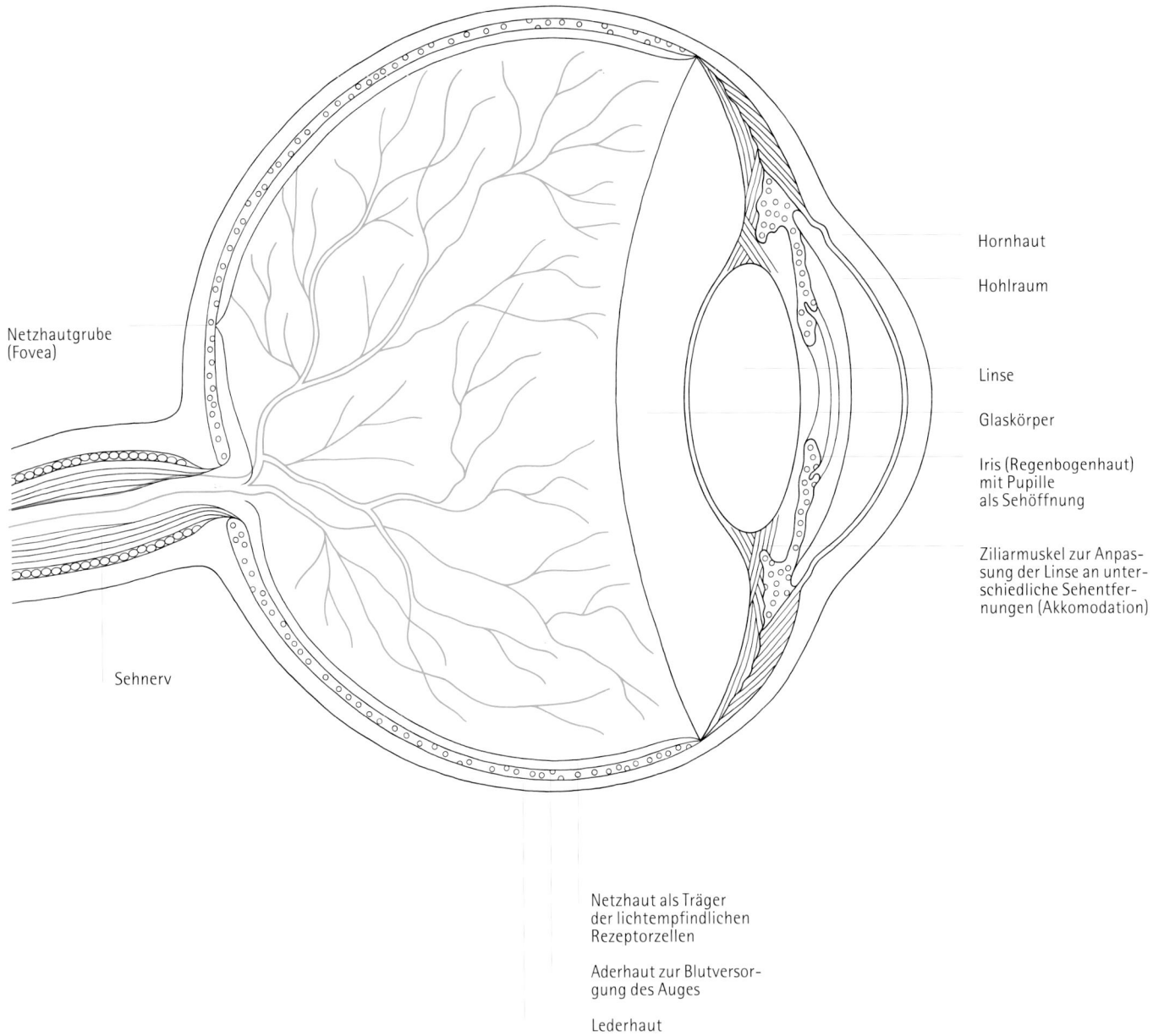

Netzhautgrube
(Fovea)

Sehnerv

Hornhaut

Hohlraum

Linse

Glaskörper

Iris (Regenbogenhaut)
mit Pupille
als Sehöffnung

Ziliarmuskel zur Anpas-
sung der Linse an unter-
schiedliche Sehentfer-
nungen (Akkomodation)

Netzhaut als Träger
der lichtempfindlichen
Rezeptorzellen

Aderhaut zur Blutversor-
gung des Auges

Lederhaut

2.1.3 Physiologie des Auges

Ausgangspunkt dieses Kapitels ist die Überlegung, daß es für die Beschreibung der visuellen Wahrnehmung des Menschen nicht ausreicht, das Auge als optisches System darzustellen – die eigentliche Leistung der Wahrnehmung liegt nicht in der Abbildung der Umwelt auf der Netzhaut, sondern in der Interpretation dieses Abbildes; in der Unterscheidung zwischen Objekten mit konstanten Eigenschaften und ihrer veränderlichen Umgebung. Trotz dieses Vorrangs der Verarbeitung vor der Abbildung dürfen jedoch das Auge und seine Eigenschaften nicht außer acht gelassen werden; neben der Psychologie ist naturgemäß aber auch die Physiologie des Auges ein wesentlicher Faktor der Wahrnehmung.

Das Auge ist zunächst ein optisches System zur Abbildung von Objekten auf der Netzhaut. Interessanter als dieses optische System, das schon beim Vergleich von Auge und Kamera beschrieben wurde, ist aber die Fläche, auf der die Abbildung erfolgt – die Netzhaut. In dieser Schicht erfolgt die Umsetzung des abgebildeten Leuchtdichtemusters in Nervenreize; die Netzhaut muß also lichtempfindliche Rezeptoren besitzen, die zahlreich genug sind, um die hohe Auflösung des visuellen Bildes zu ermöglichen.

Bei näherer Betrachtung zeigt es sich, daß diese Rezeptoren nicht in einem gleichförmigen Raster angeordnet sind; die Netzhaut hat einen komplizierteren Aufbau. Zunächst ist hier die Existenz zweier unterschiedlicher Rezeptortypen zu nennen, der Zapfen und der Stäbchen. Auch die räumliche Verteilung ist nicht einheitlich. An einem Punkt, dem sogenannten „blinden Fleck", finden sich überhaupt keine Rezeptoren, weil dort die gebündelten Sehnerven in die Netzhaut münden. Andererseits existiert auch ein Bereich besonders hoher Rezeptordichte, ein als Fovea bezeichnetes Gebiet, das im Brennpunkt der Linse liegt. In diesem zentralen Bereich befinden sich extrem viele Zapfen, während die Zapfendichte zur Peripherie hin stark abnimmt. Dort wiederum befinden sich die Stäbchen, die in der Fovea völlig fehlen.

Der Grund für diese Anordnung unterschiedlicher Rezeptortypen liegt in der Existenz zweier visueller Systeme im Auge. Das entwicklungsgeschichtlich ältere dieser Systeme wird von den Stäbchen gebildet. Seine besonderen Eigenschaften sind eine hohe Lichtempfindlichkeit und eine große Wahrnehmungsfähigkeit für Bewegungen im gesamten Gesichtsfeld. Andererseits ist mit den Stäbchen kein Farbsehen möglich; die Sehschärfe ist gering, und es können keine Objekte fixiert, also im Zentrum des Sehfeldes genauer betrachtet werden.
Auf Grund der großen Lichtempfindlichkeit wird das Stäbchensystem beim Nachtsehen unterhalb von ca. 1 lx aktiviert;

die Besonderheiten des Nachtsehens – vor allem das Verschwinden von Farben, die geringe Sehschärfe und die bessere Sichtbarkeit lichtschwacher Objekte in der Peripherie des Sehfeldes – sind aus den Eigenschaften des Stäbchensystems zu erklären.

Der zweite Rezeptortyp, die Zapfen, bildet ein System mit unterschiedlichen Eigenschaften, das unser Sehen bei größeren Lichtstärken, also am Tag oder bei künstlicher Beleuchtung bestimmt. Das Zapfensystem besitzt eine geringe Lichtempfindlichkeit und ist vor allem im zentralen Bereich um die Fovea konzentriert. Es ermöglicht aber das Sehen von Farben und eine große Sehschärfe bei der Betrachtung von Objekten, die fixiert werden, deren Bild also in die Fovea fällt.

Im Gegensatz zum Stäbchensehen wird nicht das gesamte Sehfeld gleichmäßig wahrgenommen; der Schwerpunkt der Wahrnehmung liegt in dessen Zentrum. Der Rand des Sehfeldes ist allerdings nicht völlig ohne Einfluß; werden dort interessante Phänomene wahrgenommen, so richtet sich der Blick unwillkürlich auf diesen Punkt, der dann in der Fovea abgebildet und genauer wahrgenommen wird. Ein wesentlicher Anlaß für diese Verlagerung der Blickrichtung ist neben auftretenden Bewegungen und auffallenden Farben oder Mustern das Vorhandensein hoher Leuchtdichten – der Blick und die Aufmerksamkeit des Menschen lassen sich also durch Licht lenken.

Eine der bemerkenswertesten Leistungen des Auges ist seine Fähigkeit, sich auf unterschiedliche Beleuchtungsverhältnisse einzustellen; wir nehmen unsere Umwelt sowohl im Mondlicht als auch im Sonnenlicht wahr, obwohl sich die Beleuchtungsstärke hierbei um den Faktor 10^5 unterscheidet. Die Leistungsfähigkeit des Auges erstreckt sich sogar über einen noch größeren Bereich – ein schwach leuchtender Stern am Nachthimmel wird noch wahrgenommen, obwohl er im Auge nur eine Beleuchtungsstärke von 10^{-12} lx erreicht.

Diese Anpassungsfähigkeit wird nur zu einem sehr kleinen Teil durch die Pupille bewirkt, die den Lichteinfall etwa im Verhältnis von 1:16 regelt; der größte Teil der Adaptationsleistung wird von der Netzhaut erbracht. Hierbei werden vom Stäbchen- und Zapfensystem Bereiche unterschiedlicher Lichtintensität abgedeckt; das Stäbchensystem ist im Bereich des Nachtsehens (skotopisches Sehen) wirksam, die Zapfen ermöglichen das Tagsehen (photopisches Sehen), während im Übergangsbereich des Dämmerungssehens (mesopisches Sehen) beide Rezeptorsysteme aktiviert sind.
Obwohl das Sehen also über einen sehr großen Bereich von Leuchtdichten möglich ist, existieren für die Kontrastwahrnehmung in jeder einzelnen Beleuchtungssituation deutlich engere Grenzen. Der Grund hierfür

Anzahl N von Zapfen und Stäbchen auf dem Augenhintergrund in Abhängigkeit vom Sehwinkel

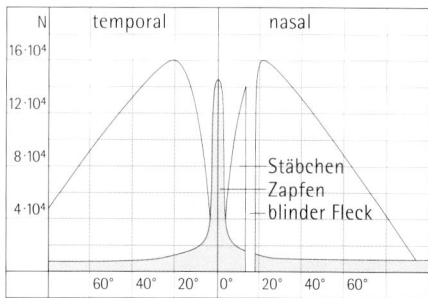

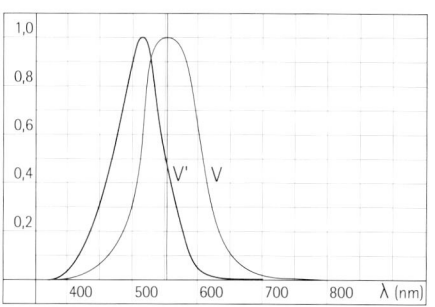

Relative Hellempfindlichkeit von Zapfen V und Stäbchen V' in Abhängigkeit von der Wellenlänge λ

liegt in der Tatsache, daß das Auge nicht den gesamten Bereich sichtbarer Leuchtdichten gleichzeitig abdecken kann, sondern sich jeweils für einen bestimmten, engen Teilbereich adaptiert, in dem dann eine differenzierte Wahrnehmung möglich ist. Objekte, die für einen bestimmten Adaptationszustand eine zu hohe Leuchtdichte besitzen, blenden, wirken also undifferenziert hell; Objekte zu geringer Leuchtdichte wirken dagegen undifferenziert dunkel.

Das Auge kann sich zwar auf neue Leuchtdichteverhältnisse einstellen, es wählt dabei aber lediglich einen neuen, ebenso begrenzten Teilbereich aus. Zusätzlich benötigt dieser Prozeß der Adaptation Zeit; die Neuadaption an hellere Situationen verläuft dabei relativ rasch, während die Dunkeladaption erheblich längere Zeit benötigen kann. Anschauliche Beispiele hierfür sind die Blendungsempfindungen beim Wechsel von einem dunklen Kinosaal ins Tageslicht bzw. die vorübergehende Nachtblindheit beim Betreten eines minimal beleuchteten Raums. Sowohl die Tatsache, daß Leuchtdichtekontraste vom Auge nur in einem gewissen Umfang verarbeitet werden können, wie die Tatsache, daß die Adaptation an ein neues Beleuchtungsniveau Zeit benötigt, hat Auswirkungen auf die Lichtplanung; so z. B. bei der bewußten Planung von Leuchtdichtestufen in einem Raum oder bei der Anpassung von Beleuchtungsniveaus in benachbarten Bereichen.

2.1.4 Gegenstände der Wahrnehmung

Bei der Beschreibung der psychologischen Mechanismen des Wahrnehmungsprozesses und ihrer physiologischen Voraussetzungen ist ein dritter Bereich nur am Rande erwähnt worden – die Inhalte der Wahrnehmung. Was gesehen wurde, waren bisher entweder ganz allgemein „Objekte" und „Formen" oder ausgewählte Beispiele, an denen sich ein bestimmter Mechanismus anschaulich machen ließ. Die Wahrnehmung nimmt aber nicht unterschiedslos jedes Objekt im Sehfeld wahr; schon die Bevorzugung des fovealen Bereichs, das Fixieren kleiner, wechselnder Ausschnitte zeigt, daß der Wahrnehmungsprozeß gezielt bestimmte Bereiche auswählt. Diese Auswahl ist unvermeidlich, weil das Gehirn nicht in der Lage ist, die gesamte visuelle Information des Sehfeldes zu verarbeiten; sie ist darüber hinaus aber auch sinnvoll, weil nicht jede Information, die aus der Umwelt abgelesen werden kann, für den Wahrnehmenden von Interesse ist.

Jeder Versuch, die visuelle Wahrnehmung sinnvoll zu beschreiben, muß sich also auch mit den Kriterien beschäftigen, nach denen die Auswahl des Wahrgenommenen erfolgt. Ein erster Bereich, in dem gezielt Informationen aufgenommen werden, ergibt sich aus der jeweiligen Aktivität des Wahr-

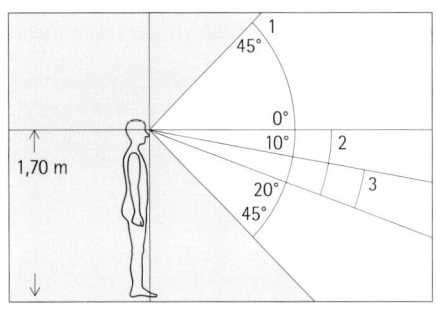

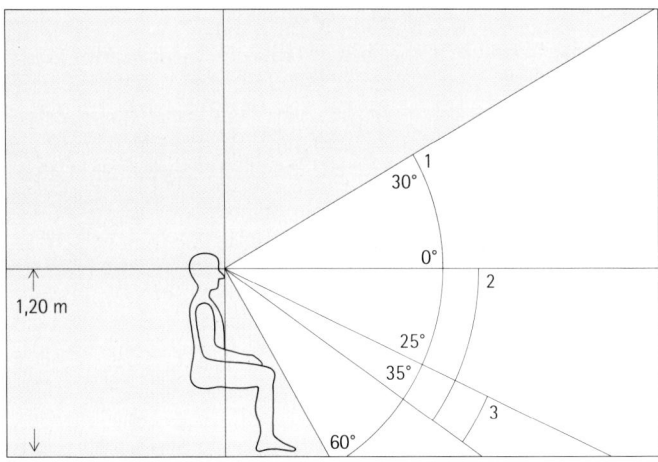

Sehraum (1), bevorzugter Sehraum (2) und optimaler Blickbereich (3) eines stehenden (oben) und sitzenden Menschen (Mitte, unten) bei vertikalen Sehaufgaben

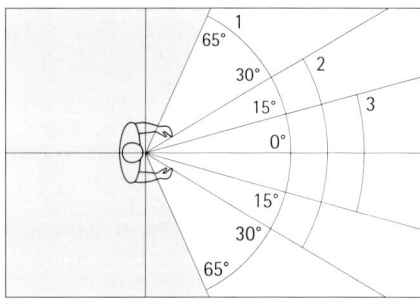

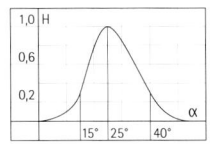

Häufigkeit H des Blickwinkels α bei horizontalen Sehaufgaben. Bevorzugter Blickbereich zwischen 15° und 40°, bevorzugter Blickwinkel 25°

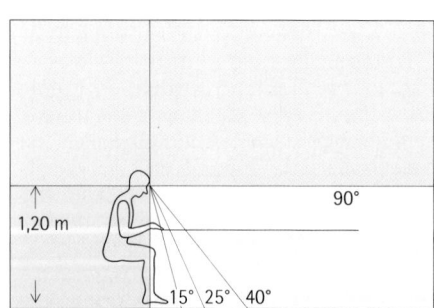

Bevorzugter Blickbereich bei horizontalen Sehaufgaben. Bevorzugter Blickwinkel 25°

Typische Beleuchtungs-
stärken E und Leucht-
dichten L unter Tages-
licht und künstlicher
Beleuchtung

	E (lx)
Sonnenlicht	100 000
bedeckter Himmel	10 000
Arbeitsplatzbeleuchtung	1 000
Verkehrszonenbeleuchtung	100
Straßenbeleuchtung	10
Mondlicht	1

	L (cd/m²)
Sonne	1 000 000 000
Glühlampe (mattiert)	100 000
Leuchtstofflampe	10 000
besonnte Wolken	10 000
blauer Himmel	5 000
Lichtdecken	500
Spiegelraster-Leuchten	100
bevorzugte Werte in Innenräumen	50–500
weißes Papier bei 500 lx	100
Bildschirm (negativ)	10–50
weißes Papier bei 5 lx	1

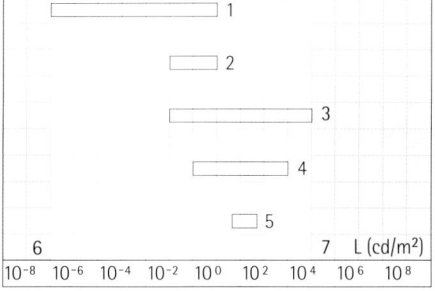

Bereiche der Leucht-
dichte L des Stäbchen-
sehens (1), mesopischen
Sehens (2) und Zapfen-
sehens (3). Leuchtdich-
ten (4) und bevorzugte
Leuchtdichten (5) in
Innenräumen. Absolute
Sehschwelle (6) und
Schwelle der Absolut-
blendung (7)

nehmenden. Diese Aktivität kann eine bestimmte Arbeit, die Fortbewegung oder jede andere Tätigkeit sein, für die visuelle Informationen benötigt werden.

Die aufgenommenen Informationen unterscheiden sich dabei je nach der Art der Aktivität; ein Autofahrer hat andere Sehaufgaben als ein Fußgänger; ein Feinmechaniker verarbeitet andere Informationen als ein Lagerarbeiter. Merkmal einer Sehaufgabe kann z. B. ihre Größe oder räumliche Lage sein; es spielt eine Rolle, ob die Sehaufgabe bewegt ist oder nicht, ob kleine Details oder geringe Kontraste erfaßt werden müssen, ob Farben oder Oberflächenstrukturen ihre wesentlichen Eigenschaften sind. Aus diesen typischen Merkmalen lassen sich wiederum Beleuchtungsbedingungen ableiten, unter denen die Sehaufgabe optimal wahrgenommen werden kann; es können Beleuchtungsweisen definiert werden, die die Durchführung bestimmter Tätigkeiten optimieren. Vor allem in den Bereichen Arbeitswelt und Verkehr sind für zahlreiche Tätigkeiten Untersuchungen der jeweiligen Sehaufgaben und der daraus ableitbaren optimalen Wahrnehmungsbedingungen vorgenommen worden; sie bilden die Grundlage der Normen und Empfehlungen für die Beleuchtung von Arbeitsstätten und Verkehrswegen.

Über den spezifischen Informationsbedarf hinaus, der sich aus einer bestimmten Aktivität ergibt, existiert jedoch ein weiterer, grundlegender Bedarf nach visueller Information. Dieser Informationsbedarf ist unabhängig von bestimmten Situationen, er entsteht aus dem biologischen Bedürfnis des Menschen, sich über seine Umwelt zu informieren. Während durch die Schaffung optimaler Wahrnehmungsbedingungen für bestimmte Tätigkeiten vor allem ein effektives Arbeiten ermöglicht wird, hängt von der Befriedigung des biologisch bedingten Informationsbedarfs das subjektive Befinden in einer visuellen Umgebung ab.

Ein großer Teil der benötigten Informationen resultiert dabei aus dem Sicherheitsbedürfnis des Menschen. Um mögliche Gefahren einschätzen zu können, muß eine Umgebung in ihrem Aufbau verstanden werden. Dies betrifft sowohl die Orientierung – das Wissen über den eigenen Standort, die Wege und die möglichen Ziele – als auch das Wissen über die Eigenschaften der Umgebung. Diese Kenntnisse oder das Fehlen dieser Informationen bestimmen unser Befinden und unser Verhalten. Sie bewirken die unruhige und gespannte Aufmerksamkeit in fremden oder gefahrenträchtigen Situationen; sie bewirken aber auch die Ruhe und Entspannung in einer vertrauten und sicheren Umgebung.

Weitere Informationen über die Umwelt werden benötigt, um das Verhalten an die jeweilige Situation anpassen zu können. Dies beinhaltet die Kenntnis über das Wetter und die Tageszeit sowie das

Wissen über Vorgänge in der Umgebung. Fehlen diese Informationen, z. B. in großen, fensterlosen Gebäuden, wird die Situation oft als unnatürlich und bedrückend empfunden.

Ein dritter Bereich ergibt sich aus den sozialen Bedürfnissen des Menschen. Hier müssen die einander widersprechenden Forderungen nach dem Kontakt mit anderen Menschen und nach einem abgegrenzten Privatbereich gegeneinander abgewogen werden. Sowohl aus den Aktivitäten, die in einer Umgebung ausgeführt werden sollen, als auch aus den grundlegenden biologischen Bedürfnissen entstehen also Schwerpunkte für die Aufnahme visueller Informationen. Bereiche, die eine bedeutsame Information versprechen – sei es von sich aus, sei es durch die Betonung mit Hilfe von Licht –, werden bevorzugt wahrgenommen; sie lenken die Aufmerksamkeit auf sich. Der Informationsgehalt eines Objekts ist also zunächst für seine Auswahl als Wahrnehmungsgegenstand verantwortlich. Darüber hinaus beeinflußt der Informationsgehalt aber auch die Weise, in der ein Objekt wahrgenommen und bewertet wird.

Dies zeigt sich besonders anschaulich am Phänomen der Blendung. Ein Opalglasfenster ruft bei genügend starker Außenbeleuchtung Blendung hervor; eine Tatsache, die physiologisch aus dem großen Kontrast zwischen der Leuchtdichte des Fensters und der deutlich niedrigen Leuchtdichte der umgebenden Wände erklärt werden kann. Bei einem Fenster, das einen interessanten Ausblick auf die Umgebung ermöglicht, ist der Kontrast zwar noch größer, die zu erwartende Blendung bleibt jedoch aus. Blendung kann also nicht ausschließlich physiologisch erklärt werden, sie tritt verstärkt auf, wenn eine helle, aber informationslose Fläche den Blick auf sich zieht; selbst hohe Leuchtdichtekontraste werden dagegen als blendfrei empfunden, wenn der wahrgenommene Bereich interessante Informationen zu bieten hat. Hier wird deutlich, daß es nicht sinnvoll ist, lichttechnische Größen – z. B. Grenzwerte für Leuchtdichten oder Beleuchtungsstärken – losgelöst vom jeweiligen Kontext vorzugeben, da die tatsächliche Wahrnehmung dieser Größen durch die Verarbeitung der vorhandenen Informationen beeinflußt wird.

Größen und Einheiten

In der Lichttechnik wird eine Reihe von Größen benutzt, um die Eigenschaften von Lichtquellen oder deren Lichtwirkungen quantitativ darstellen zu können.

2.2.1 Lichtstrom

$[\varnothing]$ = Lumen (lm)

Der Lichtstrom beschreibt die gesamte von einer Lichtquelle abgegebene Lichtleistung. Grundsätzlich könnte diese Strahlungsleistung als abgegebene Energie in der Einheit *Watt* erfaßt werden. Die optische Wirkung einer Lichtquelle wird auf diese Weise jedoch nicht zutreffend beschrieben, da die abgegebene Strahlung unterschiedslos über den gesamten Frequenzbereich erfaßt und die unterschiedliche spektrale Empfindlichkeit des Auges somit nicht berücksichtigt wird.

Durch die Einbeziehung der spektralen Empfindlichkeit des Auges ergibt sich die Größe *Lumen*. Ein im Maximum der spektralen Augenempfindlichkeit (photopisch, 555 nm) abgegebener Strahlungsfluß von 1 W erzeugt einen Lichtstrom von 683 lm. Dagegen erzeugt der gleiche Strahlungsfluß in Frequenzbereichen geringerer Empfindlichkeit gemäß der V (λ)-Kurve entsprechend kleinere Lichtströme.

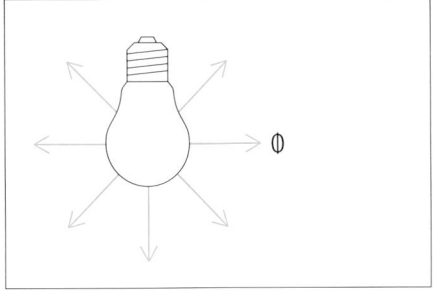

Der Lichtstrom $\varnothing$ ist ein Maß für die Lichtleistung einer Lichtquelle.

2.2.2 Lichtausbeute

$$\eta = \frac{\varnothing}{P}$$

$$[\eta] = \frac{lm}{W}$$

Die Lichtausbeute beschreibt den Wirkungsgrad eines Leuchtmittels. Sie wird durch das Verhältnis von abgegebenem Lichtstrom in Lumen und aufgewendeter Leistung in Watt ausgedrückt. Der theoretisch erreichbare Maximalwert bei völliger Umsetzung der Energie in sichtbares Licht wäre 683 lm/W. Die tatsächlich erreichbaren Lichtausbeuten variieren je nach Leuchtmittel, bleiben jedoch stets weit unter diesem Idealwert.

2.2.3 Lichtmenge

$$Q = \varnothing \cdot t$$

$$[Q] = lm \cdot h$$

Als Lichtmenge wird das Produkt von Zeit und abgegebenem Lichtstrom bezeichnet; die Lichtmenge erfaßt also die in einem Zeitraum abgegebene Lichtenergie. In der Regel wird die Lichtmenge in klm · h angegeben.

2.2.4 Lichtstärke

$$I = \frac{\varnothing}{\Omega}$$

$$[I] = \frac{lm}{sr}$$

$$\frac{lm}{sr} = \text{Candela (cd)}$$

Eine ideale, punktförmige Lichtquelle strahlt ihren Lichtstrom gleichmäßig in alle Richtungen des Raumes ab, ihre Lichtstärke ist in allen Richtungen gleich. In der Praxis ergibt sich jedoch stets eine ungleichmäßige räumliche Verteilung des Lichtstroms, die teils durch den Aufbau der Leuchtmittel bedingt ist, teils durch bewußte Lenkung des Lichts bewirkt wird. Es ist also sinnvoll, ein Maß für die räumliche Verteilung des Lichtstroms, d. h. die Lichtstärke des Lichts anzugeben.

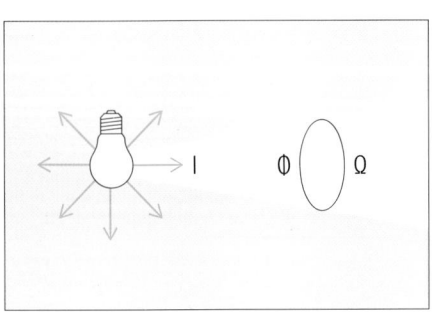

Die Lichtstärke I ist ein Maß für den pro Raumwinkel Ω abgegebenen Lichtstrom $\varnothing$.

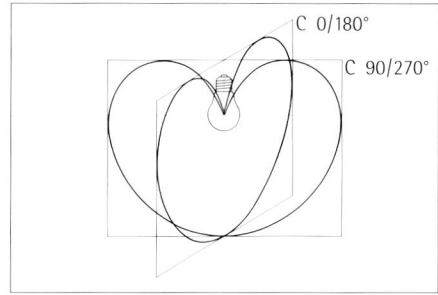

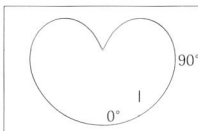

Lichtstärkeverteilungs-
körper einer rotations-
symmetrisch abstrah-
lenden Lichtquelle. Ein
Schnitt in der C-Ebene
durch diesen Licht-
stärkeverteilungskörper
ergibt die Lichtstärke-
verteilungskurve.

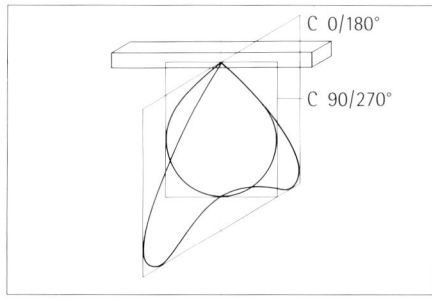

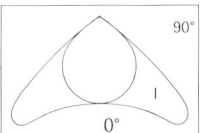

Lichtstärkeverteilungs-
körper und Lichtstärke-
verteilungskurven
(Ebenen C 0/180° und
C 90/270°) einer achsen-
symmetrisch abstrah-
lenden Leuchte

Die Candela als Einheit der Lichtstärke ist
die einzige Grundeinheit der Lichttechnik,
von der alle weiteren lichttechnischen
Größen abgeleitet werden. Ursprünglich
wurde die Candela durch die Lichtstärke
einer normierten Kerze definiert, später
diente Thoriumpulver bei der Temperatur
erstarrenden Platins als Normal; seit 1979
ist die Candela durch eine Strahlungsquelle definiert, die bei einer Frequenz von
$540 \cdot 10^{12}$ Hz 1/683 W pro Steradiant aus-
strahlt.

Die räumliche Verteilung der Licht-
stärke einer Lichtquelle ergibt einen dreidimensionalen Lichtstärkeverteilungskörper
als Graph. Der Schnitt durch diesen
Lichtstärkekörper ergibt die *Lichtstärkeverteilungskurve*, die die Lichtstärkeverteilung in einer Ebene beschreibt. Die
Lichtstärke wird dabei meist in einem
Polarkoordinatensystem als Funktion des
Ausstrahlungswinkels eingetragen. Um die
Lichtstärkeverteilung unterschiedlicher
Lichtquellen direkt vergleichen zu können,
werden die Angaben jeweils auf 1000 lm
Lichtstrom bezogen. Bei rotationssymmetrischen Leuchten reicht eine einzige Lichtstärkeverteilungskurve zur Beschreibung
der Leuchte aus, achsensymmetrische
Leuchten benötigen zwei Kurven, die allerdings meist in einem einzigen Diagramm
dargestellt werden. Für engstrahlende
Leuchten, z. B. Bühnenscheinwerfer, reicht
die Genauigkeit des Polarkoordinatendiagramms nicht aus, so daß hierbei eine
Darstellung im kartesischen Koordinaten-
system üblich ist.

Auf 1000 lm normierte
Lichtstärkeverteilungs-
kurve, dargestellt in
Polarkoordinaten und
kartesischen Koordina-
ten. Der Winkelbereich,
innerhalb dessen die
maximale Lichtstärke I'
auf I'/2 abnimmt, kenn-
zeichnet den Ausstrah-
lungswinkel β. Der Ab-
blendwinkel α ergänzt
den Grenzausstrah-
lungswinkel γ_G zu 90°.

$I = I' \cdot \Phi$

$[I] = cd$

$[I'] = cd/klm$

$[\Phi] = klm$

Umrechnung der auf
1000 lm bezogenen
Lichtstärke I' in die
effektive Lichtstärke I

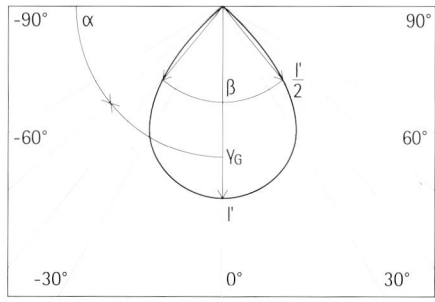

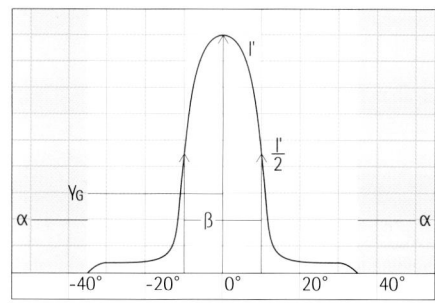

Beleuchtungsstärke E
als Maß für den pro
Flächeneinheit A auf-
treffenden Lichtstrom

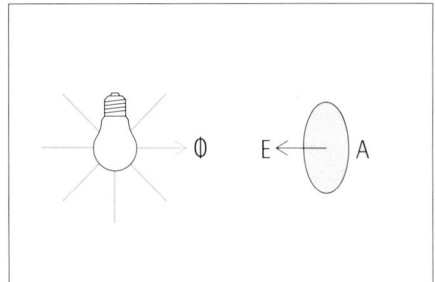

2.2.5 Beleuchtungsstärke

Die Beleuchtungsstärke ist ein Maß für
die Lichtstromdichte. Sie ist als das Verhältnis des auf eine Fläche fallenden Lichtstroms zur Größe dieser Fläche definiert.
Die Beleuchtungsstärke ist dabei nicht an
eine reale Oberfläche gebunden, sie kann
an jeder Stelle des Raums bestimmt werden. Die Beleuchtungsstärke kann aus der
Lichtstärke abgeleitet werden. Die Beleuchtungsstärke nimmt dabei mit dem Quadrat der Entfernung von der Lichtquelle ab
(photometrisches Entfernungsgesetz).

Horizontale Beleuch-
tungsstärke E_h und vertikale Beleuchtungs-
stärke E_v in Innenräumen

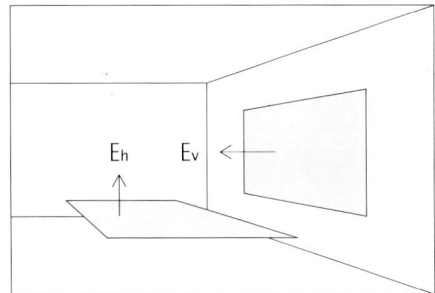

2.2.6 Belichtung

Als Belichtung wird das Produkt aus der
Beleuchtungsstärke und der Belichtungsdauer, mit der eine Fläche beleuchtet wird,
bezeichnet. Die Belichtung spielt vor allem
bei der Berechnung von Lichtbelastungen
auf Exponaten, z. B. in Museen, eine Rolle.

Die mittlere horizontale
Beleuchtungsstärke E_m
berechnet sich aus dem
Lichtstrom Φ, der auf
die betrachtete Fläche A
fällt.

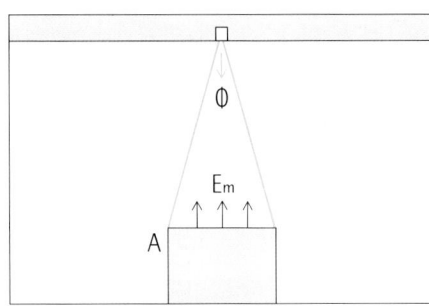

$$E_m = \frac{\Phi}{A}$$

2.2.7 Leuchtdichte

Während die Beleuchtungsstärke die auf
eine Fläche treffende Lichtleistung erfaßt,
beschreibt die Leuchtdichte das von dieser
Fläche ausgehende Licht. Dies Licht kann
dabei von der Fläche selbst ausgehen (z. B.
bei der Leuchtdichte von Lampen und
Leuchten). Die Leuchtdichte ist hierbei
definiert als das Verhältnis der Lichtstärke
und der auf die Ebene senkrecht zur Ausstrahlungsrichtung projizierten Fläche.

Die Beleuchtungsstärke
an einem Punkt E_p be-
rechnet sich aus der
Lichtstärke I und dem
Abstand a zwischen der
Lichtquelle und dem
betrachteten Punkt.

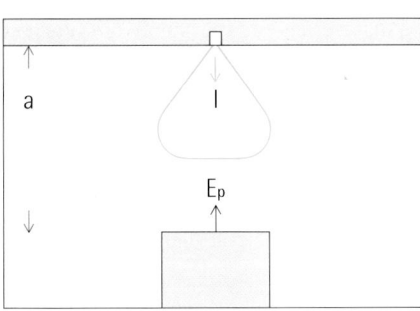

$$E_p = \frac{I}{a^2}$$

$$[E_p] = lx$$

$$[I] = cd$$

$$[a] = m$$

Das Licht kann aber auch von der Fläche reflektiert oder transmittiert werden.
Für gestreut reflektierende (matte) und für
gestreut transmittierende (trübe) Materialien kann die Leuchtdichte hierbei aus der
Beleuchtungsstärke und dem Reflexions-
bzw. Transmissionsgrad berechnet werden.

Die Leuchtdichte bildet somit die
Grundlage der wahrgenommenen Helligkeit; der tatsächliche Helligkeitseindruck
wird allerdings noch vom Adaptationszustand des Auges, den umgebenden Kon-
trastverhältnissen und dem Informationsgehalt der gesehenen Fläche beeinflußt.

Die Leuchtdichte L einer
selbstleuchtenden Flä-
che ergibt sich aus dem
Verhältnis von Licht-
stärke I und ihrer proji-
zierten Fläche A_p.

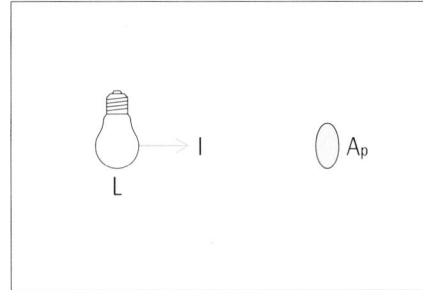

$$L = \frac{I}{A_p}$$

$$[L] = \frac{cd}{m^2}$$

Die Leuchtdichte einer
diffus reflektierenden
beleuchteten Fläche
ist proportional zur
Beleuchtungsstärke
und dem Reflexions-
grad der Fläche.

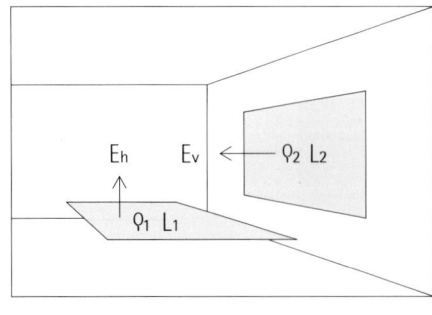

$$L_1 = \frac{E_h \cdot \varrho_1}{\pi}$$

$$L_2 = \frac{E_v \cdot \varrho_2}{\pi}$$

$$[L] = \frac{cd}{m^2}$$

$$[E] = lx$$

Licht und Lichtquellen

Licht, die Grundlage allen Sehens, ist für den Menschen eine selbstverständliche Erscheinung. Helligkeit, Dunkelheit und das Spektrum der sichtbaren Farben sind uns so vertraut, daß eine andere Wahrnehmung in einem anderen Frequenzbereich und mit abweichenden Farbempfindungen kaum vorstellbar erscheint. Tatsächlich ist das sichtbare Licht aber nur ein kleiner Ausschnitt aus dem wesentlich breiteren Spektrum der elektromagnetischen Wellen, das von den kosmischen Strahlen bis zu den Radiowellen reicht.

Daß gerade der Bereich von 380 bis 780 nm, das „sichtbare Licht", die Grundlage des menschlichen Sehens bildet, ist allerdings kein Zufall. Gerade dieser Bereich steht auf der Erde als Sonnenstrahlung relativ gleichmäßig zur Verfügung und kann so als zuverlässige Grundlage der Wahrnehmung dienen.

Das Auge des Menschen nutzt also einen zur Verfügung stehenden Ausschnitt des Spektrums der elektromagnetischen Wellen, um sich über seine Umwelt zu informieren. Es nimmt die Menge und Verteilung des Lichts wahr, das von Körpern abgestrahlt oder reflektiert wird, um sich über deren Vorhandensein und deren Beschaffenheit zu informieren; es nimmt darüber hinaus noch die Farbe des abgegebenen Lichts wahr, um eine zusätzliche Information über diese Körper zu erhalten.

Das Auge des Menschen ist aus seiner Entwicklung heraus an die einzige Lichtquelle angepaßt, die ihm während Jahrmillionen zur Verfügung stand – die Sonne. So ist das Auge in dem Bereich am empfindlichsten, in dem auch das Maximum der Sonnenstrahlung liegt, und so ist auch die Farbwahrnehmung auf das kontinuierliche Spektrum des Sonnenlichts abgestimmt.

Die erste künstliche Lichtquelle war die selbstleuchtende Flamme des Feuers, in der glühende Kohlenstoffpartikel ein Licht erzeugen, das ebenso wie das Sonnenlicht ein kontinuierliches Spektrum besitzt. Für lange Zeit basierte die Technik der Lichterzeugung auf diesem Prinzip, das allerdings von Fackel und Kienspan über Kerze und Öllampe bis hin zum Gaslicht immer effektiver ausgenutzt wurde.

Mit der Entwicklung des Glühstrumpfs für die Gasbeleuchtung in der zweiten Hälfte des 19. Jhdt.s war das Prinzip der selbstleuchtenden Flamme dann aber überholt; an ihre Stelle trat ein Stoff, der durch Erhitzen zum Leuchten gebracht werden konnte – die Flamme diente nun nur noch zur Erzeugung der benötigten Temperatur. Fast gleichzeitig entstand der Beleuchtung durch Gasglühstrümpfe aber Konkurrenz durch die Entwicklung von elektrischen Bogen- und Glühlampen, zu denen am Ende des 19. Jhdt.s noch die Entladungslampen hinzukamen.

In den dreißiger Jahren dieses Jahrhunderts war das Gaslicht schließlich fast völlig durch die Palette elektrischer Leuchtmittel abgelöst, auf deren Wirkungsweisen alle modernen Lichtquellen basieren. Die elektrischen Lichtquellen können dabei in zwei Hauptgruppen unterteilt werden, die sich durch unterschiedliche Verfahren zur Umsetzung von elektrischer Energie in Licht unterscheiden. Eine Gruppe bilden dabei die Temperaturstrahler, sie umfaßt Glühlampen und Halogen-Glühlampen. Die zweite Gruppe bilden die Entladungslampen; sie umfaßt ein breites Spektrum von Lichtquellen, z. B. alle Formen von Leuchtstofflampen, Quecksilberdampf- oder Natriumdampf-Entladungslampen sowie Halogen-Metalldampflampen.

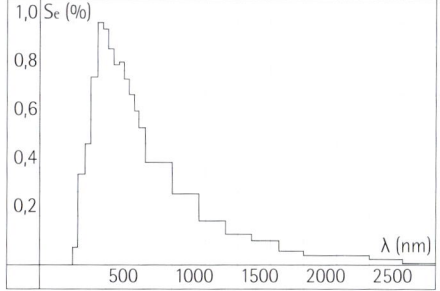

Relative spektrale Verteilung $S_e(\lambda)$ der Globalstrahlung (Sonnen- und Himmelslicht) mit einem deutlichen Maximum im sichtbaren Bereich

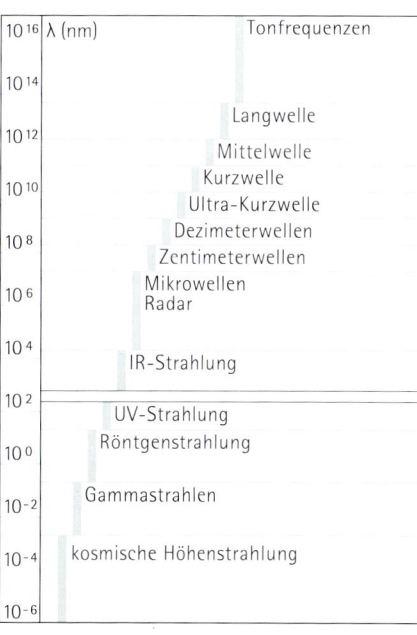

Bereiche der elektromagnetischen Strahlung. Das Spektrum der sichtbaren Strahlung umfaßt den schmalen Bereich zwischen 380 und 780 nm.

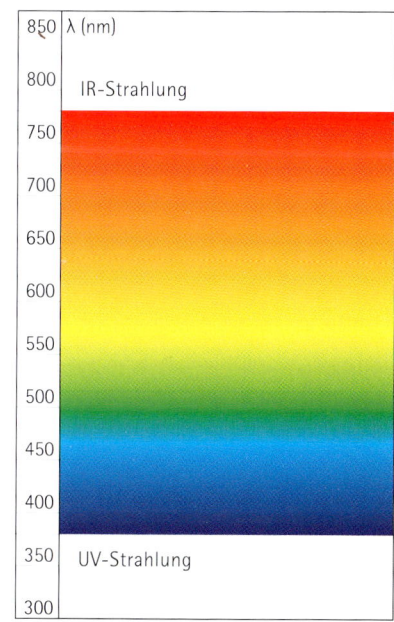

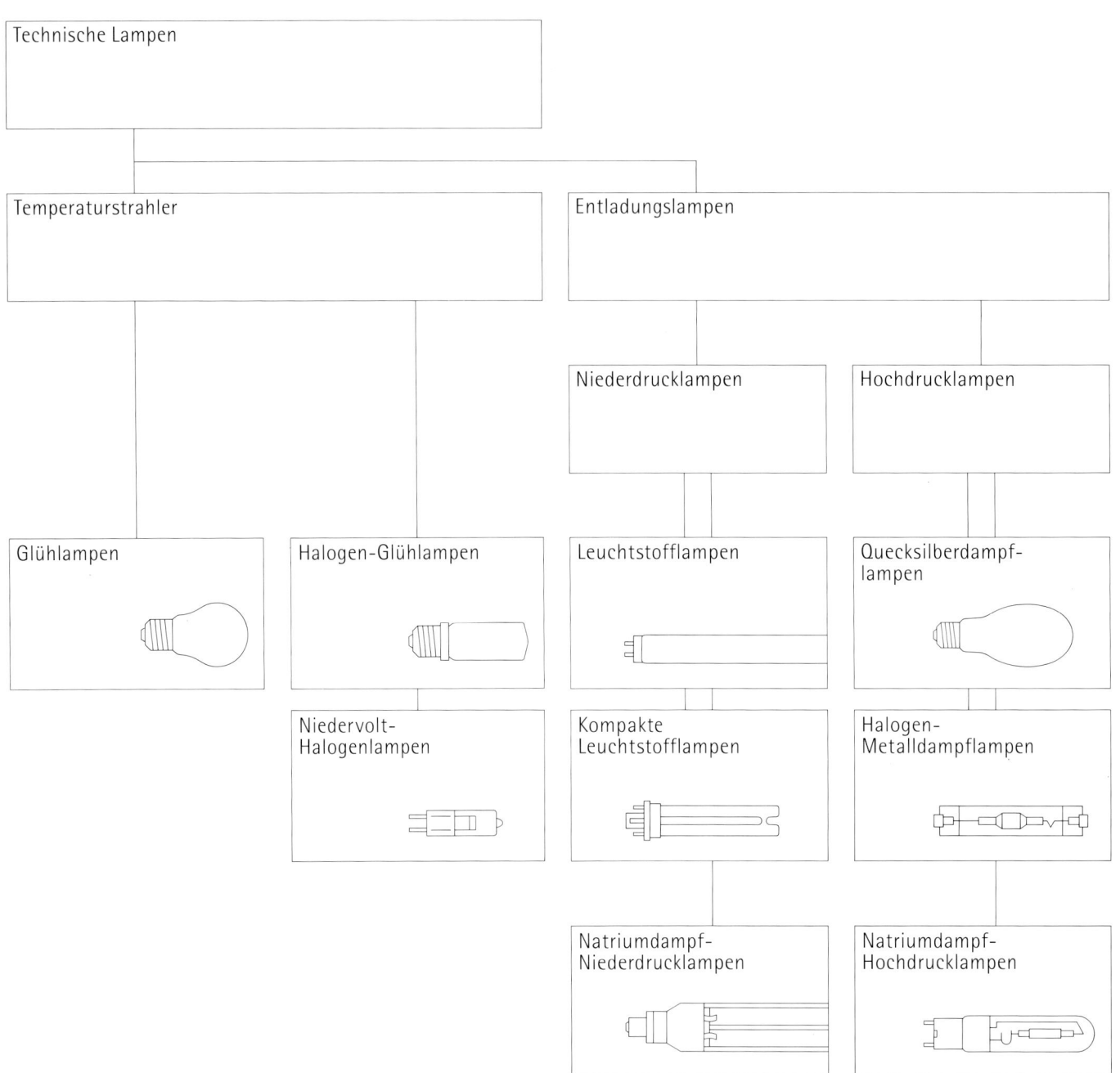

Darstellung der Einordnung elektrischer Lichtquellen nach der Art ihrer Lichterzeugung. Bei technischen Lampen wird hier hauptsächlich zwischen Temperaturstrahlern und Entladungslampen unterschieden; die Gruppe der Entladungslampen wird zusätzlich in Niederdruck- und Hochdrucklampen gegliedert. In der zeitlichen Entwicklung der einzelnen Gruppen zeigt sich deutlich der Trend zu kompakten Lichtquellen wie Niedervolt-Halogenlampen, kompakten Leuchtstofflampen oder Halogen-Metalldampflampen.

2.3.1 Glühlampen

Die Glühlampe ist ein Temperaturstrahler. Ihre Wirkungsweise beruht darauf, daß eine Metallwendel zu glühen beginnt, wenn sie durch elektrischen Strom hoch genug erhitzt wird. Mit zunehmender Temperatur verschiebt sich das Spektrum des abgestrahlten Lichtes in den Bereich kürzerer Wellenlängen – die Rotglut der Wendel wird zum warmweißen Licht der Glühlampe. Die Wendeltemperatur beträgt hierbei, je nach Lampentyp und Leistung, bis zu 3000 K, bei Halogen-Glühlampen sogar über 3000 K. Das Maximum der Strahlung liegt bei diesen Temperaturen noch im infraroten Bereich, so daß im Vergleich zum sichtbaren Anteil sehr viel Wärmestrahlung, dagegen sehr wenig UV-Strahlung abgegeben wird. Eine weitere Erhöhung der Lampentemperatur, die eine entsprechende Erhöhung der Lichtausbeute und eine kältere Lichtfarbe bewirken würde, ist durch das Fehlen eines geeigneten Wendelmaterials ausgeschlossen.

Wie alle erhitzten Festkörper – oder das hochkomprimierte Gas der Sonne – strahlt die Glühlampe ein kontinuierliches Spektrum ab, der Kurvenzug der spektralen Strahlungsverteilung ist also geschlossen und setzt sich nicht aus einzelnen Linien zusammen. Die Erhitzung der Glühwendel wird durch ihren hohen elektrischen Widerstand erreicht – elektrische Energie wird in Strahlungsenergie umgesetzt, von der ein Teil als Licht sichtbar ist. Diesem einfachen Prinzip stehen jedoch erhebliche praktische Probleme bei der Konstruktion einer Glühlampe gegenüber. So besitzen nur wenige leitende Stoffe einen genügend hohen Schmelzpunkt und gleichzeitig unterhalb des Schmelzpunkts eine so geringe Verdampfungsgeschwindigkeit, daß sie zu Glühwendeln verarbeitet werden können.

In der Praxis wird heute fast ausschließlich Wolfram für die Herstellung von Glühwendeln verwendet, weil es erst bei 3653 K schmilzt und eine niedrige Verdampfungsgeschwindigkeit besitzt. Das Wolfram wird zu feinen Drähten verarbeitet und zu Einfach- oder Doppelwendeln gewickelt.

Die Wendel befindet sich bei der Glühlampe in einem Weichglaskolben, der relativ groß ist, um die Lichtverluste durch Ablagerungen verdampften Wolframs (Schwärzung) gering zu halten. Um das Oxidieren der Wendel zu verhindern, ist der Kolben bei geringeren Lichtleistungen evakuiert, bei höheren Lichtleistungen mit Stickstoff oder einem Stickstoff-Edelgasgemisch gefüllt. Die Gasfüllung erhöht dabei durch ihre Wärmeisolation die Wendeltemperatur, vermindert aber gleichzeitig die Verdampfung des Wolframs und ermöglicht so höhere Lichtleistungen bzw. eine verlängerte Lebensdauer. Als Edelgase dienen vor allem Argon und Krypton, wobei Krypton zwar eine höhere Betriebstemperatur – und damit Lichtleistung – erlaubt, durch seinen hohen Preis aber nur in Lam-

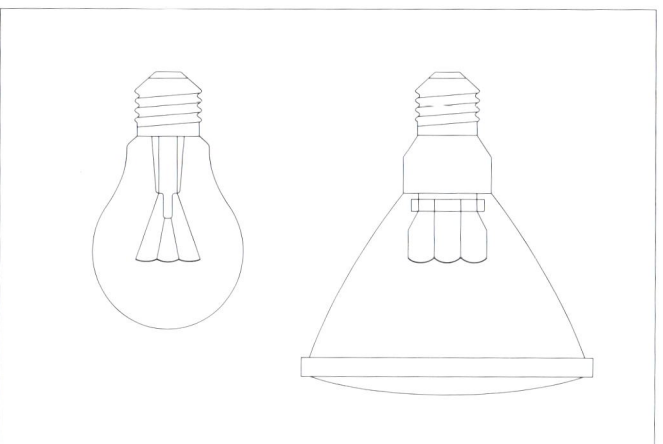

Glühlampen mit Wolframwendel in einem evakuierten oder gasgefüllten Glaskolben. Freistrahlende Allgebrauchslampe (links) und Preßglaslampe mit integriertem Parabolreflektor (rechts)

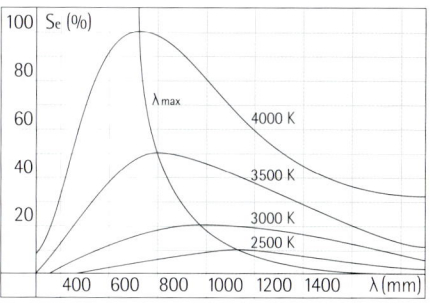

Spektrale Verteilung $S_e(\lambda)$ eines Temperaturstrahlers bei unterschiedlichen Wendeltemperaturen. Mit zunehmender Temperatur verschiebt sich das Maximum der Strahlung in den sichtbaren Bereich.

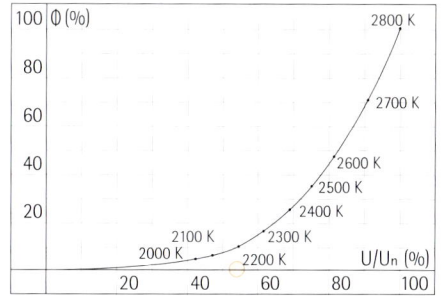

Dimmverhalten von Glühlampen. Relativer Lichtstrom ϕ und Farbtemperatur in Abhängigkeit von der relativen Spannung U/U_n. Spannungsreduzierung führt zu einem überproportionalen Rückgang des Lichtstroms.

Allgebrauchsglühlampe:
Das Prinzip der Licht-
erzeugung durch einen
elektrisch erhitzten
Glühfaden ist seit 1802
bekannt. Erste funktions-
fähige Glühlampen
werden schon 1854
durch Heinrich Goebel

konstruiert. Der eigent-
liche Durchbruch zur
weitverbreitetsten Licht-
quelle ist aber Thomas
Alva Edison zu verdanken,
der 1879 die bis heute
gebräuchliche Glüh-
lampenform entwickelt.

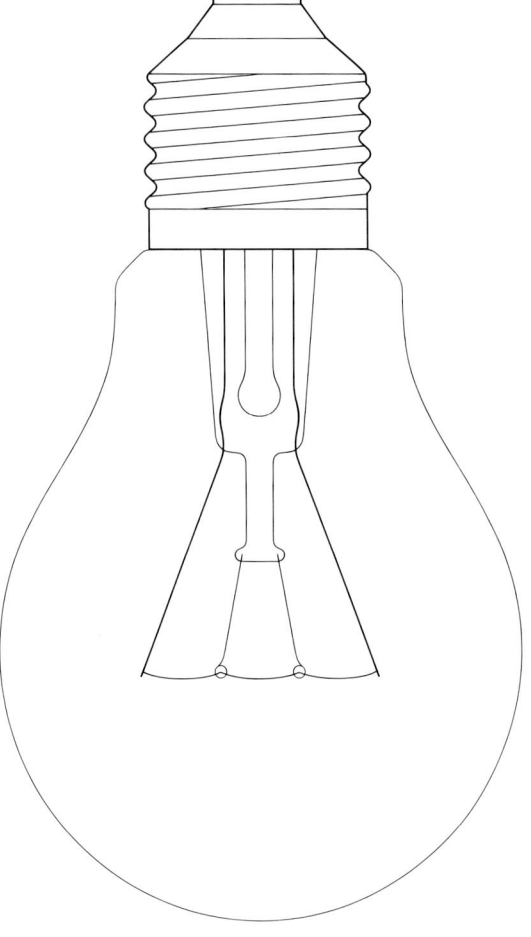

Isolierte Kontaktplatte
zur Verbindung mit dem
Phasenleiter

Schraubgewinde zur
mechanischen Befesti-
gung, gleichzeitig Kon-
takt zum Nulleiter

Zuleitungen mit inte-
grierter Sicherung

Lampenfuß aus Glas
mit isolierten Wendel-
haltern

Das Lampeninnere
kann evakuiert oder mit
einem Inertgas gefüllt
sein.

Glühwendel, in der Re-
gel ein doppelt gewen-
delter Wolframdraht

Glaskolben in klarer,
gefärbter oder mattier-
ter Ausführung. Teile
des Glaskolbens können
innenverspiegelt als
Reflektor genutzt wer-
den.

pen für besondere Ansprüche verwendet
wird.

Charakteristisch für Glühlampen ist ihre
niedrige Farbtemperatur – ihr Licht wird
also im Vergleich zum Tageslicht als warm
empfunden. Das kontinuierliche Spektrum
der Glühlampe bewirkt eine hervorragende
Farbwiedergabe.

Als Punktlichtquelle mit hoher Leuchtdichte erzeugt Glühlampenlicht Brillanz
auf glänzendem Material und kann mit
optischen Mitteln gut gelenkt werden, so
daß sowohl eng gebündeltes Akzentlicht
als auch eine breit strahlende Beleuchtung
erzeugt werden kann.

Glühlampen sind ohne Probleme dimmbar. Sie benötigen für ihren Betrieb keine
Zusatzgeräte und können in jeder Brennlage betrieben werden. Diesen Vorteilen
stehen jedoch die Nachteile einer geringen
Lichtausbeute und einer relativ kurzen
Nennlebensdauer gegenüber, wobei die
Lebensdauer stark von der Betriebsspannung abhängig ist. Zur Zeit werden allerdings Glühlampen entwickelt, die durch
eine dichroitische Bedampfung des Lampenkolbens den infraroten Anteil des Lichts
auf die Wendel zurücklenken und so für
eine höhere Wendeltemperatur und eine
bis zu 40 % höhere Lichtausbeute sorgen.

Glühlampen sind als A(Allgebrauchs)-Lam-
pen in vielen Formen erhältlich, ihre Kolben
können klar, matt oder opal sein. Für den
Einsatz unter besonderen Bedingungen
(z. B. explosionsgefährdete Räume, starke
mechanische Belastung) sind Sonderformen erhältlich; eine Vielzahl weiterer Sonderformen existiert für den dekorativen
Bereich.

Eine zweite Grundform sind die R(Reflektor)-Lampen. Sie sind ebenfalls aus
Weichglas geblasen, richten aber durch
ihre Form und eine innen angebrachte
Teilverspiegelung das Licht, während bei
den A-Lampen Licht in alle Richtungen
abgestrahlt wird. Eine dritte Grundform
sind PAR(Parabolreflektor)-Lampen. Die
PAR-Lampe ist aus Preßglas gefertigt, um
eine große Temperaturwechselbeständigkeit und eine hohe Formgenauigkeit zu
erreichen; durch einen parabolischen Reflektor kann ein definierter Ausstrahlungswinkel erreicht werden.

Bei einer Untergruppe der PAR-Lampen,
den Kaltlichtlampen, wird eine dichroitische, d. h. selektiv reflektierende Verspie-
gelung benutzt. Dichroitische Reflektoren
reflektieren das sichtbare Licht, lassen aber
einen großen Teil der Wärmestrahlung
passieren, die die Lampe so entgegen der
Lichtabstrahlrichtung verläßt. Die Wärmebelastung auf angestrahlten Gegenständen kann so um etwa die Hälfte verringert
werden.

Relative Leistung P von
Glühlampen im Dimm-
betrieb

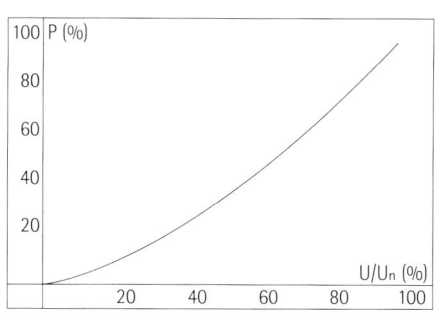

Einfluß von Über- und
Unterspannung auf
Lichtstrom Φ, Lichtaus-
beute η, elektrische
Leistung P und Lebens-
dauer t

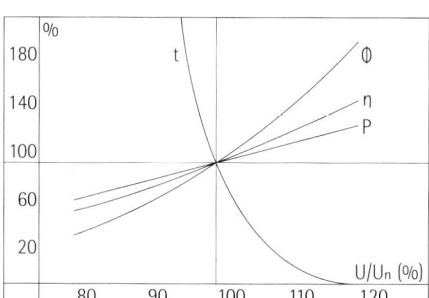

Lichtstrom	$\dfrac{\Phi}{\Phi_n} = \left(\dfrac{U}{U_n}\right)^{3,8}$
Lichtausbeute	$\dfrac{\eta}{\eta_n} = \left(\dfrac{U}{U_n}\right)^{2,3}$
elektrische Leistung	$\dfrac{P}{P_n} = \left(\dfrac{U}{U_n}\right)^{1,5}$
Lebensdauer	$\dfrac{t}{t_n} = \left(\dfrac{U}{U_n}\right)^{-1,4}$
Farbtemperatur	$\dfrac{T_f}{T_{fn}} = \left(\dfrac{U}{U_n}\right)^{0,4}$

Exponentieller Zusam-
menhang zwischen der
relativen Spannung
U/U_n und elektrischen
sowie lichttechnischen
Größen

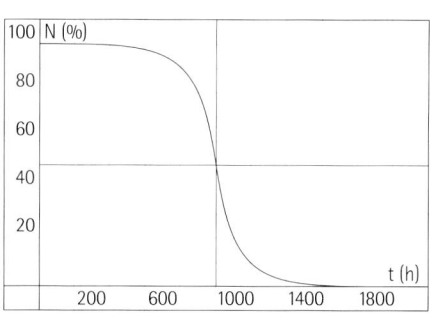

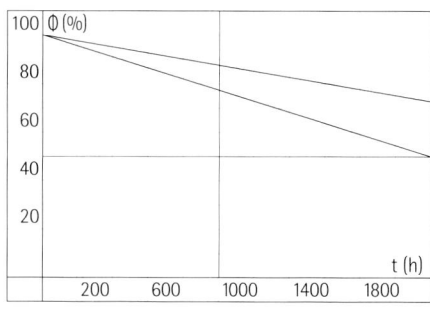

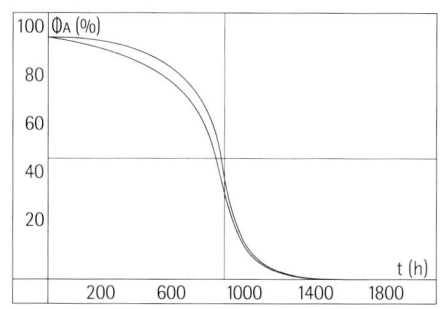

Anteil funktionsfähiger
Lampen N, Lampenlicht-
strom Φ und Anlagen-
lichtstrom Φ_A (als Produkt beider Werte) in
Abhängigkeit von der
Betriebszeit t

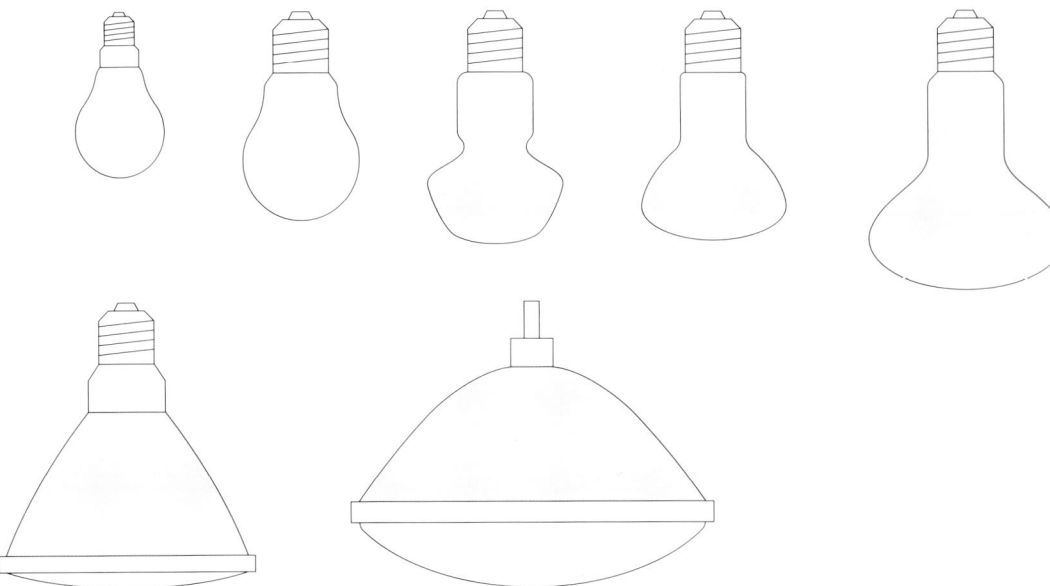

Obere Reihe (von links nach rechts): Dekorative Tropfenlampe. Allgebrauchslampe. Reflektorlampe mit Weichglaskolben und Ellipsoid- bzw. Parabolreflektor, mäßige Bündelungsleistung.
Untere Reihe (von links nach rechts): Reflektorlampe mit Preßglaskolben und leistungsfähigem Parabolreflektor, in engstrahlender (Spot) und breitstrahlender Ausführung (Flood) erhältlich. Durch hohe Temperaturwechselbeständigkeit auch im Außenbereich verwendbar. Preßglas-Reflektorlampe höherer Leistung

Preßglaslampe mit dichroitischem Kaltlichtreflektor. Sichtbares Licht wird reflektiert, Infrarotstrahlung transmittiert. Die Wärmebelastung angestrahlter Objekte wird so verringert.

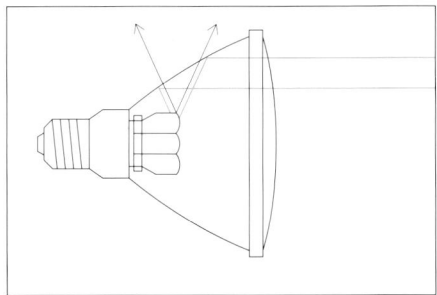

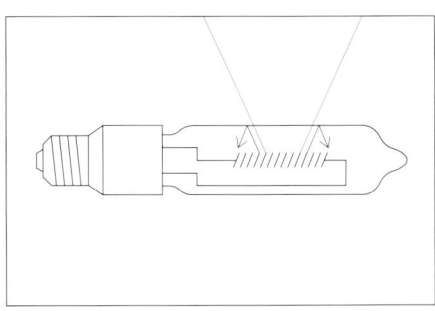

Glühlampe mit dichroitisch beschichtetem Glaskolben (hot mirror). Hier wird sichtbares Licht transmittiert; Infrarotstrahlung wird dagegen zur Wendel reflektiert und führt durch Erhöhung der Wendeltemperatur zu einer gesteigerten Lichtausbeute.

2.3.1.1 Halogen-Glühlampen

Der Konstruktion leistungsfähigerer Glühlampen steht weniger der Schmelzpunkt
des Wolframs (der mit 3563 K von den ca.
2800 K der Betriebstemperatur von Glühlampen noch relativ weit entfernt liegt)
im Wege, als die mit der Steigerung der
Temperatur zunehmende Verdampfungsgeschwindigkeit der Wendel. Dies führt
zunächst durch die Schwärzung des umgebenden Glaskolbens zu einer geringeren
Lichtleistung und schließlich zum Durch-
brennen der Wendel. Eine Erhöhung der
Lichtleistung muß so mit einer kürzeren
Lebensdauer der Lampe erkauft werden.

Eine technische Möglichkeit, den Mate-
rialverlust der Wendel zu verhindern, liegt
in der Beimischung von Halogenen zur
Gasfüllung der Lampe. Bei einer solchen
Lampe verbindet sich das verdampfte Wolfram mit dem Halogen zu einem Metallhalogenid, das bei der Temperatur im äußeren Lampenbereich gasförmig ist und sich
so nicht am Glaskolben niederschlagen
kann. An der wesentlich heißeren Wendel
wird das Metallhalogenid wieder in Wolfram und Halogen gespalten und das Wolfram so wieder zur Wendel zurückgeführt.

Der Prozeß der Bildung von Metallhalogeniden, auf dem die Halogen-Glühlampe
aufbaut, setzt allerdings eine Temperatur
des Lampenkolbens von über 250 °C voraus. Dies wird durch einen kompakten Kolben aus Quarzglas erreicht, der die Wendel
eng umschließt. Durch die kompakte Lampenform wird neben der Temperaturerhö-
hung auch eine Erhöhung des Gasdrucks
ermöglicht, die die Verdampfungsgeschwindigkeit des Wolframs herabsetzt.

Gegenüber der herkömmlichen Glühlampe
gibt die Halogen-Glühlampe ein weißeres
Licht ab – eine Folge ihrer deutlich höheren
Betriebstemperatur von 3000 bis 3300 K;
ihre Lichtfarbe liegt aber immer noch im
Bereich Warmweiß. Die Farbwiedergabe ist
durch das kontinuierliche Spektrum hervorragend. Durch ihre kompakte Form stellt
die Halogen-Glühlampe eine ideale Punkt-
quelle dar, die eine besonders gute Richt-
barkeit des Lichts zuläßt und besonders
brillante Lichteffekte ermöglicht. Die Lichtausbeute von Halogen-Glühlampen liegt –
vor allem im Niedervoltbereich – über der
von herkömmlichen Glühlampen. Auch bei
Halogen-Glühlampen werden zur Zeit Formen mit dichroitisch bedampften Kolben
entwickelt, die erheblich größere Lichtausbeuten besitzen.

Die Lebensdauer von Halogen-Glühlampen liegt über der von herkömmlichen
Glühlampen. Halogen-Glühlampen sind
dimmbar. Ebenso wie konventionelle Glühlampen benötigen sie keine zusätzlichen
Betriebsgeräte; Niedervolt-Halogenlampen
müssen allerdings an Transformatoren betrieben werden. Bei zweiseitig gesockelten
Lampen, Projektionslampen und Spezial-
lampen für den Studiobereich ist die Brennlage häufig eingeschränkt. Einige Halogen-

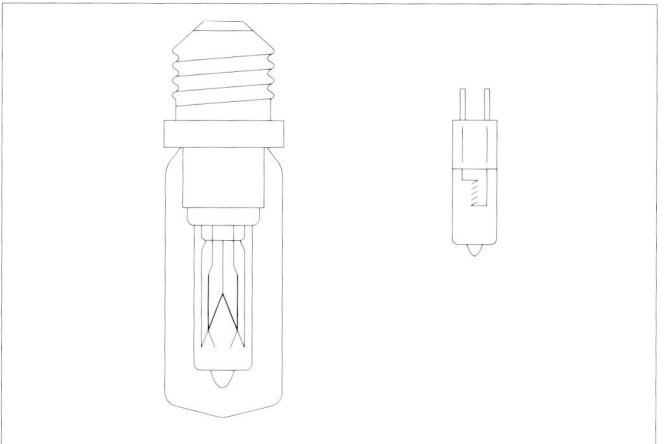

Halogen-Glühlampe für
Nennspannung mit
Schraubsockel und zu-
sätzlichem Hüllkolben
(links). Der Hüllkolben
ermöglicht den Betrieb
ohne Schutzglas. Nie-
dervolt-Halogenlampe
mit Stiftsockel und
Axialwendel in einem
Quarzglaskolben
(rechts)

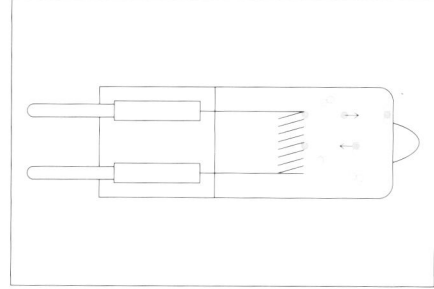

Halogenkreislauf: Ver-
bindung von verdampf-
tem Wolfram und Halo-
genen zu Wolframhalo-
genid in der Randzone.
Spaltung des Wolfram-
halogenids im Wendel-
bereich

Anteil funktionsfähiger
Lampen N in Abhängig-
keit von der Betriebs-
zeit t

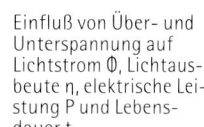

Einfluß von Über- und
Unterspannung auf
Lichtstrom ⏀, Lichtaus-
beute η, elektrische Lei-
stung P und Lebens-
dauer t

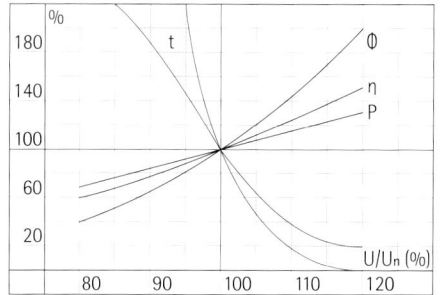

Glühlampen müssen mit Schutzglas betrieben werden.

Halogen-Glühlampen sind – wie fast alle konventionellen Glühlampen – für den Betrieb bei Netzspannung erhältlich. Sie besitzen meist spezielle Sockel, einige sind jedoch mit einem Schraubsockel E 27 und mit einer zusätzlichen äußeren Glashülle versehen und können wie herkömmliche Glühlampen verwendet werden.

Neben den Halogen-Glühlampen für Netzspannung gewinnen jedoch auch Niedervolt-Halogenlampen zunehmend an Bedeutung. Die Vorteile dieser Lichtquelle – vor allem die hohe Lichtleistung bei kleinen Abmessungen –, wie sie bisher vor allem bei Automobilscheinwerfern ausgenutzt wurden, führen inzwischen auch im Bereich der Architekturbeleuchtung zu einem breiten Einsatz von Niedervolt-Halogenlampen.

Die kleinen Abmessungen der Lampe ermöglichen dabei kompakte Leuchtenkonstruktionen und eine sehr enge Bündelung des Lichts. Niedervolt-Halogenlampen sind für unterschiedliche Spannungen (6/12/24 V) und in unterschiedlichen Formen erhältlich. Auch hier werden freistrahlende Lampen und Kombinationen von Lampe und Reflektor bzw. Kaltlichtreflektor gefertigt.

Zusammenstellung von bei der Innenraumbeleuchtung gebräuchlichen Halogen-Glühlampen und Niedervolt-Halogenlampen

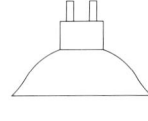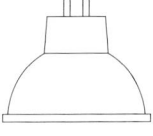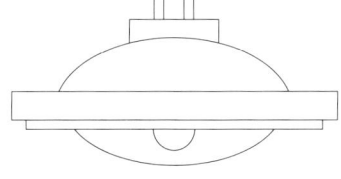

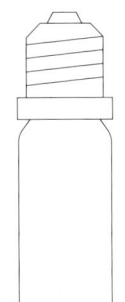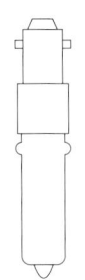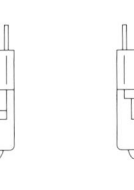

Obere Reihe (von links nach rechts): Niedervolt-Halogenlampe mit Stiftsockel und Aluminiumreflektor, mit Stiftsockel und Kaltlichtreflektor aus Glas, mit Bajonettsockel und Aluminiumreflektor, mit Aluminiumreflektor für höhere Leistung

Untere Reihe (von links nach rechts): Halogen-Glühlampe für Nennspannung mit E 27-Sockel und Hüllkolben, mit Bajonettsockel, mit zweiseitiger Sockelung. Niedervolt-Halogenlampe mit Transversalwendel, mit Axialwendel

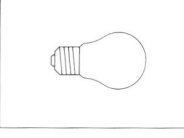

Allgebrauchslampe				
Bez.	P (W)	Φ (lm)	l (mm)	d (mm)
A60	60	730	107	60
A60	100	1380	107	60
A65	150	2220	128	65
A80	200	3150	156	80
Sockel: E27/E40		Lebensdauer 1000 h		

Reflektorlampe				
Bez.	P (W)	Φ (lm)	l (mm)	d (mm)
R63	60	650	103	63
R80	100	1080	110	80
R95	100	1030	135	95
Sockel: E27		Lebensdauer 1000 h		

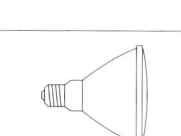

Parabolreflektorlampe				
Bez.	P (W)	Φ (lm)	l (mm)	d (mm)
PAR38	60	600	136	122
	80	800		
	120	1200		
Sockel: E27		Lebensdauer 2000 h		

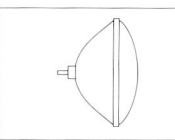

Parabolreflektorlampe				
Bez.	P (W)	Φ (lm)	l (mm)	d (mm)
PAR56	300	3000	127	179
Sockel: GX16d		Lebensdauer 2000 h		

Allgebrauchsglühlampen, Reflektorlampen und zwei gebräuchliche Formen von Preßglaslampen für Netzspannung mit Angabe von Lampenbezeichnung, Leistung P, Lichtstrom Φ, Lampenlänge l und Lampendurchmesser d

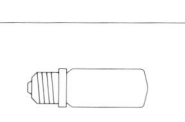

Halogen-Glühlampe				
Bez.	P (W)	Φ (lm)	l (mm)	d (mm)
QT32	75	1050	85	32
	100	1400	85	
	150	2500	105	
	250	4200	105	
Sockel: E27		Lebensdauer 2000 h		

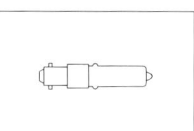

Halogen-Glühlampe				
Bez.	P (W)	Φ (lm)	l (mm)	d (mm)
QT18	75	1050	86	18
	100	1400	86	
	150	2500	98	
	250	4200	98	
Sockel: B15d		Lebensdauer 2000 h		

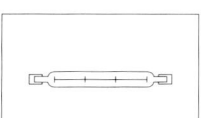

Halogen-Glühlampe				
Bez.	P (W)	Φ (lm)	l (mm)	d (mm)
QT-DE12	100	1650	75	12
	150	2500	75	
	200	3200	115	
	300	5000	115	
	500	9500	115	
Sockel: R7s-15		Lebensdauer 2000 h		

Halogen-Glühlampen für Netzspannung in einseitig und zweiseitig gesockelter Form

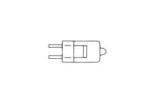

NV-Halogenlampe				
Bez.	P (W)	Φ (lm)	l (mm)	d (mm)
QT9	10	140	31	9
	20	350		
Sockel: G4		Lebensdauer 2000 h		

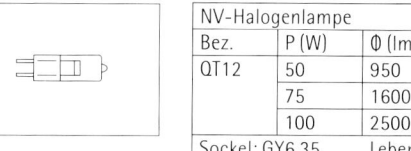

NV-Halogenlampe				
Bez.	P (W)	Φ (lm)	l (mm)	d (mm)
QT12	50	950	44	12
	75	1600		
	100	2500		
Sockel: GY6,35		Lebensdauer 2000 h		

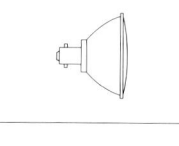

NV-Halogen-Reflektorlampe				
Bez.	P (W)	I (cd)	l (mm)	d (mm)
QR38	20	7000	38	38
QR58	50	18000	59	58
Sockel: B15d		Lebensdauer 2000 h		

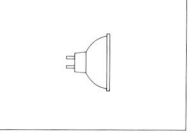

NV-Halogen-Reflektorlampe				
Bez.	P (W)	I (cd)	l (mm)	d (mm)
QR70	20	5000	50	70
	50	15000		
	75	19000		
Sockel: B15d		Lebensdauer 2000 h		

NV-Halogen-Reflektorlampe				
Bez.	P (W)	I (cd)	l (mm)	d (mm)
QR111	50	20000	45	111
	75	25000		
	100	45000		
Sockel: G53		Lebensdauer 2000 h		

NV-Halogen-Reflektorlampe Kaltlicht				
Bez.	P (W)	I (cd)	l (mm)	d (mm)
QR-CB35	20	5000	37/44	35
QR-CBC35	35	8000		
Sockel: GZ4		Lebensdauer 2000 h		

NV-Halogen-Reflektorlampe Kaltlicht				
Bez.	P (W)	I (cd)	l (mm)	d (mm)
QR-CB51	20	8000	45	51
QR-CBC51	35	13000		
	50	15000		
	65/70	20000		
Sockel: GX5,3		Lebensdauer 3000 h		

Niedervolt-Halogenlampen, freistrahlend, mit Metallreflektor oder mit Kaltlichtreflektor aus bedampftem Glas

2.3.2   Entladungslampen

Anders als bei Glühlampen wird das Licht in Entladungslampen nicht durch eine erhitzte Wendel, sondern durch das Anregen von Gasen oder Metalldämpfen erzeugt. Hierzu wird in einem mit Edelgasen oder Metalldämpfen gefüllten Entladungsgefäß eine Spannung zwischen zwei Elektroden erzeugt, die für einen Elektronenstrom zwischen den Elektroden sorgt. Auf ihrem Weg durch das Entladungsgefäß prallen die Elektronen mit Gasatomen zusammen, die bei ausreichender Geschwindigkeit der Elektronen zur Abgabe von Strahlung angeregt werden. Für jedes Gas ist dabei eine bestimmte Kombination abgegebener Wellenlängen charakteristisch; es wird jeweils Strahlung eines oder mehrerer schmaler Frequenzbereiche abgegeben.

Wird die Geschwindigkeit der Elektronen noch größer, so werden die Gasatome beim Zusammenprall nicht mehr angeregt, sondern ionisiert; das Gasatom wird in ein freies Elektron und ein positiv geladenes Ion zerlegt. Die Zahl der elektrisch geladenen, wirksamen Teilchen im Entladungsgefäß wird so zunehmend erhöht und bewirkt einen entsprechenden Anstieg der Strahlung.

Es zeigt sich deutlich, daß Entladungslampen andere Eigenschaften als Glühlampen besitzen. Dies gilt zunächst für die Art des abgestrahlten Lichts. Während bei Glühlampen ein kontinuierliches Spektrum abgegeben wird, dessen Verlauf fast ausschließlich von der Wendeltemperatur abhängt, strahlen Entladungslampen ein Spektrum mit einzelnen, für die verwendeten Gase oder Metalldämpfe charakteristischen Linien ab. Die abgestrahlten Spektrallinien können dabei in allen Bereichen des Spektrums, von der infraroten Strahlung über den sichtbaren Bereich bis zur ultravioletten Strahlung liegen. Durch Anzahl und Verteilung der Spektrallinien ergibt sich Licht unterschiedlichster Farbwirkung; durch unterschiedliche Lampenfüllungen können gezielt Lichtfarben und weißes Licht unterschiedlicher Farbtemperaturen erzeugt werden. Vor allem ist es möglich, die bei Temperaturstrahlern vorgegebene Grenze von 3650 K zu überschreiten und tageslichtähnliches Licht hoher Farbtemperaturen zu erzeugen. Ein weiterer Weg zur gezielten Erzeugung von Lichtfarben ergibt sich durch die Verwendung von Leuchtstoffen auf den Innenwänden des Entladungsgefäßes. Vor allem ultraviolette Strahlung, die bei einigen Gasentladungen auftritt, wird durch diese fluoreszierenden Leuchtstoffe in sichtbares Licht umgesetzt, wobei wiederum durch geeignete Auswahl und Mischung von Leuchtstoffen definierte Lichtfarben erzeugt werden können.

Auch durch die Veränderung des Drucks im Entladungsgefäß lassen sich die Eigenschaften einer Entladungslampe verändern, bei höherem Druck verbreitern sich die abgegebenen Spektrallinien, so daß das Spektrum aufgefüllt wird und sich einer kontinuierlichen Verteilung annähert; hierdurch wird die Farbwiedergabe und in der Regel auch die Lichtausbeute der Lampe verbessert.

Neben den Unterschieden in der Art des erzeugten Lichts bestehen aber auch bei den Betriebsbedingungen Unterschiede zwischen Glüh- und Entladungslampen. Glühlampen können ohne zusätzliche Einrichtungen am Netz betrieben werden, sie geben nach dem Einschalten sofort Licht ab. Bei Entladungslampen müssen dagegen besondere Zünd- und Betriebsbedingungen gegeben sein.

Um eine Entladungslampe zu zünden, muß dafür gesorgt werden, daß ein ausreichender Elektronenstrom im Entladungsgefäß fließt. Da das anzuregende Gas vor dem Zünden nicht ionisiert ist, müssen diese Elektronen durch besondere Zündeinrichtungen bereitgestellt werden. Nach dem Zünden der Entladungslampe kommt es durch die lawinenartige Ionisierung des angeregten Gases zu einem ständig steigenden Lampenstrom, der die Lampe in kürzester Zeit zerstören würde. Um dies zu verhindern, muß der Lampenstrom durch ein Vorschaltgerät begrenzt werden.

Sowohl für das Zünden wie für den Betrieb von Entladungslampen sind also Zusatzeinrichtungen erforderlich. In einigen Fällen sind diese Einrichtungen in der Lampe integriert; in der Regel werden sie aber getrennt von der Lampe in der Leuchte eingebaut.

Zündverhalten und Leistung von Entladungslampen hängen von der Betriebstemperatur ab; dies führt zum Teil zu Bauformen mit zusätzlichem Glaskolben. Häufig muß die Lampe nach einer Stromunterbrechung einige Minuten abkühlen, bevor sie wieder gestartet werden kann; ein sofortiger Wiederstart ist nur durch eine sehr hohe Zündspannung möglich. Bei einem Teil der Lampen existieren Vorschriften für die Brennlage.

Entladungslampen können nach der Höhe ihres Betriebsdrucks in zwei Hauptgruppen mit unterschiedlichen Eigenschaften unterteilt werden. Eine Gruppe bilden dabei die Niederdruck-Entladungslampen. Als Lampenfüllung werden hier Edelgase oder Edelgas/Metalldampfgemische bei einem Druck von weit unter 1 bar verwendet. Durch den geringen Druck im Entladungsgefäß kommt es kaum zu Wechselwirkungen zwischen den Molekülen des Gases, es wird ein reines Linienspektrum abgestrahlt.

Die Lichtleistung von Niederdruck-Entladungslampen ist vor allem vom Lampenvolumen abhängig, sie ist pro Volumeneinheit relativ gering. Um eine ausreichende Lichtleistung zu erreichen, müssen die Lampen also große, in der Regel rohrförmige Entladungsgefäße besitzen.

Hochdruck-Entladungslampen werden dagegen bei einem Druck deutlich über 1 bar betrieben. Durch den hohen

Druck und die entstehenden hohen Temperaturen kommt es zu Wechselwirkungen im Entladungsgas. Licht wird nicht mehr nur in den schmalen Spektrallinien der Niederdruckentladung, sondern in breiteren Frequenzbereichen abgegeben. Generell verschiebt sich die abgegebene Strahlung mit steigendem Druck in den längerwelligen Bereich des Spektrums.

Die Lichtleistung pro Volumeneinheit ist weitaus größer als bei Niederdruckentladungen; die Entladungsgefäße sind klein. Hochdruck-Entladungslampen stellen also – ähnlich wie Glühlampen – Punktlichtquellen mit hoher Lampenleuchtdichte dar. In der Regel sind die eigentlichen Entladungsgefäße von einem zusätzlichen Hüllkolben umgeben, der die Betriebstemperatur der Lampe stabilisiert, gegebenenfalls als UV-Filter dient und als Träger einer Leuchtstoffschicht verwendet werden kann.

2.3.2.1 Leuchtstofflampen

Die Leuchtstofflampe ist eine mit Quecksilberdampf arbeitende Niederdruck-Entladungslampe. Sie besitzt ein rohrförmiges Entladungsgefäß mit einer Elektrode an jedem Ende. Die Gasfüllung besteht aus einem Edelgas, das die Zündung erleichtert und die Entladung kontrolliert, sowie aus einer kleinen Menge Quecksilber, dessen Dampf bei der Anregung ultraviolette Strahlung abgibt. Die Innenseite des Entladungsrohres ist mit Leuchtstoffen beschichtet, die die ultraviolette Strahlung der Lampe durch Fluoreszenz in sichtbares Licht umsetzen.

Um das Zünden der Leuchtstofflampe zu erleichtern, sind die Elektroden meist als Glühwendel ausgeführt und zusätzlich mit Metalloxiden (Emittern) beschichtet, die das Austreten von Elektronen fördern. Die Elektroden werden beim Start vorgeheizt, ein Spannungsstoß führt dann zum Zünden der Lampe.

Durch die Kombination geeigneter Leuchtstoffe können unterschiedliche Lichtfarben erzielt werden. Hierzu werden häufig drei Leuchtstoffe kombiniert, deren Mischung eine weiße Lichtfarbe erzeugt, die je nach dem Anteil der einzelnen Leuchtstoffe im warmweißen, neutralweißen oder tageslichtweißen Bereich liegt.

Im Gegensatz zu annähernd punktförmigen Lichtquellen, wie z. B. der Glühlampe, wird das Licht bei Leuchtstofflampen von einer großen Oberfläche abgestrahlt. Hierdurch wird vorwiegend diffuses Licht erzeugt, das sich weniger zur gezielten Akzentbeleuchtung als vielmehr zu einer großflächigen und gleichmäßigen Beleuchtung eignet.

Durch das diffuse Licht der Leuchtstofflampe entstehen weiche Schatten. Es wird nur wenig Brillanz auf glänzenden Oberflächen erzeugt. Räumliche Formen und

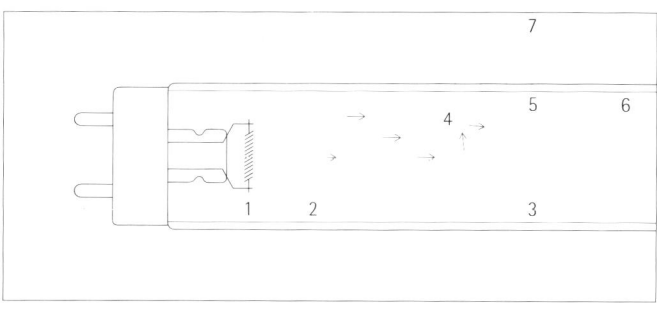

Die von der Elektrode (1) ausgehenden Elektronen (2) treffen auf Quecksilberatome (3). Hierbei werden die Elektronen des Quecksilberatoms (4) angeregt, diese geben dabei UV-Strahlung (5) ab. Die UV-Strahlung wird in der Leuchtstoffbeschichtung (6) in sichtbares Licht (7) umgewandelt.

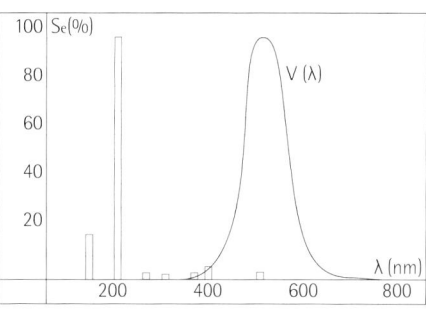

Relative spektrale Verteilung Se (λ) der Quecksilberdampf-Niederdruckentladung. Die abgegebene Strahlung liegt weitgehend außerhalb der Augenempfindlichkeit V (λ).

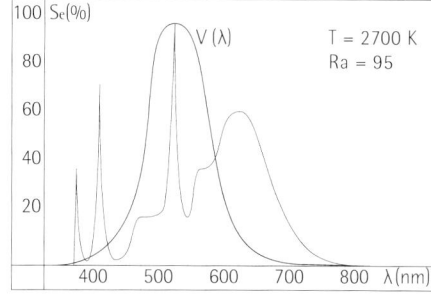

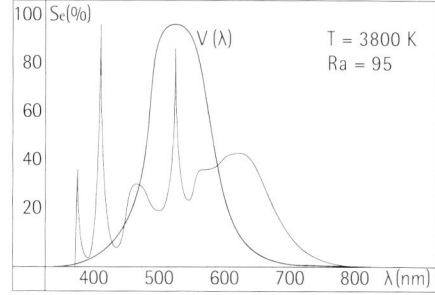

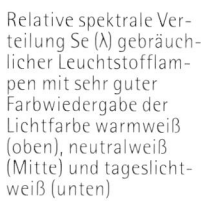

Relative spektrale Verteilung Se (λ) gebräuchlicher Leuchtstofflampen mit sehr guter Farbwiedergabe der Lichtfarbe warmweiß (oben), neutralweiß (Mitte) und tageslichtweiß (unten)

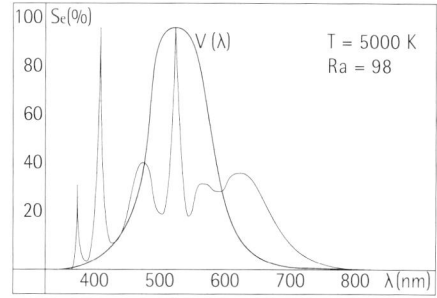

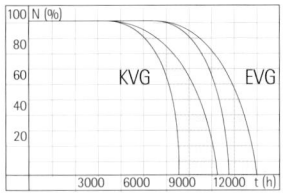
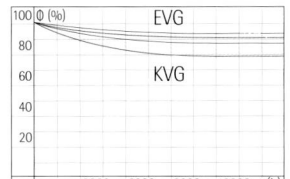
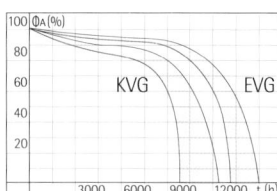

Anteil funktionsfähiger Lampen N, Lampenlichtstrom Φ und Anlagenlichtstrom Φ_A (als Produkt beider Werte) in Abhängigkeit von der Betriebszeit t. Durch den Einsatz von elektronischen Vorschaltgeräten (EVG) werden die Betriebseigenschaften gegenüber dem Betrieb mit konventionellen Vorschaltgeräten (KVG) verbessert.

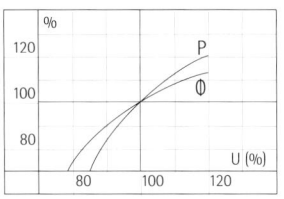

Einfluß von Über- und Unterspannung auf Lichtstrom Φ und elektrische Leistung P

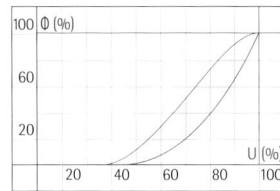

Lichtstrom Φ von Leuchtstofflampen im Dimmbetrieb

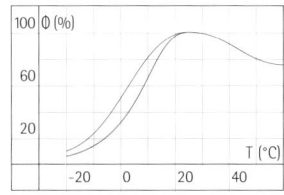

Abhängigkeit des Lampenlichtstroms Φ von der Umgebungstemperatur T

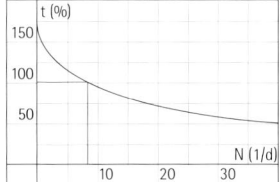

Lebensdauer t in Abhängigkeit von der Schalthäufigkeit pro Tag N. Die Nennlebensdauer von 100 % wird bei einer Schalthäufigkeit von 8 Schaltungen pro 24 h erreicht.

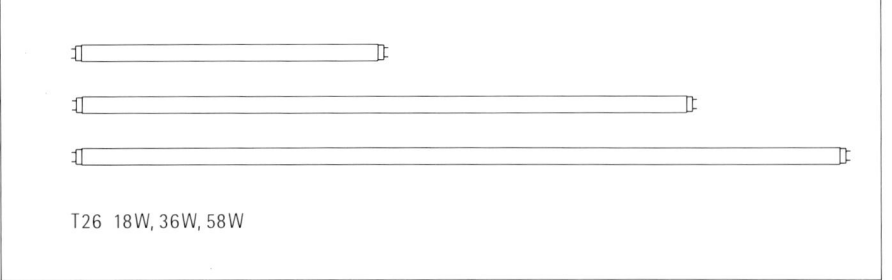

T26 18W, 36W, 58W

Längenverhältnisse gebräuchlicher Leuchtstofflampen T26

Materialeigenschaften werden also nicht betont. Durch ihr diskontinuierliches Spektrum besitzen Leuchtstofflampen andere Farbwiedergabeeigenschaften als Glühlampen. Zwar läßt sich schon durch Kombination weniger Leuchtstoffe weißes Licht jeder Farbtemperatur erzeugen, dennoch hat dieses Licht aber wegen der fehlenden Spektralanteile eine schlechtere Farbwiedergabe als Licht mit kontinuierlichem Spektrum. Um Leuchtstofflampen mit sehr guter Farbwiedergabe herzustellen, müssen also zahlreiche Leuchtstoffe so kombiniert werden, daß eine dem entsprechenden kontinuierlichen Spektrum vergleichbare Verteilung entsteht.

Leuchtstofflampen besitzen eine hohe Lichtausbeute. Ihre Lebensdauer ist ebenfalls hoch, verkürzt sich allerdings bei häufiger Schaltfrequenz deutlich. Für den Betrieb von Leuchtstofflampen werden sowohl Starter wie Vorschaltgeräte benötigt. Leuchtstofflampen zünden sofort und erreichen nach kurzer Zeit ihre volle Lichtleistung. Nach Stromunterbrechungen ist eine sofortige Wiederzündung möglich. Leuchtstofflampen können gedimmt werden. Eine Einschränkung der Brennlage existiert nicht.

Leuchtstofflampen sind meist stabförmig, wobei die Länge der Lampe von der Lichtleistung abhängt. Als Sonderformen sind U-förmige oder ringförmige Leuchtstofflampen erhältlich. Der Durchmesser der Lampen beträgt 26 mm (bei sehr kleinen Leistungen 16 mm). Ältere Lampentypen mit einem Durchmesser von 38 mm sind inzwischen weitgehend ohne Bedeutung.

Leuchtstofflampen sind in zahlreichen Lichtfarben erhältlich. Hier spielen vor allem die Lichtfarben Warmweiß, Neutralweiß und Tageslichtweiß eine Rolle, es sind jedoch auch Lampen für spezielle Zwecke (z. B. Lebensmittelbeleuchtung, UV-Lampen) und farbige Lampen erhältlich. Die Farbwiedergabe von Leuchtstofflampen kann auf Kosten der Lichtausbeute verbessert werden; erhöhte Lichtausbeuten bedingen wiederum eine Verschlechterung der Farbwiedergabe.

Normalerweise werden Leuchtstofflampen bei vorgeheizten Elektroden durch einen externen Starter gezündet. Es existieren jedoch Ausführungen, die durch integrierte Zündhilfen auf den Starter verzichten können. Sie werden vor allem in gekapselten Leuchten für explosionsgefährdete Umgebungen eingesetzt.

2.3.2.2 Kompakte Leuchtstofflampen

Kompakte Leuchtstofflampen unterscheiden sich in ihrer Funktionsweise nicht von herkömmlichen Leuchtstofflampen. Sie besitzen allerdings eine kompaktere Form, die durch ein gebogenes oder die Kombination mehrerer kurzer Entladungsrohre erreicht wird. Bei einigen Typen ist das Entladungsrohr von einer Glashülle umgeben, die das Aussehen und die lichttechnischen Eigenschaften der Lampe verändert.

Kompakte Leuchtstofflampen besitzen grundsätzlich die gleichen Eigenschaften wie konventionelle Leuchtstofflampen, vor allem also eine hohe Lichtausbeute und lange Lebensdauer. Ihre Lichtleistung wird allerdings durch das relativ geringe Volumen des Entladungsrohres begrenzt. Gleichzeitig ergeben sich durch die kompakte Form aber neue Eigenschaften und Einsatzgebiete. So wird es möglich, Leuchtstofflampen nicht nur in Rasterleuchten, sondern auch in kompakten Reflektorleuchten (z. B. in Downlights) einzusetzen. Auf diese Weise kann ein gebündeltes Licht erzeugt werden, das durch Schattenwurf die Eigenschaften beleuchteter Objekte betont.

Kompakte Leuchtstofflampen können bei integriertem Starter nicht gedimmt werden, es sind jedoch Formen mit externem Starter und vierpoligem Sockel erhältlich, die den Betrieb an elektronischen Vorschaltgeräten und das Dimmen ermöglichen.

Kompakte Leuchtstofflampen sind vor allem in Stabform erhältlich, wobei pro Lampe jeweils zwei oder vier Entladungsrohre kombiniert sind. Für den Betrieb sind Start- und Vorschaltgeräte nötig; bei zweipoligen Lampen ist der Starter allerdings schon im Sockel integriert.

Neben diesen Standardformen, die mit Stecksockeln ausgerüstet und für den Betrieb an Vorschaltgeräten vorgesehen sind, existieren jedoch auch kompakte Leuchtstofflampen mit integriertem Starter und Vorschaltgerät; sie sind mit einem Schraubsockel versehen und können wie Glühlampen verwendet werden. Zum Teil sind diese Lampen mit zusätzlichen zylindrischen oder kugelförmigen Glashüllen umgeben, um eine größere Ähnlichkeit mit Glühlampen zu erreichen. Beim Einsatz dieser Lampen in Leuchten für Glühlampen ist allerdings zu beachten, daß die Leuchteneigenschaften durch das größere Volumen der Lampe verschlechtert werden können.

2.3.2.3 Leuchtröhren

Leuchtröhren arbeiten mit der Niederdruckentladung in Edelgasen oder Edelgas-Quecksilberdampfgemischen. Anders als Leuchtstofflampen besitzen sie aber ungeheizte Elektroden, so daß sie mit hohen Spannungen gezündet und betrieben werden müssen. Da für Anlagen mit einer Spannung von 1000 V und höheren Spannungen besondere Vorschriften gelten, werden Leuchtröhren häufig mit weniger als 1000 V betrieben, es sind aber auch Hochspannungs-Entladungslampen erhältlich, die mit mehr als 1000 V betrieben werden.

Leuchtröhren besitzen eine deutlich geringere Lichtausbeute als konventionelle Leuchtstofflampen, ihre Lebensdauer ist hoch. Mit einer reinen Edelgasentladung

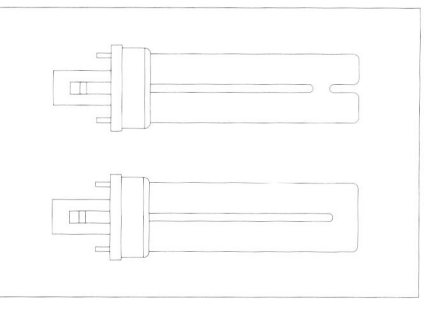

Im Gegensatz zu konventionellen Leuchtstofflampen besitzen kompakte Leuchtstofflampen zu einem einseitigen Sockel zurückgeführte Entladungsgefäße.

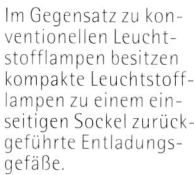

Rohranordnungen bei kompakten Leuchtstofflampen: TC/TC-L (oben), TC-D (Mitte), TC-DEL (unten)

Kompakte Leuchtstofflampen mit Zweistift-Stecksockel und integriertem Starter (oben), Vierstift-Stecksockel für den Betrieb an elektronischen Vorschaltgeräten (Mitte), Schraubsockel mit integriertem Vorschaltgerät für den direkten Betrieb an Netzspannung (unten)

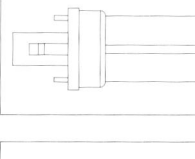
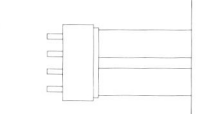
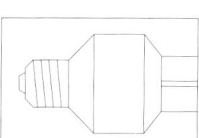

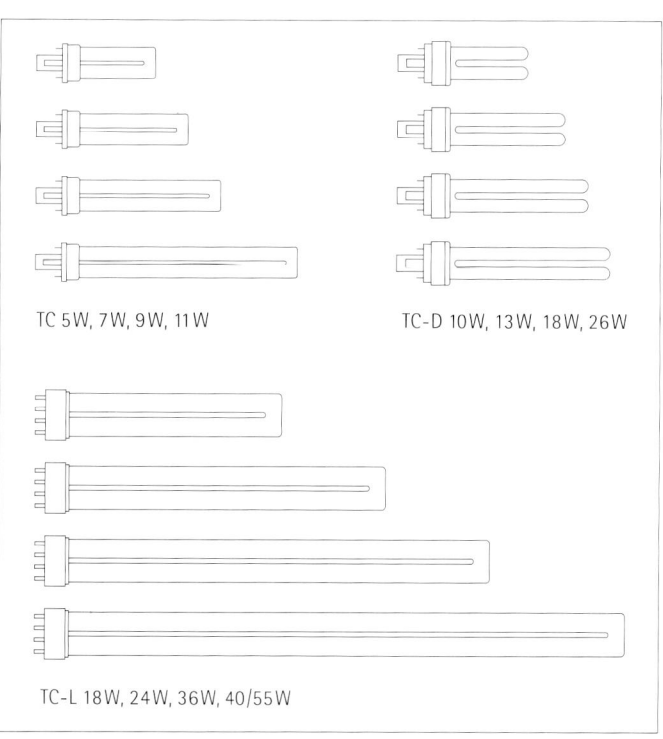

TC 5W, 7W, 9W, 11W

TC-D 10W, 13W, 18W, 26W

TC-L 18W, 24W, 36W, 40/55W

Größenverhältnisse gebräuchlicher kompakter Leuchtstofflampen der Typen TC, TC-D und TC-L

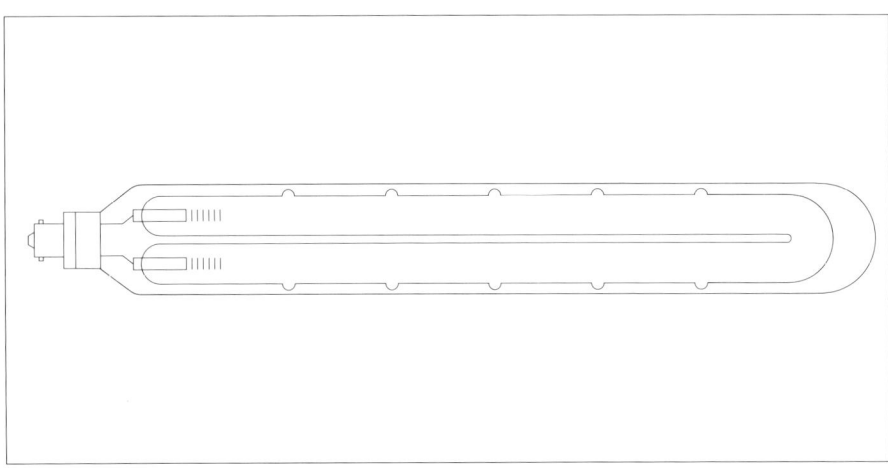

Natriumdampf-Niederdrucklampe mit U-förmigem Entladungsrohr in einem dichroitisch bedampften Hüllkolben. Durch die dichroitische Schicht wird die Infrarotstrahlung der Lampe zum Entladungsgefäß reflektiert und so das Erreichen der notwendigen Betriebstemperatur beschleunigt.

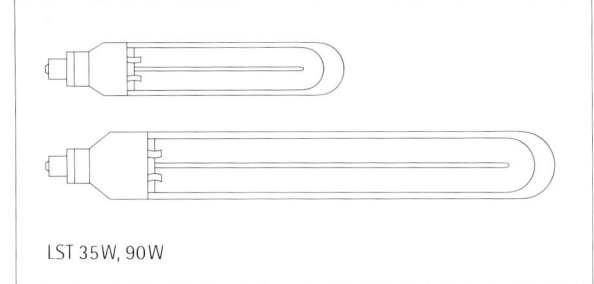

LST 35W, 90W

Größenverhältnisse gebräuchlicher Natriumdampf-Niederdrucklampen (LST)

können nur wenige Lichtfarben erzeugt werden, so z. B. Rot bei Neonfüllung oder Blau bei Argonfüllung. Um das Spektrum der verfügbaren Farben zu erweitern, können zunächst gefärbte Entladungsrohre verwendet werden. Meist wird dem Edelgas jedoch Quecksilber zugegeben und die entstehende Ultraviolettstrahlung durch Leuchtstoffe in die gewünschten Lichtfarben umgesetzt. Leuchtröhren benötigen ein Vorschaltgerät; sie werden an Streufeldtransformatoren betrieben, die für die benötigte hohe Zünd- und Betriebsspannung sorgen. Leuchtröhren zünden sofort, nach Stromunterbrechungen ist eine sofortige Wiederzündung möglich. Für die Brennlage bestehen keine Einschränkungen.

Leuchtröhren besitzen röhrenförmige Entladungsgefäße, die in unterschiedlichen Durchmessern und Längen angeboten werden. Je nach Verwendungszweck können die unterschiedlichsten Rohrformen, so z. B. für Schriftzüge und Firmenzeichen, angefertigt werden. Es ist eine Vielzahl von Lichtfarben erhältlich.

2.3.2.4 Natriumdampf-Niederdrucklampen

Natriumdampf-Niederdrucklampen sind in Aufbau und Funktion den Leuchtstofflampen vergleichbar. An Stelle von Quecksilberdampf wird hierbei aber Natriumdampf angeregt. Daraus ergeben sich einige wesentliche Unterschiede zu Leuchtstofflampen. Zunächst ist das Zünden von Natriumdampflampen schwieriger als das Zünden von Quecksilberdampflampen, da festes Natrium – anders als flüssiges Quecksilber – bei Zimmertemperatur keinen Metalldampf bildet. In Natriumdampflampen muß die Zündung also mit Hilfe der zusätzlichen Edelgasfüllung erfolgen; erst die Wärme der Edelgasentladung läßt das Natrium verdampfen, so daß es zur eigentlichen Metalldampfentladung kommt. Natriumdampf-Niederdrucklampen benötigen also eine hohe Zündspannung und eine relativ lange Einbrennzeit bis zum Erreichen der vollen Leistung. Um eine ausreichende Betriebstemperatur der Lampe zu gewährleisten, ist das Entladungsrohr mit einer weiteren, oft im Infrarotbereich reflektierenden Glashülle umgeben.

Ein weiterer Unterschied liegt in der Art der erzeugten Strahlung. Während angeregter Quecksilberdampf bei niedrigem Druck vor allem ultraviolettes Licht abgibt, das mit Hilfe von Leuchtstoffen in sichtbares Licht umgesetzt werden muß, gibt Natriumdampf sichtbares Licht ab. Natriumdampf-Niederdrucklampen benötigen also keinen Leuchtstoff. Zusätzlich ist die Lichtausbeute dieser Lampen so hoch, daß die benötigten Lampenvolumen erheblich kleiner als bei Leuchtstofflampen sind.

Die hervorstechendste Eigenschaft der Natriumdampf-Niederdrucklampen ist ihre außergewöhnlich gute Lichtausbeute.

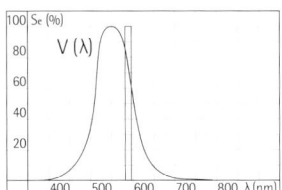

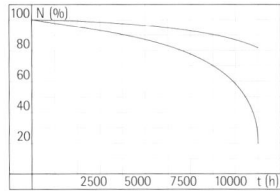

Anteil funktionsfähiger Lampen N, Lampenlichtstrom Φ und Anlagenlichtstrom Φ_A (als Produkt beider Werte) in Abhängigkeit von der Betriebszeit t

Relative spektrale Verteilung S_e (λ) der Natriumdampf-Niederdruckentladung. Das abgegebene Linienspektrum liegt nahe der maximalen Empfindlichkeit des Auges, verhindert jedoch durch seinen monochromatischen Charakter die Wiedergabe von Farben.

Anlaufverhalten: Lampenlichtstrom Φ in Abhängigkeit von der Zeit t

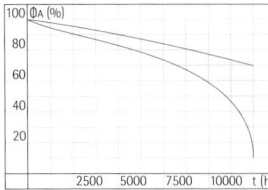

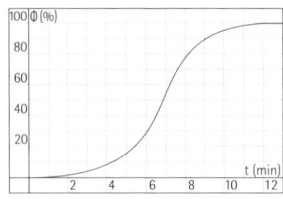

Da die Natriumdampf-Niederdrucklampe zusätzlich noch eine hohe Lebensdauer besitzt, ist sie die wirtschaftlichste verfügbare Lichtquelle.

Niederdruck-Natriumdampf gibt Licht ausschließlich in zwei sehr eng benachbarten Spektrallinien ab; das abgestrahlte Licht ist monochromatisch gelb. Durch seinen monochromatischen Charakter erzeugt es im Auge keine chromatische Aberration und sorgt also für eine große Sehschärfe.

Diesen Vorteilen steht jedoch als deutlicher Nachteil die außergewöhnlich schlechte Farbwiedergabeeigenschaft entgegen. Von einer Farbwiedergabe im eigentlichen Sinne kann nicht mehr gesprochen werden, es wird nur ein unterschiedlich gesättigtes Gelb von der reinen Farbe bis hin zum Schwarz wahrgenommen. Die Natriumdampf-Niederdrucklampe wird deshalb inzwischen auch in ihrem eigentlichen Anwendungsgebiet, der Außenbeleuchtung, weitgehend von der Natriumdampf-Hochdrucklampe verdrängt.

Für den Betrieb ist bei einigen stabförmigen Lampen eine Kombination von Zünd- und Vorschaltgerät erforderlich, meist wird jedoch ein Streufeldtransformator als Zünd- und Vorschaltgerät verwendet. Natriumdampf-Niederdrucklampen benötigen beim Start eine Einbrennzeit von einigen Minuten sowie eine kurze Abkühlphase vor dem Wiederstart nach Stromunterbrechungen. Bei Verwendung von speziellen Betriebsgeräten ist eine sofortige Wiederzündung möglich. Die Brennlage ist eingeschränkt.

Natriumdampf-Niederdrucklampen besitzen in der Regel ein U-förmiges, gelegentlich auch ein stabförmiges Entladungsrohr, das mit einer zusätzlichen Glashülle umgeben ist.

2.3.2.5 Quecksilberdampf-Hochdrucklampen

Quecksilberdampf-Hochdrucklampen besitzen ein kurzes, röhrenförmiges Entladungsgefäß aus Quarzglas, das eine Edelgas-Quecksilbermischung enthält. An beiden Seiten des Entladungsrohrs sind Elektroden angeordnet, dicht neben einer dieser Elektroden befindet sich eine zusätzliche Hilfselektrode für die Zündung der Lampe. Das Entladungsgefäß ist mit einem zusätzlichen Hüllkolben umgeben, der die Lampentemperatur stabilisiert und das Entladungsrohr vor Korrosion durch die Außenluft schützt. Der Hüllkolben kann zusätzlich mit einem Leuchtstoff beschichtet sein, um die Lichtfarbe der Lampe zu verändern.

Beim Zünden der Lampe entsteht zunächst eine Glimmentladung an der Hilfselektrode, die sich allmählich bis zur zweiten Hauptelektrode ausdehnt. Wenn das Lampengas auf diese Weise ionisiert ist, kommt es zu einer Bogenentladung zwischen den Hauptelektroden, die zu diesem

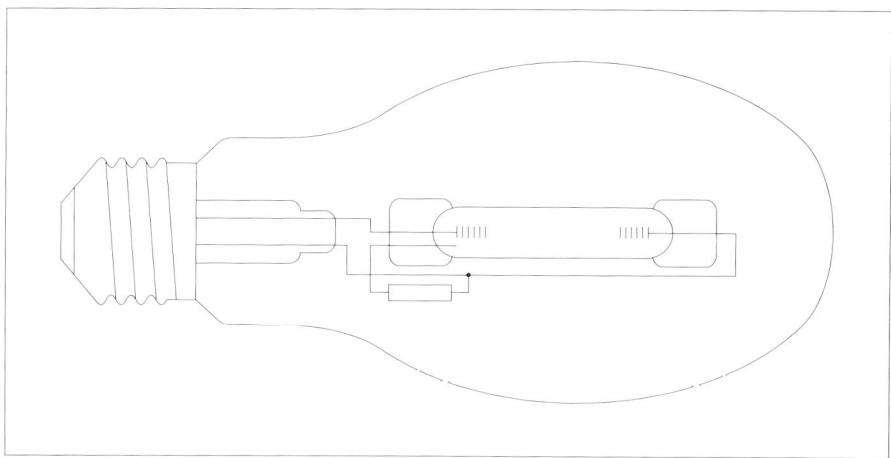

Quecksilberdampf-Hochdrucklampe mit Entladungsgefäß aus Quarzglas und einem elliptischen Hüllkolben. Der Hüllkolben ist in der Regel mit einem

Leuchtstoff beschichtet, der die UV-Strahlung der Lampe in sichtbares Licht umsetzt und so Lichtausbeute und Farbwiedergabe verbessert.

Gebräuchliche Quecksilberdampf-Hochdrucklampen mit elliptischem Hüllkolben (HME), kugelförmigem Hüllkolben (HMG) und integriertem Reflektor (HMR)

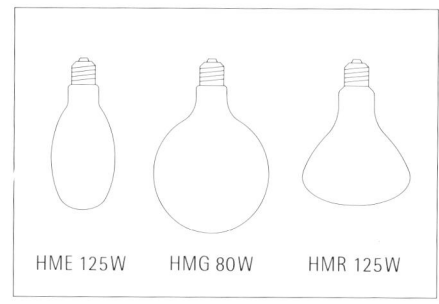

HME 125W   HMG 80W   HMR 125W

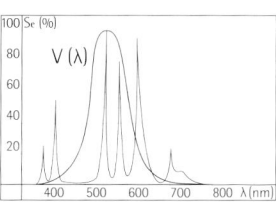

Relative spektrale Verteilung Se (λ) der Quecksilberdampf-Hochdruckentladung

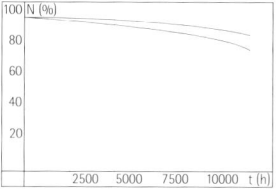

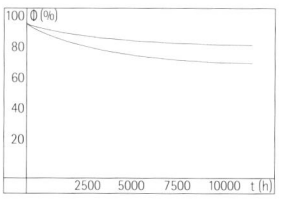

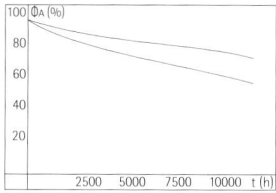

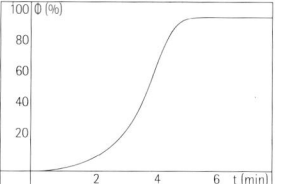

Anteil funktionsfähiger Lampen N, Lampenlichtstrom Φ und Anlagenlichtstrom ΦA (als Produkt beider Werte) in Abhängigkeit von der Betriebszeit t

Anlaufverhalten: Lampenlichtstrom Φ in Abhängigkeit von der Zeit t

Zeitpunkt einer Niederdruckentladung entspricht. Erst wenn durch die Bogenentladung das gesamte Quecksilber verdampft ist und durch die entstehende Hitze ein ausreichender Überdruck erzeugt worden ist, kommt es zur eigentlichen Hochdruckentladung, bei der die volle Lichtleistung abgegeben wird.

Quecksilberdampf-Hochdrucklampen besitzen eine mittlere Lichtausbeute; ihre Lebensdauer ist sehr hoch. Sie bilden eine relativ kompakte Lichtquelle, so daß ihr Licht mit optischen Mitteln gelenkt werden kann.

Das Licht der Quecksilberdampf-Hochdrucklampen ist durch den fehlenden Rotanteil des abgegebenen Spektrums bläulich weiß. Die Farbwiedergabe ist mäßig, bleibt jedoch über die gesamte Lebensdauer konstant. Meist wird durch zusätzliche Leuchtstoffe eine neutralweiße oder warmweiße Lichtfarbe und eine verbesserte Farbwiedergabe erreicht.

Durch die integrierte Hilfselektrode benötigen Quecksilberdampf-Hochdrucklampen kein Zündgerät, sie müssen jedoch an einem Vorschaltgerät betrieben werden. Quecksilberdampf-Hochdrucklampen benötigen eine Einbrennzeit von einigen Minuten und eine längere Abkühlphase vor dem Wiederzünden nach Stromunterbrechungen. Die Brennlage ist nicht eingeschränkt.

Quecksilberdampf-Hochdrucklampen sind in unterschiedlichen Formen erhältlich; ihre Außenhüllen können kugelförmig, elliptisch oder pilzförmig sein, wobei die pilzförmigen Versionen als Reflektorlampen ausgebildet sind.

2.3.2.6 Mischlichtlampen

Mischlichtlampen entsprechen im Aufbau Quecksilberdampf-Hochdrucklampen; sie besitzen jedoch in der äußeren Glashülle eine zusätzliche Glühwendel, die mit dem Entladungsrohr in Serie geschaltet ist. Die Glühwendel übernimmt hierbei die Rolle eines strombegrenzenden Elements, so daß kein externes Vorschaltgerät erforderlich ist. Weiterhin wird durch das warmweiße Licht der Glühwendel der fehlende Rotanteil des Quecksilberspektrums ergänzt, so daß die Farbwiedergabe verbessert wird. Mischlichtlampen besitzen meist zusätzliche Leuchtstoffe zur weiteren Verbesserung von Lichtfarbe und Lichtausbeute.

Mischlichtlampen besitzen ähnliche Eigenschaften wie Quecksilberdampf-Hochdrucklampen. Lichtausbeute und Lebensdauer sind jedoch deutlich geringer, so daß ihnen bei der Architekturbeleuchtung keine besondere Bedeutung zukommt. Da sie kein Zünd- oder Vorschaltgerät benötigen und mit einem E 27-Sockel versehen sind, können Mischlichtlampen wie Glühlampen verwendet werden.

Mischlichtlampe mit einem Entladungsgefäß aus Quarzglas für die Quecksilberdampf-Hochdruckentladung und einer zusätzlichen Glühwendel, die als Vorschaltwiderstand dient und das Spektrum im Rotbereich ergänzt. Der elliptische Hüllkolben ist in der Regel mit einer lichtstreuenden Beschichtung versehen.

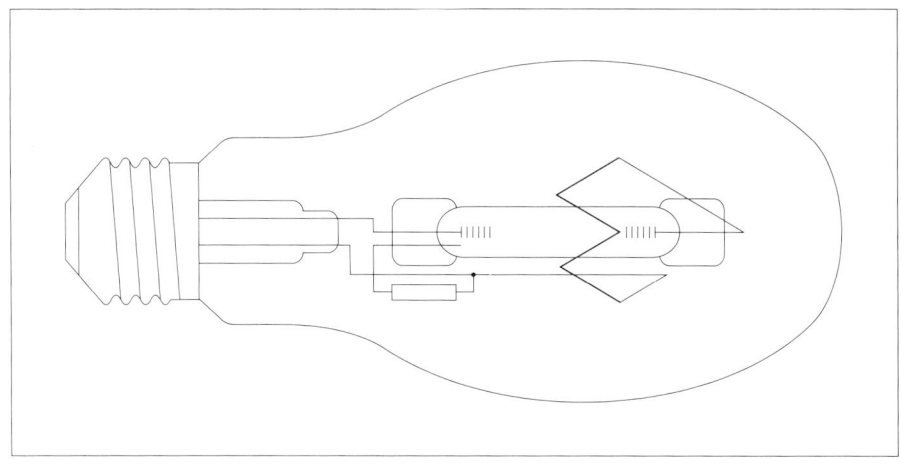

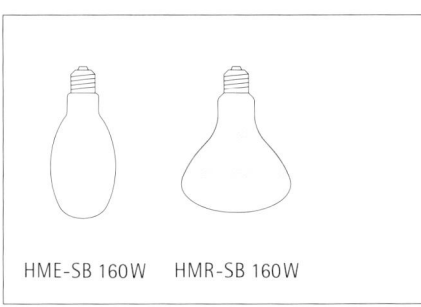

Gebräuchliche Mischlichtlampe mit elliptischem Hüllkolben (HME-SB) oder integriertem Reflektor (HMR-SB)

HME-SB 160 W   HMR-SB 160 W

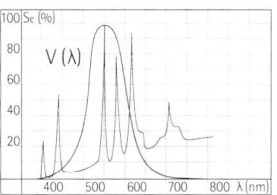

Relative spektrale Verteilung $S_e (\lambda)$ einer Mischlichtlampe mit der Summe der Spektren der Quecksilberdampf-Hochdruckentladung und der Glühwendel

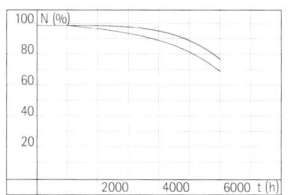

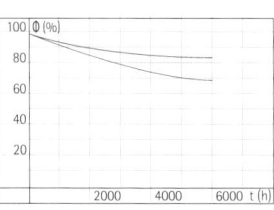

Anteil funktionsfähiger Lampen N, Lampenlichtstrom Φ und Anlagenlichtstrom Φ_A (als Produkt beider Werte) in Abhängigkeit von der Betriebszeit t

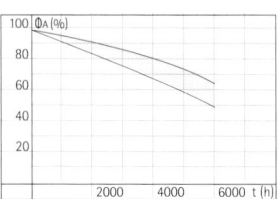

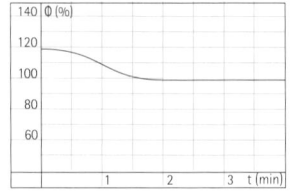

Anlaufverhalten: Lampenlichtstrom Φ in Abhängigkeit von der Zeit t

Zweiseitig gesockelte
Halogen-Metalldampf-
lampe mit kompaktem
Entladungsgefäß und
Kolben aus Quarzglas

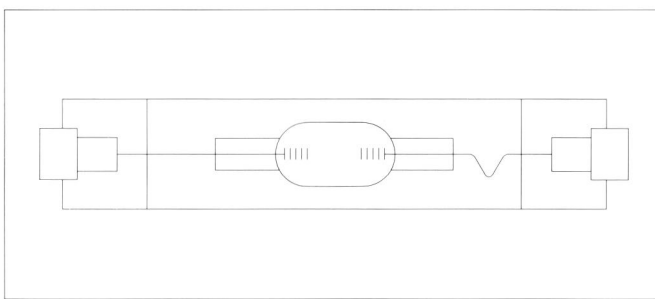

Mischlichtlampen geben sofort nach dem
Start durch ihre Glühwendel Licht ab. Nach
einigen Minuten geht der Glühlampen-
anteil zurück, und die Quecksilberentladung
erreicht ihre volle Stärke. Vor der Wiederzündung nach einer Stromunterbrechung
benötigen Mischlichtlampen eine Abkühlphase. Mischlichtlampen können nicht gedimmt werden. Die Brennlage ist bei einigen
Lampentypen eingeschränkt.

Mischlichtlampen sind in elliptischer Form
oder als pilzförmige Reflektorlampen erhältlich.

2.3.2.7 Halogen-Metalldampflampen

Halogen-Metalldampflampen sind Weiterentwicklungen der Quecksilberdampf-
Hochdrucklampen und ihnen daher in
Aufbau und Funktion vergleichbar. Sie
enthalten jedoch zusätzlich zum Quecksilber ein Gemisch von Metallhalogeniden.
Halogenverbindungen besitzen hierbei gegenüber reinen Metallen den Vorteil, daß
sie einen wesentlich niedrigeren Schmelzpunkt besitzen, so daß auch Metalle verwendet werden können, die bei den Be-
triebstemperaturen der Lampe keinen
Metalldampf bilden.
   Durch die Zugabe von Metallhalogeniden wird neben einer Erhöhung der Lichtausbeute vor allem eine erheblich verbesserte Farbwiedergabe erreicht. Durch
geeignete Metallkombinationen läßt sich
ein Mehrlinienspektrum ähnlich wie bei
Leuchtstofflampen erzeugen; mit besonderen Kombinationen kann ein fast kontinuierliches Spektrum aus einer Vielzahl
von Linien erreicht werden. Ein zusätzlicher Leuchtstoff zur Verbesserung der
Farbwiedergabe erübrigt sich also. Der
Quecksilberanteil der Lampe dient vor
allem als Zündhilfe und zur Stabilisierung
der Entladung; nachdem die Metallhalo-
genide durch die anfängliche Quecksilberdampfentladung verdampft worden
sind, dienen im wesentlichen diese Metalldämpfe zur Lichterzeugung.
   Durch das Vorhandensein von Halogenen in der Lampenfüllung scheiden
Hilfselektroden als Zündvorrichtung allerdings aus. Halogen-Metalldampflampen
benötigen daher externe Zündgeräte.

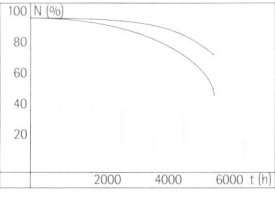

Anteil funktionsfähiger
Lampen N, Lampenlicht-
strom Φ und Anlagen-
lichtstrom ΦA (als Pro-
dukt beider Werte) in
Abhängigkeit von der
Betriebszeit t

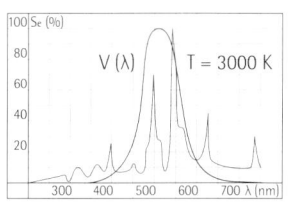

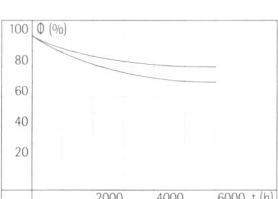

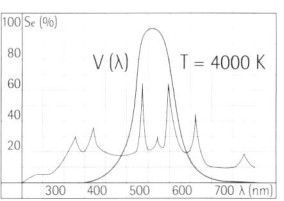

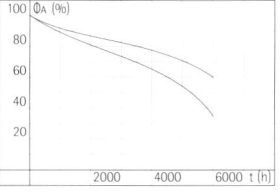

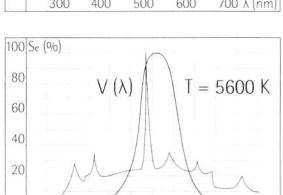

Relative spektrale Ver-
teilung Se (λ) von ge-
bräuchlichen Halogen-
Metalldampflampen
der Lichtfarbe warm-
weiß (oben), neutral-
weiß (Mitte) und tages-
lichtweiß (unten)

Rückgang des Licht-
stroms Φ bei unter-
schiedlicher Schalt-
häufigkeit von 24, 12, 8,
3 und < 1 Schaltungen
pro Tag

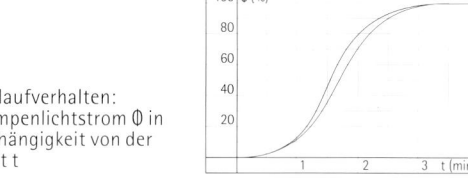

Anlaufverhalten:
Lampenlichtstrom Φ in
Abhängigkeit von der
Zeit t

Halogen-Metalldampflampen besitzen
eine hervorragende Lichtausbeute bei
gleichzeitig guter Farbwiedergabe; ihre
Nennlebensdauer ist hoch. Sie stellen kompakte Lichtquellen dar, ihr Licht kann also
optisch gut gelenkt werden. Die Farbwiedergabe von Halogen-Metalldampflampen ist allerdings nicht konstant; sie
variiert zwischen einzelnen Lampen einer
Serie und verändert sich abhängig von der
Lebensdauer und den Umgebungsbedingungen, dies ist bei warmweißen Lampentypen besonders auffällig.
   Halogen-Metalldampflampen benötigen zum Betrieb sowohl Zünd- wie Vor-

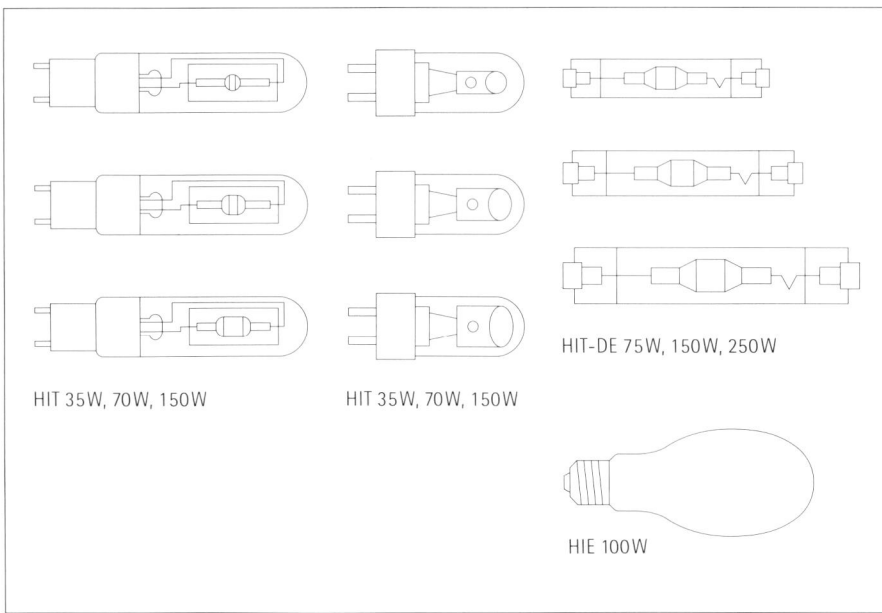

HIT 35W, 70W, 150W

HIT 35W, 70W, 150W

HIT-DE 75W, 150W, 250W

HIE 100W

Gebräuchliche Halogen-
Metalldampflampen
mit einseitigem Sockel
(HIT) und zweiseitigem
Sockel (HIT-DE), sowie
elliptischem Hüllkolben
(HIE)

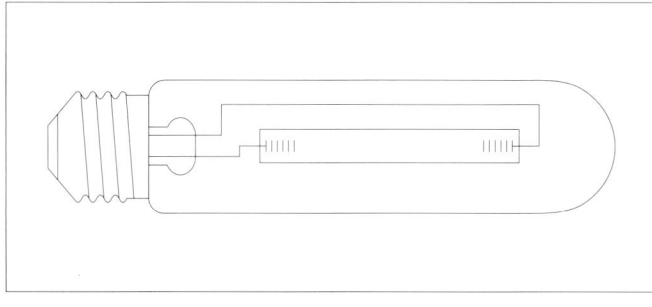

Einseitig gesockelte
Natriumdampf-Hoch-
drucklampe mit kera-
mischem Entladungs-
gefäß und zusätzlichem
Hüllkolben

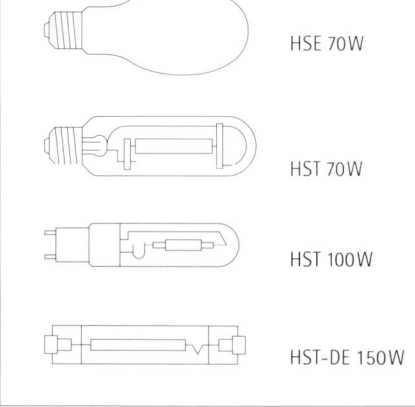

HSE 70W

HST 70W

HST 100W

HST-DE 150W

Gebräuchliche Natrium-
dampf-Hochdrucklam-
pen, einseitig gesockelt
mit elliptischem Hüll-
kolben (HSE), röhren-
förmigem Hüllkolben
(HST), sowie zweiseitig
gesockelt mit röhren-
förmigem Hüllkolben
(HST-DE)

schaltgeräte. Sie benötigen eine Einbrennzeit von einigen Minuten und eine längere Abkühlphase vor dem Wiederzünden nach Stromunterbrechungen. Bei einigen, zweiseitig gesockelten Formen ist eine sofortige Wiederzündung mit besonderen Zündgeräten oder am elektronischen Vorschaltgerät möglich. Halogen-Metalldampflampen werden in der Regel nicht gedimmt. Die Brennlage ist meist eingeschränkt.

Halogen-Metalldampflampen sind als röhrenförmige Lampen mit ein- oder zweiseitigem Sockel, als elliptische Lampen und als Reflektorlampen erhältlich. Halogen-Metalldampflampen sind in den Lichtfarben Warmweiß, Neutralweiß und Tageslichtweiß erhältlich.

2.3.2.8 Natriumdampf-Hochdrucklampen

Ähnlich wie bei Quecksilberdampf kann auch bei Natriumdampfentladungen das Spektrum des abgegebenen Lichts durch Erhöhung des Dampfdrucks verbreitert werden. Bei ausreichend hohem Druck ergibt sich ein annähernd kontinuierliches Spektrum mit verbesserten Farbwiedergabeeigenschaften; anstelle des monochrom gelben Lichts der Natriumdampf-Niederdrucklampe mit seiner sehr schlechten Farbwiedergabe wird ein gelbliches bis warmweißes Licht mit mäßiger bis guter Farbwiedergabe erzeugt. Die Verbesserung der Farbwiedergabe wird allerdings mit einer Verringerung der Lichtausbeute erkauft. Natriumdampf-Hochdrucklampen sind in Aufbau und Funktion den Quecksilberdampf-Hochdrucklampen vergleichbar, sie besitzen ebenfalls ein kleines, stabförmiges Entladungsgefäß, das von einer weiteren Glashülle umgeben ist. Während bei Quecksilberdampf-Hochdrucklampen das Entladungsgefäß aus Quarzglas gefertigt ist, besteht das Entladungsgefäß bei Natriumdampf-Hochdrucklampen aber aus Aluminiumoxyd, da Glas durch die bei hohem Druck aggressiven Natriumdämpfe angegriffen wird. Die Füllung der Lampen besteht aus Edelgasen und einem Quecksilber-Natrium-Amalgam, wobei der Edelgas- und Quecksilberanteil zur Zündung und Stabilisierung der Entladung dient.
Ein Teil der Natriumdampf-Hochdrucklampen besitzt eine beschichtete Außenhülle. Die Beschichtung dient aber lediglich der Senkung der Lampenleuchtdichte und einer diffuseren Abstrahlung, sie besitzt keine Leuchtstoffe.

Natriumdampf-Hochdrucklampen besitzen eine Lichtausbeute, die zwar geringer ist als die von Natriumdampf-Niederdrucklampen, jedoch über der Lichtausbeute anderer Entladungslampen liegt. Ihre Nennlebensdauer ist hoch. Die Farbwiedergabe ist mäßig bis gut, in jedem Fall jedoch deutlich besser als die des monochromatisch gelben Natrium-Niederdrucklichts.

Relative spektrale Verteilung $S_e(\lambda)$ der Natriumdampf-Hochdruckentladung. Durch die Erhöhung des Drucks wird das Spektrum gegenüber der Niederdruckentladung invertiert, es entsteht eine breite Verteilung mit einem Minimum im Bereich der Niederdruckentladung.

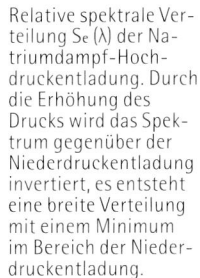

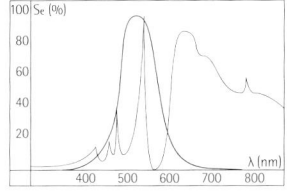

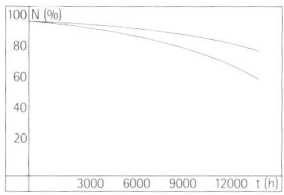

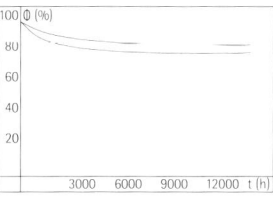

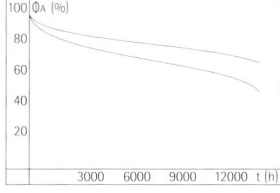

Anteil funktionsfähiger Lampen N, Lampenlichtstrom Φ und Anlagenlichtstrom Φ_A (als Produkt beider Werte) in Abhängigkeit von der Betriebszeit t

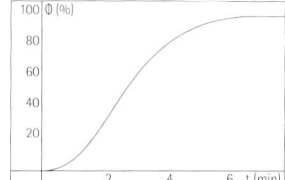

Anlaufverhalten: Lampenlichtstrom Φ in Abhängigkeit von der Zeit t

Natriumdampf-Hochdrucklampen werden mit einem Vorschaltgerät und einem Zündgerät betrieben. Sie benötigen eine Einbrennzeit von einigen Minuten und eine Abkühlphase vor dem Wiederzünden nach Stromunterbrechungen. Bei einigen, zweiseitig gesockelten Formen ist eine sofortige Wiederzündung mit speziellen Zündgeräten oder am elektronischen Vorschaltgerät möglich. Die Brennlage ist in der Regel nicht eingeschränkt.

Natriumdampf-Hochdrucklampen sind als klare Lampen in Röhrenform und als beschichtete Lampen in Ellipsoidform erhältlich. Weiter existieren kompakte stabförmige Lampen mit zweiseitigem Sockel, die eine sofortige Wiederzündung erlauben und eine besonders kompakte Lichtquelle darstellen.

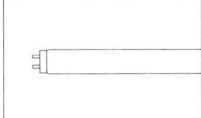

Leuchtstofflampe				
Bez.	P (W)	Ø (lm)	l (mm)	d (mm)
T26	18	1350	590	26
	30	2400	895	
	36	3350	1200	
	38	3200	1047	
	58	5200	1500	
Sockel: G13		Lebensdauer 7000 h		

Stabförmige Leucht-
stofflampen (Durch-
messer 26 mm) ge-
bräuchlicher Leistungs-
stufen

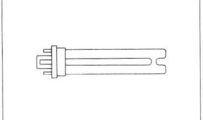

Kompakte Leuchtstofflampe				
Bez.	P (W)	Ø (lm)	l (mm)	d (mm)
TC	7	400	138	12
	9	600	168	
	11	900	238	
Sockel: G23		Lebensdauer 8000 h		

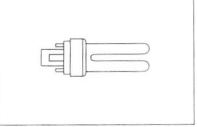

Kompakte Leuchtstofflampe				
Bez.	P (W)	Ø (lm)	l (mm)	d (mm)
TC-D	10	600	118	12
	13	900	153	
	18	1200	173	
	26	1800	193	
Sockel: G24		Lebensdauer 8000 h		

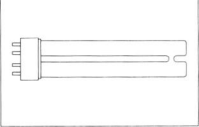

Kompakte Leuchtstofflampe				
Bez.	P (W)	Ø (lm)	l (mm)	d (mm)
TC-L	18	1200	225	17
	24	1800	320	
	36	2900	415	
	40	3500	535	
	55	4800	535	
Sockel: 2G11		Lebensdauer 8000 h		

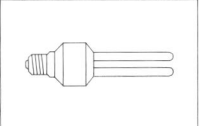

Kompakte Leuchtstofflampe				
Bez.	P (W)	Ø (lm)	l (mm)	d (mm)
TC-DEL	9	400	127	58
	11	600	145	
	15	900	170	
	20	1200	190	
	23	1500	210	
Sockel: E27		Lebensdauer 8000 h		

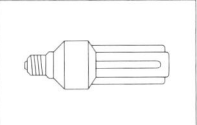

Kompakte Leuchtstofflampe				
Bez.	P (W)	Ø (lm)	l (mm)	d (mm)
TC-DEL	15	900	148	58
	20	1200	168	
	23	1500	178	
Sockel: E27		Lebensdauer 8000 h		

Kompakte Leuchtstoff-
lampen in den ge-
bräuchlichen Baufor-
men TC, TC-D und TC-L
sowie mit integriertem
elektronischen Be-
triebsgerät und
E 27-Sockel TC-DEL

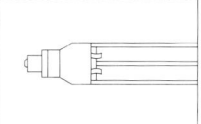

Natriumdampf-Niederdrucklampe				
Bez.	P (W)	Ø (lm)	l (mm)	d (mm)
LST	35	4800	310	54
	55	8000	425	54
	90	13500	528	68
Sockel: BY22d		Lebensdauer 10000 h		

Natriumdampf-Nieder-
drucklampe in der ge-
bräuchlichen Bauform
mit einseitiger Socke-
lung und U-förmigem
Entladungsgefäß

Quecksilberdampflampe				
Bez.	P (W)	Ø (lm)	l (mm)	d (mm)
HME	50	2000	130	55
	80	4000	156	70
	125	6500	170	75
	250	14000	226	90
Sockel: E27/E40		Lebensdauer 8000 h		

Quecksilberdampf-Reflektorlampe				
Bez.	P (W)	Ø (lm)	l (mm)	d (mm)
HMR	80	3000	168	125
	125	5000		
Sockel: E27		Lebensdauer 8000 h		

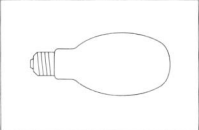

Mischlichtlampe				
Bez.	P (W)	Ø (lm)	l (mm)	d (mm)
HME-SB	160	3100	177	75
Sockel: E27		Lebensdauer 5000 h		

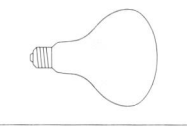

Mischlicht-Reflektorlampe				
Bez.	P (W)	Ø (lm)	l (mm)	d (mm)
HMR-SB	160	2500	168	125
Sockel: E27		Lebensdauer 5000 h		

Quecksilberdampf-
Hochdrucklampen und
Mischlichtlampen in
Ellipsoid- und Reflek-
torbauweise. Auswahl
von für die Innenraum-
beleuchtung gebräuch-
lichen Leistungsstufen
mit Angaben von Lam-
penbezeichnung, Lei-
stung P, Lichtstrom Ø,
Lampenlänge l und Lam-
pendurchmesser d

Halogen-Metalldampflampe				
Bez.	P (W)	Ø (lm)	l (mm)	d (mm)
HIE	75	5500	138	54
	100	8500	138	54
	150	13000	138	54
	250	17000	226	90
Sockel: E27/E40		Lebensdauer 5000 h		

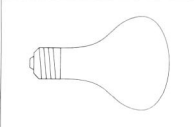

Halogen-Metalldampf-Reflektorlampe				
Bez.	P (W)	Ø (lm)	l (mm)	d (mm)
HIR	250	13500	180	125
Sockel: E40		Lebensdauer 6000 h		

Halogen-Metalldampflampe				
Bez.	P (W)	Ø (lm)	l (mm)	d (mm)
HIT	35	2400	84	26
	70	5200		
	150	12000		
Sockel: G12/PG12		Lebensdauer 5000 h		

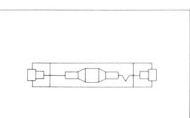

Halogen-Metalldampflampe				
Bez.	P (W)	Ø (lm)	l (mm)	d (mm)
HIT-DE	75	5500	114	20
	150	11250	132	23
	250	20000	163	25
Sockel: RX7s		Lebensdauer 5000 h		

Halogen-Metalldampf-
lampen in Ellipsoid-
und Reflektorbauweise
sowie in ein- und zwei-
seitig gesockelter Bau-
form. Auswahl von für
die Innenraumbeleuch-
tung gebräuchlichen
Leistungsstufen

Natriumdampf-Hoch-
drucklampen in
Ellipsoid- und Röhren-
form sowie in ein- und
zweiseitig gesockelter
Bauform. Auswahl von
für die Innenraumbe-
leuchtung gebräuchli-
chen Leistungsstufen

Natriumdampf-Hochdrucklampe				
Bez.	P (W)	Ø (lm)	l (mm)	d (mm)
HSE	50	3500	156	70
	70	5600	156	70
	100	9500	186	75
	150	14000	226	90
	250	25000	226	90
Sockel: E27/E40		Lebensdauer 10000 h		

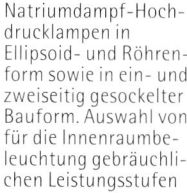

Natriumdampf-Hochdrucklampe				
Bez.	P (W)	Ø (lm)	l (mm)	d (mm)
HST	35	1300	149	32
	70	2300		
	100	4700		
Sockel: PG12		Lebensdauer 5000 h		

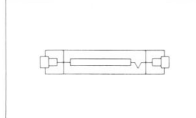

Natriumdampf-Hochdrucklampe				
Bez.	P (W)	Ø (lm)	l (mm)	d (mm)
HST-DE	70	7000	114	20
	150	15000	132	23
Sockel: RX7s		Lebensdauer 10000 h		

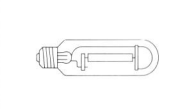

Natriumdampf-Hochdrucklampe				
Bez.	P (W)	Ø (lm)	l (mm)	d (mm)
HST	50	4000	156	37
	70	6500	156	37
	100	10000	211	46
	150	17000	211	46
	250	33000	257	46
Sockel: E27/E40		Lebensdauer 10000 h		

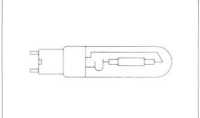

Kompakte Leuchtstofflampe mit integriertem Vorschaltgerät und Schraubsockel. Dieser Lampentyp wird vor allem im Privatbereich als wirtschaftliche Alternative zur Allgebrauchsglühlampe verwendet.

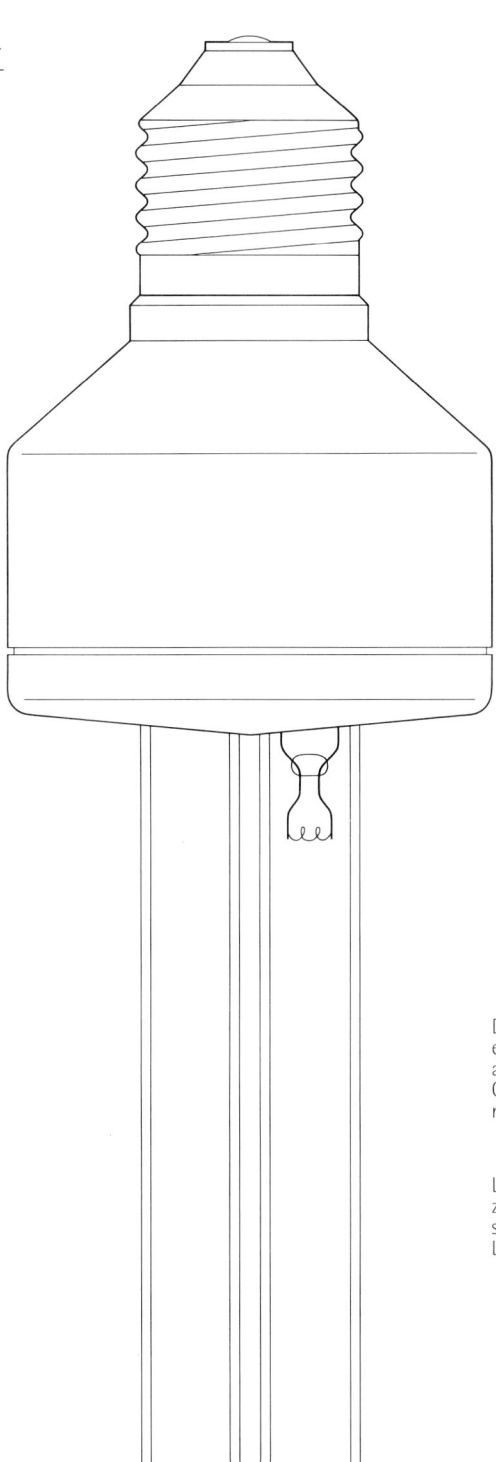

Isolierte Kontaktplatte zur Verbindung mit dem Phasenleiter

Schraubgewinde zur mechanischen Befestigung, gleichzeitig Kontakt zum Nulleiter

Integriertes elektronisches Vorschaltgerät

Heizbare Wendelelektrode

Das Entladungsgefäß enthält ein Gemisch aus Edelgasen und Quecksilberdampf bei niedrigem Druck.

Leuchtstoff zur Umsetzung von Ultraviolettstrahlung in sichtbares Licht

Betriebs- und Steuergeräte

Beim Betrieb von Beleuchtungsanlagen werden häufig neben Lampen und Leuchten zusätzliche Geräte eingesetzt. Hier sind vor allem Betriebsgeräte zu nennen, die für den Betrieb zahlreicher Lampentypen benötigt werden.

Steuergeräte sind dagegen keine Voraussetzung für den Betrieb von Leuchten. Sie dienen dazu, Leuchten zu schalten und ihre Helligkeit – gelegentlich auch weitere Leuchteneigenschaften – zu steuern.

2.4.1 Betriebsgeräte für Entladungslampen

Charakteristisches Merkmal aller Entladungslampen ist ihre negative Strom/Spannungskennlinie, d. h. ein bei sinkender Spannung steigender Lampenstrom. Im Gegensatz zu Glühlampen, bei denen der Lampenstrom durch den Widerstand der Glühwendel begrenzt wird, kommt es bei Entladungslampen durch lawinenartige Ionisation der Gasfüllung zu einem ständig wachsenden Lampenstrom, der zur Zerstörung der Lampe führen würde.

Zum Betrieb von Entladungslampen werden also in jedem Fall strombegrenzende Vorschaltgeräte benötigt. Diese können im einfachsten Fall aus einem ohmschen Widerstand bestehen. Da hierbei jedoch durch die Erwärmung des Widerstands große Energieverluste entstehen, wird diese Form der Strombegrenzung kaum angewandt; sie findet sich nur bei Mischlichtlampen, die eine Glühwendel als ohmschen Widerstand benutzen.

Die Begrenzung des Lampenstroms durch vorgeschaltete Kondensatoren – also durch einen kapazitiven Widerstand – bringt zwar geringere Energieverluste, verringert aber die Lebensdauer der Lampen und ist daher ebenfalls nicht gebräuchlich. In der Praxis wird die Begrenzung des Lampenstroms vor allem durch Vorschalten von induktiven Widerständen wie Drosselspulen oder Transformatoren erreicht, zumal diese Vorschaltgeräte zusätzlich den Vorteil bieten, daß sie zur Erzeugung der Zündspannung für die Lampenzündung genutzt werden können. Von zunehmender Bedeutung sind neben den induktiven Vorschaltgeräten hochfrequente elektronische Betriebsgeräte, die außer ihrer Funktion als strombegrenzende Elemente zusätzlich die Zündung übernehmen und für einen effektiveren Lampenbetrieb sorgen.

Die Zündspannung von Entladungslampen liegt in jedem Fall deutlich über ihrer Betriebsspannung und meist auch über der zur Verfügung stehenden Netzspannung. Daher werden zur Lampenzündung besondere Einrichtungen benötigt. Hierbei kann es sich um in die Lampe integrierte Hilfselektroden handeln, die die Lampenfüllung durch eine Glimmentladung ionisieren. Meist wird die Zündung jedoch durch einen Spannungsstoß herbeigeführt. Dieser Spannungsstoß kann induktiv durch Starter und Vorschaltgerät erzeugt werden,

bei höheren Zündspannungen wird jedoch ein Streufeldtransformator oder ein Zündgerät erforderlich. Auch bei Startern und Zündgeräten sind inzwischen elektronische Versionen erhältlich.

2.4.1.1 Leuchtstofflampen

Leuchtstofflampen werden im einfachsten Fall mit einem *konventionellen Vorschaltgerät* (KVG) und einem Starter betrieben. Das Vorschaltgerät arbeitet hierbei als induktiver Widerstand; es besteht aus einer Drosselspule mit Kern aus Eisenblechlagen und einer Wicklung aus Kupferdraht.

Konventionelle Vorschaltgeräte stellen die preiswerteste Form von Vorschaltgeräten dar. Sie verursachen jedoch merkliche Energieverluste durch Eigenerwärmung.

Verlustarme Vorschaltgeräte (VVG) sind konventionellen Vorschaltgeräten vergleichbar; sie benutzen lediglich hochwertigeres Kernmaterial und dickere Kupferdrähte, um die Energieverluste im Betriebsgerät zu senken. Verlustarme Vorschaltgeräte sind nur wenig teurer als konventionelle Vorschaltgeräte, so daß sie diese zunehmend verdrängen.

Elektronische Vorschaltgeräte (EVG) unterscheiden sich sowohl in Gewicht und Form als auch in der Funktion von herkömmlichen, induktiven Vorschaltgeräten. Sie bestehen aus einem Filter, der Rückwirkungen auf das Netz verhindert, einem Gleichrichter und einem Hochfrequenz-Wechselrichter.

Elektronische Vorschaltgeräte besitzen eine integrierte Startvorrichtung, so daß kein zusätzlicher Starter benötigt wird. Sie sorgen für einen flackerfreien Sofortstart und besitzen eine Abschaltautomatik, die bei defekten Lampen andauernde Zündversuche verhindert; Einschalten und Betrieb verlaufen problemlos wie bei Glühlampen.

Durch den Hochfrequenzbetrieb der Lampen bei 25–40 kHz entstehen eine Reihe von Vorteilen. Hier ist vor allem eine höhere Lichtausbeute zu nennen, die dazu führt, daß die für konventionelle Vorschaltgeräte übliche Lichtleistung bei geringerem Energieverbrauch erreicht wird. Gleichzeitig ist die Verlustleistung im Vorschaltgerät deutlich vermindert. Die hohe Betriebsfrequenz der Lampen verhindert zusätzlich Stroboskop- und Flimmereffekte; magnetische Störeinflüsse und das Brummen konventioneller Vorschaltgeräte werden vermieden.

Elektronische Vorschaltgeräte sind weitgehend unempfindlich gegen Spannungs- und Frequenzschwankungen, sie können sowohl bei 50 als auch bei 60 Hz und bei Spannungen zwischen 200 und 250 V betrieben werden. Da sie auch für Gleichstrombetrieb geeignet sind, können Leuchtstofflampen am EVG bei Stromausfall auf Batteriebetrieb umgeschaltet und

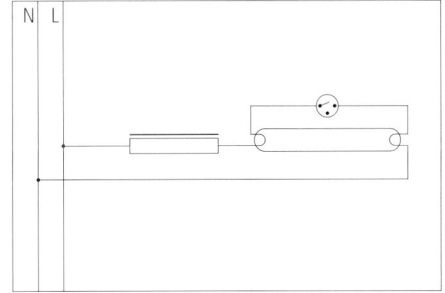

Schaltbild einer Leuchtstofflampe mit induktivem Vorschaltgerät und Starter (unkompensiert)

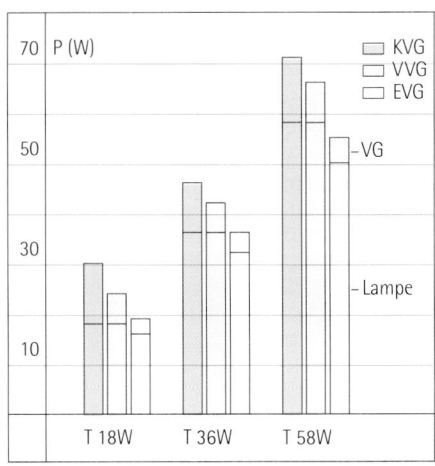

Leistungsaufnahme P
(Lampenleistung und
Verlustleistung des Vor-
schaltgeräts) gebräuch-
licher Leuchtstofflam-
pen beim Betrieb an
konventionellen (KVG),
verlustarmen (VVG) und
elektronischen Vor-
schaltgeräten (EVG)

so zur Notbeleuchtung genutzt werden.
Der Preis für elektronische Vorschaltgeräte
liegt allerdings über den Preisen für induktive Geräte.

Bei Verwendung induktiver Vorschaltgeräte
werden Leuchtstofflampen mit zusätzlichen
Startern gezündet. Hierbei schließt der
Starter zunächst einen Vorheizkreis, so daß
die Lampenelektroden vorgeheizt werden.
Bei ausreichender Vorheizung unterbricht
der Starter den Stromkreis, wobei im Vorschaltgerät ein Spannungsstoß induziert
wird, der die Lampe zündet.

Glimmstarter stellen die einfachste Star-
terform dar. Sie bestehen aus zwei Bimetall-
Elektroden in einem edelgasgefüllten
Glasröhrchen. Beim Einschalten entsteht
zwischen den Elektroden des Starters eine
Glimmentladung, die die Elektroden erwärmt. Hierdurch biegen sich die Bimetall-
Elektroden so weit nach innen, daß sie sich
berühren und dadurch den Heizkreis der
Leuchtstofflampe schließen. Nach kurzer
Zeit sind die Starterelektroden dann wieder soweit abgekühlt, daß sie sich öffnen.
Durch diese Unterbrechung wird der induktive Spannungsstoß zur Lampenzündung erzeugt. Nach Zündung der Lampe
liegt am Starter nur noch die Betriebsspannung der Lampe an. Diese reicht nicht
aus, die Glimmentladung im Starter zu
betreiben, so daß die Elektroden geöffnet
bleiben und keine Dauerheizung der Lampen erfolgt.
   Glimmstarter sind die häufigste und
preiswerteste Starterform. Sie haben jedoch den Nachteil, daß sie bei defekten
Lampen ununterbrochen Startversuche
durchführen, was zu Belästigungen durch
Geräusche und Flackern der Lampe führt.
Zusätzlich können sich bei Unterspannung
oder niedrigen Umgebungstemperaturen
Startprobleme durch zu kurze Vorheiz-
zeiten der Lampe ergeben.

Sicherheitsstarter sind Glimmstartern
vergleichbar. Sie besitzen jedoch eine zusätzliche Sicherung, die den Starter nach
wiederholten Zündversuchen abschaltet
und so gegen das ununterbrochene Star-
ten einer defekten Lampe sichert. Nach
Drücken des Sicherungsknopfes ist der
Starter wieder betriebsbereit.

Thermostarter besitzen Kontakte, die
beim Einschalten bereits geschlossen sind.
Das Öffnen der Kontakte wird durch ein
zusätzliches Heizelement bewirkt, das einen
Bimetallstreifen oder einen Dehnungs-
draht erwärmt. Da der Starter erst bei ausreichender Erwärmung öffnet und sich die
Vorheizzeit bei ungünstigen Temperatur-
oder Spannungsverhältnissen automatisch
verlängert, ist für einen problemlosen Start
gesorgt. Zudem entfällt die Anlaufphase
bis zum Kontaktschluß, so daß Thermostarter schneller als Glimmstarter zünden.
   Thermostarter sind allerdings teurer
als Glimmstarter. Zum Teil benötigen sie

eine separate Heizstromversorgung durch
das Vorschaltgerät.

Elektronische Starter bewirken ein von
mechanischen Kontakten unabhängiges
Schließen und Öffnen des Vorheizkreises.
Sie sorgen unter allen Umgebungsbedingungen für einen schnellen und sicheren
Start; ununterbrochene Zündversuche bei
defekten Lampen werden ausgeschlossen.

2.4.1.2 Kompakte Leuchtstofflampen

Kompakte Leuchtstofflampen werden an
den gleichen Vorschaltgeräten wie konventionelle Leuchtstofflampen betrieben.
Bei Lampen mit zweipoligem Sockel ist der
Starter integriert, so daß sie ohne zusätzlichen Starter an induktiven Vorschaltgeräten betrieben werden. Lampen mit
vierpoligem Sockel können am induktiven
Vorschaltgerät mit Starter oder am EVG
betrieben werden.

2.4.1.3 Leuchtröhren

Leuchtröhren benötigen eine Betriebsspannung, die in jedem Fall über der verfügbaren Netzspannung liegt. Sie werden
daher an einem Streufeldtransformator
betrieben, der mit seiner hohen Leerlauf-
spannung für die Lampenzündung sorgt,
beim Lampenbetrieb aber nur die niedrigere Betriebsspannung liefert. Zusätzliche
Start- oder Zündvorrichtungen werden
also nicht benötigt.
   Beim Betrieb von Leuchtröhren mit
Spannungen von 1000 V oder höheren
Spannungen müssen Bestimmungen für
Leuchtröhrenanlagen und Hochspannungs-
leitungen (VDE 0128, 0713, 0250) berücksichtigt werden. Es werden daher zunehmend Anlagen mit kürzeren Leuchtröhren
und Spannungen unter 1000 V errichtet,
die nur den Anforderungen für Nieder-
spannungsanlagen (VDE 0100) genügen
müssen.

2.4.1.4 Natriumdampf-Niederdrucklampen

Einige stabförmige Natriumdampf-Niederdrucklampen können – ähnlich wie Leuchtstofflampen – an Drosselspulen mit zusätzlichem Starter betrieben werden. In der
Regel sind Zünd- und Betriebsspannung
jedoch so hoch, daß ein Streufeldtransformator zur Zündung und Strombegrenzung
eingesetzt wird.

2.4.1.5 Quecksilberdampf-Hochdruck-
lampen

Quecksilberdampf-Hochdrucklampen werden durch Glimmentladung an einer Hilfselektrode gezündet. Sie benötigen daher
kein zusätzliches Start- oder Zündgerät.
Zur Strombegrenzung werden – wie bei

Leuchtstofflampen – induktive Vorschaltgeräte verwendet, die allerdings für den
höheren Lampenstrom der Hochdruck-
lampe ausgelegt sein müssen.

2.4.1.6 Halogen-Metalldampflampen

Halogen-Metalldampflampen werden an
induktiven Vorschaltgeräten betrieben. In
der Regel wird für die Zündung ein zusätzliches Zündgerät (Impulsgenerator, Zündpulser) benötigt.
    Für die Beleuchtung bestimmter Ver-
kehrsanlagen und Versammlungsstätten
wird eine sofortige Wiederzündung der
Lampen nach Stromunterbrechungen
gefordert. Diese Wiederzündung ist bei
zweiseitig gesockelten Halogen-Metalldampflampen durch spezielle Zündgeräte
möglich, die die erforderlichen hohen
Zündspannungen liefern.
    Auch für Halogen-Metalldampflam-
pen sind elektronische Betriebsgeräte erhältlich. Sie weisen ähnliche Eigenschaften und Vorteile auf wie elektronische
Vorschaltgeräte für Leuchtstofflampen,
darüber hinaus ermöglichen sie eine sofortige Wiederzündung der Lampen nach
Stromunterbrechungen.

2.4.1.7 Natriumdampf-Hochdrucklampen

Natriumdampf-Hochdrucklampen werden
an induktiven Vorschaltgeräten betrieben.
Ihre Zündspannung ist so hoch, daß ein
Zündgerät benötigt wird.
    Einige zweiseitig gesockelte Lampen
lassen eine Wiederzündung im betriebs-
warmen Zustand zu. Hierzu ist – wie bei
Halogen-Metalldampflampen – ein spezielles Zündgerät für die benötigten, hohen
Zündspannungen und eine für diese Spannungen ausgelegte Installation nötig.
Auch für Natriumdampf-Hochdrucklampen sind elektronische Vorschaltgeräte
erhältlich.

2.4.2 Kompensation und Schaltung
von Entladungslampen

Induktive Vorschaltgeräte erzeugen durch
die Phasenverschiebung der Spannung
gegenüber dem Strom einen Blindstromanteil – sie besitzen einen Leistungsfaktor
(cos φ) deutlich unter 1. Da Blindströme
die Leitungsnetze belasten, wird von den
Energieversorgungsunternehmen bei größeren Beleuchtungsanlagen eine Kompensation des Blindstromanteils – d. h. eine
Annäherung des Leistungsfaktors an 1 –
verlangt. Die Kompensation erfolgt durch
Kondensatoren, die die von der Induktivi-
tät verursachte Phasenverschiebung durch
eine entgegengesetzte Verschiebung ausgleichen. Kompensation ist für jede einzelne Leuchte, für eine Gruppe von Leuchten oder zentral für eine Gesamtanlage
möglich. Bei elektronischen Vorschaltgerä-

ten ist der Leistungsfaktor nahezu 1, so
daß eine Kompensation entfällt.

Leuchtstofflampen, die an induktiven Vorschaltgeräten betrieben werden, können
durch Kondensatoren kompensiert werden, die parallel oder in Reihe mit dem
Vorschaltgerät geschaltet sind.
    Wird ein Kompensationskondensator
in Reihe mit dem Vorschaltgerät geschaltet,
so entsteht eine *kapazitive Schaltung*. Da
der Leistungsfaktor hierbei über den Wert 1
bis in den kapazitiven Bereich kompensiert
wird, wird diese Schaltungsart auch als
Überkompensation bezeichnet. Die Schaltung erlaubt es hierbei, eine zweite Lampe
mit unkompensiertem Vorschaltgerät parallel zu betreiben, so daß eine *Duoschaltung* entsteht. Vorteil der Duoschaltung
ist es, daß beide Lampen phasenverscho-
ben arbeiten. Auf diese Weise werden
Flackereffekte und Stroboskoperscheinun-
gen bei Arbeitsplätzen mit rotierenden
Maschinenteilen vermieden. Eine weitere
Methode zur Verringerung dieser Effekte
ist der sequentielle Anschluß der Lampen
an die drei Phasen eines Drehstromnetzes.

Bei Vorschaltgeräten ohne Kompensationskondensator spricht man von einer
induktiven Schaltung. Hierbei kann
die Kompensation durch einen parallel
geschalteten Kondensator erfolgen.

Mit entsprechend bemessenem Vorschaltgerät können zwei Leuchtstofflampen in
Reihe betrieben werden; diese Schaltung
wird als *Tandemschaltung* bezeichnet.

2.4.3 Funkentstörung und Begrenzung
anderer Störungen

Entladungslampen und ihre Betriebsgeräte
können sowohl im Versorgungsnetz als
auch in ihrer Umgebung eine Reihe von
Störungen verursachen.

Hier sind vor allem Funkstörungen zu nennen, die von Start- und Zündgeräten sowie von der Entladungslampe selbst ausgehen. Funkstörungen lassen sich durch
entsprechend bemessene Entstörkonden-
satoren begrenzen.
    Betriebsgeräte und Leuchten müssen
je nach ihrer Verwendung bestimmten
Mindestanforderungen bezüglich der Funk-
entstörung (in der Regel Grenzwertklasse
B, VDE 0875) entsprechen und die entsprechenden Prüfzeichen tragen. Netzrückwir-
kungen durch Oberwellen müssen ebenfalls unter bestimmten Grenzwerten liegen
(VDE 0712).

Im medizinischen Bereich kann z. B. der
Betrieb von EKG- und EEG-Geräten durch
elektrische und magnetische Felder, die
von Leuchteninstallationen – vor allem von
Leitungen, Vorschaltgeräten und Transformatoren – ausgehen, gestört werden.
Daher gelten in Arztpraxen, Kliniken und

Schaltbilder von Leucht-
stofflampen. Kompen-
sierte Schaltung:
Kompensation des
Blindstroms durch einen
parallel geschalteten
Kondensator (oben)

Kapazitive Schaltung:
Überkompensation des
Blindstroms durch einen
seriell geschalteten
Kondensator (Mitte)

Duoschaltung: Kombi-
nation einer unkompen-
sierten und einer über-
kompensierten Schal-
tung (unten)

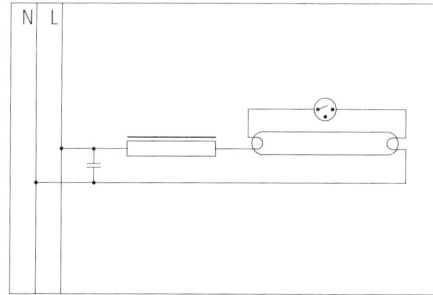

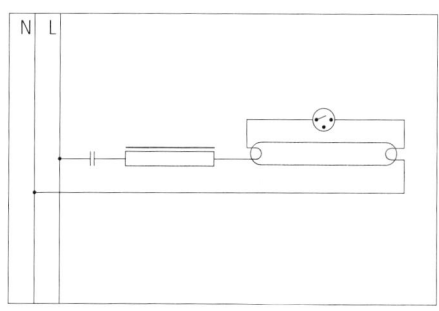

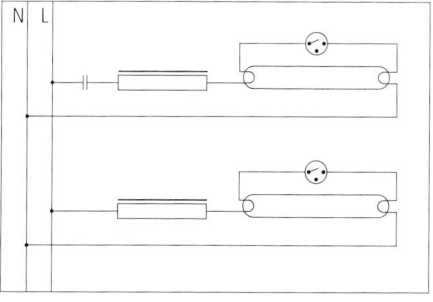

ähnlichen Räumen besondere Vorschriften (VDE 0107) für elektrische Installationen.

Tonfrequente Rundsteueranlagen, z. B. zur Schaltung von Nachtspeicherheizungen und Straßenbeleuchtungen, können durch parallel kompensierte Vorschaltgeräte gestört werden. Zur Vermeidung dieser Störungen werden entsprechend bemessene Sperrdrosseln in Serie mit den Kompensationskondensatoren geschaltet.

2.4.4 Transformatoren für Niedervoltanlagen

Neben den Vorschalt- und Zündgeräten für Entladungslampen bilden Transformatoren für Niedervoltanlagen die zweite wesentliche Gruppe der Leuchtenbetriebsgeräte.
  Bis vor einigen Jahren spielten Niedervoltanlagen für die Architekturbeleuchtung nur eine untergeordnete Rolle. Dies änderte sich jedoch deutlich mit dem Aufkommen der Niedervolt-Halogenlampen, die vor allem in den Bereichen der Präsentation und der repräsentativen Beleuchtung zu einer der bevorzugten Lichtquellen geworden sind.

Die für Niedervoltanlagen benötigte Kleinspannung im Bereich unter 42 V (meist 6, 12 oder 24 V) wird mit Hilfe von Transformatoren aus der Netzspannung erzeugt. Transformatoren können Teil der Leuchte sein oder außerhalb der Leuchte installiert werden und eine oder mehrere Leuchten versorgen.

Transformatoren stellen eine Schnittstelle zwischen der Netzspannung und Kleinspannungen dar, für die andere Sicherheitsbestimmungen gelten. Um auch im Störungsfall sicherzustellen, daß unter keinen Umständen Netzspannung in die Niedervoltinstallation übertritt, müssen Sicherheitstransformatoren nach VDE 0551 verwendet werden.
  Sollen Transformatoren auf entflammbaren Oberflächen montiert werden, so müssen sie – wie Leuchten – zusätzlich ein $\mathbb{W}$ oder $\mathbb{W}\,\mathbb{W}$ Zeichen tragen. Bei diesen Transformatoren ist z. B. durch einen Thermowächter sichergestellt, daß keine Übertemperaturen erreicht werden können.
  Transformatoren für Niedervoltanlagen müssen primärseitig abgesichert sein. Hierbei werden träge Sicherungen verwendet, da beim Einschalten kurzfristig Ströme bis zum 20fachen des Nennstroms fließen können.

Beachtet werden sollte bei der Niedervolttechnik der – durch große Stromstärken bei niedrigen Spannungen bedingte – mögliche Spannungsabfall in den Zuleitungen. Dieser kann durch entsprechend bemessene Leitungsquerschnitte und kurze Zuleitungen begrenzt werden; manche Transformatoren besitzen sowohl primär- als auch sekun-

Schaltbilder von Leuchtstofflampen. Tandemschaltung: Betrieb zweier seriell geschalteter Lampen an einem Vorschaltgerät (parallel kompensiert)

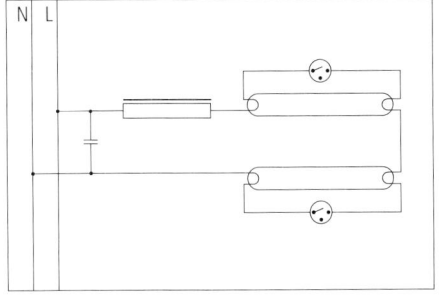

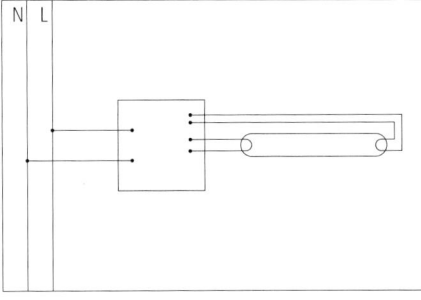

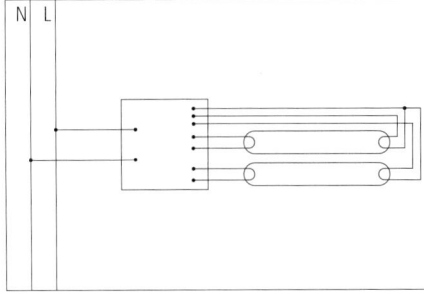

Schaltbilder von Leuchtstofflampen. Betrieb an einem elektronischen Vorschaltgerät: Starter und Kompensationskondensator entfallen. Einlampige (oben) und zweilampige Schaltung (unten)

därseitig zusätzlich Spannungsabgriffe, so daß Spannungsverluste bei längeren Zuleitungen kompensiert werden können.

Elektronische Transformatoren sind elektronischen Vorschaltgeräten in Funktionsweise und Eigenschaften vergleichbar. Hier ist vor allem die Arbeitsweise bei hohen Frequenzen zu nennen, die kleinere Geräteabmessungen, ein geringeres Gewicht und eine niedrige Verlustleistung ermöglicht. Elektronische Transformatoren liefern eine weitgehend von der Belastung unabhängige Spannung, so daß sie sich für kleine Teillasten eignen. Wie bei elektronischen Vorschaltgeräten ist ebenfalls ein Gleichstrombetrieb zur Notbeleuchtung möglich. Der Preis für elektronische Transformatoren liegt über dem konventioneller Geräte.

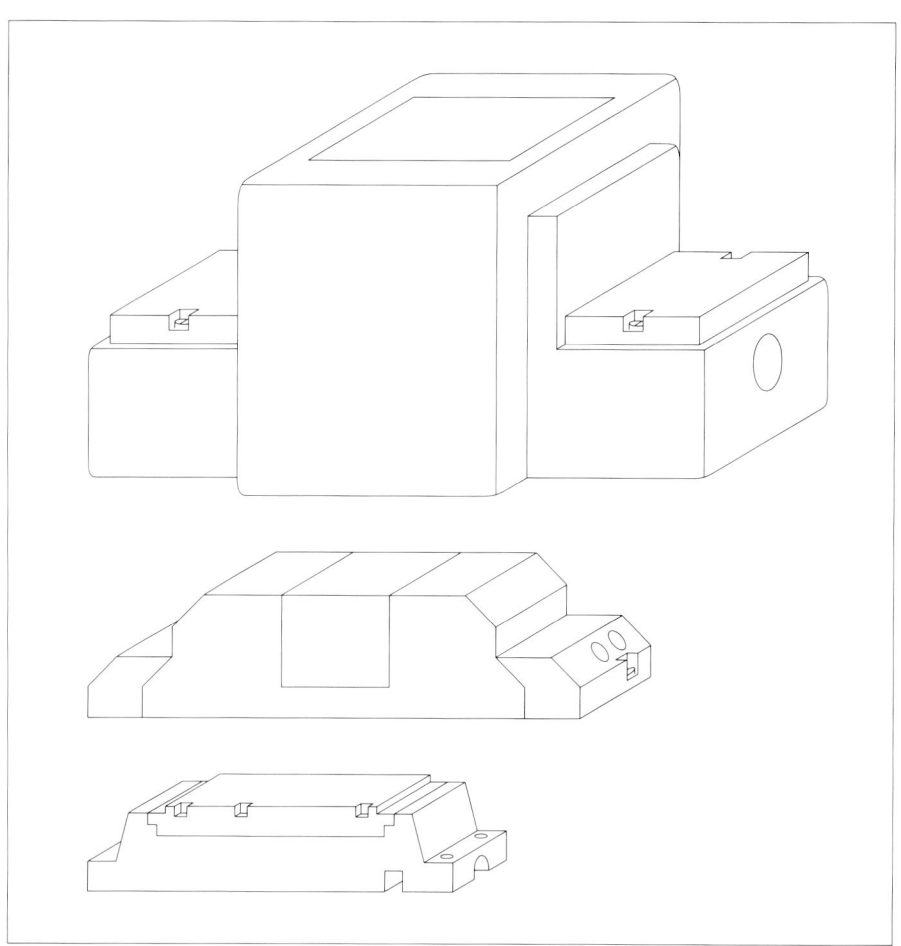

Größenverhältnisse von Transformatoren für Niedervoltanlagen: Sicherheitstransformator 600 W (oben) und 100 W (Mitte), elektronischer Transformator 100 W (unten)

P_n (W)	G (kg)	l (mm)	b (mm)	h (mm)
20	0,5	120	56	50
50	1,0	155	56	50
100	1,8	210	56	50
150	2,6	220	90	90
300	5,5	290	150	130
600	9,2	310	150	130

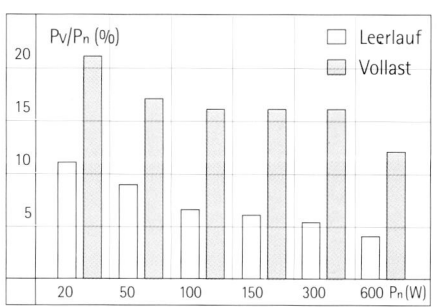

Relative Verlustleistung (P_v/P_n) von Transformatoren unterschiedlicher Nennleistung P_n bei gebräuchlichen Sicherheitstransformatoren (oben) und elektronischen Transformatoren (unten). Angaben für Leerlauf und Vollast

P_n (W)	G (kg)	l (mm)	b (mm)	h (mm)
50	0,2	155	45	30
100	0,2	155	45	30

Nennleistung (P_n), Gewicht (G) und Abmessungen (l, b, h) von gebräuchlichen Sicherheitstransformatoren (oben) und elektronischen Transformatoren (unten)

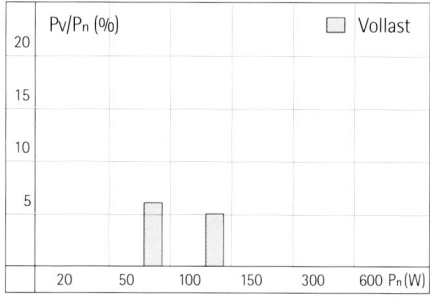

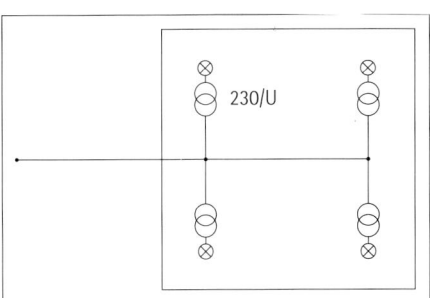

Niedervoltanlage mit Einzeltransformatoren. Die Zuleitung vom Transformator zur Leuchte ist möglichst kurz, um den Spannungsabfall gering zu halten; der Transformator kann auch Teil der Leuchte sein.

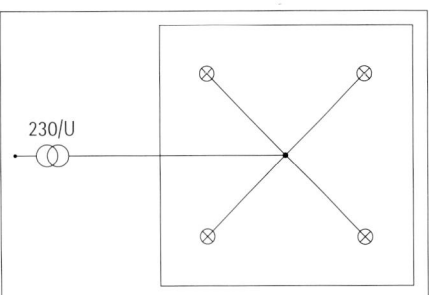

Niedervoltanlage mit Sammeltransformator. Sternförmige Verdrahtung zur Erzielung gleicher Leitungslängen zwischen Transformator und Leuchten; alle Lampen erhalten auf diese Weise die gleiche Versorgungsspannung.

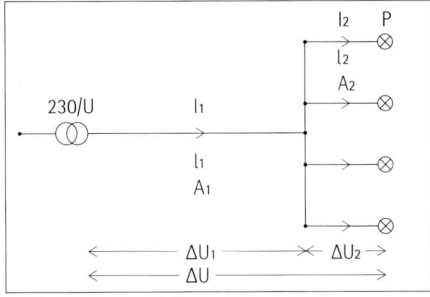

Der Gesamtspannungsabfall ΔU einer sternförmig verdrahteten Niedervoltanlage mit Sammeltransformator ergibt sich als Summe der Einzelspannungsabfälle $\Delta U_1 + \Delta U_2$. Die Einzelspannungsabfälle berechnen sich gemäß Formel, wobei I_1 sich aus der Leistung aller Lampen $4P/U$ und I_2 aus P/U ergibt.

$$\Delta U = 0{,}035 \cdot \frac{I \cdot l}{A}$$

$[\Delta U] = V$

$[I] = A$

$[l] = m$

$[A] = mm^2$

Spannungsabfall ΔU für Kupferleiter in Abhängigkeit von Stromstärke, Leitungslänge und Leiterquerschnitt

Spannungsabfall ΔU pro 1 m Leitungslänge in Abhängigkeit von der Stromstärke I bzw. der Lampenleistung P für unterschiedliche Leiterquerschnitte A. Gültig für Anlagen mit einer Spannung von 12 V

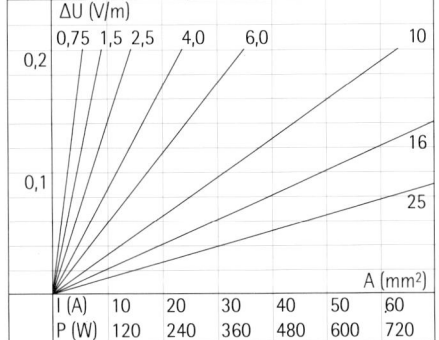

A (mm²)	I (A)
0,75	12
1,0	15
1,5	18
2,5	26
4,0	34
6,0	44
10,0	61
16,0	82
25,0	108

Strombelastbarkeit I von mehradrigen Leitungen des Leiterquerschnitts A

A (mm²)	n	d (mm)
1,5	2	10
	3	10
	5	11
2,5	2	11
	3	11
	5	13
4,0	3	13
	5	15

Außenquerschnitt d von Mantelleitungen mit der Leiterzahl n für unterschiedliche Leiterquerschnitte A

2.4.5 Helligkeitssteuerung

Für zahlreiche Anwendungen ist es sinnvoll, eine Beleuchtungsanlage oder einzelne Leuchtengruppen nicht nur ein- und auszuschalten, sondern auch in ihrer Helligkeit steuern zu können. Auf diese Weise ist eine Anpassung an unterschiedliche Raumnutzungen und Umgebungsbedingungen möglich; zusätzlich ergibt sich durch die fast verlustfrei arbeitende Phasenanschnittssteuerung eine deutliche Energieersparnis. Möglichkeiten und Voraussetzungen der Helligkeitssteuerung variieren jedoch nach Art der verwendeten Lichtquellen erheblich.

2.4.5.1 Glühlampen und Halogen-Glühlampen

Konventionelle Glühlampen und Halogen-Glühlampen für Netzspannung stellen die am einfachsten zu dimmenden Lichtquellen dar. Zur Helligkeitssteuerung sind hier einfache Phasenanschnittssteuerungen geeignet.

Glühlampen können von voller Lichtleistung bis fast zur völligen Verdunkelung gedimmt werden. Hierbei bewirkt schon eine geringe Reduzierung des Lampenstroms erhebliche Veränderungen der Lampeneigenschaften; der Lichtstrom sinkt überproportional stark, die Lampenlebensdauer nimmt deutlich zu, und die Lichtfarbe verschiebt sich hin zu wärmeren Lichtfarben. Da dies Absinken der Farbtemperatur von natürlichen Phänomenen her vertraut ist (Sonnenuntergang, Verglühen eines Feuers), wird die Änderung der Lichtfarbe beim Dimmen von Glühlampen als angenehm empfunden.

2.4.5.2 Niedervolt-Halogenlampen

Niedervolt-Halogenlampen verhalten sich beim Dimmen wie herkömmliche Glühlampen. Durch wechselseitige Beeinflussung von Dimmer und Transformator ergeben sich allerdings höhere Anforderungen an diese Geräte. So können keine konventionellen Dimmer verwendet werden, es sind vielmehr spezielle Dimmer für Niedervoltanlagen erforderlich. Auch die verwendeten Transformatoren müssen für den Dimmbetrieb zugelassen und mit Sicherungen ausgestattet sein, die für die entstehenden hohen Einschaltströme ausgelegt sind. Das Dimmen erfolgt grundsätzlich primärseitig. Bei Verwendung elektronischer Transformatoren können zum Teil konventionelle Dimmer eingesetzt werden, einige Fabrikate benötigen jedoch speziell angepaßte Dimmer.

2.4.5.3 Leuchtstofflampen

Auch bei Leuchtstofflampen ist eine Helligkeitssteuerung möglich. Das Dimmverhalten von Leuchtstofflampen weicht jedoch deutlich vom Verhalten gedimmter Glühlampen ab.

Hier ist zunächst der annähernd lineare Zusammenhang von Lampenstrom und Lichtstrom zu nennen. Während eine Glühlampe bei einem um 10 % verminderten Lampenstrom schon auf ca. 50 % des Lichtstroms reduziert ist, muß bei Leuchtstofflampen für diese Dimmstufe auch der Lampenstrom um 50 % reduziert werden. Leuchtstofflampen verändern ihre Lichtfarbe beim Dimmen nicht. Vor allem bei kälteren Lichtfarben und geringen Beleuchtungsstärken kann dies als unnatürlich empfunden werden.

Zur Helligkeitsregelung von Leuchtstofflampen werden spezielle Dimmer verwendet. Bei einigen Helligkeitssteuerungen für Leuchtstofflampen ist ein Dimmen bis auf niedrige Beleuchtungsstärken allerdings nicht möglich. Dies muß z. B. bei Beleuchtungsanlagen in Vortragssälen berücksichtigt werden, in denen für Dia- oder Videoprojektionen besonders niedrige Dimmstufen benötigt werden.

Eine Reihe von Helligkeitssteuerungen für Leuchtstofflampen benötigt eine zusätzliche vierte Leuchtenzuleitung für die Elektrodenheizung. Für das Dimmen von Leuchtstofflampen an Stromschienen scheiden derartige Systeme also aus, da bei den gebräuchlichen Stromschienen nur drei Leiter zur Verfügung stehen.

Beim Dimmen werden die Leitungen zwischen Dimmer und Leuchte mit erheblichen Blindströmen belastet, die nicht kompensiert werden können, da eine Kompensation der Anlage nur außerhalb des gedimmten Kreises möglich ist. Diese Blindströme müssen bei der Dimensionierung von Leitungen und Betriebsgeräten berücksichtigt werden.

Die Helligkeitssteuerung von Leuchtstofflampen kann, je nach den verwendeten Lampentypen, Vorschaltgeräten und Dimmern, auf unterschiedliche Weise erfolgen.

26 mm-Lampen an induktiven Vorschaltgeräten benötigen einen Heiztransformator mit elektronischer Zündhilfe. Eine weitere Lösung zur Helligkeitssteuerung von 26 mm-Leuchtstofflampen ist die Verwendung spezieller elektronischer Vorschaltgeräte, die gelegentlich mit dazugehörigen, angepaßten Dimmern verwendet werden müssen, sonst aber mit allen Dimmern für Leuchtstofflampen betrieben werden können. Zusätzlich werden pro Leuchte jeweils spezielle Filterdrosseln oder ein als Filterdrossel verwendetes konventionelles Vorschaltgerät benötigt. Einige dieser Helligkeitssteuerungen erlauben einen Betrieb mit dreiadrigen Zuleitungen, so daß sie für den Betrieb an Stromschienen geeignet sind. Bei Verwendung elektronischer Vorschaltgeräte entfallen die beim Dimmen mit Netzfrequenz auftretenden, störenden Flimmererscheinungen.

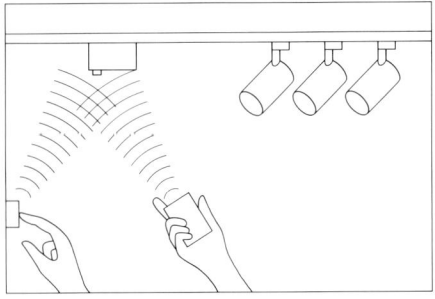

Stromschienenanlage mit 3-Kanal-Fernsteuerung. Der Empfänger kann über Handsender oder wandmontierte Sender angesteuert werden.

Das früher übliche Dimmen von 38 mm-Lampen an induktiven Vorschaltgeräten ist inzwischen nur noch von untergeordneter Bedeutung. Es erfordert spezielle Lampen mit Zündhilfen sowie einen Heiztransformator zur Dauerheizung der Lampenelektroden.

2.4.5.4 Kompakte Leuchtstofflampen

Kompakte Leuchtstofflampen mit zweipoligem Sockel (integriertem Starter) können nicht gedimmt werden. Lampentypen mit vierpoligem Sockel werden wie konventionelle 26-mm-Leuchtstofflampen gedimmt.

2.4.5.5 Andere Entladungslampen

In der Regel werden Hochdruck-Entladungslampen und Natriumdampf-Niederdrucklampen nicht gedimmt, da ein konstantes Brennverhalten nicht gewährleistet ist und die Lampeneigenschaften durch das Dimmen verschlechtert werden.

Beispiel der Fernsteuerung einer 3-Phasen-Stromschienenanlage durch Schalten und Dimmen einzelner Lastkreise

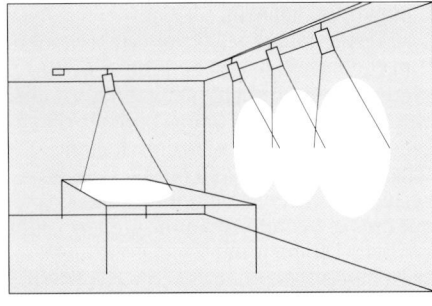
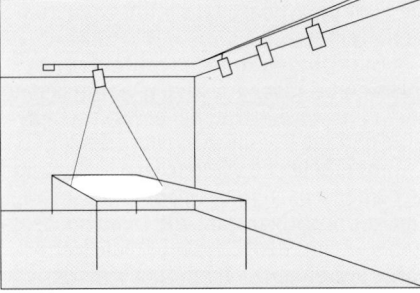
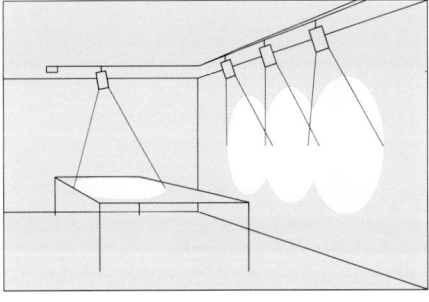

2.4.6 Fernsteuerung

Fernsteueranlagen bieten die Möglichkeit, einzelne Leuchten oder Lastkreise mit Hilfe einer Fernbedienung zu steuern. Hierzu werden Empfängerbausteine in Leuchten, Lichtstrukturen oder Verteilerdosen eingebaut; diese Empfänger schalten oder dimmen die angeschlossenen Leuchten auf Infrarotsignale hin. Durch entsprechende Signalcodierung können mehrere Leuchten oder Lastkreise in einem Raum separat angesprochen werden. Fernsteueranlagen können zunächst dazu genutzt werden, die Beleuchtung mit einem Handsender von jeder Stelle des Raums aus zu steuern. Wesentlicher ist allerdings die Möglichkeit, einen einzelnen Stromkreis in mehrere, separat steuerbare Lastkreise zu teilen. Für den Betrieb an Stromschienen werden spezielle Empfängerbausteine angeboten, die alle Lastkreise der Schiene steuern. Auf diese Weise kann – vor allem bei Altbauten mit nur einem verfügbaren Stromkreis pro Raum – eine differenzierte Raumbeleuchtung ohne aufwendige Installationsarbeiten ermöglicht werden.

2.4.7 Lichtsteuersysteme

Aufgabe einer Beleuchtungsanlage ist es, optimale Wahrnehmungsbedingungen für die jeweilige Situation zu schaffen. Die Beleuchtung muß dabei zunächst die Wahrnehmung der Sehaufgaben und eine sichere Bewegung von Raum zu Raum ermöglichen. Darüber hinaus soll sie aber auch ästhetische und psychologische Wirkungen berücksichtigen, d. h. für Orientierungsmöglichkeiten sorgen, architektonische Strukturen verdeutlichen und die Aussage einer Architektur unterstützen.

Schematischer Aufbau einer programmierbaren Lichtsteueranlage. Im jeweiligen Raum installierte Bedienelemente (1) ermöglichen das Abrufen der vorprogrammierten Lichtszenen. Im zentralen Steuergerät (2) werden die Schalt- und Dimmzustände der Lichtszenen programmiert und gespeichert. Lastbausteine dienen zum Dimmen von Glühlampen (3), Niedervolt-Halogenlampen (4) und Leuchtstofflampen (5).

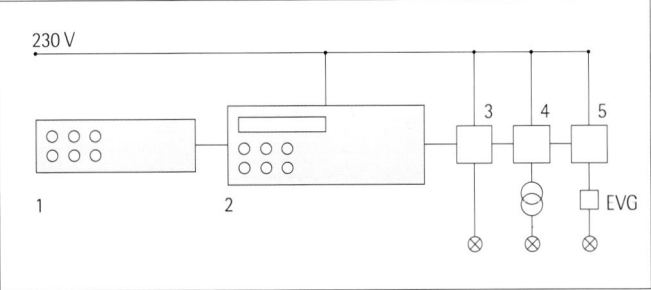

Schon bei einfachen Beleuchtungsaufgaben zeigt es sich, daß diese Ansprüche nicht von einem einzigen Lichtkonzept erfüllt werden können. So ergeben sich schon durch wechselnde Umgebungsbedingungen unterschiedliche Ansprüche an die Beleuchtung – die Bedingungen für eine Nachtbeleuchtung sind anders als für eine Zusatzbeleuchtung am Tag. Noch stärker differenziert werden die Ansprüche an eine Beleuchtungsanlage durch wechselnde Raumnutzungen, z. B. den Wechsel von Veranstaltungsarten in einer Mehrzweckhalle, den Wechsel von Ausstellungen in einem Museum oder selbst die Nutzung eines Büroraumes zu Schreibarbeiten bzw. einer Konferenz.

Um die unterschiedlichen Anforderungen bei wechselnden Umgebungsbedingungen und Nutzungsarten zu erfüllen, muß eine Beleuchtungsanlage in mehreren Dimm- und Schaltzuständen arbeiten, mehrere Lichtszenen bilden können. Voraussetzung hierfür ist die Möglichkeit, Leuchten oder Leuchtengruppen separat schalten und in ihrer Helligkeit steuern zu können, so daß Beleuchtungsstärke und Lichtqualitäten in einzelnen Bereichen des Raums der jeweiligen Situation angepaßt werden können. Für jede Nutzungs- oder Umgebungsbedingung ergibt sich dabei ein optimales Muster geschalteter Leuchten und Helligkeitsstufen, eine Lichtszene. Sollen zahlreiche Leuchtengruppen exakt gesteuert werden, ist es dabei sinnvoll, die Lichtszenen elektronisch zu speichern und jede Szene als Ganzes abrufen zu können.

Die grundlegende Aufgabe eines Lichtsteuersystems besteht darin, eine Reihe von Lichtszenen – jeweils also die Schalt- und Dimmzustände mehrerer Lastkreise – zu speichern und auf ein Signal hin abzurufen. Durch die programmierte Lichtsteuerung sind jedoch komplexere Vorgänge als ein einfacher Lichtszenenwechsel möglich. So kann z. B. der zeitliche Verlauf des Szenenwechsels, vom augenblicklichen Umschalten bis hin zum unmerklichen Übergang, ebenfalls programmiert werden. Weiter ist es möglich, das Helligkeitsniveau einer ganzen Lichtszene anzuheben oder zu senken, ohne ihre Programmierung zu ändern.

Der Wechsel zwischen zwei Lichtszenen kann von Hand per Knopfdruck über Bedienelemente abgerufen werden. Es ist aber auch möglich, Szenenwechsel automatisch zu steuern. Hierbei erfolgt die Steuerung meist abhängig von der Intensität des Tageslichts oder in Abhängigkeit von Wochentag und Uhrzeit.

Lichtsteuersysteme sind durch die Miniaturisierung der elektronischen Bausteine so kompakt, daß sie zum Teil in vorhandenen Schalt- bzw. Sicherungsschränken installiert werden können; bei größeren Systemen benötigen sie einen eigenen Schaltschrank. Lichtsteuersysteme bestehen aus einer Zentraleinheit zur digitalen Speicherung und Steuerung, einer Reihe von Lastbausteinen (Dimmer oder Relais), die jeweils einem Lastkreis zugeordnet sind, und einem oder mehreren Bedienelementen. Je nach Anwendung sind weitere Bausteine zur zeit- oder tageslichtabhängigen Steuerung und zur Steuerung mehrerer Räume erforderlich; durch besondere Schaltungen bzw. durch Einbindung in die Programme der Hausleittechnik können neben der Beleuchtung weitere Funktionen der Haustechnik (z. B. die Bedienung von Jalousien oder Projektionsleinwänden) über die Lichtsteueranlage gesteuert und überwacht werden.

2.4.7.1 Lichtsteuersysteme für Bühnenwirkungen

Anders als die Bühnenbeleuchtung, deren Aufgabe vorrangig die Schaffung von Illusionen ist, zielt die Architekturbeleuchtung auf die Wahrnehmbarkeit und Eindeutigkeit der realen Umgebung. Trotz dieses grundlegenden Unterschieds werden jedoch Methoden der Bühnenbeleuchtung in der Architekturbeleuchtung übernommen; es werden zunehmend Beleuchtungsanlagen mit dramatischen Wirkungen konzipiert. Hierzu zählen ausgeprägte Hell-Dunkel-Kontraste, der Einsatz farbigen Lichts – sei es durch Strahler mit Farbfiltern, sei es durch die Konturenbeleuchtung mit farbigen Leuchtröhren – sowie die Projektion von Gobos.

Über die Frage der eingesetzten Lichtwirkungen hinaus spielt bei der Bühnenbeleuchtung aber vor allem der Aspekt der zeitlichen Veränderung eine entscheidende Rolle; der Lichtszenenwechsel dient nicht mehr der Anpassung an vorgegebene Anforderungen, sondern wird zum eigenständigen gestalterischen Mittel. Die Veränderung des Lichts bezieht sich hierbei nicht mehr nur auf das Schalten von Leuchtengruppen und die Veränderung der Leuchtenhelligkeit; sie bezieht Ausstrahlungscharakteristik, Ausstrahlungsrichtung und Lichtfarbe mit ein.

An eine Bühnenlichtsteuerung werden also erheblich höhere Anforderungen als an konventionelle Lichtsteuersysteme gestellt. Durch den Trend zum Einsatz dramatischer Lichtwirkungen in der Architekturbeleuchtung werden aber auch hier zunehmend Steuersysteme zum Einsatz kommen, die in der Lage sind, Leuchten nicht nur zu schalten und zu dimmen, sondern auch in ihrer räumlichen Lage, ihrer Lichtfarbe und ihrer Ausstrahlungscharakteristik zu verändern.

Beispiel für eine programmierbare Lichtsteueranlage: Bedienelement (Mitte) für 6 Lichtszenen, zusätzlich mit Ein-/Ausschaltern für das Auf- und Abdimmen der Gesamtanlage. Zentrales Steuergerät mit LCD-Display (oben). Lastbaustein (unten) mit programmierter Adresse und Ein-/Ausschaltern für Testzwecke

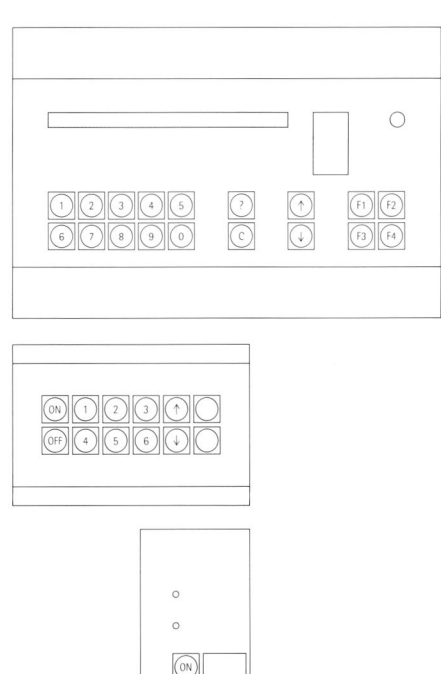

Licht
Eigenschaften und
Merkmale

Waren bisher visuelle Wahrnehmung und Lichterzeugung getrennt behandelte Themen, so soll nun der Bereich beschrieben werden, in dem Licht und Wahrnehmung zusammentreffen – der Bereich der Eigenschaften und Merkmale des Lichts. Hier soll gezeigt werden, in welcher Weise bestimmte Qualitäten des Lichts jeweils andere Wahrnehmungsbedingungen schaffen und so die visuelle Wahrnehmung des Menschen beeinflussen und steuern. Dabei spielt die Beleuchtungsstärke ebenso eine Rolle wie die Verteilung und Richtung des Lichts, die Begrenzung von Blendungseffekten oder die Farbqualität einer Beleuchtung.

Für den Bereich der Arbeitsplätze existiert ein umfangreiches Regelwerk, das Beleuchtungsbedingungen definiert, unter denen bestimmte Sehaufgaben optimal und ermüdungsfrei wahrgenommen werden können. Diese Normen beziehen sich jedoch nur auf die Optimierung der Arbeitsbedingungen, so daß für die Berücksichtigung der architektonischen und psychologischen Anforderungen einer visuellen Umgebung weitergehende Konzepte entwickelt werden müssen.

2.5.1 Lichtquantität

Grundlegend für eine Beleuchtung ist zunächst die Quantität des Lichts, die in einer bestimmten Situation, für eine bestimmte Sehaufgabe zur Verfügung steht. Daß Licht zur visuellen Wahrnehmung benötigt wird, ist eine selbstverständliche Tatsache. Bis vor gut hundert Jahren war der Mensch dabei an die Lichtmengen gebunden, die ihm das ständig wechselnde Tageslicht oder schwache künstliche Lichtquellen wie Kerzen oder Öllampen zur Verfügung stellten. Erst mit der Entwicklung des Gasglühlichts und der elektrischen Beleuchtung wurde es möglich, ausreichende Lichtmengen künstlich zu erzeugen und auf diese Weise die Beleuchtungsverhältnisse aktiv zu steuern.
    Durch diese Möglichkeit stellte sich nun die Frage nach dem angemessenen Licht, nach den Unter- und Obergrenzen der Beleuchtungsstärke und Leuchtdichte für bestimmte Situationen. Besonders intensiv wurden die Lichtverhältnisse am Arbeitsplatz untersucht, um Beleuchtungsstärken zu ermitteln, unter denen sich eine optimale Sehleistung ergibt. Als Sehleistung wird dabei die Fähigkeit bezeichnet, Objekte oder Details geringer Größe bzw. Sehaufgaben mit geringem Kontrast zur Umgebung wahrnehmen und identifizieren zu können.

Grundsätzlich steigt die Sehleistung bei Erhöhung der Beleuchtungsstärke steil an. Oberhalb von 1000 Lux erhöht sie sich allerdings nur noch langsam, um schließlich bei sehr hohen Beleuchtungsstärken durch das Auftreten von Blendung wieder zu sinken.

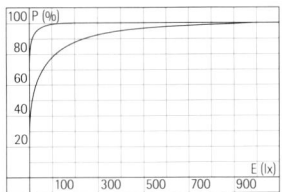
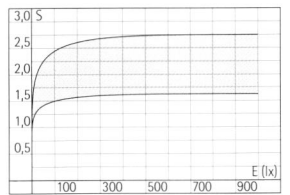
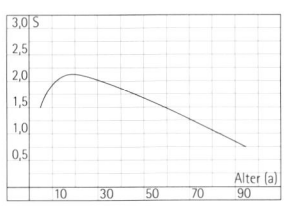

Einfluß der Beleuchtungsstärke E auf die relative Sehleistung P für einfache (obere Kurve) und schwierige Sehaufgaben (untere Kurve)

Einfluß der Beleuchtungsstärke E auf die Sehschärfe S normalsichtiger Beobachter

Sehschärfe S in Abhängigkeit vom Lebensalter (Durchschnittswerte)

Landolt-Ring zur Bestimmung der Sehschärfe. Sehaufgabe ist die Bestimmung der Lage des Spaltes, dessen Öffnung 1/5 des Ringdurchmessers d beträgt.

Aus der Spaltbreite des kleinsten erkennbaren Landolt-Rings und der Beobachtungsentfernung ergibt sich ein Sehwinkel α, dessen Kehrwert das Maß für die Sehschärfe S ist. Ein Visus von 1 ergibt sich beim Erkennen des Spaltes unter einem Sehwinkel α = 1' (1/60°).

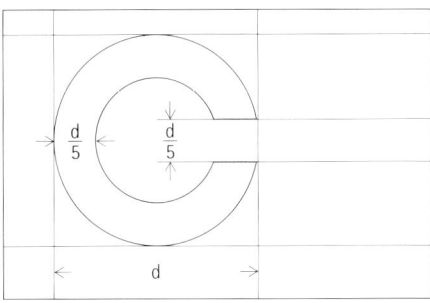

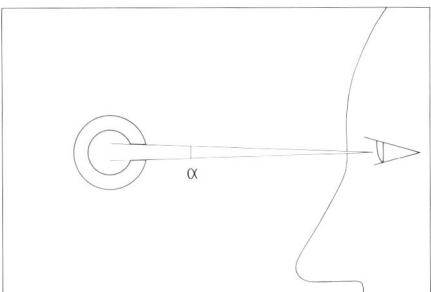

$$S = \frac{1}{\alpha}$$

$$[\alpha] = \text{min}$$

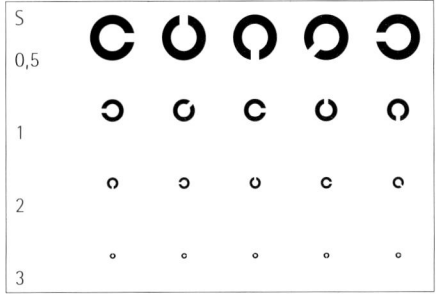

Tafel zur Bestimmung der Sehschärfe S aus einem Abstand von 2 m

Bei leichten Sehaufgaben wird eine ausreichende Sehleistung schon durch geringe Beleuchtungsstärken erreicht, während komplizierte Sehaufgaben hohe Beleuchtungsstärken erfordern. So stellen 20 Lux eine Untergrenze dar, bei der z. B. die Gesichtszüge von Menschen gerade noch unterschieden werden können. Für einfache Arbeiten sind schon mindestens 200 Lux erforderlich, während komplizierte Sehaufgaben bis zu 2000 Lux, in Spezialfällen wie z. B. Operationsfeldbeleuchtung bis zu 10 000 Lux erfordern. Die subjektiv bevorzugte Beleuchtungsstärke am Arbeitsplatz liegt zwischen 1000 und 2000 Lux.

Die Richtwerte für Beleuchtungsstärken, wie sie sich vor allem in der DIN-Norm 5035, Teil 2, finden, bewegen sich mit Werten von 20 bis 2000 Lux innerhalb des oben dargestellten Rahmens. Die jeweils empfohlenen Beleuchtungsstärken ergeben sich dabei vor allem aus der Größe der Sehaufgabe und ihrem Kontrast zur unmittelbaren Umgebung, wobei sehr kleine, kontrastarme Sehaufgaben die höchste Beleuchtungsstärke verlangen.

Die Vorgabe pauschaler Beleuchtungsstärken, wie sie über die Normung der Arbeitsplatzbeleuchtung hinaus die gesamte Praxis der Lichtplanung prägt, sagt allerdings wenig über die tatsächliche Wahrnehmung aus. Im Auge abgebildet, und damit wahrnehmbar, wird nicht der auf eine Fläche fallende Lichtstrom – die Beleuchtungsstärke –, sondern das von den Flächen emittierte, transmittierte oder reflektierte Licht. Das Bild auf der Netzhaut beruht also auf dem Leuchtdichtemuster der wahrgenommenen Objekte, auf dem Zusammenwirken von Licht und Objekt.

Auch für den Bereich der Leuchtdichte existieren Empfehlungen, so für maximale Leuchtdichtekontraste zwischen Sehaufgabe und Umgebung oder für absolute Leuchtdichten, die z. B. von Leuchtdecken oder Leuchten für Bildschirmarbeitsplätze nicht überschritten werden sollen. Ziel ist wiederum die Optimierung der Sehleistung am Arbeitsplatz.

Über diese Richtwerte hinaus existieren aber auch generelle Empfehlungen für die Leuchtdichteverteilung im gesamten Raum. Dabei wird angenommen, daß ein von diesen Richtlinien abweichender Raum mit geringen Leuchtdichtekontrasten monoton und uninteressant, bei hohen Kontrasten dagegen unruhig und irritierend wirkt.

Seit einiger Zeit sind allerdings systematischere Ansätze zur umfassenden Lichtplanung anhand der Leuchtdichteverteilung entwickelt worden. Vor allem in Waldrams Konzept der „designed appearance" bzw. der „stabilen Wahrnehmung" bei Bartenbach finden sich Versuche, die visuelle Wirkung einer gesamten Umgebung (mood, Milieu) durch gezielte Verteilung von Leuchtdichten zu steuern.

E (lx)		Charakteristische Beleuchtungsstärken E in Innenräumen
20	Mindestwert in Innenräumen außerhalb von Arbeitsbereichen Zum Erkennen von Gesichtszügen notwendige Beleuchtungsstärke	
200	Mindestbeleuchtungsstärke ständig besetzter Arbeitsplätze	
2 000	Maximale Beleuchtungsstärken an normalen Arbeitsplätzen	
20 000	Beleuchtungstärke spezieller Sehaufgaben, z.B. Operationsfeldbeleuchtung	

E (lx)		Empfohlene Beleuchtungsstärken E nach CIE für unterschiedliche Tätigkeitsmerkmale
20–50	Wege und Arbeitsbereiche im Freien	
50–100	Orientierung in Räumen bei kurzem Aufenthalt	
100–200	Nicht ständig benutzte Arbeitsräume	
200–500	Sehaufgaben mit geringem Schwierigkeitsgrad	
300–750	Sehaufgaben mit mittlerem Schwierigkeitsgrad	
500–1000	Sehaufgaben mit hoher Anforderung, z.B. Bürotätigkeit	
750–1000	Sehaufgaben mit hoher Schwierigkeit, z.B. Feinmontage	
1000–2000	Sehaufgaben mit sehr hoher Schwierigkeit, z.B. Kontrollaufgaben	
> 2000	Zusatzbeleuchtung für schwierige und spezielle Aufgaben	

Jeder Versuch, Beleuchtungsanlagen anhand quantitativer Vorgaben zu planen, wirft jedoch grundlegende Probleme auf. Dies gilt sowohl für die pauschale Vorgabe von Beleuchtungsstärken oder Leuchtdichteskalen als auch für die Vorgabe differenzierter Leuchtdichtemuster.

Visuelle Wahrnehmung ist ein Vorgang, bei dem sich der Mensch durch das Medium Licht über die Objekte in seiner Umgebung informiert, der also grundsätzlich durch die drei Faktoren Licht, Objekt und wahrnehmendes Subjekt beeinflußt wird. Bei einer Planung, die sich auf die Vorgabe von Beleuchtungsstärken beschränkt, wird einseitig der Aspekt des Lichts betrachtet. Die Beleuchtungsstärke ist daher eine unzureichende Grundlage für die Voraussage visueller Wirkungen, zumal sie, wie oben beschrieben, nicht direkt wahrnehmbar ist.

Bei der Planung von Leuchtdichteverteilungen wird neben dem Licht schon die Wechselwirkung des Lichts mit den Objekten berücksichtigt. Die Leuchtdichte bildet die Grundlage der tatsächlich wahrgenommenen Helligkeit, so daß der Wahrnehmungsprozeß zumindest bis zur Abbildung auf der Netzhaut berücksichtigt wird.

Dennoch stellt auch die Leuchtdichte und ihre Verteilung keine ausreichende Grundlage für die Planung von visuellen Eindrücken dar – vernachlässigt bleibt hier der wahrnehmende Mensch. Das auf der Netzhaut abgebildete Muster von Leuchtdichten ist nicht das Endprodukt, sondern nur die Grundlage eines komplexen Verarbeitungsprozesses, an dessen Ende das wahrgenommene, wirklich gesehene Bild steht. Hierbei spielen Gestaltgesetze, Konstanzphänomene, Erwartungshaltungen und der Informationsgehalt des Wahrgenommenen eine Rolle.

Ziel der Wahrnehmung ist nicht das Registrieren von Lichterscheinungen, sondern die Information über die Umwelt. Interessant sind nicht die Leuchtdichten, die eine Ansammlung von Objekten abstrahlt, sondern vielmehr die Information über die Beschaffenheit dieser Objekte und über die Beleuchtungssituation, unter der diese Beschaffenheit wahrgenommen wird.

So ist zu erklären, daß das tatsächlich wahrgenommene, gesehene Bild nicht mit dem Leuchtdichtemuster auf der Netzhaut identisch ist, obwohl es auf diesem Leuchtdichtemuster aufbaut. Ein weißer Körper hat in unterschiedlichen Beleuchtungssituationen jeweils unterschiedliche Leuchtdichten. Dennoch wird dieser Körper immer als gleichmäßig weiß wahrgenommen, weil die Beleuchtungssituation bei der Verarbeitung des Bildes ermittelt und berücksichtigt wird. Ebenso wird die Schattenbildung auf einem räumlichen Körper – sein Leuchtdichtemuster – nicht als ungleichmäßige Beleuchtung einer Fläche, sondern als Merkmal einer räumlichen Form interpretiert. In beiden Fällen wird also aus dem wahrgenommenen Leuchtdichtemuster gleichzeitig die Beschaffenheit des Objekts und die Art der Beleuchtung abgeleitet. Schon anhand dieser einfachen Beispiele zeigt sich der Stellenwert der psychischen Verarbeitung für das letztlich wahrgenommene Bild.

Wenn Lichtplanung bestimmte visuelle Wirkungen bewußt anstrebt, muß sie dabei alle am Wahrnehmungsprozeß beteiligten Faktoren einbeziehen. Lichtplanung kann sich also nicht auf die Betrachtung von Beleuchtungsstärken oder Leuchtdichten, von Licht und Objekt beschränken, auch wenn dies z. B. bei der Schaffung optimaler Wahrnehmungsbedingungen am Arbeitsplatz naheliegt. Sie muß – als Gestaltung der Umwelt des Menschen – neben den Eigenschaften des eingesetzten Lichts auch das wahrnehmungspsychologische Wechselspiel zwischen Lichtquelle, Objekt und wahrnehmendem Subjekt in der jeweiligen Situation berücksichtigen.

2.5.2 Diffuses und gerichtetes Licht

Verläßt man den Bereich der Quantität und wendet sich den Qualitäten des Lichts zu, so ist die Unterscheidung zwischen diffusem und gerichtetem Licht einer der wesentlichsten Aspekte. Schon aus der alltäglichen Erfahrung sind uns entsprechende Beleuchtungssituationen vertraut – das gerichtete Licht der Sonne bei wolkenlosem Himmel und das diffuse Licht bei geschlossener Wolkendecke. Charakteristische Eigenschaften sind dabei vor allem die gleichmäßige, fast schattenlose Beleuchtung bei bedecktem Himmel gegenüber dem dramatischen Wechsel von Licht und Schatten im Sonnenlicht.

Diffuses Licht geht von großen leuchtenden Flächen aus. Dies können flächige Lichtquellen wie das Himmelsgewölbe beim Tageslicht oder Leuchtdecken im Bereich des Kunstlichts sein. Diffuses Licht wird aber auch, und dies ist bei Innenräumen der häufigere Fall, von angestrahlten Decken und Wänden reflektiert. Erzeugt wird auf diese Weise eine sehr gleichmäßige, weiche Beleuchtung, die den gesamten Raum erhellt und sichtbar macht, jedoch kaum Schatten oder Reflexe erzeugt.

Gerichtetes Licht geht von punktförmigen Lichtquellen aus. Dies ist beim Tageslicht die Sonne; im Bereich des Kunstlichts sind es kompakt gebaute Lampen. Die wesentlichen Eigenschaften von gerichtetem Licht sind die Erzeugung von Schatten auf Körpern und strukturierten Oberflächen sowie von Reflexen auf spiegelnden Objekten. Diese Wirkungen treten bei einem geringen Anteil von diffusem Licht an der Gesamtbeleuchtung besonders deutlich hervor. Im Bereich des Tageslichts liegt der Anteil von gerichtetem und diffusem Licht bei wolkenlosem Himmel durch das Verhältnis von Sonnen- und Himmelslicht (5:1 bis 10:1) praktisch fest.

Im Innenraum ist das Verhältnis von gerichtetem und diffusem Licht dagegen frei wählbar. Hierbei sinkt der Anteil an diffusem Licht, wenn Decke und Wände wenig Licht erhalten oder auftreffendes Licht durch geringe Reflexionsgrade der Umgebung weitgehend absorbiert wird. Schatten und Reflexe lassen sich so bis hin zu theatralischen Effekten hervorheben. Dies wird gezielt bei der Präsentation von Objekten ausgenutzt, spielt aber bei der Architekturbeleuchtung nur eine Rolle, wenn eine betont dramatische Raumwirkung angestrebt wird.

Gerichtetes Licht sorgt nicht nur für Schatten und Reflexe, es eröffnet der Lichtplanung durch die Wahl von Ausstrahlungswinkel und -richtung neue Möglichkeiten. Während das Licht diffuser oder freistrahlender Lichtquellen immer – vom Ort der Lichtquelle ausgehend – den gesamten Raum beeinflußt, ist beim gebündelten Licht die Lichtwirkung vom Standort der Leuchte losgelöst.

Hier liegt einer der größten Fortschritte in der Beleuchtungstechnik. War in der Ära der Kerzen und Petroleumlampen das Licht an die unmittelbare Umgebung der Leuchte gebunden, so ergibt sich nun die Möglichkeit, ein vom Ort der Lichtquelle entfernt wirkendes Licht einzusetzen. Es wird möglich, Lichtwirkungen definierter Beleuchtungsstärke von fast beliebigen Orten aus in genau definierten Bereichen hervorzurufen. Auf diese Weise kann ein Raum bewußt und differenziert beleuchtet werden, die jeweilige lokale Beleuchtungsstärke kann der Bedeutung und dem Informationsgehalt des beleuchteten Bereichs angepaßt werden.

2.5.2.1 Modellierung

Eine ebenso selbstverständliche wie grundlegende Eigenschaft unserer Umwelt ist ihre Dreidimensionalität. Uns über diesen Aspekt zu informieren, muß also ein wesentliches Ziel der visuellen Wahrnehmung sein. Dreidimensionalität umfaßt dabei verschiedene Einzelbereiche, von der Ausdehnung des Raums um uns herum über die Lage und Orientierung der Objekte im Raum bis hin zu deren räumlicher Form und Oberflächenstruktur.

Bei der Wahrnehmung dieser Aspekte der Räumlichkeit spielen zahlreiche physiologische und wahrnehmungspsychologische Vorgänge eine Rolle. Für die Wahrnehmung räumlicher Formen und Oberflächenstrukturen ist jedoch die Modellierung durch Licht und Schatten von zentraler Bedeutung – eine Eigenschaft des gerichteten Lichts, die bisher nur erwähnt, jedoch nicht auf ihren Stellenwert für die Wahrnehmung hin analysiert worden ist.

Wird z. B. eine Kugel unter völlig diffuser Beleuchtung gesehen, so ist ihre räumliche Gestalt nicht wahrzunehmen, sie er-

Wahrnehmung von räumlichen Formen und Oberflächenstrukturen in unterschiedlichen Beleuchtungssituationen. Gerichtetes Licht führt durch ausgeprägte Schatten zu einer starken Modellierung. Formen und Oberflächenstrukturen werden betont; gleichzeitig werden aber Details durch Schlagschatten verdeckt.

Licht mit gerichteten und diffusen Anteilen erzeugt weich verlaufende Schatten. Formen und Oberflächenstrukturen sind deutlich zu erkennen, störende Schlagschatten treten nicht auf.

Diffuses Licht erzeugt keine Schatten. Formen und Oberflächenstrukturen können nur schlecht erkannt werden.

scheint lediglich als kreisförmige Fläche. Erst wenn gerichtetes Licht auf die Kugel trifft – d. h. erst wenn sich Schatten bilden –, kann ihre Räumlichkeit erkannt werden. Ebenso verhält es sich bei der Wahrnehmung von Oberflächenstrukturen, die unter diffusem oder senkrecht auftreffendem Licht kaum wahrzunehmen sind und erst bei im Winkel auftreffenden, gerichteten Licht durch ihre Schattenwirkung hervortreten.

Erst durch gerichtetes Licht wird also die Information über den räumlichen Aufbau von Objekten ermöglicht. Ebenso wie das völlige Fehlen gerichteten Lichts diese Information unmöglich macht, kann aber auch ein Zuviel an Modellierung Informationen verdecken. Dies ist der Fall, wenn durch extrem gerichtetes Licht Teile der Objekte in den Schlagschatten verschwinden.

Aufgabe der Lichtplanung muß es also sein, ein der jeweiligen Situation angemessenes Verhältnis von diffusem und gerichtetem Licht zu erzeugen. Bestimmte Sehaufgaben, bei denen die Räumlichkeit oder die Oberflächenstruktur der betrachteten Objekte im Vordergrund stehen, verlangen dabei eine betont modellierende Beleuchtung. Spielen Räumlichkeit und Oberflächenstruktur dagegen keine oder sogar eine störende Rolle, kann wiederum eine völlig diffuse Beleuchtung angebracht sein.

In der Regel sollte allerdings sowohl diffuses als auch gerichtetes Licht vorhanden sein. Eine Beleuchtung mit ausgewogenen Anteilen an diffusem und gerichtetem Licht sorgt für die Sichtbarkeit der gesamten Umgebung und ermöglicht gleichzeitig ein räumliches, lebendiges Wahrnehmen der Objekte.

In den Normen für die Arbeitsplatzbeleuchtung findet sich ein rechnerisches Bewertungskriterium für die Modellierungsfähigkeit einer Beleuchtung, die hier als Schattigkeit bezeichnet wird. Schattigkeit wird dabei als das Verhältnis der zylindrischen zur horizontalen Beleuchtungsstärke definiert.

Bei der Planung gerichteter und diffuser Beleuchtungsanteile sollten die aus der elementaren Erfahrung des Tageslichts resultierenden Erwartungen an Lichtrichtung und -farbe berücksichtigt werden. So kommt das gerichtete Sonnenlicht von oben oder von den Seiten, jedoch nie von unten; die Farbe des Sonnenlichts ist deutlich wärmer als die des diffusen Himmelslichts. Eine Beleuchtung, bei der gerichtetes Licht schräg von oben kommt und eine wärmere Lichtfarbe besitzt als die diffuse Allgemeinbeleuchtung, wird also als natürlich empfunden. Der Einsatz abweichender Lichtrichtungen und Farbtemperaturkombinationen ist möglich, führt jedoch zu besonders auffälligen Effekten.

2.5.2.2 Brillanz

Ebenso wie die Modellierung ist auch Brillanz eine Wirkung gerichteten Lichts, sie geht von kompakten, annähernd punktförmigen Lichtquellen aus und tritt bei möglichst geringen diffusen Beleuchtungsanteilen besonders deutlich hervor. Als brillant kann zunächst die Lichtquelle selbst empfunden werden. Ein Beispiel hierfür ist die Wirkung von Kerzenflammen in abendlicher Umgebung. Weiter wirken Objekte brillant, die dieses Licht brechen, so z. B. beleuchtetes Glas, geschliffene Edelsteine oder Kristallüster. Brillanz entsteht aber auch durch Reflexion auf spiegelnden Oberflächen wie Porzellan, Glas, Lack, poliertem Metall oder feuchten Materialien.

Da Brillanzeffekte durch Reflexion oder Brechung entstehen, sind sie nicht von der Menge des eingesetzten Lichts, sondern nur von der Leuchtdichte der jeweiligen Lichtquelle abhängig. Eine sehr kompakte Lichtquelle (z. B. eine Niedervolt-Halogenlampe) kann also trotz geringer Lichtleistung Reflexe von größerer Brillanz hervorrufen als eine lichtstärkere, aber weniger kompakte Lampe.

Brillanz kann, vor allem bei Lichtquellen, ein für sich allein wirksamer Effekt sein, der die Aufmerksamkeit auf sich zieht und einem Raum eine interessante, lebendige Note geben kann. Bei der Beleuchtung von Objekten verdeutlicht Brillanz – ebenso wie die Modellierung – deren Räumlichkeit und Oberflächenbeschaffenheit, da Brillanzeffekte vor allem auf Kanten und Wölbungen glänzender Objekte entstehen.

Über die Verdeutlichung der Form und Oberflächenstruktur bewirkt Brillanz eine psychologische Aufwertung des beleuchteten Objekts und seiner Umgebung. Diese Möglichkeit, Objekte oder Räume interessant und wertvoll erscheinen zu lassen, bestimmt den Einsatz von Brillanzeffekten in der Beleuchtungspraxis. Soll eine Umgebung – ein Festsaal, eine Kirche oder ein Foyer – besonders festlich wirken, so kann dies durch den Einsatz brillanter Lichtquellen erreicht werden, seien es Kerzenflammen, Niedervolt-Halogenlampen oder Hochdruck-Entladungslampen.

Ebenso kann bei der Präsentation von geeigneten Objekten Brillanz – und damit ein wertvoller Charakter – durch den Einsatz gerichteten Lichts erzeugt werden. Dies gilt vor allem für die Präsentation von lichtbrechenden oder glänzenden Materialien, von Glas, Keramik, Lack oder Metall. Brillanz bezieht ihre psychische Wirksamkeit – die Weckung von Aufmerksamkeit – aus ihrem Informationsgehalt. Die vermittelte Information kann dabei die bloße Existenz einer brillanten Lichtquelle sein, es kann sich jedoch auch um die Information über Art und Qualität einer Oberfläche, die Geometrie und Symmetrie der Spiegelungen handeln.

Mit Hilfe mehrerer Punktlichtquellen kann eine gleichmäßige Raumbeleuchtung erreicht werden. Aufgrund des gerichteten Charakters jedes einzelnen Lichtkegels entstehen hierbei an Objekten scharf begrenzte Mehrfachschatten.

Bei einer gleichmäßigen Raumbeleuchtung durch diffuses Licht ergeben sich dagegen nur schwache, unscharf verlaufende Schatten.

Es stellt sich jedoch die Frage, ob die Information, auf die unsere Aufmerksamkeit gelenkt wird, in der jeweiligen Situation wirklich von Interesse ist. Ist dies der Fall, wird Brillanz als angenehm und interessant empfunden, die oben beschriebene, gefühlsmäßige Aufwertung von Objekt oder Umgebung findet statt.

Besitzt die gezeigte Brillanz aber keinen Informationswert, kann sie als Blendung empfunden werden. Dies ist vor allem bei der Reflexblendung der Fall. So werden Reflexe auf Klarsichthüllen, Bildschirmen oder glänzendem Kunstdruckpapier nicht als Information (Brillanz), sondern als störende Blendung, als Verdecken der unter den Reflexen verborgenen, eigentlichen Information verstanden.

2.5.3 Blendung

Ein wesentliches Merkmal für die Qualität einer Beleuchtung ist die Begrenzung der entstehenden Blendung. Als Blendung wird dabei sowohl die objektive Verminderung der Sehleistung als auch die subjektive Störung durch das Auftreten von hohen Leuchtdichten oder hohen Leuchtdichtekontrasten im Gesichtsfeld bezeichnet.

Bei einer objektiven Verringerung der Sehleistung wird von *physiologischer Blendung* gesprochen. Hierbei überlagert sich im Auge das Licht einer Blendlichtquelle dem Leuchtdichtemuster der eigentlichen Sehaufgabe und verschlechtert so deren Wahrnehmbarkeit. Grund für die Überlagerung der Leuchtdichten von Sehaufgabe und Blendlichtquelle kann die direkte Überlagerung beider Abbildungen auf der Netzhaut sein; für die Verminderung der Sehleistung reicht aber schon die Überlagerung des Streulichts aus, das durch die Streuung des Blendlichts im Auge entsteht. Der Grad der Lichtstreuung hängt vor allem von der Trübung des Augeninneren ab; diese mit dem Alter zunehmende Trübung ist für die höhere Blendempfindlichkeit älterer Menschen verantwortlich.

Der Extremfall der physiologischen Blendung ist die Absolutblendung. Sie entsteht, wenn Leuchtdichten von mehr als 10^4 cd/m² im Sehfeld vorhanden sind, so z. B. durch den Blick in die Sonne oder durch den direkten Einblick in künstliche Lichtquellen. Die Absolutblendung ist unabhängig vom Leuchtdichtekontrast zur Umgebung; sie kann nicht durch Erhöhung des Leuchtdichteniveaus beseitigt werden.

Die Absolutblendung ist in der Architekturbeleuchtung allerdings nur selten ein Problem. Wesentlich häufiger tritt hier die Relativblendung auf, bei der die Verminderung der Sehleistung nicht durch extreme Leuchtdichten, sondern durch zu hohe Leuchtdichtekontraste im Gesichtsfeld hervorgerufen wird.

Wird durch die Blendlichtquelle keine objektive Verringerung der Sehleistung,

sondern lediglich eine subjektive Störempfindung hervorgerufen, so spricht man von *psychologischer Blendung*. Ursache für die psychologische Blendung ist die unwillkürliche Ablenkung, die von hohen Leuchtdichten im Gesichtsfeld ausgeht. Der Blick wird hierbei immer wieder von der Sehaufgabe auf die Blendlichtquelle gelenkt, ohne daß dieser Bereich erhöhter Helligkeit jedoch die erwartete Information zu bieten hätte; ähnlich wie bei einem störenden Geräusch erzeugt die Blendlichtquelle optischen Lärm, der die Aufmerksamkeit auf sich zieht und die Wahrnehmung stört.

Durch die ständig wiederholte Anpassung an unterschiedliche Helligkeitsniveaus und die unterschiedliche Entfernung von Sehaufgabe und Blendlichtquelle kommt es hierbei zu einer Belastung des Auges, die als unangenehm oder sogar schmerzhaft empfunden wird. Trotz objektiv gleichbleibender Sehleistung entsteht so bei der psychologischen Blendung ein erhebliches Unbehagen; die Leistungsfähigkeit am Arbeitsplatz wird herabgesetzt.

Anders als die physiologische Blendung, die unabhängig von der jeweiligen Situation durch das Überschreiten physiologisch vorgegebener Grenzwerte für Leuchtdichte oder Leuchtdichtekontraste erklärt werden kann, handelt es sich bei der psychologischen Blendung um ein Problem der Informationsverarbeitung, das nicht losgelöst vom Kontext – vom Informationsgehalt der visuellen Umgebung und vom Informationsbedarf der jeweiligen Situation – beschrieben werden kann. So kann die psychologische Blendung ausbleiben, obwohl erhebliche Leuchtdichtekontraste vorliegen, wenn diese Kontraste erwartet werden und interessante Informationen vermitteln, z. B. bei Brillanz auf Kristalllüstern oder beim Blick durchs Fenster auf eine interessante Aussicht. Andererseits können bereits geringere Leuchtdichtekontraste psychologische Blendung hervorrufen, wenn diese Kontraste wichtigere Informationen überlagern und selbst informationslos sind; so z. B. bei Reflexen auf glänzendem Kunstdruckpapier, beim Blick auf den gleichmäßig bedeckten Himmel oder auf eine Lichtdecke. Sowohl die physiologische wie die psychologische Blendung tritt in zwei Formen auf. Als erste ist hier die *Direktblendung* zu nennen, bei der die Blendlichtquelle selbst im Umfeld der Sehaufgabe sichtbar ist. Der Grad der Blendung hängt hierbei vor allem von der Leuchtdichte der Blendlichtquelle, ihrem Leuchtdichtekontrast zur Sehaufgabe, ihrer Größe und ihrer Nähe zur Sehaufgabe ab.

Die zweite Form der Blendung ist die *Reflexblendung*, bei der die Blendlichtquelle von der Sehaufgabe oder ihrem Umfeld reflektiert wird. Diese Form der Blendung hängt neben den oben erwähnten Faktoren zusätzlich von Glanzgrad und Lage der reflektierenden Oberfläche ab.

Vor allem beim Lesen von Texten auf Kunstdruckpapier und bei der Arbeit am

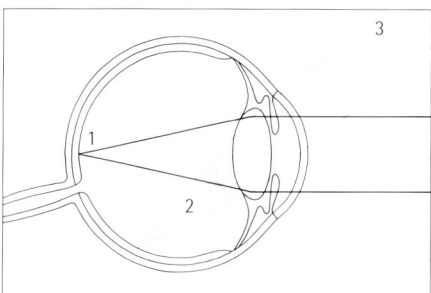

Bei der physiologischen Blendung wird das Netzhautbild des Sehobjekts (1) von Leuchtdichten überlagert, die im Auge aus der Streuung (2) des Lichts einer Blendlichtquelle (3) entstehen.

79

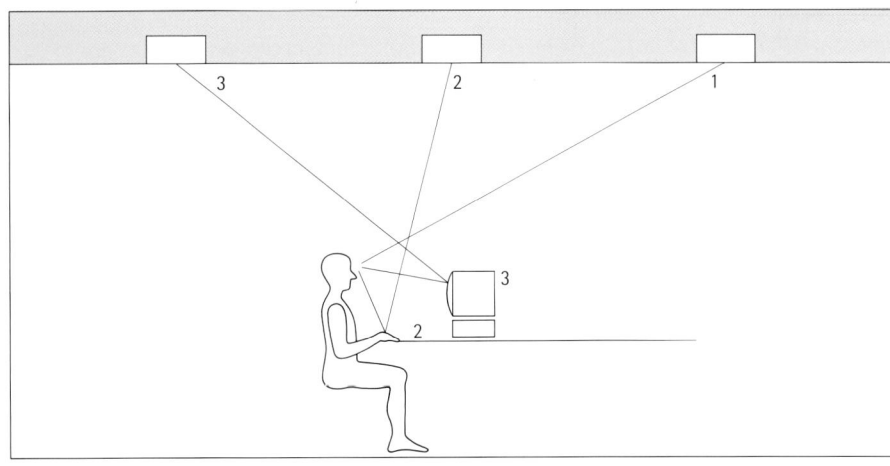

Bei der Blendung wird
unterschieden zwischen
der Direktblendung, vor
allem durch Leuchten
(1), der Reflexblendung
an horizontalen Seh-
aufgaben (2) und der
Reflexblendung an ver-
tikalen Sehaufgaben,
z. B. Bildschirmen (3).

Leuchten, die sich auf
konventionellen Bild-
schirmen spiegeln,
sollen oberhalb des
Grenzausstrahlungs-
winkels γ_G keine Leuchtdichten von mehr als
200 cd/m² aufweisen.
Übliche Werte für γ_G
liegen zwischen 50°
und 60°.

Bildschirm stellt die psychologische Blendung durch reflektiertes Licht ein erhebliches Problem dar, da der Wettstreit zwischen der wenig entfernten Sehaufgabe
und dem Bild der deutlich weiter entfernten Blendlichtquelle durch ständiges Um-
akkomodieren und den ständigen Konver-
genzwechsel zur raschen Ermüdung der
Augen führt.

Die Bewertung von Leuchtdichten und
Leuchtdichtekontrasten, die möglicherweise zu Blendungseffekten führen, ist
stark von der jeweiligen Umgebung und
den Zielen der Beleuchtung abhängig. So
gelten für eine festlich oder dramatisch
beleuchtete Umgebung andere Regeln als
für einen Arbeitsplatz; was im einen Fall
erwünschte Brillanz ist, ist im anderen Fall
unerwünschte Blendung. Auch die vor-
herrschenden Blickrichtungen spielen eine
bedeutsame Rolle; eine Beleuchtung, die
in aufrecht sitzender Haltung blendfrei ist,
kann schon beim Zurücklehnen in einem
Sessel blenden.
    Formalisierte Regeln für die Begrenzung
von Blendung existieren im Bereich der
Arbeitsplatzbeleuchtung; sie beziehen sich
vor allem auf den Regelfall einer sitzenden
Beschäftigung und einer Beleuchtung mit
Rasterleuchten. Hierbei ergeben sich aus
Sitzhöhe und bevorzugter Blickrichtung
Bereiche, in denen Lichtquellen am häufigsten blenden. Neben der Blendung durch
Fenster gehen Blendwirkungen dabei meist
von Leuchten in bestimmten Deckenberei-
chen aus.
    Bei der Direktblendung handelt es sich
hierbei um den Deckenbereich vor dem
Betrachter, der unter Winkeln flacher als
45° gesehen wird. Bei der Reflexblendung
wird Blendung dagegen vor allem durch
Leuchten im Deckenbereich unmittelbar
vor dem Betrachter hervorgerufen. Einen
Sonderfall bildet die Reflexblendung auf
Bildschirmen, also auf annähernd vertikal
angeordneten Flächen. Hier wird Blendung vor allem durch Blendlichtquellen
im Deckenbereich hinter dem Betrachter
hervorgerufen. Eine Verringerung von
Blendwirkungen läßt sich zunächst durch
Herabsetzen des Leuchtdichtekontrasts –
sei es durch Anheben der Umgebungs-
leuchtdichte, sei es durch Herabsetzung
der Leuchtdichte der Blendlichtquelle –
erreichen. Darüber hinaus kann Blendung
durch die Anordnung der Leuchten vermieden werden. So sollten z. B. Bänder von
Rasterleuchten möglichst nicht quer zur
Blickrichtung angeordnet, sondern längs
zur Blickrichtung zwischen den Arbeitsplätzen installiert werden.
    Eine differenzierte Blendungsbegren-
zung läßt sich vor allem durch die Auswahl der Leuchten erreichen. Hier kann
durch Reflektoren mit geeigneter Charakteristik dafür gesorgt werden, daß die
Leuchten oberhalb der kritischen Winkel
keine unzulässigen Leuchtdichten besitzen.
Durch Verwendung von Leuchten, die nur
wenig Licht direkt nach unten abstrahlen,

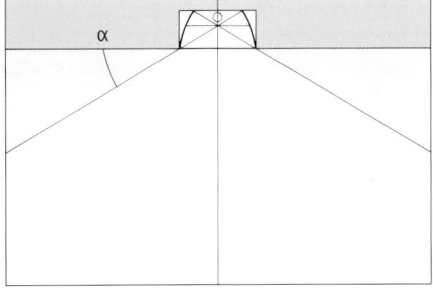

Begrenzung der Blen-
dung an Bildschirmar-
beitsplätzen: Für Räume
mit Bildschirmarbeits-
plätzen wird ein Min-
destabschirmwinkel α
von 30° empfohlen.

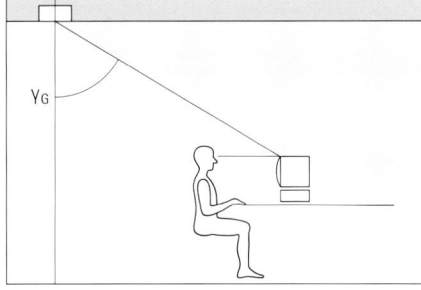

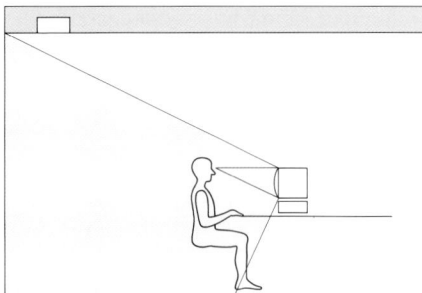

Leuchtdichten von Wän-
den, die sich im Bild-
schirm spiegeln, sollten
im Mittel nicht mehr
als 200 cd/m², maximal
nicht mehr als 400 cd/m²
betragen. Die Spiege-
lung von Fenstern im
Bildschirm sollte grund-
sätzlich vermieden wer-
den.

Mindestabschirmwinkel von Leuchten mit unterschiedlichen Lichtquellen in Abhängigkeit von der Güteklasse der Blendungsbegrenzung

Lampenart	Güteklasse der Blendungsbegrenzung			
	A	B	C	D
	sehr hoch	hoch	mittel	gering
Leuchtstofflampe	20°	10°	0°	0°
kompakte Leuchtstofflampe	20°	15°	5°	0°
Hochdrucklampe, mattiert	30°	20°	10°	5°
Hochdrucklampe, klar Glühlampe, klar	30°	30°	15°	10°

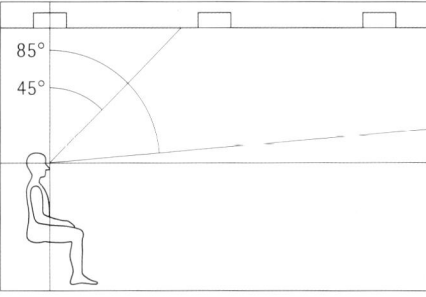

Für die Bewertung der Direktblendung wird die Leuchtdichte der Leuchten im Winkelbereich zwischen 45° und 85° berücksichtigt.

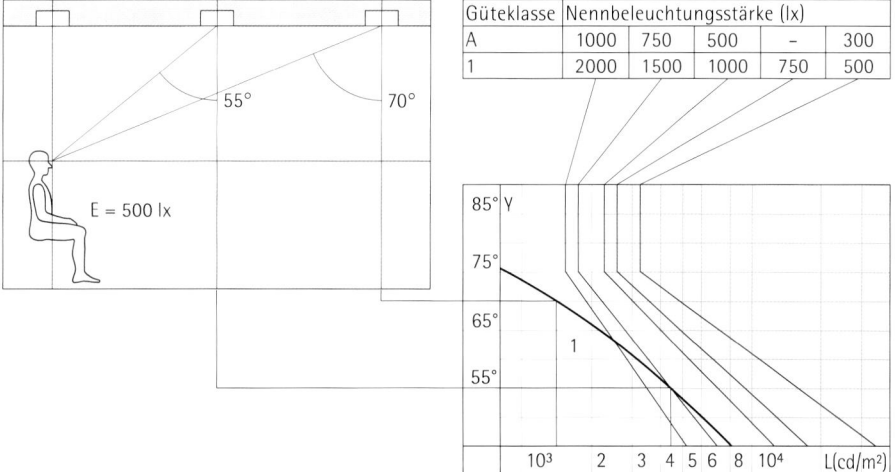

Güteklasse	Nennbeleuchtungsstärke (lx)				
A	1000	750	500	–	300
1	2000	1500	1000	750	500

Beispiel für die Anwendung des Grenzkurvenverfahrens bei einer Beleuchtungsstärke von 500 lx und der Güteklasse A. Aus der Raumgeometrie ergibt sich für die erste Leuchte ein Beobachtungswinkel von 55°, für die zweite Leuchte ein Winkel von 70°, für die im Diagramm die entsprechende Leuchtdichten in der Leuchtdichtekurve 1 abgelesen

werden können. Die Leuchtdichtekurve überschreitet die zutreffende Grenzkurve nicht, die Anforderung an die Blendungsbegrenzung der Leuchte ist also erfüllt.

Leuchtdichtegrenzkurven (für Leuchten ohne leuchtende Seitenteile). Sie geben Grenzwerte für die mittlere Leuchtdichte L der Leuchte bei Ausstrahlungswinkeln γ zwischen 45° und 85° an, die in Abhängigkeit von der Nennbeleuchtungsstärke und der geforderten Güteklasse nicht überschritten werden dürfen.

kann auch die Gefahr der Reflexblendung deutlich eingeschränkt werden.

Zur Bewertung der Blendungsbegrenzung am Arbeitsplatz existiert ein in der DIN 5035 festgelegtes Verfahren, mit dem sich die Einhaltung der Grenzwerte für die Direktblendung überprüfen läßt. Hierbei wird die Leuchtdichte der verwendeten Leuchten unter Winkeln von 45°–85° bestimmt und in ein Diagramm eingetragen. Abhängig von der Nennbeleuchtungsstärke, der Art der Leuchten und der Güteklasse der angestrebten Beleuchtung lassen sich im Diagramm nun Grenzkurven auffinden, die von der Leuchtdichtekurve der verwendeten Leuchte nicht überschritten werden dürfen.

Für die Direktblendung liegt mit dem Grenzkurvenverfahren eine quantitative Bewertungsmethode vor. Zur Bewertung der Reflexblendung stehen dagegen lediglich qualitative Kriterien zur Verfügung. Für den Bereich der Reflexblendung bei horizontalen Lese-, Schreib- und Zeichenaufgaben existiert allerdings ein Verfahren, das den Grad der Reflexblendung quantitativ durch den Kontrastwiedergabefaktor (CRF) beschreibt. Der Kontrastwiedergabefaktor ist hierbei als das Verhältnis des Leuchtdichtekontrastes einer Sehaufgabe bei Referenzbeleuchtung zum Leuchtdichtekontrast dieser Sehaufgabe bei gegebener Beleuchtung definiert.

Der Kontrastwiedergabefaktor wird anhand eines Referenzreflexionsnormals bestimmt, das aus einer hellen und einer dunklen Keramikscheibe standardisierter Reflexionseigenschaften besteht; die Leuchtdichtefaktoren beider Scheiben unter verschiedenen Blickrichtungen und -winkeln sind bekannt. Für eine vollkommen diffuse Beleuchtung ergibt sich hierbei der Referenzwert der Kontrastwiedergabe. Die Kontrastwiedergabe unter gegebener Beleuchtung kann bei bereits fertiggestellter Beleuchtungsanlage am Referenznormal gemessen oder anhand der Leuchtendaten aus den bekannten Leuchtdichtefaktoren des Referenznormals errechnet werden. Aus Referenz- und Realwert ergibt sich dann der jeweilige Kontrastwiedergabefaktor sowie die Einordnung der Kontrastwiedergabe in eine der drei Kontrastwiedergabestufen.

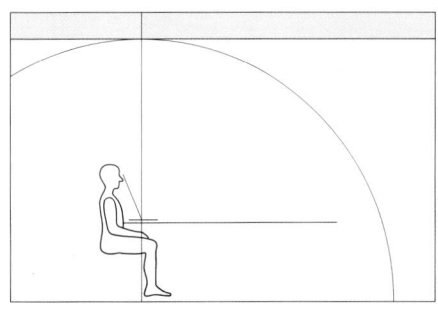

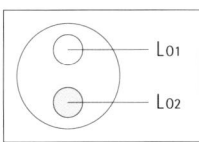

$$C_0 = \frac{L_{01} - L_{02}}{L_{01}}$$

$$C_0 = 0{,}91$$

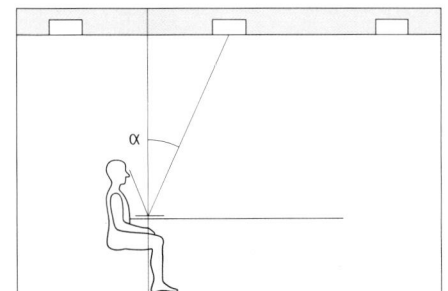

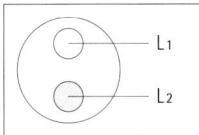

$$C = \frac{L_1 - L_2}{L_1}$$

$$CRF = \frac{C}{C_0} = \frac{C}{0{,}91} = \frac{L_1 - L_2}{0{,}91 \cdot L_1}$$

Bewertung der Kontrastwiedergabe: Bei einer vollkommen diffusen Referenzbeleuchtung (idealisiert dargestellt durch eine Lichtkuppel, oben links) ergibt sich für den Reflexionsstandard nach Bruel + Kjaer der Referenzkontrast C₀ (oben rechts).
   Bei einer realen Beleuchtung (unten links) ergibt sich unter dem Beobachtungswinkel α für den Reflexionsstandard der Kontrast C (unten rechts).

Als Gütemerkmal für die Kontrastwiedergabe unter dem Beobachtungswinkel α wird der Kontrastwiedergabefaktor CRF definiert. CRF < 1 zeigt an, daß die Beleuchtung durch Lichtreflexion an Kontrast verloren hat. CRF > 1 zeigt an, daß die Beleuchtungssituation bezüglich der Kontrastwiedergabe die Referenzbeleuchtung übertrifft.

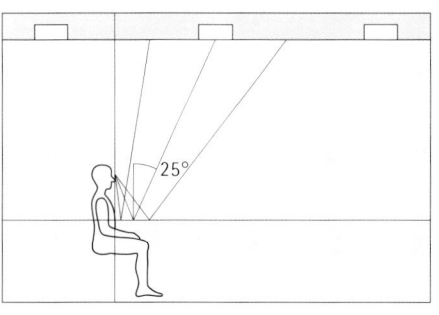

Aus der Projektion des Bewertungsfeldes auf die Deckenfläche ergibt sich der Bereich, in dem Leuchten die Kontrastwiedergabe negativ beeinflussen können. Zur Grobplanung einer Beleuchtungsanlage wird der CRF-Wert für den Hauptbeobachtungswinkel 25° ermittelt.

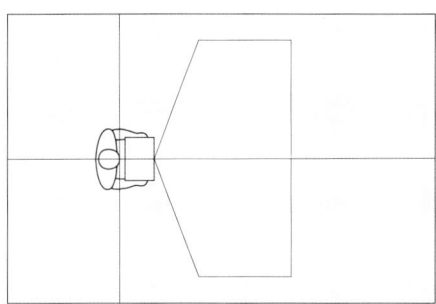

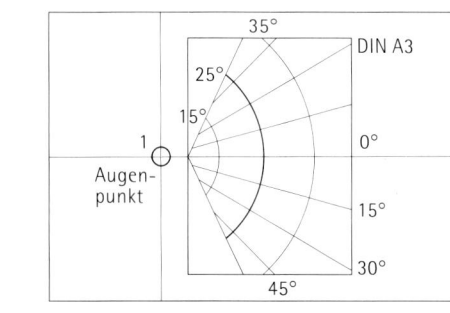

Bewertungsraster für die Ermittlung des Kontrastwiedergabefaktors. Zugrunde gelegt wird eine Beobachtungsfläche im Format DIN A3 bei einer Blickposition (1) 50 mm vor und 400 mm über der Vorderkante der Beobachtungsfläche.

Empfehlungen für Mittel- und Mindestwerte des Kontrastwiedergabefaktors CRF in Abhängigkeit von der Art der Sehaufgabe bzw. der jeweiligen Anforderungsstufe

Art der Sehaufgabe	Kontrastwiedergabe	CRF-Stufe	CRF-Mittelwert	CRF-Minimum
vorwiegend glänzend	hoch	1	1,0 ≤ CRF	≥ 0,95
seidenmatt	mittel	2	0,85 ≤ CRF < 1,0	≥ 0,7
matt	gering	3	0,7 ≤ CRF < 0,85	≥ 0,5

2.5.4 Lichtfarbe und Farbwiedergabe

Neben der als Helligkeit wahrgenommenen Leuchtdichte wird vom Auge zusätzlich ein Farbeindruck registriert, der auf der spektralen Zusammensetzung des wahrgenommenen Lichtes beruht. Als farbig kann dabei das Licht selbst empfunden werden (Lichtfarbe); Farbe entsteht aber auch durch die Eigenschaft zahlreicher Stoffe, bestimmte Spektralbereiche zu absorbieren und so die spektrale Zusammensetzung des von ihnen reflektierten Lichts zu verändern (Körperfarbe).

Zur eindeutigen Beschreibung von Farben existieren unterschiedliche Systeme.
   Beim Munsell-System oder der DIN-Farbenkarte werden Körperfarben nach den Kriterien Helligkeit, Farbton und Sättigung angeordnet, so daß sich ein vollständiger Farbatlas in Form einer dreidimensionalen Matrix ergibt. Als Helligkeit wird hierbei der Reflexionsgrad einer Körperfarbe bezeichnet; der Farbton bezeichnet die eigentliche Farbe, während der Begriff der Sättigung den Grad der Buntheit, von der reinen Farbe bis hin zur unbunten Grauskala, erfaßt.
   Beim Normvalenzsystem der CIE werden Körper- und Lichtfarben dagegen nicht in das Raster eines dreidimensionalen Kataloges eingeordnet, sondern aus der spektralen Zusammensetzung der Lichtart bei Lichtfarben bzw. aus Lichtart und spektralem Reflexions- bzw. Transmissionsgrad berechnet oder gemessen und in einem kontinuierlichen, zweidimensionalen Diagramm dargestellt. Außer acht gelassen wird hierbei die Dimension der Helligkeit, so daß im Diagramm nur Farbton und Sättigung aller Farben bestimmt werden können.
   Durch einen geeigneten Aufbau des Diagramms ergibt sich eine Farbfläche, die alle reellen Farben umfaßt und einer Reihe von weiteren Bedingungen genügt. Die Farbfläche wird von einem Kurvenzug umschlossen, auf dem die Farborte der vollständig gesättigten Spektralfarben liegen. Im Inneren der Fläche befindet sich der Punkt geringster Sättigung, der als Weiß- oder Unbuntpunkt bezeichnet wird. Alle Sättigungsstufen einer Farbe können nun auf der Geraden zwischen dem Unbuntpunkt und dem jeweiligen Farbort aufgefunden werden; alle Mischungen zweier Farben liegen ebenfalls auf einer Geraden zwischen den jeweiligen Farborten.

Im Inneren der Farbfläche läßt sich eine Kurve einzeichnen, die die Lichtfarben eines Planckschen Strahlers bei unterschiedlichen Temperaturen darstellt; diese Kurve kann zur Beschreibung der Lichtfarbe von Glühlampen genutzt werden. Um die Lichtfarbe von Entladungslampen beschreiben zu können, wird, ausgehend von der Kurve des Planckschen Strahlers, eine Geradenschar ähnlichster Farbtemperatur eingetragen, mit deren Hilfe auch Lichtfarben,

CIE-Normvalenzsystem. Spektralfarbenzug als Verbindungslinie der Farborte aller gesättigten Spektralfarben, Purpurgerade als Mischungslinie des langwelligen und kurzwelligen Spektralbereichs, Weißpunkt E als Punkt geringster Sättigung. Vom Weißpunkt gehen fächerförmig die Begrenzungslinien der Farbbereiche aus. Der Farbort jeder reellen Farbe kann im Normvalenzsystem durch die x/y-Koordinaten angegeben werden.

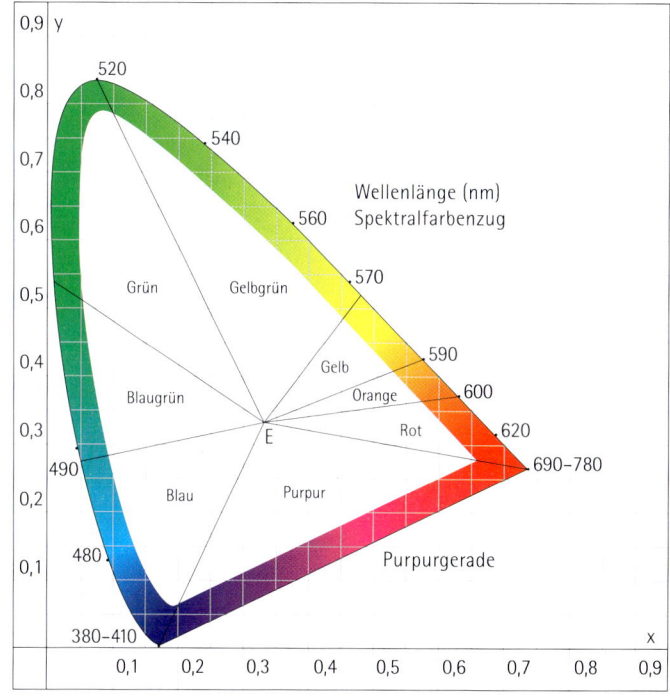

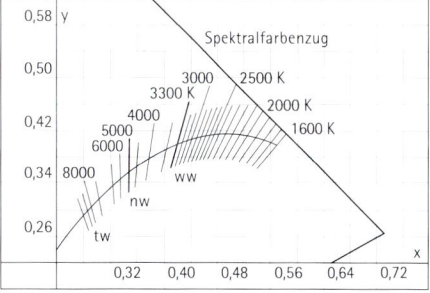

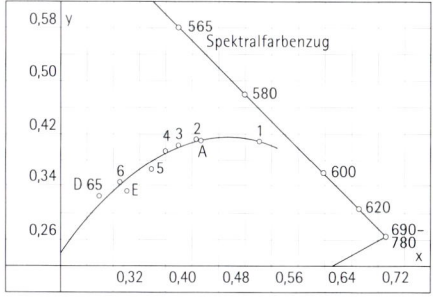

Ausschnitt aus der Farbfläche mit dem Planckschen Kurvenzug und der Geradenschar der Farborte gleicher ähnlichster Farbtemperatur zwischen 1600 und 10000 K. Angegeben sind die Bereiche der Lichtfarben Warmweiß (ww), Neutralweiß (nw) und Tageslichtweiß (tw).

Ausschnitt aus der Farbfläche mit dem Planckschen Kurvenzug und den Farborten der Normlichtarten A (Glühlampenlicht) und D 65 (Tageslicht) sowie den Farborten typischer Lichtquellen: Kerzenflamme (1), Glühlampe (2), Halogenglühlampe (3), Leuchtstofflampen ww (4), nw (5) und tw (6).

die nicht auf dieser Kurve liegen, der Farbtemperatur eines Temperaturstrahlers zugeordnet werden können. Hierbei lassen sich drei Hauptgruppen unterscheiden; der warmweiße Bereich mit ähnlichsten Farbtemperaturen unter 3300 K, der neutralweiße Bereich zwischen 3300 und 5000 K und der tageslichtweiße Bereich mit ähnlichsten Farbtemperaturen über 5000 K.

Die Farbe beleuchteter Objekte resultiert aus dem Zusammenwirken von Licht und Körper; aus der spektralen Zusammensetzung des auf einen Körper fallenden Lichts und der Eigenschaft dieses Körpers, bestimmte Anteile dieses Lichts zu absorbieren und nur die restlichen Frequenzbereiche zu reflektieren.

Zusätzlich zur so entstehenden, objektiv berechen- oder meßbaren Farbvalenz spielt für die tatsächliche Wahrnehmung noch die Farbadaptation des Auges eine Rolle. Hierbei findet – ähnlich wie bei der Adaptation an ein Leuchtdichteniveau – ein allmählicher Angleich an die vorherrschende Lichtfarbe statt, so daß auch bei einer Beleuchtung mit unterschiedlichen Lichtfarben eine annähernd konstante Wahrnehmung der Skala von Körperfarben gewährleistet ist.

Gleiche Lichtfarben können aufgrund unterschiedlicher spektraler Zusammensetzung zu unterschiedlichen Körperfarben führen. Der Grad dieser Abweichung wird durch die Farbwiedergabe beschrieben. Die Farbwiedergabe ist dabei definiert als Grad der Veränderung, der bei der Farbwirkung von Objekten durch die Beleuchtung mit einer bestimmten Lichtquelle gegenüber der Beleuchtung mit einer Referenzlichtquelle entsteht; beurteilt wird also die Ähnlichkeit von Farbwirkungen unter zwei Beleuchtungsarten.

Da das Auge sich an Licht unterschiedlichster Farbtemperaturen anpassen kann, muß die Farbwiedergabe abhängig von der Lichtfarbe bestimmt werden. Als Referenzquelle kann also nicht eine einzige Lichtquelle dienen; der Vergleichsmaßstab ist vielmehr eine vergleichbare Lichtquelle mit kontinuierlichem Spektrum, sei es ein Temperaturstrahler vergleichbarer Farbtemperatur oder das Tageslicht.

Um die Farbwiedergabe einer Lichtquelle zu bestimmen, werden die Farbwirkungen einer Skala von acht Körperfarben unter der zu beurteilenden Beleuchtungsart sowie unter der Referenzbeleuchtung berechnet und zueinander in Beziehung gesetzt. Die so ermittelte Qualität der Farbwiedergabe wird in Farbwiedergabeindizes ausgedrückt, die sich sowohl auf die allgemeine Farbwiedergabe (R_a) als auch auf die Wiedergabe einzelner Farben beziehen können. Der maximale Index von 100 bedeutet hierbei ideale Farbwiedergabe, während geringere Werte eine entsprechend schlechtere Farbwiedergabe bezeichnen.

Die Qualität der Farbwiedergabe wird nach DIN in vier Stufen eingeteilt, an denen sich die Mindestanforderung für die Farbwiedergabe von Arbeitsplatzbeleuchtungen orientiert. Die Farbwiedergabestufen 1 und 2 sind zusätzlich in zwei Zwischenstufen – A und B – unterteilt, um eine differenziertere Beurteilung von Lichtquellen zu ermöglichen.

Die Farbwiedergabestufe 1 wird für Aufgaben gefordert, die eine Beurteilung von Farben umfassen. Bei der Beleuchtung von Innenräumen, Büros und industriellen Arbeitsplätzen mit anspruchsvollen Sehaufgaben wird eine Farbwiedergabestufe von mindestens 2 gefordert, während für Industriearbeitsplätze mit einfachen Sehaufgaben die Farbwiedergabestufe 3 ausreicht. Die Farbwiedergabestufe 4 ist nur bei geringsten Anforderungen und Beleuchtungsstärken bis maximal 200 lx zulässig.

Für die Auswahl einer Lichtquelle spielt zunächst die Qualität ihrer Farbwiedergabe eine Rolle; der Grad an Farbtreue also, mit dem beleuchtete Objekte im Vergleich zu einer Referenzbeleuchtung wiedergegeben werden. In einigen Fällen ist zusätzlich der Index für die Wiedergabe einer bestimmten Farbe zu berücksichtigen; so z. B. wenn es in Medizin oder Kosmetik auf die differenzierte Beurteilung von Hautfarben ankommt.

Über die Qualität der Farbwiedergabe hinaus ist aber auch die Auswahl der Lichtfarbe für die tatsächliche Farbwirkung von entscheidender Bedeutung. So werden blaue und grüne Farben unter Glühlampenlicht trotz hervorragender Farbwiedergabe vergleichsweise grau und stumpf erscheinen. Gerade diese Farbtöne wirken aber unter tageslichtweißem Leuchtstofflampenlicht – trotz schlechterer Farbwiedergabe – klar und leuchtend. Bei der Wiedergabe gelber und roter Farbtöne kehrt sich dies Phänomen der Abschwächung bzw. Verstärkung der Farbwirkung um.

Die planerische Entscheidung für ein Leuchtmittel muß sich also an der jeweiligen Situation orientieren. Einige Untersuchungen sprechen dafür, daß eine warme Lichtfarbe vor allem bei geringeren Beleuchtungsstärken und bei gerichtetem Licht bevorzugt wird, während kalte Lichtfarben vor allem bei hohen Beleuchtungsstärken und diffuser Beleuchtung akzeptiert werden.

Bei der Präsentationsbeleuchtung können durch den gezielten Einsatz von Lichtfarben – notfalls auch mäßiger Farbwiedergabe – leuchtendere Farben der beleuchteten Objekte erreicht werden. Diese Form der bewußten Hervorhebung von Farbeigenschaften kann auch bei der Verkaufsbeleuchtung eingesetzt werden. Hier ergibt sich allerdings die Forderung, daß die Beleuchtung, unter der ein Kunde seine Auswahl von Waren trifft, nicht allzusehr von den Beleuchtungsbedingungen beim Kunden selbst abweichen sollte.

Spektrale Verteilung $S_e(\lambda)$ der Normlichtarten A (Glühlampenlicht, oben) und D 65 (Tageslicht, unten)

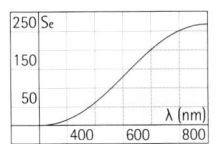

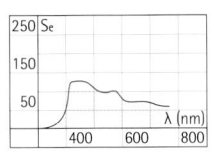

Ähnlichste Farbtemperatur T typischer Lichtquellen

Lichtquelle	T (K)
Kerze	1900–1950
Kohlefadenlampe	2100
Glühlampe	2700–2900
Leuchtstofflampen	2800–7500
Mondlicht	4100
Sonnenlicht	5000–6000
Tageslicht (Sonne, blauer Himmel)	5800–6500
bedeckter Himmel	6400–6900
klarer, blauer Himmel	10000–26000

Farbwiedergabe	
Stufe	Index R_a
1 A	$R_a > 90$
1 B	$80 \leq R_a \leq 90$
2 A	$70 \leq R_a < 80$
2 B	$60 \leq R_a < 70$
3	$40 \leq R_a < 60$
4	$20 \leq R_a < 40$

Stufen der Farbwiedergabe mit den dazugehörigen Bereichen des Farbwiedergabeindex R_a

Lichtlenkung

Leuchten besitzen eine Reihe von Funktionen. Zunächst ist es ihre Aufgabe, eine oder mehrere Lampen sowie eventuell notwendige Betriebsgeräte aufzunehmen. Gleichzeitig müssen sie eine möglichst einfache und sichere Montage, elektrische Installation und Wartung ermöglichen.

Durch die Konstruktion der Leuchten wird dafür gesorgt, daß der Benutzer vor zu hohen Berührungsspannungen (Stromschlag) geschützt wird und daß keine Gefährdung der Umgebung durch Erwärmung entsteht (Feuersicherheit). Leuchten für besondere Betriebsbedingungen – z. B. explosionsgefährdete oder feuchte Umgebungen – müssen durch spezielle Konstruktion den erhöhten Ansprüchen genügen.

Neben diesen installations- und sicherheitstechnischen Aufgaben besitzen Leuchten einen ästhetischen Aspekt als Bestandteil der Architektur eines Gebäudes. Hierbei spielen sowohl die Form und Anordnung der Leuchten als auch die von ihnen erzeugten Lichtwirkungen eine Rolle.

Die dritte und vielleicht wesentlichste Aufgabe der Leuchte ist die Lenkung des Lampenlichtstroms. Hierbei wird eine den jeweiligen Aufgaben der Leuchte entsprechende Lichtverteilung bei möglichst guter Ausnutzung der eingesetzten Energie angestrebt.

Schon für die selbstleuchtende Flamme als erste künstliche Lichtquelle wurden Leuchten entwickelt, um eine sichere Montage und einen sicheren Transport zu ermöglichen. Mit dem Aufkommen wesentlich stärkerer Lichtquellen – zunächst der Gasbeleuchtung, später der elektrischen Lampen – ergab sich zusätzlich die Notwendigkeit, durch die Leuchtenkonstruktion für eine Kontrolle der Leuchtdichte und eine gezielte Verteilung des Lampenlichtstroms zu sorgen.

Zunächst beschränkte sich die Leuchtentechnik dabei im wesentlichen auf die Abschirmung der Lampe und die Senkung der Lampenleuchtdichte durch lichtstreuende Lampenschirme. Auf diese Weise wird eine wirkungsvolle Blendungsbegrenzung erreicht; eine eigentliche Lichtlenkung findet jedoch nicht statt, da Licht in unerwünschten Richtungen lediglich unter Verlust absorbiert oder gestreut wird. Trotz ihrer geringen Effizienz haben sich diese Leuchtenformen jedoch – vor allem im Bereich der dekorativen Leuchten – bis heute erhalten.

Ein Schritt zu einer gezielten und effizienten Lichtlenkung ergab sich durch die Einführung der Reflektor- und PAR-Lampen, die vor allem in den USA eine breite Verwendung fanden. Hier wird das Licht durch in die Lampe integrierte Reflektoren gebündelt und kann so mit definierten Ausstrahlungswinkeln und hoher Effizienz in die gewünschte Richtung gelenkt werden. Anders als bei freistrahlenden Leuchten ist die Lichtwirkung nicht mehr auf die Umgebung der Leuchte beschränkt; es wird möglich, von fast jedem Punkt des Raums aus einzelne Bereiche akzentuiert zu beleuchten. Die Aufgabe der Lichtlenkung wird hierbei von der Reflektorlampe übernommen; die Leuchte dient lediglich als Lampenträger und als Mittel zur Blendungsbegrenzung.

Ein Nachteil bei der Verwendung von Reflektorlampen ist die Tatsache, daß bei jedem Lampenwechsel auch der Reflektor ersetzt wird, was zu hohen Betriebskosten führt. Darüber hinaus existiert nur eine Reihe von standardisierten Reflektortypen mit jeweils unterschiedlichem Ausstrahlungswinkel, so daß für spezielle Aufgaben – z. B. die asymmetrische Lichtverteilung eines Wandfluters – häufig keine geeignete Reflektorlampe zur Verfügung steht. Die Forderung nach einer differenzierten Lichtlenkung, nach größeren Leuchtenwirkungsgraden und hoher Blendfreiheit führte zur Verlagerung des Reflektors von der Lampe zur Leuchte. Auf diese Weise wird es möglich, Leuchten zu konstruieren, die spezifisch auf die Anforderungen der verwendeten Lichtquelle und der jeweiligen Aufgabe abgestimmt sind und so als Instrumente einer differenzierten Lichtplanung eingesetzt werden können.

2.6.1 Prinzipien der Lichtlenkung

Bei der Leuchtenkonstruktion können unterschiedliche optische Phänomene als Mittel der Lichtlenkung genutzt werden:

2.6.1.1 Reflexion

Hier wird das auf einen Körper fallende Licht je nach dem Reflexionsgrad dieses Körpers ganz oder teilweise reflektiert. Neben dem Reflexionsgrad spielt bei der Reflexion wiederum der Grad der Streuung des zurückgeworfenen Lichts eine Rolle. Bei spiegelnden Oberflächen findet keinerlei Streuung statt; man spricht hier von gerichteter Reflexion. Mit zunehmendem Streuvermögen der reflektierenden Oberfläche wird der gerichtete Anteil des zurückgeworfenen Lichts immer geringer, bis bei vollständig gestreuter Reflexion nur noch diffuses Licht abgegeben wird.

Für die Konstruktion von Leuchten ist die gerichtete Reflexion von entscheidender Bedeutung; sie ermöglicht durch geeignete Reflektorkonturen und Oberflächen eine gezielte Lichtlenkung und ist verantwortlich für die Größe des Leuchtenwirkungsgrades.

2.6.1.2 Transmission

Bei der Transmission wird das auf einen Körper fallende Licht je nach dem Transmissionsgrad dieses Körpers ganz oder teilweise transmittiert. Zusätzlich spielt der Grad der Streuung des transmittierten Lichts eine Rolle. Bei völlig durchsichtigen

Lichtstärkeverteilung I
(oben links) und Leucht-
dichteverteilung L (oben
rechts) bei diffuser
Reflexion. Die Leucht-
dichteverteilung ist aus
allen Blickwinkeln gleich.
Lichtstärkeverteilung
bei gemischter Reflexion
(Mitte) und spiegelnder
Reflexion (unten).

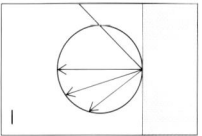
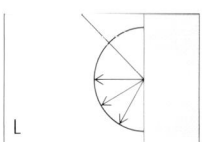
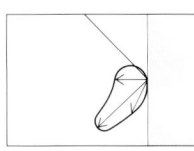
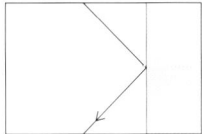

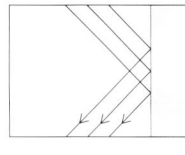
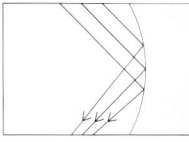
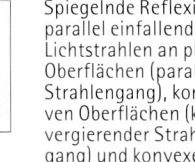
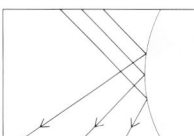

Spiegelnde Reflexion
parallel einfallender
Lichtstrahlen an planen
Oberflächen (paralleler
Strahlengang), konka-
ven Oberflächen (kon-
vergierender Strahlen-
gang) und konvexen
Oberflächen (divergie-
render Strahlengang)

Reflexionsgrade ge-
bräuchlicher Metalle,
Farbanstriche und Bau-
stoffe

Metalle	
Aluminium, hochglänzend	0,80–0,85
Aluminium, matt eloxiert	0,75–0,85
Aluminium, mattiert	0,50–0,70
Silber, poliert	0,90
Kupfer, poliert	0,60–0,70
Chrom, poliert	0,60–0,70
Stahl, poliert	0,50–0,60

Farbanstriche	
weiß	0,70–0,80
hellgelb	0,60–0,70
hellgrün, hellrot, hellblau, hellgrau	0,40–0,50
beige, ocker, orange, mittelgrau	0,25–0,35
dunkelgrau, dunkelrot, dunkelblau, dunkelgrün	0,10–0,20

Baustoffe	
Putz, weiß	0,70–0,85
Gips	0,70–0,80
Email, weiß	0,60–0,70
Mörtel, hell	0,40–0,50
Beton	0,30–0,50
Granit	0,10–0,30
Ziegel, rot	0,10–0,20
Glas, klar	0,05–0,10

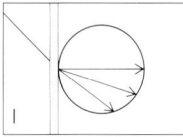
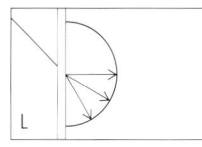
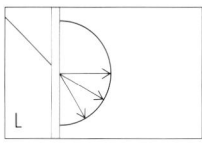
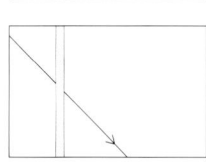

Lichtstärkeverteilung I
(oben links) und Leucht-
dichteverteilung L (oben
rechts) bei diffuser
Transmission. Die Leucht-
dichteverteilung ist aus
allen Blickwinkeln gleich.
Lichtstärkeverteilung bei
gemischter Transmission
(Mitte) und gerichteter
Transmission durch kla-
res Material (unten)

Stoffen findet keinerlei Streuung statt.
Mit zunehmendem Streuvermögen wird
der gerichtete Anteil des transmittierten
Lichts immer geringer, bis bei vollständiger
Streuung nur noch diffuses Licht abgege-
ben wird.

Transmittierende Materialien in Leuchten können durchsichtig sein. Dies gilt für
einfache Abschlußgläser sowie für Filter,
die bestimmte Spektralbereiche absorbieren, die übrigen jedoch transmittieren und
so für farbiges Licht oder für eine Senkung
des UV- bzw. Infrarotanteils sorgen. Gelegentlich werden auch streuende Materialien – z. B. opales Glas oder opale Kunst-
stoffe – als Leuchtenabschluß verwendet,
um durch Senkung der Lampenleuchtdichte
Blendwirkungen zu vermeiden.

2.6.1.3 Absorption

Hier wird das auf einen Körper fallende
Licht je nach dem Absorptionsgrad dieses
Körpers ganz oder teilweise absorbiert.
Bei der Konstruktion von Leuchten wird
Absorption vor allem zur Abschirmung
von Lichtquellen benutzt; zur Erzielung
von Sehkomfort ist sie dort unverzichtbar.
Prinzipiell ist Absorption jedoch ein unerwünschter Effekt, da sie Licht nicht lenkt,
sondern vernichtet und so den Wirkungsgrad der Leuchte herabsetzt. Typische
absorbierende Leuchtenelemente sind
schwarze Rillenblenden, Abblendzylinder
und -klappen sowie Abblendraster in unterschiedlichen Formen.

2.6.1.4 Brechung

Lichtstrahlen werden beim Eintritt in ein
transmittierendes Medium abweichender
Dichte – so z. B. von Luft in Glas und wiederum von Glas in Luft – gebrochen, d. h.
in ihrer Richtung verändert. Bei Körpern
mit parallelen Flächen ergibt sich hierbei
nur eine parallele Verschiebung des Lichts,
bei Prismen und Linsen entstehen jedoch
optische Effekte, die von der reinen Win-
keländerung über die Bündelung und
Streuung von Licht bis hin zur optischen
Abbildung reichen. Bei der Konstruktion
von Leuchten werden lichtbrechende Elemente wie Prismen oder Linsen – häufig in
Kombination mit Reflektoren – zur gezielten Lichtlenkung verwendet.

2.6.1.5 Interferenz

Als Interferenz wird die wechselseitige
Verstärkung oder Abschwächung bei der
Überlagerung von Wellen bezeichnet. Lichttechnisch genutzt werden Interferenz-
effekte beim Auftreffen von Licht auf sehr
dünne Schichten, die dazu führen, daß bestimmte Frequenzbereiche reflektiert, andere aber transmittiert werden. Durch eine
Abfolge von Schichten geeigneter Stärke
und Dichte kann eine selektive Reflexions-

$$\frac{\sin \varepsilon_1}{\sin \varepsilon_2} = \frac{n_2}{n_1}$$

Lichtstrahlen werden
beim Übergang aus
einem Medium mit dem
Brechungsindex n_1 in
ein dichteres Medium
mit dem Brechungsin-
dex n_2 zum Einfallslot
hin abgelenkt. ($\varepsilon_1 > \varepsilon_2$)
Für den Übergang von
Luft zu Glas ergibt sich
annäherungsweise
$n_2/n_1 = 1,5$.

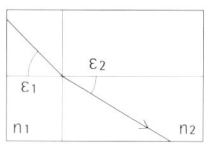

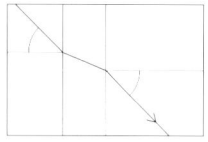

Beim Durchgang durch
ein Medium anderer
Dichte werden Licht-
strahlen parallel versetzt.

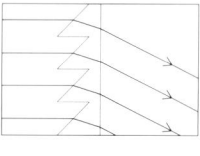
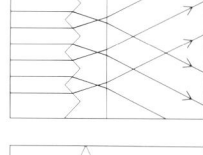

Typischer Strahlengang
parallel einfallenden
Lichts beim Durchtritt
durch asymmetrische
Prismenraster (links
oben), symmetrische
Prismenraster (rechts
oben), Fresnellinsen
(links unten) und Sam-
mellinsen (rechts unten)

$$\sin \varepsilon_G = \frac{n_1}{n_2}$$

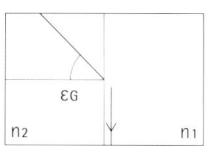

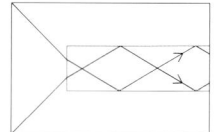

Für den Übergang eines
Lichtstrahls aus einem
Medium mit dem Bre-
chungsindex n_2 in ein
Medium geringerer
Dichte mit dem Bre-
chungsindex n_1 existiert
ein Grenzwinkel ε_G. Bei
Überschreiten des Grenz-
winkels wird der Licht-
strahl in das dichtere
Medium reflektiert
(Totalreflexion). Für den
Übergang von Glas zu
Luft ergibt sich annähe-
rungsweise $\varepsilon_G = 42°$.
Technisch genutzt wird
die Totalreflexion z. B. in
Lichtleitern (unten).

fähigkeit für bestimmte Frequenzbereiche erzeugt werden, so daß z. B. – wie bei den Kaltlichtlampen – sichtbares Licht reflektiert, infrarote Strahlung aber transmittiert wird. Auch Reflektoren und Filter für die Erzeugung farbigen Lichts können auf diese Weise hergestellt werden. Interferenzfilter, sogenannte Kantenfilter, besitzen dabei einen sehr hohen Transmissionsgrad und eine besonders scharfe Trennung zwischen reflektierten und transmittierten Spektralbereichen.

2.6.2 Reflektoren

Als lichtlenkende Elemente dienen bei der Leuchtenkonstruktion vor allem Reflektoren. Neben Reflektoren mit diffus reflektierenden – meist weißen oder mattierten – Oberflächen werden vor allem Reflektoren mit spiegelnden Oberflächen verwendet. Diese Reflektoren wurden ursprünglich aus rückseitig verspiegeltem Glas hergestellt, was zum heute noch üblichen Begriff Spiegelreflektortechnik führte. Gegenwärtig wird vor allem eloxiertes Aluminium oder mit Chrom bzw. Aluminium beschichteter Kunststoff als Reflektormaterial benutzt. Kunststoffreflektoren sind dabei preiswert, jedoch thermisch nur begrenzt belastbar und nicht so robust wie Aluminiumreflektoren, die durch ihre widerstandsfähige Eloxalschicht mechanisch geschützt werden und hohen Temperaturen ausgesetzt werden können.

Bei den Aluminiumreflektoren existieren unterschiedliche Materialtypen, die zum Teil vollständig aus hochwertigem Reinaluminium bestehen, zum Teil eine Beschichtung aus Reinstaluminium besitzen. Die abschließende Eloxalschicht ist je nach Verwendungszweck unterschiedlich dick; sie beträgt im Innenbereich meist 3–5 μm, bei Leuchten für den Außenbereich oder chemisch belastete Umgebungen bis zu 10 μm. Die Eloxierung kann schon beim Rohmaterial (Bandeloxierung) oder aufwendiger beim Einzelreflektor (stationäre Eloxierung) erfolgen.

Die Reflektoroberflächen können glatt oder mattiert sein, wobei die Mattierung eine zwar erhöhte, dafür aber gleichmäßige Leuchtdichte des Reflektors bewirkt. Wird eine leichte Streuung des erzeugten Lichtkegels gewünscht, sei es, um einen weicheren Lichtverlauf zu erreichen, sei es, um Ungleichmäßigkeiten bei der Lichtverteilung auszugleichen, können die Reflektoroberflächen facettiert oder gehämmert werden. Metallreflektoren können dichroitisch beschichtet werden, hierdurch kann die Lichtfarbe sowie der Anteil an abgegebener UV- oder Infrarotstrahlung kontrolliert werden.

Die Charakteristik einer Leuchte wird im wesentlichen durch die Form des verwendeten Reflektors bestimmt. Fast alle Reflektorkonturen lassen sich dabei auf die Parabel, den Kreis oder die Ellipse zurückführen.

Kreis (1), Ellipse (2), Parabel (3) und Hyperbel (4) als Schnittebenen eines Kegels (oben). Schematische Darstellung der Schnittebenen und Schnittbereiche (unten)

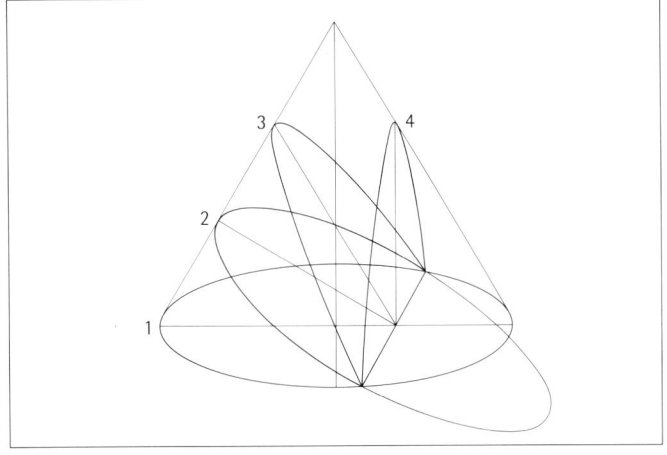

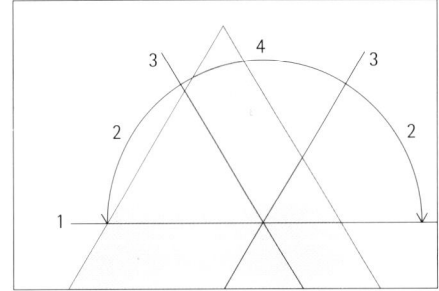

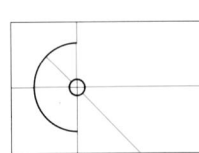

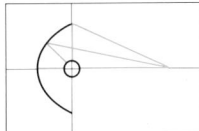

Strahlengang punktförmiger Lichtquellen bei der Reflexion an Kreis, Ellipse, Parabel und Hyperbel (von oben nach unten)

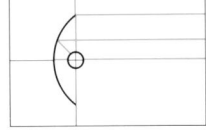

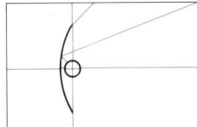

2.6.2.1 Parabolreflektoren

Parabolreflektoren stellen die am häufigsten verwendete Reflektorform dar. Sie bieten die Möglichkeit, Licht in unterschiedlichster Weise – sei es engstrahlend, breitstrahlend oder asymmetrisch – zu lenken, und ermöglichen eine gezielte Blendungsbegrenzung.

Bei Parabolreflektoren wird das Licht einer Lichtquelle, die sich im Brennpunkt der Parabel befindet, parallel zur Parabelachse abgestrahlt. Mit steigender Abweichung der Lichtquelle von der idealen Punktförmigkeit – bezogen auf den Parabeldurchmesser – steigt dabei die Divergenz des abgegebenen Lichtbündels.

Wird die Reflektorkontur durch Rotation einer Parabel oder eines Parabelsegments um die eigene Achse konstruiert, so ergibt sich ein Reflektor mit engstrahlender Lichtverteilung. Bei linearen Lichtquellen entsteht eine vergleichbare Wirkung durch Rinnenreflektoren mit parabolischem Querschnitt.

Wird die Reflektorkontur durch Rotation eines Parabelsegments um eine Achse, die in einem Winkel zur Parabelachse steht, konstruiert, so ergibt sich je nach Winkel eine breitstrahlendere Lichtverteilung bis hin zu einer Batwing-Charakteristik. Ausstrahlungs- und Abblendwinkel sind hierbei weitgehend frei wählbar, so daß Leuchten für unterschiedliche Ansprüche an Lichtverteilung und Blendungsbegrenzung konstruiert werden können.

Parabolreflektoren können auch bei linearen oder flächigen Lichtquellen – z. B. PAR-Lampen oder Leuchtstofflampen – eingesetzt werden, obwohl sich die Lampen hierbei nicht im Brennpunkt der Parabel befinden. In diesem Fall wird allerdings weniger eine parallele Ausrichtung des Lichts als eine optimale Blendungsbegrenzung angestrebt. Der Brennpunkt der Parabel liegt bei dieser Konstruktionsform auf dem Fußpunkt des gegenüberliegenden Parabelsegments, so daß das Licht der über dem Reflektor befindlichen Lichtquelle in keinem Fall oberhalb des vorgegebenen Abblendwinkels abgestrahlt werden kann. Derartige Konstruktionen lassen sich nicht nur in Leuchten, sondern auch bei der Tageslichtlenkung einsetzen; parabolische Raster – z. B. in Oberlichtern – lenken auch das Sonnenlicht so, daß Blendung oberhalb des Abblendwinkels ausgeschlossen wird.

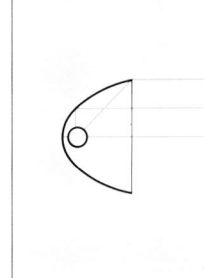
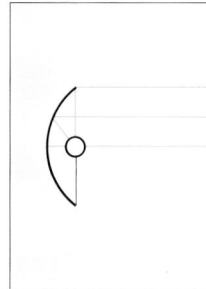
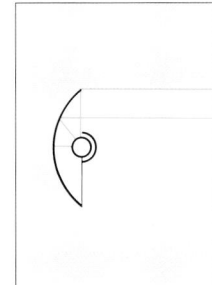

Parabolreflektor mit geringem Abstand zwischen Brennpunkt und Reflektorscheitel; Abschirmung der Direktkomponente durch den Reflektor

Parabolreflektor mit großem Abstand zwischen Brennpunkt und Reflektorscheitel; keine Abschirmung der Direktkomponente

Parabolreflektor mit großem Abstand zwischen Brennpunkt und Reflektorscheitel sowie Kugelreflektor zur Abschirmung der Direktkomponente

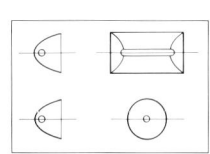

Parabolkontur bei Rinnenreflektoren und rotationssymmetrischen Reflektoren

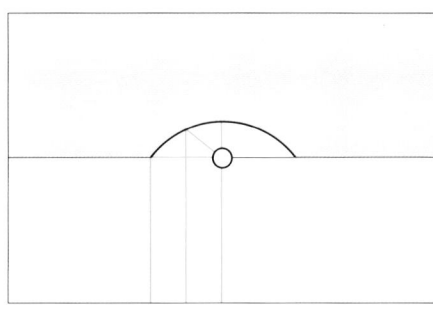
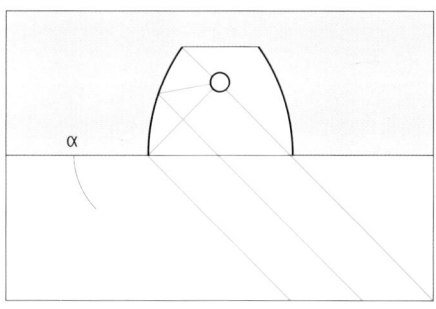

Parabolreflektor mit starker Richtwirkung (oben). Breitstrahlender Parabolreflektor mit Abschirmwinkel α (unten)

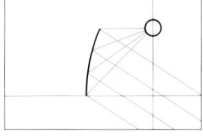
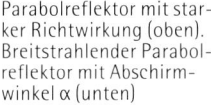
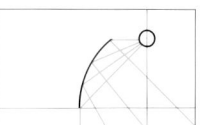
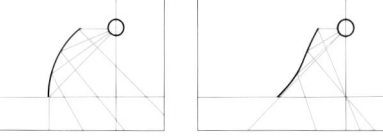

Reflektorkonturen für parallelen Strahlengang/Parabel (links oben), konvergierenden Strahlengang/Ellipse (rechts oben), divergierenden Strahlengang/Hyperbel (links unten) und konvergierend-divergierenden Strahlengang (rechts unten)

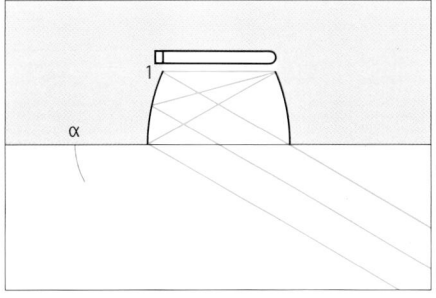
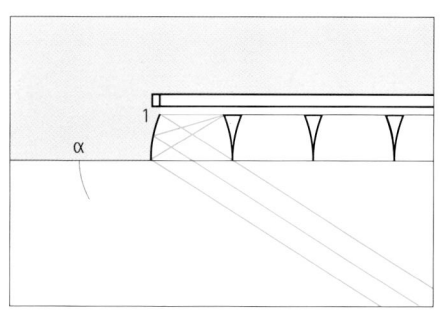

Parabolreflektor zur Blendungsbegrenzung bei flächigen und linearen Lichtquellen. Bei einer Brennpunktlage auf dem Fußpunkt (1) des gegenüberliegenden Parabelsegments wird kein Licht oberhalb des Abschirmwinkels α abgegeben.

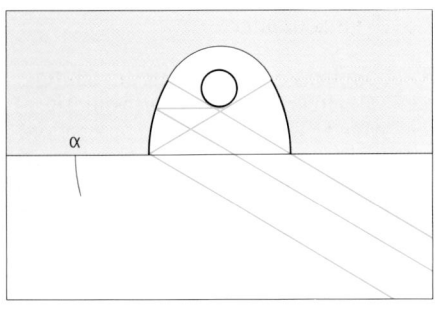

Darklight-Reflektortechnik. Durch Reflektoren mit gleitendem Parabelbrennpunkt tritt auch bei Volumenstrahlern kein Licht oberhalb des Abschirmwinkels α aus.

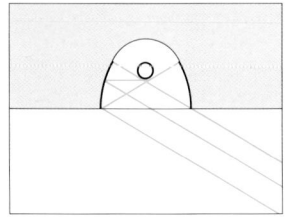 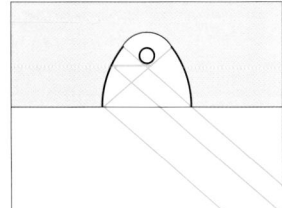 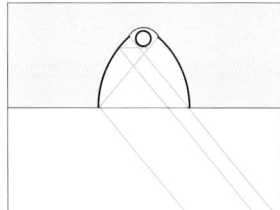

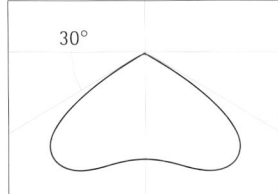 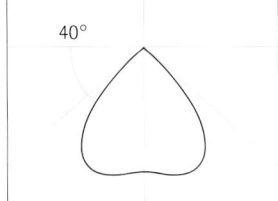 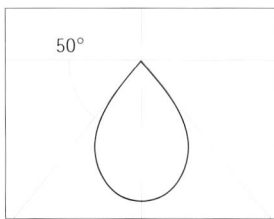

Durch Berechnung geeigneter Reflektorkonturen lassen sich für identische Deckenöffnung und Lampengeometrie unterschiedliche Abschirmwinkel und Ausstrahlungscharakteristiken erreichen.

2.6.2.2 Darklightreflektoren

Bei den bisher beschriebenen Parabolreflektoren ist eine definierte Ausstrahlung – und damit eine effektive Blendungsbegrenzung – nur für ideale, punktförmige Lichtquellen gegeben. Bei Verwendung von Volumenstrahlern – z. B. von mattierten Allgebrauchsglühlampen – kommt es schon oberhalb des Abschirmwinkels zu Blendwirkungen; im Reflektor wird Blendlicht sichtbar, obwohl die Lampe selbst noch abgeschirmt ist. Durch Reflektoren mit gleitendem Parabelbrennpunkt (sogenannte Darklightreflektoren) kann dieser Effekt vermieden werden; Helligkeit tritt im Reflektor so auch bei Volumenstrahlern erst unterhalb des Abschirmwinkels durch die dann sichtbare Lichtquelle auf.

2.6.2.3 Kugelreflektoren

Bei Kugelreflektoren wird das Licht einer Lampe, die sich im Brennpunkt der Kugel befindet, zu diesem Brennpunkt reflektiert. Kugelreflektoren werden vor allem als Hilfsmittel in Verbindung mit Parabolreflektoren oder Linsensystemen verwendet. Hier dienen sie dazu, den frei nach vorn abgestrahlten Anteil des Lampenlichtstroms in den Parabolreflektor zu lenken und so in die Lichtlenkung einzubeziehen oder das nach hinten abgegebene Licht durch Retroreflektion zur Lampe sinnvoll zu nutzen.

2.6.2.4 Evolventenreflektoren

Hier wird das Licht, das von einer Lampe abgestrahlt wird, nicht, wie beim Kugelreflektor, zur Lichtquelle zurückgestrahlt, sondern stets an der Lampe vorbei reflektiert. Evolventenreflektoren werden vor allem bei Entladungslampen benutzt, um eine leistungsmindernde Erwärmung der Lampen durch das zurückreflektierte Licht zu vermeiden.

2.6.2.5 Elliptische Reflektoren

Bei elliptischen Reflektoren wird das Licht einer Lampe, die sich im ersten Brennpunkt der Ellipse befindet, zum zweiten Brennpunkt reflektiert. Hierbei kann der zweite Brennpunkt der Ellipse als imaginäre, freistrahlende Lichtquelle genutzt werden.

Elliptische Reflektoren werden benutzt, um bei Einbauwandflutern einen Lichtansatz direkt an der Decke zu erzeugen. Auch wenn bei Downlights eine möglichst kleine Deckenöffnung gewünscht wird, können elliptische Reflektoren eingesetzt werden. Hier kann der zweite Brennpunkt als freistrahlende imaginäre Lichtquelle direkt in der Deckenebene liegen; es ist aber auch möglich, durch einen zusätzlichen Parabolreflektor für einen kontrollierten Lichtaustritt und die Begrenzung der Blendung zu sorgen.

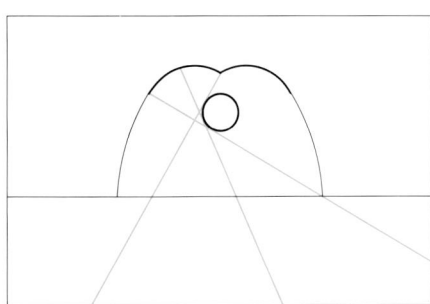

Evolventenreflektor: Von der Lampe ausgehende Lichtstrahlen werden stets an der Lampe vorbeireflektiert.

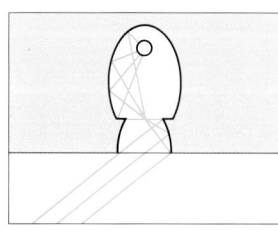

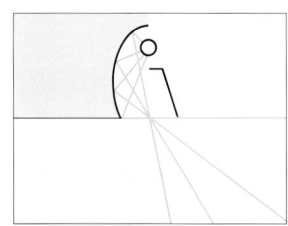

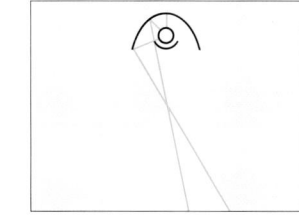

Ellipsoidreflektoren in Doppelfokusdownlights (oben), Wandflutern (Mitte) und Strahlern (unten)

2.6.3 Linsensysteme

Im Gegensatz zu Prismenrastern werden Linsen fast ausschließlich bei Leuchten für Punktlichtquellen verwendet. In der Regel wird dabei ein optisches System aufgebaut, das aus der Kombination eines Reflektors mit einer oder mehreren Linsen besteht.

2.6.3.1 Sammellinsen

Sammellinsen richten das Licht einer Lichtquelle, die sich in ihrem Brennpunkt befindet, zu einem parallelen Lichtbündel aus. Sammellinsen werden bei der Leuchtenkonstruktion meist mit einem Reflektor kombiniert. Hierbei dient der Reflektor dazu, den gesamten Lichtstrom in Ausstrahlungsrichtung zu lenken, die Linse bewirkt eine exakte Bündelung des Lichts. Häufig kann der Abstand der Sammellinse zur Lichtquelle verändert werden, so daß sich unterschiedliche Ausstrahlungswinkel einstellen lassen.

2.6.3.2 Fresnellinsen

Fresnellinsen stellen eine Linsenform dar, bei der ringförmige Linsensegmente konzentrisch zusammengefaßt werden. Die optische Wirkung dieser Linsen ist der Wirkung konventioneller Linsen entsprechender Krümmung vergleichbar. Fresnellinsen sind jedoch wesentlich flacher, leichter und preiswerter, so daß sie bei Leuchten häufig an Stelle von Sammellinsen eingesetzt werden.

Die optische Leistung von Fresnellinsen wird durch Störungen an den Segmentübergängen begrenzt; in der Regel sind die Rückseiten der Linsen strukturiert, um sichtbare Unregelmäßigkeiten bei der Lichtverteilung auszugleichen und für einen weichen Lichtverlauf zu sorgen. Leuchten mit Fresnellinsen wurden ursprünglich vor allem als Bühnenscheinwerfer eingesetzt; inzwischen werden sie aber auch in der Architekturbeleuchtung benutzt, um die Ausstrahlungswinkel bei unterschiedlichen Abständen von Leuchte und beleuchtetem Objekt individuell regeln zu können.

2.6.3.3 Abbildende Systeme

Abbildende Systeme verwenden einen elliptischen Reflektor oder eine Kombination aus Kugelspiegel und Kondensor, um ihr Licht auf eine Bildebene auszurichten. Durch die Hauptlinse der Leuchte wird diese Ebene dann auf der zu beleuchtenden Fläche abgebildet.

Abbildung und Lichtkegel können in der Bildebene verändert werden. Hierbei führen einfache Lochblenden oder Irisblenden zu unterschiedlich großen Lichtkegeln, während sich mit Konturenmasken unterschiedliche Konturen des Lichtkegels einstellen lassen. Mit Hilfe von Schablonen

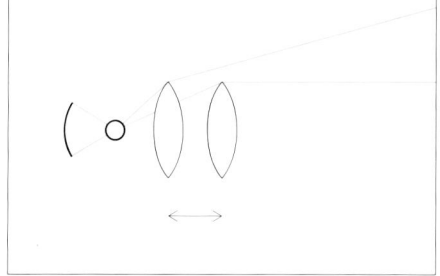

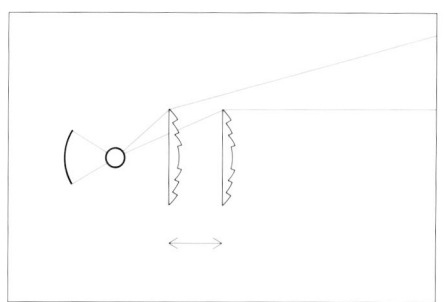

Sammellinse (oben) und Fresnellinse (unten). Durch Veränderung des Abstands zwischen Linse und Lichtquelle wird der Ausstrahlungswinkel verändert.

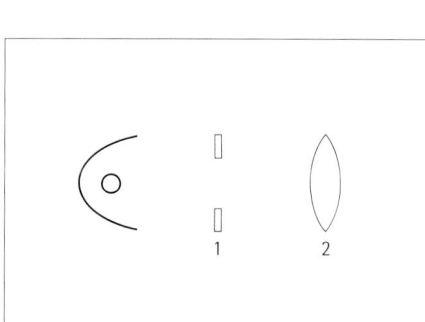

Scheinwerfer mit abbildender Optik: Eine gleichmäßig ausgeleuchtete Bildebene (1) wird durch ein Linsensystem (2) abgebildet. Der Ellipsoidscheinwerfer (oben) zeichnet sich durch hohe Lichtstärke, der Kondensorscheinwerfer (unten) durch hohe Abbildungsqualität aus.

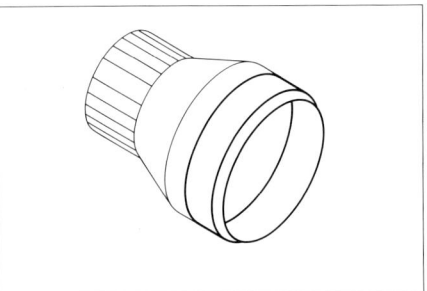

Lichtkopf eines Strahlers
zur Aufnahme von Zu-
satzeinrichtungen

(Gobos) ist es möglich, Schriftzüge oder Abbildungen zu projizieren.

Durch Linsen geeigneter Brennweiten können unterschiedliche Ausstrahlungswinkel bzw. Abbildungsmaßstäbe ausgewählt werden. Anders als bei Leuchten für Fresnellinsen ist es möglich, scharf begrenzte Lichtkegel zu erreichen; durch unscharfe Projektion können jedoch auch weiche Verläufe erzielt werden.

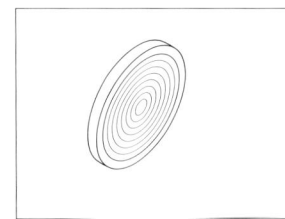

Zusatzeinrichtungen
(von oben nach unten):
Floodlinse zur Aufsprei-
zung des Lichtkegels.
Skulpturenlinse zur Erzeugung eines ovalen Licht-
kegels. Rillenblende und
Wabenraster zur Begren-
zung des Lichtkegels
und Verminderung der
Blendung

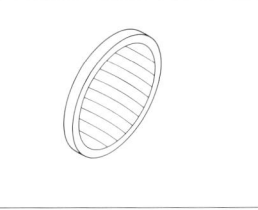

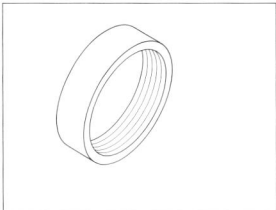

2.6.4 Prismenraster

Auch die Lichtbrechung in Prismen kann als optisches Prinzip zur Lichtlenkung eingesetzt werden. Hierbei wird die Tatsache ausgenutzt, daß die Ablenkung eines Lichtstrahls beim Durchtritt durch ein Prisma vom Winkel dieses Prismas abhängt, so daß sich der Ablenkwinkel des Lichts durch Auswahl einer geeigneten Prismenform bestimmen läßt.

Fällt das Licht oberhalb eines bestimmten Grenzwinkels auf die Prismenflanke, so wird es nicht mehr gebrochen, sondern total reflektiert. Auch dieses Prinzip wird häufig in Prismensystemen benutzt, um Licht in Winkeln abzulenken, die über die größtmöglichen Brechungswinkel hinausgehen.

Prismensysteme werden vor allem bei Leuchten für Leuchtstofflampen benutzt, um den Ausstrahlungswinkel zu kontrollieren und für ausreichende Blendungsbegrenzung zu sorgen. Hierbei werden die Prismen für die jeweiligen Lichteinfallswinkel berechnet und zu einem längsorientierten Raster zusammengefaßt, das den äußeren Abschluß der Leuchte bildet.

Typische Lichtverteilung
einer Leuchtstofflampe
mit Prismenraster

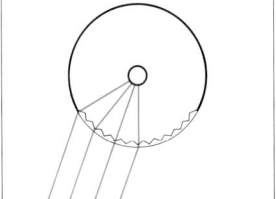

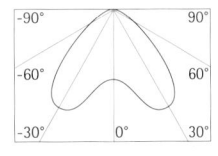

2.6.5 Zusatzeinrichtungen

Zahlreiche Leuchten können mit Zusatzeinrichtungen zur Veränderung der lichttechnischen Eigenschaften versehen werden. Hier sind vor allem Filtervorsätze zu nennen, die für farbiges Licht sorgen oder den Anteil des Lichts an UV- oder Infrarotstrahlung vermindern. Filter können aus Kunststofffolie bestehen, haltbarer sind jedoch Glasfilter. Neben konventionellen Absorptionsfiltern sind auch Interferenzfilter (Kantenfilter) erhältlich, die einen hohen Transmissionsgrad besitzen und eine exakte Trennung transmittierter und reflektierter Spektralanteile bewirken.

Mit Hilfe von Floodlinsen kann für eine breitere und weichere Lichtverteilung gesorgt werden, während Skulpturenlinsen einen elliptischen Lichtkegel erzeugen. Wird eine verbesserte Blendungsbegrenzung angestrebt, so ist dies durch zusätzliche Blenden oder Wabenraster möglich. Bei erhöhter mechanischer Belastung, vor allem im Sportstättenbereich und in vandalismusgefährdeten Gebieten, kann eine zusätzliche Sicherung (Ballwurfschutz, Vandalismussicherung) angebracht werden.

Spektrale Transmissions-
kurven τ (λ) gebräuch-
licher Filter

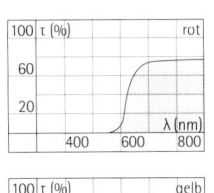

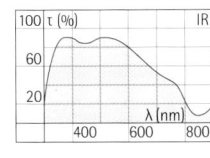

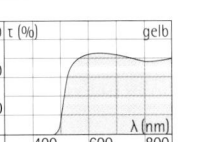

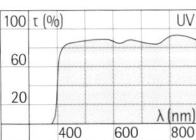

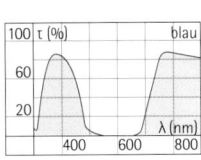

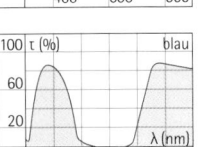

Kühlkörper aus Alumini-
umguß

Keramische Fassung für
Sockel E 27

Einbaurichtstrahler für
Preßglaslampen. Einbau-
richtstrahler verbinden
das ruhige Deckenbild
integrierter Leuchten
mit der flexiblen Einsetz-
barkeit von Strahlern.

Lampengehäuse

Anschlußklemme

Preßglaslampen als Licht-
quelle und Bestandteil
des optischen Systems

Schwenkbügel zur Aus-
richtung des Lampen-
trägers

Feststehender Darklight-
reflektor

Deckeneinbauring

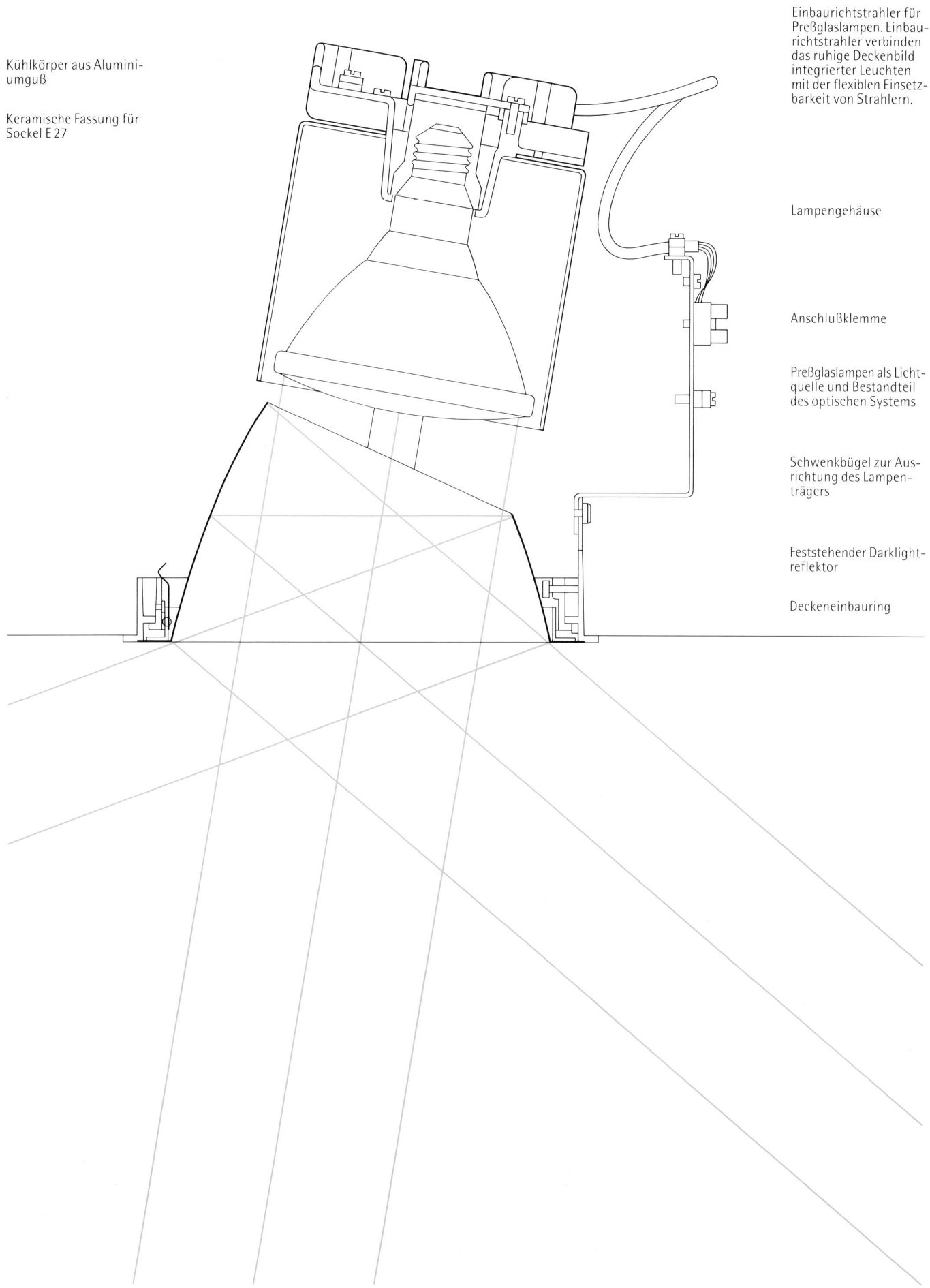

Leuchten

Leuchten sind in einer Vielzahl von Typen erhältlich. Eine große Gruppe bilden hierbei die dekorativen Leuchten, bei denen weniger die Lichtwirkung als die äußere Gestaltung im Vordergrund steht. Dieser Bereich soll aber nicht näher behandelt werden. Thema sind vielmehr Leuchten mit definierten lichttechnischen Eigenschaften, die als Bausteine der Architekturbeleuchtung dienen können. Auch hier steht eine Vielzahl von Typen zur Verfügung, die sich nach unterschiedlichen Gesichtspunkten ordnen läßt. Als sinnvoll bietet sich dabei die Einteilung in ortsfeste Leuchten, bewegliche Leuchten und Lichtstrukturen an.

2.7.1 Ortsfeste Leuchten

Ortsfeste Leuchten sind fest mit der Architektur verbunden. Gelegentlich lassen sich unterschiedliche Lichtrichtungen einstellen, meist ist jedoch durch die feste Montage auch die Ausstrahlungsrichtung vorgegeben. Je nach Leuchtencharakteristik und Bauart ergeben sich eine Reihe von Untergruppen.

2.7.1.1 Downlights

Wie der Name andeutet, richten Downlights ihr Licht vorwiegend von oben nach unten. Downlights werden üblicherweise an der Decke montiert. Häufig können sie dort eingebaut werden, so daß sie als Leuchten kaum noch in Erscheinung treten und nur durch ihr Licht wirksam werden. Downlights werden aber auch in Aufbau- oder Abhängversionen angeboten. Eine Sonderform, die meist in der Flur- oder Außenbeleuchtung eingesetzt wird, sind Downlights für Wandmontage.

Downlights in ihrer Grundform strahlen dabei einen senkrecht nach unten gerichteten Lichtkegel ab. Sie werden üblicherweise an der Decke montiert und beleuchten den Boden oder andere horizontale Flächen. Auf vertikalen Flächen – z. B. Wänden – ergeben ihre Lichtkegel charakteristische hyperbelförmige Anschnitte (scallops).

Downlights werden mit unterschiedlicher Lichtverteilung angeboten. Engstrahlende Downlights beleuchten dabei eine kleinere Fläche, besitzen durch den größeren Abschirmwinkel jedoch eine höhere Blendfreiheit als breitstrahlende Downlights. Einige Downlightformen verwenden zusätzliche Abblendraster in der Reflektoröffnung, um für eine höhere Blendfreiheit zu sorgen. Bei Downlights mit Darklightreflektor ist der Abschirmwinkel der Lampe mit dem Abblendwinkel der Leuchte identisch, so daß eine möglichst breitstrahlende Leuchte mit gleichzeitig optimiertem Leuchtenwirkungsgrad entsteht.

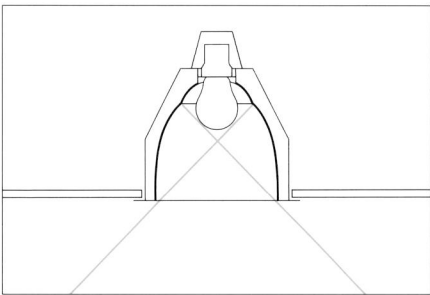

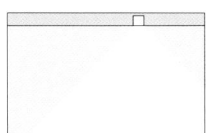

Einbaudownlight für Glühlampen. Durch die Darklighttechnik ergibt sich ein deutlich begrenzter Lichtkegel mit identischem Abblend- und Abschirmwinkel.

Durch entsprechende Reflektorkonturen können unterschiedliche Abschirmwinkel bei gleicher Deckenöffnung erreicht werden.

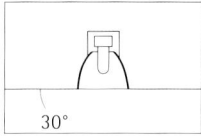

30°

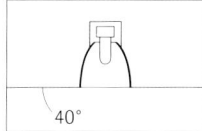

40°

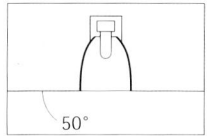

50°

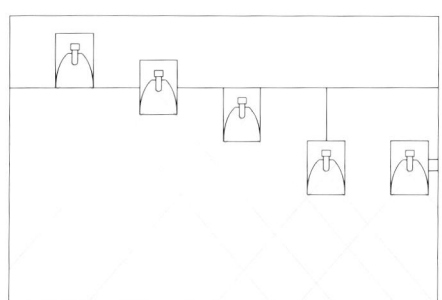

Montageformen von Downlights: Einbau-, Halbeinbau-, Aufbaumontage, abgependelte Montage und Wandmontage

Einbaudownlight für Hochdruck-Entladungslampen. Lampe und Reflektor sind durch ein Sicherheitsglas voneinander getrennt.

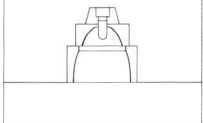

Einbaudownlights für kompakte Leuchtstofflampen, Bauformen mit integriertem und separatem Vorschaltgerät (oben) sowie mit Kreuzrasterreflektor (unten)

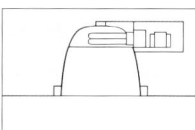

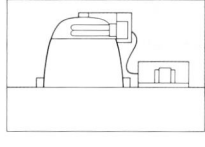

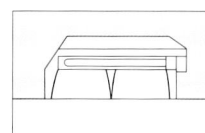

Doppelfokusdownlights besitzen ähnliche Eigenschaften wie herkömmliche Downlights, ermöglichen jedoch durch ihre spezielle Reflektorform eine hohe Lichtleistung bei kleiner Deckenöffnung.

Doppelfokusdownlight mit Ellipsoidreflektor und zusätzlichem parabolischem Abblendreflektor mit besonders kleiner Deckenöffnung

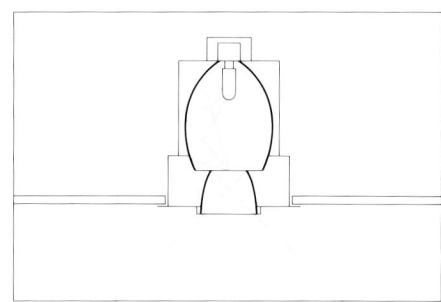

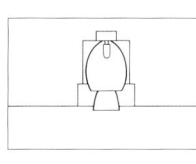

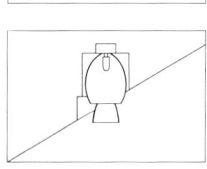

Montage von Doppelfokusdownlights in waagerechten und schrägen Decken

Downlight-Wandfluter besitzen eine asymmetrische Lichtverteilung, die das Licht nicht nur senkrecht nach unten, sondern auch direkt auf vertikale Flächen lenkt. Sie werden benutzt, um zusätzlich zum horizontalen Beleuchtungsanteil eine gleichmäßige Beleuchtung von Wandflächen zu erreichen. Downlight-Wandfluter beleuchten je nach Ausführung einen Wandabschnitt, eine Raumecke oder auch zwei gegenüberliegende Wandabschnitte.

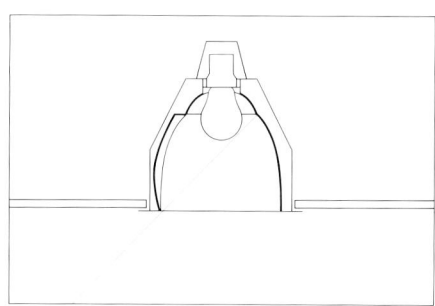

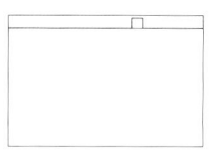

Downlight-Wandfluter mit Darklightreflektor und zusätzlichem Ellipsoidsegment für die Erzeugung des Wandanteils der Beleuchtung

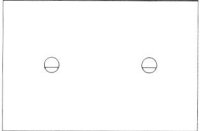

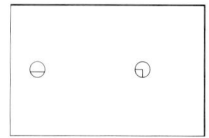

Symbolische Darstellung im Grundriß: Downlight-Wandfluter, Doppelwandfluter und Eckenwandfluter

Downlight-Richtstrahler dienen zur akzentuierten Beleuchtung einzelner Bereiche oder Objekte. Sie können durch Ausrichtung des Lichtkegels wechselnden Beleuchtungsaufgaben angepaßt werden. Ihre Lichtverteilung ist eng bis mittelbreit.

Klima-Downlights dienen der Führung von Zu- und Abluft. Sie fassen die Öffnungen für Beleuchtung und Belüftung zusammen und sorgen so für ein einheitliches Deckenbild. Klima-Downlights können Anschlüsse für Zuluft, für Abluft oder für Zu- und Abluft besitzen.

Downlights werden für eine Vielzahl von Leuchtmitteln angeboten. Der Schwerpunkt liegt allerdings auf kompakten Lichtquellen wie Glühlampen, Halogen-Glühlampen und Hochdruckentladungslampen sowie kompakten Leuchtstofflampen.

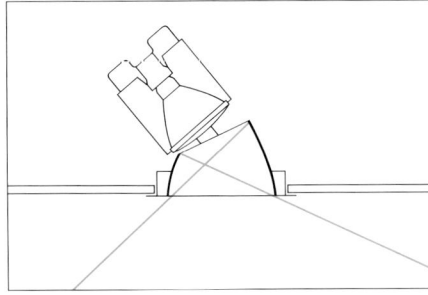

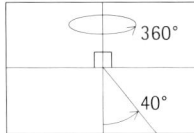

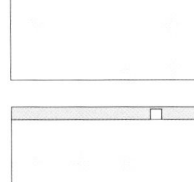

Downlight-Richtstrahler mit ausrichtbarer Reflektorlampe und Abblendreflektor. Richtstrahler können in der Regel um 360° gedreht und um 40° geschwenkt werden. Auf diese Weise kann der Richtstrahler sowohl auf horizontale als auch auf vertikale Flächen ausgerichtet werden.

Glühlampen-Downlight für Abluftführung. Die Konvektionswärme der Glühlampe wird mit dem Luftstrom abgeführt.

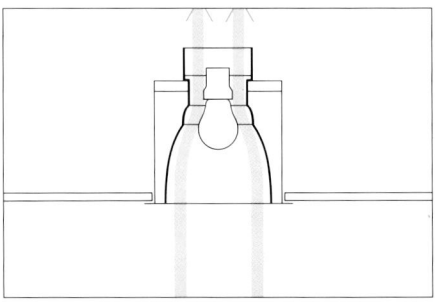

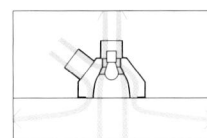

Downlight mit kombinierter Zu- und Abluftführung

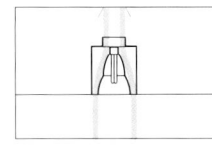

Downlight mit Abluftführung für kompakte Leuchtstofflampen. Die Abluft wird von der Lampe getrennt geführt, da die Kühlleistung der Abluft die Betriebseigenschaften der Lichtquelle beeinflussen kann.

Downlight-Richtstrahler mit Abblendreflektor

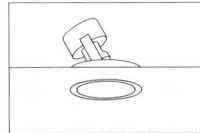 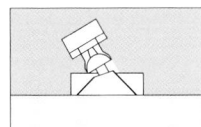

Downlight-Richtstrahler mit Abblendmaske

Downlight-Richtstrahler mit kardanischer Aufhängung

 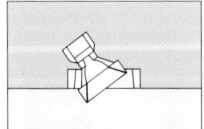

Downlight-Richtstrahler als Kugelrichtstrahler

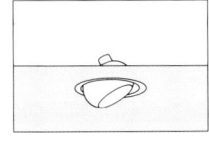 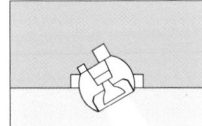

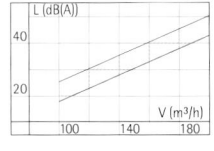

Bereich des Schallleistungspegels L in Abhängigkeit vom Abluftvolumenstrom V. Typische Werte für Downlights

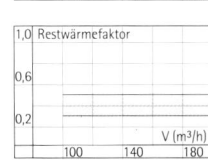

Bereich des Restwärmefaktors in Abhängigkeit vom Abluftvolumenstrom V. Typische Werte für Downlights

2.7.1.2 Uplights

Uplights strahlen im Gegensatz zu Downlights nach oben. Sie können so zur Beleuchtung der Decke, zur indirekten Raumbeleuchtung durch deckenreflektiertes Licht oder zur Wandbeleuchtung mit Streiflicht benutzt werden. Uplights können auf dem bzw. im Boden oder an der Wand montiert werden.

Up-Downlights kombinieren ein Uplight mit einem Downlight. Sie können also für die gleichzeitige Beleuchtung des Bodens und der Decke oder für eine Wandbeleuchtung mit Streiflicht sorgen. Up-Downlights können an der Wand montiert oder abgehängt werden.

Wandmontiertes Up-Downlight für Preßglaslampen

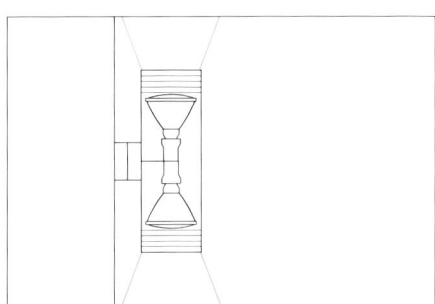

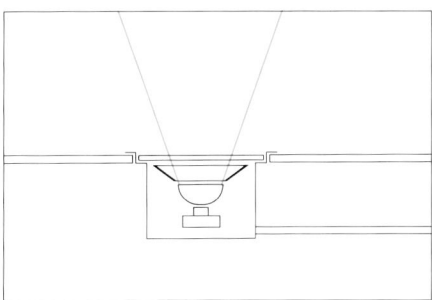

Schnitt durch eine Bodeneinbauleuchte für Halogen-Reflektorlampen

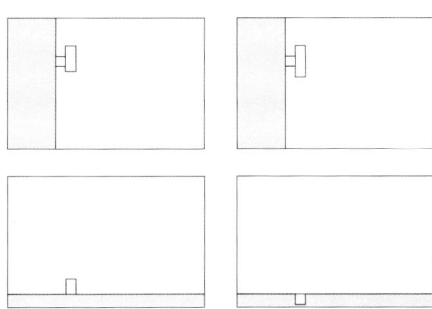

Montageformen von Uplights und Up-Downlights: Wandmontage, Bodenaufbau, Bodeneinbau

2.7.1.3 Rasterleuchten

Rasterleuchten sind für lineare Lichtquellen wie Leuchtstofflampen oder kompakte Leuchtstofflampen konstruiert. Den Namen erhalten sie durch ihre Abdeckung, die aus abschirmenden Blendrastern, aus lichtlenkenden Spiegelreflektor- oder aus Prismenrastern bestehen kann.

Durch die linearen Lichtquellen geringer Leuchtdichte erzeugen Rasterleuchten nur wenig Brillanz und Modellierung. Ihre Lichtverteilung ist meist breitstrahlend, so daß Rasterleuchten vor allem zur flächigen Beleuchtung verwendet werden.

Rasterleuchten besitzen meist eine langgestreckte rechteckige Form (Langfeldleuchten); für kompakte Leuchtstofflampen sind auch quadratische und runde Formen erhältlich. Ähnlich wie Downlights werden sie in Einbau- und Aubauformen sowie zum Abhängen angeboten.

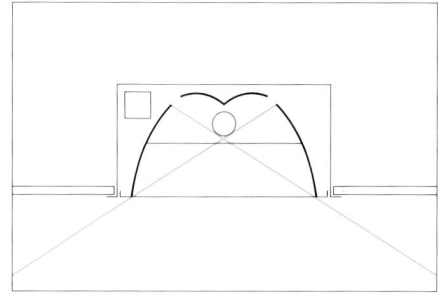

Rasterleuchte für Leuchtstofflampen mit Darklightreflektor und Evolventen-Oberreflektor. Rasterleuchten können eine rechteckige (Langfeldleuchten) oder auch eine quadratische bzw. runde Form besitzen.

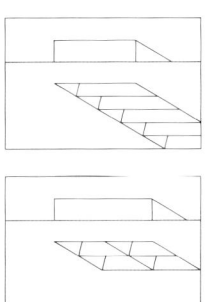

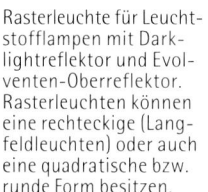

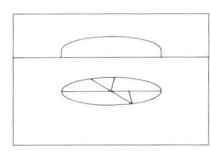

	30	60	90	l (cm)	T [W]	TC–L [W]
						18
						24
					18	36, 40, 55
					36	
					58	

	30	60	90	l (cm)	T [W]	TC–L [W]
						18
						24
						36, 40, 55

Größenvergleich von Rasterleuchten unterschiedlicher Formen und Bestückungen

	30	60	90	l (cm)	T [W]	TC–L [W]
						18
						24
						36

Rasterleuchten in ihrer Grundform besitzen eine achsensymmetrische Lichtverteilung. Sie werden mit Abschirmwinkeln
von 30° bis 40° und unterschiedlichen
Ausstrahlungscharakteristiken angeboten,
so daß Lichtverteilung und Blendungsbegrenzung auf die jeweiligen Anforderungen abgestimmt werden können. Wird eine
verminderte Reflexblendung gefordert, so
können Rasterleuchten mit Batwing-Charakteristik verwendet werden, die ihr Licht
vorwiegend unter flachen Winkeln abstrahlen, so daß nur wenig Licht im kritischen
Reflexionsbereich abgegeben wird. Die
Direktblendung kann bei Rasterleuchten
auf unterschiedliche Weise begrenzt werden. In ihrer einfachsten Form besitzen
Rasterleuchten ein Abblendraster zur Begrenzung des Ausstrahlungswinkels. Ein
höherer Leuchtenwirkungsgrad wird allerdings durch lichtlenkende Reflektorraster
erreicht. Diese Reflektoren können sowohl
aus hochglänzendem, wie auch aus mattier-
tem Material bestehen. Mattierte Reflektoren sorgen hierbei für eine gleichmäßige,
der Deckenleuchtdichte angepaßte Helligkeit des Reflektors. Hochglänzende Reflektoren lassen dagegen den Reflektor innerhalb des Abschirmwinkels dunkel erscheinen, können jedoch zu unerwünschten
Spiegelreflexen im Reflektor führen. Eine
weitere Möglichkeit zur Lichtlenkung bei
Rasterleuchten sind Prismenraster.

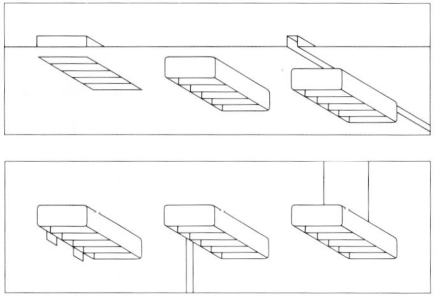

Montageformen von
Rasterleuchten: Decken-
einbau, Aufbau, Mon-
tage an Stromschienen,
Wandmontage, Ständer-
montage und abgepen-
delte Montage

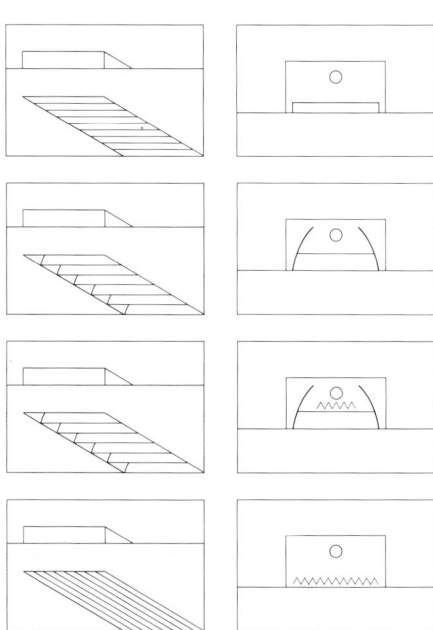

Bauformen von Raster-
leuchten (von oben nach
unten): Leuchte mit La-
mellenraster, Leuchte
mit Reflektorraster,
Leuchte mit Reflektor-
raster und zusätzlichem
Prismenraster zur Reduk-
tion der Lampenleucht-
dichte und Verbesserung
der Kontrastwiedergabe,
Leuchte mit Prismen-
raster

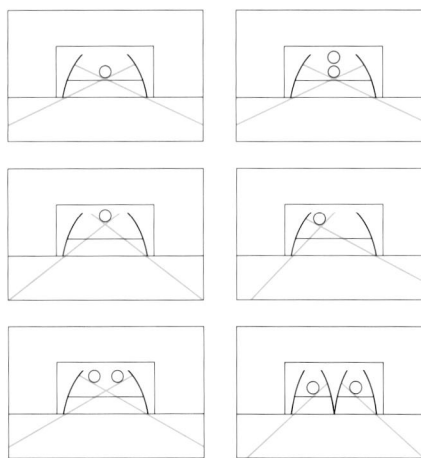

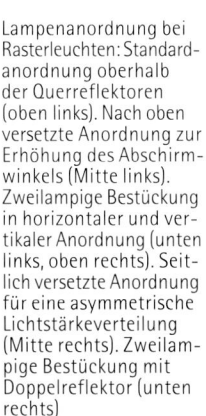

Lampenanordnung bei
Rasterleuchten: Standard-
anordnung oberhalb
der Querreflektoren
(oben links). Nach oben
versetzte Anordnung zur
Erhöhung des Abschirm-
winkels (Mitte links).
Zweilampige Bestückung
in horizontaler und ver-
tikaler Anordnung (unten
links, oben rechts). Seitlich versetzte Anordnung
für eine asymmetrische
Lichtstärkeverteilung
(Mitte rechts). Zweilam-
pige Bestückung mit
Doppelreflektor (unten
rechts)

Asymmetrische Rasterleuchten geben ihr Licht vorwiegend in eine Richtung ab. Sie können zur gleichmäßigen Beleuchtung von Wänden benutzt werden oder auch eingesetzt werden, um die Blendung durch in Richtung auf Fenster oder Türen abgestrahltes Licht zu vermeiden.

BAP-Rasterleuchten sind für die Beleuchtung von Bildschirmarbeitsplätzen konstruiert. Sie müssen in beiden Hauptachsen einen Abschirmwinkel von mindestens 30° besitzen und dürfen oberhalb des Abschirmwinkels eine mittlere Leuchtdichte von 200 cd/m² nicht überschreiten. Sie werden daher vorwiegend mit Hochglanzreflektoren ausgerüstet. Bei Verwendung moderner Bildschirme mit Positivdarstellung sind höhere Leuchtdichten zulässig, in kritischen Fällen kann dagegen eine Abschirmung von 40° erforderlich werden.

Direkt-Indirekt-Rasterleuchten werden von der Decke abgehängt oder an der Wand montiert. Sie erzeugen einen direkten Beleuchtungsanteil auf den horizontalen Flächen unter der Leuchte und sorgen gleichzeitig für die Aufhellung der Decke und eine diffuse Allgemeinbeleuchtung.

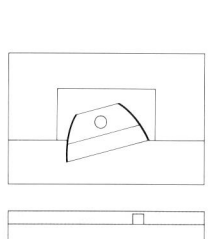

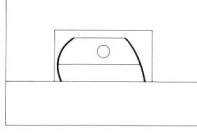

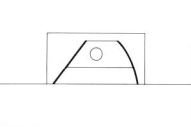
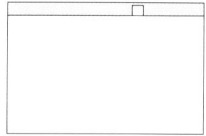

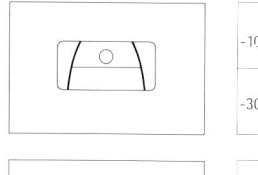
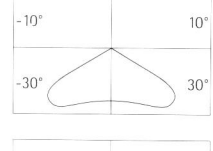
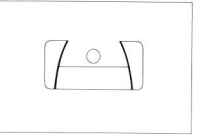
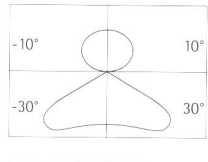
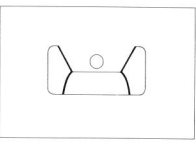
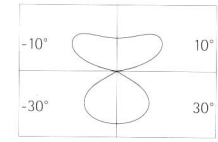
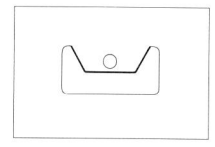
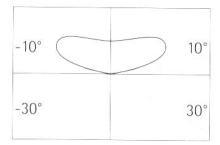

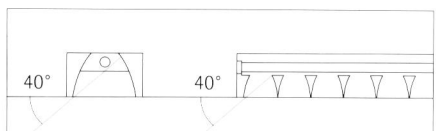

Abschirmwinkel von 30° (Grenzausstrahlungswinkel 60°) in beiden Hauptachsen (oben), Abschirmwinkel von 40° (Grenzausstrahlungswinkel 50°) in beiden Hauptachsen (unten)

Typische Lichtstärkeverteilungen von Rasterleuchten: Direktstrahlende Leuchte, Direkt-Indirektleuchte mit überwiegendem Direktanteil, Direkt-Indirektleuchte mit überwiegendem Indirektanteil, indirektstrahlende Leuchte

Asymmetrische Rasterleuchten (von oben nach unten): Wandbeleuchtung durch Schwenken eines symmetrisch abstrahlenden Reflektors, Beleuchtung durch einen Wandfluter mit elliptischem Seitenreflektor, Beleuchtung ohne Wandanteil (z. B. im Fensterbereich) durch eine Leuchte mit planem Seitenreflektor

Klima-Rasterleuchten dienen der Führung von Zu- und Abluft und der Vereinheitlichung des Deckenbildes. Klima-Rasterleuchten können ebenfalls Anschlüsse für Zuluft, für Abluft oder für Zu- und Abluft besitzen.

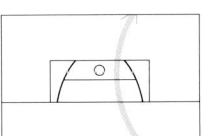

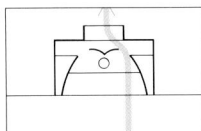

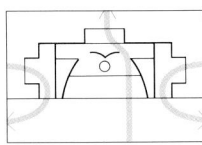

Rasterleuchten mit Abluftführung für Unterdruckdecken, für Abluftführung in Kanälen und für kombinierte Zu- und Abluftführung

2.7.1.4 Fluter

Fluter dienen zur gleichmäßigen Beleuchtung von Flächen, vor allem also von Wänden, Decken und Böden. Sie finden sich in den Gruppen von Downlights und Rasterleuchten; die Gruppe der Fluter umfaßt jedoch auch eigenständige Leuchtenformen.

Wandfluter beleuchten die Wand und – je nach Bauart – auch einen Teil des Bodens. Ortsfeste Wandfluter werden in Ein- und Aufbauversionen für die Decke angeboten.

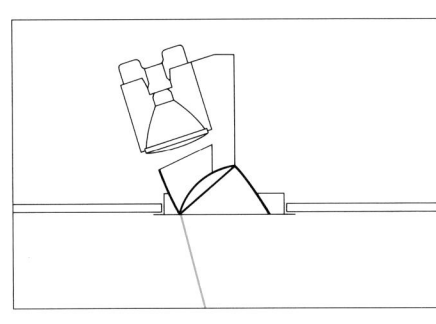

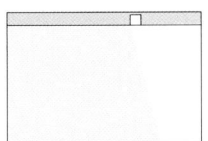

Wandfluter für Reflektorlampen mit einer Linse zur Aufspreizung des Lichtkegels und einem Abblendreflektor. Der Bodenanteil der Beleuchtung ist gering, die Wandbeleuchtung besonders gleichmäßig.

Wandfluter für kompakte Leuchtstofflampen

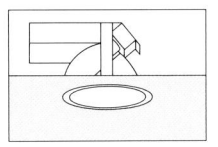 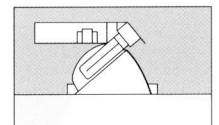

Wandfluter mit Ellipsoidreflektor für Halogen-Glühlampen

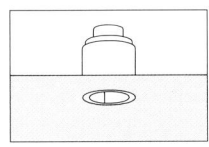 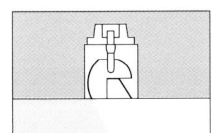

Wandfluter mit Skulpturenlinse und Schaufelreflektor für Reflektorlampen

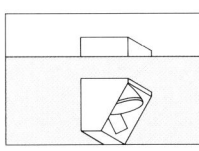 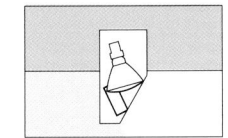

Wandfluter für Leuchtstofflampen. Der Direktanteil der Beleuchtung wird abgeschirmt, die Reflektorkontur sorgt darüber hinaus für eine besonders gleichmäßige Wandbeleuchtung. Bei der Abbildung unten wird durch ein zusätzliches Prismenelement unterhalb der Deckenebene ein deckenbündiger Lichtansatz erreicht.

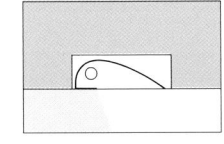

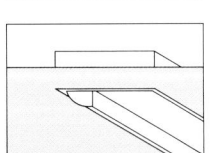 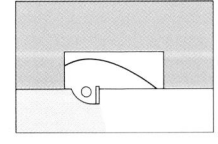

Wandfluter für Auslegermontage

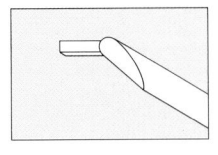 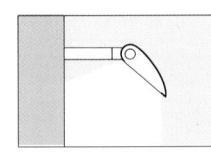

Deckenfluter dienen zur Aufhellung oder Beleuchtung von Decken sowie zur indirekten Allgemeinbeleuchtung. Sie werden oberhalb der Augenhöhe auf die Wand aufgebaut oder abgehängt. Als Leuchtmittel werden vorwiegend lichtstarke Lampen wie Halogen-Glühlampen für Netzspannung und Hochdruck-Entladungslampen verwendet.

Bodenfluter werden vor allem bei der Beleuchtung von Fluren und anderen Verkehrswegen benutzt. Bodenfluter werden relativ niedrig in die Wand ein- oder auf die Wand aufgebaut.

2.7.1.5 Architekturintegrierte Leuchten

Einige Beleuchtungsformen verwenden Elemente der Architektur als lichttechnisch wirksame Bestandteile. Typische Beispiele sind Leuchtdecken, Lichtgräben, Voutenbeleuchtungen oder hinterleuchtete Konturen. Auch bei diesen individuellen Konstruktionen können handelsübliche Leuchten, z. B. für Leuchtstofflampen oder -röhren, eingesetzt werden.

Architekturintegrierte Beleuchtungsformen sind in der Regel wenig effizient und lichttechnisch schwer zu kontrollieren, sie spielen daher für die eigentliche Beleuchtung von Räumen kaum eine Rolle. Zur akzentuierten Gestaltung von Architektur, z. B. zur Betonung der Konturen architektonischer Elemente, sind sie dagegen hervorragend geeignet.

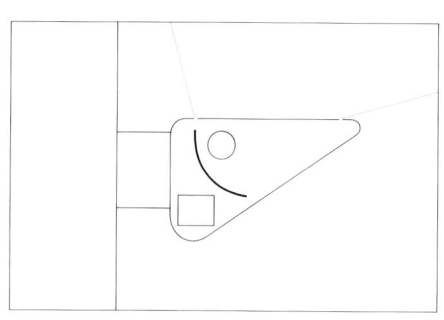

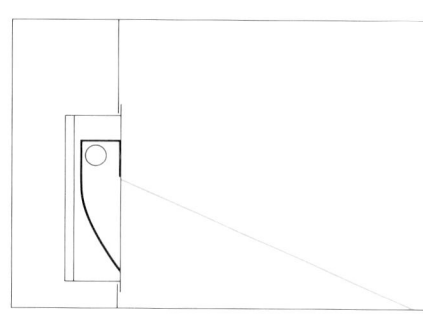

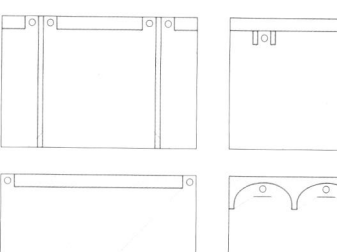

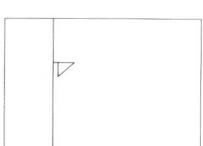

Wandmontierter Deckenfluter. Die Reflektorkontur erzeugt eine gleichmäßige Deckenbeleuchtung.

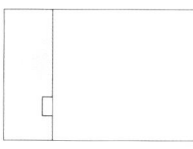

Bodenfluter für Wandeinbau. Der Direktanteil wird abgeschirmt, die Reflektorkontur bewirkt eine gleichmäßige Beleuchtung des Bodens.

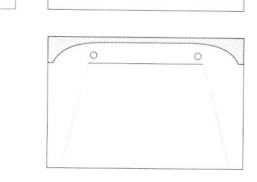

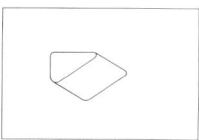

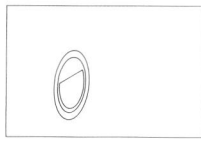

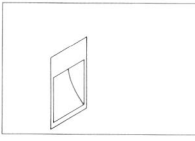

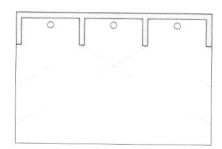

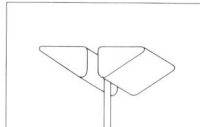

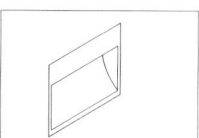

Bauformen von Bodenflutern: runde und quadratische Form für Glühlampen oder kompakte Leuchtstofflampen, rechteckige Form für Leuchtstofflampen

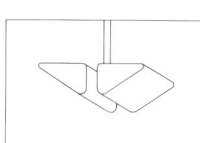

Bauformen von Deckenflutern: Wandmontage, Ständermontage von Einzelleuchten und Leuchtenpaaren, abgehängte Montage von Leuchtenpaaren

Architekturintegrierte Leuchten in abgehängten Deckenelementen, Kassettendecken und Gewölben sowie in Wandkonstruktionen

2.7.2 Bewegliche Leuchten

Im Gegensatz zu ortsfesten Leuchten können bewegliche Leuchten an wechselnden Orten angebracht werden; meist werden sie in Stromschienen oder Lichtstrukturen eingesetzt. Darüber hinaus sind bewegliche Leuchten meist auch in der Lichtrichtung variabel, sie sind nicht auf eine definierte Stellung festgelegt, sondern können frei ausgerichtet werden.

2.7.2.1 Strahler

Strahler sind die häufigste Form beweglicher Leuchten. Sie beleuchten einen begrenzten Bereich, so daß sie weniger zur Allgemeinbeleuchtung als zur akzentuierten Beleuchtung von Objekten eingesetzt werden. Aufgrund ihrer Variabilität in Montageort und Ausrichtung können sie wechselnden Aufgaben angepaßt werden.

Strahler sind in unterschiedlichen Ausstrahlungswinkeln erhältlich. Eine enge Lichtverteilung ermöglicht hierbei die Beleuchtung kleiner Bereiche auch aus größerer Entfernung, während die breitere Verteilung von Strahlerflutern die Beleuchtung eines größeren Bereichs mit einer einzigen Leuchte ermöglicht.

Strahler werden für eine Vielzahl von Leuchtmitteln angeboten. Da jedoch eine definierte, enge Ausstrahlung angestrebt wird, werden bevorzugt kompakte Lichtquellen wie Glühlampen, Halogen-Glühlampen und Hochdruckentladungslampen, gelegentlich auch kompakten Leuchtstofflampen eingesetzt. Hierbei werden großvolumigere Lampen wie zweiseitig gesockelte Halogen-Glühlampen und Hochdruckentladungslampen sowie kompakte Leuchtstofflampen vorwiegend für Strahlerfluter verwendet, während annähernd punktförmige Lichtquellen wie Niedervolt-Halogenlampen oder Halogen-Metalldampflampen eine besonders enge Lichtbündelung ermöglichen.

Strahler können mit Reflektoren ausgestattet sein oder Reflektorlampen verwenden. Einige Strahlertypen sind mit Sammel- oder Fresnellinsen für einen variablen Ausstrahlungswinkel ausgestattet. Strahler mit abbildenden Systemen (Konturenstrahler) ermöglichen durch Projektion von Blenden oder Schablonen (Gobos) zusätzlich unterschiedliche Lichtkegelkonturen oder Abbildungen.

Typisch für Strahler ist die Möglichkeit zum Einsatz von Zusatzeinrichtungen wie Streu- oder Skulpturenlinsen, Farbfilter, UV- oder Infrarotfilter sowie verschiedenen Abblendeinrichtungen wie Abblendklappen, Abblendzylinder, Rillenblenden oder Wabenraster.

Bei Strahlern für die Akzentbeleuchtung kann durch die Auswahl von entsprechenden Reflektoren oder Reflektorlampen der Ausstrahlungswinkel variiert werden. Hierbei wird zwischen engstrahlenden mit ca. 10° (Spot) und breiterstrahlenden Formen mit ca. 30° (Flood) unterschieden.

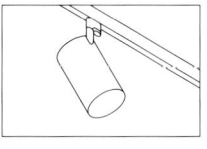
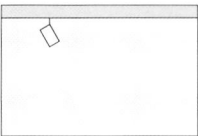
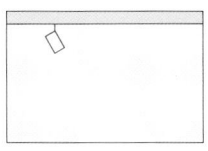
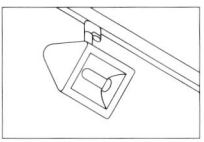
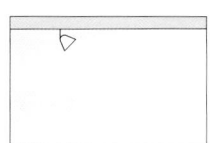

Kennzeichnend für Fluter ist ein besonders breiter Ausstrahlungswinkel von ca. 90° zur flächigen Wandbeleuchtung.

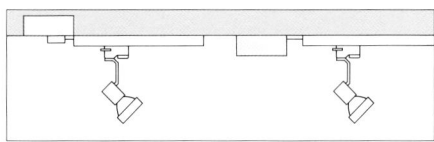
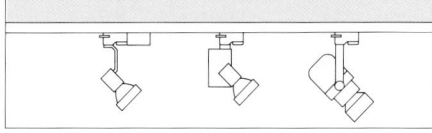

Strahler für Niedervolt-Halogenlampen können an Niedervoltschienen betrieben werden; der Transformator kann dabei in der Decke oder sichtbar an der Stromschiene montiert sein (oben). Beim Betrieb an Stromschienen für Netzspannung ist der Transformator meist im Adapter integriert oder an der Leuchte montiert (unten).

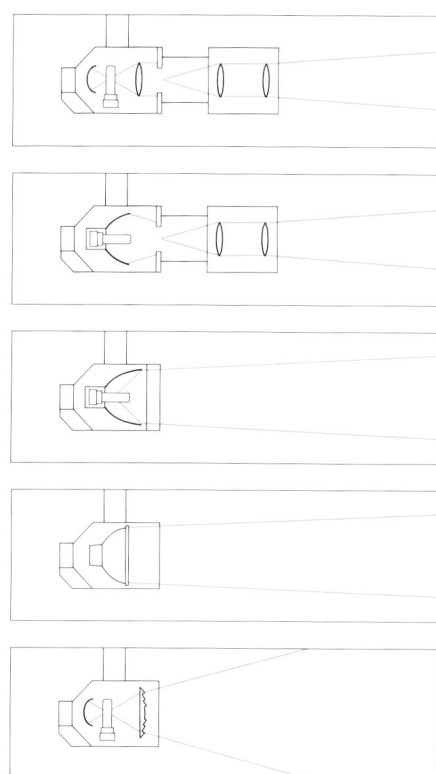

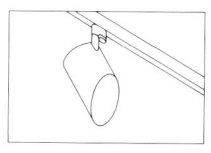 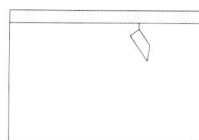

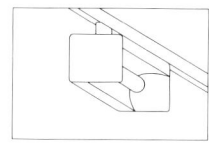 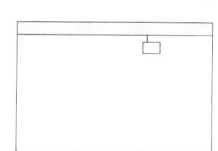

2.7.2.2 Wandfluter

Wandfluter sind nicht nur als ortsfeste, sondern auch als bewegliche Leuchten erhältlich. Beweglich ist hier allerdings weniger die Ausrichtung des Lichts, als die Leuchte selbst. Bewegliche Wandfluter können – z. B. an Stromschienen – für eine zeitweilige oder auch dauernde Beleuchtung vertikaler Flächen sorgen. Bewegliche Wandfluter werden vor allem mit lichtstarken Lampen (Halogen-Glühlampen für Netzspannung, Halogen-Metalldampflampen) oder mit Leuchtstofflampen (konventionell und kompakt) bestückt.

Bewegliche Wandfluter in unterschiedlichen Bauformen, sie können unterschiedlichen Wandhöhen und Wandabständen angepaßt werden.

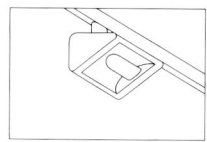 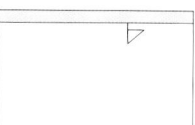

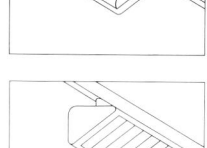

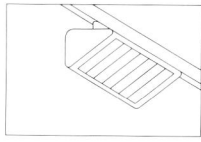

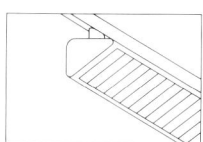

Bühnenscheinwerfer in unterschiedlichen Bauformen (von oben nach unten): Kondensorscheinwerfer und Ellipsoidscheinwerfer als Projektionsscheinwerfer mit abbildender Optik, Parabolscheinwerfer, Scheinwerfer für Reflektorlampen und Fresnelscheinwerfer mit variablem Ausstrahlungswinkel

Wandfluter für Halogen-Glühlampen, kompakte Leuchtstofflampen und konventionelle Leuchtstofflampen

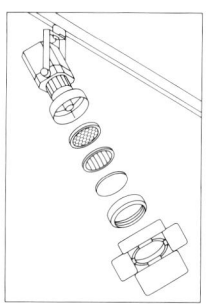

Zubehör für Strahler und Bühnenscheinwerfer: Wabenraster, Skulpturenlinse, Filter, Abblendzylinder, Torblende

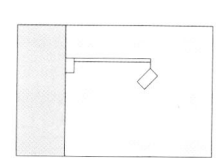

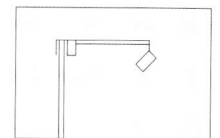

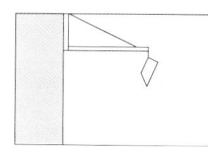 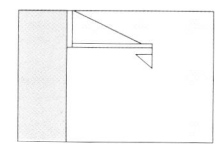

Ausleger mit integriertem Transformator für Niedervoltstrahler; Wandmontage (oben) und Stellwandmontage (Mitte). Ausleger für die Montage von Lichtstrukturen und schweren Einzelleuchten (unten)

2.7.3 Lichtstrukturen

Lichtstrukturen sind aus modularen Elementen aufgebaute Systeme, die integrierte Leuchten zusammenfassen und die Befestigung und Stromversorgung beweglicher Leuchten – z. B. Strahler – ermöglichen. Sie vereinigen also die Möglichkeiten ortsfester und beweglicher Leuchten.

Lichtstrukturen können aus Schienen, Trägern, Rohrprofilen oder Paneelen aufgebaut werden. Typisch ist dabei der modulare Aufbau, der die Konstruktion zahlreicher Strukturvarianten – von linearen Anordnungen bis hin zu flächig vernetzten Rastern – aus standardisierten Grund- und Verbindungselementen ermöglicht. Auf diese Weise können Lichtstrukturen der umgebenden Architektur angepaßt werden oder selbst architektonische Strukturen bilden; sie sorgen für ein integriertes und einheitliches Erscheinungsbild der Beleuchtungsanlage.

Eine Untergruppe der Lichtstrukturen bilden **stromführende Tragstrukturen**, die ausschließlich der Befestigung und Stromversorgung beweglicher Leuchten dienen. Sie können aus Stromschienen oder aus Rohr- und Paneelsystemen mit integrierten Stromschienen aufgebaut sein.

Tragstrukturen können direkt auf Decken und Wänden montiert oder von der Decke abgehängt werden. Für freitragende Strukturen großer Spannweiten existieren Trägersysteme mit hoher statischer Belastbarkeit.

Lichtstrukturen im eigentlichen Sinn sind gekennzeichnet durch integrierte Leuchten; häufig bieten sie allerdings durch Stromschienen oder Punktauslässe zusätzlich die Möglichkeit zur Anbringung beweglicher Leuchten. Sie bestehen aus Rohr oder Paneelelementen und werden meist von der Decke abgehängt.

Lichtstrukturen verwenden vor allem Elemente mit integrierten Rasterleuchten, die sowohl zur direkten Allgemeinbeleuchtung, als auch zur Indirektbeleuchtung durch deckenreflektiertes Licht eingesetzt werden können. Zur akzentuierten Beleuchtung dienen Elemente mit integrierten Downlights oder Downlight-Richtstrahlern (häufig in Niedervolt-Halogentechnik); dekorative Wirkungen können durch Elemente mit freistrahlenden Glüh- oder Halogen-Glühlampen erreicht werden. Weitere Elemente können Hinweisleuchten, Steckdosen oder Lautsprecher aufnehmen.

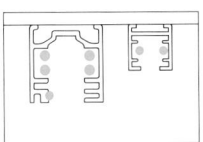

Dreiphasen-Stromschiene für Netzspannung und Einphasen-Niedervoltschiene

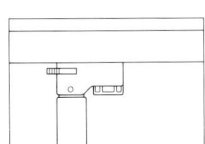

Adapter mit Phasenwahlschalter für die Dreiphasenschiene

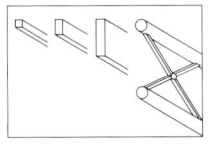

Tragstrukturen in unterschiedlichen Bauformen: von der Stromschiene bis zur weitgespannten Tragstruktur

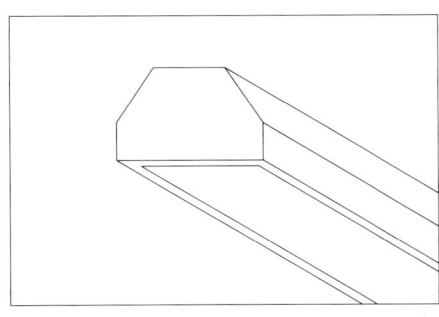

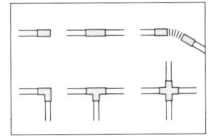

Endstück, Verbinder, flexibler Verbinder, Eckverbinder, T-Verbinder und Kreuzverbinder für Stromschienen

Tragstruktur mit Downlight (links oben), Rasterleuchte (rechts oben), Deckenflutern (links unten) und Uplight (rechts unten)

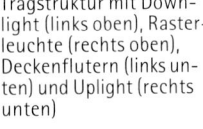
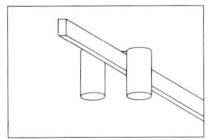
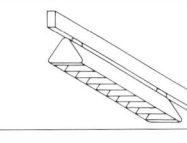

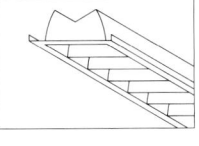
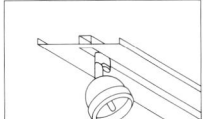

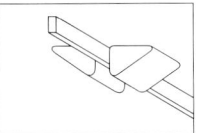
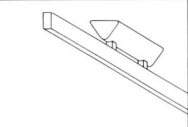

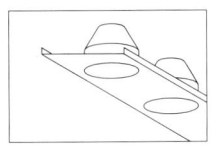
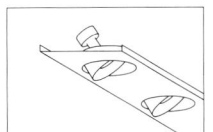

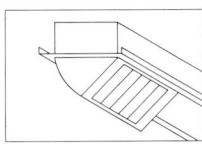
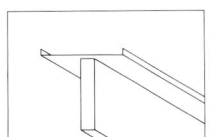

Lichtstruktur; Leerprofil mit unterschiedlichen Einsätzen: Rasterleuchten, Downlights (ggf. auch Lautsprecher, Stromanschlüsse usw.), Wandfluter, Stromschienen, Richtstrahler und Hinweisleuchten

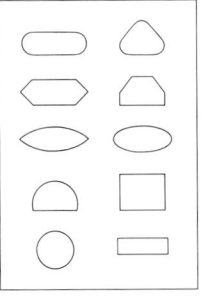

Querschnitte von Lichtstrukturen in unterschiedlichen Profilformen

2.7   Leuchten
2.7.4 Sekundärleuchten
2.7.5 Lichtleitersysteme

2.7.4 Sekundärleuchten

Nicht zuletzt durch die zunehmende Verbreitung von Bildschirmarbeitsplätzen steigen die Anforderungen an den Sehkomfort, vor allem an die Begrenzung der direkten Blendung und der Reflexblendung. Blendfreiheit kann hierbei durch die Verwendung entsprechend konstruierter BAP-Leuchten erreicht werden, darüber hinaus bietet sich aber auch der Einsatz indirekter Beleuchtungsformen an.

Eine ausschließlich indirekte Beleuchtung durch die Beleuchtung der Decke bietet die gewünschte Blendfreiheit, ist aber wenig effektiv und optisch kaum zu kontrollieren; es entsteht eine völlig gleichförmige, diffuse Beleuchtung des gesamten Raums. Um eine differenziertere Beleuchtung und den Einsatz gerichteten Lichts zu ermöglichen, können zunächst direkte und indirekte Beleuchtungsanteile in einer Zweikomponenten-Beleuchtung kombiniert werden, sei es durch die Koppelung von Arbeitsplatzleuchten und Deckenflutern, sei es durch direkt-indirekt strahlende Lichtstrukturen.

Eine umfassendere optische Kontrolle wird durch die vergleichsweise junge Sekundärtechnik angestrebt. Hierbei wird die Decke als lichttechnisch unkontrollierte Reflexionsfläche durch einen in die Leuchte integrierten Sekundärreflektor ersetzt, dessen Reflexionseigenschaften und Leuchtdichte vorgegeben werden können. Durch die Kombination eines primären und eines sekundären Reflektorsystems entsteht so eine besonders variable Leuchte, die sowohl ausschließlich indirektes Licht, als auch direktes und indirektes Licht in frei wählbaren Anteilen abgeben kann. Auch beim Einsatz von Lichtquellen hoher Leuchtdichte wie Halogen-Glühlampen oder Halogen-Metalldampflampen kann auf diese Weise ein hoher Sehkomfort erreicht werden, ohne daß auf eine differenzierte Beleuchtung verzichtet werden müßte.

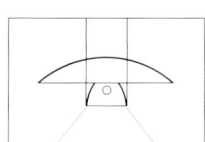

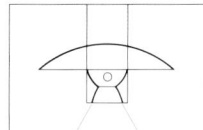

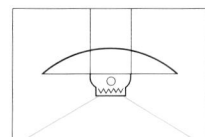

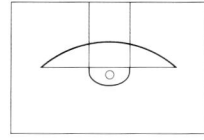

Rotationssymmetrische Sekundärleuchte für Punktlichtquellen (z. B. Hochdruck-Entladungslampen). Bauformen mit Direktanteil über Parabolreflektor oder Linsenoptik sowie eine rein sekundär strahlende Leuchte

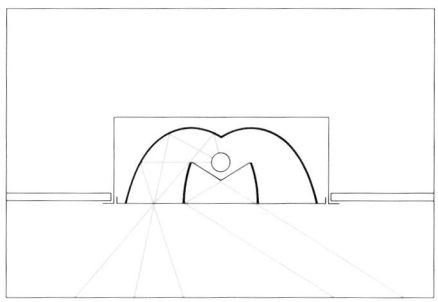

Sekundärleuchte mit Parabolreflektor für den Direktanteil und evolventenförmigem Sekundärreflektor zur Lenkung des Indirektanteils

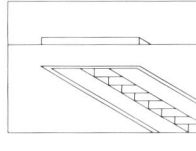

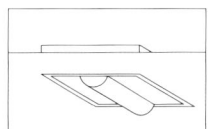

Sekundärleuchte in Langfeld- und Quadratform

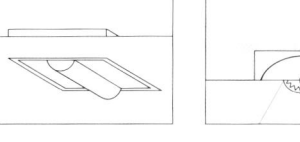

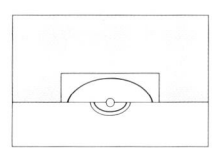

Lichtstrukturen mit direkt-indirektstrahlender sowie indirektstrahlender Sekundärleuchte

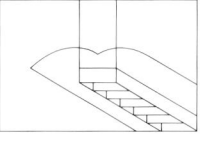

Abgependelte Sekundärleuchte in direkt-indirektstrahlender Bauform

2.7.5 Lichtleitersysteme

Lichtleiter erlauben den Transport von Licht in beliebigen, auch gebogenen Wegführungen. Auf diese Weise kann die eigentliche Lichtquelle vom Lichtaustritt getrennt werden. Bei Verwendung von Glasfaserbündeln lassen sich inzwischen auch für Beleuchtungszwecke ausreichende Lichtströme durch Lichtleiter transportieren.

Genutzt werden können Lichtleiter vor allem dort, wo herkömmliche Lampen durch ihre Größe nicht verwendet werden können, ein Sicherheitsproblem darstellen oder aber unvertretbare Wartungskosten verursachen. So kann die besonders kleine Lichtaustrittsöffnung bei miniaturisierten Downlights oder dekorativen Sternenhimmel genutzt werden. Bei der Vitrinenbeleuchtung können Ganzglasvitrinen vom Vitrinensockel aus beleuchtet werden, zusätzlich werden Wärmebelastung und Gefährdung der Exponate durch die Auslagerung der Lichtquelle deutlich verringert.

Bei der Modellsimulation können mehrere Leuchtenmodelle von einer zentralen, leistungsstarken Lichtquelle aus versorgt werden; dies ermöglicht den Einsatz maßstabsgetreuer Leuchten.

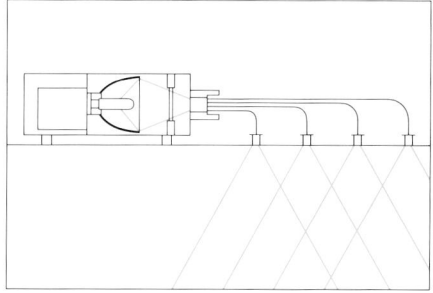

Lichtleitersystem, bestehend aus Lichtgeber, flexiblen Lichtleitern und Lichtleiter-Einzelleuchten. Im Lichtgeber wird das Licht einer Niedervolt-Halogenlampe über einen elliptischen Reflektor auf den Eingang eines Lichtleiterbündels fokussiert. Das Licht wird so auf die einzelnen Lichtleiter verteilt, es tritt in mehreren Lichtleiter-Einzelleuchten aus.

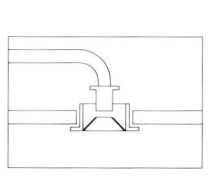

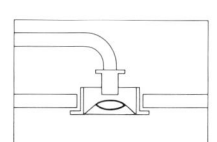

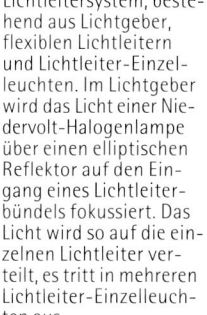

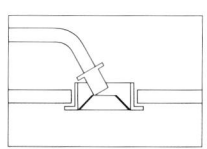

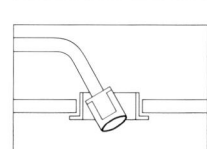

Typische Formen von Lichtleiter-Einzelleuchten (von oben nach unten): Downlight mit Abblendreflektor, Downlight mit bündelnder Linsenoptik, Richtstrahler mit Abblendreflektor, Richtstrahler mit bündelnder Linsenoptik

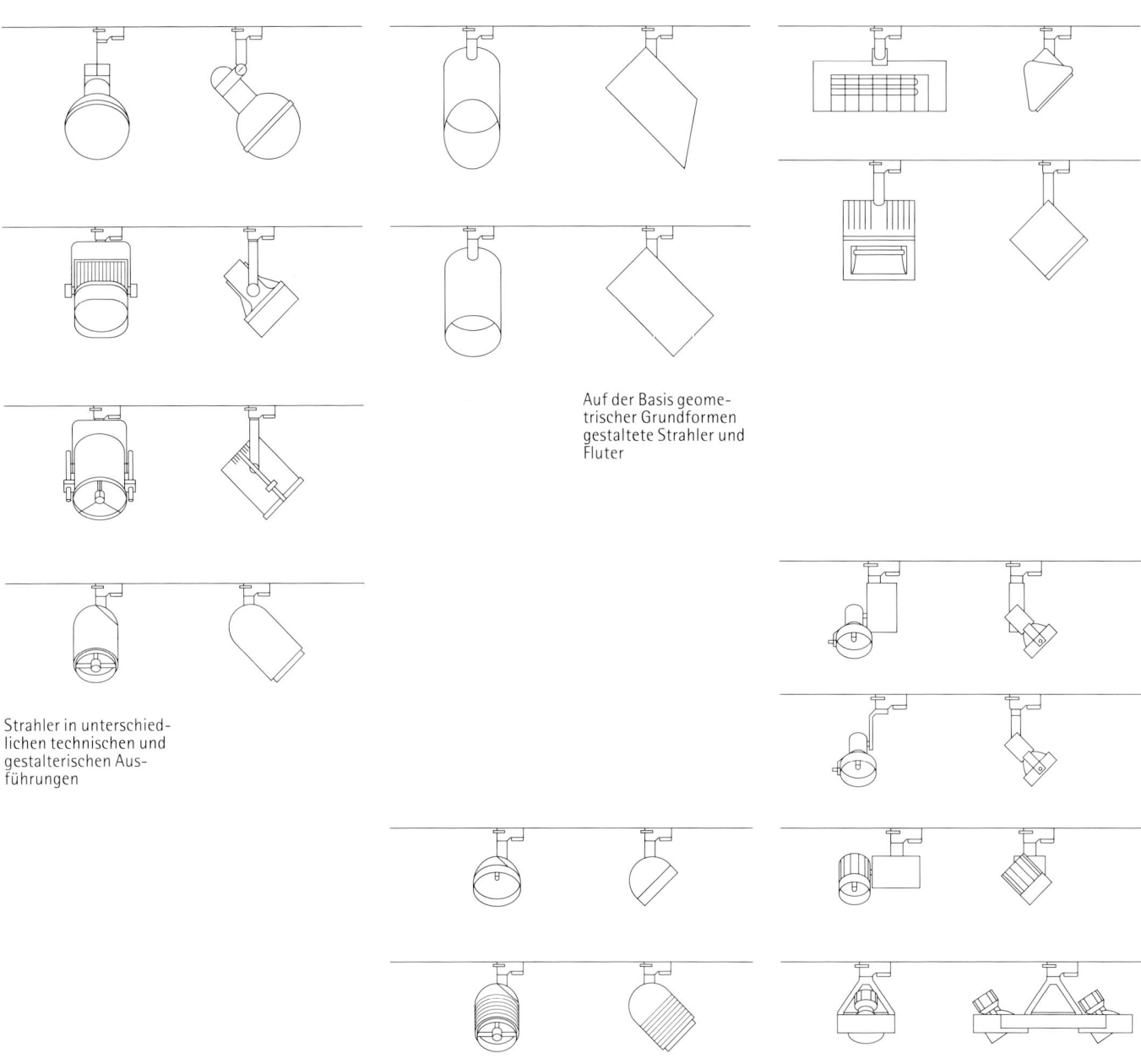

Auf der Basis geome-
trischer Grundformen
gestaltete Strahler und
Fluter

Strahler in unterschied-
lichen technischen und
gestalterischen Aus-
führungen

Die Entwicklung von
Niedervolt-Halogen-
lampen ermöglicht
besonders kleine
Leuchtenabmessungen,
vor allem bei Strahlern
für Niedervolt-Strom-
schienen.

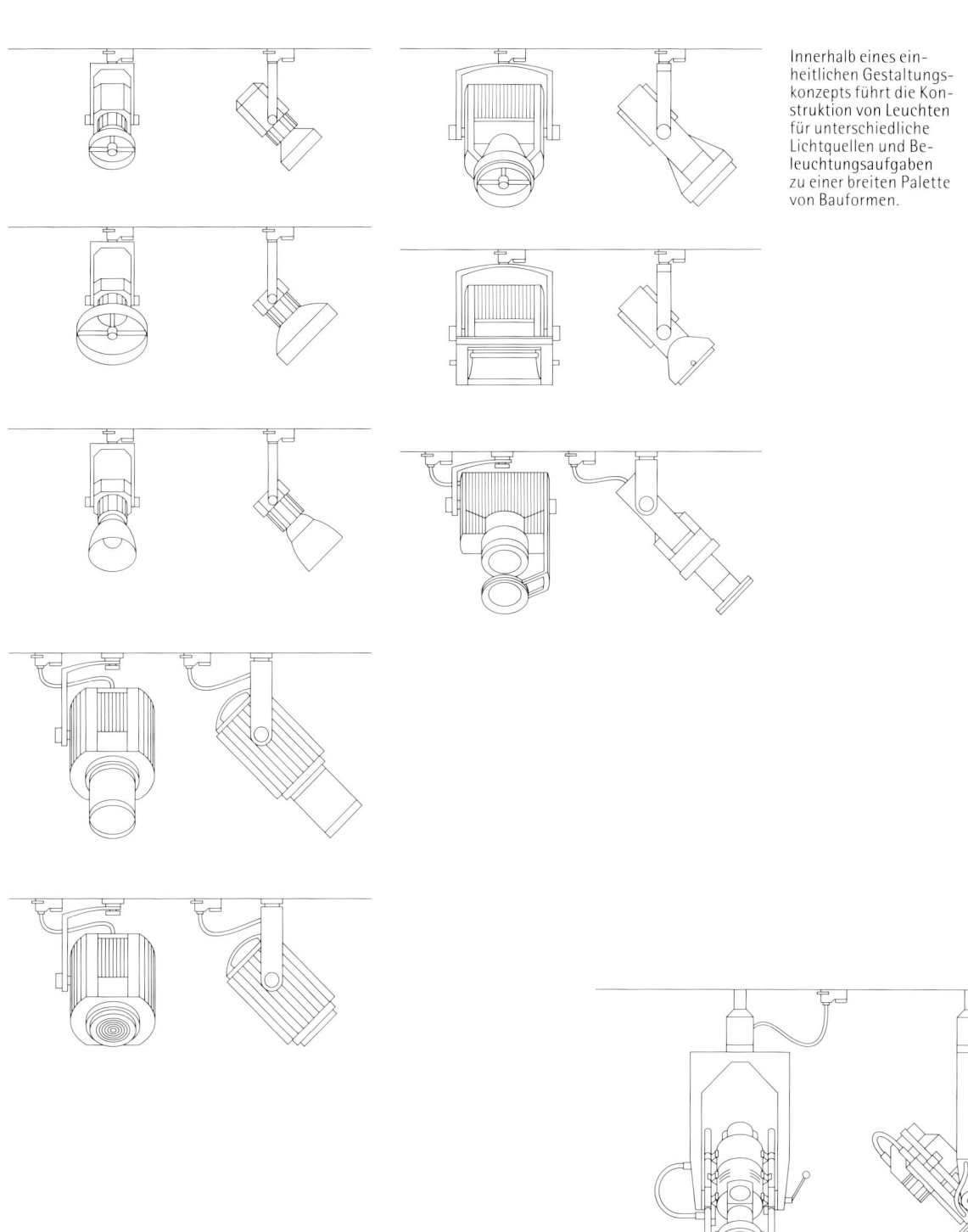

Innerhalb eines ein-
heitlichen Gestaltungs-
konzepts führt die Kon-
struktion von Leuchten
für unterschiedliche
Lichtquellen und Be-
leuchtungsaufgaben
zu einer breiten Palette
von Bauformen.

Mit Bühnenschein-
werfern lassen sich
theatralische Licht-
wirkungen wie Farb-
effekte und Projektio-
nen auch in großen
Räumen einsetzen.

3.0 Lichtplanung

Konzepte
der Lichtplanung

Die Theorie der künstlichen Beleuchtung ist eine relativ junge Disziplin. Anders als bei der Tageslichtbeleuchtung, die sich allmählich auf eine Tradition von mehreren tausend Jahren zurückbesinnt, entsteht der Bedarf für eine Kunstlichtplanung erst in der jüngsten Geschichte. Noch vor 200 Jahren mußte sich die Planung künstlicher Beleuchtung auf ein geschicktes Plazieren weniger Kerzen oder Öllampen beschränken; eine halbwegs ausreichende Beleuchtung ließ sich auf diese Weise nicht erreichen. Erst seit rund einem Jahrhundert, nach einer Phase der rapiden Entwicklung effizienterer Lichtquellen, verfügt die Lichtplanung über Instrumente, die eine künstliche Beleuchtung mit ausreichenden Beleuchtungsstärken erlauben. Gleichzeitig mit diesen Möglichkeiten entsteht aber die Aufgabe, Ziele und Methoden der neuen Disziplin zu definieren; zu entscheiden, nach welchen Kriterien das nun jederzeit verfügbare künstliche Licht eingesetzt werden soll.

3.1.1 Quantitative Lichtplanung

Als erstes und bis heute wirksames Konzept entstehen hierbei Normen für die Beleuchtung von Arbeitsplätzen. Während die Beleuchtungsüberlegungen im privaten Bereich auf die Auswahl ansprechender Leuchten reduziert werden, besteht auf dem Gebiet der Arbeitsplatzbeleuchtung ein deutliches Interesse an der Entwicklung effektiver und wirtschaftlicher Beleuchtungsformen. Im Vordergrund steht dabei die Frage, welche Beleuchtungsstärken und -arten eine optimale Sehleistung und damit hohe Produktivität und Unfallsicherheit bei vertretbaren Betriebskosten gewährleisten.

Beide Aspekte dieser Aufgabenstellung werden intensiv untersucht; sowohl die physiologische Frage nach dem Zusammenhang von Sehleistung und Beleuchtung, wie auch die lichttechnische Frage nach überprüfbaren Kriterien für die Qualitäten einer Beleuchtungsanlage. Schon früh ergibt sich dabei das Konzept einer quantitativ orientierten Lichtplanung mit der Beleuchtungsstärke als zentralem Kriterium, dem als nachrangige Kriterien Gleichmäßigkeit der Beleuchtung, Lichtfarbe, Schattigkeit und der Grad der Blendungsbegrenzung zugeordnet werden. Auf dieser Grundlage können nun Normenkataloge erstellt werden, die einer Vielzahl von Tätigkeiten jeweils eine Mindestbeleuchtungsstärke auf der relevanten Nutzebene sowie Mindestanforderungen für die übrigen Qualitätskriterien zuordnen.

In der Praxis ergibt sich dabei die Forderung nach einer gleichmäßigen, meist horizontal orientierten Beleuchtung des gesamten Raums, wie sie am zweckmäßigsten durch eine regelmäßige Anordnung von Leuchten, z. B. Bänder von Leuchtstoffleuchten oder Downlightraster, erzielt werden kann. Die Beleuchtungsstärke

Beleuchtungsart	Tätigkeitsbereich	Richtwerte E (lx)
Allgemeinbeleuchtung in vorübergehend benutzten Räumen	Verkehrswege	50
	Treppen und Räume bei kurzem Aufenthalt	100
	Nicht ständig benutzte Räume – Eingangshallen, Räume mit Publikumsverkehr	200
Allgemeinbeleuchtung in Arbeitsräumen	Büro mit tageslichtorientiertem Arbeitsplatz	300
	Sitzungs- und Bespechungszimmer, Verkaufsräume	300
	Bürobereich, Datenverarbeitung	500
	Großraumbüro, Zeichen- und Konstruktionsbüro	750
	Sehaufgaben mit hoher Schwierigkeit, Feinmontage, Farbprüfung	1000
Zusatzbeleuchtung für sehr schwierige Sehaufgaben		2000

Richtwerte der Beleuchtungsstärke E für unterschiedliche Tätigkeitsbereiche in Anlehnung an Empfehlungen der CIE

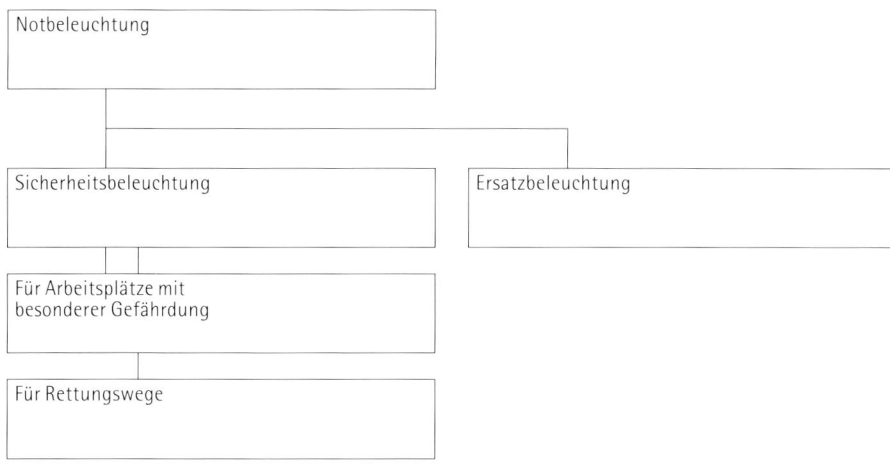

```
Notbeleuchtung
    ├─────────────────────────────────┐
Sicherheitsbeleuchtung          Ersatzbeleuchtung
    │
Für Arbeitsplätze mit
besonderer Gefährdung
    │
Für Rettungswege
```

Sicherheitsbeleuchtung

Sicherheitsbeleuchtung dient dem gefahrlosen Verlassen von Räumen und Anlagen (Sicherheitsbeleuchtung für Rettungswege) bzw. der gefahrlosen Beendigung von Tätigkeiten und dem Verlassen von Räumen mit Arbeitsplätzen besonderer Gefährdung.

Bestimmungen:
ASR 7/4 DIN 5035 Teil 5, DIN 57108, VDE 0108

Ersatzbeleuchtung

Ersatzbeleuchtung (üblicherweise mit 10 % der Nennbeleuchtungsstärke) übernimmt die künstliche Beleuchtung für die Weiterführung des Betriebs über einen begrenzten Zeitraum, insbesondere zur Begrenzung von Schäden und Produktionsausfällen.

Bestimmungen:
DIN 5035 Teil 5

Sicherheitsbeleuchtung	
Arbeitsplätze mit besonderer Gefährdung	Rettungswege
$E_{min} = 0,1 E_n$ mindestens jedoch 15 lx E_n nach DIN 5035, Teil 2	$E_{min} \geq 1$ lx (0,2 m über Boden) $\dfrac{E_{min}}{E_{max}} \geq \dfrac{1}{40}$
$\Delta t \leq 0,5$ s	$\Delta t < 15$ s (Arbeitsstätten) $\Delta t < 1$ s (Versammlungsstätten, Geschäftshäuser)
$t \geq 1$ min, mindestens jedoch solange Gefahr besteht	$t = 1$ h (Arbeitsstätten) $t = 3$ h (Versammlungsstätten, Geschäftshäuser)

Anforderungen an die Beleuchtung von Rettungswegen: Mindestbeleuchtungsstärke E_{min}, Gleichmäßigkeit E_{min}/E_{max}, Einschaltverzögerung Δt und Betriebsdauer t

Anforderungen an die Sicherheitsbeleuchtung von Arbeitsplätzen mit besonderer Gefährdung: Mindestbeleuchtungsstärke E_{min}, Einschaltverzögerung Δt und Betriebsdauer t

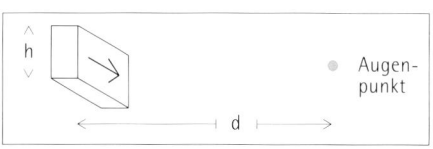

Mindesthöhe h von Rettungszeichen auf Rettungswegen in Abhängigkeit vom maximalen Sehabstand d (nach DIN 4844)

hinterleuchtete Rettungszeichen

$h = \dfrac{d}{200}$

beleuchtete Rettungszeichen

$h = \dfrac{d}{100}$

orientiert sich hierbei – der Forderung nach einer gleichmäßigen Beleuchtung entsprechend – jeweils an der schwierigsten zu erwartenden Sehaufgabe, so daß für alle anderen Tätigkeiten eine überproportionale Beleuchtung gegeben ist.

Es besteht kein Zweifel, daß dies Konzept einer quantitativ orientierten Beleuchtungsplanung im Rahmen der vorgegebenen Aufgabenstellung erfolgreich ist. Es besteht ein nachweisbarer Zusammenhang zwischen Lichtqualität und Sehleistung; dem entspricht eine definierbare Auswirkung der Beleuchtungsqualität auf Effizienz und Sicherheit am Arbeitsplatz.
    Daß die Norm für ein technisches Büro eine andere Beleuchtung fordert als für ein Hochregallager, ist also begründet. Schon bei der Beleuchtung von Arbeitsbereichen mit unterschiedlichen oder wechselnden Tätigkeiten zeigen sich aber die Grenzen des Konzepts einer quantitativ orientierten Beleuchtungsplanung. Sollen z. B. ein Zeichenbrett und eine benachbarte CAD-Station beleuchtet werden – inzwischen eine häufige Konstellation –, so stellt sich heraus, daß das für das Zeichenbrett geforderte, hohe Beleuchtungsniveau für die Arbeit am Rechner störend wirkt, daß der für den Zeichner erforderliche vertikale Lichtanteil ein Arbeiten am Bildschirm sogar unmöglich machen kann.
    Mehr Licht ist also nicht immer besseres Licht. Auch andere Lichtqualitäten lassen sich nicht in eine grundsätzlich gültige Rangliste einordnen – was zur Begrenzung der Direktblendung taugt, versagt bei der Begrenzung von Reflexblendungen; ein Licht, wie es zum Lesen des berühmten dritten Durchschlags erforderlich ist, kann schon beim Lesen von Texten auf Kunstdruckpapier unerträglich sein. Die häufig anzutreffende Vorstellung, daß bei einer Einheitsbeleuchtung von 2000 Lux mit optimaler Blendungsbegrenzung und Farbwiedergabe keinerlei Klagen mehr aufkommen sollten, entspringt also einer unzulässigen Vereinfachung. Eine optimale Beleuchtung unterschiedlicher Arbeitsplätze kann nicht durch die pauschale Verbesserung der Licht„qualität", sondern nur durch eine Orientierung an den Anforderungen der einzelnen Bereiche, also durch eine Lockerung des Anspruchs an die Gleichmäßigkeit der Beleuchtung erfolgen.

Schon in ihrem eigentlichen Anwendungsbereich, der Arbeitsplatzbeleuchtung, zeigen sich also die Grenzen einer quantitativ orientierten Lichtplanung. Generell fragwürdig – obwohl weit verbreitet – ist jedoch die Übernahme dieser Beleuchtungsphilosophie als allgemeines Konzept der Architekturbeleuchtung. Bei näherer Betrachtung zeigt sich, daß die quantitative Lichtplanung von einem stark vereinfachten Modell der Wahrnehmung ausgeht. Die gesamte Umwelt wird hierbei auf den

Begriff der „Sehaufgabe" reduziert; alle Aspekte der Architektur, des Informationsgehalts oder der ästhetischen Wirkung einer visuellen Umgebung werden außer acht gelassen. Das gleiche gilt für die Definition des wahrnehmenden Menschen, der faktisch nur als wandelnde Kamera aufgefaßt wird – berücksichtigt wird ausschließlich die Physiologie des Sehens; die gesamte Psychologie der Wahrnehmung fällt aus der Betrachtung heraus.

Eine Planung auf dieser Grundlage, die lediglich für Arbeitsökonomie und Sicherheit sorgt, alle weitergehenden Bedürfnisse des wahrnehmenden Menschen an seine visuelle Umgebung aber ignoriert, kann schon am Arbeitsplatz zu Akzeptanzproblemen führen. Außerhalb des Arbeitsbereiches wird eine solche Beleuchtung von den betroffenen Menschen fast zwangsläufig als unzureichend empfunden werden; zumindest aber bleibt die Beleuchtungslösung deutlich hinter den denkbaren Möglichkeiten zurück.

3.1.2   Leuchtdichtetechnik

Einer überwiegend an der Beleuchtungsstärke orientierten, quantitativen Lichtplanung fehlt es an Kriterien für die Entwicklung einer Konzeption, die über die Anforderungen der Arbeitseffektivität und Sicherheit hinausgeht, die sowohl der beleuchteten Architektur als auch den Bedürfnissen der in dieser Architektur lebenden Menschen gerecht wird.

Als Antwort auf dieses Problem bietet sich eine neuere Beleuchtungsphilosophie an, wie sie z. B. von Waldram und Bartenbach in den Modellen der „designed appearance" bzw. der „stabilen Wahrnehmung" vertreten wird. Ziel dieses Ansatzes ist ein Verfahren, das nicht nur für die ausreichende Beleuchtung von Sehaufgaben sorgt, sondern in der Lage ist, die optische Wirkung eines gesamten Raums zu beschreiben und zu planen.

Um die visuelle Wirkung einer Umgebung planen zu können, wird zunächst ein Wechsel der zentralen Bezugsgröße vorgenommen. Anstelle der Beleuchtungsstärke, die ausschließlich die technische Leistung einer Beleuchtungsanlage beschreibt, wird nun die Leuchtdichte zum grundlegenden Kriterium – eine Größe, die aus dem Zusammenwirken von Licht und beleuchteter Umgebung entsteht und so die Grundlage der menschlichen Wahrnehmung bildet. Durch den Wechsel zur Leuchtdichte als zentraler Größe können die Helligkeits- und Kontrastverhältnisse in der gesamten wahrgenommenen Umgebung erfaßt werden, sei es zwischen Sehaufgabe und Hintergrund, zwischen einzelnen Objekten oder zwischen Objekten und ihrem Umfeld.

Für den Bereich der Beleuchtung von Sehaufgaben am Arbeitsplatz ergibt sich durch diesen Kriterienwechsel keine wesentliche Änderung, da die Auswirkung

unterschiedlicher Kontrastverhältnisse auf die Sehleistung bekannt sind und durch den definierten Schwierigkeitsgrad der Sehaufgabe bei der Beleuchtungsstärke berücksichtigt werden. Dies gilt jedoch nicht für die Lichtwirkung im gesamten Raum. Hier bietet die Betrachtung der Leuchtdichten eine Möglichkeit, die von einer geplanten Beleuchtungsanlage im Wechselspiel mit der Architektur und den beleuchteten Objekten erzeugten Helligkeitsverhältnisse zu ermitteln und Beleuchtungskonzepte für eine vorgegebene Helligkeitsverteilung zu entwickeln.

Die eigentliche Leistung der Leuchtdichteplanung liegt also weniger im Wechsel der lichttechnischen Bezugsgröße als in der Ausweitung der planerischen Analyse auf den gesamten Raum. Wurde bisher eine an der jeweils schwierigsten Sehaufgabe orientierte, pauschale Beleuchtungsstärke für den gesamten Raum vorgegeben, so werden nun die Leuchtdichten sämtlicher Bereiche einer visuellen Umgebung geplant. Dies bedeutet zunächst die Möglichkeit, differenziert auf die unterschiedlichen Sehaufgaben in einem Raum einzugehen, Raumzonen zu definieren, deren Beleuchtung jeweils auf die spezifische Tätigkeit in diesen Bereichen abgestimmt ist. Hierbei kann sich die Beleuchtung der einzelnen Sehaufgaben durchaus an den bisherigen – und an dieser Stelle auch bewährten – Normen der quantitativen Lichtplanung orientieren.

Leuchtdichteplanung bleibt aber nicht bei dieser Zonierung, die letztlich nur die Aufspaltung eines Raums in mehrere, konventionell beleuchtete Bereiche bedeuten würde, stehen. Ihr Hauptaugenmerk richtet sich nicht auf die Beleuchtung der Sehaufgaben, sondern auf das Helligkeitsverhältnis zwischen den Sehaufgaben und ihrem Umfeld, auf die Balance aller Leuchtdichten einer Zone. Hierbei wird vorausgesetzt, daß die Beleuchtung einer Zone nur dann eine optimale, „stabile" Wahrnehmung ermöglicht, wenn die Leuchtdichtekontraste bestimmte Werte nicht über- oder unterschreiten. Angestrebt wird eine Konstellation, bei der die Sehaufgabe den hellsten Bereich der Umgebung bildet und so die Aufmerksamkeit des Betrachters bindet. Die Leuchtdichte der Umgebung soll dagegen geringer sein, um den Blick nicht abzulenken, jedoch innerhalb eines definierten Kontrastbereichs bleiben. Die jeweils zulässige Kontrastskala ergibt sich dabei aus dem Adaptationszustand des Auges bei der Wahrnehmung der Sehaufgabe – eine „stabile" Umgebung beläßt das Auge in einem konstanten Adaptationszustand, während eine „instabile" Umgebung durch für den jeweiligen Adaptationszustand des Auges zu niedrige oder zu hohe Umfeldleuchtdichten zum ständigen, ermüdenden Adaptationswechsel führt.

Bei der Planung eines „stabilen" Raummilieus mit seiner kontrollierten Leuchtdichteverteilung kann nicht mehr allein

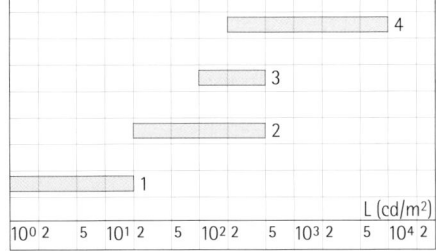

Bereiche typischer Leuchtdichten L in Innenräumen: Leuchtdichten außerhalb von Arbeitsbereichen (1), Leuchtdichten von Raumbegrenzungsflächen im Arbeitsbereich (2), Leuchtdichten von Sehaufgaben am Arbeitsplatz (3), Grenzleuchtdichten von Leuchten (4)

mit der Vorgabe einer geeigneten Beleuchtungsanlage gearbeitet werden. So wie die Leuchtdichte aus der Wechselwirkung zwischen der Beleuchtungsstärke und dem Reflexionsgrad der beleuchteten Oberflächen entsteht, müssen bei der Leuchtdichteplanung Beleuchtungsanlage und Materialeigenschaften gemeinsam geplant werden. Die gewünschten Leuchtdichtekontraste können auf diese Weise nicht nur durch eine Variation der Beleuchtung, sondern auch durch die Vorgabe von Umgebungsfarben erzeugt werden. Prominentestes Beispiel hierfür ist wohl die Beleuchtung des Kunstmuseums in Bern, bei dem eine besonders leuchtkräftige Wirkung der ausgestellten Gemälde nicht durch erhöhte Beleuchtungsstärken, sondern durch das Grau der umgebenden Wände erreicht wird. Die Gemälde besitzen bei dieser Konstellation eine höhere Leuchtdichte als die relativ dunkle Umgebung, so daß ihre Farben – ähnlich wie bei projizierten Dias oder der Beleuchtung mit Konturenstrahlern – als besonders intensiv empfunden werden.

Auf den ersten Blick zeigt sich hier also ein vielversprechendes Konzept, das die Schwachstellen der quantitativen Lichtplanung vermeidet und Kriterien für eine wahrnehmungsorientierte Planungstheorie anbietet. Gerade aus dem Bereich der Wahrnehmungspsychologie erwachsen jedoch erhebliche Zweifel, ob die Leuchtdichte und ihre Verteilung geeignete Zentralkriterien für eine auf die menschliche Wahrnehmung ausgerichtete Theorie der Lichtplanung sind.

Zwar ist die Leuchtdichte der Beleuchtungsstärke insofern überlegen, als sie tatsächlich der Wahrnehmung zugrunde liegt – das Licht selbst ist unsichtbar, es kann erst durch die Reflexion an Objekten wahrgenommen werden. Dennoch ist die Leuchtdichte nicht mit der tatsächlich wahrgenommenen Helligkeit identisch; das Leuchtdichtemuster auf der Netzhaut liefert lediglich die Grundlage der Wahrnehmung, die erst durch komplexe Deutungsvorgänge im Gehirn vollendet wird. Dies gilt auch für an den Adaptationszustand des Auges angepaßte Leuchtdichteskalen oder die Umrechnung in gleichabständige Helligkeitsstufen – zwischen dem tatsächlich wahrgenommenen Bild und den Leuchtdichten des Netzhautbildes besteht kein direkter Zusammenhang.

Wäre der Mensch in seiner Wahrnehmung ausschließlich an die Leuchtdichte gebunden, so wäre er den verwirrenden Helligkeitsmustern seiner Umwelt hilflos ausgeliefert; er wäre niemals in der Lage, Farbe und Reflexionsgrad eines Objekts von Beleuchtungsunterschieden zu trennen oder räumliche Formen wahrzunehmen. Wahrnehmung zielt aber gerade auf diese konstanten Faktoren der Umwelt, auf Formen und Materialeigenschaften; die wechselnden Muster der Leuchtdichte sind hierbei nur Hilfsmittel und Ausgangsbasis, nicht aber Ziel des Sehens.

Vereinfachter Zusammenhang zwischen Beleuchtungsstärke E, Reflexionsgrad ϱ und Leuchtdichte L in Arbeitsräumen mit Sehaufgabe I, Arbeitsfläche A, Decke D, Wand W und Stellwand S

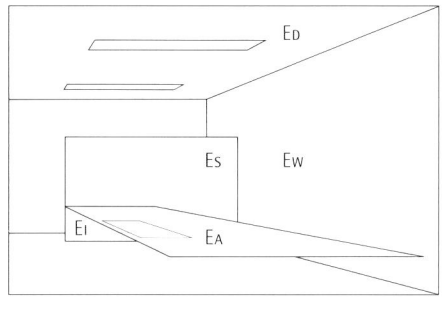

E_I = 500 lx
E_A = 500 lx
E_D = 50 lx
E_W = 200 lx
E_S = 200 lx

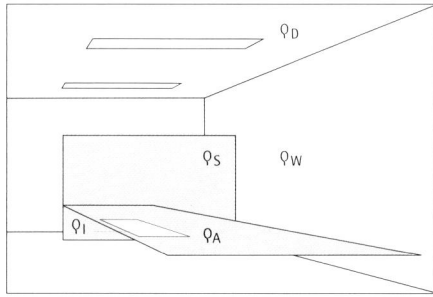

$ϱ_I$ = 0,7
$ϱ_A$ = 0,3
$ϱ_D$ = 0,7
$ϱ_W$ = 0,5
$ϱ_S$ = 0,3

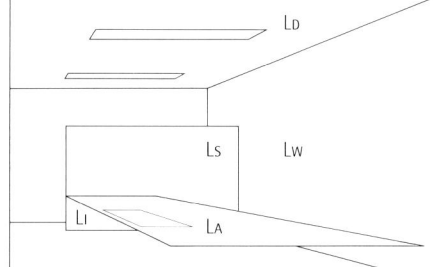

L_I = 111 cd/m²
L_A = 48 cd/m²
L_D = 11 cd/m²
L_W = 32 cd/m²
L_S = 19 cd/m²

Berechnung der Leuchtdichte L aus der Beleuchtungsstärke E und dem Reflexionsgrad ϱ. Die Formel gilt exakt nur bei vollkommen gestreuter Reflexion, sie ergibt jedoch in der Praxis generell gute Annäherungswerte.

$$L = \frac{E \cdot ϱ}{\pi}$$

Erst aus der Kenntnis der Beleuchtungsverhältnisse und unter Zuhilfenahme der Konstanzphänomene können aus dem Leuchtdichtemuster der Netzhaut Deutungen über die zugrundeliegenden Objekte gemacht werden, entsteht aus einer Vielzahl verwirrender Flächen das vertraute Bild einer dreidimensionalen Realität. Hierbei können die tatsächlich wahrgenommenen Helligkeitsrelationen erheblich vom zugrundeliegenden Leuchtdichtemuster abweichen. So erscheint der bedeckte, graue Himmel über einem Schneefeld trotz seiner weitaus höheren Leuchtdichte dunkler als der Schnee. Ebenso wird der Leuchtdichteabfall auf einer schräg beleuchteten Wand ignoriert, auf den Seiten eines Würfels dagegen verstärkt, werden Farbrelationen und Grauwerte in unterschiedlich beleuchteten Bereichen so korrigiert, daß eine einheitliche Skala wahrgenommen werden kann.

In jedem Fall wird also die Registrierung von Leuchtdichten gegenüber der Wahrnehmung konstanter Objekteigenschaften zurückgestellt, hat die Gewinnung von Informationen über die Umwelt deutlichen Vorrang vor der bloßen optischen Abbildung. Dieser zentrale Aspekt der Informationsverarbeitung kann aber von einer auf der Leuchtdichte fußenden Wahrnehmungstheorie nicht berücksichtigt werden. Nicht anders als die quantitative Lichtplanung beharrt die Leuchtdichtetechnik auf einem rein physiologischen Konzept, das den Vorgang der Wahrnehmung auf die optische Abbildung im Auge reduziert und alle Vorgänge jenseits der Netzhaut unberücksichtigt läßt. Der Informationsgehalt der wahrgenommenen Umgebung und die auf diese Umgebung gerichteten Interessen des wahrnehmenden Menschen können in diesem Modell nicht erfaßt werden – gerade aber das Wechselspiel von Informationen und Interessen sorgt für die Verarbeitung des aufgenommenen Bildes, für die Relativierung von Leuchtdichten und für die Verstärkung oder Ignorierung der im Auge abgebildeten Leuchtdichteverläufe.

Wenn Wahrnehmung auf Informationsverarbeitung zielt und in Abhängigkeit von dargebotenen Informationen verläuft, kann sie auf keinen Fall unabhängig vom Informationsgehalt der jeweiligen visuellen Umgebung untersucht werden. Angesichts dieser Tatsache zeigt sich die Fragwürdigkeit jedes Versuchs, von der konkreten Situation unabhängige, allgemeingültige Beleuchtungsregeln definieren zu wollen. Dies gilt auch für den Versuch der abstrakten Definition „stabiler" Beleuchtungssituationen, wie er von der Leuchtdichtetechnik unternommen wird.

Schon eine allgemeine, situationsunabhängige Definition der Voraussetzungen für das Auftreten psychologischer Blendung – der extremsten Form einer „instabilen", störenden Beleuchtungssituation – scheitert an der mangelnden Ein-

beziehung des Informationsgehalts der blendenden Flächen. Es zeigt sich, daß Blendung nicht allein hohe Leuchtdichtekontraste voraussetzt, sondern zusätzlich den mangelnden Informationsgehalt der blendenden Fläche. Nicht das Fenster mit der Aussicht auf eine sonnige Landschaft blendet, sondern – trotz geringerer Leuchtdichte – die Opalglasscheibe, die diesen Ausblick verwehrt; nicht der blaue Sommerhimmel mit einzelnen Wolken blendet, sondern der gleichmäßig grauweiße Himmel des trüben Herbsttages.

Wenn aber schon der Extremfall eines „instabilen" Milieus nicht abstrakt zu definieren ist, gerät der Versuch einer vom Kontext gelösten Beschreibung leuchtdichtetechnischer Idealzustände erheblich ins Wanken. Hier werden mit Maximalwerten um 1:3 bzw. 1:10 Leuchtdichtekontraste zwischen Infeld und näherem bzw. weiterem Umfeld festgeschrieben, die Ausdrucksskala des Lichtplaners wird auf ein flaues Mittelmaß beschränkt. Phänomene wie Brillanz und akzentuierte Modellierung, die wesentlich für die Information über Materialien unserer Umwelt sind, werden praktisch ausgeschlossen; Leuchtdichtesituationen wie sie jeder Sonnentag und jeder Spaziergang im Schnee bietet, werden für unzumutbar befunden. Ob eine Beleuchtungssituation erfreulich oder unzumutbar ist, entscheidet sich aber erst in der konkreten Situation; zu hoch werden Leuchtdichtekontraste am Strand nicht dem Flaneur, sondern demjenigen, der dort versucht, Bücher zu lesen.

Ebensowenig wie sich die tatsächlich wahrgenommene Helligkeit aus der Leuchtdichte ableiten läßt, kann also aus dem Kontrastumfang einer Beleuchtungssituation schlüssig auf einen wahrnehmungsgemäßen Beleuchtungszustand geschlossen werden; es bleibt dem Lichtplaner nicht erspart, sich mit der konkreten Situation, ihrem Informationsangebot und den Bedürfnissen der wahrnehmenden Menschen in dieser Umgebung auseinanderzusetzen.

Erschwerend für jede Bewertung von Beleuchtungskonzepten ist die außerordentlich große Anpassungsfähigkeit des menschlichen Auges. Ein Wahrnehmungsapparat, der in der Lage ist, sowohl bei den 0,1 lx einer sternklaren Nacht wie bei den 100 000 lx eines Sonnentages brauchbare Ergebnisse zu liefern und der sich selbst durch Leuchtdichtekontraste von 1:100 nicht wesentlich in seiner Leistungsfähigkeit stören läßt, ist auch in der Lage, die Auswirkungen unzureichender Lichtplanung auszugleichen. So ist es nicht verwunderlich, daß auch Beleuchtungsanlagen, die wesentliche Bedürfnisse des wahrnehmenden Menschen unberücksichtigt lassen, weitgehend akzeptiert werden. Auftretende Unzufriedenheit, z. B. mit der Arbeitsplatzbeleuchtung, kann wiederum von den Betroffenen häufig nicht auf ihre lichtplanerischen Ursachen zurückgeführt werden – Kritik wird meist in Richtung des

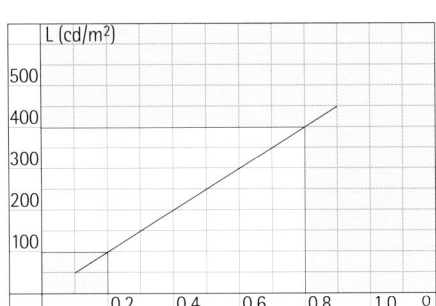

Bevorzugte Leuchtdichte L von Sehaufgaben in Abhängigkeit vom Reflexionsgrad ϱ der Sehaufgabe. Die im Experiment bevorzugten Leuchtdichten sind zum Reflexionsgrad proportional; sie ergeben sich also bei einer gleichbleibenden Beleuchtungsstärke. Folglich ist bei der Wahrnehmung von Sehaufgaben die Beleuchtungsstärke gegenüber der Leuchtdichte ein vorrangiges Kriterium.

weitgehend unschuldigen Leuchtmittels „Neonlampe" kanalisiert.

Fortschritte in der Lichtplanung können daher nicht mit einer klaren Unterscheidung zwischen unzumutbaren und optimalen, zwischen eindeutig falschen und eindeutig richtigen Lösungen bewertet werden. Ein quantitatives Planungskonzept kann bei der Beleuchtung von Arbeitsplätzen eindeutige Erfolge nachweisen, auch wenn die Beleuchtung völlig einseitig auf die Optimierung der Sehleistung ausgerichtet ist. Ebenso kann die Leuchtdichtetechnik als Schritt in die richtige Richtung betrachtet werden; die Ausweitung der planerischen Analyse von der Sehaufgabe auf den gesamten Raum und die Propagierung einer zonierten Lichtplanung sind Fortschritte, die sich sicherlich in der Qualität der Beleuchtung niederschlagen.

Auch wenn mit quantitativen Verfahren Beleuchtungslösungen erreicht werden können, die innerhalb des weiten Spektrums der visuellen Anpassung akzeptabel sind, ist damit noch keine Beleuchtung, die auf alle wesentlichen Bedürfnisse der Wahrnehmung eingeht, erreicht. Sowohl quantitative Lichtplanung wie auch Leuchtdichtetechnik bleiben auf dem Niveau einer rein physiologisch orientierten Planung stehen, die außerhalb der isolierten Betrachtung von Sehaufgaben keine verläßlichen Kriterien liefert. Auch die Leuchtdichtetechnik kann daher ihre beiden Versprechen – die planerische Vorhersage visueller Wirkungen und die Schaffung wahrnehmungstechnisch optimaler, „stabiler" Beleuchtungssituationen – nicht halten; es erweist sich als unmöglich, abstrakte, von der konkreten Situation gelöste Normen für die Helligkeitsverteilung vorzugeben.

3.1.3 Grundlagen einer wahrnehmungsorientierten Lichtplanung

Wesentlichster Grund für die unbefriedigenden Beleuchtungskonzepte, sowohl der quantitativen Lichtplanung wie auch der Leuchtdichtetechnik, ist ihr Beharren auf einer physiologisch orientierten Sicht der menschlichen Wahrnehmung. Der Mensch wird lediglich als mobile Abbildungsvorrichtung gesehen; seine visuelle Umwelt reduziert sich auf die bloße „Sehaufgabe", bestenfalls auf ein Pauschalrepertoire von „Tisch" und „Wand", von „Fenster" und „Decke". Unter diesem Blickwinkel kann nur ein kleiner Ausschnitt des komplexen Wahrnehmungsprozesses analysiert werden, der das Auge und eine abstrakt verstandene Umwelt umfaßt; der Mensch hinter dem Auge und die Bedeutung der wahrgenommenen Objekte bleiben außer acht.

Erst durch die Erweiterung der Physiologie des Auges um die Psychologie der Wahrnehmung werden die Bedingungen der visuellen Informationsaufnahme voll-

ständig erfaßt, werden alle Faktoren im Wechselspiel zwischen dem wahrnehmenden Menschen, den gesehenen Objekten und dem vermittelnden Medium Licht berücksichtigt. In einem Konzept, das Wahrnehmung als informationsverarbeitenden Prozeß begreift, ist die visuelle Umgebung mehr als nur eine Konfiguration optisch wirksamer Oberflächen, können sowohl die inhaltlichen Angebote als auch die Strukturen und ästhetischen Qualitäten einer Architektur angemessen analysiert werden. Der Mensch wiederum wird nicht mehr als bloßer Registrator seiner visuellen Umgebung, sondern als aktiver Faktor im Wahrnehmungsprozeß gesehen – als handelndes Subjekt, das sein Bild einer visuellen Umgebung auf Grund einer Vielzahl von Erwartungen und Bedürfnissen konstruiert.

Erst aus dem Zusammenspiel zweier zentraler Faktoren – der strukturellen Angebote einer visuellen Umgebung und der Bedürfnisse des Menschen in dieser Situation – entwickelt sich das Bedeutungsmuster eines Raums, kann analysiert werden, welchen Stellenwert einzelne Bereiche und Funktionen haben. Erst auf der Grundlage dieses Bedeutungsmusters ist es wiederum möglich, die Beleuchtung als dritten, variablen Faktor im visuellen Prozeß zu planen und diesem Bedeutungsmuster angemessen zu gestalten. So ist z. B. der Orientierungsbedarf in unterschiedlichen Umgebungen völlig verschieden – Licht als Leitsystem kann in einem Kongreßzentrum mit ständig wechselnden Besuchern eine vorrangige Bedeutung haben, während diese Aufgabe in vertrauten Umgebungen in den Hintergrund tritt. Ob die Oberflächenstruktur einer Wand durch Streiflicht betont werden soll, hängt wiederum davon ab, ob diese Struktur eine wesentliche Information darstellt – z. B. über ihren Charakter als mittelalterliche Bruchsteinwand – oder ob eine solche Beleuchtung lediglich die mäßige Qualität des Verputzes enthüllt.

Eine wahrnehmungsorientierte Beleuchtungsplanung, die auf den Menschen und seine Bedürfnisse zielt, kann also nicht mehr vorrangig in den *quantitativen* Begriffen der Beleuchtungsstärke oder der Leuchtdichteverteilung denken. Um Beleuchtungsformen zu erreichen, die einer gegebenen Situation angemessen sind, müssen vielmehr *qualitative* Kriterien entwickelt, ein Vokabular aufgebaut werden, das sowohl die Anforderungen an eine Beleuchtungsanlage beschreiben kann, als auch die Funktionen des Lichts umfaßt, mit denen diese Anforderungen erfüllt werden können.

3.1.3.1 Richard Kelly

Ein wesentlicher Teil dieser Aufgabe – die grundlegende Beschreibung der unterschiedlichen Funktionen des Lichts bei der Vermittlung von Informationen – ist schon

in den fünfziger Jahren von Richard Kelly,
einem Pionier der qualitativen Lichtplanung,
geleistet worden.

Als erste und grundlegende Form des
Lichts nennt Kelly das *ambient light*; ein
Begriff, der mit *Licht zum Sehen* übersetzt
werden kann. Hier wird für eine allgemeine
Beleuchtung der Umgebung gesorgt, es
wird sichergestellt, daß der umgebende
Raum, seine Objekte und die Menschen
darin sichtbar sind. Diese Form der Beleuchtung, die für eine allgemeine Orientierungs-
und Handlungsmöglichkeit sorgt, deckt
sich durch ihre umfassende und gleichmäßige Ausrichtung weitgehend mit den
Vorstellungen der quantitativen Lichtplanung. Anders als dort ist Licht zum
Sehen aber nicht Ziel, sondern lediglich
Grundlage einer weitergehenden Lichtplanung. Angestrebt wird keine Pauschalbeleuchtung einer vermeintlich optimalen
Beleuchtungsstärke, sondern eine differenzierte Beleuchtung, die auf dem Grund-
niveau des ambient light aufbaut.

Um zu dieser Differenzierung zu gelangen,
wird eine zweite Form des Lichts benötigt,
die Kelly als *focal glow*, übersetzbar mit
Licht zum Hinsehen, bezeichnet. Hier erhält Licht zum ersten Mal ausdrücklich die
Aufgabe, aktiv bei der Vermittlung von
Information mitzuwirken. Berücksichtigt
wird dabei die Tatsache, daß hell beleuchtete Bereiche unwillkürlich die Aufmerksamkeit des Menschen auf sich ziehen.
Durch eine geeignete Helligkeitsverteilung
wird es also möglich, die Informationsfülle
einer Umgebung zu ordnen – Bereiche
wesentlicher Information durch eine betonte Beleuchtung hervorzuheben, zweit-
rangige oder störende Informationen dagegen durch ein geringeres Beleuchtungsniveau zurückzunehmen. Auf diese Weise
wird eine schnelle und sichere Information
erleichtert, die visuelle Umgebung wird
in ihren Strukturen und in der Bedeutung
ihrer Objekte erkannt. Dies gilt gleichermaßen für die Orientierung im Raum – z. B.
die rasche Unterscheidung zwischen einem
Haupt- und einem Nebeneingang – wie
für die Betonung von Objekten, etwa der
Präsentation von Waren oder der Hervorhebung der kostbarsten Skulptur einer
Sammlung.

Die dritte Form des Lichts, *play of brilliance* oder *Licht zum Ansehen*, ergibt sich
aus der Erkenntnis, daß Licht nicht nur auf
Informationen hinweisen kann, sondern
selbst eine Information darstellt. Dies gilt
vor allem für Brillanzeffekte, wie sie durch
Punktlichtquellen auf spiegelnden oder
lichtbrechenden Materialien hervorgerufen
werden; als brillant kann aber auch die
Lichtquelle selbst empfunden werden. Vor
allem repräsentativen Räumen kann durch
„Licht zum Ansehen" Leben und Stimmung
verliehen werden; was traditionell durch
Kronleuchter und Kerzenflammen bewirkt
wurde, kann auch in einer modernen Lichtplanung durch den gezielten Einsatz von

Richard Kelly, einer der
Pioniere moderner
Lichtplanung. In Pro-
jekten bedeutender
Architekten, z. B. Mies
van der Rohe, Louis
Kahn oder Philip John-
son, entwickelt er die
Grundlagen einer diffe-
renzierten, von der
Bühnenbeleuchtung
beeinflußten Licht-
planung.

Lichtskulpturen oder die Erzeugung von Brillanz auf beleuchteten Materialien erreicht werden.

3.1.3.2 William Lam

Kelly leistet durch seine Unterscheidung der grundlegenden Funktionen des Lichts einen wesentlichen Beitrag zu einer qualitativen Theorie der Lichtplanung, er gibt eine systematische Darstellung der ihr zur Verfügung stehenden Mittel. Weiterhin offen bleibt jedoch die Frage, nach welchen Kriterien diese Mittel eingesetzt werden sollen; der Lichtplaner ist bei der Analyse des jeweiligen Beleuchtungskontextes – der Besonderheiten des Raums, seiner Nutzung und der Anforderungen der Menschen an diesen Raum – weiterhin auf seinen Instinkt, seine Erfahrung und die unzureichende Hilfe der quantitativen Normvorgaben angewiesen.

Der fehlende Kriterienkatalog, ein systematisches Vokabular zur kontextorientierten Beschreibung der Anforderungen an eine Beleuchtungsanlage, wird erst zwei Jahrzehnte später von William M. C. Lam, einem der engagiertesten Verfechter einer qualitativ orientierten Lichtplanung, erarbeitet. Lam unterscheidet hierbei zwischen zwei Hauptgruppen von Kriterien.

Zunächst beschreibt er die Gruppe der *activity needs*, Anforderungen, die aus der aktiven Betätigung in einer visuellen Umgebung entstehen. Entscheidend für diese Anforderungen sind die Eigenschaften der vorhandenen Sehaufgaben; die Analyse der activity needs deckt sich also weitgehend mit den Kriterien der quantitativen Beleuchtung. Auch in den Zielen der Lichtplanung besteht für diesen Bereich weitgehend Übereinstimmung; angestrebt wird eine funktionale Beleuchtung, die optimale Bedingungen für die jeweilige Tätigkeit – sei es bei der Arbeit, der Bewegung durch den Raum oder in der Freizeit – schafft.

Anders als die Vertreter der quantitativen Lichtplanung wendet sich Lam aber gegen eine durchgängige Beleuchtung nach der jeweils schwierigsten Sehaufgabe; er fordert vielmehr eine differenzierte Analyse aller auftretenden Sehaufgaben nach Ort, Art und Häufigkeit.

Wesentlicher als diese Neubewertung einer weitgehend bekannten Gruppe von Kriterien ist für Lam aber der zweite Komplex seiner Systematik, der die *biological needs* umfaßt. Im Gegensatz zu den activity needs, die aus der Beschäftigung mit spezifischen Aufgaben erwachsen, werden unter biological needs die in jedem Kontext gültigen psychologischen Anforderungen an eine visuelle Umgebung zusammengefaßt. Während activity needs aus einer bewußten Beschäftigung mit der Umwelt resultieren und auf die Funktionalität einer visuellen Umgebung zielen, umfassen die

biological needs weitgehend unbewußte Bedürfnisse, die für die emotionale Bewertung einer Situation grundlegend sind; sie zielen auf das Wohlbefinden in einer visuellen Umgebung.

Lam geht bei seiner Definition der biological needs von der Tatsache aus, daß sich unser Augenmerk nur in Momenten höchster Konzentration ausschließlich auf eine einzelne Sehaufgabe richtet. Fast immer ist die visuelle Aufmerksamkeit des Menschen auf die Beobachtung seiner gesamten Umgebung ausgedehnt. Veränderungen in der Umwelt werden auf diese Weise sofort wahrgenommen, das Verhalten kann ohne Verzögerung an veränderte Situationen angepaßt werden.

Die emotionale Bewertung einer visuellen Umgebung hängt nicht zuletzt davon ab, ob sie benötigte Informationen deutlich darbietet oder aber dem Betrachter vorenthält – die Mißstimmung, wie sie von verwirrenden Situationen ausgeht, sei es bei der Orientierung in der Informationsflut eines Flughafens oder der Suche in Behördenfluren, ist wohl jedem bekannt.

Unter den grundlegenden psychologischen Anforderungen, die an eine visuelle Umgebung gestellt werden, nennt Lam an erster Stelle das Bedürfnis nach eindeutiger Orientierung. Orientierung kann hierbei zunächst räumlich verstanden werden. Sie bezieht sich dann auf die Erkennbarkeit von Zielen und der Wege dorthin; auf die räumliche Lage von Eingängen, Ausgängen und den spezifischen Angeboten einer Umgebung, sei es eine Rezeption, ein spezielles Büro oder die Einzelabteilung eines Kaufhauses. Orientierung umfaßt aber auch die Information über weitere Aspekte der Umwelt, z. B. die Uhrzeit, das Wetter oder das Geschehen in der Umgebung. Fehlen diese Informationen, wie dies z. B. in den völlig abgeschlossenen Räumen von Kaufhäusern oder in den Fluren großer Gebäude der Fall ist, so wird die Umgebung als künstlich und bedrückend empfunden; erst beim Verlassen der Gebäude kann das Informationsdefizit schlagartig aufgeholt werden – man stellt z. B. erstaunt fest, daß es inzwischen schon dunkel geworden ist und zu regnen begonnen hat.

Eine zweite Gruppe von psychologischen Anforderungen zielt auf die Überschaubarkeit und Verständlichkeit der umgebenden Strukturen. Hierbei ist zunächst die ausreichende Sichtbarkeit aller Raumbereiche von Bedeutung, sie ist entscheidend für das Gefühl der Sicherheit in einer visuellen Umgebung. Ebenso wie das Vorhandensein nicht einsehbarer Nischen und Gänge können schlecht beleuchtete Raumteile zu Mißstimmungen führen. Finstere Ecken, z. B. in Unterführungen oder den nächtlichen Fluren großer Hotels, verbergen mögliche Gefahren ebenso wie blendend überstrahlte Bereiche.

Überschaubarkeit zielt aber nicht nur auf vollständige Sichtbarkeit, sie umfaßt

William Lam, Lichtplaner und engagierter Theoretiker einer qualitativ orientierten Lichtplanung

auch die Strukturierung, das Bedürfnis nach einer eindeutigen und geordneten Umgebung. Positiv empfunden wird eine Situation, in der Form und Aufbau der umgebenden Architektur klar erkennbar sind, in der aber auch die wesentlichen Bereiche aus diesem Hintergrund deutlich hervorgehoben werden. An Stelle einer verwirrenden und möglicherweise widersprüchlichen Informationsflut präsentiert sich ein Raum auf diese Weise mit einer überschaubaren Menge klar geordneter Eigenschaften.

Bei der Hervorhebung wesentlicher Bereiche sollten allerdings nicht nur traditionell berücksichtigte Sehaufgaben die ihnen zustehende Betonung erhalten. Für die nötige Entspannung ist das Vorhandensein eines Ausblicks oder interessanter Blickpunkte, z. B. eines Kunstwerks, ebenso von Bedeutung.

Ein dritter Bereich umfaßt die Balance zwischen dem Kommunikationsbedürfnis des Menschen und seinem Anspruch auf einen definierten Privatbereich. Hierbei werden beide Extreme, sowohl die völlige Isolation, als auch die völlige Öffentlichkeit als negativ empfunden; ein Raum sollte den Kontakt zu anderen Menschen ermöglichen, gleichzeitig aber auch die Definition privater Bereiche zulassen. Ein solcher privater Bereich kann z. B. durch eine Lichtinsel, die eine Sitzgruppe oder einen Besprechungstisch innerhalb eines größeren Raums von der Umgebung abhebt, geschaffen werden.

3.1.3.3 Architektur und Atmosphäre

Beide Hauptgruppen der Lamschen Kriterien beschreiben jeweils Bedürfnisse des Menschen, Anforderungen an eine funktionale und wahrnehmungsgerechte Umgebung. Über dieser am wahrnehmenden Menschen orientierten Analyse darf jedoch nicht vergessen werden, daß Licht und Leuchten auch einen wesentlichen Beitrag bei der ästhetischen Gestaltung von Architektur leisten. Wenn Le Corbusier Architektur als das Spiel geometrischer Körper im Licht bezeichnet, so zeigt dies den Stellenwert der Beleuchtung für die Gestaltung von Gebäuden.

Die Lamsche Forderung nach der geordneten und eindeutigen Strukturierung einer visuellen Umgebung kommt dieser Aufgabenstellung nahe, umfaßt sie jedoch nicht vollständig. Eine an den psychologischen Anforderungen der Nutzer orientierte Strukturierung des Raums kann durch verschiedene Beleuchtungsformen erreicht werden. Jede Entscheidung für einen dieser Ansätze impliziert aber die Entscheidung für eine jeweils andere ästhetische Wirkung, für eine andere Atmosphäre des Raums. Über die bloße Berücksichtigung der Bedürfnisse des wahrnehmenden Menschen hinaus ist also auch eine Planung des Zusammenspiels von Licht und Architektur nötig.

Licht hat hier – wie bei der nutzerorientierten Planung – zunächst eine unterstützende Funktion; es ist ein Hilfsmittel, um die vorgegebenen architektonischen Strukturen sichtbar zu machen und zu ihrer geplanten Wirkung beizutragen. Beleuchtung kann aber auch über diese nachgeordnete Rolle hinausgehen und selbst zur aktiven Komponente der Raumgestaltung werden. Dies gilt zunächst für das Licht, das eine Architektur nicht nur sichtbar machen, sondern auch in ihrer Wirkung verändern kann. Dies gilt vor allem aber für die Leuchten und ihre Anordnung. Leuchten können – z. B. durch Einbau in die Decke – unauffällig in die Architektur integriert werden, sie wirken auf diese Weise fast ausschließlich durch ihr Licht. Leuchten können aber auch zur Architektur addiert werden; in Form einer Lichtstruktur, einer Reihung von Strahlern oder auch einer Lichtskulptur wird die Beleuchtungsanlage selbst zum architektonischen Element, das die Wirkung eines Raums gezielt verändert.

3.2

Qualitative Lichtplanung

Licht spielt bei der Gestaltung einer visuellen Umgebung eine zentrale und vielfältige Rolle. Erst Licht macht Arbeit und Fortbewegung möglich; erst durch die Beleuchtung wird die Architektur, werden Menschen und Objekte in ihr sichtbar. Über die bloße Sichtbarmachung hinaus bestimmt Licht aber auch die Art und Weise, in der eine Umgebung wahrgenommen wird, beeinflußt das Wohlbefinden, die ästhetische Wirkung und die Stimmung eines Raums. Welche Wirkungen Licht in einer Architektur haben kann, zeigen die Kirchenbauten des Barock mit ihrer lichten Atmosphäre und ihrer psychologischen Lichtführung, zeigen im anderen Extrem aber auch Piranesis Kerkerbilder mit ihren finsteren Labyrinthen, in deren Schatten immer neue Schrecken lauern.

Durch die Anpassungsfähigkeit des Auges wird eine elementare Wahrnehmung schon bei minimalen Lichtstärken oder schwierigen Sehbedingungen möglich. Sowohl für optimale Bedingungen am Arbeitsplatz wie für die Akzeptanz und ästhetische Wirkung einer Architektur wird aber eine Beleuchtung benötigt, die in ihrer Beleuchtungsstärke, ihren Eigenschaften und ihrer Lichtverteilung auf die jeweiligen Gegebenheiten abgestimmt ist.

Eine der häufigsten Fehlerquellen der Lichtplanung ist es, Licht aus seiner komplexen Verknüpfung mit den Aktivitäten und der Psychologie des Menschen sowie mit der umgebenden Architektur zu lösen. Eine simplifizierte, einseitig orientierte Lichtplanung kann zwar überschaubarere Konzepte anbieten, führt aber durch die unausweichliche Vernachlässigung wesentlicher Aspekte oft zu unbefriedigenden Ergebnissen. Dies gilt sowohl für eine rein quantitative Lichtplanung, die über der Schaffung optimaler Arbeitsbedingungen den wahrnehmenden Menschen vergißt, als auch für eine vorwiegend designorientierte Beleuchtung, die Räume mit gestylten Leuchten möbliert, deren Lichtwirkungen jedoch nicht näher betrachtet.

Gefordert ist vielmehr eine Lichtplanung, die alle Anforderungen an die Beleuchtung berücksichtigt – eine Planung, die als integraler Bestandteil des architektonischen Gesamtentwurfs für eine visuelle Umgebung sorgt, die den Menschen bei seinen Tätigkeiten unterstützt, sein Wohlbefinden fördert und auf die Wirkung der Architektur abgestimmt ist. Hierbei ist der Ansatz der quantitativen Lichtplanung mit seinen wissenschaftlich fundierten Berechnungen und Verfahren eine wertvolle Hilfe; bei der Planung von Arbeitsplätzen kann dies Planungsverfahren sogar in den Mittelpunkt rücken. Zentrales Kriterium der Lichtplanung ist aber niemals die Anzeige eines Meßinstruments, sondern der Mensch – entscheidend ist nicht die Quantität, sondern die Qualität des Lichts, die Art und Weise, in der eine Beleuchtung den visuellen Ansprüchen des wahrnehmenden Menschen entgegenkommt.

3.2.1 Projektanalyse

Grundlage jeder Lichtplanung ist eine Analyse des Projekts; der Aufgaben, die von einer Beleuchtung erfüllt werden sollen, seiner Bedingungen und Besonderheiten. Eine quantitative Planung kann sich hierbei weitgehend an der für die konkrete Aufgabe gültigen Norm orientieren, aus der sich die jeweiligen Anforderungen an die Beleuchtungsstärke, an Blendungsbegrenzung, Lichtfarbe und Farbwiedergabe ergeben. Für eine qualitative Planung ist es jedoch nötig, möglichst viele Informationen über die zu beleuchtende Umgebung, ihre Nutzung, ihre Nutzer und die Architektur zu erhalten.

3.2.1.1 Raumnutzung

Eine zentrale Rolle bei der Projektanalyse spielt die Frage nach der Nutzung der zu beleuchtenden Räume; nach der Tätigkeit oder den Tätigkeiten, die in einer Umgebung stattfinden, nach ihrer Häufigkeit und Bedeutung, nach ihrer Bindung an bestimmte Raumbereiche oder bestimmte Zeiträume.

Hier ergeben sich zunächst globale Antworten, die die Beleuchtungsaufgabe umreißen, häufig auch schon auf eine Normvorgabe verweisen, die den Rahmen der Lichtplanung bildet. Innerhalb dieser umfassenden Aufgabenstellung – z. B. der Beleuchtung eines Verkaufsraums, einer Ausstellung, eines Büroraums oder der verschiedenen Funktionsbereiche eines Hotels – ergibt sich eine Reihe einzelner Sehaufgaben, die in ihren Eigenschaften erfaßt werden müssen.

Als Kriterien einer Sehaufgabe spielen dabei Größe und Kontrast der zu erfassenden Details eine Rolle; darüber hinaus die Frage, ob Farbe oder Oberflächenstruktur der Sehaufgaben von Bedeutung ist, ob Bewegung und räumliche Anordnung erkannt werden müssen oder ob Störungen durch Reflexblendung zu erwarten sind. Auch die räumliche Anordnung der Sehaufgabe und die vorwiegende Blickrichtung der Betrachter können zu zentralen Themen werden – Sichtbarkeit einer Sehaufgabe und Blendfreiheit erfordern unterschiedliche Lösungen bei einer Sporthalle für Volleyball (mit vorwiegend nach oben gerichtetem Blick), bei den vertikalen Objekten einer Gemäldeausstellung oder den horizontalen Sehaufgaben auf einem Schreibtisch.

Über die Eigenschaften der beleuchteten Objekte hinaus ist auch die individuelle Sehleistung der Nutzer, vor allem älterer Menschen, von Bedeutung – die Leistungsfähigkeit des Auges sinkt mit dem Alter, gleichzeitig steigt die Blendempfindlichkeit. In einzelnen Fällen, besonders bei der Beleuchtung von Altersheimen, müssen daher erhöhte Anforderungen an Beleuchtungsstärke und Blendfreiheit berücksichtigt werden.

Dreiphasen-Strom-
schiene für Netzspan-
nung: An der Strom-
schiene können Leuchten
für Netzspannung und
Niedervolt-Leuchten mit
integriertem Transfor-
mator betrieben werden;
es sind drei separate
Leuchtengruppen schalt-
oder dimmbar.

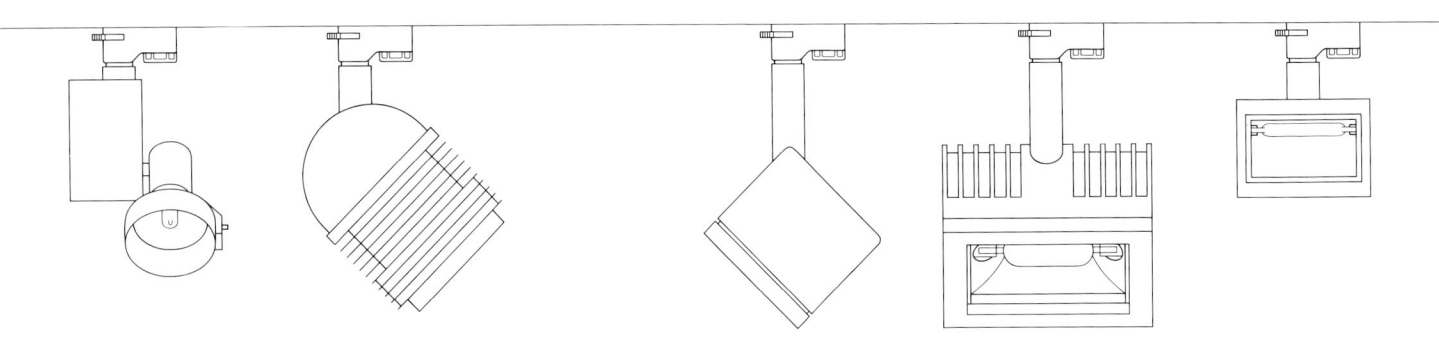

Strahler für Niedervolt-
Halogenlampen mit
schwenkbarem Leuch-
tenkopf am elektroni-
schen Transformator.
Durch kompakte elek-
tronische Transforma-
toren werden besonders
kleine Leuchtenformen
möglich.

Strahler für Niedervolt-
Halogenlampen mit inte-
griertem elektronischem
Transformator

Fluter für einseitig
gesockelte Halogen-
Glühlampen, Fluter für
Halogen-Metalldampf-
lampen mit integriertem
Vorschaltgerät, Wand-
fluter für zweiseitig
gesockelte Halogen-
Glühlampen

Niedervoltstromschiene:
An der Stromschiene
können Niedervolt-
Leuchten ohne eigenen
Transformator betrieben
werden. Die Stromver-
sorgung erfolgt durch
einen externen Sammel-
transformator.

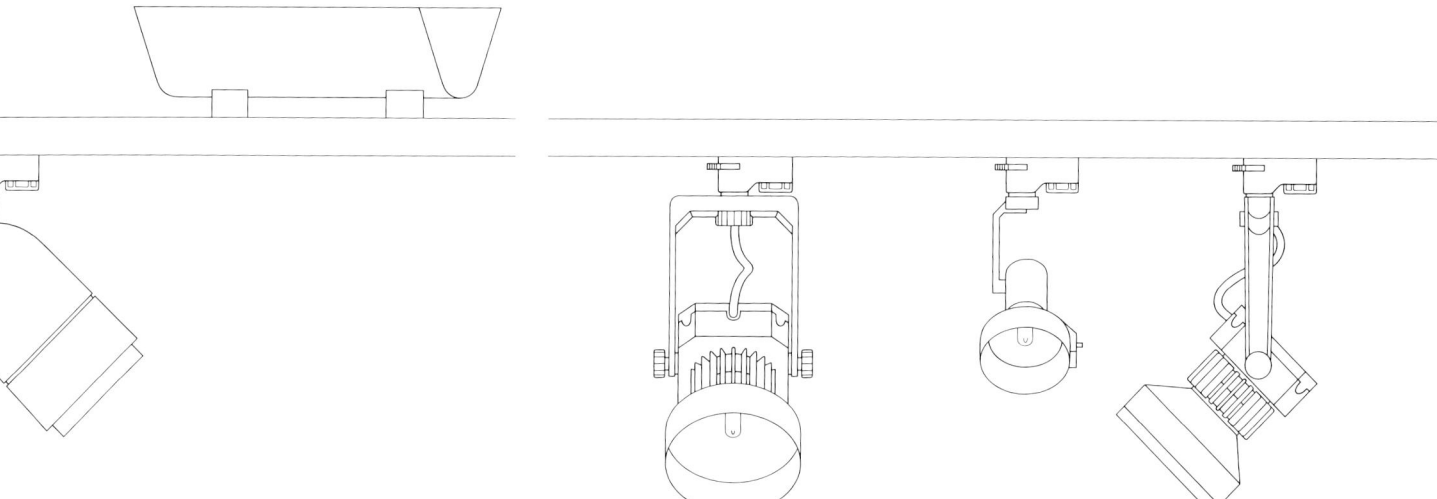

Strahler für Niedervolt-
Halogenlampen mit inte-
griertem, konventionel-
lem Transformator

Uplight für kompakte
Leuchtstofflampen oder
Halogen-Glühlampen

Strahler für Niedervolt-
Halogenlampen. Durch
die geringen Abmessun-
gen des Leuchtmittels
und die Verwendung ex-
terner Transformatoren
sind extrem kleine Leuch-
tenformen möglich. Bei
Verwendung größerer
Reflektoren wird aller-
dings eine verbesserte
optische Kontrolle und
eine höhere Lichtstärke
erreicht.

3.2.1.2 Psychologische Anforderungen

Neben den sachlichen Anforderungen, die
sich aus den Aktivitäten in einer visuellen
Umgebung ergeben, müssen auch die Ansprüche berücksichtigt werden, die von den
Nutzern selbst gestellt werden. Eine Reihe
dieser Anforderungen betreffen die Möglichkeit zum Ausblick in die weitere Umgebung. Dies gilt für das Bedürfnis nach
Information über Tageszeit und Wetter,
über das Geschehen in der Umgebung des
Gebäudes, teilweise auch für das Bedürfnis
nach räumlicher Orientierung. Ein Sonderfall ist die Nutzung von Sonnenlicht in
Atrien oder durch Oberlichter und Licht-
schächte. Hier ist die Ausblicksfunktion
zwar eingeschränkt, eine Information über
das Wetter und das Fortschreiten der Tageszeit bleibt jedoch erhalten – schon ein kleiner Fleck Sonnenlicht kann durch seine
ständige Veränderung zur Belebung eines
Innenraums beitragen.

Über das Bedürfnis nach Ausblick und
Tageslicht hinaus, das als weitgehend unabhängig vom Einzelprojekt angesehen
werden kann, besteht ein wechselnder Bedarf nach Orientierungshilfen. Bei umfangreichen Gebäuden mit häufig wechselnden
Nutzern kann die Anforderung nach optischen Leitsystemen zu einer vorrangigen
Frage werden. Bei anderen Aufgabenstellungen ist nur eine Hervorhebung einzelner
Anlaufpunkte erforderlich, in Gebäuden
mit einfachen räumlichen Strukturen und
konstanter Nutzung kann die Forderung
nach Orientierungshilfen weitgehend in
den Hintergrund treten. Von Bedeutung
ist also, welchen Stellenwert das Bedürfnis
nach Orientierung in der jeweiligen Beleuchtungsaufgabe einnimmt und welche
Wege und Bereiche gegebenenfalls betont
werden sollen.

Ein weiterer Bereich psychologischer
Forderungen ist die Schaffung einer eindeutigen und überschaubaren Umgebung.
Besonders in potentiellen Gefahrenberei-
chen ist die vollständige Überschaubarkeit
und strukturelle Verständlichkeit des Raums
von entscheidender Bedeutung. Über diese
Situationen hinaus gilt aber grundsätzlich,
daß eine geordnete und eindeutige Raumdarstellung zum Wohlbefinden in einer
visuellen Umgebung beiträgt. Hier stellt
sich also die Frage nach der Verdeutlichung
der Raumstruktur, der verwendeten Materialien und der bedeutsamen Punkte des
Raums, vor allem also nach Art und Anordnung der zu beleuchtenden Raumbegrenzungen und nach den zu betonenden Informationsträgern.

Als letzter Faktor spielt der Bedarf nach
definierten Raumzonen eine Rolle; die Erwartung, Bereiche unterschiedlicher Funktion auch anhand ihrer Beleuchtung erkennen und unterscheiden zu können. Dies
betrifft zunächst eine charakteristische
und den jeweiligen Vorerfahrungen entsprechende Beleuchtung von Funktions-
bereichen, so etwa eine die Verwendung
kälterer Lichtfarben sowie einer gleichmäßigen und diffusen Beleuchtung im Arbeitsbereich, dagegen einer wärmeren und
gerichteten Beleuchtung in repräsentativeren Zonen. In diesem Zusammenhang fällt
auch das Bedürfnis nach abgegrenzten
Privatbereichen; vor allem bei Gesprächs-
oder Wartezonen innerhalb größerer Räume
kann die Schaffung privater Bereiche durch
eine geeignete Beleuchtung sinnvoll sein.

3.2.1.3 Architektur und Atmosphäre

Neben den Anforderungen, die durch die
jeweilige Raumnutzung und durch die
Bedürfnisse der Nutzer entstehen, stellen
auch Architektur und Atmosphäre einer
Umgebung Ansprüche an die Lichtplanung.
Das Gebäude ist hierbei zunächst selbst
Gegenstand der Architekturbeleuchtung –
es soll sichtbar gemacht, in seinen Eigenschaften verdeutlicht, in seiner Atmosphäre
unterstützt, gegebenenfalls auch in seiner
Wirkung verändert werden. Darüber hinaus
definiert das architektonische Konzept
aber auch die Rahmenbedingungen für
die Gestaltung einer nutzungsbezogenen
Beleuchtung.

Vor allem bei der Planung anspruchsvollerer Beleuchtungsaufgaben werden
für die Lichtplanung also detaillierte Informationen über die Architektur benötigt.
Dies betrifft zunächst die Frage nach dem
architektonischen Gesamtkonzept – nach
der Atmosphäre des Gebäudes, nach der
beabsichtigten Innen- und Außenwirkung
bei Tag und Nacht, nach der Nutzung des
Tageslichtes, nicht zuletzt aber auch die
Frage nach den Vorgaben für das Budget
und dem zulässigen Energieverbrauch.

Neben diesen übergreifenden Rahmenbedingungen des Projekts sind für die Planung Strukturen und Eigenschaften des
Gebäudes von Bedeutung. Schon eine
quantitativ orientierte Lichtplanung setzt
Informationen über die Ausmaße der zu
beleuchtenden Räume, die Art der Decke
und die Reflexionsgrade der raumbegren-
zenden Flächen voraus. Eine weitergehende
Planung sollte darüber hinaus die verwendeten Materialien, die Farbgebung und
auch die geplante Möblierung des Raums
berücksichtigen.

Wie bei der Forderung nach einer eindeutig strukturierten Umgebung geht es
bei der Architekturbeleuchtung aber nicht
zuletzt um eine Beleuchtung, die Strukturen und charakteristische Merkmale des
Gebäudes verdeutlicht, dies allerdings
nicht mehr allein unter dem Blickwinkel
einer optimierten Wahrnehmung, sondern
unter Einbeziehung der ästhetischen Wirkung eines beleuchteten Raumes. Auch
hier stellt sich also die Frage nach den
Besonderheiten und Zentralpunkten einer
Umgebung, vor allem aber die Frage nach
der Formensprache des Gebäudes – nach
Raumformen und ihrer Untergliederung,
nach Modulen und Rhythmen, die durch
Licht und Leuchten aufgenommen und
fortgeführt werden können.

3.2.2 Projektentwicklung

Ergebnis der Projektanalyse ist eine Reihe von Beleuchtungsaufgaben, die in ihrer Zuordnung zu einzelnen Raumbereichen oder Zeiträumen die charakteristische Anforderungsmatrix einer visuellen Umgebung bilden. Auf die Projektanalyse folgt als nächste Phase die Entwicklung eines qualitativen Konzepts, das eine Vorstellung davon umreißt, welche Eigenschaften die Beleuchtung besitzen soll, jedoch noch keine exakten Angaben über die Auswahl von Lampen und Leuchten sowie über deren Anordnung macht.

Erste Aufgabe der Konzeptentwicklung ist es, den bei der Projektanalyse ermittelten Beleuchtungsaufgaben geeignete Lichtqualitäten zuzuordnen; zu ermitteln, welche Lichtverhältnisse an einem bestimmten Ort und zu einer bestimmten Zeit erreicht werden sollen. Dies betrifft zunächst die Quantität und die verschiedenen Qualitätsmerkmale des Lichts in den einzelnen Bereichen, nicht zuletzt aber auch den Stellenwert dieser Einzelaspekte innerhalb des gesamten Beleuchtungskonzepts.

Aus dem Anforderungsmuster des Projekts wird auf diese Weise ein Raster von Lichtqualitäten abgeleitet, das Aufschluß über die einzelnen Beleuchtungsformen, aber auch über den wünschenswerten Grad der räumlichen und zeitlichen Differenzierung innerhalb der Beleuchtung gibt. Hier deutet sich also bereits an, ob eine überwiegend einheitliche oder eine räumlich differenzierte Beleuchtung benötigt wird, ob die Beleuchtungsanlage fest installiert oder variabel sein sollte und ob gegebenenfalls eine Lichtsteueranlage zur zeit- oder nutzungsabhängigen Steuerung der Beleuchtung sinnvoll ist.

Bei der Zuordnung von Lichtqualitäten zu den einzelnen Beleuchtungsaufgaben eines Projekts entsteht ein Katalog von Planungszielen, der den differenzierten Anforderungen an die Beleuchtung gerecht wird, dabei jedoch weder die Rahmenbedingungen für die praktische Umsetzung berücksichtigt, noch Hinweise für die Gestaltung einer konsistenten Lichtplanung gibt.

Ein praxisgerechtes Planungskonzept muß also zunächst einen Weg beschreiben, die gewünschten Lichtwirkungen innerhalb der Rahmenbedingungen und Einschränkungen des Projekts verwirklichen zu können. Der Entwurf muß dabei eventuell gültigen Normvorgaben entsprechen, er muß sowohl bei den Investitionskosten als auch bei den Betriebskosten der Beleuchtungsanlage im Rahmen des vorgegebenen Budgets bleiben. Weiter muß das Beleuchtungskonzept mit anderen Gewerken, vor allem Klimatechnik und Akustik abgestimmt werden und nicht zuletzt mit der Architektur harmonieren. Hierbei ist zu klären, welchen Stellenwert einzelne Beleuchtungsaspekte für das Gesamtkonzept haben; ob eine Beleuchtungsform vorrangige Ansprüche rechtfertigen kann,

etwa bei der Forderung nach ausreichender Raumhöhe für eine indirekte Beleuchtung, ob sie sich in ihrer Gestaltung z. B. der Akustik unterordnen muß oder ob integrierte Lösungen, z. B. durch Zusammenfassung von Beleuchtung und Klimatisierung, möglich sind.

Die eigentliche Herausforderung einer qualitativ orientierten Lichtplanung liegt aber im Entwurf eines Konzepts, das in der Lage ist, differenzierte Anforderungen an die Beleuchtung mit einer technisch und ästhetisch konsistenten Beleuchtungsanlage zu erfüllen. Anders als quantitative Konzepte, die aus dem gegebenen Anforderungsprofil des Projekts einen einzigen, allgemeingültigen Satz von Lichtqualitäten ableiten, der fast zwangsläufig zu einer gleichförmigen und damit auch einheitlichen Gestaltung von Licht und Leuchten führt, muß sich eine qualitative Lichtplanung mit komplexen Rastern angestrebter Lichtqualitäten auseinandersetzen. Dies kann aber nicht bedeuten, daß auf eine unstrukturierte Vielfalt von Beleuchtungsanforderungen mit einer ebenso unstrukturierten Vielfalt von Leuchten reagiert wird. Häufig führt die gutgemeinte Berücksichtigung vielschichtiger Beleuchtungsaufgaben zu einer unsystematischen Verteilung verschiedenster Leuchtentypen oder zu einem Nebeneinander mehrerer Beleuchtungssysteme. Eine solche Lösung sorgt vielleicht für eine angemessene Verteilung von Lichtqualitäten; der wahrnehmungspsychologische und ästhetische Wert solcher auch ökonomisch aufwendigen Beleuchtungsanlagen wird aber durch die Unruhe des Deckenbildes wiederum deutlich in Frage gestellt.

Sowohl unter technischen und ökonomischen als auch unter gestalterischen Gesichtspunkten sollte es also das Ziel der Lichtplanung sein, zu einer Lösung zu gelangen, die weder auf eine nivellierende Pauschalbeleuchtung setzt, noch durch die Vielfalt der Anforderungen zu einem verwirrenden und aufwendigen Leuchtenwirrwar verleitet wird, sondern die angestrebte Verteilung von Lichtqualitäten mit einer möglichst konsistenten Beleuchtungsanlage erzeugt. Welcher Grad von Komplexität dabei unumgänglich ist, hängt von der jeweiligen Aufgabenstellung ab; sei es, daß eindeutige Schwerpunkte bei der Aufgabenstellung eine durchgängige Beleuchtungsform erlauben, sei es, daß differenzierte Beleuchtungsformen durch einheitliche Systeme wie Lichtstrukturen oder die umfassende Palette von Deckeneinbauleuchten erreicht werden können, sei es, daß eine vielschichtige oder variable Nutzung die Kombination unterschiedlicher Leuchtensysteme erforderlich macht. In jedem Fall wird aber ein Konzept, das die geforderte Leistung mit dem geringsten technischen Aufwand und dem höchsten Grad an gestalterischer Klarheit verwirklicht, die überzeugendste Lösung darstellen.

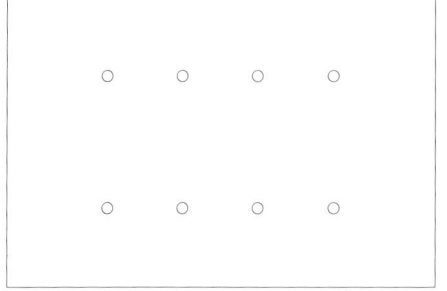

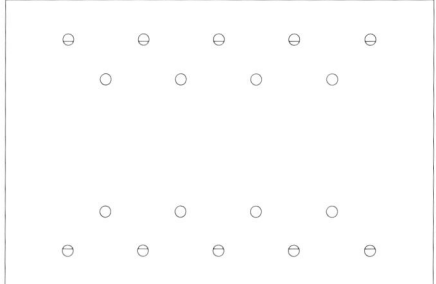

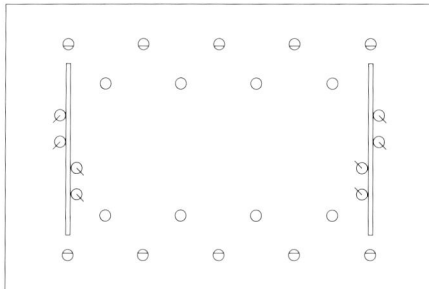

Exemplarische Entwicklung einer differenzierten Beleuchtung (von oben nach unten): Grundbeleuchtung durch Downlights entsprechend den gegebenen Sehaufgaben, erweitert durch die Beleuchtung der Architektur mit Hilfe von Wandflutern und eine Akzentbeleuchtung für besondere Blickpunkte durch Strahler an Stromschienen.

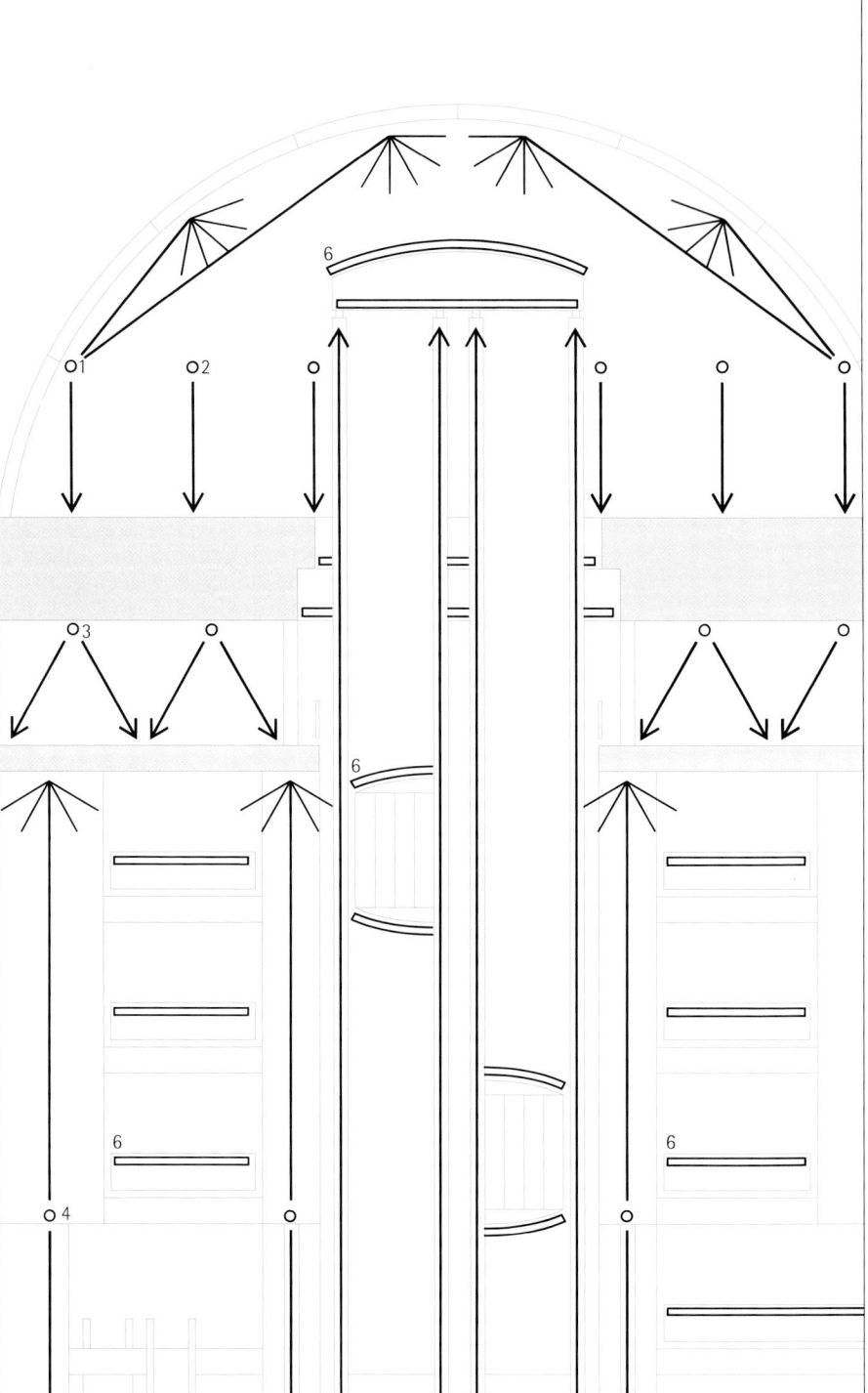

Beleuchtung des Restaurants unter der Kuppel des Atriums. Wandmontierte Leuchten (1) sorgen sowohl für die indirekte Beleuchtung der Kuppel als auch für die direkte Beleuchtung des Restaurants. Abgependelte Leuchten (2) mit einer dekorativen Komponente führen die direkte Restaurantbeleuchtung im Rauminneren fort.

Beleuchtung der Cafeteria. Eine deckenmontierte Beleuchtungskomponente (3) sorgt für die gleichmäßige Beleuchtung der Etage.

Die Beleuchtungskomponente für die Grundbeleuchtung des Atriums (4) ist auf Stelen an den Atriumwänden montiert. Sie gibt Licht nach oben ab, das von Deckenreflektoren oder von der Decke des Atriums selbst reflektiert wird und so für eine indirekte Beleuchtung sorgt. Gleichzeitig werden die Stelen durch nach unten gerichtetes Streiflicht akzentuiert.

Der freistehende Panoramaaufzug wird durch Streiflicht von unten (5) akzentuiert.

Einzelne Architekturelemente, so z. B. die Brüstungen angrenzender Verkaufsgeschosse, die Kabinen des Aufzugs, der obere Abschluß des Aufzugsschachtes und die Öffnung des Atriums werden durch eine lineare, dekorative Beleuchtungskomponente (6) betont.

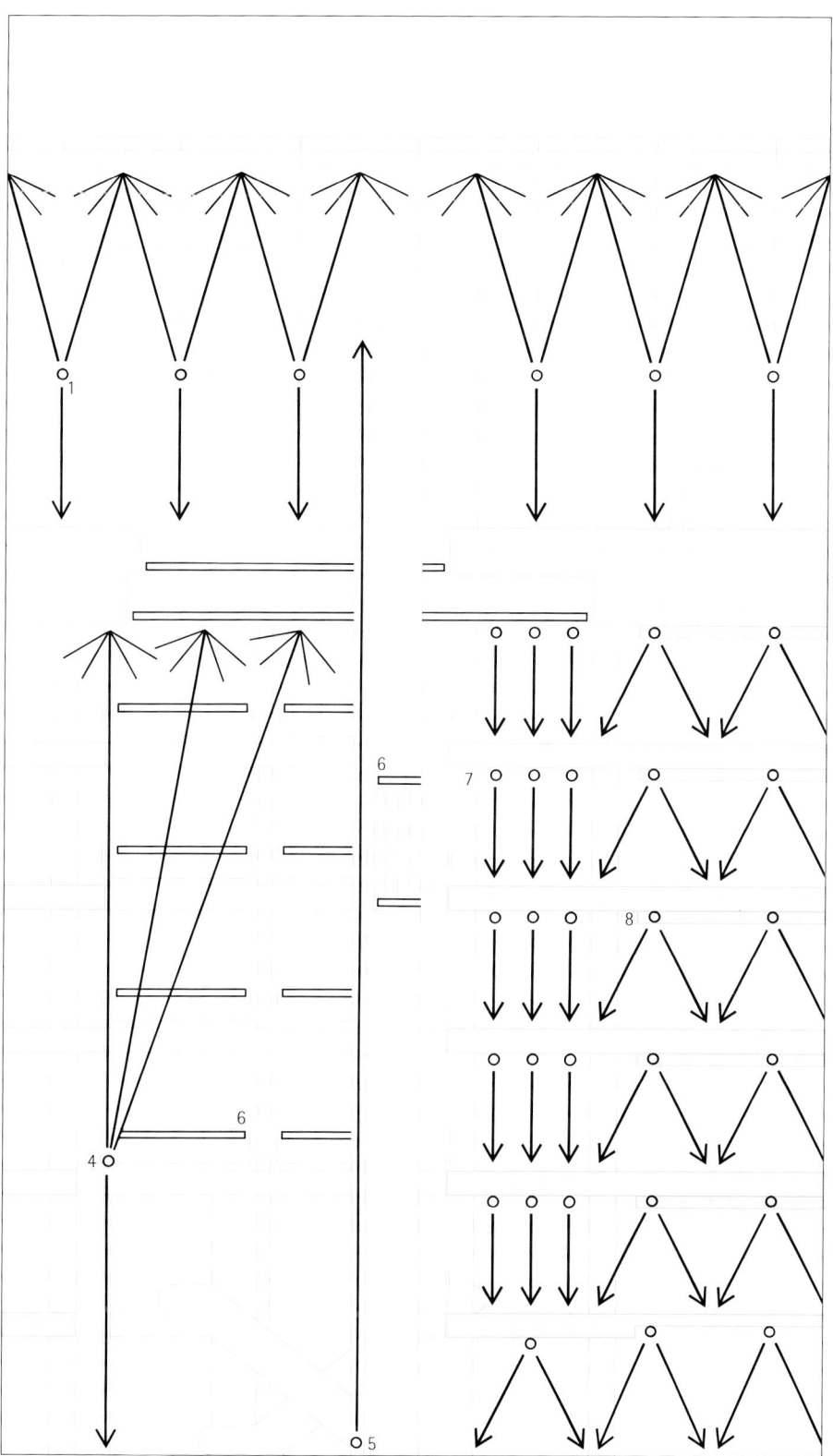

Entwicklung eines Beleuchtungskonzeptes für das Atrium eines großen Kaufhauses. Die Abbildungen zeigen zwei rechtwinklig zueinander stehende Schnitte durch das Atrium mit seinem zentralen Panoramaaufzug. Ziel des Beleuchtungskonzeptes ist die Festlegung von Leuchtenpositionen und Lichtqualitäten, nicht aber die exakte Definition von Leuchtentypen oder Beleuchtungsstärken.

Die aus den einzelnen Verkaufsetagen zu den Aufzügen führenden Stege erhalten einen durch eng plazierte, direktstrahlende Leuchten (7) bewirkten Lichtvorhang.

Für die Allgemeinbeleuchtung der angrenzenden Verkaufsetagen sorgen deckenintegrierte, direktstrahlende Leuchten (8).

3.3

Planungspraxis

Auf die Phasen der Projektanalyse und der Entwicklung eines Beleuchtungskonzepts folgt die Phase der Umsetzung, in der Entscheidungen über die verwendeten Lampen und Leuchten, über die Anordnung und Installation der Leuchten sowie über eventuelle Betriebs- und Steuergeräte getroffen werden. Aus einem quantitativen Konzept, das vorrangig Lichtqualitäten beschreibt, wird auf diese Weise eine konkrete Planung, die nicht zuletzt auch eine zuverlässige Berechnung von Beleuchtungsstärken und Kosten ermöglicht.

Wie für die frühen Stufen der Beleuchtungsplanung gilt allerdings auch für die Umsetzungsphase, daß eine verbindliche oder auch nur allgemein übliche Folge von Planungsschritten nicht festgelegt werden kann – die Entscheidung für ein Leuchtmittel kann schon zu Beginn eines Projekts oder erst in einer fortgeschrittenen Planungsphase fallen; die Leuchtenanordnung kann sowohl Folge der Entscheidung für eine Leuchte als auch Vorgabe für die Leuchtenauswahl sein. Lichtplanung sollte ohnehin grundsätzlich als ein zyklisches Verfahren betrachtet werden, bei dem entwickelte Lösungen immer wieder mit den gegebenen Anforderungen abgeglichen werden.

3.3.1 Auswahl von Lampen

Die Auswahl geeigneter Lichtquellen hat entscheidenden Einfluß auf die Eigenschaften einer Beleuchtungsanlage. Dies gilt zunächst für den technischen Bereich; der Aufwand für eventuell benötigte Betriebsgeräte, die Möglichkeit zur Lichtsteuerung und vor allem die Betriebskosten der Beleuchtungsanlage hängen fast ausschließlich von der Auswahl der Lampen ab. Nicht zuletzt gilt dies aber auch für die angestrebten Lichtqualitäten, z. B. die Wahl der Lichtfarbe bei stimmungsbetonten Räumen, die Qualität der Farbwiedergabe bei der Farbabmusterung oder die Erzielung von Brillanz und Modellierung bei der Präsentationsbeleuchtung. Zwar lassen sich Lichtwirkungen nicht allein durch die Entscheidung für einen bestimmten Lampentyp bestimmen; sie entstehen aus dem Zusammenwirken von Lampe, Leuchte und beleuchteter Umgebung. Viele Lichtqualitäten sind aber nur durch entsprechend ausgewählte Lichtquellen zu erreichen – eine Akzentbeleuchtung ist mit Leuchtstoffröhren ebensowenig zu realisieren wie eine passable Farbwiedergabe unter Natriumdampflicht.

Die Entscheidung für eine bestimmte Lichtquelle wird also in der Regel nicht frei sein, sondern von Kriterien bestimmt werden, die sich aus den geplanten Lichtwirkungen und den Rahmenbedingungen des Projekts ergeben; aus der Vielzahl verfügbarer Lampentypen wird jeweils nur eine begrenzte Anzahl die gestellten Anforderungen erfüllen.

Wandfluter, bestückt mit (von oben nach unten) Halogen-Glühlampen, Halogen-Metalldampflampen und kompakten Leuchtstofflampen: Gleiche Leuchtentypen mit identischer Ausstrahlungscharakteristik erhalten durch entsprechende Lampen unterschiedliche Eigenschaften bei Lichtstrom, Lichtfarbe und Farbwiedergabe.

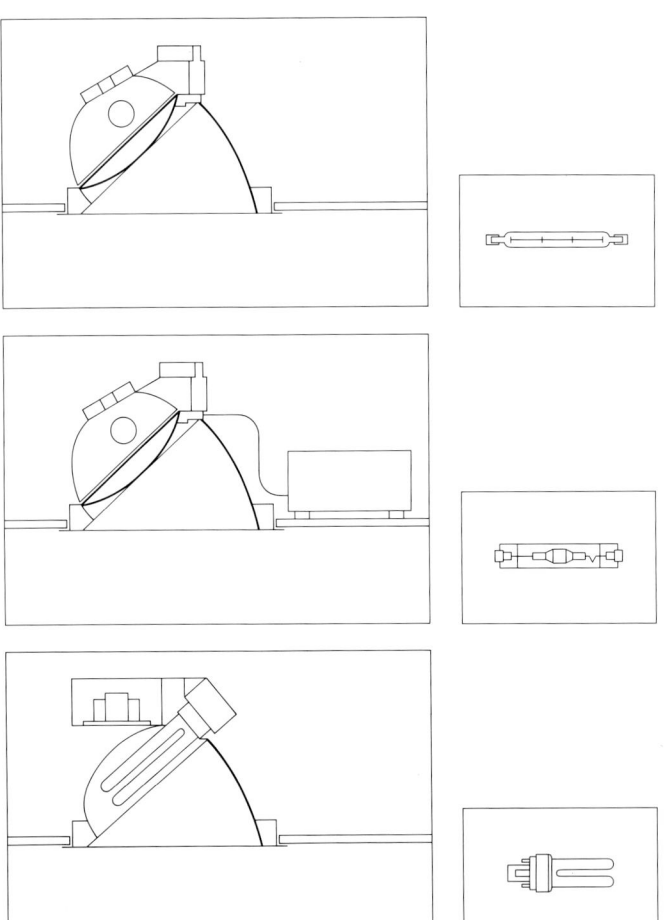

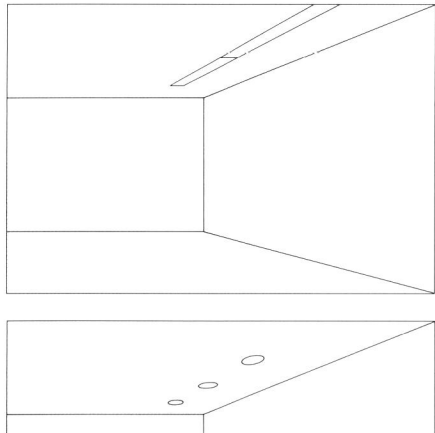

Wandfluter für Leucht-
stofflampen (oben) und
Halogen-Glühlampen
(unten): Eine gleich-
mäßige Wandbeleuch-
tung kann sowohl mit
dem diffusen Licht der
Leuchtstofflampe als
auch mit gerichtetem
Licht der Halogen-Glüh-
lampe erreicht werden.

3.3.1.1 Modellierung und Brillanz

Modellierung und Brillanz sind Wirkungen, die durch gerichtetes Licht hervorgerufen werden. Sie setzen daher kompakte Lichtquellen voraus, deren Licht meist zusätzlich durch Reflektoren gebündelt wird.

Die *Modellierung* räumlicher Körper und Oberflächen wird durch Schatten und Leuchtdichteverläufe verdeutlicht, wie sie gerichtetes Licht erzeugt. Eine modellierende Beleuchtung wird immer dann verlangt, wenn die hervorgehobenen Materialeigenschaften (räumliche Form und Oberflächenstruktur) einen informativen Wert besitzen – sei es bei der Materialprüfung, der Beleuchtung einer Skulptur, der Präsentation von Waren oder der Beleuchtung interessant strukturierter Raumbegrenzungsflächen.

Modellierung setzt gerichtetes Licht einer durchgängigen Vorzugsrichtung voraus. Zur Erzeugung einer modellierenden Beleuchtung können also nur annähernd punktförmige Lichtquellen verwendet werden, deren Licht meist zusätzlich durch Reflektoren oder andere lichtlenkende Systeme gebündelt wird. In erster Linie werden also kompakte Lampen in rotationssymmetrischen Reflektorsystemen eingesetzt. Lineare Lichtquellen werden mit steigender Länge zunehmend ungeeigneter für die Erzeugung einer modellierenden Beleuchtung, da hierbei der erzeugte Anteil diffusen (und damit schattenaufhellenden) Lichts immer größer wird.

Für eine extreme, dramatisch wirkende Modellierung in eng begrenzten Bereichen kommen vor allem Niedervolt-Halogenlampen als sehr kompakte Lampenform in Frage, bei Bedarf nach höheren Lichtleistungen auch Halogen-Metalldampflampen. Für die Erzeugung einer modellierenden Allgemeinbeleuchtung sind eine Reihe kompakterer Lampentypen, angefangen von Allgebrauchslampen über Reflektorlampen und Halogen-Glühlampen für Netzspannung bis hin zu Hochdruck-Entladungslampen, geeignet, wobei die erzielte Modellierung mit wachsender Ausdehnung der Lichtquelle sinkt. Eine gewisse Modellierung läßt sich auch noch mit kompakten Leuchtstofflampen erreichen, wenn sie z. B. in Downlights verwendet werden; bei stabförmigen Leuchtstofflampen ist allerdings der Bereich überwiegend diffusen Lichts endgültig erreicht.

Brillanz wird von Lichtpunkten extrem hoher Leuchtdichte hervorgerufen. Dies können zunächst die Lichtquellen selbst sein. Brillanz entsteht aber auch durch Reflexion dieser Lichtquellen an glänzenden Oberflächen oder durch Lichtbrechung in transparenten Materialien. Brillanzeffekte werden häufig in der Präsentationsbeleuchtung oder in repräsentativen Umgebungen eingesetzt, um Transparenz oder Glanz der beleuchteten Materialien

zu betonen und so für eine Aufwertung von Objekten oder eine festliche Stimmung zu sorgen.

Die Erzeugung von Brillanz stellt höhere Ansprüche an die Lichtquelle als die Erzeugung einer modellierenden Beleuchtung, sie setzt möglichst kompakte, annähernd punktförmige Lichtquellen voraus. Die Brillanzwirkung hängt dabei überwiegend von der Lampenleuchtdichte ab, sie ist dagegen unabhängig vom abgegebenen Lichtstrom.

Anders als eine modellierende Beleuchtung setzt Brillanz keine durchgängige Vorzugsrichtung des Lichts, sondern nur annähernd punktförmige Lichtquellen voraus. Eine Lichtlenkung durch Reflektoren ist daher nicht unbedingt erforderlich – auch freistrahlende Lichtquellen können zur Erzeugung von Brillanz verwendet werden, wobei sowohl die Lichtquelle selbst als auch ihre Wirkung auf den beleuchteten Materialien als brillant wahrgenommen werden.

Für die Erzeugung von Brillanzeffekten sind vorrangig Niedervolt-Halogenlampen geeignet, da sie sehr kompakte Leuchtmittel mit hoher Leuchtdichte darstellen. Zur Erzeugung von Brillanz können auch Halogen-Metalldampflampen eingesetzt werden, deren hohe Lichtleistung die Entstehung von Brillanz durch die Aufhellung der Umgebung allerdings behindern kann.

In zweiter Linie kommen zur Brillanzerzeugung klare Ausführungen von Halogen-Glühlampen für Netzspannung oder von konventionellen Glühlampen in Frage. Volumenstrahler mit lichtstreuenden Oberflächen wie z. B. mattierte Glühlampen oder Quecksilberdampf-Hochdrucklampen mit Leuchtstoff sind dagegen weniger, Leuchtstofflampen einschließlich kompakter Leuchtstofflampen keinesfalls geeignet.

3.3.1.2 Farbwiedergabe

Eine Lichtquelle hat eine gute Farbwiedergabe, wenn sie bei der Beleuchtung einer umfassenden Farbskala nur geringe Farbabweichungen gegenüber einer genormten Vergleichslichtquelle entsprechender Farbtemperatur erzeugt. Jede Aussage über die Qualität der Farbwiedergabe bezieht sich also auf eine bestimmte Farbtemperatur, ein für alle Lichtfarben gleichermaßen gültiger Farbwiedergabewert existiert nicht.

Die Farbwiedergabe spielt naturgemäß bei Beleuchtungsaufgaben eine Rolle, die eine sichere Beurteilung von Farbwirkungen erfordern, sei es bei der Farbabmusterung, bei der Beleuchtung von Kunstwerken oder bei der Präsentation von Textilien. Für die Beleuchtung von Arbeitsplätzen existieren Normen, die die Mindestanforderungen an die Farbwiedergabe regeln.

Die Farbwiedergabe einer Lichtquelle hängt vom Aufbau des jeweiligen Lampenspektrums ab. Hierbei sorgt ein kontinuierliches Spektrum für optimale Farbwiedergabe, während Linien- oder Bandenspektren die Farbwiedergabe grundsätzlich verschlechtern. Für die Farbwiedergabe ist darüber hinaus auch die spektrale Verteilung des Lichts von Bedeutung; eine von der Vergleichslichtquelle abweichende spektrale Verteilung führt durch eine einseitige Betonung von Farbwirkungen ebenfalls zur Verschlechterung der Farbwiedergabewerte.

Ein maximaler Farbwiedergabeindex (R$_a$ 100) bzw. Farbwiedergabestufe 1A wird durch alle Formen von Glühlampen einschließlich Halogen-Glühlampen erreicht, da sie für den warmweißen Bereich die Referenzlichtquelle darstellen. Mit einem Farbwiedergabeindex über 90 finden sich in der Farbwiedergabestufe 1A weiterhin Leuchtstofflampen in De-Luxe-Ausführung sowie einige Halogen-Metalldampflampen. Die übrigen Leuchtstoff- und Halogen-Metalldampflampen sind in den Farbwiedergabestufen 1B, bei auf Kosten der Farbwiedergabe gesteigerter Lichtausbeute auch in den Stufen 2A bis 2B eingestuft. Quecksilberdampf- und Natriumdampf-Hochdrucklampen finden sich bei verbesserter Farbwiedergabe ebenfalls in Stufe 2B, in ihren Standardausführungen jedoch in Stufe 3. In Stufe 4 sind lediglich Natriumdampf-Niederdrucklampen eingestuft.

3.3.1.3 Lichtfarbe und Farbtemperatur

Wie die Farbwiedergabe ist auch die Lichtfarbe eines Leuchtmittels von der spektralen Verteilung des abgegebenen Lichts abhängig. Für Glühlampen ergibt sich diese Verteilung dabei aus der Wendeltemperatur, daher der Begriff Farbtemperatur; für Entladungslampen muß dagegen ein Vergleichswert – die ähnlichste Farbtemperatur – zu Hilfe genommen werden. An Stelle der exakten Angabe der Farbtemperatur findet sich in der Praxis häufig eine gröbere Kategorisierung in die Lichtfarben Warmweiß, Neutralweiß und Tageslichtweiß. Durch gezielte Kombination von Leuchtstoffen läßt sich bei Entladungslampen aber darüber hinaus eine Palette spezieller Lichtfarben erzeugen, die mit dem Kriterium der Farbtemperatur nur noch unzureichend beschrieben werden kann.
    Die Lichtfarbe einer Lampe beeinflußt die Wiedergabe des Farbspektrums beleuchteter Objekte. Warmweiße Lampen betonen dabei den roten und gelben Spektralbereich, während unter tageslichtweißem Licht blaue und grüne, d. h. kalte Farben hervorgehoben werden. Vor allem bei der Präsentation von Objekten aus definierten Farbbereichen kann die Lichtfarbe also als gestalterisches Mittel eingesetzt werden; einige Lichtfarben sind ausdrücklich auf die Präsentation spezieller Warengruppen abgestimmt. Auch für die subjektive Beurteilung einer Beleuchtungssituation

spielt die Lichtfarbe eine Rolle; kältere Lichtfarben werden bei hohen Beleuchtungsstärken und diffuser Beleuchtung (vergleichbar dem Himmelslicht), warme Lichtfarben eher bei geringen Beleuchtungsstärken und gerichtetem Licht (vergleichbar dem Licht einer Kerzenflamme) als angenehm empfunden. Bei der Arbeitsplatzbeleuchtung wird auch die empfohlene Lichtfarbe von den jeweiligen Normen erfaßt.

Als Lichtquellen mit ausschließlich warmweißer Lichtfarbe sind zunächst alle Formen von Glühlampen sowie Natriumdampf-Hochdrucklampen einzustufen. Darüber hinaus existieren sowohl Leuchtstofflampen als auch Halogen-Metalldampflampen und Quecksilberdampf-Hochdrucklampen mit warmweißer Lichtfarbe. Als Lichtquellen mit neutralweißer Lichtfarbe stehen wiederum Leuchtstofflampen, Halogen-Metalldampflampen und Quecksilberdampf-Hochdrucklampen zur Verfügung. Als tageslichtweiße Lichtquellen kommen Leuchtstofflampen und Halogen-Metalldampflampen in Frage; spezielle Lichtfarben finden sich ausschließlich bei Leuchtstofflampen. Die eigentliche Lichtfarbe eines Leuchtmittels kann allerdings manipuliert werden, sei es durch eine Beschichtung des Lampenkolbens wie bei tageslichtähnlichen Glühlampen, sei es durch vorgesetzte Konversionsfilter.

3.3.1.4 Lichtstrom

Der Lichtstrom einer Lampe spielt vor allem dann eine Rolle, wenn die Zahl von Lampen, mit der eine Beleuchtung erfolgen soll, vorgegeben ist – sei es, daß eine Beleuchtung durch wenige, besonders lichtstarke Lampen geplant wird, sei es, daß ganz im Gegenteil dazu eine Vielzahl lichtschwacher Lampen vorgesehen ist.

Von Interesse sind hier also weniger Lampen mittlerer Lichtstärken, sondern die Extrembereiche besonders großer oder kleiner „Lumenpakete". Besonders kleine Lichtströme finden sich dabei vor allem bei Niedervolt-Halogenlampen, gefolgt von konventionellen Glühlampen und kompakten Leuchtstofflampen. Besonders große Werte finden sich bei Halogen-Glühlampen für Netzspannung, Leuchtstofflampen und bei Hochdruck-Entladungslampen; die höchsten Werte werden von Halogen-Metalldampflampen erreicht.

3.3.1.5 Wirtschaftlichkeit

Die Wirtschaftlichkeit einer Beleuchtungsanlage hängt vorwiegend von der Auswahl geeigneter Lichtquellen ab, der Einfluß anderer Aspekte, z. B. der Auswahl von Betriebs- und Steuergeräten, ist von vergleichsweise untergeordneter Bedeutung. Für die Auswahl von Lampen unter dem

Farbwiedergabestufe Qualität	Anwendungen
1A optimal	Textil-Farben- und Druckindustrie Repräsentative Räume Museen
1B sehr gut	Versammlungsstätten Hotels Gasthäuser Schaufenster
2A gut	Verwaltung Schulen Verkaufsräume
2B ausreichend	Industrielle Fertigungsstätten Verkehrszonen
3 mäßig	Außenbeleuchtung Lagerräume
4 gering	Industriehallen Außenbeleuchtung Anstrahlungen

Zuordnung der Farbwiedergabestufen nach CIE und der Farbwiedergabequalität von Lampen zu typischen Beleuchtungsaufgaben

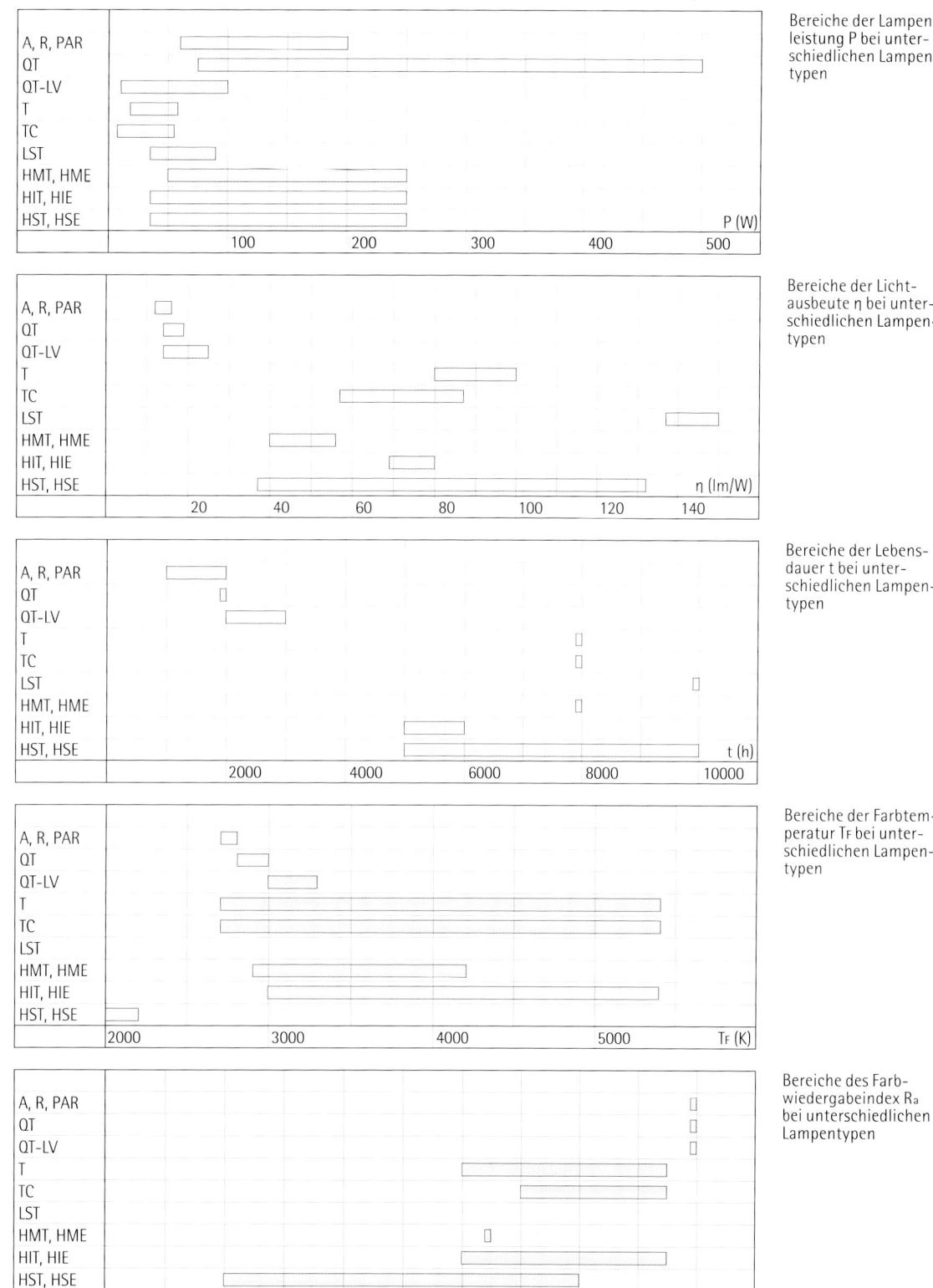

Bereiche der Lampen-
leistung P bei unter-
schiedlichen Lampen-
typen

Bereiche der Licht-
ausbeute η bei unter-
schiedlichen Lampen-
typen

Bereiche der Lebens-
dauer t bei unter-
schiedlichen Lampen-
typen

Bereiche der Farbtem-
peratur Tᶠ bei unter-
schiedlichen Lampen-
typen

Bereiche des Farb-
wiedergabeindex Rₐ
bei unterschiedlichen
Lampentypen

Gesichtspunkt der Wirtschaftlichkeit kann, abhängig von den Rahmenbedingungen der Beleuchtungsaufgabe, eine Reihe von Kriterien vorrangige Bedeutung haben.

Die *Lichtausbeute* einer Lampe spielt vor allem eine Rolle, wenn mit einem Minimum an elektrischer Energie ein Maximum an Lichtleistung und damit Beleuchtungsstärke erreicht werden soll. Die geringsten Lichtausbeuten von etwa 10–20 lm/W besitzen hierbei Glühlampen und Halogen-Glühlampen. Deutlich größere Lichtausbeuten von etwa 40–100 lm/W besitzen Leuchtstofflampen, Quecksilberdampf-Hochdrucklampen und Halogen-Metalldampflampen. Die außergewöhnlich hohe Lichtausbeute von Natriumdampflampen (bis zu 130 lm/W bei Hochdrucklampen) muß allerdings mit entsprechenden Einbußen bei der Farbwiedergabe erkauft werden.

Die *Lampenlebensdauer* tritt immer dann in den Vordergrund, wenn die Wartung der Anlage hohe Kosten verursacht oder durch die Umstände erschwert ist, z. B. bei großen Deckenhöhen oder dauernd genutzten Räumen. Die Lebensdauer wird bei Glühlampen als durchschnittliche Lebensdauer bis zum Ausfall von 50% der Lampen angegeben; bei Entladungslampen beziehen sich die Angaben dagegen auf die wirtschaftliche Lebensdauer bis zu einer Lichtstromreduzierung auf 80%. Die tatsächliche Lebensdauer wird jedoch zusätzlich von den Nutzungsbedingungen beeinflußt; so wirkt sich bei Glühlampen die Betriebsspannung und bei Entladungslampen die Schalthäufigkeit merklich auf die Lampenlebensdauer aus.
Die niedrigste Lampenlebensdauer von 1000–3000 h besitzen wiederum Glühlampen und Halogen-Glühlampen; die Lebensdauer von Leuchtstoff- und Halogen-Metalldampflampen liegt mit 8000 bzw. 6000 h wesentlich höher. Natriumdampflampen erreichen eine Lebensdauer von 10000 h, Quecksilberdampf-Hochdrucklampen von über 8000 h.

Die *Lampenkosten* haben ebenfalls einen Anteil an der Wirtschaftlichkeit einer Beleuchtungsanlage; sie variieren zwischen Werten, die gegenüber den Energie- und Wartungskosten vernachlässigt werden können, bis hin zu Werten in Höhe dieser Kosten. Am preisgünstigsten sind hier konventionelle Glühlampen, gefolgt von Leuchtstofflampen und Halogen-Glühlampen; die Preise für Hochdruck-Entladungslampen liegen entschieden höher.

3.3.1.6 Helligkeitssteuerung

Die Dimmbarkeit von Lichtquellen ist vor allem bei der Beleuchtung von Räumen wechselnder Nutzung und stimmungsbetonten Umgebungen von Bedeutung, dimmbare Lampen können jedoch auch zur Anpassung an wechselnde Umgebungsbedingungen (z. B. eine Tag- und Abendbeleuchtung in Restaurants) genutzt werden.

Problemlos und kostengünstig dimmbar sind herkömmliche Glühlampen und Halogen-Glühlampen für Netzspannung. Niedervolt-Halogenlampen und Leuchtstofflampen erfordern einen höheren Aufwand, sind jedoch ebenfalls dimmbar. Ein Dimmen von Hochdruck-Entladungslampen ist technisch nicht zu vertreten.

3.3.1.7 Start- und Wiederzündverhalten

Sowohl das Lampenverhalten beim Einschalten im kalten Zustand als auch das Verhalten beim erneuten Einschalten nach Stromunterbrechungen kann für die Planung eine bedeutende Rolle spielen. Für eine Vielzahl von Anwendungen ist es unabdingbar, daß die Lichtquellen unmittelbar nach dem Einschalten (z. B. beim Betreten eines Raums) einen ausreichenden Lichtstrom abgeben, ebenso ist in vielen Fällen eine Abkühlpause bis zum Neustart abgeschalteter oder erloschener Lampen nicht zuzumuten. Für die Beleuchtung von Versammlungsstätten und Sportplätzen ist die sofortige Wiederzündbarkeit Bestandteil der gesetzlichen Vorgaben.
Problemlos verhalten sich hier Glühlampen und Halogen-Glühlampen, die zu jedem Zeitpunkt einfach eingeschaltet werden können, ebenso Leuchtstofflampen, die kalt oder warm ohne merkliche Zeitverzögerung gestartet werden können. Bei Hochdruck-Entladungslampen ist jedoch eine merkliche Einbrennzeit erforderlich, das Wiederzünden ist ohne besondere Vorrichtungen nur nach einer Abkühlphase möglich. Sollen Hochdruck-Entladungslampen sofort wiederzündbar sein, so müssen zweiseitig gesockelte Formen mit speziellen Zündgeräten verwendet werden.

3.3.1.8 Strahlungsbelastung und Wärmelast

Bei der Dimensionierung von Klimaanlagen muß die Beleuchtung in jedem Fall berücksichtigt werden, da die gesamte zur Beleuchtung eingesetzte Energie letztendlich in Wärme umgesetzt wird, sei es direkt durch Luftkonvektion oder durch die Erwärmung lichtabsorbierender Materialien. Die Wärmelast eines Raumes steigt dabei mit sinkendem Wirkungsgrad der Lichtquellen, da bei geringem Wirkungsgrad für ein gegebenes Beleuchtungsniveau mehr Energie im Infrarotbereich anfällt.

$$K = \left(\frac{K_{La}}{\phi \cdot t} + \frac{P \cdot a}{\phi \cdot 1000} \right) \cdot 10^6$$

$$[K] = \frac{DM}{10^6 \, lm \cdot h}$$

$$[K_{La}] = DM$$

$$[P] = W$$

$$[\phi] = lm$$

$$[t] = h$$

$$[a] = \frac{DM}{kW \cdot h}$$

Formel zur Berechnung der Betriebskosten einer Beleuchtungsanlage anhand der spezifischen Lampenkosten K (DM/10^6 lmh). Zur Berechnung dienen Lampenpreis K_{La}, Lampenleistung P, Lampen-lichtstrom ϕ, Lampenlebensdauer t und der Arbeitspreis der elektrischen Energie a. Je nach Lampentyp und Leistung liegen die spezifischen Kosten etwa zwischen 3 und 30 DM je 10^6 lmh.

Optische Strahlung	λ (nm)
UV-C	$100 \leq \lambda < 280$
UV-B	$280 \leq \lambda < 315$
UV-A	$315 \leq \lambda < 380$
Licht	$380 \leq \lambda < 780$
IR-A	$780 \leq \lambda < 1400$
IR-B	$1400 \leq \lambda < 3000$
IR-C	$3000 \leq \lambda < 10000$

Wellenlängenbereiche der ultravioletten Strahlung (UV), sichtbaren Strahlung (Licht) und der Infrarotstrahlung (IR). UV- und IR-Strahlung werden dabei nach DIN 5031 Teil 7 in die Bereiche A, B und C unterteilt.

Lampe	Φ_e (W/klm)		
	UV	Licht	IR
A, R, PAR	0,05–0,10	5–7	35–60
QT	0,10–0,15	5–6	25–30
T, TC	0,05–0,15	3–5	6–10
HME	0,20–1,00	2–3	10–15
HIT	0,20–1,00	2–5	6–10
HSE	0,01–0,05	2–3	4–6

Relative Strahlungsleistung Φ_e unterschiedlicher Lampentypen, bezogen auf einen Lichtstrom von 10^3 lm, unterteilt nach den Wellenlängenbereichen: UV (280 nm–380 nm), Licht (380 nm–780 nm), IR (780 nm–10 000 nm).

$$E_e = \Phi_e \cdot \frac{E}{1000}$$

$$[E_e] = \frac{W}{m^2}$$

$$[\Phi_e] = \frac{W}{klm}$$

$$[E] = lx$$

Zusammenhang zwischen der auf einem Exponat bei gegebener Beleuchtungsstärke E verursachten Bestrahlungsstärke E_e und der relativen Strahlungsleistung einer Lampe Φ_e

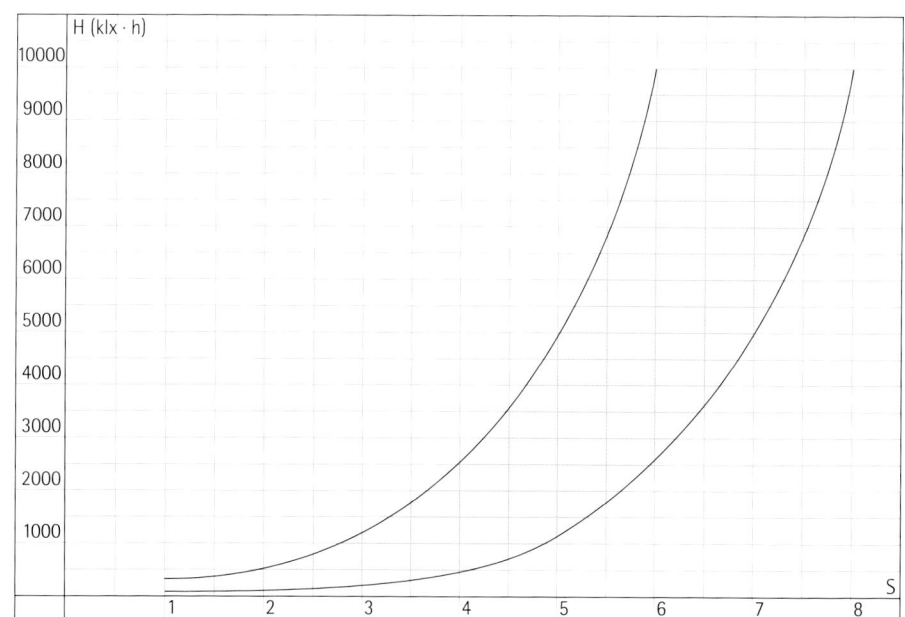

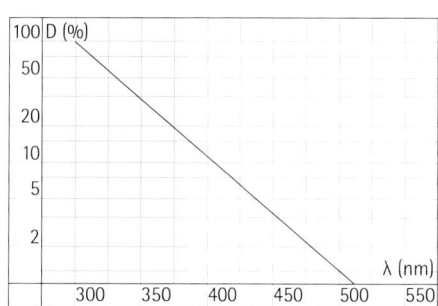

Relativer Schädigungsfaktor D der optischen Strahlung als Funktion der Wellenlänge λ. Die Schädigung nimmt mit der Wellenlänge bis in den sichtbaren Strahlungsbereich exponentiell ab.

Bereich der Belichtung H als Produkt aus Beleuchtungsstärke E und Belichtungszeit t, die zu einem gerade sichtbaren Ausbleichen eines Exponats führt, in Abhängigkeit von der Lichtechtheit S des Exponats (nach DIN 54004) und der verwendeten Lichtquelle. Die obere Grenzkurve gilt hierbei für Glühlampen, die untere für Tageslicht. Halogen-Glühlampen und Entladungslampen liegen innerhalb des angegebenen Bereichs. Beispiel: Ein Exponat der Lichtechtheitsstufe 5 zeigt unter Tageslicht nach ca. 1200 klxh, unter Glühlampenlicht nach ca. 4800 klxh erste Ausbleichungserscheinungen.

131

Bei einigen speziellen Beleuchtungsaufgaben rückt die Strahlungsbelastung von Objekten in den Vordergrund. Dies ist zunächst bei der Akzentbeleuchtung wärmeempfindlicher Waren der Fall. Vorrangig treten Strahlungsprobleme jedoch bei der Ausstellungsbeleuchtung auf. Hier kann Licht grundsätzlich, vor allem aber Infrarot- und Ultraviolettstrahlung, zu Schäden führen, da die Alterung von Materialien beschleunigt und Farben verändert werden.

Hohe Anteile an Infrarotstrahlung und Konvektionswärme werden vor allem von Lichtquellen geringer Lichtausbeute wie Glühlampen oder Halogen-Glühlampen abgegeben, bei konventionellen und kompakten Leuchtstofflampen ist die Infrarotstrahlung dagegen deutlich geringer.

Ultraviolettstrahlung geht theoretisch vor allem von Hochdruck-Entladungslampen aus. Da der UV-Anteil jedoch stets durch vorgeschriebene Abschlußgläser herabgesetzt wird, findet sich die höchste Ultraviolettbelastung in der Praxis bei Halogen-Glühlampen ohne Hüllkolben, die zwar nur wenig Ultraviolettstrahlung erzeugen, diese jedoch durch ihre Quarzglaskolben ungehindert abgeben. Eventuell störende Infrarot- oder Ultraviolettanteile ausgewählter Lampentypen können allerdings in der Praxis durch die Verwendung entsprechender Reflektoren oder Filter erheblich reduziert werden.

Grundsätzlich kann die Belastung von Menschen oder Objekten durch die zur Innenraumbeleuchtung verwendeten Lichtquellen, sei es im Infrarot- oder im Ultraviolettbereich, vernachlässigt werden. Als Grenzwert gilt dabei eine Anschlußleistung von 50 W/m², oberhalb derer die Annehmlichkeit einer Umgebung durch die Wärmebelastung deutlich gestört wird.

Einen Sonderfall bilden spezielle Leuchtstofflampen, sogenannte „Vollspektrumlampen", die in ihrer spektralen Verteilung der Globalstrahlung von Sonne und Tageslicht angenähert sind und mit einem besonders natürlichen Licht werben; hier sind die Anteile an UV- und Infrarotstrahlung auf Kosten der Lichtausbeute gezielt heraufgesetzt. Die angegebenen gesundheitlichen und lichttechnischen Vorteile dieser Leuchtentypen sind jedoch nicht belegbar.

3.3.2 Auswahl von Leuchten

Mit der Auswahl der Lichtquelle werden die technischen Eigenschaften der konzipierten Beleuchtungsanlage sowie die Grenzen der erreichbaren Lichtqualitäten umrissen. Welche Lichtwirkungen innerhalb dieses Spektrums verwirklicht werden, hängt aber von der Auswahl der Leuchten ab, in der diese Lampen verwendet werden. Zwischen den Entscheidungen für die jeweilige Lampe und Leuchte besteht dabei ein enger Zusammenhang; die Vorentscheidung für eine Lichtquelle engt die Auswahl der möglichen Leuchtentypen ebenso ein, wie die Entscheidung für eine Leuchte die Auswahl der verwendbaren Lampen.

3.3.2.1 Serienprodukt oder Sonderanfertigung

In den meisten Fällen wird die Auswahl von Leuchten sich auf serienmäßig angebotene Produkte beschränken, da sie kurzfristig lieferbar sind, klar definierte Leistungsmerkmale besitzen und sicherheitstechnisch geprüft sind. Auch in Sonderkonstruktionen wie architekturintegrierten Beleuchtungsanlagen (z. B. Voutenbeleuchtungen oder Lichtdecken) lassen sich häufig standardisierte Leuchten einsetzen.

Vor allem bei aufwendiger beleuchteten, repräsentativen Großprojekten können jedoch auch Sonderanfertigungen oder Neuentwicklung von Leuchten in Betracht kommen. Sowohl die ästhetische Einordnung der Leuchten in Architektur und Raumgestaltung als auch die Lösung komplexer lichttechnischer Aufgaben kann auf diese Weise projektbezogener und differenzierter als mit serienmäßigen Leuchten erfolgen. Neben den zusätzlichen Entwicklungskosten muß hierbei jedoch vor allem die zeitliche Verzögerung bis zur Lieferbarkeit der Leuchten einkalkuliert werden.

3.3.2.2 Integrierte oder additive Beleuchtung

Für die Einordnung von Leuchten in die Architektur existieren zwei entgegengesetzte Grundkonzepte, die der Beleuchtungsanlage sowohl eine unterschiedliche ästhetische Funktion zuweisen, als auch unterschiedliche lichttechnische Möglichkeiten eröffnen. Hierbei handelt es sich einerseits um den Versuch, die Leuchten weitgehend in die Architektur zu integrieren, andererseits um einen Ansatz, der die Leuchten als selbständige Elemente zu einer bestehenden Architektur hinzufügt. Beide Konzepte sollten allerdings nicht als geschlossene Ansätze betrachtet werden, sie bilden vielmehr die Extrempunkte einer Skala von gestalterischen und technischen Möglichkeiten, die auch gemischte Konzepte und Zwischenlösungen zuläßt.

Bei einer integrierten Beleuchtung tritt die Leuchte hinter der Architektur zurück; die Leuchten werden nur durch das Muster ihrer Wand- oder Deckenöffnungen sichtbar. Das Schwergewicht der Planung liegt also weniger auf dem gestalterischen Umgang mit den Leuchten selbst, als auf dem Einsatz der von den Leuchten erzeugten Lichtwirkungen. Eine integrierte Beleuchtung ordnet sich daher leicht in unterschiedliche Umgebungen ein, sie erleichtert die Aufgabe, Leuchten gestalterisch an die Umgebung anzupassen.

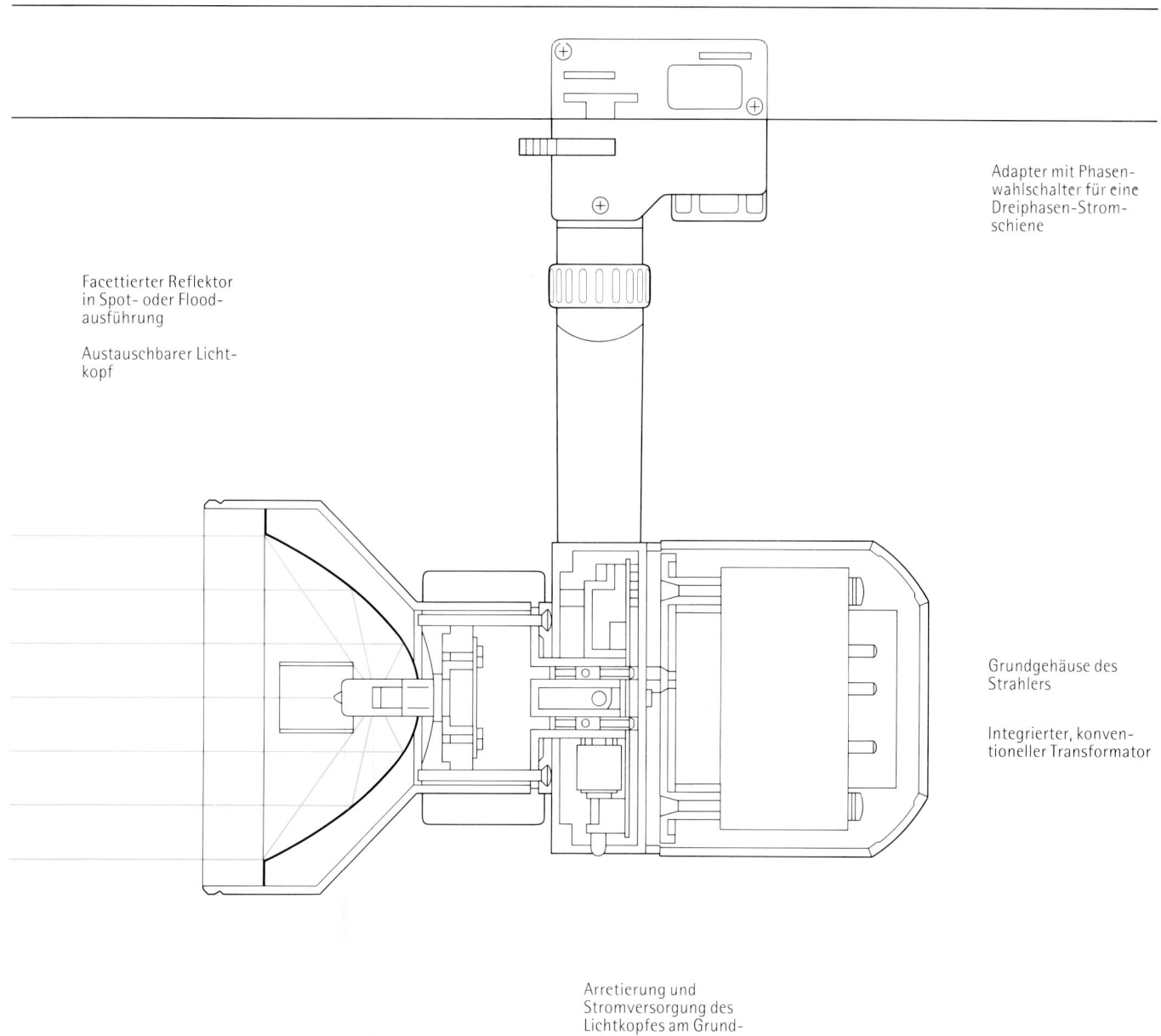

Facettierter Reflektor
in Spot- oder Flood-
ausführung

Austauschbarer Licht-
kopf

Adapter mit Phasen-
wahlschalter für eine
Dreiphasen-Strom-
schiene

Grundgehäuse des
Strahlers

Integrierter, konven-
tioneller Transformator

Arretierung und
Stromversorgung des
Lichtkopfes am Grund-
gehäuse

Strahler für Niedervolt-
Halogenlampen mit
integriertem Trans-
formator. Grundge-
häuse und austausch-
bare Lichtköpfe bilden
ein modulares System,
das eine Vielzahl licht-
technischer Möglich-
keiten erschließt.

Freistrahlende Nieder-
volt-Halogenlampe mit
Stiftsockel

Abschirmzylinder aus
geschwärztem Edelstahl

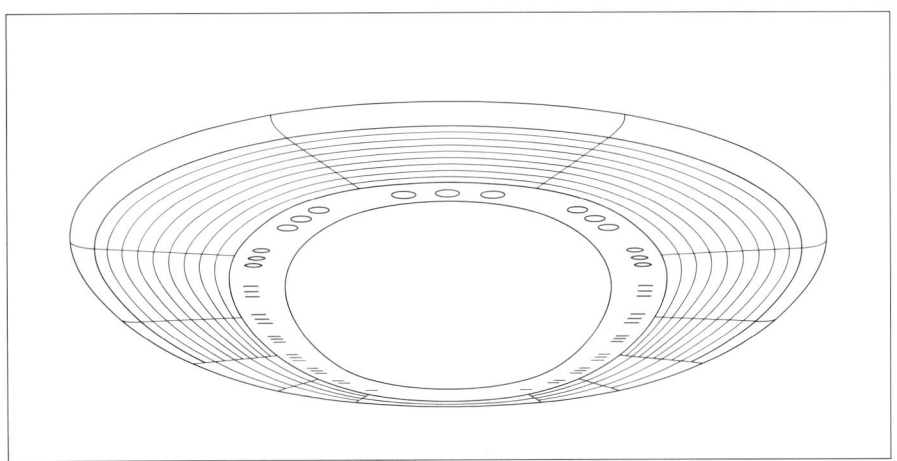

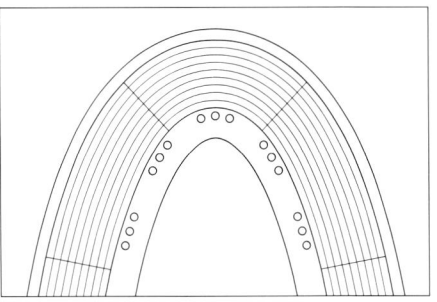

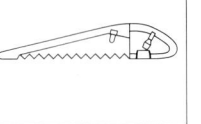

Sonderleuchte für den Boardroom der Hongkong and Shanghai Bank. Die elliptische Leuchte (9,1 x 3,6 m) entspricht der Form des Besprechungstisches. Der innere Ring der Leuchte nimmt Richtstrahler auf, die jedem Sitzplatz zugeordnet sind. Der äußere Ring wird durch ein Prismenraster gebildet, das für einen Allgemeinbeleuchtungsanteil und Brillanzeffekte sorgt.

Sonderleuchte für die Kassettendecke im Neubautrakt des Louvre. Eine Leuchtstoffkomponente (1) dient zur Beleuchtung der Kassettenflanken und damit zu einer deckenintegrierten Indirektbeleuchtung. Ein zusätzlicher Strahler (2) kann zur Akzentbeleuchtung eingesetzt werden.

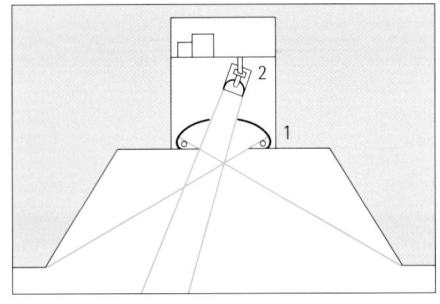

Sonderleuchte, aufbauend auf einem Standardprodukt: Das optische System einer gebräuchlichen Rasterleuchte (unten) wird als direktstrahlendes Element einer linearen Sekundärleuchte (oben) verwendet.

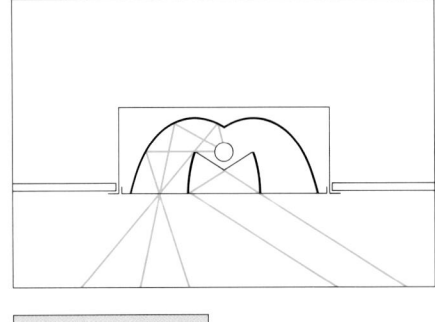

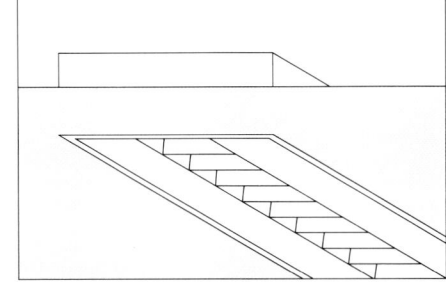

Naturgemäß stellt die integrierte Beleuchtung aber eine vergleichsweise statische Lösung dar. Eine Veränderung der Beleuchtung kann nur durch Lichtsteuerung oder durch die Ausrichtung beweglicher Leuchtentypen erfolgen – der Anpassung an wechselnde Nutzungsbedingungen sind also Grenzen gesetzt. Die Integration von Leuchten setzt zudem geeignete bauliche Bedingungen voraus; sei es, daß eine abgehängte Decke für den Leuchteneinbau genutzt werden kann, sei es, daß beim Neubau Einbaugehäuse in die Decke oder auch in die Wände integriert werden. Den Extremfall stellen hier Beleuchtungsformen dar, die entsprechend konstruierte Teile der Architektur als optisch wirksame Elemente benutzen, vor allem also Lichtdecken, Voutenbeleuchtungen oder hinterleuchtete Konturen.

Für die Integration geeignet sind vor allem Deckeneinbauleuchten, d. h. das gesamte Spektrum von Downlights, vom klassischen Downlight über Downlight-Wandfluter bis hin zu Downlight-Richtstrahlern, sowie das entsprechende Angebot an Rasterleuchten. In die Wand integriert werden können vor allem Boden- und Deckenfluter.

Bei der additiven Beleuchtung werden die Leuchten nicht in die Architektur integriert, sondern treten als eigenständige Elemente in Erscheinung. Neben der Planung der Lichtwirkungen ergibt sich hierbei also verstärkt die Aufgabe, eine auf die Architektur abgestimmte Auswahl und Anordnung von Leuchten zu ermitteln; das Spektrum der Planungsmöglichkeiten reicht hierbei von der Anpassung an vorhandene Strukturen bis zur aktiven Einflußnahme auf das optische Gesamtbild.

Charakteristische Leuchten für eine additive Beleuchtung sind Lichtstrukturen und Strahler, aber auch aufgebaute Downlights. Lichtstrukturen bieten dabei durch ihre Trennung von der Decke ein erweitertes Repertoire von Einsatzmöglichkeiten; sie erlauben sowohl eine direkte als auch eine indirekte oder kombiniert direkt-indirekte Raumbeleuchtung. Strahler, die sowohl direkt an der Decke wie auch an abgehängten Tragstrukturen verwendet werden können, sind dagegen besonders zur variablen Beleuchtung, z. B. im Präsentations- und Ausstellungsbereich geeignet. Dem Zugewinn an Flexibilität steht aber auch hier die Aufgabe gegenüber, das optische Bild der Beleuchtungsanlage auf die Umgebung abzustimmen und visuelle Unruhe durch die Mischung von Leuchtentypen oder durch eine verwirrende Anordnung zu vermeiden.

Zwischen den Extremformen einer vollständig integrierten und einer eindeutig additiven Beleuchtung existiert ein fließender Übergang. So kann sich eine integrierte Downlightbeleuchtung über die Zwischenstufen halbeingebauter, aufgebauter und schließlich abgependelter

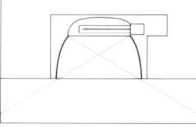
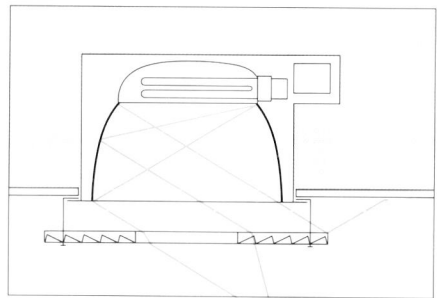
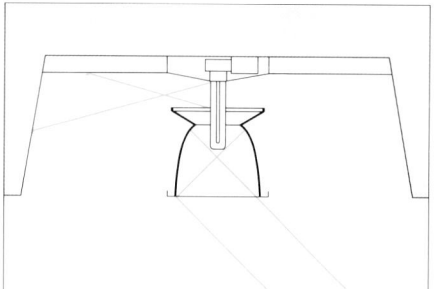

Der Darklightreflektor eines gebräuchlichen Downlights wird als direktstrahlendes Element einer rotationssymmetrischen Sekundärleuchte verwendet.

Sonderleuchten, aufbauend auf Standardprodukten: Die im Abstand zur Deckenöffnung eines gebräuchlichen Downlights montierte Prismenscheibe dient zur Kontrolle der Leuchtdichteverteilung. Die Decke wird aufgehellt, gleichzeitig wird die Abschirmung der Lampe verbessert.

Integrierte und additive Beleuchtung: Identische Lichtwirkungen durch Einbaudownlights und Downlights an einer Lichtstruktur

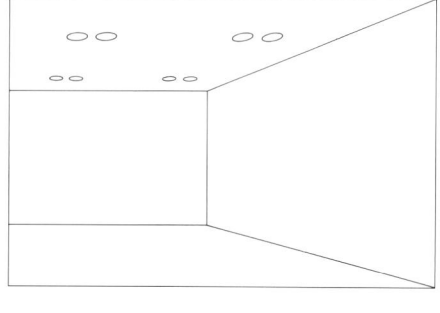

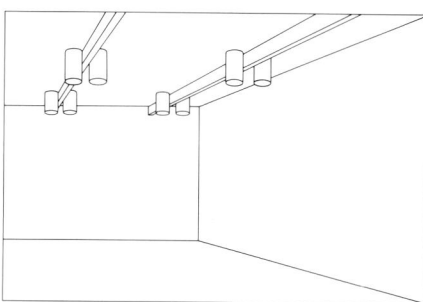
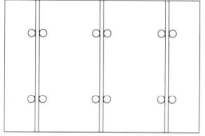

Downlights einem additiven Beleuchtungskonzept annähern; die Aufgaben einer additiven Beleuchtung durch Strahler können wiederum ebenfalls durch integrierte Downlight-Richtstrahler übernommen werden. Lichtplanung und Leuchtenauswahl sind also nicht an die Entscheidung für eine eindeutig integrierte oder additive Lösung gebunden, sie können sich innerhalb dieses Spektrums für ein Konzept entscheiden, das den baulichen, ästhetischen und lichttechnischen Anforderungen entspricht.

3.3.2.3 Ortsfeste oder bewegliche Beleuchtung

Die Entscheidung für eine feste oder variable Beleuchtungsanlage überschneidet sich mit der Entscheidung für eine integrierte oder additive Lösung; sie wird aber weniger von gestalterischen Gesichtspunkten, als von den lichttechnischen Anforderungen der Beleuchtungsaufgabe bestimmt.

Variabilität einer Beleuchtung kann auf verschiedene Weise erreicht werden. Selbst bei ortsfesten Systemen, seien es eingebaute Leuchten, aufgebaute Leuchten oder abgehängte Strukturen, kann sowohl eine räumliche als auch eine zeitliche Veränderung der Beleuchtung durch Lichtsteuerung erreicht werden – einzelne Leuchten oder Leuchtengruppen werden gedimmt oder geschaltet, um die Beleuchtung an veränderte Nutzungsbedingungen anzupassen. Der nächste Schritt zu einer gesteigerten Variabilität liegt im Einsatz ortsfester, aber ausrichtbarer Leuchten, meist also von Downlight-Richtstrahlern oder von Strahlern an Punktauslässen. Die weitestgehende Variabilität, wie sie z. B. bei der Beleuchtung von wechselnden Ausstellungen oder in der Präsentationsbeleuchtung erforderlich ist, wird durch den Einsatz beweglicher Strahler an Stromschienen oder Tragstrukturen erreicht. Hierbei ist sowohl eine Anpassung der Beleuchtung durch Lichtsteuerung wie eine räumliche Neuausrichtung, schließlich sogar das Versetzen oder völlige Austauschen der Leuchten möglich. Auch bei der Entscheidung zwischen einer eher statischen und einer variablen Beleuchtung existiert also ein gleitender Übergang zwischen den Extremen, der eine Anpassung an die jeweiligen Gegebenheiten zuläßt.

3.3.2.4 Allgemeinbeleuchtung oder differenzierte Beleuchtung

Die Schwerpunktsetzung auf einer überwiegend gleichförmigen Allgemeinbeleuchtung oder einer stärker differenzierenden Akzentbeleuchtung hängt von der Struktur der Beleuchtungsaufgabe ab – eine Betonung einzelner Bereiche macht nur Sinn, wenn ein ausreichendes Informationsgefälle zwischen besonders bedeutsamen

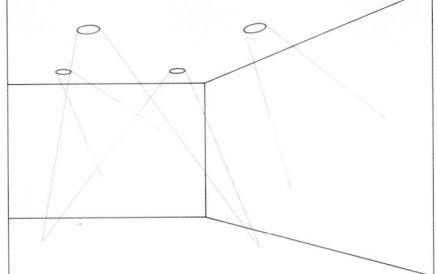
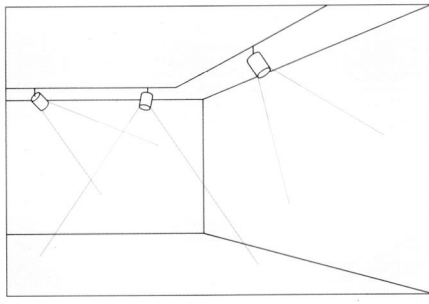

Ortsfeste und bewegliche Beleuchtung: Identische Lichtwirkungen durch Downlight-Richtstrahler und Strahler an einer Stromschiene

Bereichen oder Objekten und ihrem Umfeld besteht, während für eine gleichförmige Aufgaben- und Informationsverteilung dagegen eine entsprechend allgemein ausgerichtete Beleuchtung angemessen ist.

Während die gleichförmige Allgemeinbeleuchtung eine gebräuchliche Konzeption darstellt und in der Arbeitsplatzbeleuchtung sogar den Regelfall bildet, kann eine ausschließlich auf isolierte Lichtakzente zielende Beleuchtungskonzeption dagegen als Ausnahmefall angesehen werden. In der Regel wird auch eine ausgeprägte Akzentbeleuchtung Allgemeinbeleuchtungsanteile enthalten, schon um die räumliche Einordnung beleuchteter Objekte und die Orientierung der Betrachter zu ermöglichen. Diese Allgemeinbeleuchtung kann durch entsprechende Leuchten erzeugt werden, aus deren grundlegendem Lichtniveau (ambient light) dann bedeutsame Bereiche durch Akzentlicht (focal glow) hervorgehoben werden. Häufig wird jedoch schon das Streulicht der akzentuierten Bereiche ausreichen, um für eine ausreichende Umgebungsbeleuchtung zu sorgen – eine Allgemeinbeleuchtung kann also auch durch die Akzentbeleuchtung selbst erfolgen. Hier zeigt sich, daß die immer noch gebräuchliche, klare Trennung zwischen Allgemein- und Akzentbeleuchtung inzwischen überholt ist; beide Bereiche gehen ineinander über und können mit der jeweils entgegengesetzten Beleuchtungsform kombiniert werden.

Für die Allgemeinbeleuchtung bieten sich zunächst breitstrahlendere Leuchten, vor allem Rasterleuchten und Lichtstrukturen für Leuchtstofflampen an, wie sie in der Mehrzahl der Arbeitsplatzbeleuchtungen verwendet werden. Eine gleichmäßige Beleuchtung kann aber ebensogut durch indirekte Beleuchtung, sei es durch Deckenfluter, Wandfluter oder Sekundärleuchten, erfolgen; vor allem bei der Beleuchtung repräsentativer Umgebungen wie Foyers oder Versammlungsräume sind auch flächendeckende Anordnungen enger strahlender Downlights gebräuchlich.

Für die Akzentbeleuchtung ist die Leuchtenauswahl dagegen geringer, sie beschränkt sich auf Leuchten, die in der Lage sind, ein gerichtetes, enggebündeltes Licht abzugeben. Für die statische Beleuchtung horizontaler Beleuchtungsaufgaben kommen hierbei Downlights in Frage, variabler in der Ausrichtung sind Downlight-Richtstrahler. In der Regel werden jedoch bewegliche Strahler an Stromschienen oder Tragstrukturen den Anforderungen an Ausrichtbarkeit und Variabilität am ehesten entsprechen.

3.3.2.5 Direkte oder indirekte Beleuchtung

Die Entscheidung für eine direkte oder indirekte Beleuchtung hat weitgehenden Einfluß auf die Entstehung gerichteter oder diffuser Beleuchtungsanteile; sie

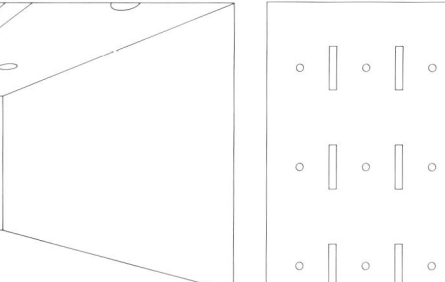

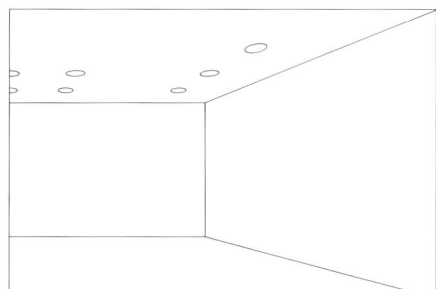

Allgemeinbeleuchtung und differenzierte Beleuchtung: Allgemeinbeleuchtung durch eine regelmäßige Anordnung von Rasterleuchten und Downlights. Eine zeitliche Differenzierung ist durch das Schalten und Dimmen beider Komponenten möglich (oben). Eine räumlich differenzierte Beleuchtung wird durch eine Anordnung von Wandflutern und eine Downlightgruppe erreicht (unten).

Direkte und indirekte Beleuchtung: Direkte Beleuchtung durch Downlights (oben), indirekte Beleuchtung durch wandmontierte Deckenfluter (unten)

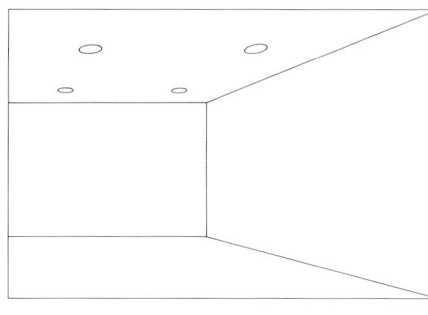

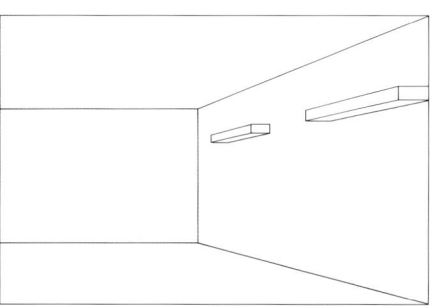

impliziert die Entscheidung für ein Beleuchtungskonzept, das bei der indirekten Beleuchtung notwendig auf eine diffuse Allgemeinbeleuchtung ausgerichtet ist, während eine direkte Beleuchtung sowohl diffuses als auch gerichtetes Licht, sowohl eine allgemeine als auch eine akzentuierte Beleuchtung zuläßt.

Die indirekte Beleuchtung bietet den Vorteil, daß sie ein sehr gleichmäßiges, weiches Licht erzeugt und durch die Aufhellung der Raumbegrenzungsflächen für einen offenen Raumeindruck sorgt. Zusätzlich werden Probleme durch Direktblendung und Reflexblendung vermieden, so daß eine indirekte Beleuchtung auch als Problemlösung bei kritischen Sehaufgaben wie Bildschirmarbeitsplätzen dienen kann.
　　Beachtet werden sollte allerdings, daß durch die geringe Modellierung und die fehlende räumliche Differenzierung einer ausschließlich indirekten Beleuchtung keine Akzentuierung der Architektur oder der beleuchteten Objekte erreicht wird, so daß eine flache und monotone Gesamtwirkung der Umgebung entstehen kann.
　　Eine indirekte Beleuchtung wird dadurch erreicht, daß das Licht einer primären Lichtquelle von einer wesentlich größeren, meist gestreut reflektierenden Oberfläche reflektiert wird, die dadurch den Charakter einer flächigen Sekundärleuchte bekommt. Als Reflektorfläche kann zunächst die Architektur selbst dienen; das Licht wird dabei auf die Wände, auf die Decke, unter Umständen sogar auf den Boden gelenkt und von dort in den Raum reflektiert. Zunehmend werden aber auch sogenannte Sekundärleuchten entwickelt, die eine primäre Lichtquelle mit eigenem Reflektorsystem und einen größeren Sekundärreflektor umfassen; hierdurch wird eine verbesserte optische Kontrolle des abgegebenen Lichts ermöglicht.

Die direkte Beleuchtung kann, meist durch Verwendung von Rasterleuchten, ebenfalls als Allgemeinbeleuchtung mit überwiegend diffusem Licht konzipiert werden. Sie erlaubt darüber hinaus aber auch den Einsatz gerichteten Lichts. Hierdurch ergeben sich zunächst deutlich veränderte Lichtqualitäten, vor allem eine erheblich verbesserte Wiedergabe der Plastizität und der Oberflächenstrukturen beleuchteter Objekte. Vor allem wird durch gerichtetes Licht aber eine Lichtplanung möglich, die in der Lage ist, einzelne Raumbereiche von fast jedem Ort aus gezielt zu beleuchten, die also sowohl eine differenzierte Verteilung des Lichts erlaubt, als auch bei der Anordnung von Leuchten ein größeres Maß an Freiheit einräumt.

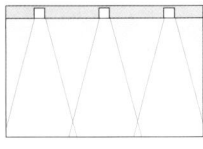

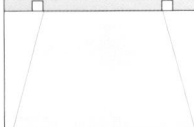

Horizontale und vertikale Beleuchtung: Bei gleichen Leuchtenpositionen können Downlights für eine horizontale und Wandfluter für eine vertikale Beleuchtung eingesetzt werden.

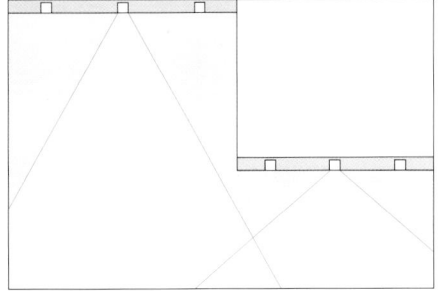

Horizontale Allgemeinbeleuchtung bei unterschiedlichen Deckenhöhen: Bei hohen Decken kommen in der Regel engstrahlende, bei niedrigen Decken breitstrahlende Leuchten zum Einsatz, um eine gleichbleibende Überlagerung der Lichtkegel zu erreichen.

3.3.2.6 Horizontale und vertikale Beleuchtung

Anders als bei der Entscheidung für eine integrierte bzw. additive Beleuchtungsanlage oder für ein statisches bzw. variables Konzept spielen die Extremformen einer ausschließlich horizontalen oder vertikalen Beleuchtung in der Planungspraxis kaum eine Rolle – durch die Reflexion an Raumbegrenzungen und beleuchteten Objekten wird fast immer ein (meist auch erwünschter) Anteil der entgegengesetzten Beleuchtungsform erzeugt. Trotz dieser Interdependenz wird der Charakter einer Beleuchtung jedoch wesentlich von der Schwerpunktsetzung auf horizontal oder vertikal orientiertem Licht bestimmt.

Die Schwerpunktsetzung auf einer horizontalen Beleuchtung deckt sich dabei häufig mit der Entscheidung für ein funktionales, nutzungsorientiertes Licht. Dies gilt vor allem für die Arbeitsplatzbeleuchtung, bei der die Lichtplanung überwiegend auf die gleichmäßige Beleuchtung horizontal orientierter Sehaufgaben ausgerichtet ist. Vertikale Beleuchtungsanteile entstehen hierbei vor allem durch diffuses, von den beleuchteten horizontalen Flächen reflektiertes Licht.

Die Schwerpunktsetzung auf einer vertikalen Beleuchtung kann bei der Beleuchtung vertikaler Sehaufgaben, z. B. von Wandtafeln oder Gemälden, ebenfalls funktional bedingt sein. Häufig zielt sie aber auf die Darstellung und Gestaltung der visuellen Umgebung; anders als das horizontal orientierte Nutzlicht wird dabei ein Licht angestrebt, das die charakteristischen Merkmale und Schwerpunkte der visuellen Umgebung herausarbeitet. Dies gilt zunächst für die Architektur, deren Strukturen durch eine gezielte Beleuchtung der Wände verdeutlicht werden kann, als auch für die Betonung und Modellierung der Objekte im Raum. Nicht zuletzt werden vertikale Beleuchtungsanteile aber auch benötigt, um die Kommunikation zu erleichtern, die Mimik des Gesprächspartners nicht in den Schlagschatten einer einseitig horizontalen Beleuchtung verschwinden zu lassen.

3.3.2.7 Beleuchtung von Arbeitsfläche und Boden

Die Beleuchtung horizontaler Flächen ist eine der häufigsten Beleuchtungsaufgaben. Unter diese Kategorie fallen die meisten durch Normen geregelten Beleuchtungsaufgaben bei Arbeitsplätzen und Verkehrswegen, sei es die Beleuchtung von Arbeitsflächen (Nutzebene 0,85 m über dem Boden) oder die Beleuchtung des Bodens selbst (Nutzebene 0,2 m über dem Boden).

Die Beleuchtung dieser Flächen kann zunächst durch direktes Licht erfolgen; hierfür wird eine Vielzahl von Leuchten angeboten. Je nach Auswahl der verwendeten Leuchten können dabei unterschiedliche Lichtwirkungen erreicht werden. So wird durch Rasterleuchten oder Lichtstrukturen für Leuchtstofflampen eine gleichmäßige Allgemeinbeleuchtung erreicht, wie sie vor allem am Arbeitsplatz erwünscht ist. Mit Hilfe von Downlights, vor allem für Glühlampen, kann dagegen ein gerichteteres Licht erzeugt werden, das Materialeigenschaften stärker betont und eine differenziertere Lichtführung ermöglicht; dies kann vor allem bei repräsentativeren Beleuchtungsaufgaben und bei der Präsentationsbeleuchtung genutzt werden. Auch eine Kombination beider Leuchtentypen ist möglich, um eine räumlich differenzierte Beleuchtung zu schaffen oder den Anteil an gerichtetem Licht allgemein zu erhöhen.

Eine Beleuchtung horizontaler Flächen kann aber auch durch indirektes Licht erfolgen. Hierbei werden die Wände, bevorzugt aber die Decke, beleuchtet, um durch Reflexion an diesen Flächen eine gleichmäßige und diffuse Allgemeinbeleuchtung zu erzeugen, die sowohl vertikale Beleuchtungsanteile zur Raumaufhellung, als auch horizontale Beleuchtungsanteile zur eigentlichen Beleuchtung der Arbeitsfläche oder des Bodens aufweist. Dies kann z. B. bei der Beleuchtung von Fluren genutzt werden, um trotz geringer Beleuchtungsstärken einen offenen Raumeindruck zu erreichen. Vor allem eignen sich indirekte Beleuchtungsformen aber wegen ihrer ausgezeichneten Blendfreiheit zur Beleuchtung von Sehaufgaben, bei denen es leicht zur Störung durch Reflexblendung kommt, z. B. also von Bildschirmarbeitsplätzen. Wird eine Erhöhung der Modellierung zur Verbesserung der ansonsten schwachen räumlichen Darstellung beleuchteter Objekte oder eine stärkere Akzentuierung der Architektur gefordert, kann die indirekte Beleuchtung durch eine Direktbeleuchtung ergänzt werden, die für das benötigte gerichtete Licht sorgt. In einigen Fällen ist jedoch eine möglichst geringe Modellierung erwünscht, so daß hier die indirekte Beleuchtung eine optimale Beleuchtungsform darstellt. Beachtet werden sollte aber in jedem Fall, daß der Energieaufwand bei einer indirekten Beleuchtung durch die Reflexionsverluste bis zum Faktor 3 höher liegen kann als bei einer direkten Beleuchtung.

Gegenüber rein direkten oder indirekten Beleuchtungsformen wird in Zukunft eine kombinierte, direkt-indirekte Beleuchtung an Bedeutung zunehmen, bei der die indirekte Komponente für eine Allgemeinbeleuchtung mit hohem Sehkomfort sorgt, während direkte Beleuchtungsanteile für eine Akzentuierung der Arbeitszone und ihrer Sehaufgaben eingesetzt werden. Neben der Kombination von direkt und indirekt strahlenden Leuchten, sei es als Einzelleuchten oder integriert in Lichtstrukturen, werden hierbei auch Sekundärleuchten genutzt, die sowohl direkte als auch indirekte Beleuchtungsanteile abgeben und eine optische Kontrolle beider Beleuchtungsformen erlauben.

3.3.2.8 Wandbeleuchtung

Die Wandbeleuchtung kann eine Reihe von Aufgaben erfüllen. Zunächst kann sie sich auf vertikale Sehaufgaben an den Wänden richten, seien es Informationsträger wie Wandtafeln, Präsentationsobjekte wie Gemälde oder Waren, architektonische Strukturen oder die Oberfläche der Wand selbst. Wandbeleuchtung kann aber auch ausschließlich auf die Darstellung der Wand in ihrer Funktion als Raumbegrenzungsfläche zielen; schließlich kann Wandbeleuchtung auch ein Mittel zur indirekten Allgemeinbeleuchtung des Raums sein.

Für die akzentuierte Beleuchtung einzelner Wandbereiche oder Objekte an der Wand eignen sich, je nach dem benötigten Grad an Flexibilität, vor allem Strahler und Downlight-Richtstrahler. Bei reflektierenden Flächen, z. B. Ölgemälden oder verglaster Graphik, muß hier der Einfallswinkel des Lichts beachtet werden, um durch zu flache Winkel entstehende, störende Reflexe im Blickwinkel der Betrachter zu vermeiden, gegebenenfalls aber auch, um durch zu steilen Lichteinfall entstehende Schlagschatten, z. B. Rahmenschatten auf Bildflächen, zu verhindern.

Für die Betonung von Oberflächenstrukturen ist dagegen eine Streiflichtbeleuchtung durch Downlights besonders geeignet. Diese Beleuchtungsform kann auch zur reinen Wandbeleuchtung verwendet werden, falls der durch die entstehenden Lichtkegelanschnitte (scallops) erzeugte, materielle Wandeindruck erwünscht ist. Besonders in der Flur- und Außenbeleuchtung kann eine Wandbeleuchtung durch Streiflicht auch mit Hilfe von Uplights oder Up-Downlights erreicht werden. In allen Fällen sollte allerdings darauf geachtet werden, daß die Verteilung der Lichtkegel auf der Wand an die Raumproportionen angepaßt ist und einem durchgängigen Rhythmus folgt, bzw. daß eine asymmetrische Verteilung sich eindeutig aus den Besonderheiten der jeweiligen Wandfläche, z. B. der Verteilung von Türen oder Objekten, ableiten läßt.

Wird keine Betonung des abschließenden Charakters einer Wand, sondern vielmehr ein offener Wandeindruck gewünscht, ist eine gleichförmigere, übergangslose Wandbeleuchtung erforderlich. Hierzu eignen sich zunächst Downlight-Wandfluter, die in unterschiedlichen Ausführungen sowohl für lineare Wandverläufe als auch für Wandversprünge und Raumecken sowie für in geringem Abstand parallellaufende Korridorwände erhältlich sind. Downlight-Wandfluter erzeugen durch ein spezielles Reflektorsegment eine

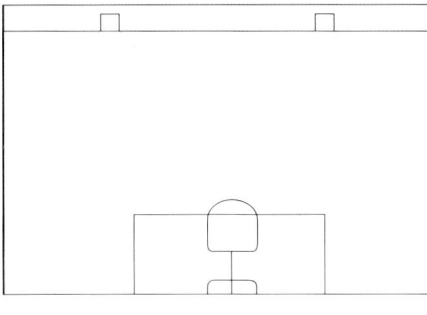

Beleuchtung von Arbeitsflächen im Büro: Abhängig von Nutzung und Charakter des Raumes können unterschiedliche Beleuchtungskonzepte eingesetzt werden.

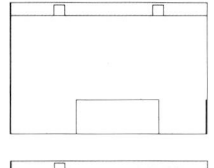
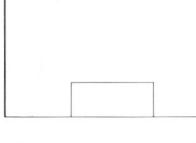
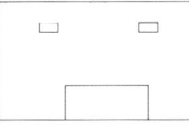
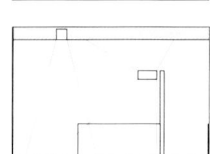
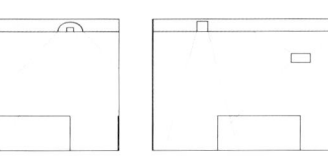
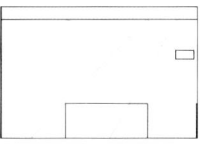
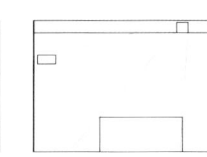

Allgemeinbeleuchtung (oben), direkt-indirekte Arbeitsplatzbeleuchtung mit direkter Verkehrszonenbeleuchtung (unten)

Direkte Arbeitszonenbeleuchtung mit Wandbeleuchtung (oben), Arbeitszonenbeleuchtung durch Sekundärleuchten (Mitte), indirekte Allgemeinbeleuchtung und Arbeitsplatzbeleuchtung durch Deckenreflektor (unten)

Indirekte Allgemeinbeleuchtung (oben), direkt-indirekte Arbeitszonenbeleuchtung mit direkter Verkehrszonenbeleuchtung (Mitte), gerichtete Arbeitsplatzbeleuchtung mit indirekter Verkehrszonenbeleuchtung (unten)

Mit steigendem Ab-
blendwinkel steigt der
Sehkomfort der Leuchte
durch eine erhöhte
Blendungsbegrenzung.
Bei gleicher Leuchten-
anordnung ergeben
sich dabei unterschied-
liche Lichtkegel-
anschnitte an der Wand.
Bei steigendem Ab-
blendwinkel verringert
sich der Ausstrahlungs-
winkel annähernd in
dem für 30°, 40° und
50° gezeigtem Zusam-
menhang.

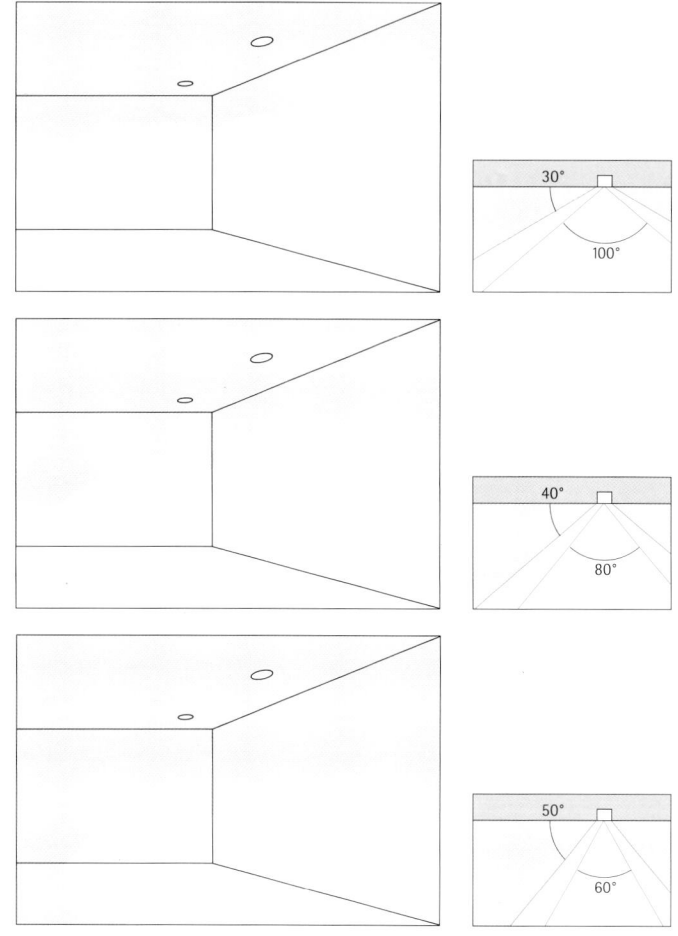

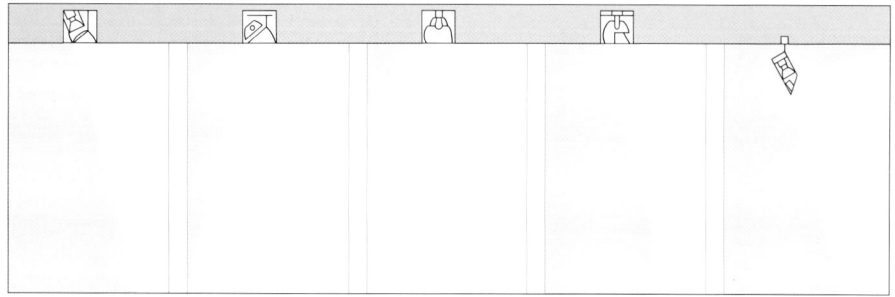

Wandbeleuchtung
durch rotationssym-
metrische Leuchten
(von links nach rechts):
Linsenwandfluter,
Richtfluter, Downlight-
Wandfluter, Wandfluter,
Wandfluter an Strom-
schiene

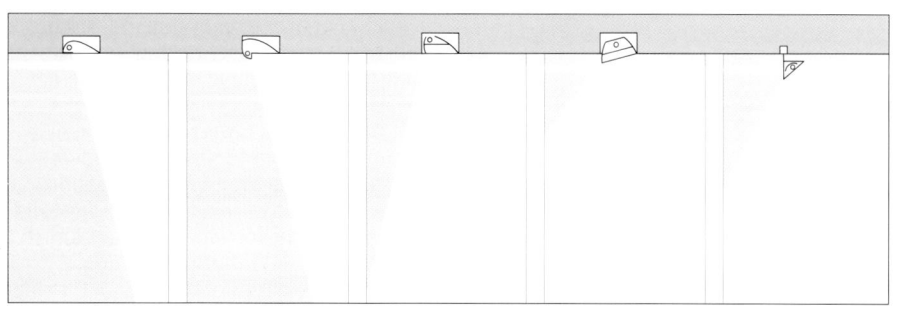

Wandbeleuchtung
durch lineare Leuchten
(von links nach rechts):
Wandfluter für Leucht-
stofflampen, Wand-
fluter mit Prismen-
element, Wandfluter
mit Rasterreflektor,
schwenkbarer Wand-
fluter, Wandfluter an
Stromschiene

deutlich gleichmäßigere Ausleuchtung der Wand als Downlights in ihrer Grundform.

Eine völlig gleichmäßige Wandbeleuchtung wird durch Wandfluter erzeugt, die ebenso wie Downlight-Wandfluter für Ein- und Aufbau sowie für den Betrieb an Stromschienen und Tragstrukturen erhältlich sind. Über die reine Beleuchtung von Wandflächen sind Wandfluter oder Downlight-Wandfluter ebenfalls für eine gleichmäßige Beleuchtung vertikaler Sehaufgaben und für die indirekte Allgemeinbeleuchtung geeignet.

3.3.2.9 Deckenbeleuchtung

Auch die Deckenbeleuchtung kann zunächst dieser Fläche des Raums selbst gelten; dies vor allem, wenn die Decke durch Gemälde oder architektonische Strukturen einen eigenen Informationswert besitzt. Meist wird die Beleuchtung der Decke jedoch als Hilfsmittel zur indirekten Allgemeinbeleuchtung des Raums genutzt. Hierbei sollte jedoch beachtet werden, daß die Decke auf diese Weise zur hellsten Raumfläche wird und damit einen Aufmerksamkeitswert erhält, der ihrem Informationsgehalt häufig nicht entspricht. Vor allem bei längerem Aufenthalt kann die Leuchtdichte der Decke daher – wie der bedeckte Himmel – als störend oder sogar blendend empfunden werden; dies gilt auch und vor allem für Lichtdecken, bei denen die Decke nicht beleuchtet wird, sondern selbst als flächige Leuchte gestaltet ist.

Eine Beleuchtung der Decke kann durch auf die Wand aufgebaute oder in die Wand integrierte Deckenfluter erfolgen; eine Sonderform dieser Beleuchtungsmethode ist die Beleuchtung durch Vouten. Falls keine Möglichkeit zur Wandinstallation besteht, wie es vor allem in historischen Gebäuden vorkommt, können auch Deckenfluter auf Bodenständern eingesetzt werden. Darüber hinaus können Decken auch durch abgehängte, in den oberen Halbraum strahlende Leuchten oder Lichtstrukturen beleuchtet werden. Voraussetzung ist in jedem Fall eine ausreichende Raumhöhe, da alle Leuchtentypen, um Direktblendung zu vermeiden, über Kopfhöhe montiert werden müssen und über diese Höhe hinaus noch einen deutlichen Deckenabstand für die gleichmäßige Lichtverteilung benötigen. Eine weniger auf gleichmäßige Beleuchtung als auf akzentuierte Einzelbereiche zielende Deckenbeleuchtung kann durch Uplights erreicht werden; diese Methode eignet sich auch für Räume mit geringerer Deckenhöhe.

3.3.2.10 Begrenzung der Leuchtdichte

Die Frage nach der Begrenzung von Blendwirkungen stellt sich bei ortsfesten und beweglichen Leuchten auf unterschiedliche Weise. Bei ausrichtbaren Leuchten wie

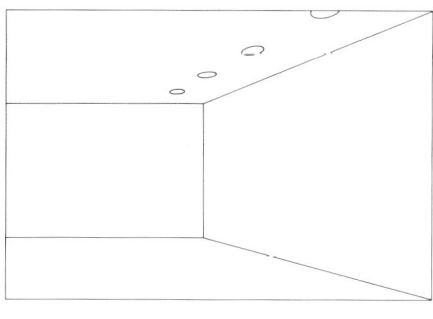

Wandbeleuchtung durch Downlight-Wandfluter (oben) und Wandfluter (unten)

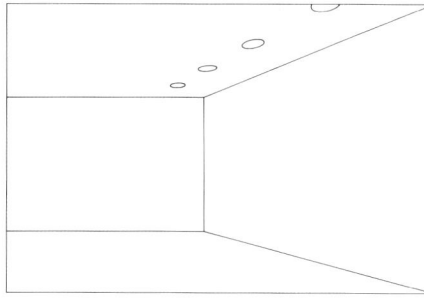

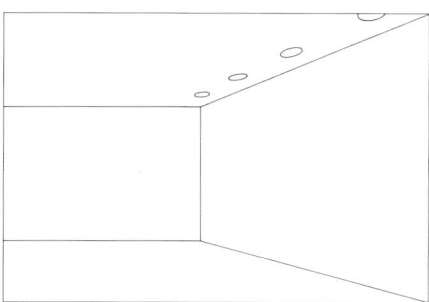

Einsatz von engstrahlenden Downlights zur streifenden Wandbeleuchtung mit dekorativen Lichtkegelanschnitten

Deckenbeleuchtung durch wandmontierte Deckenfluter, abgependelte Indirektleuchte und wandmontierte Direkt-Indirektleuchte

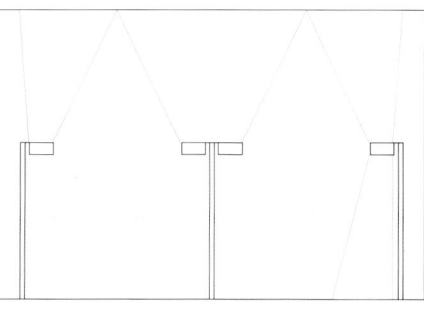

Standleuchte mit asymmetrischer Indirektbeleuchtung, Standleuchte mit symmetrischer Indirektbeleuchtung, Standleuchte mit asymmetrischer Direkt-Indirektbeleuchtung

Für die elektrische Sicherheit von Leuchten werden Schutzmaßnahmen gefordert, die verhindern, daß berührbare Metallteile im Fehlerfall Spannung führen. Die Schutzklasse gibt die Art der jeweiligen Maßnahme an.

Schutzklasse		Schutzmaßnahmen
I	⏚	Die Leuchte hat eine Anschlußstelle für Schutzleiter, mit dem alle berührbaren Metallteile verbunden sein müssen. Der Anschluß am Netz-Schutzleiter ist zwingend erforderlich
II	▣	Die Leuchte hat durch Isolierung keine berührbaren Metallteile, die im Fehlerfalle Spannung annehmen können. Ein Schutzleiter fehlt
III	⟨III⟩	Die Leuchte wird mit einer Kleinspannung bis 42 V betrieben; diese wird mit Sicherheits-Transformatoren erzeugt oder aus Batterien entnommen

Leuchten werden zur Sicherheit gegen das Eintreten von Fremdkörpern und Wasser geschützt. Die Kennzeichnung der jeweiligen Schutzart (IP) erfolgt international durch die Kombination zweier Kennziffern XY, wobei die Kennziffer X den Fremdkörperschutz, die Kennziffer Y den Wasserschutz kennzeichnet. Die Mindestanforderung an Leuchten in Innenräumen ist IP 20.

X	Art des Fremdkörpers	Y	Art des Wasserschutzes
		0	Kein Schutz
		1	Geschützt gegen senkrechtes Tropfwasser
2	Geschützt gegen Fremdkörper > 12 mm (Schutz vor Berührung mit Fingern)	2	Geschützt gegen schrägfallendes Tropfwasser (bis 15° zur Senkrechten)
3	Geschützt gegen Fremdkörper > 2,5 mm	3	Geschützt gegen Sprühwasser (bis 15° zur Senkrechten)
4	Geschützt gegen Fremdkörper > 1,0 mm	4	Geschützt gegen Spritzwasser aus allen Richtungen
5	Staubgeschützt	5	Geschützt gegen Strahlwasser aus allen Richtungen
6	Staubdicht	6	Geschützt beim Überfluten
		7	Geschützt beim Eintauchen
		8	Geschützt beim Untertauchen

Gebräuchliche Schutzarten IP XY für Leuchten

X	0	1	2	3	4	5	6	7	8
6					•		•	•	
5	•			•	•	•			
4	•			•	•				
3									
2	•		•	•					
	0	1	2	3	4	5	6	7	8	Y

Kennzeichnung besonderer Leuchteneigenschaften und Sicherheitsanforderungen

▽F	Leuchte mit Entladungslampe, geeignet zur Montage an Gebäudeteilen aus Baustoffen mit Entzündungstemperatur > 200 °C (z.B. Holzdecken)
▽F̄ / ▽F̲	Leuchte mit Entladungslampe, die eine begrenzte Oberflächentemperatur aufweist, geeignet für durch Staub oder Faserstoffe feuergefährdete bzw. explosionsgefährdete Bereiche
◠M̄	Leuchte, geeignet zur Montage in bzw. zum Anbau an Möbel mit normal entflammbaren Baustoffen (beschichtete, furnierte oder lackierte Hölzer)

◠M̄ / ◠M̲	Leuchte, geeignet zur Montage in bzw. zum Anbau an Möbel mit unbestimmten Entflammungseigenschaften
◠→X m	Sicherheitsabstand (X) in Abstrahlrichtung der Lampe

Strahlern oder Downlight-Richtstrahlern sind Blendungseffekte zwar auch von der Ausstrahlcharakteristik der Leuchte abhängig, primär entsteht Blendung hier jedoch durch eine unsachgemäße Ausrichtung der Leuchte, die eine Blendung durch das Sichtbarwerden des Leuchtmittels verursacht, sei es in der Leuchte selbst, sei es durch Spiegelung der Lampe an reflektierenden Flächen des Raums.

Bei ortsfesten Leuchten wie Downlights, Rasterleuchten oder Lichtstrukturen muß zwischen der Blendungsbegrenzung für den Bereich der Direktblendung und der Bereich der Reflexblendung unterschieden werden. Für die Direktblendung hängt die Qualität der Blendungsbegrenzung von der Ausstrahlcharakteristik der Leuchte ab. Für den Bereich der Arbeitsplatzbeleuchtung existieren hier Normen, die jeweils Mindestabblendwinkel bzw. höchste zulässige Leuchtdichten der Leuchten unter bestimmten Ausstrahlwinkel vorgeben; für Bildschirmarbeitsplätze gelten eigene Vorgaben.

Bei Leuchten mit Spiegelreflektoren verbessert sich die Begrenzung der Direktblendung dabei mit höheren Abschirmwinkeln, d. h. einer tiefstrahlenderen Charakteristik; als Standard haben sich Lampenabschirmwinkel von 30° und 40° durchgesetzt. Eine Begrenzung der Reflexblendung ist durch die Erhöhung des Abschirmwinkels allerdings nicht möglich. Wesentlich ist hierbei vor allem die Plazierung der Leuchten; jede Leuchte im kritischen Deckenbereich eines Arbeitsplatzes ist eine potentielle Quelle von Reflexblendung. Als kritisch kann dabei jeweils der Teil der Decke betrachtet werden, der vom Nutzer in einem die Arbeitsfläche bedeckenden Spiegel gesehen würde.

3.3.2.11 Sicherheitstechnische Anforderungen

Leuchten müssen in jedem Fall den allgemeinen sicherheitstechnischen Anforderungen genügen; dies wird in der Regel durch das Vorhandensein eines VDE-Zeichens gewährleistet. In einigen Fällen bestehen jedoch weitergehende Anforderungen mit entsprechenden Leuchtenkennzeichnungen. Dies gilt zunächst für ausreichende Brandsicherheit bei der Montage von Leuchten auf Möbeln oder anderen entflammbaren Materialien. Auch für Leuchten, die in feuchten, staubhaltigen oder explosionsgefährdeten Umgebungen betrieben werden, gelten besondere Anforderungen.

Leuchten werden in unterschiedliche Schutzarten und -klassen eingeteilt, wobei die *Schutzklasse* die Art des Schutzes der Leuchte gegen elektrischen Schlag, die *Schutzart* ihre Sicherung gegen Berührung, Staub und Feuchtigkeit kennzeichnet. Leuchten für explosionsgefährdete Umgebungen müssen zusätzlichen Anforderungen genügen.

Um Feuersicherheit zu gewährleisten, müssen Leuchten für Entladungslampen, die auf normal oder leicht entflammbaren Werkstoffen montiert werden, mit dem Zeichen ▽ versehen sein.

Leuchten, die auf Möbeln montiert werden sollen, benötigen bei schwer oder normal entflammbaren Werkstoffen das Zeichen ▼, bei Werkstoffen unbekannter Entflammungseigenschaft das Zeichen ▼ ▼.

3.3.2.12 Zusammenarbeit mit Klimatechnik und Akustik

Vor allem bei Konzertsälen und Theatern, aber auch bei Hörsälen und Mehrzweckhallen ist die Akustik des Raums von zentraler Bedeutung. Akustische Kriterien haben daher vorrangige Bedeutung bei der Ausgestaltung der Decke; hieraus können sich Vorgaben sowohl bei der Auswahl als auch bei der Anordnung von Leuchten ergeben. Als besonders günstig für derartige Aufgabenstellungen haben sich Einbau-Downlights erwiesen, da sie die geringste akustisch wirksame Oberfläche besitzen.

Auch für den Bereich der Klimatisierung ergeben sich ähnliche Fragestellungen; Licht- und Klimatechnik müssen ihre Anforderungen koordinieren, um für ein einheitliches Deckenbild zu sorgen und Konflikte bei der Organisation von Leitungsführungen zu vermeiden. Eine wesentliche Reduzierung von Deckenöffnungen und eine Vereinheitlichung des Deckenbildes kann hierbei durch die Verwendung von Klimaleuchten erreicht werden, die je nach Ausführung die Führung von Zuluft, von Abluft oder von Zu- und Abluft ermöglichen. Falls mehr Leuchten als Klimatisierungsöffnungen benötigt werden, können Klima-Attrappen eingesetzt werden, die im Erscheinungsbild den Klimaleuchten entsprechen, jedoch keinen Lüftungsanschluß besitzen. Sowohl Rasterleuchten als auch Downlights sind als Klimaleuchten erhältlich.

3.3.2.13 Zusatzeinrichtungen

Zahlreiche Leuchten können mit Zusatzeinrichtungen zur Veränderung der lichttechnischen oder mechanischen Eigenschaften versehen werden. Hierbei handelt es sich vor allem um Filtervorsätze zur Veränderung der Lichtfarbe oder zur Verringerung der UV- bzw. Infrarotstrahlung, um Streuscheiben zur Veränderung der Ausstrahlcharakteristik, um Vorrichtung zur Verbesserung der Blendungsbegrenzung oder um mechanische Sicherungen, z. B. gegen Ballwurf. Genauere Angaben finden sich im Kapitel 2.6.5.

3.3.2.14 Lichtsteuerung und Bühneneffekte

Zunehmend werden auch in der Architekturbeleuchtung theatralische Wirkungen eingesetzt. Hierzu zählen dramatische Hell-Dunkel-Kontraste, der Einsatz farbigen Lichts sowie die Projektion von Masken und Gobos.

Zum Teil ergeben sich diese Effekte durch den gezielten Einsatz konventioneller Leuchten, sei es durch ausgeprägte Lichtqualitäten wie farbiges Licht oder eine extreme Modellierung, sei es durch eine besonders akzentuierte räumliche Verteilung des Lichts oder durch eine geeignete Lichtsteuerung. Einige Leuchten sind für diese Aufgaben durch Filtervorsätze und Linsensysteme, die eine Veränderung der Ausstrahlcharakteristik und die Projektion von Masken und Gobos erlauben, besonders geeignet.

Für einen möglichst variablen Einsatz und vor allem für die freie zeitliche und räumliche Steuerung von Lichteffekten werden jedoch spezielle Leuchten benötigt, die eine ferngesteuerte Veränderung von Lichtfarbe und Ausstrahlcharakteristik, gegebenenfalls sogar der Leuchtenausrichtung ermöglichen – es ist zu erwarten, daß solche Leuchten, die bisher vor allem im Showbereich eingesetzt werden, zunehmend auch für die Architekturbeleuchtung entwickelt werden.

3.3.3 Anordnung von Leuchten

Für die Anordnung von Leuchten kann, abhängig vom jeweiligen Beleuchtungsprojekt, eine Reihe von Vorgaben existieren. Hier ist zunächst die Abhängigkeit von einzelnen Beleuchtungsaufgaben zu nennen. Eine differenzierte Beleuchtung einzelner Raumteile oder Funktionsbereiche kann eine entsprechend differenzierte Plazierung von Leuchten an bestimmten Orten vorgeben, so z. B. die Anordnung von Downlights über einer Sitzgruppe oder die Plazierung von Downlights und Flutern in einer modernen Schaltwarte. Ebenso wird eine gleichförmige Beleuchtung dementsprechend eine Verteilung von Leuchten über den gesamten Raum nahelegen.

Weiter können sich Vorgaben für die Anordnung von Leuchten aus der Beschaffenheit der Decke ergeben; vorhandene Raster und Module, aber auch Unterzüge oder andere Ausformungen der Decke bilden Strukturen, die bei der Leuchtenanordnung berücksichtigt werden müssen. In einigen Fällen ist darüber hinaus eine Zusammenarbeit mit Klimatechnik und Akustik erforderlich, um eine kollisionsfreie Zuleitungsführung und ein einheitliches Deckenbild zu gewährleisten.

Die Anordnung von Leuchten sollte aber dennoch nicht als ausschließlich technisch oder funktional determinierter Vorgang angesehen werden; trotz aller Vorgaben besteht ein breiter Spielraum für eine gestalterische Behandlung der Leuchtenanordnung, die neben rein lichttechnischen Aspekten auch die Ästhetik des Deckenbildes berücksichtigt.

In der Praxis der quantitativ orientierten Lichtplanung hat es sich allerdings eingebürgert, aus der Forderung nach möglichst gleichmäßiger Beleuchtung die Bevorzugung eines völlig gleichförmigen Rasters von Deckenleuchten abzuleiten. Durch die Überlagerung der Lichtverteilung wird eine gleichmäßige Beleuchtung aber auch bei einer differenziert gestalteten Leuchtenanordnung möglich; eine differenzierte Beleuchtung kann wiederum auch mit einer gleichförmigen Verteilung unterschiedlicher Leuchten erreicht werden. Zwischen Leuchtenanordnung und Lichtwirkung besteht also kein direkter Zusammenhang; bei voller Ausnutzung des zur Verfügung stehenden Leuchtenspektrums läßt sich ein geplantes Muster von Lichtwirkungen mit einer Reihe unterschiedlicher Leuchtenanordnungen erzielen. Dieser Freiraum kann und sollte genutzt werden, um Deckenbilder zu entwickeln, die eine funktionale Beleuchtung mit einer ästhetischen, der Architektur angepaßten Gestaltung der Leuchtenanordnung verbinden.

Die Darstellung einer umfassenden Formensprache für die Gestaltung von Leuchtenanordnungen ist weder möglich noch sinnvoll; das Deckenbild einer Beleuchtungsanlage wird im konkreten Einzelfall aus dem Zusammenwirken von Beleuchtungsaufgaben, technischen Vorgaben, architektonischen Strukturen und gestalterischen Überlegungen entstehen. Dennoch kann eine Reihe von Grundkonzepten beschrieben werden, die allgemeine Ansätze für die Gestaltung von Deckenflächen aufzeigt.

Ein erster Ansatz geht hierbei vom Punkt als gestalterischem Grundelement aus. Als punktförmig soll dabei im weitesten Sinn jede Einzelleuchte, aber auch jede kompakte und räumlich isolierte Gruppe von Leuchten gelten; die beschriebene Kategorie gestalterischer Elemente umfaßt also nicht nur Downlights, sondern auch flächigere Leuchten wie Rasterleuchten und sogar Gruppierungen dieser Einzelelemente, soweit deren Fläche gegenüber der Gesamtfläche der Decke klein ist.

Die einfachste Anordnung dieser punktförmigen Elemente besteht in einem regelmäßigen Raster, sei es einfach oder versetzt. Bei einem gleichförmigen Raster identischer Einzelleuchten kommt es allerdings leicht zu einer monotonen Deckenwirkung, zudem wird eine differenziertere Beleuchtung praktisch ausgeschlossen. Akzentuiertere Anordnungen entstehen durch die alternierende Verwendung unterschiedlicher Einzelleuchten sowie durch den Einsatz von Leuchtenkombinationen; hierbei können sowohl gleichartige Leuchten als auch verschiedenartige Leuchten

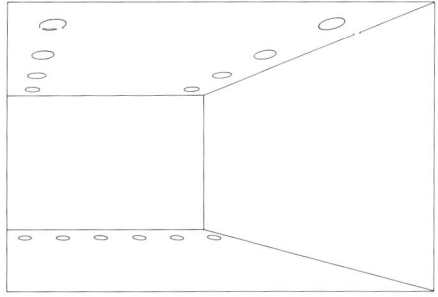

Deckenleuchten folgen
in einer linearen Anord-
nung den Längswänden
des Raumes. Die Stirn-
wand wird separat
durch eine ebenfalls
lineare Anordnung von
Bodeneinbauleuchten
beleuchtet.

Punktförmige Elemente:
Regelmäßige und ver-
setzte Rasteranordnun-
gen

Als punktförmige Ele-
mente können Leuchten
unterschiedlicher Form
und Größe, aber auch
kompakte Leuchtengrup-
pen dienen.

Punktförmige Elemente:
Lineare Anordnungen

Leuchtenanordnungen
können architektoni-
schen Strukturen folgen
oder eigene Formen
bilden.

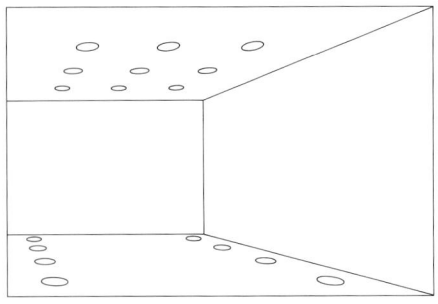

Eine regelmäßige An-
ordnung von Decken-
leuchten sorgt für die
Grundbeleuchtung des
Raumes. Die Längs-
wände werden durch
Bodeneinbauleuchten
separat akzentuiert.

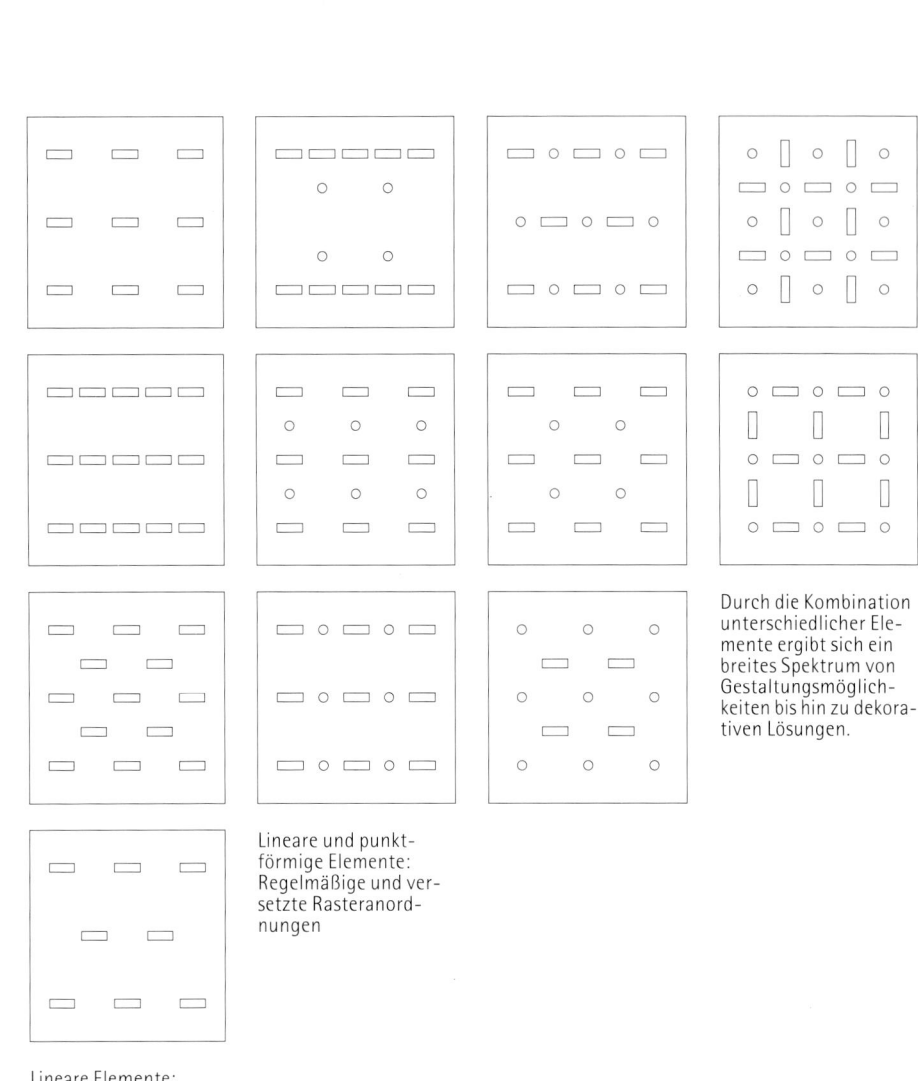

Durch die Kombination
unterschiedlicher Ele-
mente ergibt sich ein
breites Spektrum von
Gestaltungsmöglich-
keiten bis hin zu dekora-
tiven Lösungen.

Lineare und punkt-
förmige Elemente:
Regelmäßige und ver-
setzte Rasteranord-
nungen

Lineare Elemente:
Regelmäßige und ver-
setzte Rasteranord-
nungen

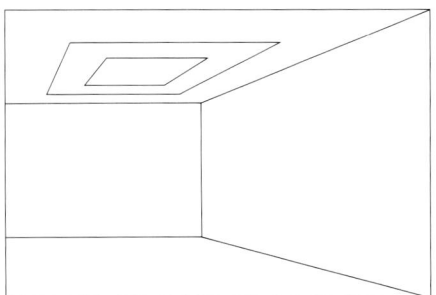

Ein Rechteck von Strom-
schienen folgt der Form
des Raumes. Auf diese
Weise wird sowohl eine
flexible Beleuchtung
aller Wandflächen als
auch die Beleuchtung
von Objekten im Raum
ermöglicht.

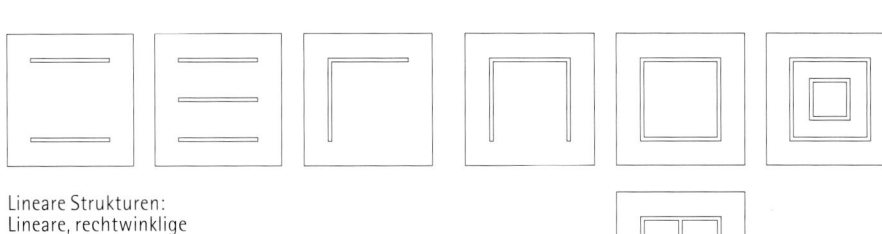

Lineare Strukturen:
Lineare, rechtwinklige
Anordnungen von
Stromschienen

146

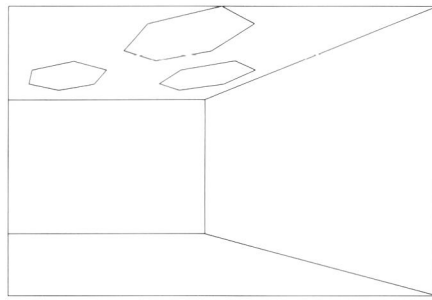

Eine Anordnung von mehreren sechseckigen Lichtstrukturelementen untergliedert die Decke unabhängig von der umgebenden Architektur und wirkt so als aktives Gestaltungselement des Raumes.

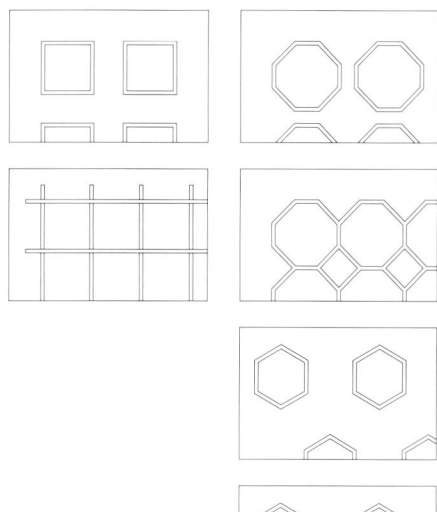

Anordnung von Lichtstrukturen in 90°-, 135°- und 120°-Anordnungen; Einzelelemente und vernetzte Strukturen

zusammengefaßt werden. Vor allem durch die Verwendung unterschiedlicher Leuchtentypen, sei es durch alternierende Plazierung oder durch Kombination, kann eine gezielte Beeinflussung der Lichtqualitäten einer visuellen Umgebung erreicht werden. Einen Schritt hin zu komplexeren Gestaltungsformen stellt die lineare Reihung punktförmiger Elemente dar. Anders als bei der einfachen Anordnung in Rastern tritt die Deckengestaltung dabei in engere Beziehung zur Architektur des Raums – die Decke wird nicht mehr lediglich mit einem Leuchtengitter überzogen, sondern in der Auseinandersetzung mit der Linienführung des Raums gestaltet, sei es durch die Übernahme dieser Linienführung oder auch durch bewußte Kontrastsetzung zu dieser Formensprache. Die größere Freiheit der linearen Reihung bringt aber auch höhere Anforderungen an die Gestaltung mit sich. Da die Zuordnung der einzelnen Leuchten zu einem linearen Verlauf nicht zwingend durch eine reale Linie vorgegeben ist – seien dies Wandverläufe, Deckenvorsprünge oder Unterzüge –, sondern nur auf Grund der Gestaltwahrnehmung erfolgen kann, sollte den Gestaltgesetzen bei der Planung besondere Aufmerksamkeit geschenkt werden. Entscheidende Kriterien sind hierbei vor allem die Gleichabständigkeit und Nähe der Leuchten.

Während lineare Strukturen bei der Reihung von punktförmigen Leuchten nur indirekt durch die Gestaltwahrnehmung erzeugt werden, lassen sie sich mit Hilfe linearer Elemente direkt aufbauen. Als lineare Elemente können dabei entsprechende Leuchten, z. B. Rasterleuchten, aber auch Tragstrukturen dienen. Sowohl Lichtbänder als auch Lichtstrukturen sowie fast alle Anordnungen von Stromschienen oder anderen Tragstrukturen gehören also in diese Gestaltungskategorie.

Die Formensprache linearer Anordnungen ist zunächst identisch mit der von Punktreihungen. Da die erzeugten Formen bei Verwendung linearer Elemente aber real vorhanden und nicht nur visuell angedeutet sind, lassen sich hierbei ohne Gefahr der Verzerrung durch die Gestaltwahrnehmung auch komplexere Anordnungen aufbauen. Die robuste Gestaltgebung erlaubt sowohl die alternierende Verwendung unterschiedlicher Leuchtenformen als auch die Anbringung von Strahlern an Licht- oder Tragstrukturen; hiermit wird also eine differenzierte Raumbeleuchtung ermöglicht, ohne daß die zugrunde liegende Großform der Struktur dabei wesentlich durch die einzelnen Leuchten gestört würde.

Nicht zuletzt ergibt sich bei der Verwendung linearer Elemente aber auch die Möglichkeit zur Vernetzung, der Übergang zu flächigen Anordnungen, dies bietet sich vor allem beim Einsatz von Licht- und Tragstrukturen an. Die Formensprache dieser Vernetzungen hängt vor allem von den verfügbaren Verbindungsteilen der jeweiligen Strukturen ab. Frei bewegliche Verbindungsteile erlauben eine besonders variable Gestaltung, gebräuchlicher sind jedoch Verbindungsteile mit festen Winkeln von 90° und 45°, 120° und 60°. Jedem Winkel entspricht dabei eine Palette möglicher Formen, von rechteckigen Formen bei Winkeln von 90° bis hin zu wabenförmigen Anordnungen bei Winkeln von 120°. Neben rein gestalterischen Grundkonzepten lassen sich auch für einige lichttechnische Aspekte der Leuchtenplazierung allgemeine Regeln aufstellen; dies gilt bei regelmäßiger Leuchtenanordnung vor allem für die Abstände der Leuchten untereinander und von den Wänden.

Für deckenmontierte Downlights sollte hierbei der Abstand zur Wand etwa dem halben Abstand der Downlights untereinander entsprechen. Für Wandfluter gilt, daß der Wandabstand etwa ein Drittel der Raumhöhe betragen sollte, der Abstand zwischen den Wandflutern sollte das 1,5fache des Wandabstandes nicht überschreiten.

Bei der Beleuchtung von Gemälden oder Skulpturen mit Hilfe von Strahlern sollten die Leuchten so plaziert werden, daß das Licht unter 30°, dem sogenannten „Museumswinkel", einfällt; auf diese Weise wird eine maximale vertikale Beleuchtung erzielt und gleichzeitig eine mögliche Reflexblendung des Betrachters vermieden.

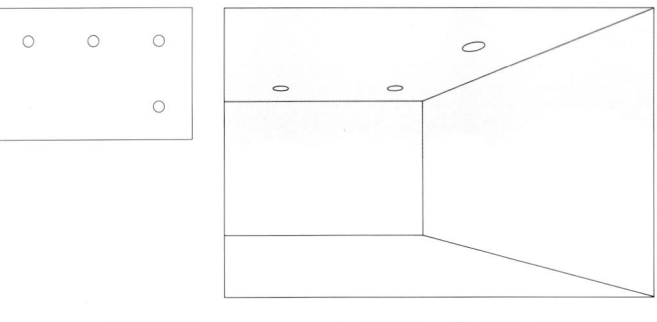

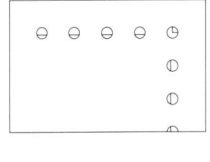

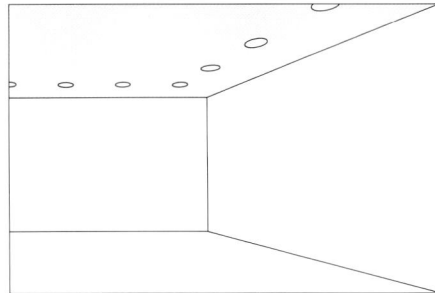

Bei gegebenem Leuchtenabstand werden Downlights in der Regel mit dem halben Leuchtenabstand zur Wand montiert. Eckleuchten sollten auf der 45°-Linie montiert werden, um identische Lichtkegelanschnitte auf beiden angestrahlten Wandflächen zu erzeugen.

Der Wandabstand von Wandflutern und Downlight-Wandflutern sollte 1/3 der Raumhöhe betragen; der Abstand der Leuchten untereinander sollte den 1,5fachen Wandabstand nicht überschreiten.

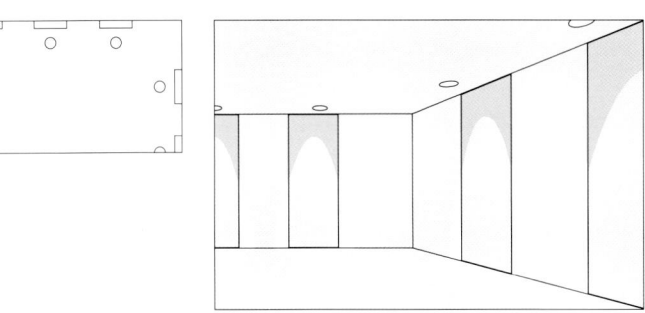

In Räumen mit dominanten architektonischen Strukturen sollte die Leuchtenanordnung auf die architektonischen Elemente abgestimmt werden.

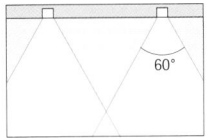

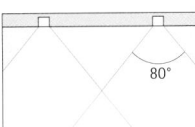

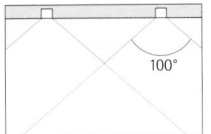

Überlagerung von Lichtkegeln (Ausstrahlungswinkel 60°, 80° und 100°) auf der Bezugsebene bei einem Höhen-Abstandsverhältnis von 1:1

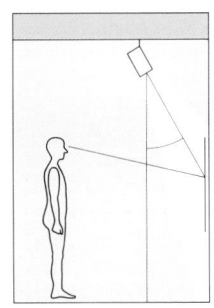

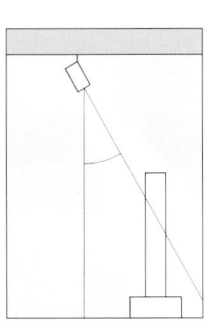

Bei der Beleuchtung von Gemälden und Skulpturen beträgt der optimale Lichteinfallswinkel 30°.

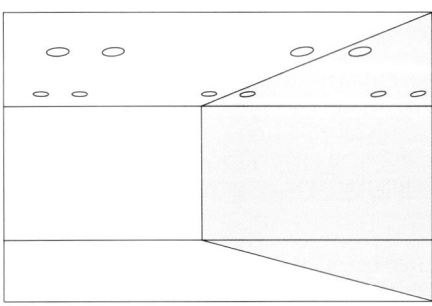

Bei spiegelnden Wänden sollte die Leuchtenanordnung so gewählt werden, daß sie sich im Spiegelbild gleichmäßig fortsetzt.

Kritische Bereiche
(verbotene Zonen) bei
Bildschirmen (links),
horizontalen Sehauf-
gaben (Mitte) und ver-
tikalen Sehaufgaben
(rechts). Leuchtdichten,
die aus den gekenn-
zeichneten Zonen auf
die Sehaufgabe fallen,
verursachen Reflex-
blendung.

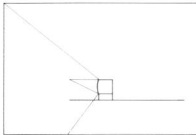  

Reflexblendungsfreie
Beleuchtungslösungen
für horizontale Sehauf-
gaben: Direktbeleuch-
tung durch Leuchten
außerhalb der verbote-
nen Zone, Indirektbe-
leuchtung

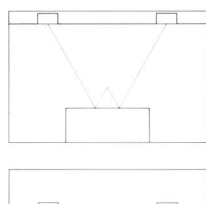 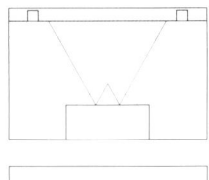 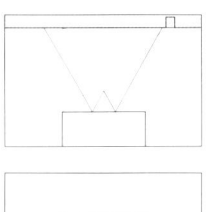 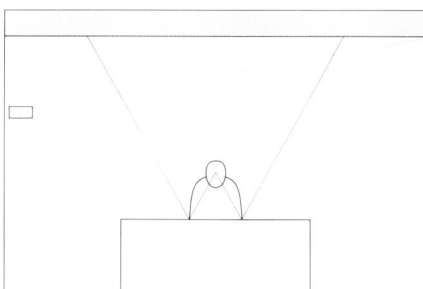

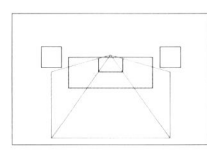 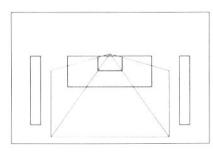 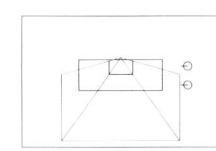 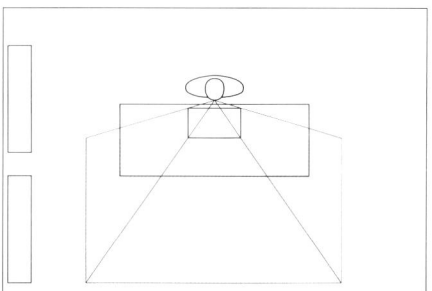

Reflexblendungsfreie
Beleuchtungslösungen
für vertikale Sehauf-
gaben (von links nach
rechts): Bei einer quer
angeordneten spiegeln-
den Fläche können
Leuchten vor, bei einer
längs angeordneten
spiegelnden Fläche seit-
lich neben der verbote-

nen Deckenzone mon-
tiert werden. Bei einer
vollständig spiegelnden
Wandfläche müssen die
Leuchten innerhalb der
verbotenen Zone mon-
tiert werden; die Licht-
kegel sind dabei so zu
begrenzen, daß kein
Licht zum Betrachter
reflektiert wird.

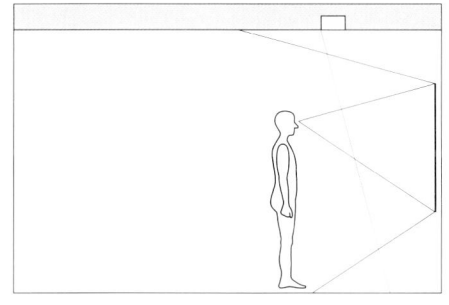 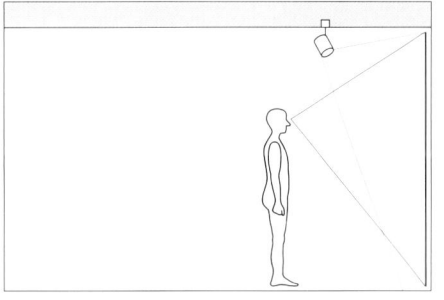 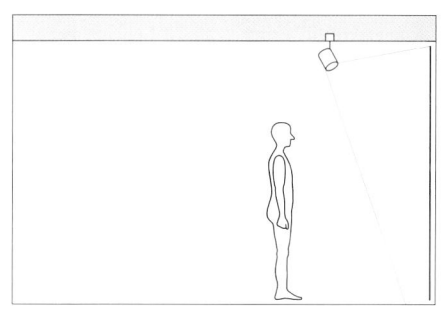

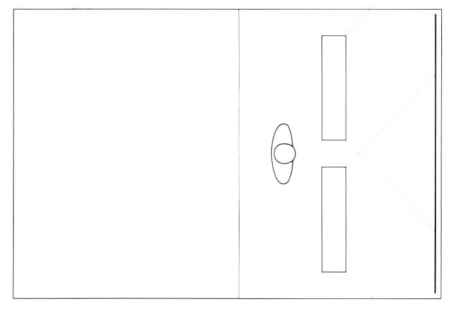 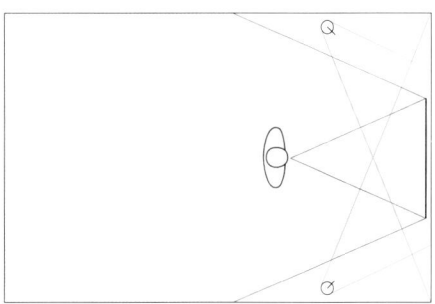 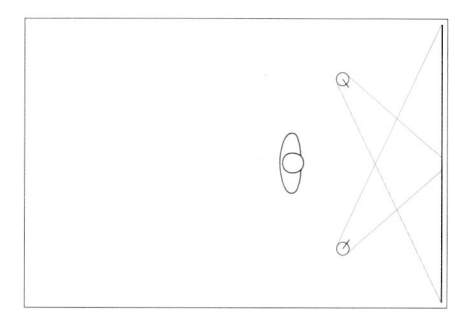

3.3.4 Schaltung und Lichtsteuerung

Im einfachsten Fall kann eine Beleuchtungsanlage auf einem einzigen Lastkreis aufgebaut werden. Eine derartige Anlage kann aber nur ein- oder ausgeschaltet werden und erzeugt dementsprechend nur eine einzige Beleuchtungskonstellation. Häufig wird die Beleuchtung jedoch wechselnden Bedingungen genügen müssen, so daß ein Bedarf nach zusätzlichen Steuerungsmöglichkeiten besteht.

Selbst bei einer gleichbleibenden Raumnutzung ergeben sich durch den Wechsel des Tageslichts grundlegend veränderte Beleuchtungsbedingungen; am Tag muß die Beleuchtung mit dem Sonnenlicht konkurrieren, zusätzlich ist die Wahrnehmung auf eine hohen Helligkeit der umgebenden Raumflächen eingestimmt, während abends und in der Nacht geringere Beleuchtungsstärken und Lichtinseln akzeptiert werden. Diese Tatsache stellt für zahlreiche Beleuchtungsaufgaben ein bedeutsames Planungskriterium dar; für einige Aufgaben, wie z. B. die Beleuchtung anspruchsvollerer Restaurants, kann sie zu einem zentralen Faktor werden und die Planung einer Beleuchtungsanlage erfordern, die beiden Umgebungsbedingungen gerecht wird.

Durch wechselnde Nutzungsbedingungen werden die Anforderungen an die Variabilität einer Beleuchtung noch erhöht. Beispielsweise sollte die Beleuchtung von Vortragsräumen eine Podiumsdiskussion ermöglichen, bei der das Podium betont, aber auch der Zuschauerraum vergleichsweise hell beleuchtet wird; daneben sollte die Beleuchtungsanlage jedoch auch einen Diavortrag ermöglichen, bei dem der Vortragende akzentuiert beleuchtet wird, das Umgebungslicht aber gerade noch genug Licht für Notizen in Zuschauerraum gewährleistet. Sollen darüber hinaus noch Film- bzw. Videoprojektionen möglich sein, erweitern sich die Anforderungen an die Lichtsteuerung entsprechend.

Die Schaffung einer differenzierten Beleuchtung kann sich in vielen Fällen also nicht auf die Entwicklung eines Konzepts beschränken, das ein definiertes Aufgabenmuster mit einem ebenso feststehenden, ausschließlich räumlich differenzierten Beleuchtungsmuster erfüllt. Wechselnde Umgebungsbedingungen und Nutzungssituationen können es vielmehr erfordern, auch eine zeitliche Differenzierung zu schaffen – das heißt, von einer fixierten Beleuchtungssituation zu mehreren, zeit- oder situationsabhängig wählbaren Lichtszenen überzugehen.

Die erste Möglichkeit zum Aufbau einer Lichtszene ist die Zusammenfassung einzelner Leuchten einer Anlage zu Leuchtengruppen, die einzeln über einen eigenen Schaltkreis geschaltet werden können. Bei diesen Gruppen kann es sich sowohl um vollständig voneinander unabhängige Beleuchtungssysteme handeln, die jeweils auf unterschiedliche Beleuchtungsaufgaben abgestimmt sind, als auch um Einzelkomponenten einer umfassenden Beleuchtungsanlage, die sowohl für sich allein als auch zusammen betrieben werden können.

In der Regel wird die Definition einer Lichtszene aber nicht nur das einfache Schalten von Leuchtengruppen, sondern auch das Variieren von Helligkeitsniveaus erfordern. Neben der Schaltung getrennter Lastkreise werden also auch Vorrichtungen zum Dimmen einzelner Leuchtengruppen benötigt.

Durch die Vorgabe von Helligkeitsniveaus kann auf die Anforderungen der jeweiligen Beleuchtungssituation differenziert eingegangen werden, die Palette möglicher Lichtszenen wird bei gleichbleibender Anzahl und Schaltung von Leuchten erheblich vergrößert. Dabei kann sowohl die Verteilung und Helligkeit des Lichts in einzelnen Raumbereichen exakt gesteuert werden, als auch das Gesamtniveau einer Lichtszene wechselnden Umgebungsbedingungen – z. B. der Uhrzeit oder dem Tageslicht – angepaßt werden.

Das Schalten und Dimmen der einzelnen Leuchtengruppen kann zunächst von Hand erfolgen, sei es über konventionelle Schalter und Regler, sei es über eine Infrarot-Fernsteuerung, die ein Schalten von Leuchtengruppen auch bei einer unzureichenden Anzahl von bauseitigen Lastkreisen ermöglicht.

Auf diese Weise ist es jedoch schwer, definierte Lichtszenen zu reproduzieren oder in festgelegter Geschwindigkeit einzustellen. Werden hohe Anforderungen an die Lichtsteuerung gestellt oder soll eine größere Anzahl von Leuchtengruppen gesteuert werden, ist also eine elektronische Lichtsteueranlage sinnvoll. Sie erlaubt es, exakt definierte Lichtszenen auf Knopfdruck abzurufen, wobei der Lichtszenenwechsel in seinem zeitlichen Ablauf ebenfalls programmiert werden kann. Auch eine tageslicht- oder nutzungsabhängige Regelung des Lichts ist möglich; zusätzlich können durch Koppelung mit der Haustechnik Funktionen außerhalb der Beleuchtung bedient werden.

Besondere Anforderungen an die Lichtsteuerung ergeben sich beim Einsatz von Bühneneffekten in der Architekturbeleuchtung; hier kann neben der Steuerung der Helligkeit auch eine Veränderung von Lichtfarbe und Ausstrahlungswinkel, gegebenenfalls auch der räumlichen Ausrichtung der Leuchten, nötig sein.

Schematische Leuchten-
anordnung in einem
multifunktionalen Raum
mit Zuordnung der
Leuchten zu einzelnen
Schaltkreisen einer Licht-
steuerungsanlage.
Stromkreise: 1 Wand-
beleuchtung; 2, 3 Allge-
meinbeleuchtung; 4 De-
korative Komponente;
5–10 Stromschienen

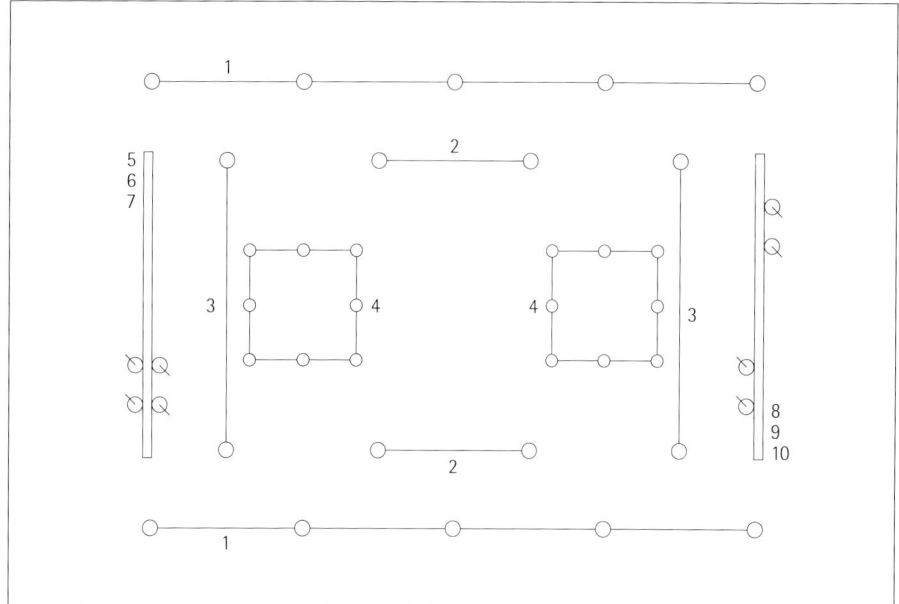

Schalt- und Dimmzu-
stände der Stromkreise
1–10 bei unterschied-
lichen Lichtszenen

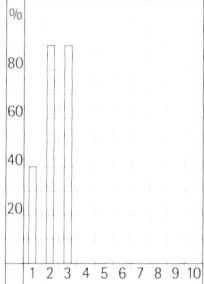 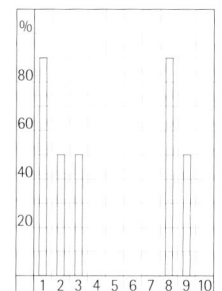 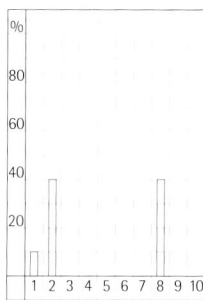 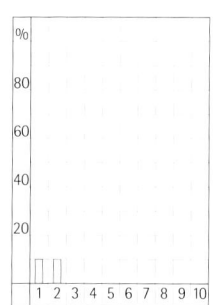 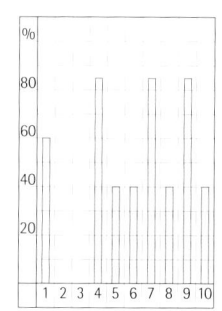 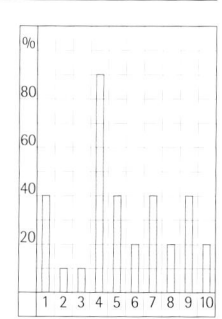

Konferenz:
Hohe horizontale All-
gemeinbeleuchtung,
mäßige Wandbeleuch-
tung

Vortrag:
Reduzierte Allgemein-
beleuchtung, Betonung
der Wandflächen,
Akzentuierung des
Vortragenden

Diavorführung:
Allgemeinbeleuch-
tung auf Mitschreib-
beleuchtung reduziert,
minimale Wand-
beleuchtung, Akzen-
tuierung des Vortra-
genden

Film-, Videoprojektion:
Minimale Grund-
beleuchtung

Essen:
Geringe Wandbeleuch-
tung, festliche Atmo-
sphäre durch die deko-
rative Komponente 4,
Akzentuierung von
Blickpunkten auf Tischen
und Büfett durch Strah-
ler an Stromschienen

Empfang:
Betonung der Raum-
proportionen durch
Wandbeleuchtung,
festliche Atmosphäre
durch die dekorative
Komponente 4, Akzen-
tuierung von Blick-
punkten im Raum durch
Strahler an Strom-
schienen

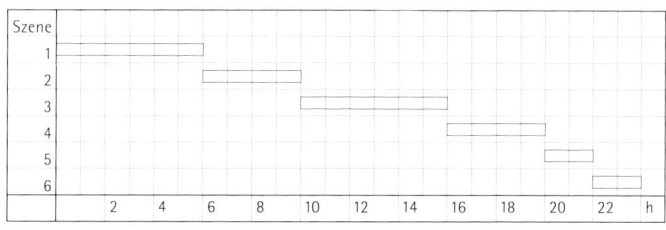

Zeitabhängiger Ablauf
von Lichtszenen in
einem Hotelfoyer. Der
Übergang zwischen den
Lichtszenen verläuft
mit Fadingzeiten bis
15 min.

Szene 1
Reduzierte Nacht-
beleuchtung
Szene 2
Morgenbeleuchtung
Szene 3
Tageslichtabhängige
Tageslichtergänzungs-
beleuchtung

Szene 4
Betont warme Dämme-
rungsbeleuchtung
Szene 5
Festliche
Abendbeleuchtung
Szene 6
Reduzierte Fest-
beleuchtung

151

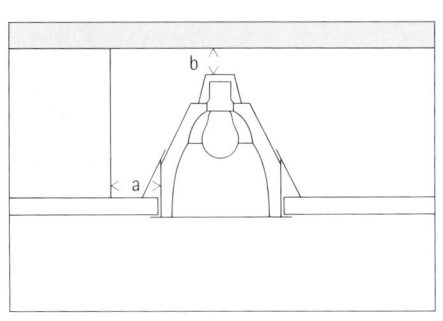

Montage von Einbauleuchten nach Europanorm (EN 60598): Der seitliche Abstand a zwischen Leuchte und Gebäudeteilen muß mindestens 50–75 mm,

der obere Abstand b mindestens 25 mm betragen. Bei Leuchten mit ▽-Zeichen ist kein Abstand nach oben erforderlich.

3.3.5 Montage

Eine Reihe von Leuchtentypen – z. B. Strahler, aber auch Up-Downlights und Lichtstrukturen – sind ausschließlich für eine additive Montage vorgesehen, sei es für die Anbringung an Stromschienen und Tragstrukturen, für das Abhängen oder für die feste Montage auf Wand oder Decke. Bei der umfassenden Palette von Downlights und Rasterleuchten existieren dagegen meist Ausführungen unterschiedlicher Bauweise, die eine Reihe von Montagearten zulassen. Bei der Anbringung an der Wand oder dem Boden sind dies der Aufbau oder Einbau. Die Montage an der Decke bietet dagegen umfassendere Möglichkeiten, sie kann durch Abhängen der Leuchten, durch Aufbau, durch Halbeinbau und durch Einbau erfolgen. Ähnliches gilt auch für den Bereich der Tragstrukturen, die je nach Bauart ausschließlich für die freie Montage im Raum oder aber zusätzlich für verschiedene Formen des Einbaus geeignet sind.

3.3.5.1 Deckenmontage

Der Einbau von Leuchten ist sowohl in Betondecken als auch in abgehängte Decken möglich; die Art des Einbaus hängt dabei wesentlich vom jeweiligen Deckentyp ab.

Zum Leuchteneinbau in Betondecken werden die Leuchtenöffnungen beim Gießen der Decke ausgespart. Ein Verfahren hierzu ist es, Styroporblöcke in Form der gewünschten Hohlräume auf der Betonschalung zu befestigen; nach dem Gießen der Decke werden die Blöcke entfernt, so daß sich Öffnungen geeigneter Größe ergeben. Eine weitere Möglichkeit ist die Montage fertiger Einbaugehäuse, die ebenfalls auf der Schalung befestigt werden und in der Decke verbleiben. In jedem Fall muß geklärt werden, ob die geplante Leuchtenanordnung mit der Statik der Decke verträglich ist, ob z. B. bestimmte Montageorte durch verdeckte Unterzüge ausgeschlossen werden oder ob die Armierung der Decke auf die Leuchtenanordnung abgestimmt werden sollte.
   Strukturierte Betondecken, z. B. gegossene Kassettendecken, können als lichttechnisch wirksame Elemente dienen. Dies kann zunächst zur Erzeugung indirekter Beleuchtungsanteile und einer blendfreien Beleuchtung genutzt werden, vor allem wird auf diese Weise aber eine Akzentuierung der Deckenstruktur erreicht. Die Leuchten können dabei in der Kassette eingebaut werden und die Seitenwände der Kassette beleuchten; gebräuchlicher ist es jedoch, innerhalb der Kassette eine Leuchte abzuhängen, die sowohl direkt in den Raum strahlt, als auch durch die Beleuchtung der Deckenkassette einen indirekten Lichtanteil erzeugt.

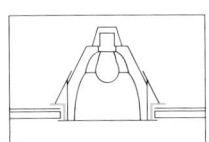
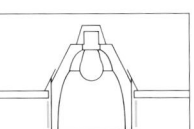
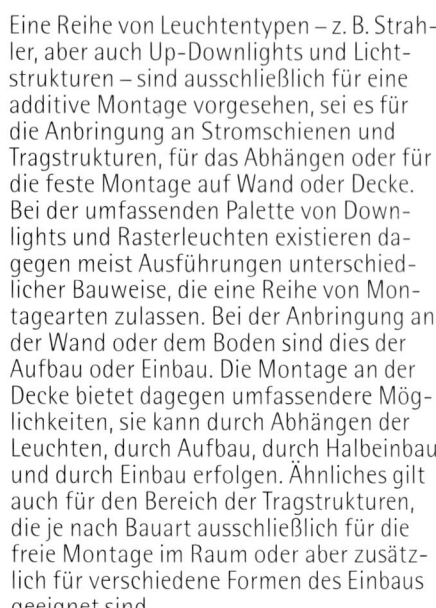
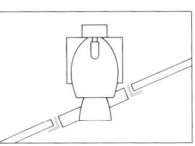
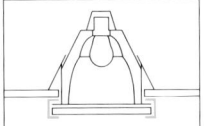
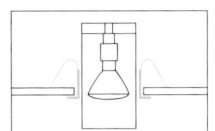
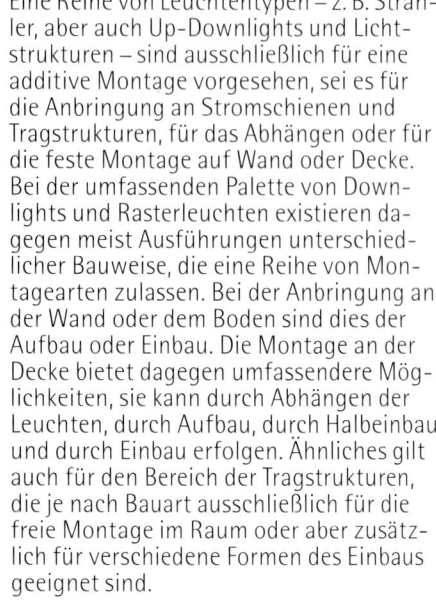
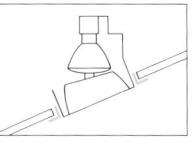
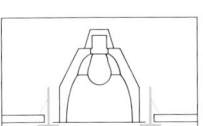
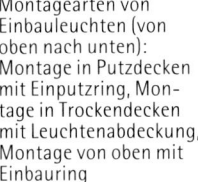
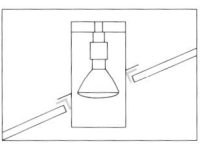

Montagearten von Einbauleuchten (von oben nach unten): Montage in Putzdecken mit Einputzring, Montage in Trockendecken mit Leuchtenabdeckung, Montage von oben mit Einbauring

Halbeinbau von Einbauleuchten mit Zwischenring (oben), von Aufbauleuchten mit Einbauring (unten)

Montage von Einbauleuchten in Schrägdecken: Schwenkbares Doppelfokusdownlight (oben), Einbaurichtstrahler (Mitte) und Downlight mit Sonderzubehör (unten)

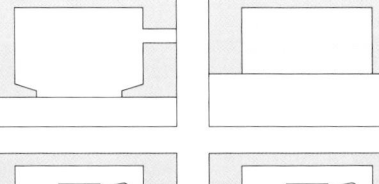
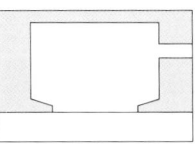
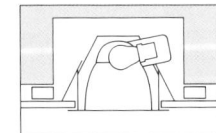
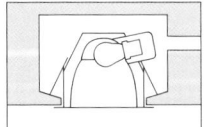

Montage von Einbauleuchten mit Betoneinbaugehäuse (links), mit Styroporblock und Unterkonstruktion (rechts)

Der Leuchteneinbau in abgehängte Decken variiert abhängig vom jeweils verwendeten Deckentyp.

Bei glatten abgehängten Decken, z. B. aus Gipskartonplatten, können die Leuchten unabhängig von vorgegebenen Deckenrastern plaziert werden. Die Leuchten werden in entsprechenden Deckenausschnitten befestigt; gegebenenfalls muß das Gewicht der Leuchte von eigenen Abhängern an der Leuchte oder in Leuchtennähe getragen werden. Soll die Decke verputzt werden, sind Einputzringe an den Leuchtenöffnungen erforderlich.

Abgehängte Decken aus Einzelplatten existieren in zahlreichen Bauformen, die sich sowohl durch die verwendeten Plattenmaterialien und Rastermaße als auch durch ihre Tragstrukturen unterscheiden. Durch die Rasterung der Decke werden aber in jedem Fall Strukturen vorgegeben, die bei der Plazierung von Leuchten berücksichtigt werden sollten.

Kleinere Leuchten wie z. B. Downlights können in die Deckenplatten eingesetzt werden, die Montage erfolgt hier wie in glatten Decken. Größere Leuchten, vor allem Rasterleuchten, können einzelne Deckenplatten ersetzen; für die Montage in unterschiedliche Deckentypen sind jeweils unterschiedliche Einbausätze erforderlich. Einen Sonderfall bilden Bandrasterdecken, bei denen Leuchten nicht nur in den Deckenplatten, sondern auch in der ausreichend breiten Tragstruktur montiert werden können. Auch bei abgehängten Decken aus Einzelplatten sind gegebenenfalls eigene Abhänger nötig, um das Gewicht der Leuchten aufzunehmen.

Für Paneeldecken und Wabenrasterdecken existieren Einbaukassetten mit Ausschnitten für den Einbau von Downlights. Die Kassetten sind in ihren Ausmaßen auf die jeweiligen Rastermaße abgestimmt, so daß sie eine Deckenwabe füllen bzw. die Montage zwischen statisch nicht belastbaren Deckenpaneelen ermöglichen.

Der Halbeinbau von Leuchten ist dem Einbau vergleichbar, allerdings verringert sich naturgemäß die Einbautiefe. Zum Teil werden ausschließlich für den Halbeinbau vorgesehene Leuchtentypen angeboten, durch geeignete Einbausätze können jedoch auch Leuchten für den Einbau oder Aufbau für den Halbeinbau angepaßt werden.

Das Abhängen von Leuchten kann auf unterschiedliche Weise erfolgen. Leuchten mit geringem Gewicht werden üblicherweise an der Anschlußleitung abgehängt. Bei schwereren Leuchten wird das Gewicht durch eine separate Abhängung aufgenommen. Dies kann eine zusätzliche Drahtseilabhängung sein; es ist aber auch eine starre Abhängung durch ein Pendelrohr möglich, das in der Regel auch die Anschlußleitung aufnimmt.

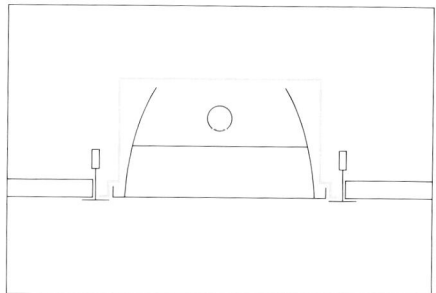
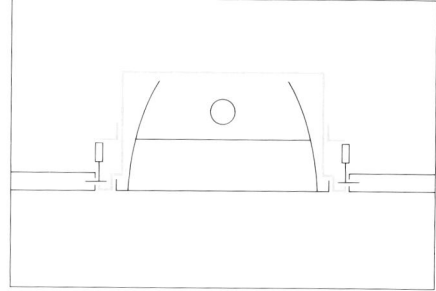
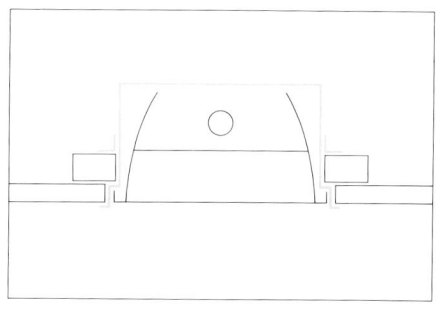
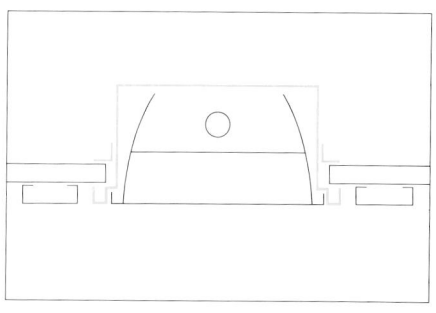

Montage von Einbaurasterleuchten in unterschiedliche Deckensysteme (von oben nach unten): Einbau in Decken mit sichtbaren und verdeckten Tragprofilen, Einbau in glatte, abgehängte Decken und Paneeldecken

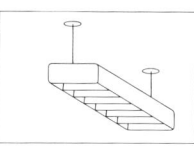
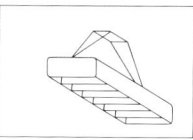
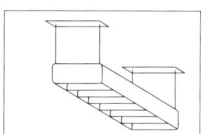
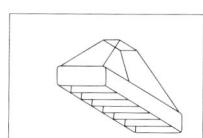

Abhängung von Rasterleuchten: Zweipunktabhängung, Vierpunktabhängung, Zweipunkt- und Vierpunktabhängung an einem einzigen Deckenelement

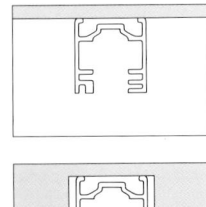
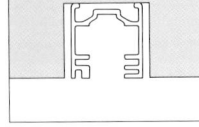
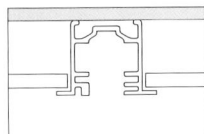

Montage von Strom-
schienen (von oben
nach unten): Aufbau-
montage, Einbau in
Massivdecken, abge-
hängte Flügelschiene
mit Deckenplatten

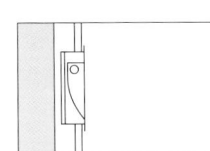
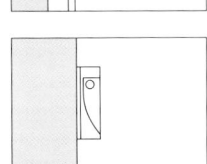

Montage von Wand-
leuchten (von oben
nach unten): Einbau in
massive Wände, Hohl-
wandeinbau, Wand-
aufbau

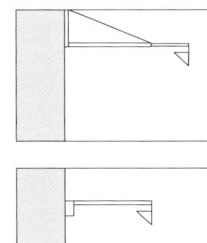
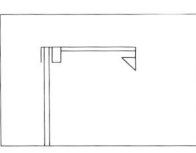

Wandauslegermontage
von Leuchten (von oben
nach unten): Ausleger
mit variabler Länge,
Ausleger mit integrier-
tem Transformator,
Ausleger für Stellwände

3.3.5.2 Wand- und Bodenmontage

Die Leuchtenmontage an der Wand ist
durch Auf- oder Einbau möglich, wobei
der Einbau wiederum sowohl in Beton-
wänden als auch in Hohlwänden erfolgen
kann. Die Leuchtenmontage im Boden beschränkt sich auf den Einbau, wobei für
eine entsprechend trittsichere Leuchtenabdeckung und den Schutz vor eindrin-
gender Feuchtigkeit gesorgt werden muß.

3.3.5.3 Tragstrukturen

Eine Reihe von Tragstrukturen ist überwiegend für die abgehängte Montage an der
Decke vorgesehen, wobei die Abhängung
wie bei Leuchten durch Drahtseile oder
Pendelrohre erfolgen kann. In einigen Fällen
ist auch eine Wandmontage durch Ausleger oder Wandarmaturen möglich.
    Eine umfassendere Palette von Mon-
tagemöglichkeiten bieten Stromschienen.
Sie können zunächst ebenfalls abgehängt
werden, erlauben aber auch einen direkten
Aufbau auf Decke oder Wand. Bei entsprechender Ausführung können sie in Decken
oder Wände eingeputzt werden oder als
Teil der Tragstruktur einer abgehängten
Decke dienen.
    Einen Sonderfall bilden weitgespannte
Tragstrukturen, die sowohl abgehängt
montiert und zwischen Wänden gespannt,
zusätzlich aber auch als Standversion eingesetzt werden können.

3.3.6 Berechnungen

Bei der Planung von Beleuchtungsanlagen
werden eine Reihe von Berechnungen benötigt. Diese beziehen sich in der Regel
zunächst auf das erzielte durchschnittliche Beleuchtungsniveau oder die exakte
Beleuchtungsstärke an einzelnen Raumpunkten. Darüber hinaus kann es aber auch
bedeutsam sein, die Leuchtdichte einzelner Raumbereiche, Qualitätsmerkmale der
Beleuchtung wie Schattigkeit und Kontrastwiedergabe oder die Kosten einer Beleuchtungsanlage zu ermitteln.

3.3.6.1 Wirkungsgradverfahren

Das Wirkungsgradverfahren dient zur
überschlägigen Dimensionierung von
Beleuchtungsanlagen; es erlaubt die Bestimmung der Leuchtenanzahl, die für
eine angestrebte Beleuchtungsstärke auf
der Nutzebene benötigt wird, bzw. die
Bestimmung der Beleuchtungsstärke, die
auf der Nutzebene durch eine vorgegebene Leuchtenanzahl erreicht wird. Nicht
ermittelt werden exakte Beleuchtungsstärken an einzelnen Raumpunkten, so
daß für die Ermittlung der Gleichmäßigkeit einer Beleuchtung sowie zur Bestimmung von Punktbeleuchtungsstärken
andere Verfahren erforderlich sind.

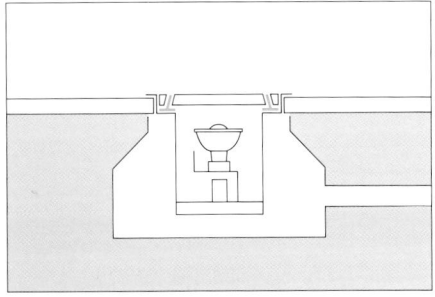

Montage von Boden-
einbauleuchten: Das
Einbaugehäuse wird in
den Rohboden einge-
setzt. Die eigentliche
Leuchte wird mit dem
Gehäuse verschraubt
und schließt dabei
bündig mit dem Boden-
belag ab.

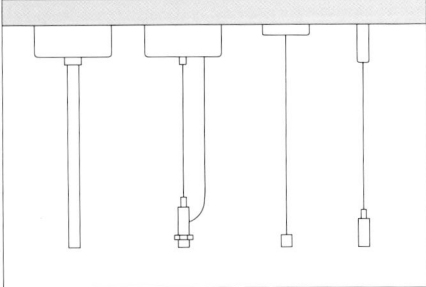

Abhängung von Strom-
schienen und Lichtstruk-
turen (von links nach
rechts): Pendelrohr mit
Deckenbaldachin und
Einspeisungsmöglich-
keit, Drahtseilabhängung
mit Deckenbaldachin und
Einspeisungsmöglichkeit,
Drahtseilabhängung,
Drahtseilabhängung mit
Längenausgleich

Das Wirkungsgradverfahren baut darauf auf, daß sich die mittlere horizontale Beleuchtungsstärke für einen Raum gegebener Größe aus dem Gesamtlichtstrom der installierten Leuchten sowie dem Leuchtenwirkungsgrad und dem Raumwirkungsgrad berechnen läßt. Allgemein ausgedrückt wird also der Anteil des von den Lichtquellen abgegebenen Lichtstroms beschrieben, der nach der Wechselwirkung mit Leuchten und Raumbegrenzungsflächen auf der Nutzebene auftrifft. Die entscheidende Größe dieser Berechnung ist der Raumwirkungsgrad, der aus der Geometrie des Raums, den Reflexionsgraden der Raumbegrenzungsflächen und der Ausstrahlungscharakteristik der verwendeten Leuchten abgeleitet werden kann.

Um den im Einzelfall zutreffenden Raumwirkungsgrad ermitteln zu können, werden Tabellen vorgegeben, die den Raumwirkungsgrad eines standardisierten Raums bei wechselnder Raumgeometrie, wechselnden Reflexionsgraden und Leuchten wechselnder Ausstrahlungscharakteristik angeben. Für den zugrundeliegenden, idealisierten Raum wird dabei angenommen, daß er leer und nach dem Goldenen Schnitt proportioniert ist, daß sich Länge zu Breite also annähernd wie 1,6 zu 1 verhalten. Für die Leuchten wird angenommen, daß sie in einem gleichmäßigen Raster entweder direkt an der Decke oder abgependelt angebracht sind. Diese Standardisierungen haben entscheidenden Einfluß auf die Genauigkeit der Berechnungen bei der Anwendung. Decken sich die Bedingungen der konkreten Planung weitgehend mit den Vorgaben des Modellraums, so ergeben sich exakte Ergebnisse. Mit wachsender Abweichung der konkreten Bedingungen von diesen Vorgaben, z. B. durch eine deutlich asymmetrische Leuchtenanordnung, muß dagegen von entsprechend steigenden Fehlern bei der Berechnung ausgegangen werden.

Bei der Anwendung des Wirkungsgradverfahrens wird zunächst die für die jeweils verwendete Leuchte zutreffende Raumwirkungsgradtabelle ermittelt. Hierbei kann die der Leuchtenkennzeichnung entsprechende Standardtabelle benutzt werden. Die Leuchtenkennzeichnung nach DIN 5040 und LiTG umfaßt jeweils einen Buchstaben und zwei Ziffern, aus der eine Reihe von Leuchteneigenschaften abgelesen werden kann. Der Kennbuchstabe gibt dabei die Leuchtenklasse an, definiert also, ob eine Leuchte ihren Lichtstrom vorwiegend in den unteren oder oberen Halbraum abgibt, d. h., vorwiegend direkt oder indirekt strahlt. Die folgende erste Kennziffer gibt den Lichtstromanteil an, der im unteren Halbraum direkt auf die Nutzebene fällt; die zweite Kennziffer gibt den entsprechenden Wert für den oberen Halbraum an. Häufig ist das Ermitteln der zutreffenden Standardtabelle über die Leuchtenkennzeichnung aber nicht notwendig, da eine exakt zutreffende Tabelle vom Leuchtenhersteller mitgeliefert wird.

$$E_N = V \cdot \frac{n \cdot \Phi \cdot \eta_R \cdot \eta_{LB}}{a \cdot b}$$

$$n = \frac{1}{V} \cdot \frac{E_N \cdot a \cdot b}{\Phi \cdot \eta_R \cdot \eta_{LB}}$$

Wirkungsgradverfahren: Formeln zur Berechnung der Nennbeleuchtungsstärke E_N bei gegebener Leuchtenanzahl oder der Leuchtenanzahl n bei gegebener Beleuchtungsstärke

E_N (lx)	Nennbeleuchtungsstärke
n	Leuchtenanzahl
a (m)	Länge des Raumes
b (m)	Breite des Raumes
Φ (lm)	Lampenlichtstrom je Leuchte
η_R	Raumwirkungsgrad
η_{LB}	Leuchtenbetriebswirkungsgrad
V	Verminderungsfaktor

$$\eta_{LB} = \frac{\Phi_{Le}}{\Phi_{La}}$$

Leuchtenbetriebswirkungsgrad η_{LB}: Verhältnis des unter Betriebsbedingungen aus einer Leuchte austretenden Lichtstroms Φ_{Le} zum Lichtstrom der verwendeten Lampe Φ_{La}

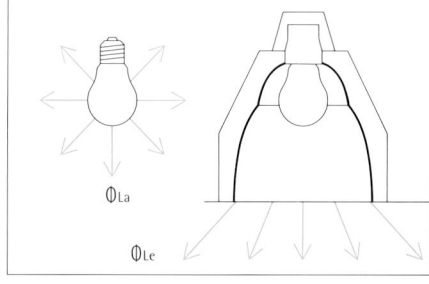

Typische Leuchtenbetriebswirkungsgrade η_{LB} für direktstrahlende Leuchten unterschiedlicher Abblendwinkel bei unterschiedlichen Lampentypen

Leuchte	Lampentyp	η_{LB}
Rasterleuchte 30°	T26	0,65–0,75
Rasterleuchte 40°	T26	0,55–0,65
Rasterleuchte, quadratisch	TC	0,50–0,70
Downlight 30°	TC	0,60–0,70
Downlight 40°	TC	0,50–0,60
Downlight 30°	A/QT	0,70–0,75
Downlight 40°	A/QT	0,60–0,70

$$k = \frac{a \cdot b}{h\,(a+b)}$$

$$k' = 1{,}5 \cdot \frac{a \cdot b}{h'\,(a+b)}$$

Der Raumindex k beschreibt den Einfluß der Raumgeometrie auf den Raumwirkungsgrad. Er berechnet sich aus Länge und Breite des Raumes sowie der

Höhe h über der Nutzebene bei direktstrahlenden Leuchten (Raumindex k) und der Höhe h' über der Nutzebene bei überwiegend indirektstrahlenden Leuchten (Raumindex k')

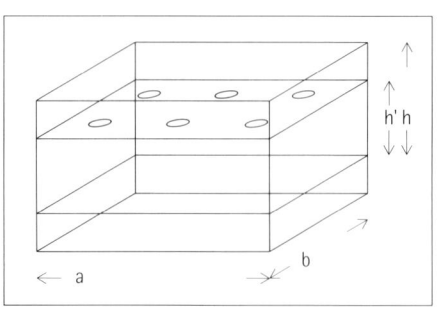

Raumwirkungsgrade η_R für typische Leuchten in Innenräumen (von oben nach unten):
Tiefstrahlende Leuchten (A 60, DIN 5040)

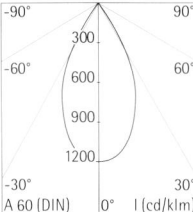

η_R	ρ_D	0,70	0,70	0,70	0,70	0,70	0,50	0,50	0,20	0,00
	ρ_W	0,70	0,50	0,50	0,20	0,20	0,50	0,20	0,20	0,00
	ρ_B	0,50	0,20	0,10	0,20	0,10	0,10	0,10	0,10	0,00
k										
0,60		1,04	0,86	0,84	0,81	0,80	0,84	0,80	0,80	0,78
1,00		1,17	0,95	0,92	0,90	0,88	0,91	0,88	0,87	0,85
1,25		1,26	1,06	0,98	0,98	0,95	0,97	0,95	0,94	0,92
1,50		1,30	1,04	1,00	1,00	0,97	0,99	0,97	0,96	0,94
2,00		1,35	1,07	1,02	1,04	1,00	1,01	0,99	0,98	0,97
2,50		1,38	1,09	1,03	1,06	1,02	1,02	1,01	0,99	0,97
3,00		1,41	1,11	1,05	1,08	1,03	1,03	1,02	1,00	0,99
4,00		1,43	1,11	1,05	1,09	1,03	1,03	1,02	1,00	0,98

Tief-breitstrahlende Leuchten (A 40, DIN 5040)

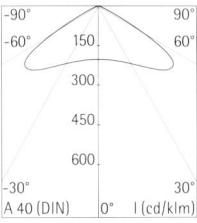

η_R	ρ_D	0,70	0,70	0,70	0,70	0,70	0,50	0,50	0,20	0,00
	ρ_W	0,70	0,50	0,50	0,20	0,20	0,50	0,20	0,20	0,00
	ρ_B	0,50	0,20	0,10	0,20	0,10	0,10	0,10	0,10	0,00
k										
0,60		0,63	0,43	0,42	0,31	0,31	0,41	0,31	0,30	0,26
1,00		0,87	0,63	0,61	0,51	0,50	0,59	0,49	0,49	0,44
1,25		0,99	0,73	0,70	0,62	0,61	0,68	0,60	0,59	0,55
1,50		1,06	0,79	0,76	0,69	0,67	0,74	0,66	0,65	0,61
2,00		1,17	0,88	0,83	0,79	0,76	0,81	0,75	0,73	0,70
2,50		1,23	0,93	0,89	0,86	0,82	0,86	0,81	0,79	0,76
3,00		1,29	0,98	0,92	0,91	0,87	0,90	0,86	0,84	0,81
4,00		1,34	1,02	0,96	0,96	0,91	0,94	0,90	0,88	0,85

Indirektstrahlende Leuchten (E 12, DIN 5040)

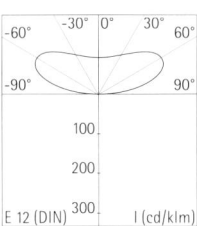

η_R	ρ_D	0,70	0,70	0,70	0,70	0,70	0,50	0,50	0,20	0,00
	ρ_W	0,70	0,50	0,50	0,20	0,20	0,50	0,20	0,20	0,00
	ρ_B	0,50	0,20	0,10	0,20	0,10	0,10	0,10	0,10	0,00
k'										
0,60		0,27	0,14	0,14	0,07	0,07	0,11	0,05	0,03	0
1,00		0,43	0,25	0,25	0,15	0,15	0,19	0,11	0,05	0
1,25		0,50	0,31	0,30	0,20	0,20	0,23	0,14	0,07	0
1,50		0,56	0,36	0,35	0,25	0,24	0,26	0,18	0,08	0
2,00		0,65	0,43	0,42	0,32	0,31	0,30	0,22	0,10	0
2,50		0,71	0,49	0,47	0,38	0,37	0,34	0,26	0,11	0
3,00		0,76	0,53	0,51	0,43	0,41	0,36	0,29	0,12	0
4,00		0,82	0,58	0,55	0,49	0,47	0,40	0,34	0,14	0

Der zutreffende Raumwirkungsgrad wird anhand des jeweiligen Raumindexes k (k') und der Reflexionsgradkombination von Decke (ρ_D), Wänden (ρ_W) und Boden (ρ_B) ermittelt.

V	Verschmutzungsgrad
0,8	normale Verschmutzung
0,7	erhöhte Verschmutzung
0,6	starke Verschmutzung

Verminderungsfaktor V in Abhängigkeit vom Verschmutzungsgrad des Raumes

Nach der Ermittlung der zutreffenden Tabelle wird der Raumindex k aus der Raumgeometrie bestimmt. Innerhalb der Tabelle kann der gesuchte Raumwirkungsgrad nun in der Spalte des entsprechenden Raumindex und der Zeile der zutreffenden Reflexionsgradkombination abgelesen, ggf. durch Interpolation ermittelt werden. Die mittlere horizontale Beleuchtungsstärke ergibt sich dann aus dem Gesamtlichtstrom aller installierten Lampen pro Fläche des Raums, korrigiert durch den Leuchtenwirkungsgrad, der vom Leuchtenhersteller angegeben wird, durch den ermittelten Raumwirkungsgrad und einen Verminderungsfaktor V, der die Alterung der Beleuchtungsanlage berücksichtigt und meist mit 0.8 angesetzt wird. Falls eine Beleuchtungsanlage mehrere Leuchtentypen unterschiedlicher Kennzeichnung umfaßt, z. B. eine breitstrahlende Beleuchtung durch Rasterleuchten und eine tiefstrahlende Komponente mit Downlights für Glühlampen, kann die Beleuchtungsstärke für jede Komponente separat berechnet und anschließend addiert werden.

Für das Wirkungsgradverfahren existieren Computerprogramme, die bei der Beleuchtungsstärkeberechnung auch das Auffinden der zutreffenden Tabellen und gegebenenfalls auch das aufwendige Interpolieren zwischen einzelnen Tabellen bzw. Tabellenwerten übernehmen.

3.3.6.2 Projektierung nach der spezifischen Anschlußleistung

Ein weiteres, aus dem Wirkungsgradverfahren abgeleitetes Verfahren zur überschlägigen Beleuchtungsplanung baut auf der spezifischen Anschlußleistung auf. Ermittelt wird hier bei gegebener Leuchte und Lichtquelle die für eine gewünschte mittlere Beleuchtungsstärke erforderliche Anschlußleistung, bzw. die bei gegebener Anschlußleistung und Lichtquelle erzielbare mittlere Beleuchtungsstärke.

Die Projektierung von Beleuchtungsanlagen nach der spezifischen Anschlußleistung baut darauf auf, daß jede Lichtquelle eine spezifische Lichtausbeute besitzt, die annähernd unabhängig von der Leistungsaufnahme ist. Bei der Benutzung des Wirkungsgradverfahrens kann also anstelle des Gesamtlichtstroms die mit der jeweiligen Lichtausbeute korrigierte Anschlußleistung eingesetzt werden.

Für eine gegebene Kombination von Leuchte und Leuchtmittel läßt sich auf dieser Grundlage ermitteln, welche Anschlußleistung pro m² benötigt wird, um in einem bezüglich Raumgeometrie und Reflexionsgraden standardisierten Raum eine durchschnittliche Beleuchtungsstärke von 100 lx zu erreichen. Da die so ermittelten Werte nur für den vorgegebenen Standardraum exakt zutreffen, muß bei Berechnungen für abweichende Bedingungen ein Korrekturfaktor in die Berechnungen einbezogen werden.

$$n = \frac{1}{f} \cdot \frac{P^* \cdot E_N \cdot a \cdot b}{100 \cdot P_L}$$

$$E_N = f \cdot \frac{100 \cdot n \cdot P_L}{P^* \cdot a \cdot b}$$

Beleuchtungsberechnung mit Hilfe der spezifischen Anschlußleistung von Lampen (P^*). Formeln zur Berechnung der Nennbeleuchtungsstärke E_N bei gegebener Leuchtenanzahl oder der Leuchtenanzahl n bei gegebener Beleuchtungsstärke

E_N (lx)	Nennbeleuchtungsstärke
n	Leuchtenanzahl
P_L (W)	Anschlußleistung einer Leuchte inkl. Betriebsgerät
P^* (W/m² · 100 lx)	spezifische Anschlußleistung
f	Korrekturfaktor
a (m)	Raumlänge
b (m)	Raumbreite

Lampe	P* (W/m² · 100 lx)
A	12
QT	10
T	3
TC	4
HME	5
HIT	4

Richtwerte der spezifischen Anschlußleistung P* für unterschiedliche Lampentypen bei direktstrahlenden Leuchten

f		ϱ_D	0,70	0,50	0,00
		ϱ_W	0,50	0,20	0,00
		ϱ_B	0,20	0,10	0,00
A (m²)	h (m)				
20	≤ 3		0,75	0,65	0,60
50			0,90	0,80	0,75
≥ 100			1,00	0,90	0,85
20	3–5		0,55	0,45	0,40
50			0,75	0,65	0,60
≥ 100			0,90	0,80	0,75
50	≥ 5		0,55	0,45	0,40
≥ 100			0,75	0,60	0,60

Der Korrekturfaktor f berücksichtigt den Einfluß von Raumgeometrie und Reflexionsgraden auf Beleuchtungsstärke oder Leuchtenanzahl. Der zutreffende Wert wird anhand der Grundfläche A, der Raumhöhe h und der jeweiligen Reflexionsgrade von Decke (ϱ_D), Wänden (ϱ_W) und Boden (ϱ_B) ermittelt.

Raumdaten

Länge a = 10 m
Breite b = 10 m
Höhe h = 3 m
ϱ = 0,5/0,2/0,1
f = 0,9

Beispiel einer überschlägigen Beleuchtungsstärkeberechnung für einen Raum mit einer Kombination von zwei unterschiedlichen Leuchtentypen

Leuchtentyp 1 (A)

n = 12
P_L = 100 W
P^* = $12 \cdot \dfrac{W}{m^2 \cdot 100\ lx}$

Leuchtentyp 2 (TC)

n = 9
P_L = 46 W
(2 · 18 W + VG)
P^* = $4 \cdot \dfrac{W}{m^2 \cdot 100\ lx}$

E_{N1} = 90 lx
E_{N2} = 93,2 lx
E_{ges} = 183,2 lx

Berechnung von Punktbeleuchtungsstärken. Formelmäßige Beziehung zwischen der Beleuchtungsstärke E an einem Raumpunkt und der Lichtstärke I einer Einzelleuchte (von oben nach unten): Horizontale Beleuchtungsstärke E_h senkrecht unter einer Leuchte. Horizontale Beleuchtungsstärke E_h unter einem Winkel α zur Leuchte. Vertikale Beleuchtungsstärke E_v unter einem Winkel α zur Leuchte

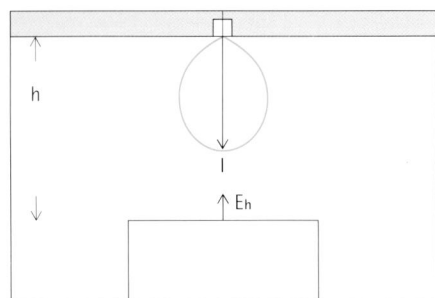

$$E_h = \frac{I}{h^2}$$

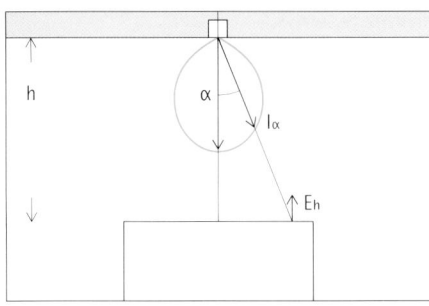

$$E_h = \frac{I_\alpha}{h^2} \cdot \cos^3 \alpha$$

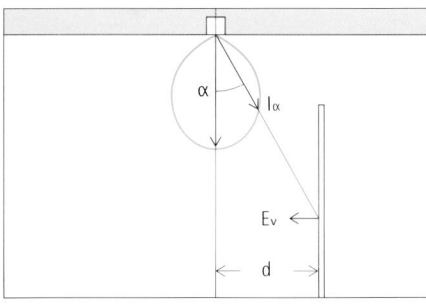

$$E_v = \frac{I_\alpha}{d^2} \cdot \cos^3 (90-\alpha)$$

$[E] = lx$

$[I] = cd$

$[h] = m$

$[d] = m$

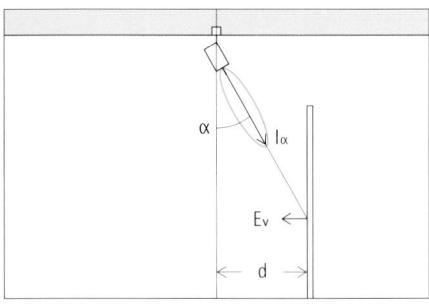

Formel zur überschlägigen Berechnung der Indirektkomponente der Beleuchtungsstärke (E_{ind}) aus dem Gesamtlichtstrom aller im Raum installierten Leuchten Φ_{Le}, dem mittleren Reflexionsgrad ϱ_M und der Summe A_{ges} aller Raumbegrenzungsflächen

$$E_{ind} = \frac{\Phi_{Le}}{A_{ges}} \cdot \frac{\varrho_M}{1-\varrho_M}$$

Als Nebenprodukt dieser Berechnungsmethode ergibt sich bei standardisiertem Raum- und Leuchtenwirkungsgrad für jeden Lampentyp ein charakteristischer Wert der spezifischen Anschlußleistung. So läßt sich mit konventionellen Glühlampen beim Anschluß von 1500 W ein Lichtstrom von etwa 20000 lm erreichen, annähernd unabhängig davon, ob zehn Lampen von 150 W, fünfzehn Lampen von 100 W oder zwanzig Lampen von 75 W verwendet werden. Die lampenspezifische Anschlußleistung kann zu überschlägigen Beleuchtungsplanungen und vor allem zum schnellen Vergleich unterschiedlicher Lichtquellen genutzt werden.

3.3.6.3 Punktbeleuchtungsstärken

Anders als beim Wirkungsgradverfahren, mit dem sich nur durchschnittliche Beleuchtungsstärken für einen gesamten Raum ermitteln lassen, kann mit Hilfe des photometrischen Entfernungsgesetzes die Beleuchtungsstärke an einzelnen Raumpunkten berechnet werden. Die Ergebnisse sind hierbei sehr exakt, mögliche Fehler ergeben sich lediglich aus der idealisierten Annahme punktförmiger Lichtquellen. Indirekte Beleuchtungsanteile werden bei der Berechnung nicht berücksichtigt, können jedoch durch eine zusätzliche Berechnung einbezogen werden. Die Berechnung von Punktbeleuchtungsstärken kann sowohl für die Beleuchtung durch eine einzelne Leuchte als auch für Beleuchtungssituationen durchgeführt werden, bei denen die Beleuchtungsanteile mehrerer Leuchten berücksichtigt werden müssen.

Die manuelle Berechnung von Punktbeleuchtungsstärken spielt vor allem bei der Beleuchtungsplanung für eng begrenzte und von einzelnen Leuchten beleuchtete Bereiche eine Rolle; bei Berechnungen für zahlreiche Raumpunkte und eine Vielzahl von Leuchten ergibt sich dagegen ein unvertretbarer Rechenaufwand. Bei der Berechnung der Beleuchtungsstärken für einen gesamten Raum werden daher überwiegend Computerprogramme eingesetzt.

Die grundlegende Funktion der Programme besteht dabei in der Berechnung von Beleuchtungsstärken für alle Raumbegrenzungsflächen, Nutzebenen oder frei definierte Raumzonen, wobei indirekte Beleuchtungsanteile in diese Berechnungen bereits einbezogen sind. Aus diesen Grunddaten können weitere Werte wie die Leuchtdichte der beleuchteten Bereiche, die Schattigkeit oder die Kontrastwiedergabefaktoren an einzelnen Raumpunkten abgeleitet werden.

Typisch für derartige Programme sind aber vor allem die breitgestreuten Möglichkeiten zur graphischen Darstellung der Ergebnisse, die von Isolux- und Isoleuchtdichtediagrammen für einzelne Raumbegrenzungsflächen oder Zonen bis hin zu dreidimensionalen Darstellungsformen der Raumbeleuchtung reichen.

$$E_h = \frac{L \cdot A}{h^2} \cdot \cos^4 \varepsilon$$

$[E] = lx$

$[L] = cd/m^2$

$[h] = m$

$[A] = m^2$

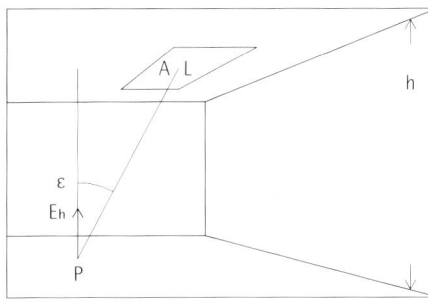

Horizontale Beleuchtungsstärke E_h am Punkt P, erzeugt von einer leuchtenden Fläche A der Leuchtdichte L unter dem Winkel ε

$$E_h = \pi \cdot L \cdot \sin^2 \alpha$$

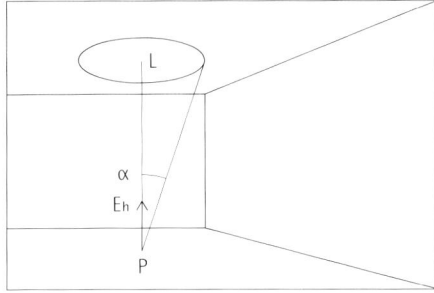

Horizontale Beleuchtungsstärke E_h am Punkt P, erzeugt von einer kreisförmigen leuchtenden Fläche mit der Leuchtdichte L, wobei sich die Fläche unter dem Winkel 2α aufspannt

Berechnung von Beleuchtungsstärken aus der Leuchtdichte flächiger Lichtquellen

$$E_h = \pi \cdot L \qquad\qquad E_v = \frac{\pi}{2} \cdot L$$

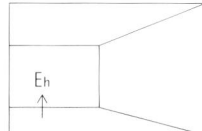
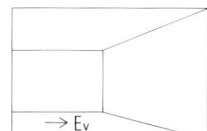

Horizontale Beleuchtungsstärke E_h, erzeugt von einer halbräumlichen Leuchtdichte L

Vertikale Beleuchtungsstärke E_v, erzeugt von einer halbräumlichen Leuchtdichte L

3.3.6.4 Beleuchtungskosten

Bei den Kosten einer Beleuchtungsanlage wird zwischen festen und beweglichen Kosten unterschieden. Die festen Kosten sind dabei unabhängig von der Betriebszeit der Beleuchtungsanlage, sie umfassen die jährlichen Kosten für die Leuchten, für deren Installation sowie für deren Reinigung. Die beweglichen Kosten sind dagegen von der Betriebszeit abhängig, sie umfassen die Stromkosten sowie die Material- und Lohnkosten für den Lampenwechsel. Auf der Grundlage dieser Werte können verschiedene Merkmale einer Beleuchtungsanlage berechnet werden.

Von besonderem Interesse sind dabei die entstehenden jährlichen Kosten einer Beleuchtungsanlage. Häufig ist bei der Planung aber auch ein Wirtschaftlichkeitsvergleich unterschiedlicher Lampentypen sinnvoll, die ebenfalls als jährliche Kosten, aber auch als Kosten für die Erzeugung einer bestimmten Lichtmenge berechnet werden können. Sowohl bei der Neuerstellung als auch vor allem bei der Sanierung von Beleuchtungsanlagen spielt zusätzlich die Berechnung der Pay-Back-Zeit eine Rolle, des Zeitraums also, in dem die eingesparten Betriebskosten die Investitionskosten der Neuanlage ausgleichen.

Formel zur Berechnung der Kosten einer Beleuchtungsanlage K aus den festen Kosten K' und den jährlichen Betriebskosten K''

$$K = K' + K''$$

$$K' = n\,(p \cdot K_1 + R)$$

$$K'' = n \cdot t_B \left(a \cdot P + \frac{K_2}{t_{La}}\right)$$

$$K = n\left[p \cdot K_1 + R + t_B \left(a \cdot P + \frac{K_2}{t_{La}}\right)\right]$$

Formel zur Berechnung der Pay-Back-Zeit t einer Neuanlage

$$t = \frac{K_I\,(neu)}{K''\,(alt) - K''\,(neu)}$$

Pay-Back-Zeit t beim Vergleich zweier Neuanlagen, wobei die Anlage B höhere Investitionskosten bei gleichzeitig geringeren Betriebskosten aufweist

$$t = \frac{K_I\,(B) - K_I\,(A)}{K''\,(A) - K''\,(B)}$$

a (DM/kWh)	Energiekosten	
K (DM/a)	jährliche Kosten einer Beleuchtungsanlage	
K' (DM/a)	jährliche feste Kosten	
K'' (DM/a)	jährliche Betriebskosten	
K_1 (DM)	Kosten je Leuchte incl. Montage	
K_2 (DM)	Kosten je Lampe incl. Lampenwechsel	
K_I (DM)	Investitionskosten $(n \cdot K_1)$	

n	Leuchtenanzahl	
p (1/a)	Kapitaldienst für die Anlage (0,1–0,15)	
P (kW)	Leistung je Leuchte	
R (DM/a)	jährliche Reinigungskosten je Leuchte	
t (a)	Pay-Back-Zeit	
t_B (h)	jährliche Nutzungszeit	
t_{La} (h)	Nutzlebensdauer einer Lampe	

3.3.7 Simulation und Präsentation

Visuelle Darstellungen von Beleuchtungsanlagen und ihren Lichtwirkungen in der Architektur spielen bei der Lichtplanung eine bedeutsame Rolle. Das Spektrum der Darstellungsformen reicht dabei von technisch orientierten Deckenplänen über graphische Veranschaulichungen unterschiedlicher Komplexität bis hin zu computerberechneten Raumdarstellungen und dreidimensionalen Modellen von Architektur oder Beleuchtungsanlage.

Ziel dieser Darstellungen ist zunächst die Veranschaulichung bekannter Informationen, sei es über die technischen Merkmale der Beleuchtungsanlage, ihre räumliche Gestaltung oder ihre Lichtwirkungen in der beleuchteten Umgebung. Computergestützte Darstellungen und Modelle können darüber hinaus genutzt werden, um die Lichtwirkungen geplanter Beleuchtungsanlagen zu simulieren und so neue Informationen zu gewinnen.

Eine erste Form der Darstellung von Beleuchtungsanlagen stellen technische Zeichnungen und Diagramme dar. Hier ist zunächst der gespiegelte Deckenplan zu nennen, der exakte Informationen über Art und Anordnung der eingesetzten Leuchten liefert. Ergänzt werden kann diese Dokumentation durch im Deckenspiegel eingetragene Beleuchtungsstärkewerte oder Isoluxdiagramme, sowie durch zusätzliche perspektivische Raumdarstellungen, mit deren Hilfe die Anordnung der Beleuchtungsanlage im Raum anschaulicher sichtbar gemacht wird.

Für den Lichtplaner läßt sich aus diesen Darstellungen über die technische Information hinaus auch eine realistische Vorstellung der erzielten Lichtwirkungen ableiten. Diese Leistung ist aber von anderen, weniger sachkundigen Beteiligten des Planungsverfahrens nicht zu verlangen, so daß die Aussagekraft technischer Dokumentationen bei der Präsentation nicht überschätzt werden sollte.

Zur Vermittlung eines Lichtkonzepts eignen sich dagegen Darstellungen, die sowohl Architektur und Beleuchtungsanlage als auch die erzielten Lichtwirkungen wiedergeben. Die zeichnerischen Ansätze reichen hierbei von der einfachen Skizze bis hin zu detaillierten und aufwendigen Verfahren, wobei mit steigendem Aufwand sowohl die beleuchtete Umgebung als auch vor allem die Lichteffekte zunehmend differenzierter dargestellt werden können.

Mit Ausnahme von Zeichnungen, die auf bereits erstellten Anlagen oder Simulationen aufbauen, gilt aber selbst für aufwendige Darstellungsformen, daß die wiedergegebenen Lichtwirkungen stets Schematisierungen darstellen und die Komplexität der tatsächlichen Lichteffekte nicht erreichen. Dies muß jedoch nicht unbedingt einen Nachteil bedeuten; gerade bei der Verdeutlichung eines Gesamtkon-

zepts kann eine bewußt vereinfachte Skizze die erzeugten Lichtwirkungen griffiger darstellen als eine angeblich realitätsgetreue Darstellung mit künstlich gestaffelten Leuchtdichtestufen. Zudem stellt die Zeichnung in den meisten Fällen eine kostengünstige, bei begrenztem zeichnerischem Aufwand zusätzlich auch eine schnelle und flexible Präsentationsmethode dar.

Lichtwirkungen können graphisch im einfachsten Fall durch Lichtkegel angedeutet werden, die entweder als Umriß, als farbige Fläche oder in vom Untergrund abweichenden Grauwerten angelegt sind. Sollen zusätzlich Leuchtdichteverläufe dargestellt werden, kann dies durch den Einsatz von Rastern, durch Spritztechnikverfahren oder durch freie Zeichnungen mit Bleistift bzw. Kreide erreicht werden. Wird ein erweiterter Kontrastumfang der Zeichnung benötigt, um eine entsprechend größere Leuchtdichteskala darstellen zu können, so ist dies zunächst durch weiß gehöhte Zeichnungen möglich. Ein differenzierteres Verfahren baut auf der Verwendung hinterleuchteter Transparente auf, bei denen durch die Collage unterschiedlich transmittierender Folien eine extrem breite Leuchtdichteskala vom reinen Schwarz bis hin zur Leuchtdichte der verwendeten Lichtquelle zur Verfügung steht.

Neben zeichnerischen Verfahren können auch Computerprogramme genutzt werden, um Beleuchtungsanlagen und ihre Lichtwirkungen zu veranschaulichen. Häufig gehören einfache räumliche Darstellungen mit einer schwarz/weiß gerasterten Wiedergabe von Beleuchtungsstärkestufen zum Leistungsumfang lichttechnischer Berechnungsprogramme, so daß neben der Ausgabe von Beleuchtungsdaten in Tabellen und Diagrammen auch ein grober visueller Eindruck des Lichtkonzepts vermittelt wird. Die Erstellung komplexerer Computergrafiken mit einer differenzierteren Darstellung von Leuchtdichten, einer farbigen Wiedergabe und einer Berücksichtigung der Möblierung beleuchteter Räume setzt dagegen zur Zeit noch einen hohen Aufwand an Hard- und Software voraus.

Wie die Zeichnung liefert auch die Computergrafik ein vereinfachtes Bild der tatsächlichen Beleuchtungswirkungen; durch die Staffelung von Leuchtdichtestufen entsteht zudem oft ein starres, künstliches Aussehen. Im Gegensatz zur Zeichnung gibt die Computergrafik aber keine subjektive Vorstellung der erwarteten Lichtwirkungen wieder, sondern fußt auf konkreten Berechnungen; sie stellt also nicht nur ein Hilfsmittel der Präsentation, sondern auch ein effektives Simulationsverfahren dar.

Obwohl die Eingabe der Daten von Architektur, Beleuchtungsanlage und ggf. auch Möblierung ein zeitintensives Verfahren darstellt, kann der Aufwand durch die so gegebenen Möglichkeiten zur flexi-

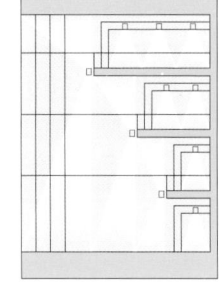

Graphische Präsentation eines Beleuchtungskonzeptes

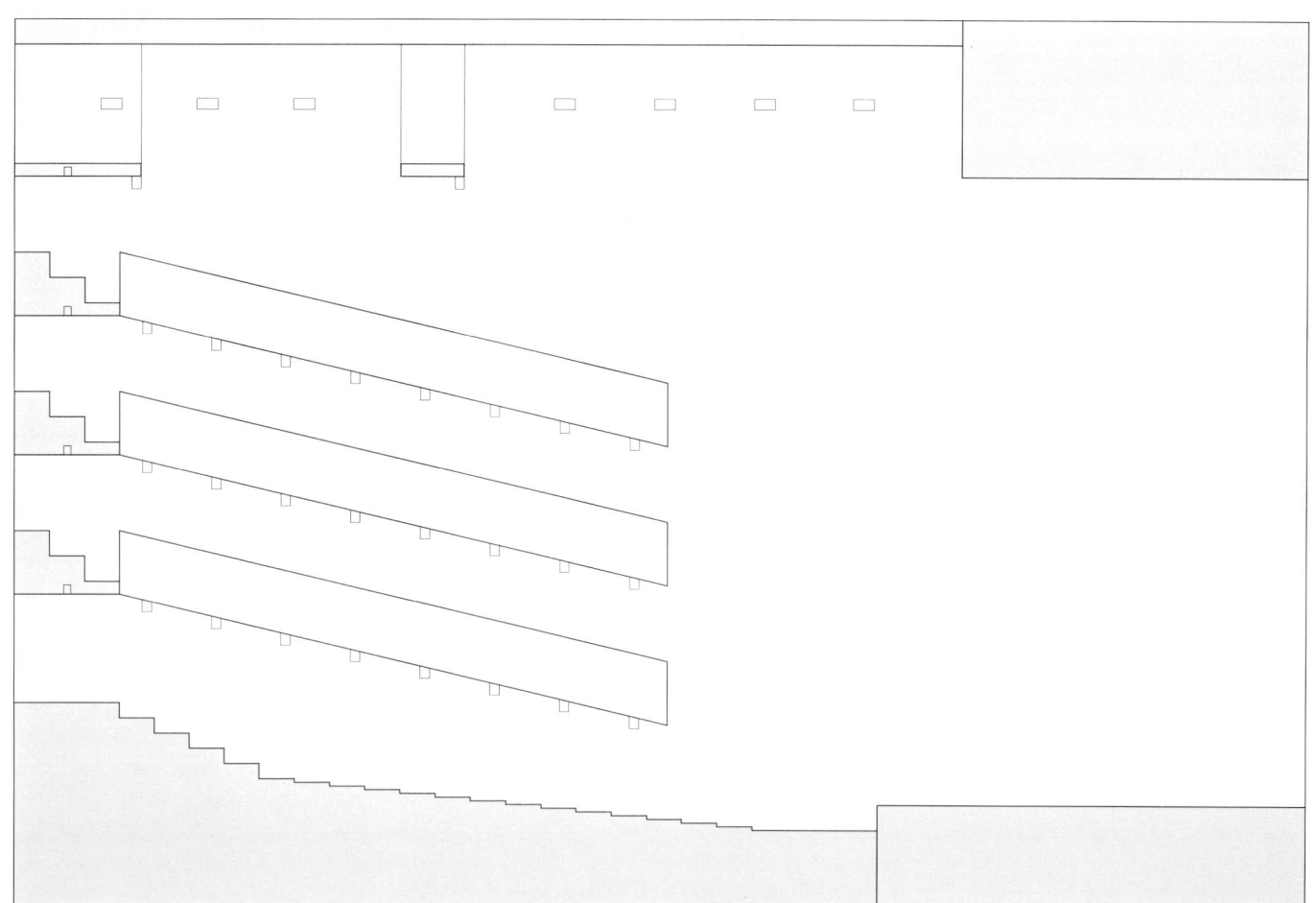

Graphische Präsentation des Beleuchtungskonzeptes für den Zuschauerraum eines Theaters. Lichtkegel werden als weiß gehöhte Handzeichnung auf einem graugrundigen Schnitt dargestellt. Die Präsentation beschränkt sich auf die Darstellung von Leuchtenpositionen, Lichtrichtungen und Ausstrahlungswinkeln.

Sie vermittelt einen qualitativen Gesamteindruck der räumlichen Lichtverteilung und verzichtet bewußt auf quantitative Angaben.

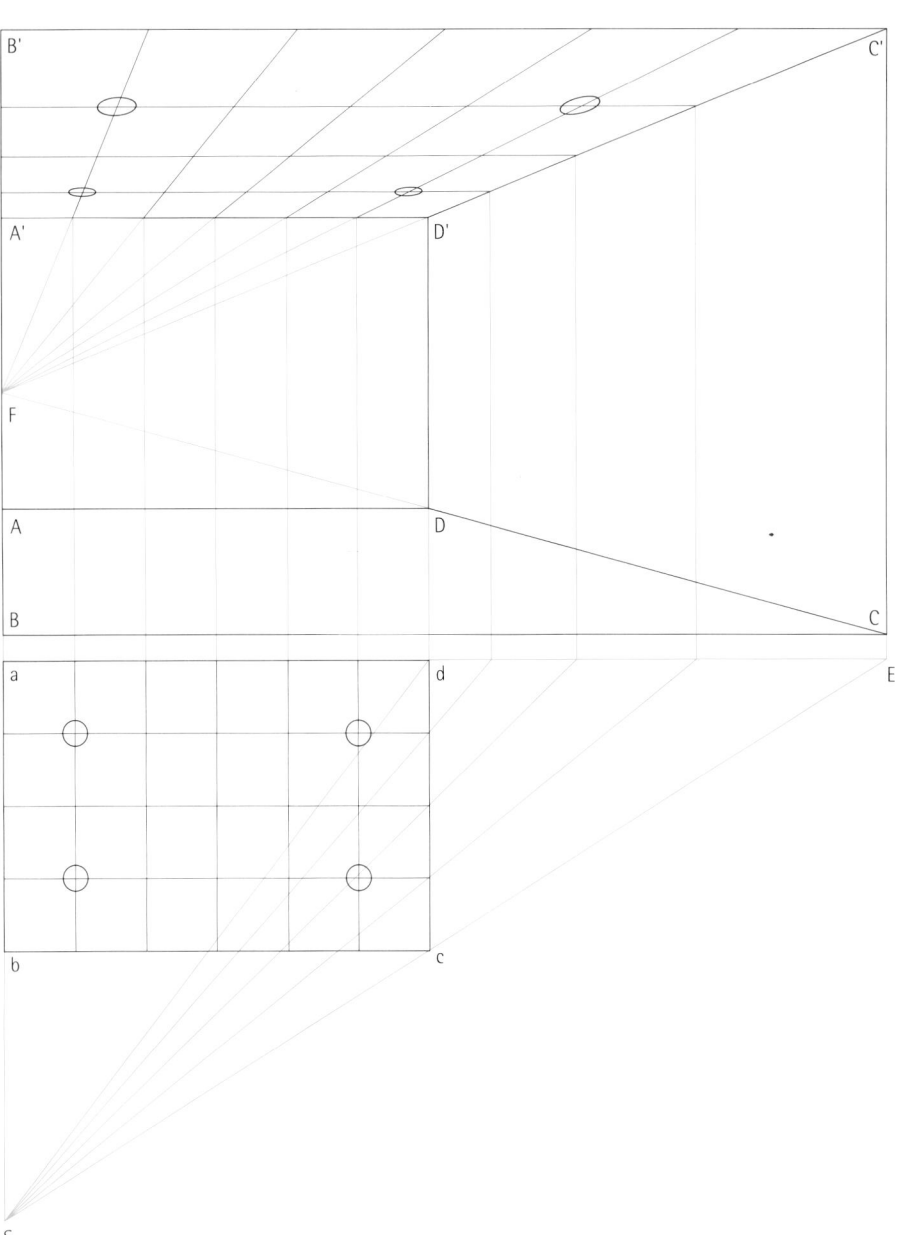

Zentralperspektive:
Aus dem Grundriß a, b, c, d mit eingetragenen Leuchtenpositionen soll eine perspektivische Darstellung konstruiert werden. Hierzu werden zunächst Standpunkt S und Bildebene E gewählt. Zur darstellerischen Vereinfachung ist hier die Bildebene mit der Rückwand des Raumes identisch, so daß Höhen und Abstände auf der Rückwand der Perspektive maßstabsgetreu eingetragen werden können; der Standpunkt ist auf die Verlängerung der linken Raumwand gelegt. Aus der Projektion der Punkte a, b, c, d auf die Bildebene ergeben sich die Vertikalen der Perspektive. Nun wird die Bodenlinie der Rückwand AD in der Perspektive gewählt und die Raumhöhe AA', DD' sowie die Höhe des Fluchtpunktes AF (hier Augenhöhe in sitzender Position) maßstäblich darauf eingetragen. Hierdurch ist die Rückwand definiert. Aus der Verlängerung der Fluchtlinien FD und FD' ergibt sich nun die rechte Seitenwand DC und D'C'. Die Horizontalen BC und B'C' schließen die Perspektive als vordere Boden- und Deckenlinien ab. Deckenraster und Leuchtenpositionen in der Perspektive werden aus Fluchtlinien vom Fluchtpunkt F und aus der Projektion von Wandpunkten vom Standpunkt S auf die Bildebene E ermittelt.

Perspektivische Konstruktion eines Lichtstrukturelementes (Zweipunktperspektive): Auch hier werden Standpunkt S und Bildebene E gewählt, die Bildebene liegt zur Vereinfachung wiederum auf dem hintersten Punkt des Grundrisses a, b, c, d. Die Vertikalen der Perspektive ergeben sich durch Projektion der Punkte a, b, c, d auf die Bildebene, die Vertikalen der Fluchtpunkte durch die Schnittpunkte von Parallelen zu den Grundrißkanten ba und bc mit der Bildebene. Nun wird eine Grundlinie G gewählt, auf der die Höhe der Fluchtpunkte F₁ und F₂ (hier Augenhöhe in stehender Position) sowie die Höhe des Punktes D maßstäblich eingetragen werden. Aus der Verlängerung der Fluchtlinien F₁D und F₂D ergeben sich die Linien DA und DC. Durch die Verlängerung der Fluchtlinien F₁A und F₂C ergibt sich B als letzter Punkt der Perspektive.

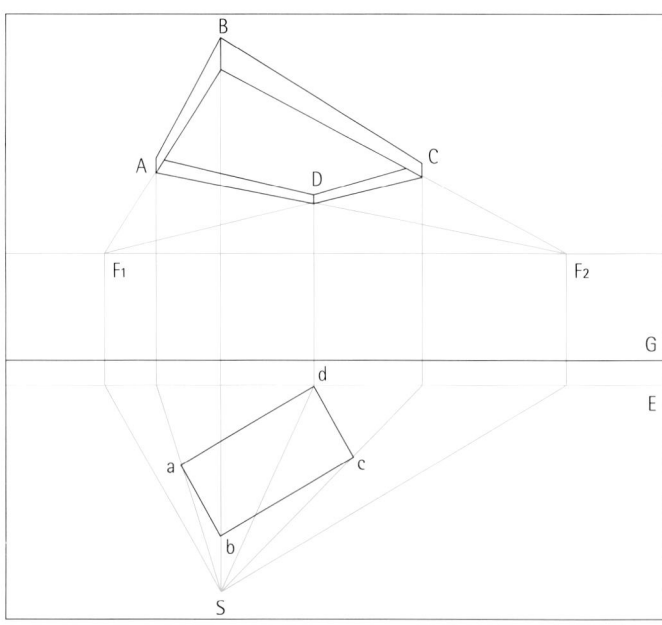

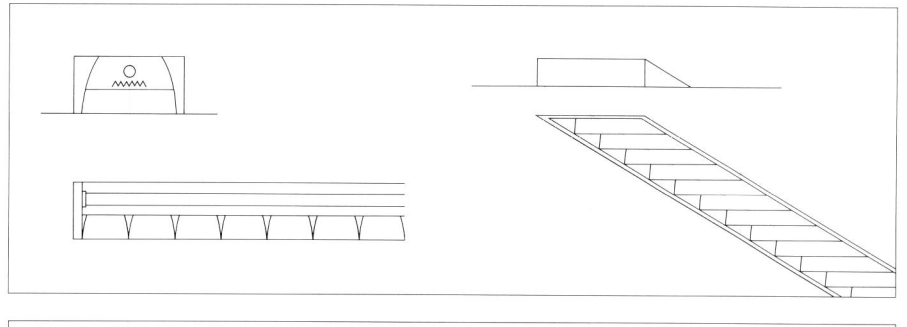

Lineare, rechteckige Deckeneinbauleuchte. Quer- und Längsschnitt mit Deckenanschluß, 0°/30°-Isometrie als Deckenuntersicht

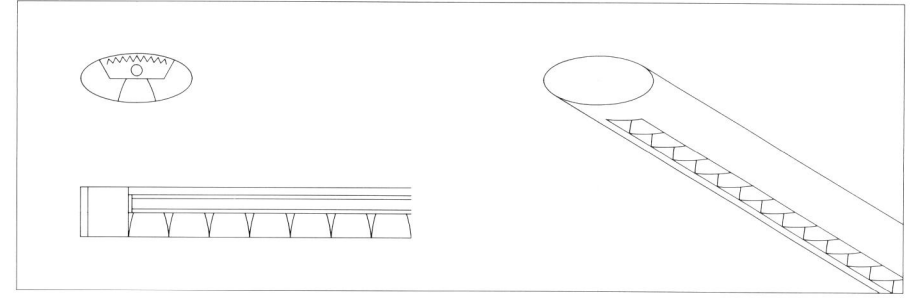

Lineare, abgehängte Leuchte oder Lichtstrukturelement. Quer- und Längsschnitt, 0°/30°-Isometrie

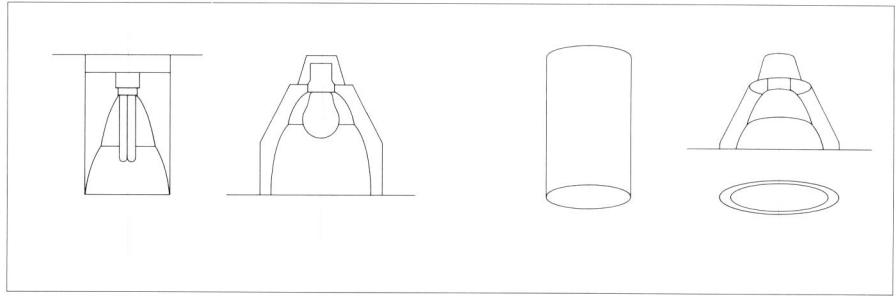

Runde Leuchten. Querschnitt und Isometrie bei Deckeneinbau- und Aufbauleuchten

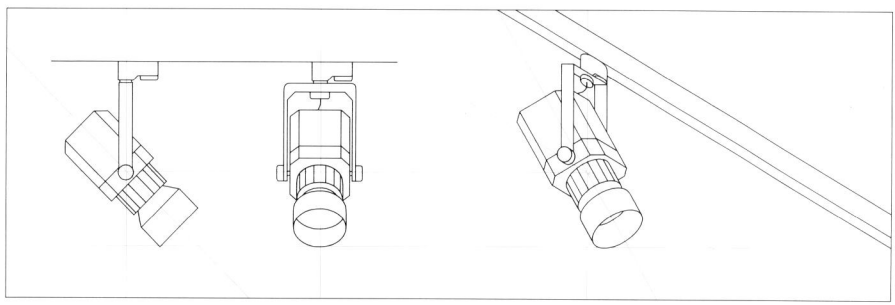

Strahler in Seiten- und Vorderansicht bei einer Neigung von 30°, 0°/30°-Isometrie

Darstellung von Leuchten in technischen Darstellungen und Präsentationszeichnungen. Bei der detaillierten zeichnerischen Wiedergabe von Leuchten dienen Schnitte zur Veranschaulichung von technischem Aufbau und Funktion, während isometrische Darstellungsformen die Gestaltung und den optischen Eindruck der Leuchte verdeutlichen.

Darstellung von Lichtwirkungen in technischen Beschreibungen und Präsentationszeichnungen: Lichtkegeldurchmesser auf dem Boden ergeben sich aus dem Ausstrahlungswinkel β, während Lichtkegelanschnitte auf Wänden anhand des Abblendwinkels α konstruiert werden. Falls

nur ein Wert bekannt ist, können Ausstrahlungswinkel und Abblendwinkel annähernd auseinander abgeleitet werden; zwischen α und β ergibt sich in der Regel ein Winkel von 10°.

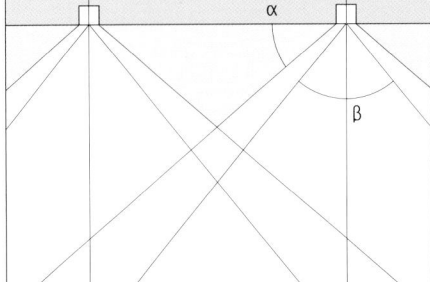

Raumquerschnitt in Leuchtenachse mit Darstellung von Abblendwinkel α und Ausstrahlungswinkel β der Leuchten

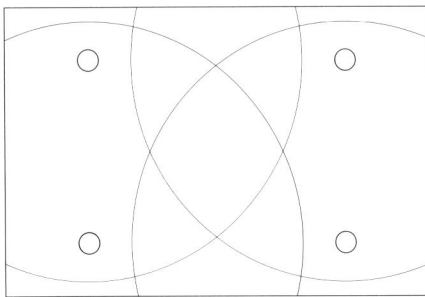

Raumgrundriß mit Deckenspiegel und Lichtkegeldurchmessern, die durch den Ausstrahlungswinkel der Leuchten definiert werden

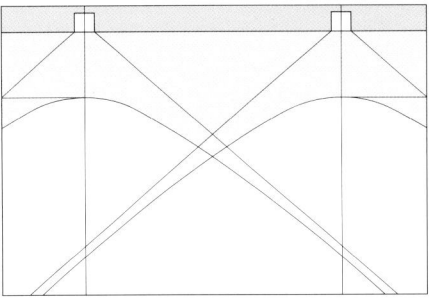

Wandansicht mit Lichtkegelanschnitten (scallops), deren Höhe und Verlauf durch den Abblendwinkel der Leuchten definiert werden

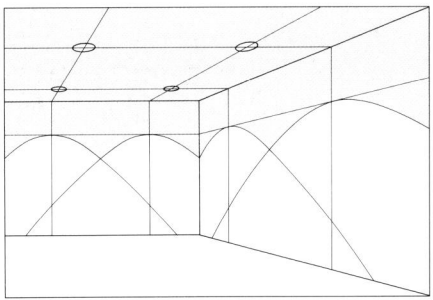

Perspektivische Raumdarstellung mit Leuchten und Lichtwirkungen an den Raumbegrenzungsflächen

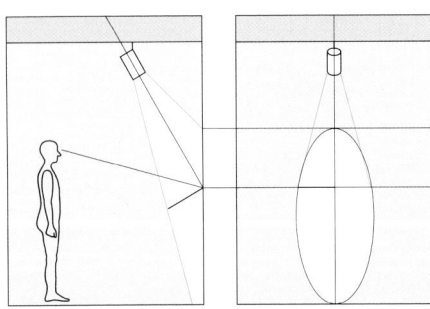

Darstellung eines Lichtkegels mit gegebenem Ausstrahlungswinkel in Schnitt und Wandansicht

Berechnung und Visualisierung lichttechnischer Daten mit Hilfe des Computers

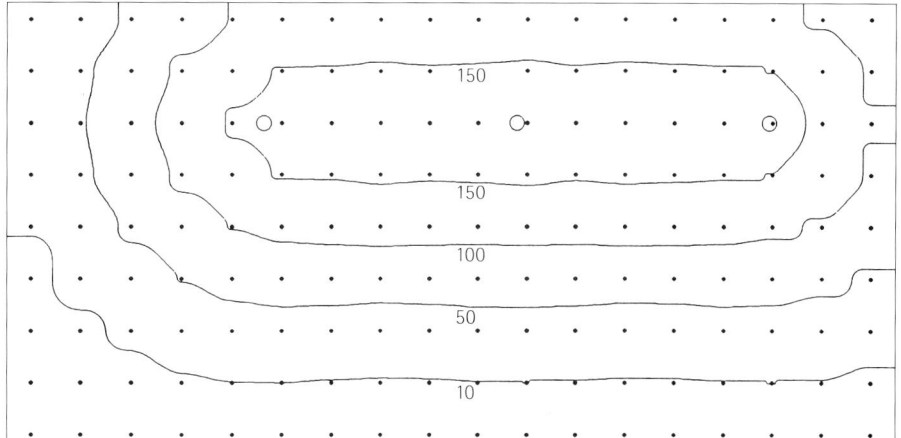

Raumgrundriß mit Deckenspiegel und Berechnungspunkten. Darstellung der Berechnungsergebnisse durch Kurven gleicher Beleuchtungsstärke auf der Nutzebene (Isoluxkurven)

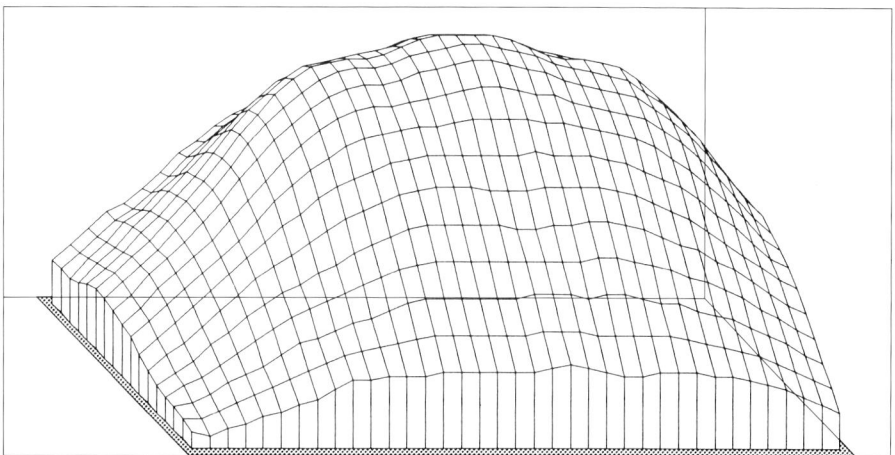

Veranschaulichung der Beleuchtungsstärkeverteilung im Raum durch eine Raumisometrie mit Beleuchtungsstärkerelief

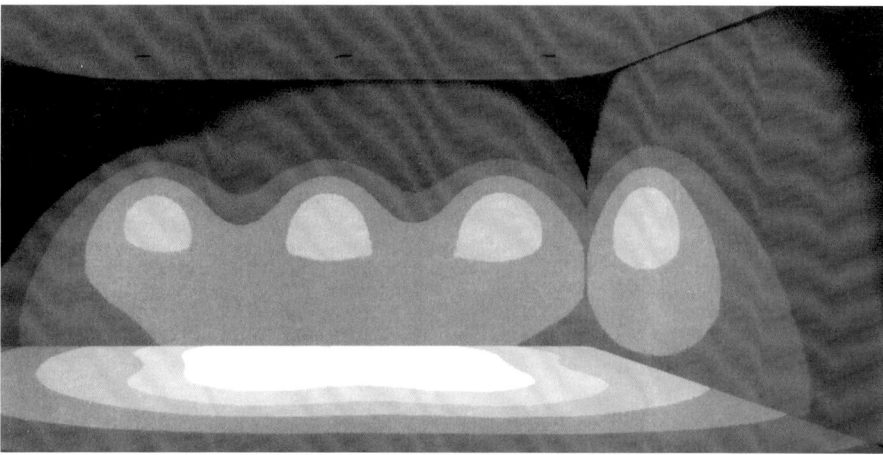

Veranschaulichung der Beleuchtungsstärkeverteilung auf den Raumbegrenzungsflächen durch eine perspektivische Darstellung mit in Graustufen gestaffelten Isoluxkurven. Ähnliche Darstellungen können bei Berücksichtigung der Reflexionsgrade auch für Leuchtdichteverteilungen erstellt werden.

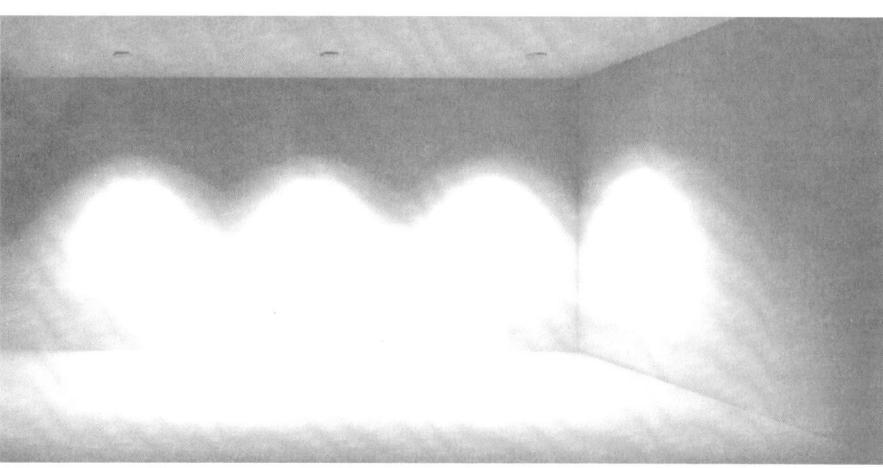

Simulation von Lichtwirkungen im Raum aufgrund der räumlichen Leuchtdichteverteilung. Durch eine möglichst enge Staffelung der zugrundeliegenden Kurven wird ein realitätsnaher Leuchtdichteverlauf erreicht.

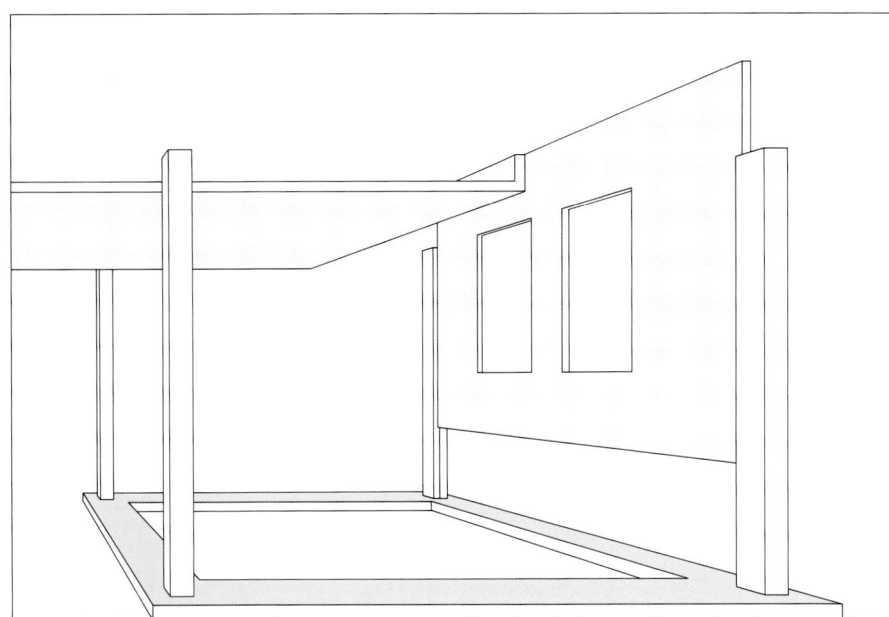

Prinzip eines Profilbaukastens zur Modellsimulation variabler Raumgeometrien (1:10, 1:20). Mit Hilfe der Tragprofile können Decken und Wände frei angeordnet werden. Derartige Modelle finden ihre Anwendung sowohl bei der Tageslichtsimulation, als auch bei der Simulation künstlicher Beleuchtung. Die Bodenplatte des Modells ist offen und erlaubt so die freie Führung von Meßempfängern, Endoskopen und Micro-Videokameras.

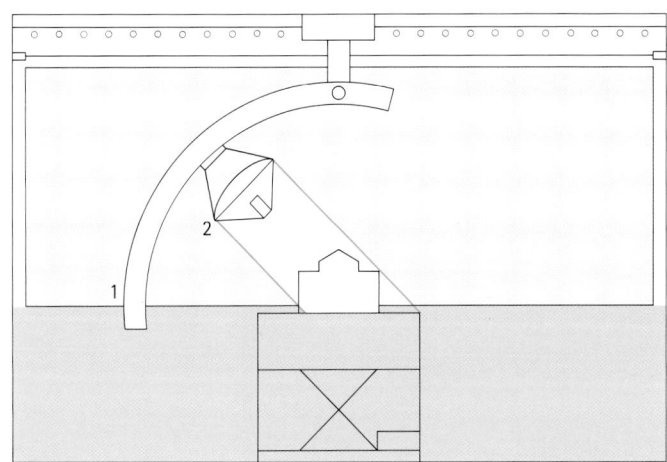

Tageslicht- und Sonnensimulator im lichttechnischen Labor der ERCO Leuchten GmbH, Simulatorraum (5 x 5 x 3 m) mit einem zentralen Hubtisch. Zur Simulation des diffusen Tageslichts dient eine textile Lichtdecke mit Leuchtstofflampen in Kombination mit umlaufend verspiegelten Wänden; das Beleuchtungsniveau ist stufenlos regelbar. Das gerichtete Sonnenlicht wird durch einen auf einem

rotierenden Schwenkarm (1) beweglichen Halogen-Parabolscheinwerfer (2) simuliert, der mit Hilfe eines rechnergesteuerten Antriebs Sonnenstände für beliebige Orte, Tages- und Jahreszeiten sowie kontinuierliche Sonnenbahnen für den Tagesverlauf beliebiger Orte und Jahreszeiten nachvollziehen kann.

Hubtisch mit Scherenmechanismus (3) zur freien Positionierung von Modellen bei der Sonnensimulation. Mit Hilfe eines integrierten Koordinatentisches (1) können Meßempfänger, Endoskope und Micro-Videokameras (2) frei positioniert und ausgerichtet werden.

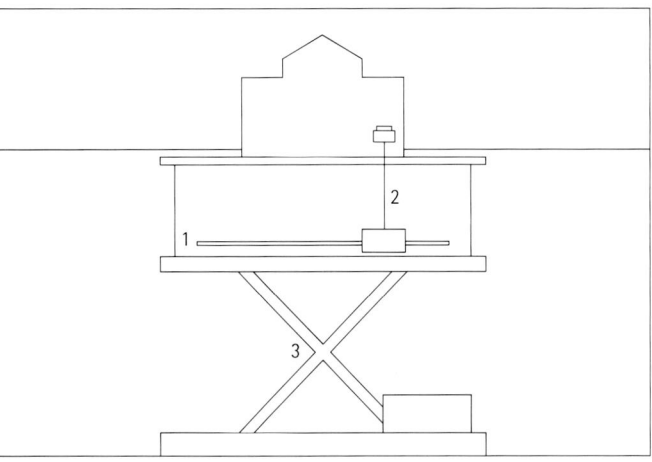

blen Erprobung unterschiedlicher Leuchtentypen und Beleuchtungskonzepte gerechtfertigt sein. Häufig wird es sich aber anbieten, auf eine detaillierte Computergrafik der Raumwirkung zu verzichten und anstelle dessen die einfacher zu erstellenden, technischen Beleuchtungsdaten der Computerberechnung zeichnerisch umzusetzen.

Neben zeichnerischen und computergestützten Verfahren stellt der Bau von Modellen die dritte Möglichkeit zur visuellen Veranschaulichung von Beleuchtungsanlagen und ihren Lichtwirkungen dar. Wie die Computergrafik kann das Modell dabei sowohl zur Präsentation als auch zur Simulation verwendet werden.

Entscheidender Vorteil der Modelle ist, daß Licht hier nicht nur dargestellt, sondern tatsächlich wirksam wird – Beleuchtungseffekte werden also nicht schematisiert wiedergegeben, sondern können in ihrer vollen Komplexität beobachtet werden. Die Exaktheit der Simulation wird dabei nur von Größe und Genauigkeit des Modells begrenzt; bei Modellen im Maßstab 1:1 (Mock-Up) gehen Modell und Realität ineinander über.

Der gewählte Maßstab des Modells hängt also vom Verwendungszweck und der gewünschten Genauigkeit der Simulation ab; die Skala reicht dabei von Maßstäben wie 1:100 oder sogar 1:200, die nur eine Beobachtung der Tageslichtwirkung ganzer Gebäude erlauben, bis hin zu Maßstäben von 1:20 bis 1:10, die eine differenzierte Beobachtung und Darstellung von Beleuchtungseffekten in Einzelbereichen gestatten.

Das kritischste Detail vor allem kleinmaßstäbiger Modelle ist in der Regel die Leuchte selbst, da kleine Abweichungen sich hierbei schon deutlich in der Beleuchtungswirkung niederschlagen und der Genauigkeit der Leuchtennachbildung durch die Ausmaße der zur Verfügung stehenden

Lichtquellen Grenzen gesetzt sind. Durch die Verwendung von Lichtleitern, die das Licht einer externen Lichtquelle zu mehreren Leuchtennachbildungen lenken, wird aber auch im Bereich der Leuchten eine größere Exaktheit möglich. Vor allem bei der Beurteilung eigens angefertigter oder architekturintegrierter Leuchten kann es allerdings sinnvoll sein, ein Mock-Up der Leuchte bzw. des betreffenden Architektursegments im Maßstab 1:1 zu erstellen; ein Verfahren, das hier ohne übermäßigen Aufwand verwirklicht werden kann, während es für ganze Räume nur bei aufwendigen Großprojekten zu rechtfertigen ist.

Besonders verbreitet ist die Modellsimulation im Bereich der Tageslichttechnik. Hier entfällt das Problem des maßstabgerechten Leuchtennachbaus; Sonne und Tageslicht können im einfachsten Fall vor der Haustür direkt genutzt, ansonsten mit Hilfe eines Sonnensimulators bzw. künstlichen Himmels exakt reproduziert werden. Bei der Sonnenlichtsimulation im Freien wird das Modell dabei mit Hilfe eines sonnenuhrähnlichen Anzeigeinstruments in den gewünschten – einem geographischen Ort zu einer bestimmten Jahres- und Tageszeit entsprechenden – Winkel zur Einfallsrichtung des Lichts gebracht; im Sonnensimulator wird diese Aufgabe von einer beweglichen, künstlichen Sonne erfüllt. In beiden Fällen sind schon bei kleinen Modellmaßstäben sichere Beobachtungen über die Lichtwirkungen im und am Gebäude sowie konstruktive Entwürfe für Sonnenschutz und Tageslichtlenkung möglich. Die Beobachtungen können mit Hilfe von Endoskopkameras festgehalten werden, Micro-Videokameras erlauben die Dokumentation von Beleuchtungsveränderungen über den Tages- oder Jahresverlauf.

Mit Hilfe des künstlichen Himmels lassen sich die Lichtverhältnisse bei bedecktem Himmel simulieren und Messungen des Tageslichtquotienten (DIN 5034) durchführen.

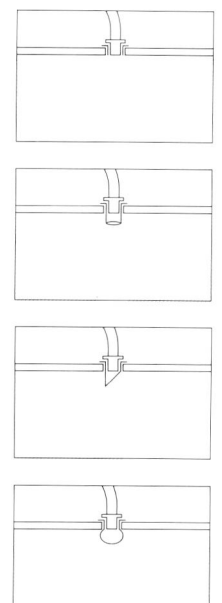

Lichtleitersystem zur Simulation künstlicher Beleuchtung bei Innenraummodellen. Die Lichtaustrittsöffnung der Lichtleiterbündel bilden die Einzelleuchten im Modell. Durch entsprechende Konstruktion der Lichtaustrittsöffnungen können unterschiedliche Leuchtentypen (breit- und engstrahlende Downlights, Richtstrahler, Wandfluter und freistrahlende Leuchten) simuliert werden.

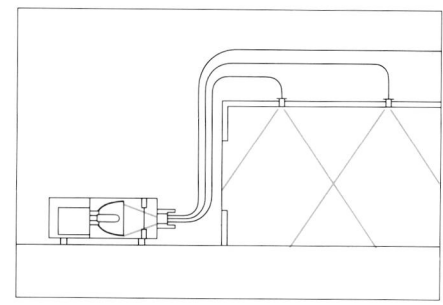

3.3.8 Messung von Beleuchtungs-anlagen

Die Messung der lichttechnischen Eigen-schaften einer Beleuchtungsanlage kann unterschiedlichen Aufgaben dienen. Bei neu erstellten Anlagen wird die Beleuch-tungsmessung zur Überprüfung der pro-jektierten Werte angewendet; bei bestehen-den Anlagen liefert sie Entscheidungshilfen für die Durchführung einer Wartung oder die Erneuerung einer Anlage. Auch wäh-rend der Planung kann die Beleuchtungs-messung an Modellen zur Beurteilung und zum Vergleich von Beleuchtungskonzepten genutzt werden. Bei den gemessenen Grö-ßen handelt es sich zunächst um Beleuch-tungsstärke und Leuchtdichte, durch ge-eignete Verfahren lassen sich aber auch weitere Werte wie die Schattigkeit einer Beleuchtung oder der Kontrastwiedergabe-faktor (CRF) ermitteln.

Um verwertbare Meßergebnisse zu gewährleisten, müssen die verwendeten Meßgeräte eine ausreichende Qualität besitzen. Bei Meßgeräten für Beleuch-tungsstärke betrifft dies vor allem die kor-rekte Messung schräg einfallenden Lichts (Cosinus-Korrektur) und die Anpassung an die Hellempfindlichkeit des Auges (V[λ]-Anpassung).

Bei der Beleuchtungsmessung werden eine Reihe von Parametern berücksichtigt und im Meßprotokoll dokumentiert. Hierbei handelt es sich zunächst um Eigenschaften der Umgebung wie Reflexionsgrade und Farben der Raumbegrenzungsflächen, die Tageszeit, das Vorhandensein von Tageslicht und die jeweilige Netzspannung. Als Eigen-schaften der Beleuchtungsanlage werden das Alter der Anlage, Leuchtenanordnung und Leuchtentyp, Typ und Alterungszustand der Lampen sowie der Wartungszustand der Anlage erfaßt. Darüber hinaus werden Typ und Genauigkeitsklasse des Meßgeräts festgehalten.

Zur Protokollierung der Beleuchtungs-stärkemessung für einen gesamten Raum (nach DIN 5035 Teil 6) wird ein Grundriß des Raums und seiner Möblierung erstellt, in dem zunächst die Anordnung der Leuch-ten und die vorgesehenen Meßpunkte, nach der Messung auch die entsprechenden Meßergebnisse eingetragen werden. Die Meßpunkte ergeben sich als Mittelpunkte eines Rasters von 1–2 m, bei hohen Räumen bis zu 5 m. Alternativ kann die Messung jedoch auch an einzelnen Arbeitsplätzen erfolgen, wobei ein entsprechend engeres Meßraster für den Arbeitsbereich erstellt wird. Horizontale Beleuchtungsstärken werden an den einzelnen Meßpunkten in Höhe der Nutzebene von 0,85 m bzw. 0,2 m gemessen, zylindrische Beleuchtungsstärken für die Bestimmung der Schattigkeit in der Bezugsebene 1,2 m. Leuchtdichte-messungen zur Ermittlung der Blendungs-begrenzung werden für repräsentative Arbeitsplätze aus Augenhöhe (1,2 bzw. 1,6 m) durchgeführt.

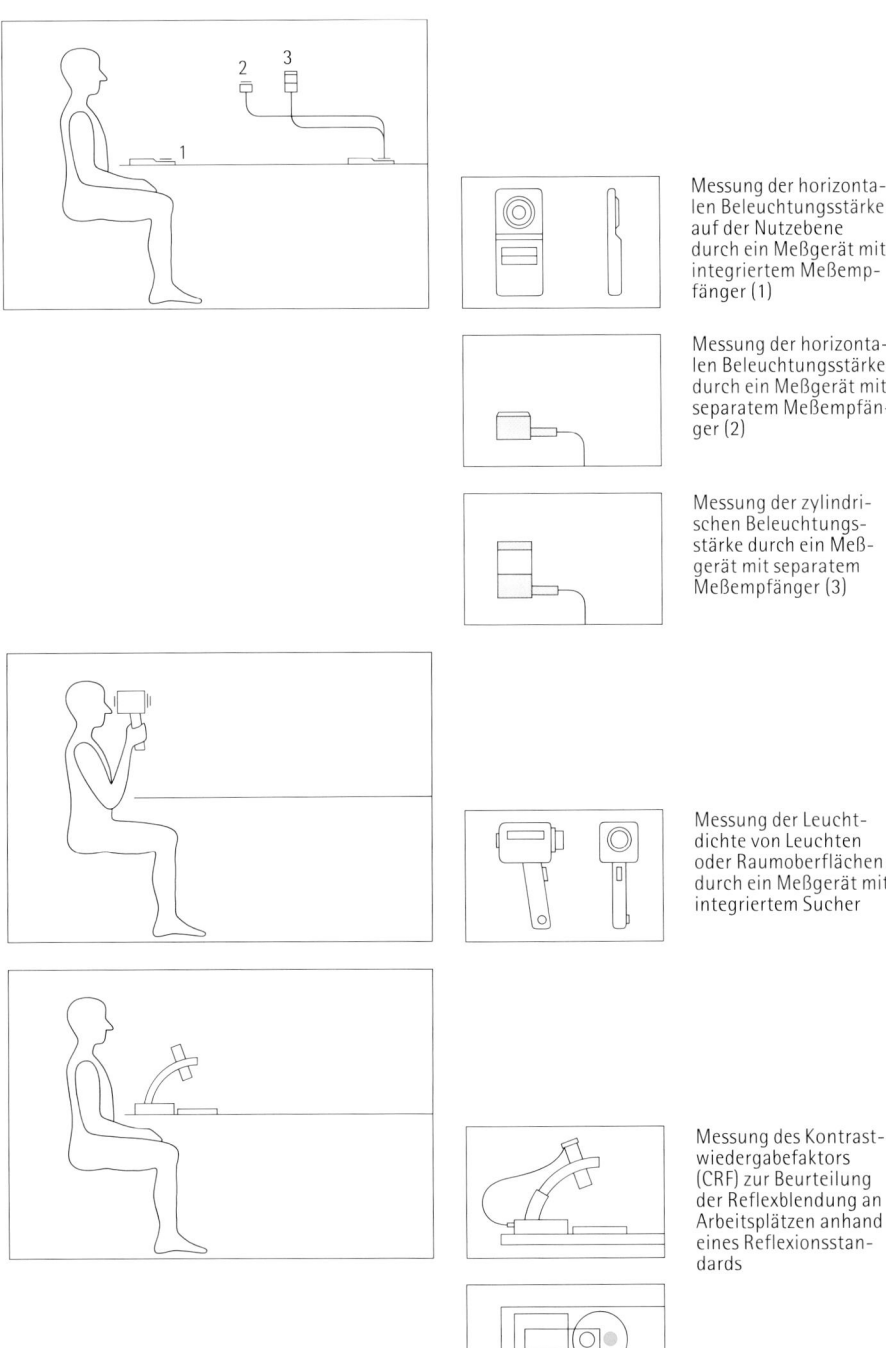

Messung der horizonta-len Beleuchtungsstärke auf der Nutzebene durch ein Meßgerät mit integriertem Meßempfänger (1)

Messung der horizonta-len Beleuchtungsstärke durch ein Meßgerät mit separatem Meßempfänger (2)

Messung der zylindri-schen Beleuchtungs-stärke durch ein Meß-gerät mit separatem Meßempfänger (3)

Messung der Leucht-dichte von Leuchten oder Raumoberflächen durch ein Meßgerät mit integriertem Sucher

Messung des Kontrast-wiedergabefaktors (CRF) zur Beurteilung der Reflexblendung an Arbeitsplätzen anhand eines Reflexionsstan-dards

$$\bar{E} = \frac{1}{n} \cdot \sum_{1}^{n} Ex$$

$$g = \frac{E_{min}}{\bar{E}}$$

Formel zur Berechnung
der mittleren Beleuch-
tungsstärke Ē aus einem
Meßraster mit n Meß-
punkten und den Meß-
werten Ex. Berechnung
der Gleichmäßigkeit g
einer Beleuchtung aus
dem kleinsten Meßwert
Emin und der mittleren
Beleuchtungsstärke Ē

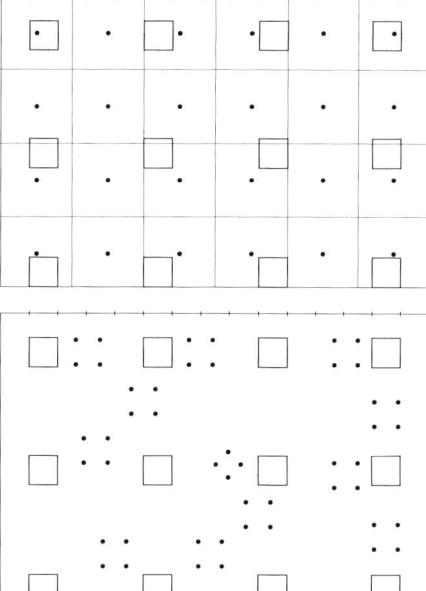

Die Messung von
Beleuchtungsstärken
auf der Nutzebene in
leeren oder zugänglich
möblierten Räumen
erfolgt in einem regel-
mäßigen Raster von 1
bis 2 m.

Meßpunkte bei der
Messung von Beleuch-
tungsstärken an
Arbeitsplätzen

3.3.9 Wartung

Die Wartung von Beleuchtungsanlagen
umfaßt in der Regel den Lampenwechsel
und die Reinigung der Leuchten, gegebenenfalls auch das Nachjustieren oder Neu-
ausrichten von Strahlern und beweglichen
Leuchten.

Ziel der Wartung ist zunächst die Gewähr-
leistung einer vorgegebenen Mindestbeleuchtungsstärke, d. h. die Begrenzung
des unvermeidlichen Lichtstromrückgangs
einer Beleuchtungsanlage. Gründe für
diesen Rückgang sind sowohl Lampen-
ausfälle und der allmähliche Lichtstrom-
verlust der Lampen als auch die Verschlechterung des Leuchtenwirkungsgrades durch
die Verschmutzung von Reflektoren oder
Leuchtenabdeckungen. Um ein Absinken
des Lichtstroms – und damit der Beleuchtungsstärke – unter ein vorgegebenes
Niveau zu verhindern, muß also periodisch
ein Auswechseln aller Lampen sowie eine
Reinigung der Leuchten erfolgen. Hierbei
ist es sinnvoll, beide Wartungsvorgänge
gemeinsam durchzuführen, da die Arbeits-
zeit und die Bereitstellung von technischen
Hilfsmitteln wie Hubwagen und Reini-
gungsgeräten einen wesentlichen Faktor
der Wartungskosten ausmachen.
Durch das Festlegen eines Verminderungsfaktors bei der Beleuchtungsplanung
lassen sich die Wartungsabstände steuern.
Durch die Vorgabe kleiner Verminderungs-
faktoren wird dabei ein höheres anfäng-
liches Beleuchtungsniveau erzielt und der
Zeitraum bis zum Absinken des Lichtstroms
unter den kritischen Wert entsprechend
verlängert. Durch entsprechende Vorgaben
kann mit Hilfe des Verminderungsfaktors

auch die Gleichzeitigkeit von Lampenwechsel und Leuchtenreinigung erreicht
werden. So wird z. B. in staubigen Umgebungen ein kleiner Verminderungsfaktor
(z. B. 0,6 anstelle des gebräuchlichen Wertes 0,8) eingesetzt, um die Intervalle zwischen den Leuchtenreinigungen zu ver-
längern und an die Lampenlebensdauer
anzupassen.
Sowohl für den periodischen Lampenwechsel als auch für eventuell nötige
Einzelauswechslungen sollte ein ausreichender Vorrat der jeweils benötigten
Lampentypen bereitgehalten werden. Auf
diese Weise kann sichergestellt werden,
daß in einer Beleuchtungsanlage nur Lampen gleicher Leistung, Lichtfarbe und son-
stiger technischer Eigenschaften verwendet werden. Bei einigen Lampentypen, z. B.
bei Halogen-Glühlampen für Netzspannung, weichen die Fabrikate unterschiedlicher Hersteller in ihrer Ausführung so weit
voneinander ab, daß einheitliche Lichtwirkungen nur mit einer durchgängigen
Bestückung der Leuchten zu erreichen sind.
Neben quantitativen Fragestellungen
können jedoch auch qualitative Aspekte
für die Wartung entscheidend sein. So wirkt
sich eine einzelne ausgefallene Lampe in
einer geometrisch geordneten Gruppe
von Downlights oder in einem Leuchten-
band zwar nur unerheblich auf die Beleuchtungsstärke aus, für die optische
Wirkung des Raumes wird die Unterbrechung des Musters heller Leuchten jedoch
eine erhebliche Störung bedeuten. Dies
gilt ebenso für die von den Leuchten erzeugten Lichtwirkungen; ein auf einer
Wand fehlender Lichtkegel innerhalb einer
durchgängigen Reihung wirkt ebenso störend wie ein unvermittelter Leuchtdichte-

abfall durch einen defekten Wandfluter.
Hier ist es also sinnvoll, vom Prinzip des
periodischen Lampenwechsels abzuweichen
und die jeweils ausgefallenen Lampen einzeln zu ersetzen.
Auch die Justierung von Leuchten ge-
hört in den Bereich der qualitativ bedingten Wartung. Vor allem bei der Präsentationsbeleuchtung macht jede Umgestal-
tung des Raums, z. B. die Einrichtung einer
neuen Ausstellung oder ein Versetzen von
Podesten, Regalen oder Vitrinen in Ver-
kaufsräumen, eine entsprechende Neuausrichtung der Leuchten nötig, die einzelne
Präsentationsbereiche hervorheben sollen.
Aufgabe des Lichtplaners ist es, eine an
den jeweiligen Gegebenheiten orientierten,
individuellen Wartungsplan zu erstellen
und mit dem nötigen Informationsmate-
rial zu versehen. Der Wartungsplan sollte
den Betreiber in die Lage versetzen, die
Beleuchtungsanlage termingerecht, den
technischen Erfordernissen und der Aufgabe der Anlage entsprechend zu warten.

4.0 Planungsbeispiele

In den vorangegangenen Kapiteln ist qualitativ orientierte Lichtplanung als komplexer Prozeß im Spannungsfeld der funktionalen, psychologischen und architektonischen Anforderungen konkreter Aufgabenstellungen dargestellt worden. Vor dem Hintergrund eines solchen, projektbezogenen Planungskonzepts werden die Möglichkeiten und Grenzen deutlich, die einer Sammlung von Anwendungsbeispielen gesetzt sind.

In jedem Fall verbietet sich hier eine Auflistung von Standardverfahren, die zwar eine problemlose Übertragbarkeit auf andere Beleuchtungsprojekte versprechen, der Forderung nach individuellen, aufgabengemäßen Lösungen jedoch nicht gerecht werden können.

Auch eine Analyse ausgeführter Lichtplanungen ist nicht problemlos, da hierbei zwar die differenzierte, anforderungsgerechte Lösung von Beleuchtungsaufgaben am konkreten Beispiel demonstriert werden kann, eine Übertragung auf andere Aufgaben aber gerade deswegen kaum möglich ist.

Wenn ein Handbuch qualitativer Lichtplanung mehr als nur eine Darstellung technischer Grundlagen und eine Auflistung von Planungsanforderungen umfassen will, muß es sich bei der Beschreibung von Anwendungsbeispielen also darauf beschränken, verallgemeinerbare Grundkonzepte anzubieten, die als Basis und Anregung für detaillierte Planungen unter konkreten Aufgabenstellungen dienen können.

Die Planungsbeispiele dieses Kapitels verzichten daher bewußt auf detaillierte Ausarbeitungen, die nur für eine definierte Raumsituation und Aufgabenstellung gültig sind. Dies gilt vor allem für die Angabe von Beleuchtungsstärken und exakten Lampendaten. Grundrisse und Schnitte orientieren sich dagegen bis auf

wenige Ausnahmen am Maßstab 1:100, um für vergleichbare Dimensionen der Räume und Beleuchtungsanlagen zu sorgen. Die Leuchtenauswahl ist bewußt auf die handelsüblichen Instrumente der Architekturbeleuchtung beschränkt. Dekorative Leuchten und Sonderanfertigungen, wie sie im Rahmen individueller Konzepte sinnvoll eingesetzt werden können und sollen, finden sich nur in einzelnen Fällen.

Aufgabe der Beispiele ist es vielmehr, grundlegende Konzepte aufzuzeigen, die als Planungsgerüst für eine Vielzahl eigenständiger Lösungen dienen können. Berücksichtigt werden sollen hierbei nur die für ein Planungsgebiet verallgemeinerbaren Anforderungen, nicht zuletzt die jeweilige Schwerpunktsetzung auf einer funktionalen, wahrnehmungs- oder architekturorientierten Beleuchtung. Auf dieser Grundlage wird eine Palette alternativer Planungskonzepte vorgeschlagen, die sowohl die Auswahl geeigneter Lichtquellen und Leuchten als auch eine lichttechnischen und formalen Ansprüchen genügende Leuchtenanordnung umfassen.

Aufgabe der Lichtplanung muß es aber bleiben, die angebotenen Konzepte im konkreten Fall an die geforderten Qualitätsmerkmale des Lichts, an die Nutzungsbedingungen und an die architektonischen Gegebenheiten anzupassen, sie zu modifizieren oder durch den Einsatz dekorativer Leuchten und Lichtwirkungen zu erweitern – kurz gesagt, allgemein gehaltene Grundkonzepte zu individuellen Beleuchtungslösungen umzugestalten.

Leuchtensymbole in den Deckenspiegeln des Kapitels Planungsbeispiele

○	Downlight		Rasterleuchte, asymmetrisch
⊙	Strahler, Downlight-Richtstrahler		Struktur
Q	Strahler an Stromschiene		Struktur mit Stromschiene
◐	Downlight, asymmetrisch Wandfluter, Downlight-Wandfluter		Struktur mit Rasterleuchte
◑	Downlight-Doppelwandfluter		Struktur mit Punktlichtquellen
◒	Downlight-Eckenwandfluter	◎	Downlight mit Notlicht
□	Quadratische Leuchte	⊡	Quadratische Leuchte mit Notlicht
⊡	Quadratische Leuchte, asymmetrisch		Rasterleuchte mit Notlicht
	Rasterleuchte	⊙	Punktauslaß

4.1 Foyer

Foyers bilden das Bindeglied zwischen Außenwelt und Gebäude; sie dienen als Eingangs-, Empfangs- und Wartebereich sowie zur Erschließung des Gebäudeinneren. Da Foyers meist eine unvertraute Umgebung darstellen, ist die Unterstützung der Orientierung eine zentrale Aufgabe der Beleuchtung. Dies erfordert zunächst eine ruhige, undramatische Lichtführung, die den architektonischen Aufbau verdeutlicht und verwirrende zusätzliche Strukturen vermeidet. Auf dieser Grundbeleuchtung aufbauend, sollten dann die wesentlichen Anlaufpunkte durch eine gezielte Beleuchtung betont werden.

Erster Anlaufpunkt ist hierbei der Eingang. Er erhält gegenüber seiner Umgebung einen erhöhten Aufmerksamkeitswert durch die deutlich angehobene Beleuchtungsstärke, eventuell auch durch eine abweichende Lichtfarbe oder eine eigene Leuchtenkomponente im Deckenbild. Weitere akzentuiert beleuchtete Anlaufpunkte sind Empfangstisch und Wartebereiche sowie Flureingänge, Treppenaufgänge und Aufzüge.

Das Foyer sollte als Übergang von der Außenwelt zum Gebäudeinneren zwischen den unterschiedlichen Helligkeiten beider Bereiche vermitteln. Dies macht eine steuerbare Beleuchtungsanlage sinnvoll, die auf die unterschiedlichen Anforderungen von Tag und Nacht abgestimmt werden kann. Auch die Wirtschaftlichkeit der Beleuchtung kann durch Anpassung an Tageslicht und Nutzungsfrequenz erhöht werden.

Stellt das Foyer einen repräsentativen Bereich dar, so kann eine entsprechende Atmosphäre durch die Auswahl der Lichtquellen und Leuchten, durch Lichtakzente sowie durch Brillanzeffekte und Lichtskulpturen unterstützt werden. Auch hier gilt jedoch, daß die Übersichtlichkeit der Umgebung nicht durch verwirrende Strukturen oder ein Übermaß konkurrierender visueller Reize gestört werden sollte.

Tag- und Nachtbeleuchtung sind deutlich
voneinander unterschieden. Tagsüber
unterstützen abgehängte Downlights das
durch Glaswände und -dach eintretende
Tageslicht. Der Eingang wird durch integrierte Downlights betont; auf eine eigene
Akzentuierung für Empfangstisch und
Wartebereich wird verzichtet.

Nachts werden vor allem die architektonischen Strukturen durch wandmontierte Up-Downlights und Deckenfluter
betont. Die Raumbeleuchtung erfolgt
durch reflektiertes Licht, die Akzentuierung
des Eingangs wird beibehalten.

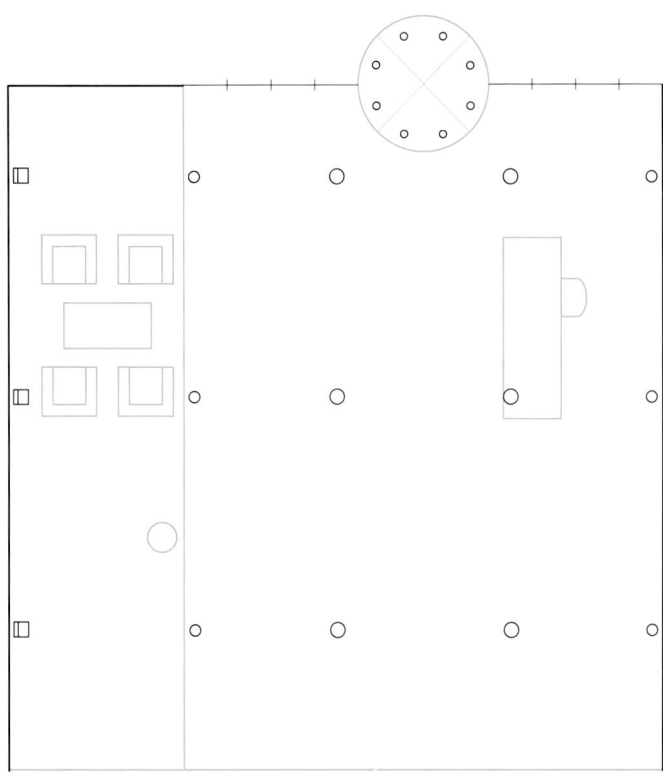

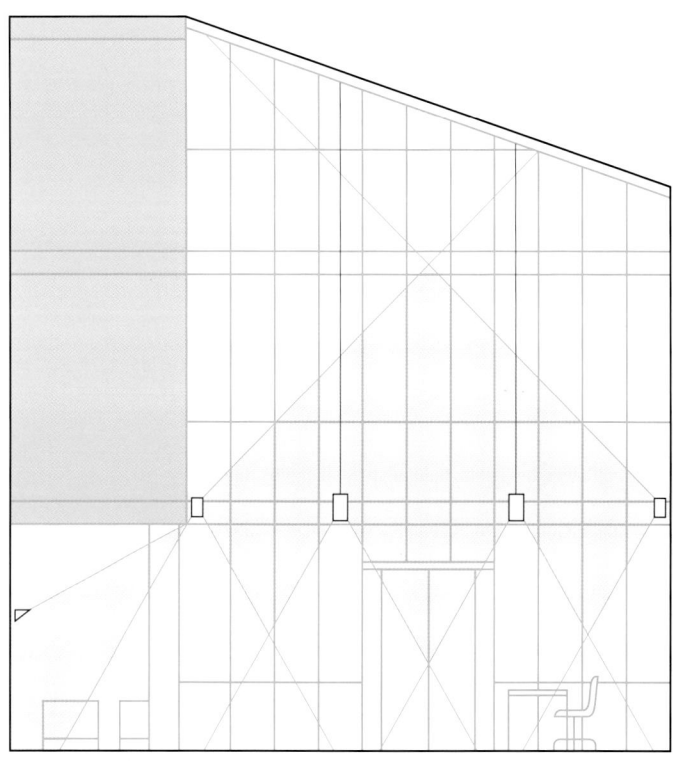

Pendeldownlight für
HIT-Lampen

Up-Downlight für
Halogen-Glühlampen
oder kompakte Leucht-
stofflampen

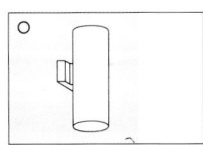

Deckenfluter für Halo-
gen-Glühlampen oder
kompakte Leuchtstoff-
lampen

Einbaudownlight für
Niedervolt-Halogen-
lampen

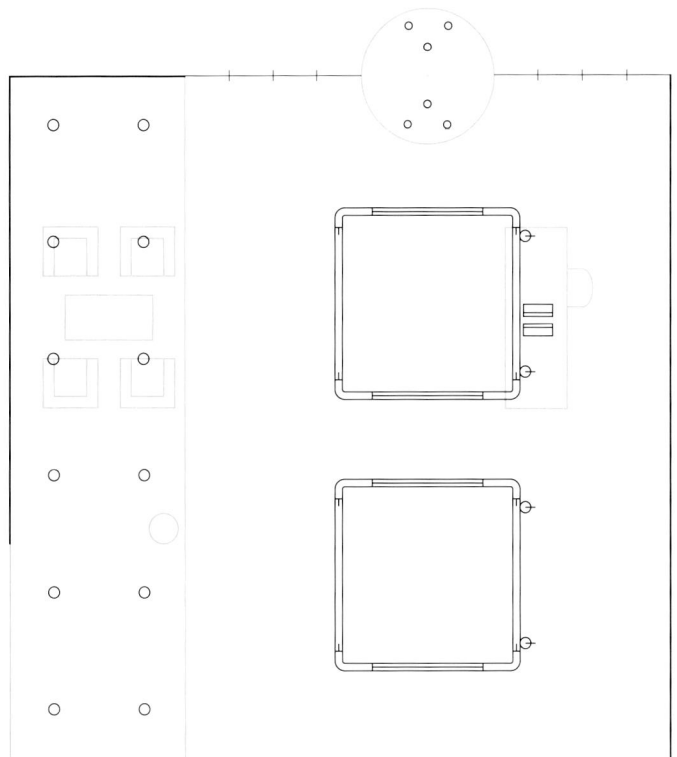

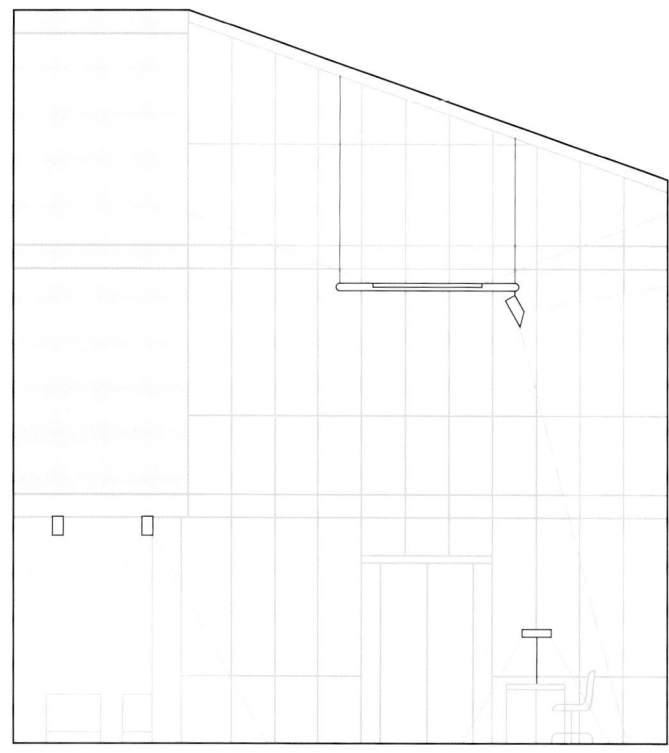

Träger der Beleuchtung ist eine abgehängte Lichtstruktur. Tagsüber wird das Foyer durch Tageslicht beleuchtet, zusätzlich wird die Wand hinter dem Empfangstisch durch Wandfluter aufgehellt und der Eingang durch Downlights betont. Der Bereich unter der Geschoßdecke wird mit Aufbaudownlights beleuchtet.

Nachts wird die Akzentbeleuchtung beibehalten, zusätzlich wird eine Beleuchtung der Raumbegrenzungsflächen durch die indirektstrahlenden Leuchten der Struktur erreicht. Der Empfangstisch besitzt eine eigene Beleuchtung durch Tischleuchten.

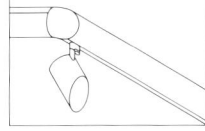

Lichtstruktur mit integrierten Indirektleuchten für Leuchtstofflampen und integrierten Stromschienen für die Montage von Wandflutern

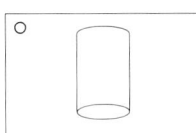

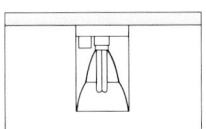

Aufbaudownlight für kompakte Leuchtstofflampen

Einbaudownlight für Niedervolt-Halogenlampen

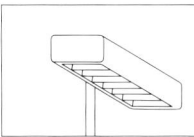

Tischleuchte für kompakte Leuchtstofflampen

175

Als Tragstruktur der Beleuchtung dient
ein Stromschienen-Gitterträger. Der
Empfangstisch wird durch Strahler, der
Eingang durch Downlights akzentuiert.
Grundbeleuchtung und Betonung architektonischer Strukturen erfolgt durch
bündig eingesetzte Platten mit Downlight-Wandflutern. Der Wartebereich
unter der Geschoßdecke wird durch
Wandfluter an einer deckenintegrierten
Stromschiene beleuchtet.

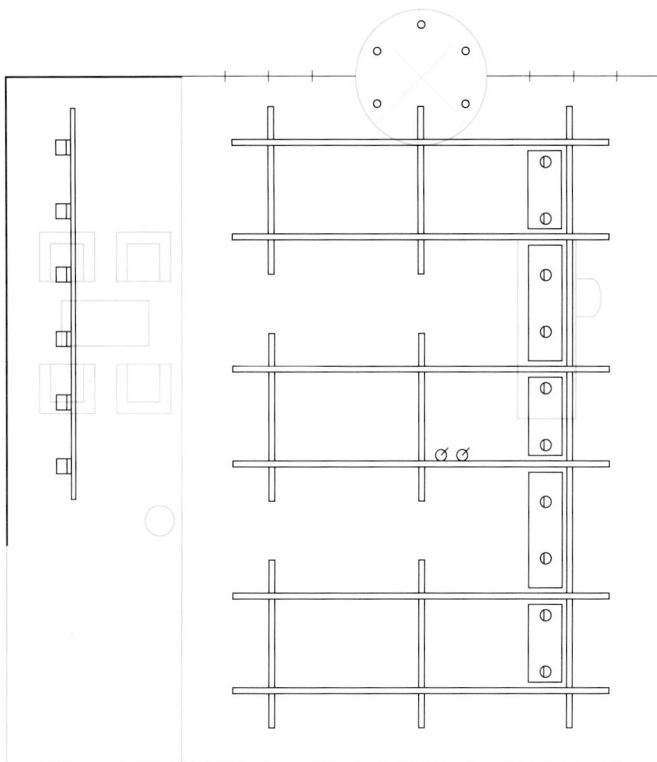

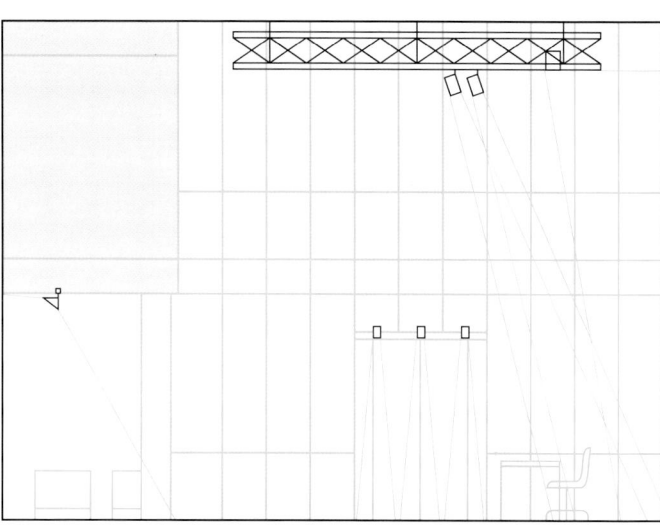

Stromschienen-Gitter-
träger zur Montage von
Strahlern sowie zum
Einhängen von Platten
mit Downlight-Wand-
flutern für PAR 38-
Reflektorlampen

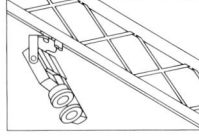
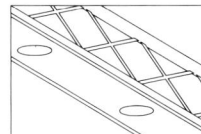

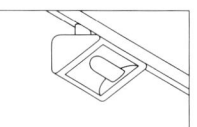
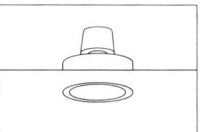

Stromschiene mit
Wandflutern für
Halogen-Glühlampen

Einbaudownlight für
Niedervolt-Halogen-
lampen

176

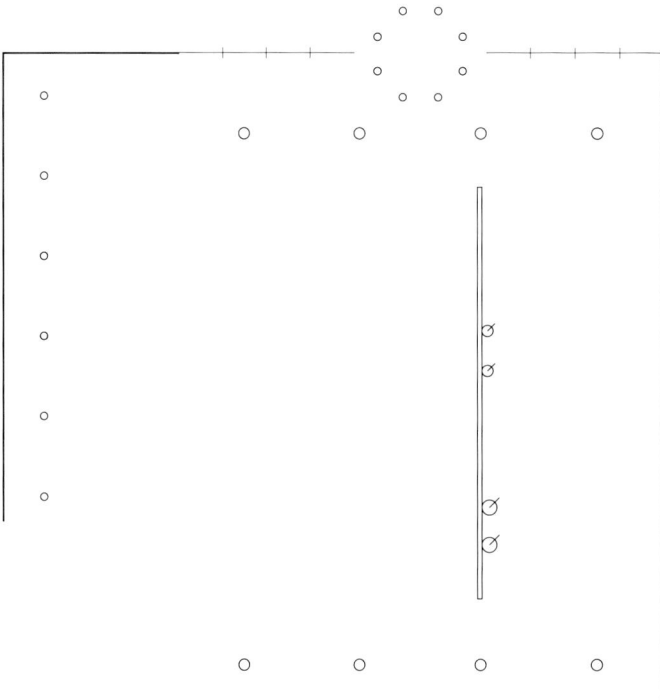

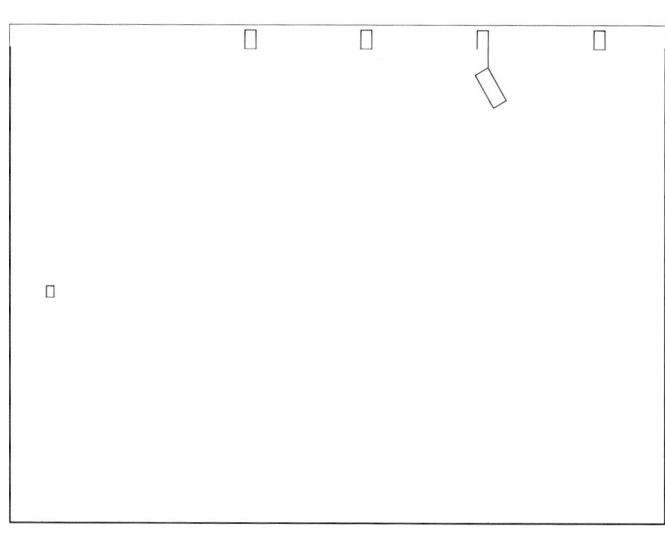

Doppelfokusdownlights für Deckeneinbau an beiden Stirnwänden sorgen für die Grundbeleuchtung. Der Eingang wird durch Einbaudownlights, der Empfangstisch durch Strahler an einer Stromschiene akzentuiert; Scheinwerfer erzeugen Lichteffekte auf der Wand. Der Bereich unter der Geschoßdecke wird durch Einbaudownlights beleuchtet.

Doppelfokusdownlight für Halogen-Metalldampflampen oder Halogen-Glühlampen

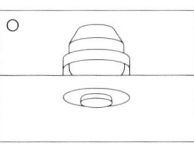

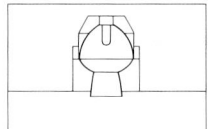

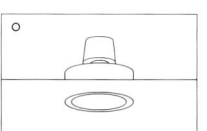

Einbaudownlight für Niedervolt-Halogenlampen

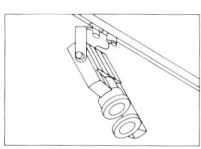

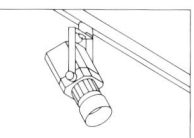

Stromschiene mit Strahlern und Effektscheinwerfern

177

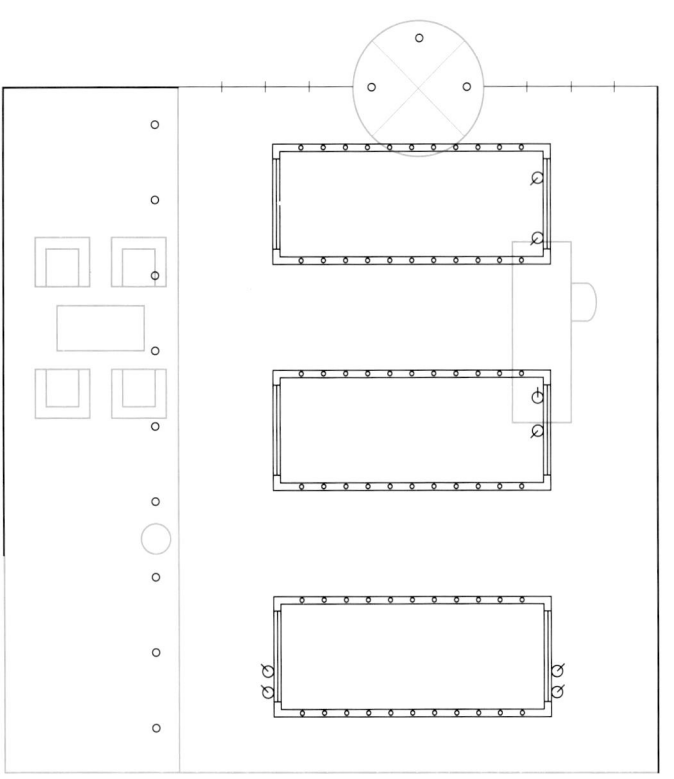

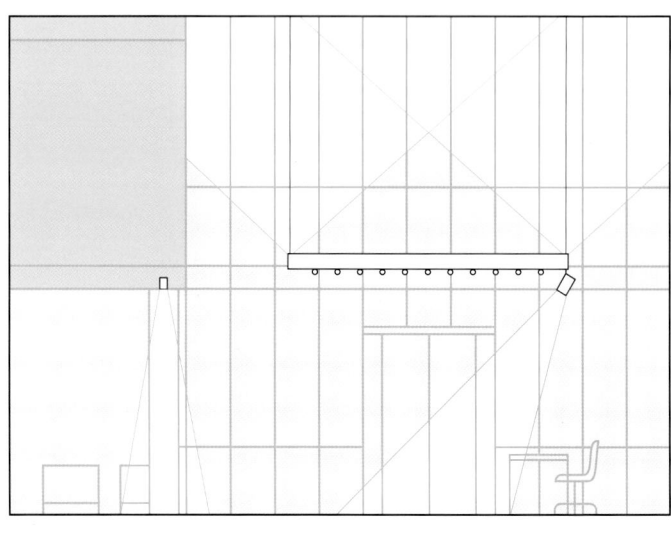

Träger der Beleuchtung ist eine Paneel-
struktur. Für Brillanzeffekte wird durch
eine Reihung von Niedervolt-Kleinlampen
an der Unterseite der Struktur gesorgt. Die
Verdeutlichung der Architektur wird bei
der Nachtbeleuchtung durch integrierte,
indirektstrahlende Leuchten erreicht,
zusätzliche Akzente werden mit Strahlern
gesetzt. Downlights betonen den Eingang
und die Kante der Geschoßdecke.

Paneelsystem mit
Strahlern an Strom-
schienen, Niedervolt-
Kleinlampen an der
Unterseite und inte-
grierten Indirektleuch-
ten für Leuchtstoff-
lampen

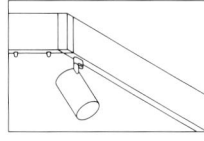

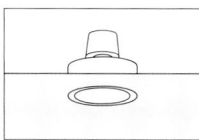

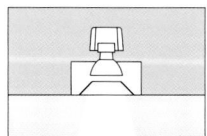

Einbaudownlight für
Niedervolt-Halogen-
lampen

Einbauwandfluter beleuchten die Längswände, die Raumbeleuchtung erfolgt
durch reflektiertes Licht. Der Empfangstisch besitzt eine eigene Beleuchtung
durch Tischleuchten. Für die zusätzliche
Akzentuierung des Eingangs werden
Downlights eingesetzt. Der Bereich unter
der Geschoßdecke wird durch deckenintegrierte Downlight-Wandfluter beleuchtet.

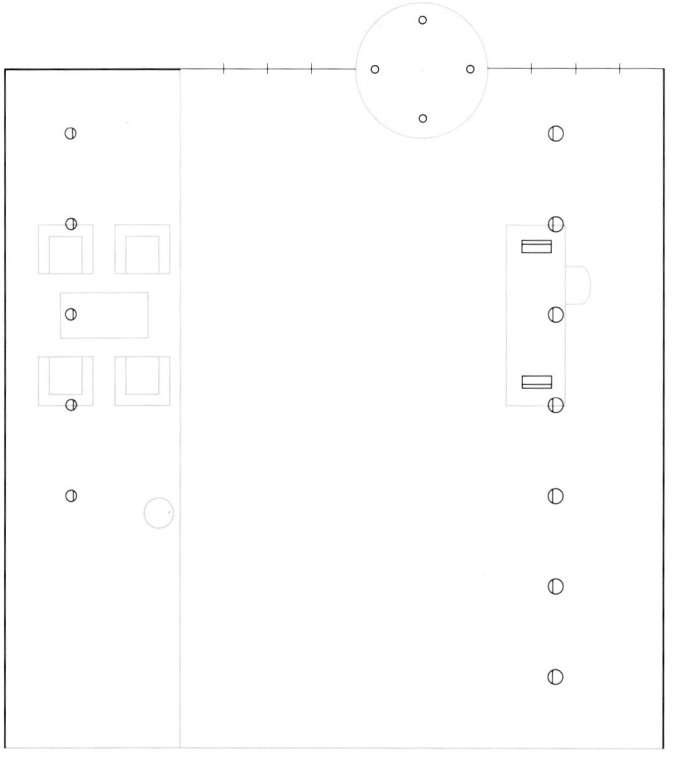

Tischleuchte für kom-
pakte Leuchtstoff-
lampen

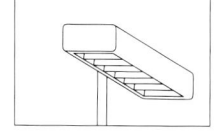

Dekoratives Einbau-
downlight für Nieder-
volt-Halogenlampen

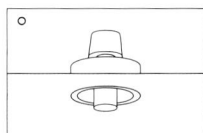

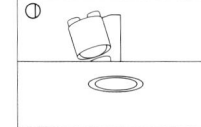

Deckenintegrierter
Wandfluter für PAR 38-
Reflektorlampen

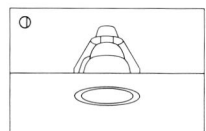

Deckenintegrierter
Downlight-Wandfluter
für Allgebrauchslampen

179

4.2 Aufzugsbereich

Aufzüge sind typische Anlaufpunkte, die durch eine betonte Beleuchtung aus ihrer Umgebung hervorgehoben werden sollen. Die Akzentuierung kann dabei sowohl durch eigenständige Beleuchtungselemente als auch durch eine Verdichtung von Elementen der umgebenden Beleuchtung im Aufzugsbereich erfolgen. Auch die Innenbeleuchtung des Aufzugs sollte auf die Beleuchtungskonzeption abgestimmt werden, so daß keine unzumutbaren Helligkeitssprünge oder Blendwirkungen beim Betreten oder Verlassen des Aufzugs entstehen.

Die Beleuchtung von Aufzugsbereich und Aufzug sollte eine ausreichende vertikale Komponente besitzen, um Kommunikation und rasches Erkennen zwischen den Personen zu erleichtern, die sich beim Öffnen der Aufzugtüren unvermittelt begegnen. Vertikale Beleuchtungsanteile sollten durch gut abgeblendete, breitstrahlende Leuchten oder durch indirektes Licht erreicht werden; dies setzt entsprechende Reflexionsgrade der Raumbegrenzungsflächen, vor allem der Wände, voraus.

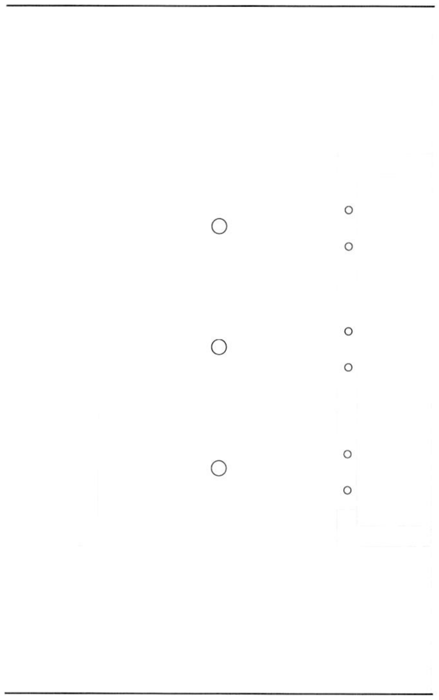

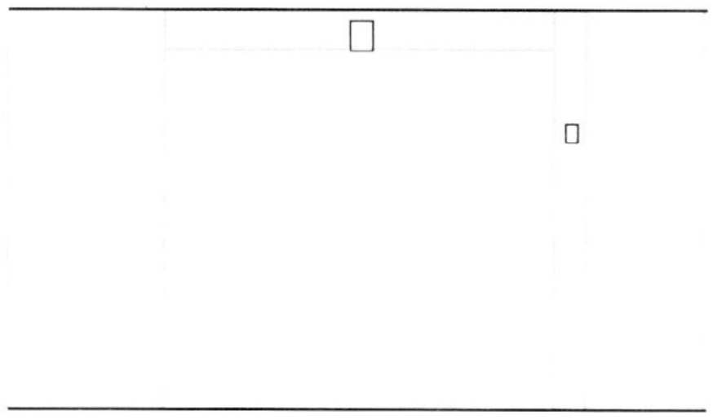

Downlights für kompakte Leuchtstofflampen sorgen für eine wirtschaftliche
Grundbeleuchtung. Zur Akzentuierung
des Aufzugsbereichs dient eine eigene
Komponente von Downlights für Niedervolt-Halogenlampen, die sowohl horizontale Beleuchtungsanteile als auch ein
aufmerksamkeitswirksames Streiflicht
auf den Aufzugtüren erzeugen.

Einbaudownlight für
kompakte Leuchtstoff-
lampen

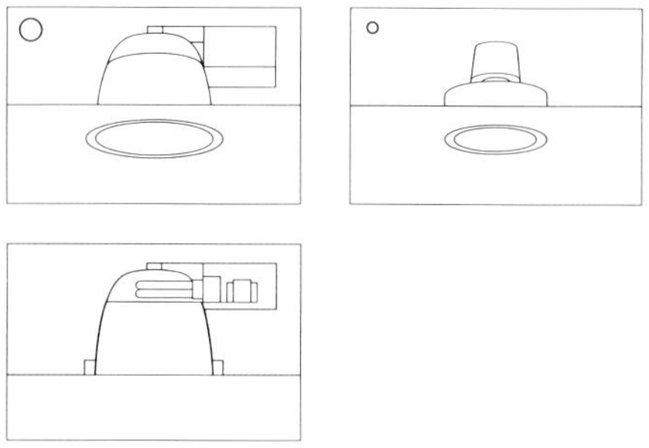

Einbaudownlight für
Niedervolt-Halogen-
lampen

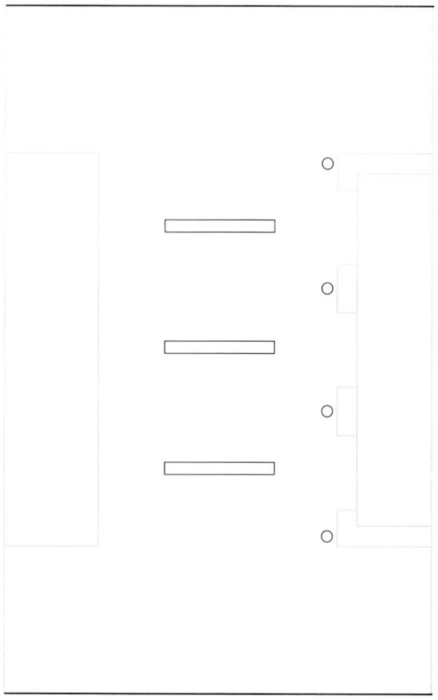

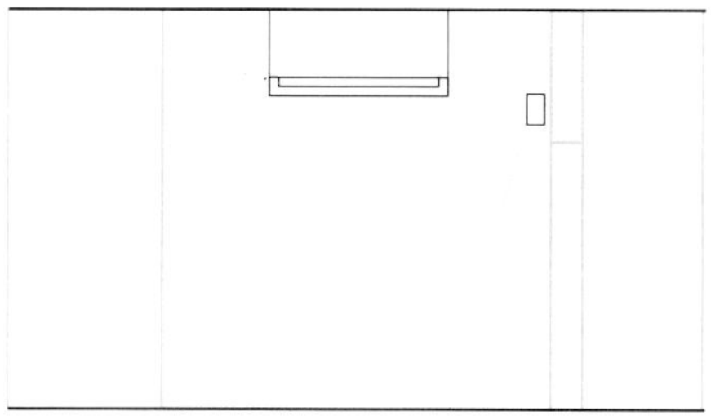

Indirektstrahlende Leuchten beleuchten
die Umgebung des Aufzugs. Der Aufzugsbereich selbst wird durch wandmontierte
Downlights zusätzlich betont. Hier sorgt
die streifende Beleuchtung der Wand für
eine Architekturkomponente und einen
diffusen Anteil der Beleuchtung.

Abgehängte Indirekt-
leuchte für Leucht-
stofflampen

Wandmontiertes
Downlight für Halogen-
Reflektorlampen

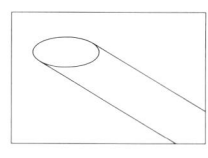
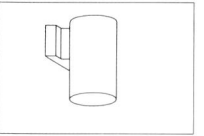

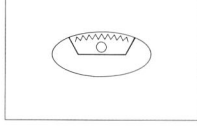
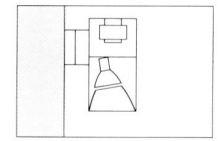

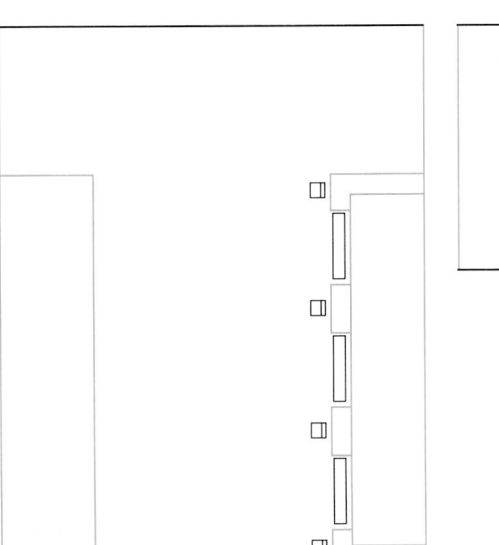

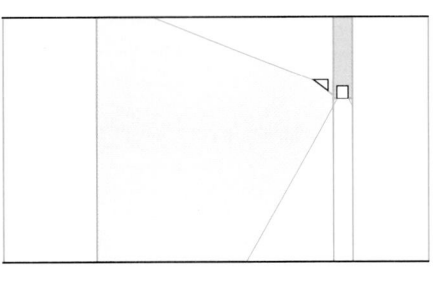

Wandmontierte Deckenfluter sorgen für die Grundbeleuchtung. Die Betonung der Eingänge erfolgt mit Hilfe von Einbaurasterleuchten für Leuchtstofflampen.

Rasterleuchte für Leuchtstofflampen

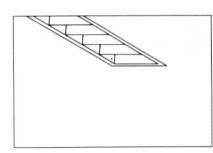

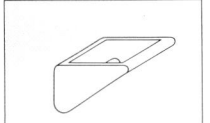

Wandmontierter Deckenfluter für kompakte Leuchtstofflampen oder Halogen-Glühlampen

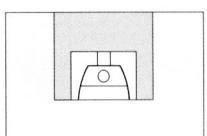

Angestrebt wird ein repräsentativer Charakter. Die Betonung des Aufzugsbereichs wird hier sowohl durch die Brillanzwirkung einer Reihung von Kleinlampen als auch durch paarweise angeordnete Downlights erreicht. Beide Beleuchtungskomponenten werden von einem abgehängten Paneelsystem getragen.

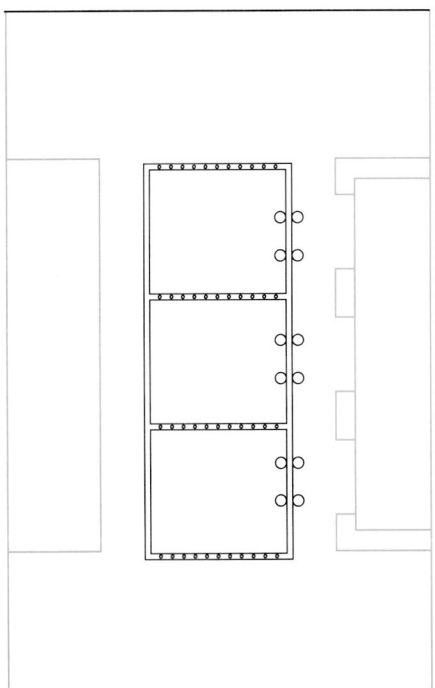

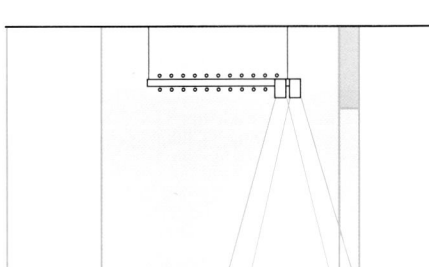

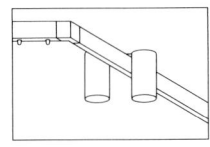

Paneelsystem mit Kleinlampen und Doppeldownlights für Halogen-Reflektorlampen

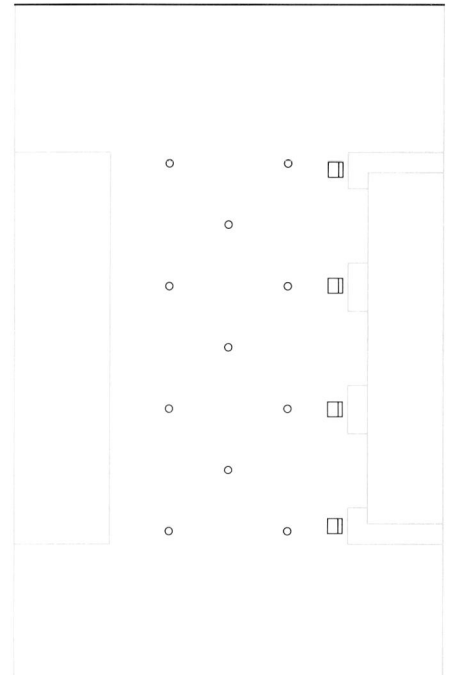

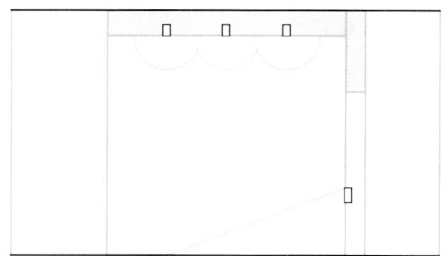

Die Grundbeleuchtung wird durch ein versetztes Raster von dekorativen Downlights erreicht, die sowohl für ausreichende Beleuchtungsstärken als auch für Brillanzeffekte sorgen. Zusätzliche Bodenbeleuchtungsanteile werden durch Bodenfluter erzeugt.

Dekoratives Einbaudownlight für Niedervolt-Halogenlampen

Wandintegrierter Bodenfluter für kompakte Leuchtstofflampen

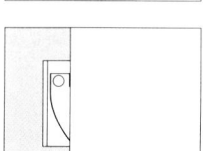

4.3 Flur

Flure dienen der Erschließung von Räumen oder der Verbindung von Gebäudeteilen. Sie können Tageslicht durch Fenster oder Oberlichter erhalten, häufig verlaufen Flure aber völlig im Inneren des Gebäudes und müssen ganztägig künstlich beleuchtet werden.

Wie bei Foyers ist auch in Fluren die Unterstützung der Orientierung Hauptaufgabe der Beleuchtung. Auch hier dient also eine undramatische und kommunikative Grundbeleuchtung zur Verdeutlichung des architektonischen Aufbaus. Anlaufpunkte wie Eingang, Ausgang und Türen zu angrenzenden Räumen sollten zusätzlich betont werden, um den Nutzer gezielt über seine Umgebung zu informieren. Sind die Wegeführungen in einem Gebäude komplizierter, so ist es sinnvoll, durch Hinweistafeln, Wegweiser oder Farbleitsysteme für Orientierungsmöglichkeiten zu sorgen.

Flure im Gebäudeinneren werden oft düster oder gleichförmig empfunden. Diesem Eindruck kann durch eine ausreichende Helligkeit der Wände und durch eine strukturierende Beleuchtung entgegengewirkt werden. Bei solchen Fluren ist es günstig, Leuchten im Rhythmus der Architektur gestaffelt anzuordnen. Auch durch eine akzentuierte Beleuchtung von Blickpunkten kann eine Auflockerung der Monotonie und eine Gliederung des Raums erreicht werden.

Bei der ständigen künstlichen Beleuchtung von Fluren ergeben sich hohe Einschaltzeiten, die Maßnahmen zur Energieeinsparung sinnvoll machen. Ein erster Schritt ist hier die Verwendung von Lampen mit hoher Lichtausbeute, vor allem von Leuchtstofflampen. In Gebäuden, deren Flure auch nachts beleuchtet sein müssen, bietet sich zusätzlich eine Nachtschaltung an, die das Beleuchtungsniveau für Zeiten geringer Frequentierung auf eine ausreichende Orientierungsbeleuchtung absenkt. Dies kann durch das Dimmen, durch das gezielte Abschalten von Leuchtengruppen oder durch die Installation einer gesonderten Nachtbeleuchtungsanlage geschehen.

In einem Hotel mit versetzten Tür- und Gangzonen sorgen Einbaudownlights für die Grundbeleuchtung des Flurs. Die Türzone wird durch Rasterleuchten hervorgehoben.

Deckenintegrierte Downlight-Wandfluter beleuchten die Verkehrszonen, sie erzeugen ein betont diffuses Licht und damit einen hellen, offenen Raumeindruck. Zur Betonung der Türbereiche werden dagegen über den Türen angeordnete Downlights verwendet.

Bodenfluter sorgen für eine ausreichende Grundbeleuchtung. Die Türbereiche werden durch seitlich in den Nischen angebrachte Downlights betont. Auf diese Weise entsteht ein deutlicher Kontrast zwischen der Horizontalbeleuchtung der Verkehrszone und der vertikalen Beleuchtung der Türzone.

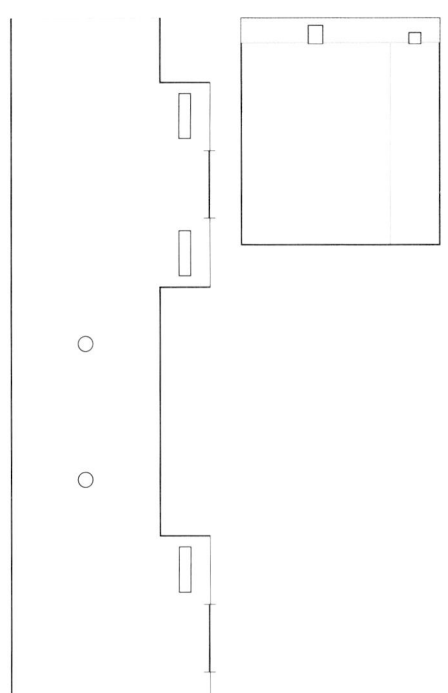

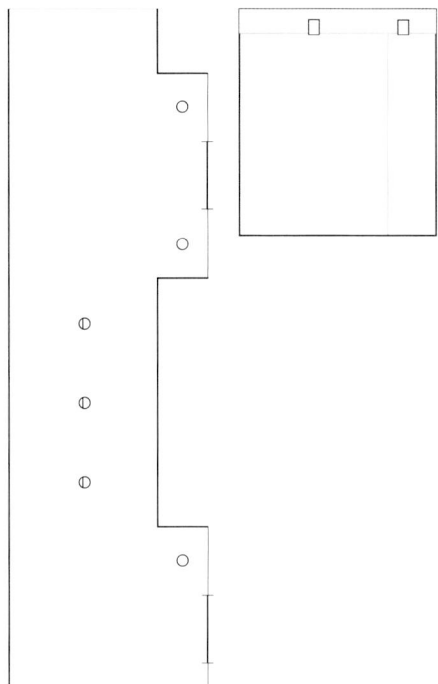

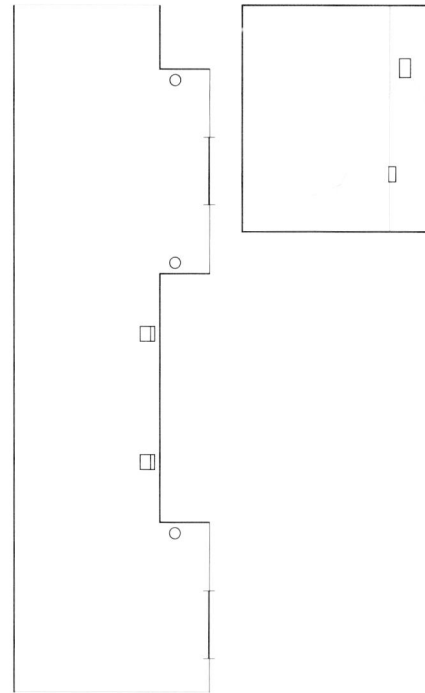

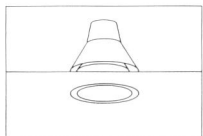

Deckenintegrierter Downlight-Wandfluter für Halogen-Glühlampen

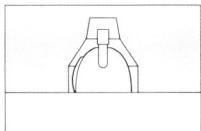

Einbaudownlight für kompakte Leuchtstofflampen

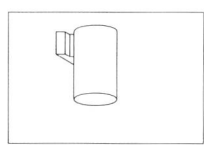

Wandmontiertes Downlight für kompakte Leuchtstofflampen

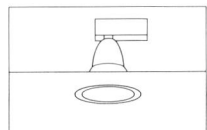

Einbaudownlight für kompakte Leuchtstofflampen

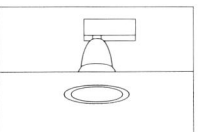
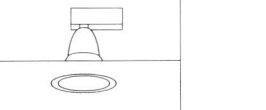

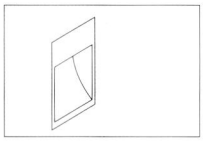

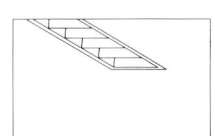

Einbaurasterleuchte für Leuchtstofflampen

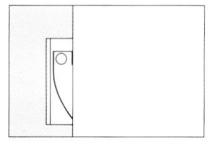

Wandintegrierter Bodenfluter für kompakte Leuchtstofflampen

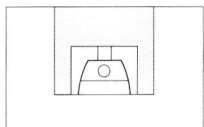

Wandmontierte Deckenfluter sorgen durch die gleichmäßige, indirekte Beleuchtung des Flurs für eine helle und offene Raumwirkung.

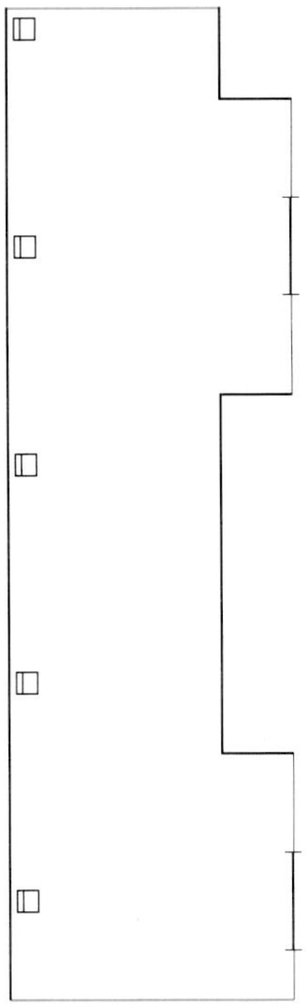

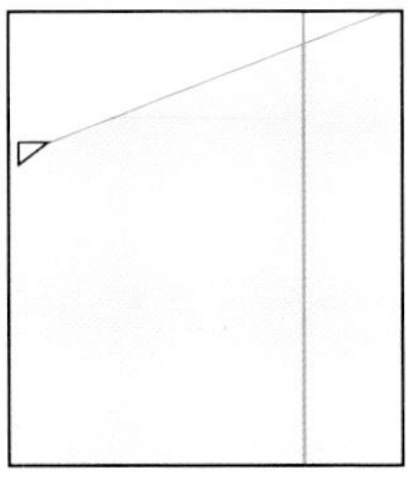

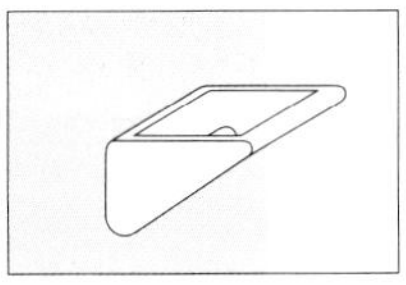

Die Beleuchtung des Flurs in einem Verwaltungsgebäude erfolgt durch eine dem Wandverlauf folgende Anordnung von Wandflutern an Auslegern. Hierdurch wird sowohl eine indirekte Allgemeinbeleuchtung durch wandreflektiertes Licht als auch eine direkte Beleuchtung von Informationsträgern an der Wand erreicht.

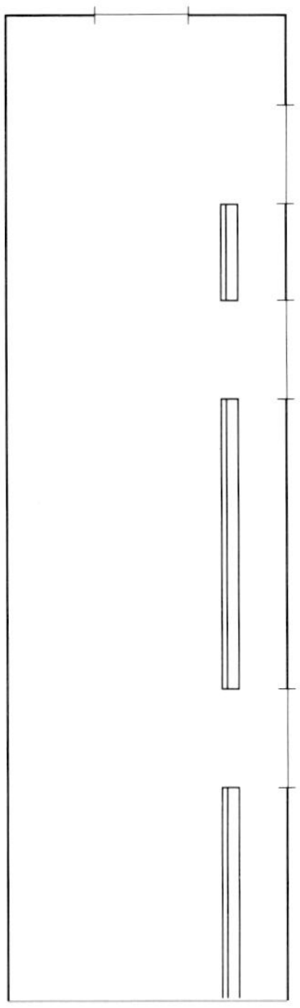

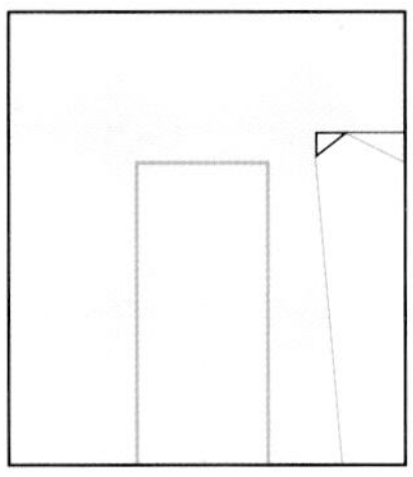

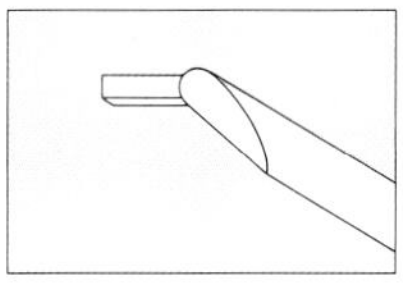

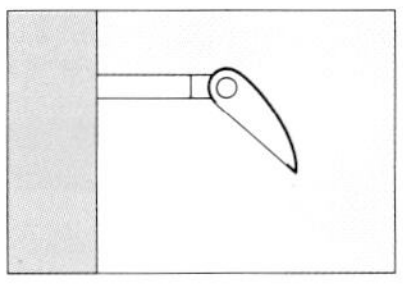

Eine zwischen den Wänden gespannte, indirektstrahlende Lichtstruktur dient zur Grundbeleuchtung. Der Leuchtenabstand ist so gewählt, daß allen Türen eine Hinweisleuchte zugeordnet werden kann.

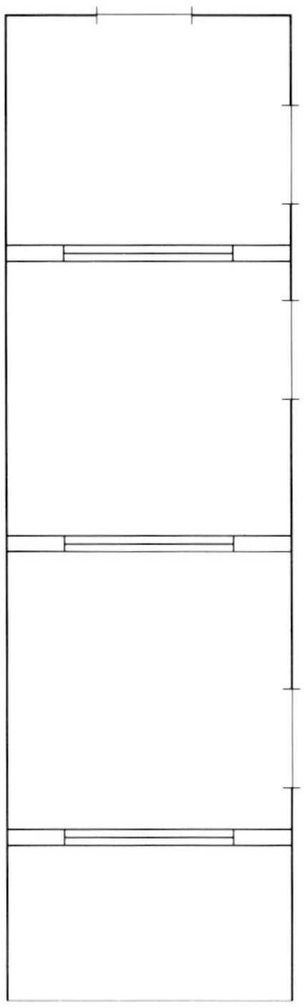

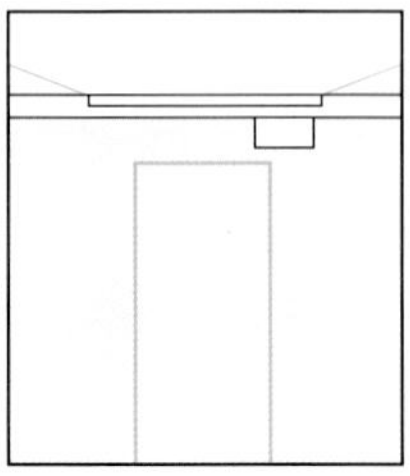

An Auslegern montierter Wandfluter für Leuchtstofflampen

Wandmontierter Deckenfluter für kompakte Leuchtstofflampen oder Halogen-Glühlampen

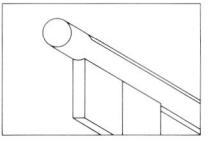

Lichtstruktur mit indirektstrahlenden Leuchten für Leuchtstofflampen und Hinweisleuchten

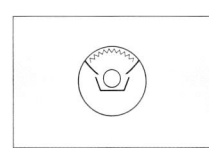

Durch eine regelmäßige Anordnung von Rasterleuchten für kompakte Leuchtstofflampen wird eine wirtschaftliche Beleuchtung des Flurs erreicht.

Träger der Beleuchtung ist ein in Flurrichtung verlaufender, multifunktionaler Installationskanal, der neben direktstrahlenden Leuchten auch Stromschienensegmente für die Montage von Strahlern zur Akzentuierung einzelner Wandbereiche, aber auch Lautsprecher und Notbeleuchtung aufnehmen kann.

Zur gleichmäßigen, wirtschaftlichen Beleuchtung wird eine quer zum Flurverlauf angeordnete, direktstrahlende Einbaurasterleuchte verwendet.

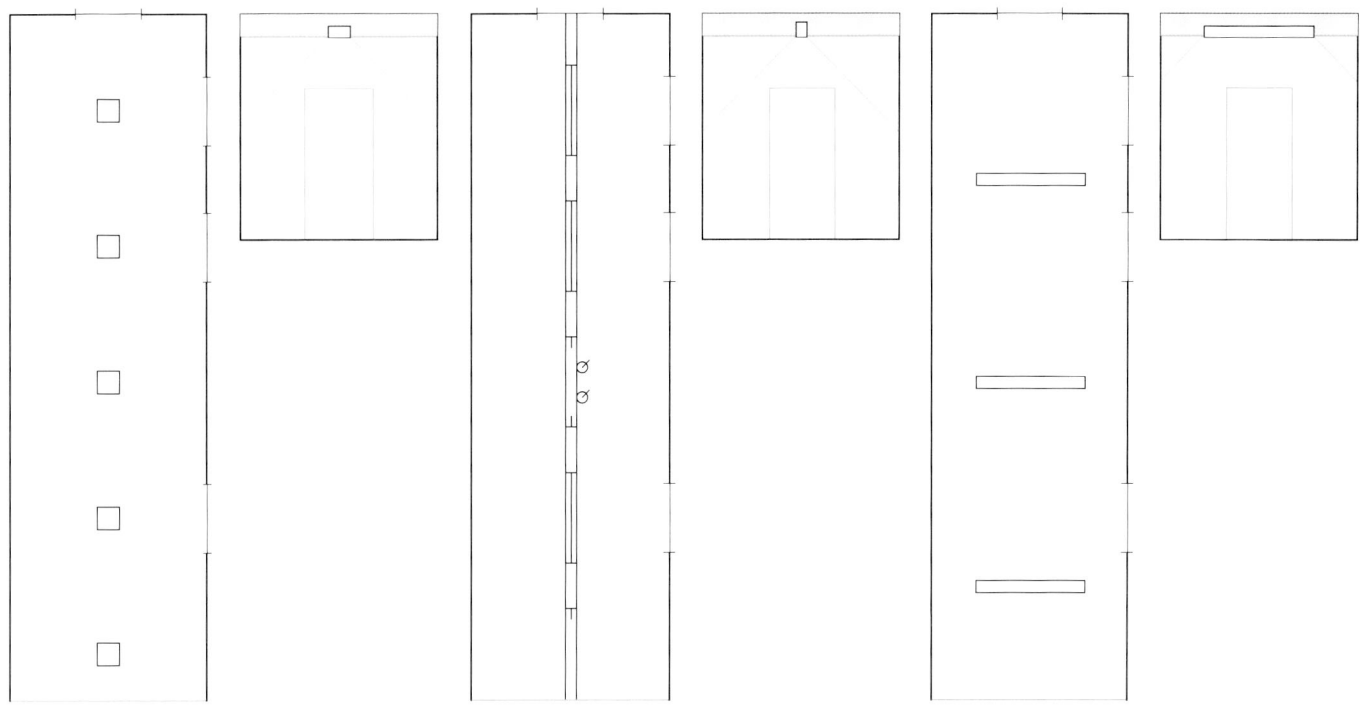

Installationskanal mit Einbaurasterleuchten für Leuchtstofflampen und Strahlern an Stromschienen

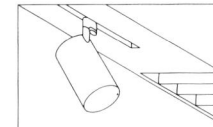

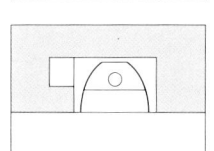

Einbaurasterleuchte für Leuchtstofflampen

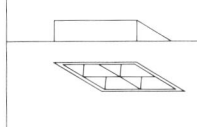

Einbaurasterleuchte für kompakte Leuchtstofflampen

4.4 Treppe

Bei Treppen ist die Orientierung das wesentlichste Ziel der Lichtplanung. Angestrebt wird eine Lichtführung, die den Aufbau der Umgebung verdeutlicht, Gefahrenpunkte sichtbar macht und verwirrende, zusätzliche Strukturierungen vermeidet. Erkennbar gemacht werden sollte die Gliederung der Treppe sowie der Aufbau der einzelnen Stufen. Bei hohen Einschaltzeiten ist für die Treppenbeleuchtung meist der Einsatz wirtschaftlicher Lichtquellen sinnvoll.

Paarweise angeordnete Einbaurasterleuchten beleuchten die Podeste und Treppenläufe.

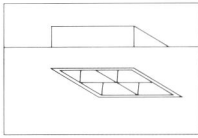

Einbaurasterleuchte für kompakte Leuchtstofflampen

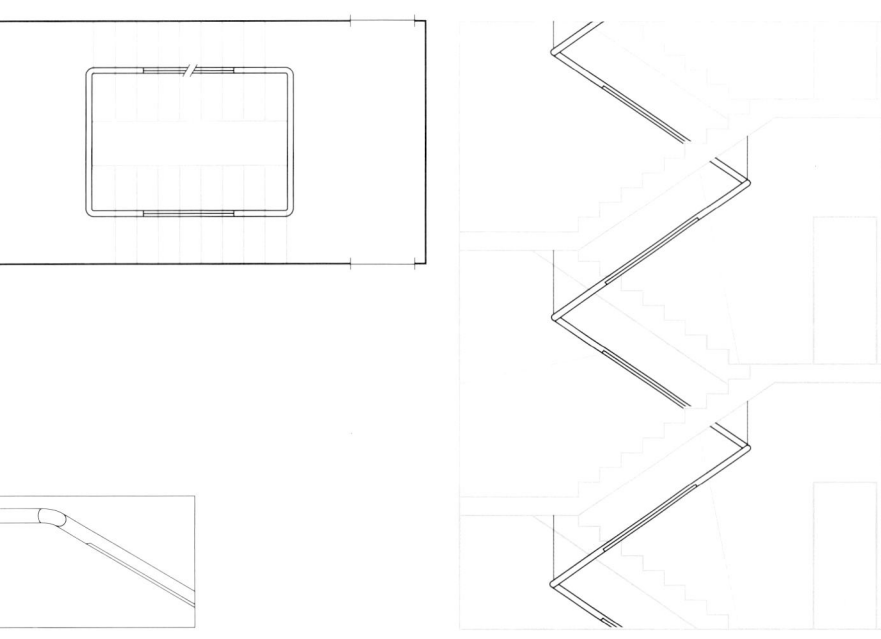

Träger der Beleuchtung ist eine abgehängte Lichtstruktur mit direkt- bzw. indirektstrahlenden Leuchten. Die Struktur folgt dabei unmittelbar dem Treppenverlauf und quert die Podeste über Treppenan- und -austritt. Die konstruktiv aufwendige Führung der Struktur über die Podestmitte entfällt hierbei.

Abgehängte Lichtstruktur mit integrierten, direkt- oder indirektstrahlenden Leuchten für Leuchtstofflampen

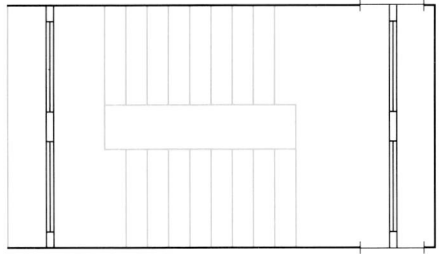

Eine zwischen den Treppenwänden gespannte, direkt-indirektstrahlende Lichtstruktur über den Podesten sorgt für die Beleuchtung der Treppenläufe durch direktes und reflektiertes Licht.

Lichtstruktur mit integrierten direkt-indirektstrahlenden Leuchten für Leuchtstofflampen

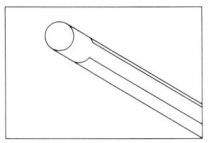

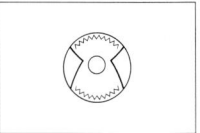

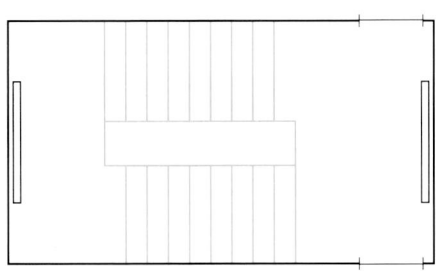

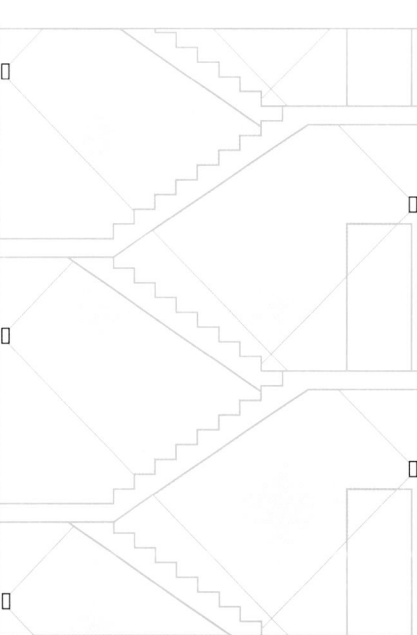

Eine direkt-indirektstrahlende Wandleuchte sorgt für ein ausreichendes Beleuchtungsniveau sowohl im Treppen- als auch im Podestbereich.

Wandmontierte Direkt-Indirektleuchte für Leuchtstofflampen

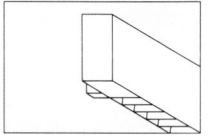

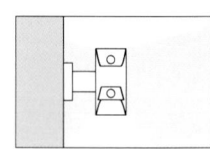

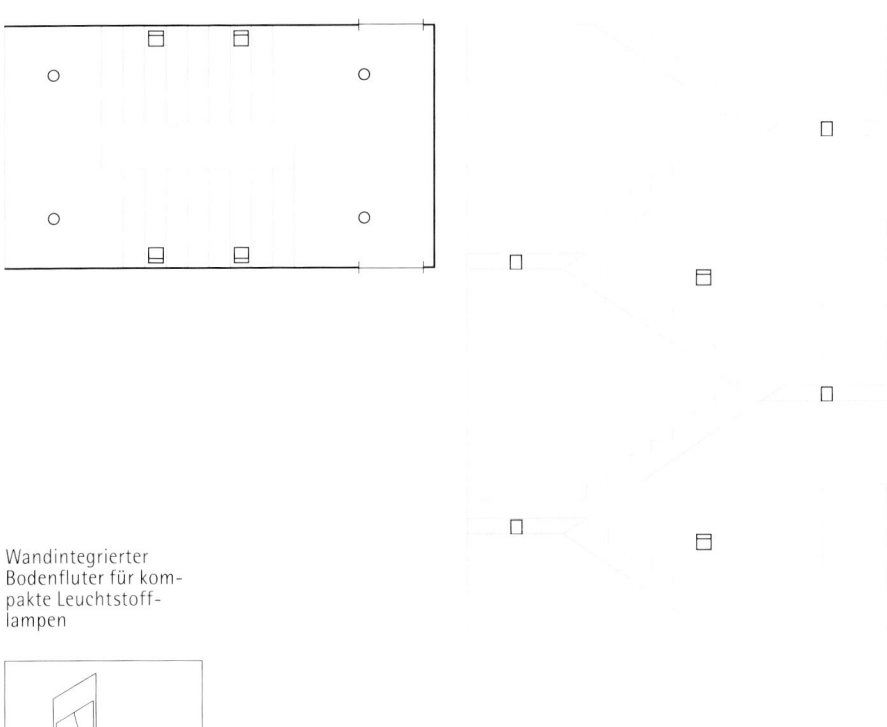

Zwei unterschiedliche Leuchtentypen beleuchten Podeste und Treppe. Hierbei sorgen Bodenfluter für die Beleuchtung des Treppenlaufs, während die Podeste durch Einbaudownlights beleuchtet werden.

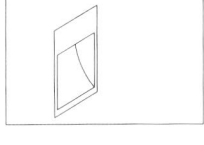

Wandintegrierter
Bodenfluter für kompakte Leuchtstofflampen

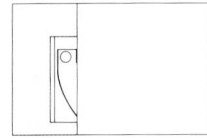

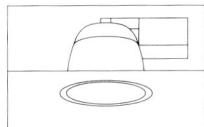

Einbaudownlight für
kompakte Leuchtstofflampen

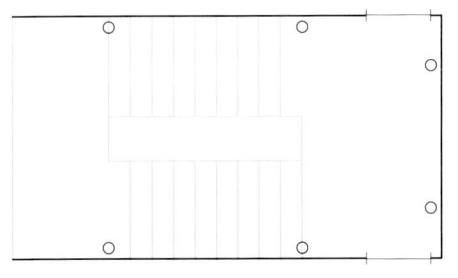

Wandmontierte Downlights, die jeweils über Treppenan- und -austritt sowie an der Stirnwand der Türpodeste angebracht sind, beleuchten die Treppe. Durch die Anordnung der Leuchten wird eine einwandfreie optische Führung erreicht. Durch die Montage der Leuchten an der Wand ist diese Beleuchtungslösung auch für freie Treppenverläufe mit schwierigen Installationsbedingungen geeignet.

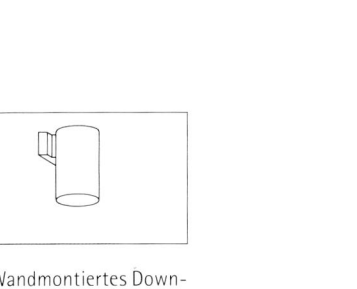

Wandmontiertes Downlight für kompakte
Leuchtstofflampen

4.5 Gruppenbüro

Für das Gruppenbüro ergeben sich eine Reihe von Rahmenbedingungen aus den Normen der Arbeitsplatzbeleuchtung. Zu beachten sind hier also die definierten Anforderungen an die Gütekriterien Beleuchtungsniveau und Gleichmäßigkeit der Beleuchtung, Leuchtdichteverteilung, Begrenzung der Direkt- und Reflexblendung, Lichtrichtung und Schattigkeit sowie Lichtfarbe und Farbwiedergabe.

Zusätzliche Anforderungen können sich aus dem Zusammenwirken von Tageslicht und künstlicher Beleuchtung, aus dem Vorhandensein von Zeichenarbeitsplätzen, vor allem aber bei der Beleuchtung von Bildschirmarbeitsplätzen ergeben. Bei dieser Beleuchtungsaufgabe sollte die Balance der Leuchtdichten im Raum und vor allem eine optimale Blendungsbegrenzung der verwendeten Leuchten beachtet werden. Für die Beleuchtung von Arbeitplätzen mit Positivbildschirmen werden für Leuchten, die sich in diesen Bildschirmen spiegeln können, besondere Anforderungen gestellt. Nach dieser Normvorgabe konstruierte Leuchten werden als BAP-Leuchten bezeichnet und können uneingeschränkt zur Beleuchtung von Bildschirmarbeitsplätzen eingesetzt werden. Es sollte jedoch beachtet werden, daß BAP-Leuchten trotz ihrer hervorragenden Blendungsbegrenzung auch lichttechnische Schattenseiten besitzen; hier sind vor allem die geringe vertikale Beleuchtung des Raums, die notwendig engere Plazierung der Leuchten und die Verstärkung von Blendreflexen auf horizontalen Sehaufgaben zu nennen. Für die Beleuchtung von Räumen mit modernen Positivbildschirmen oder bei Leuchten außerhalb des Spiegelbereichs der Bildschirme sollten also auch weiterhin die lichtplanerischen Vorteile von satinmatten Reflektoren und breitstrahlenderen Leuchten genutzt werden, während BAP-Leuchten eine Problemlösung für kritischere Fälle der Bildschirmbeleuchtung darstellen.

Eine Möglichkeit der Beleuchtung für ein Gruppenbüro stellt die gleichmäßige Beleuchtung durch rasterförmig angeordnete Leuchten dar, wobei Charakter und Blendungsbegrenzung durch die Auswahl der Leuchten und ihre direkte, indirekte oder direkt-indirekte Ausstrahlungscharakteristik beeinflußt werden können. Eine zweite Möglichkeit ist die Vorgabe einer ebenfalls gleichmäßigen, aber niedriger angesetzten Allgemeinbeleuchtung, die durch Tischleuchten ergänzt wird. Für Gruppenbüros mit deutlich abgegrenzten Einzelbereichen (Arbeitsbereich, Verkehrsbereich, Sozialbereich, Konferenzbereich) bietet sich eine auf die jeweiligen Anforderungen bezogene, zonierte Beleuchtung an. Eine Anpassung an wechselnde Nutzung einzelner Raumbereiche ist durch schaltbare Leuchtenkombinationen, z.B. durch die Kombination von Leuchten für Leuchtstoff- und Glühlampen, möglich. Auch für die tageslichtabhängige Abschaltung fensternaher Leuchten kann gesorgt werden.

Zur Erzielung einer wirtschaftlichen Beleuchtung ist grundsätzlich der Einsatz von konventionellen bzw. kompakten Leuchtstofflampen zu empfehlen. Die Wirtschaftlichkeit kann durch Verwendung elektronischer Vorschaltgeräte noch erhöht werden, zugleich steigt hierbei der Sehkomfort durch die Vermeidung von Flimmereffekten.

Eine regelmäßige Anordnung von deckenintegrierten Rasterleuchten dient zur Allgemeinbeleuchtung. Die Beleuchtung ist
nicht arbeitsplatzbezogen, so daß Umstel-
lungen der Möblierung ohne Veränderung
der Beleuchtungsanlage vorgenommen
werden können.

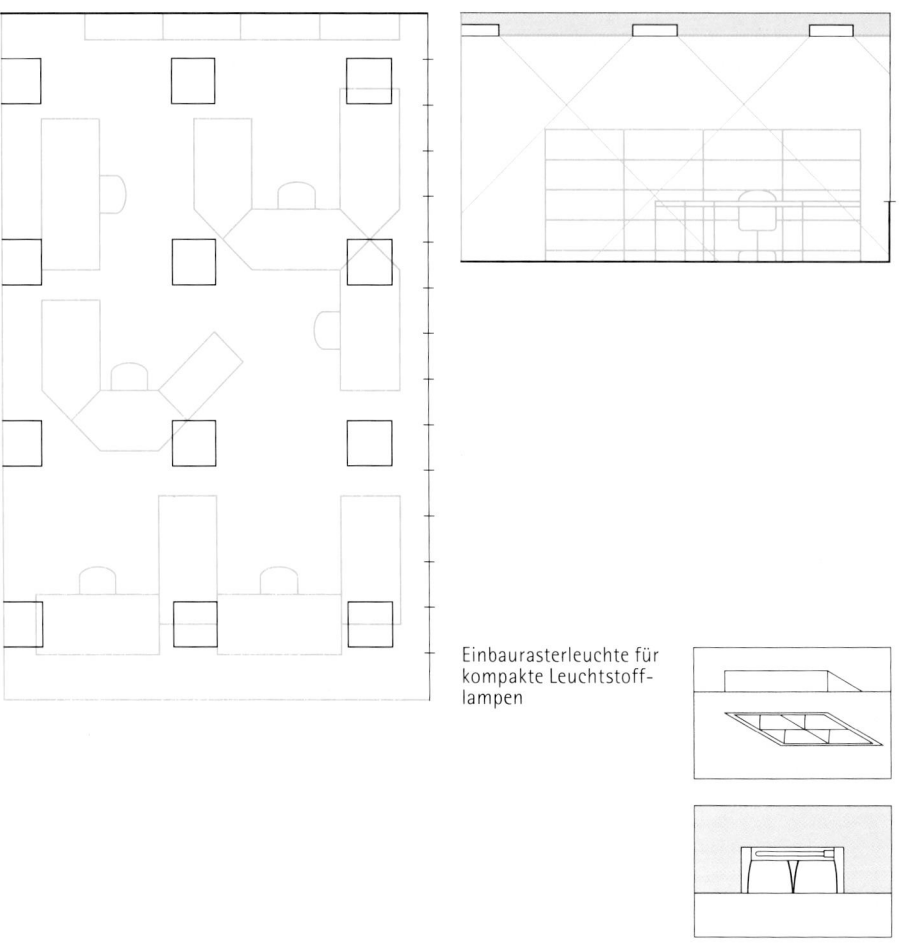

Einbaurasterleuchte für
kompakte Leuchtstoff-
lampen

Eine versetzte Anordnung deckenintegrierter Rasterleuchten sorgt für die
gleichmäßige Allgemeinbeleuchtung. Ein
Prismenraster in der Reflektormitte erzeugt
eine betont flügelförmige, reflexblendungsfreie Beleuchtung, die hohe CRF-
Werte im gesamten Raum erreicht und
eine freie Möblierung ermöglicht.

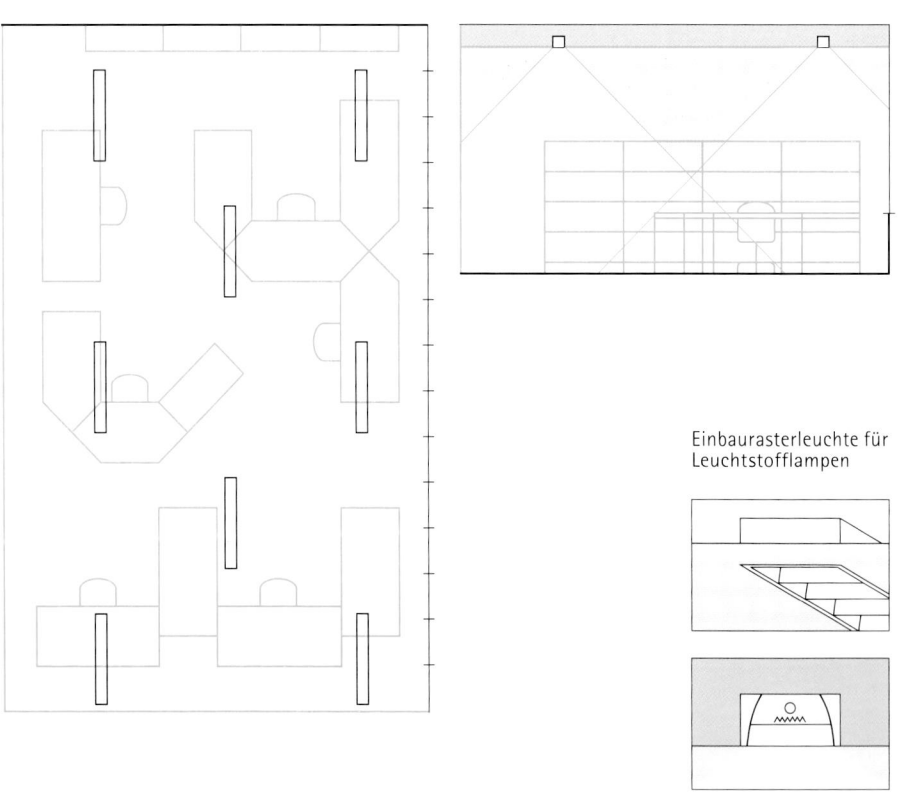

Einbaurasterleuchte für
Leuchtstofflampen

Ein regelmäßiges Raster von deckenintegrierten Downlights mit Kreuzraster sorgt
für eine gleichmäßige Allgemeinbeleuchtung.

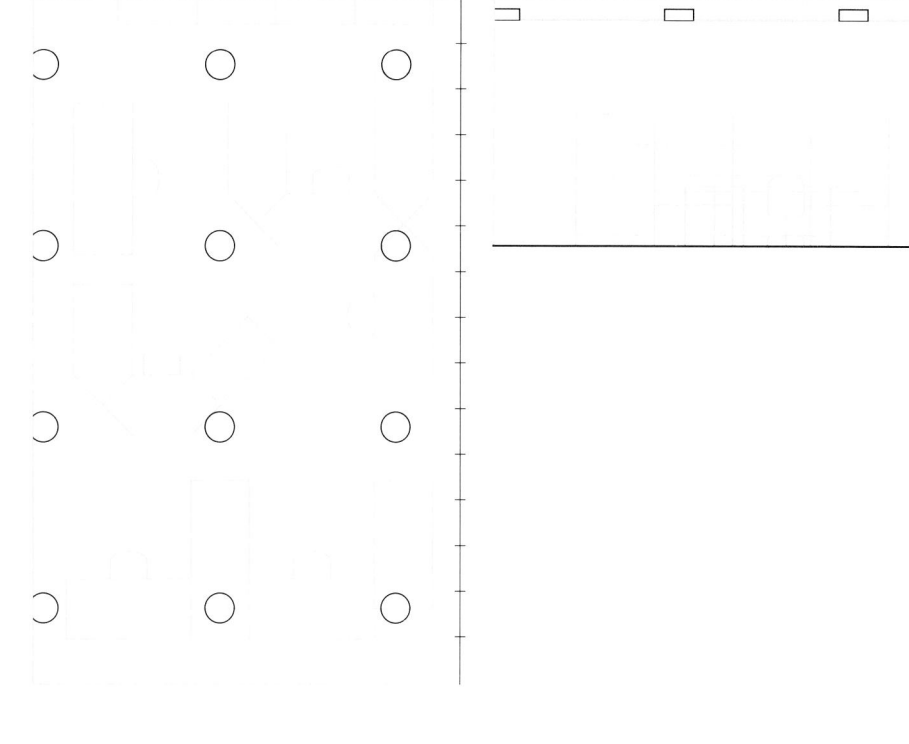

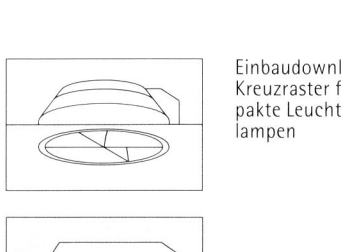

Einbaudownlight mit
Kreuzraster für kom-
pakte Leuchtstoff-
lampen

Träger der Beleuchtung sind längs zur
Fensterfront verlaufende Installations-
kanäle. Sie nehmen sowohl Rasterleuch-
ten zur flächigen Beleuchtung als auch
Richtstrahler zur Akzentbeleuchtung auf.
Eine Einbeziehung der Belüftung bzw.
Klimatisierung in die Installationskanäle
ist möglich.

Installationskanal für
Einbaurasterleuchten
mit Leuchtstofflampen
und Einbaurichtstrah-
lern für Halogen-Glüh-
lampen

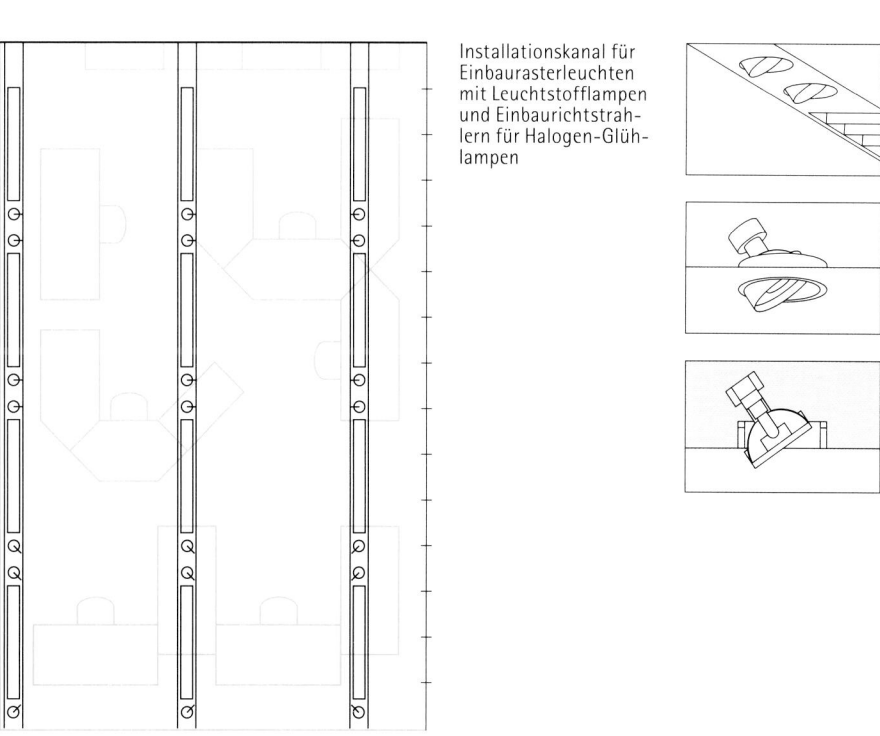

Zur Beleuchtung des Büros dienen Sekundärleuchten. Durch geeignete Leuchtenauswahl kann das Verhältnis von direktem
und indirektem Licht gesteuert und den
Anforderungen an Raumatmosphäre und
Blendungsbegrenzung angepaßt werden.

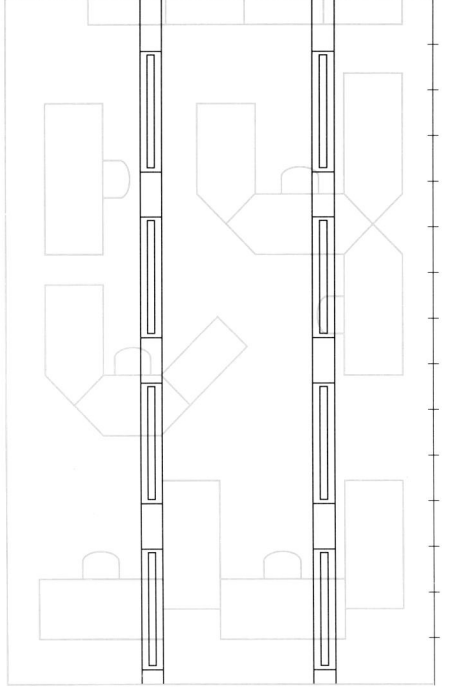

Deckenintegrierte,
direkt-indirektstrah-
lende Sekundärleuchte
für Leuchtstofflampen

Eine betont diffuse, blendfreie Grundbeleuchtung wird durch freistehende
Deckenfluter erreicht. Zusätzlich erhält
jeder Arbeitsplatz eine eigene Tischleuchte.

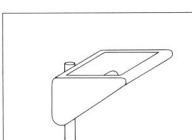

Freistehender Decken-
fluter für Halogen-
Metalldampflampen

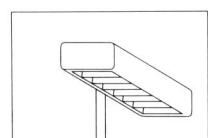

Tischleuchte für kom-
pakte Leuchtstoff-
lampen

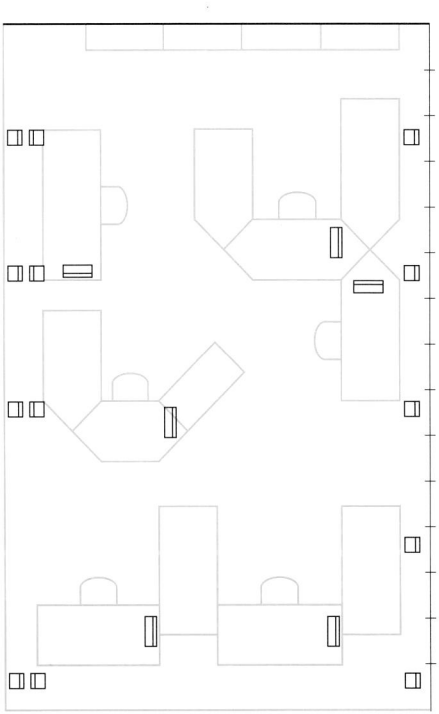

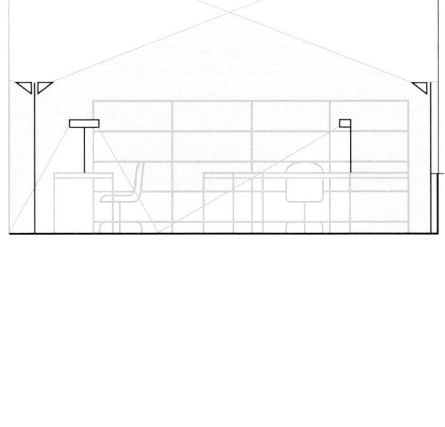

Für die Beleuchtung sorgt eine abgehängte Lichtstruktur. Sie nimmt sowohl direkt-indirektstrahlende Leuchten als auch Downlights auf. Durch die Schaltung beider Komponenten kann sowohl eine wirtschaftliche Beleuchtung mit Leuchtstofflampen für die Büroarbeit als auch eine Glühlampenbeleuchtung mit dem gerichteten Licht der Downlights, z. B. für abendliche Besprechungen, erreicht werden.

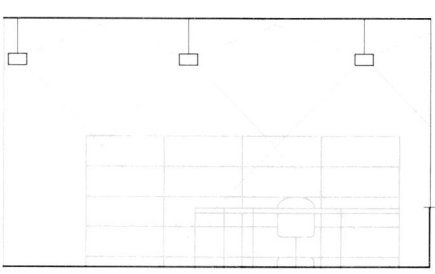

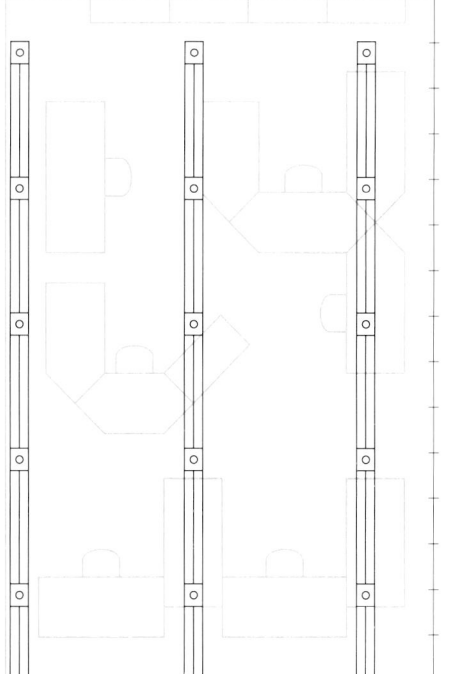

Abgehängte Lichtstruktur mit integrierten, direkt-indirektstrahlenden Leuchten für Leuchtstofflampen und integrierten Downlights für Niedervolt-Halogenlampen

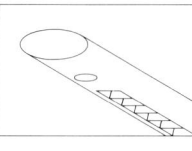

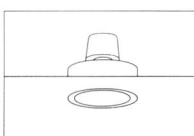

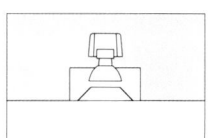

4.6 Einzelbüro

Für das Einzelbüro ergeben sich weitgehend die gleichen Planungskriterien wie für das Gruppenbüro. Durch den hohen Tageslichtanteil reichen allerdings niedrigere Nennbeleuchtungsstärken aus; zusätzlich ist es sinnvoll, die Leuchten so zu installieren, daß fensternahe Leuchtengruppen bei ausreichendem Tageslicht getrennt geschaltet werden können.

Während im Gruppenbüro die Begrenzung der Leuchtdichte von Leuchten vor allem für Bildschirmarbeitsplätze von entscheidender Bedeutung sein kann, tritt dies Kriterium im Gruppenbüro aufgrund der Raumgeometrie zurück. Störende Blendeffekte, vor allem Reflexblendung auf Bildschirmen, können sich hier allerdings durch die Fenster ergeben.

Parallel zum Fenster angeordnete Raster-
leuchten für Leuchtstofflampen sorgen
für die Beleuchtung des Raumes. Die
Anordnung der Leuchten ist auf den
Arbeitsplatz bezogen, so daß in der Ver-
kehrszone zwischen den Türen eine gerin-
gere Beleuchtungsstärke erreicht wird.
Die Leuchtencharakteristik ist betont breit-
strahlend und sorgt für eine verbesserte
Kontrastwiedergabe; direktstrahlende
Lichtanteile der Lampe werden durch ein
Prismenraster reduziert.

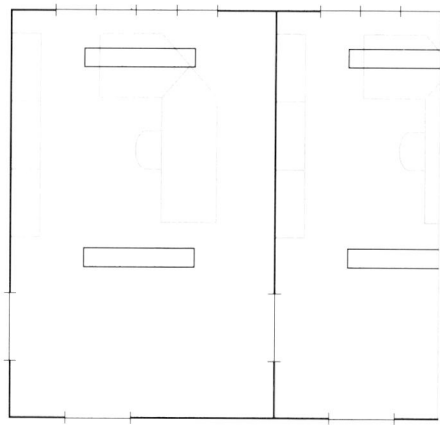

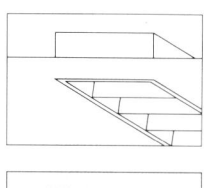

Einbaurasterleuchte für
Leuchtstofflampen

Träger der Beleuchtung ist eine abgehängte Lichtstruktur, die sowohl integrierte, direkt-indirektstrahlende Leuchten für Leuchtstofflampen als auch eine
Stromschiene zur Montage von Strahlern
aufnimmt. Die Grundbeleuchtung erfolgt
arbeitsplatzbezogen durch die Leuchten
für Leuchtstofflampen, zusätzlich werden
Blickpunkte an der Wand durch Strahler
akzentuiert.

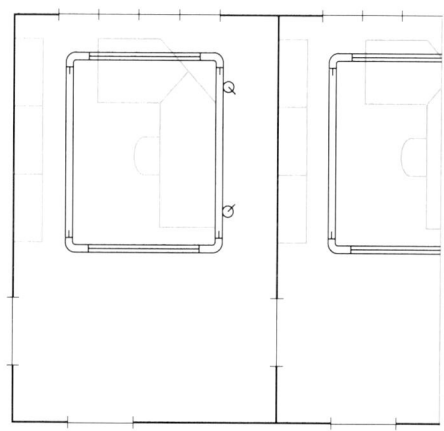

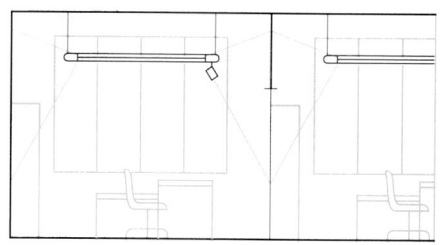

Abgehängte Lichtstruk-
tur mit integrierten,
direkt-indirektstrah-
lenden Leuchten für
Leuchtstofflampen und
integrierten Strom-
schienen zur Montage
von Strahlern

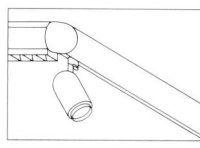

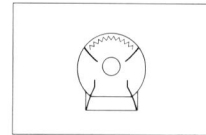

Zur Beleuchtung des Raums werden deckenintegrierte Sekundärleuchten eingesetzt. Durch geeignete Leuchtenauswahl kann hierbei das Verhältnis von direktem und indirektem Licht gesteuert und den Anforderungen an Raumatmosphäre und Blendungsbegrenzung angepaßt werden.

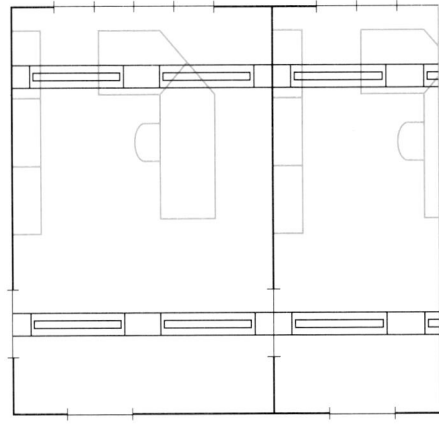

Deckenintegrierte
Sekundärleuchte für
Leuchtstofflampen

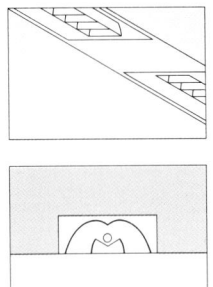

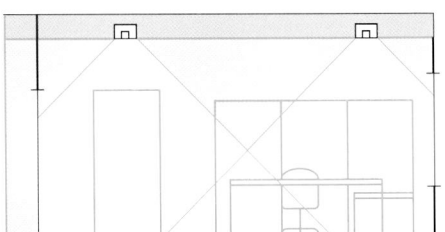

Vier in einem gleichmäßigen Raster angeordnete Kreuzrasterdownlights für kompakte Leuchtstofflampen beleuchten den Raum.

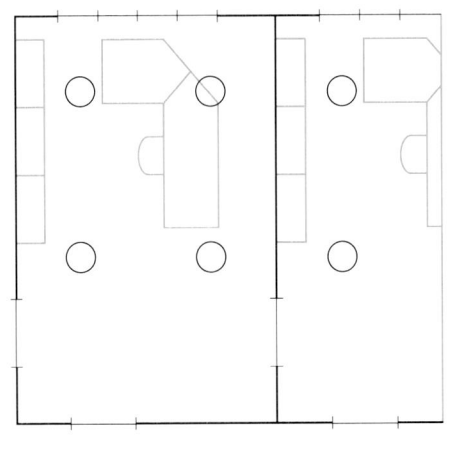

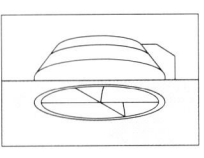

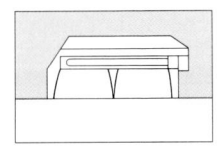

Einbaudownlight mit
Kreuzraster für kompakte Leuchtstofflampen

Bürobeleuchtung durch Rasterleuchten für kompakte Leuchtstofflampen. Oberhalb der Querreflektoren kann ein Prismenraster eingesetzt werden. Hierdurch wird eine betont flügelförmige Lichtverteilung erreicht, die zu einer verbesserten Kontrastwiedergabe am Arbeitsplatz führt.

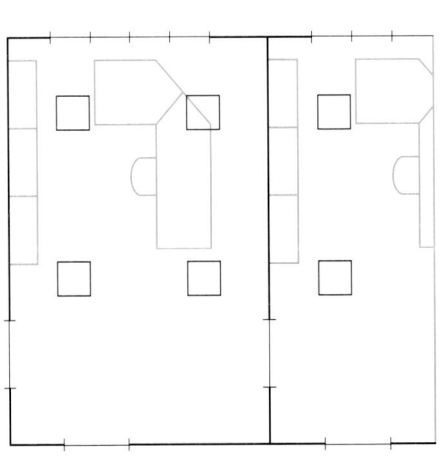

Einbaurasterleuchte für
kompakte Leuchtstofflampen

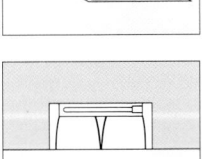

Wandmontierte Deckenfluter dienen zur
indirekten Allgemeinbeleuchtung und
bewirken eine helle Raumwirkung. Zusätzlich sorgt eine Tischleuchte für einen
größeren Anteil an gerichtetem Licht und
ein erhöhtes Beleuchtungsniveau am
Arbeitsplatz.

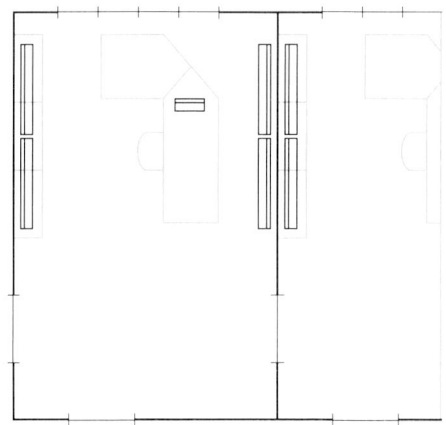

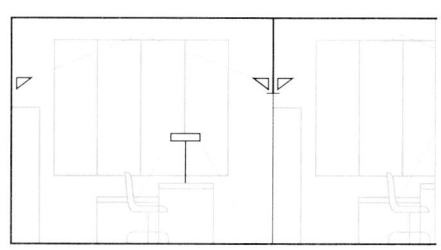

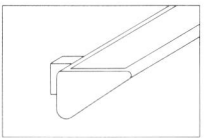

Wandmontierter
Deckenfluter für
Leuchtstofflampen
oder kompakte
Leuchtstofflampen

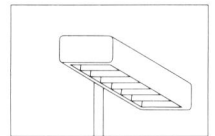

Tischleuchte für kom-
pakte Leuchtstoff-
lampen

Träger der Beleuchtung sind zwei von
Wand zu Wand gespannte Stromschie-
nenstrukturen, die sowohl zwei arbeitsplatzbezogene Leuchten als auch Strahler
zur akzentuierten Beleuchtung von Blickpunkten aufnehmen.

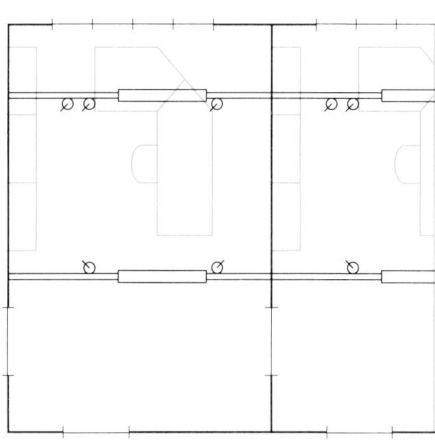

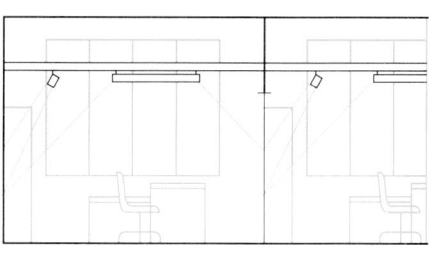

Stromschienenstruktur
mit abgehängten, direkt-
strahlenden Rasterleuch-
ten für Leuchtstofflam-
pen und Strahlern

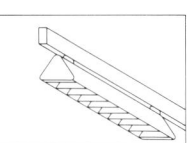

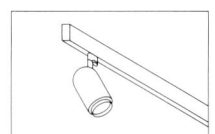

Vier indirektstrahlende Sekundärleuchten sorgen für die Grundbeleuchtung des Büros; der Indirektanteil wird über einen mattierten Oberreflektor in den Raum gelenkt. Die Anordnung der Leuchten ist auf den Arbeitsplatz bezogen, so daß sich im Verkehrsbereich ein reduziertes Beleuchtungsniveau ergibt.

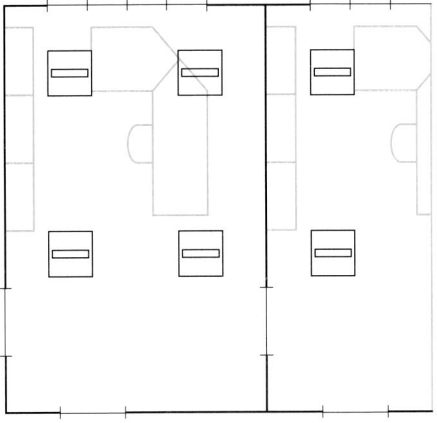

Deckenintegrierte Sekundärleuchte für kompakte Leuchtstofflampen

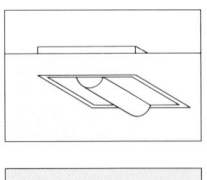

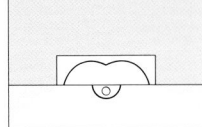

Bürobeleuchtung durch zwei arbeitsplatzbezogene, parallel zur Fensterfront abgehängte Lichtstrukturelemente mit integrierten direkt-indirektstrahlenden Leuchten und integrierten Richtstrahlern zur gezielten Beleuchtung von Tisch und Blickpunkten.

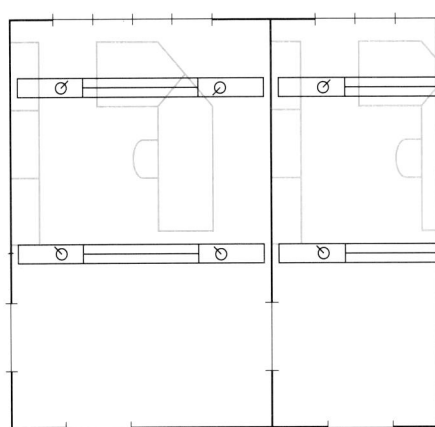

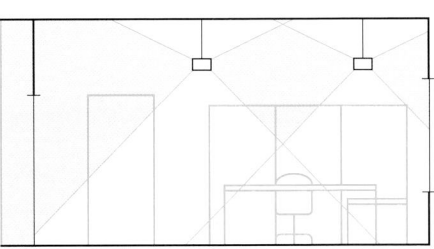

Lichtstruktur mit integrierten, direkt-indirektstrahlenden Leuchten für Leuchtstofflampen und Richtstrahlern für Niedervolt-Halogenlampen

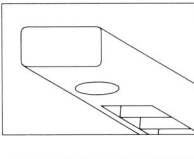

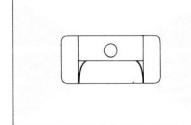

202

4.7 Besprechungsbüro

Das Besprechungsbüro kann sowohl der Arbeitsplatz eines leitenden Angestellten als auch das Büro eines Selbständigen sein. Es umfaßt sowohl einen Arbeits- als auch einen Besprechungsbereich mit jeweils eigenen Beleuchtungsanforderungen. Gegenüber der funktionalen Beleuchtung anderer Büroräume erhält die Atmosphäre und Repräsentationswirkung des Raums eine gleichrangige Bedeutung.

Aufgrund der Mehrfachnutzung des Raums ist eine Beleuchtungskonzeption sinnvoll, die durch Schalten und Dimmen einzelner Leuchtengruppen an die jeweilige Nutzungssituation angepaßt werden kann.

Einbaudownlights in einem den Raum-
konturen folgenden Rechteck sorgen für
die Grundbeleuchtung des Raums. Zusätzlich ist am Arbeitsplatz eine Tischleuchte
montiert.

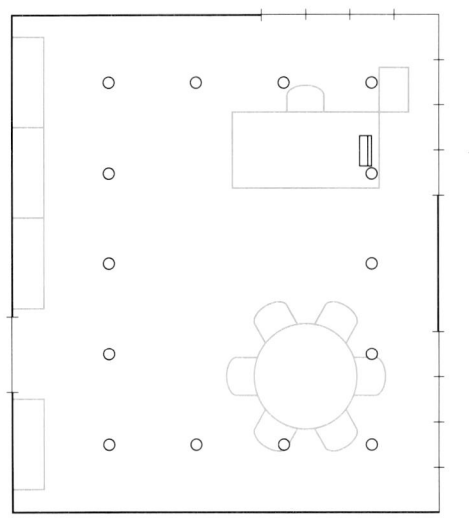

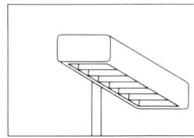
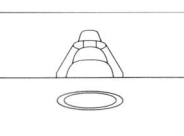

Tischleuchte für kom-
pakte Leuchtstoff-
lampen

Einbaudownlight für
Allgebrauchslampen

Downlight-Wandfluter an den Stirnseiten
sorgen für die Grundbeleuchtung des
Raums. Der Arbeitsplatz erhält durch
paarweise angeordnete Richtstrahler,
der Besprechungstisch durch eine Vierer-
gruppe von Downlights akzentuiertes
Licht.

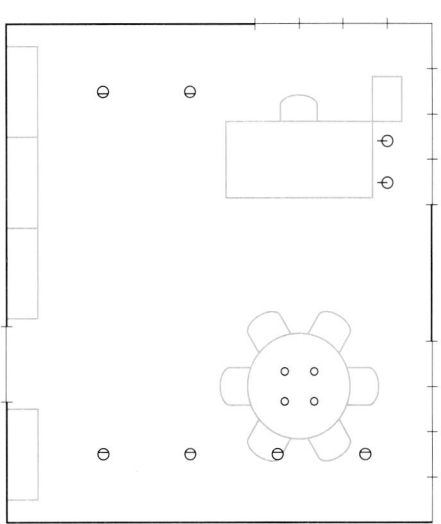

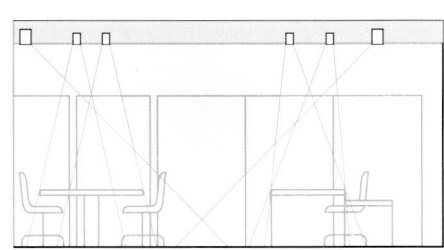

Deckenintegriertes
Downlight für Nieder-
volt-Halogenlampen

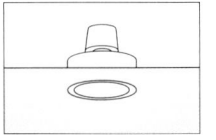

Deckenintegrierter
Downlight-Richtstrah-
ler für Halogen-Reflek-
torlampen

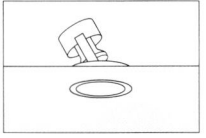
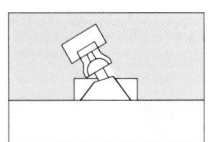

Deckenintegrierter
Downlight-Wandfluter
für Allgebrauchs-
lampen

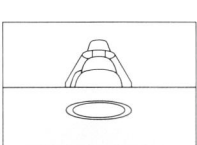

Träger der Beleuchtung sind drei parallel
zu den Fenstern angeordnete Installationskanäle. Sie nehmen zwei Rasterleuchten
zur Beleuchtung des Arbeitsplatzes, Downlights zur Beleuchtung von Schreibtisch
und Besprechungstisch sowie Richtstrahler zur Beleuchtung der Schrankwand auf.
Punktauslässe können zusätzlich zur
Montage von Strahlern für die Beleuchtung freier Wandflächen dienen.

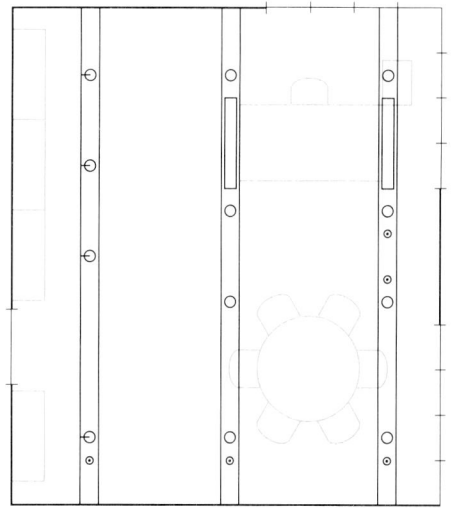

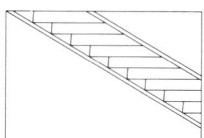

Einbaurasterleuchte für
Leuchtstofflampen

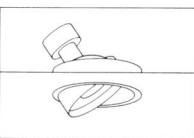

Einbaurichtstrahler für
Halogen-Glühlampen

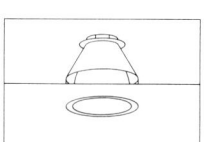

Einbaudownlight für
Halogen-Glühlampen

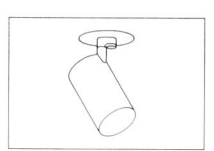

Punktauslaß mit
Strahler

Wandfluter an der Schrankwand sorgen
für die Grundbeleuchtung des Raums.
Der Arbeitsplatz ist zusätzlich mit einer
Tischleuchte ausgestattet, ein Doppelfokusdownlight akzentuiert den Besprechungstisch. Blickpunkte an den übrigen Wandflächen können durch Strahler an Punktauslässen akzentuiert werden.

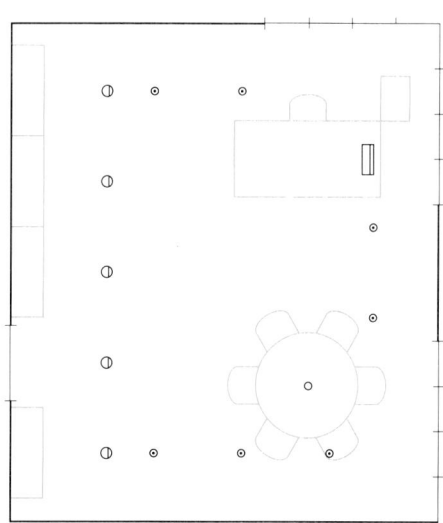

Deckenintegrierter
Wandfluter für Halo-
gen-Glühlampen

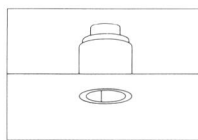

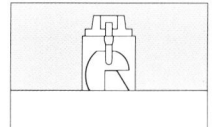

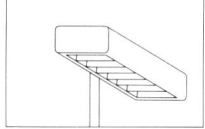

Tischleuchte für
kompakte Leuchtstoff-
lampen

Deckenintegriertes
Doppelfokusdownlight
für Niedervolt-Halo-
genlampen

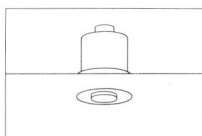

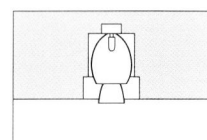

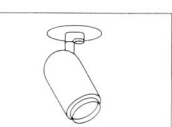

Punktauslaß mit
Strahler

Deckenintegrierte Rasterleuchten sorgen
für die Beleuchtung von Arbeitsplatz und
Besprechungstisch. Wandfluter an Stromschienen beleuchten die Stirnwände und
erzeugen durch ihre vertikalen Beleuchtungsanteile eine helle Raumatmosphäre.

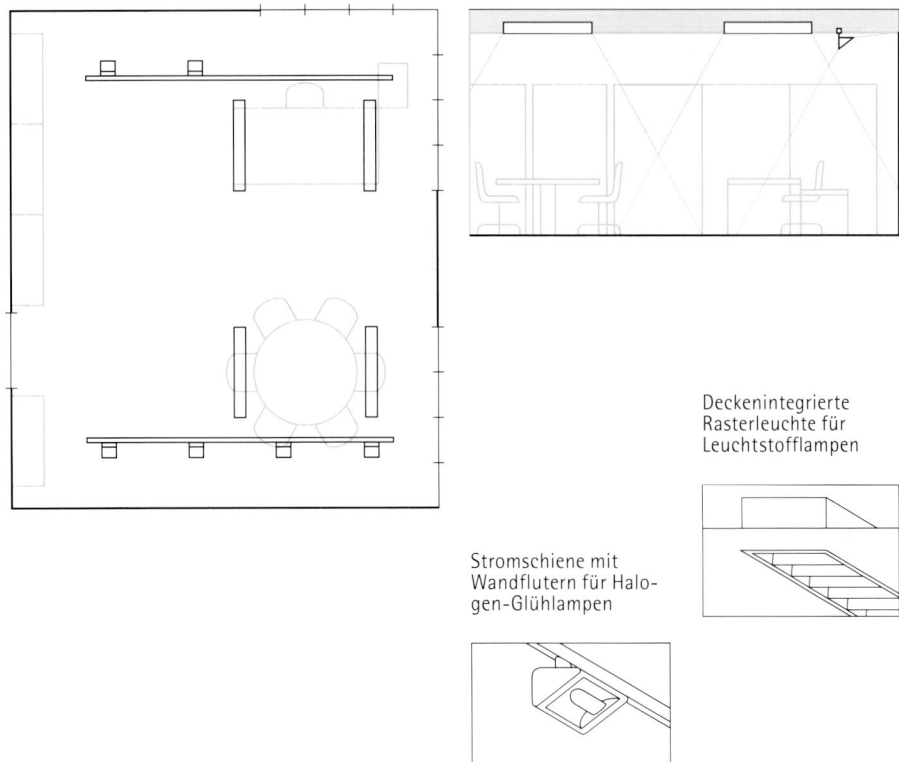

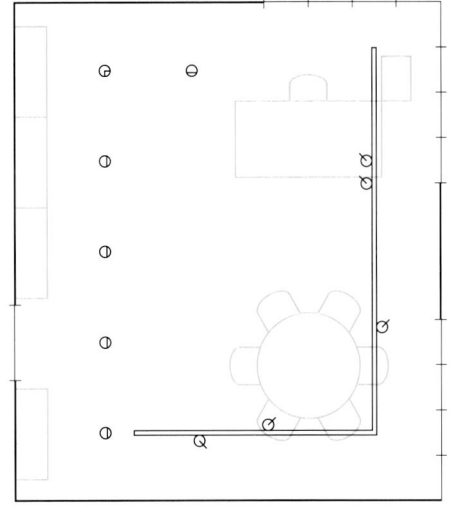

Deckenintegrierte
Rasterleuchte für
Leuchtstofflampen

Stromschiene mit
Wandflutern für Halo-
gen-Glühlampen

Schrankwand und eine Stirnwand werden
durch deckenintegrierte Downlight-Wandfluter gleichmäßig beleuchtet; reflektiertes Licht sorgt dabei auch für die Grundbeleuchtung des Raums. Arbeits- und Besprechungsbereich erhalten durch Strahler
an einer deckenintegrierten Stromschiene
gerichtetes Licht. Zusätzlich werden in
diesen Bereichen Blickpunkte durch weitere Strahler hervorgehoben.

Deckenintegrierter
Downlight-Wandfluter
oder Eckenwandfluter
für Allgebrauchs-
lampen

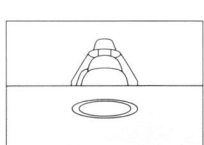

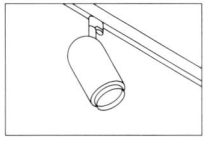

Stromschiene mit
Strahlern

4.8 Konferenzraum

Konferenzräume werden vielfältig genutzt, sie dienen sowohl zu Gesprächen als auch zu Seminarveranstaltungen und Präsentationen im kleinen Kreis, gegebenenfalls auch zu Arbeitsessen. Die Beleuchtung sollte diesen Aufgaben durch eine multifunktionale Konzeption gerecht werden und zusätzlich für eine repräsentative Atmosphäre sorgen.

Für die Gesprächsbeleuchtung ist ein ausgewogenes Verhältnis von horizontalen und vertikalen Beleuchtungsanteilen wesentlich. Horizontal orientierte, gerichtete Lichtanteile sorgen für eine gute Modellierung und ein ausreichendes Beleuchtungsniveau, vertikale Anteile erzeugen eine freundliche, helle Raumatmosphäre und fördern die Kommunikation. Die Extreme einer einseitig gerichteten oder diffusen Beleuchtung sollten dagegen vermieden werden.

Die Präsentation von Schaubildern und Produkten, Tafelanschrieben und Flipcharts erfordert eine zusätzliche Akzentbeleuchtung an den Stirnwänden des Konferenzraums. Für die Projektion von Dias oder Overheadfolien ist dagegen eine Absenkung der Wandbeleuchtung bis hin zu einer minimalen Mitschreibbeleuchtung erforderlich. Sinnvoll ist also in jedem Fall eine in mehreren Kreisen schalt- und dimmbare Beleuchtungsanlage, gegebenenfalls auch eine programmierbare Lichtsteuerung, die den Abruf vorprogrammierter Lichtszenen auf Knopfdruck ermöglicht.

Zur Grundbeleuchtung des Raums mit indirektem Licht dienen Deckenfluter. Die Stirnseiten können mit Strahlern bzw. Flutern an Stromschienen zusätzlich beleuchtet werden. Zwei Reihen von Einbaudownlights sorgen für gerichtetes Licht auf dem Tisch, das z. B. bei Arbeitsessen als Hauptbeleuchtung sowie als Mitschreibbeleuchtung bei der Diaprojektion dienen kann.

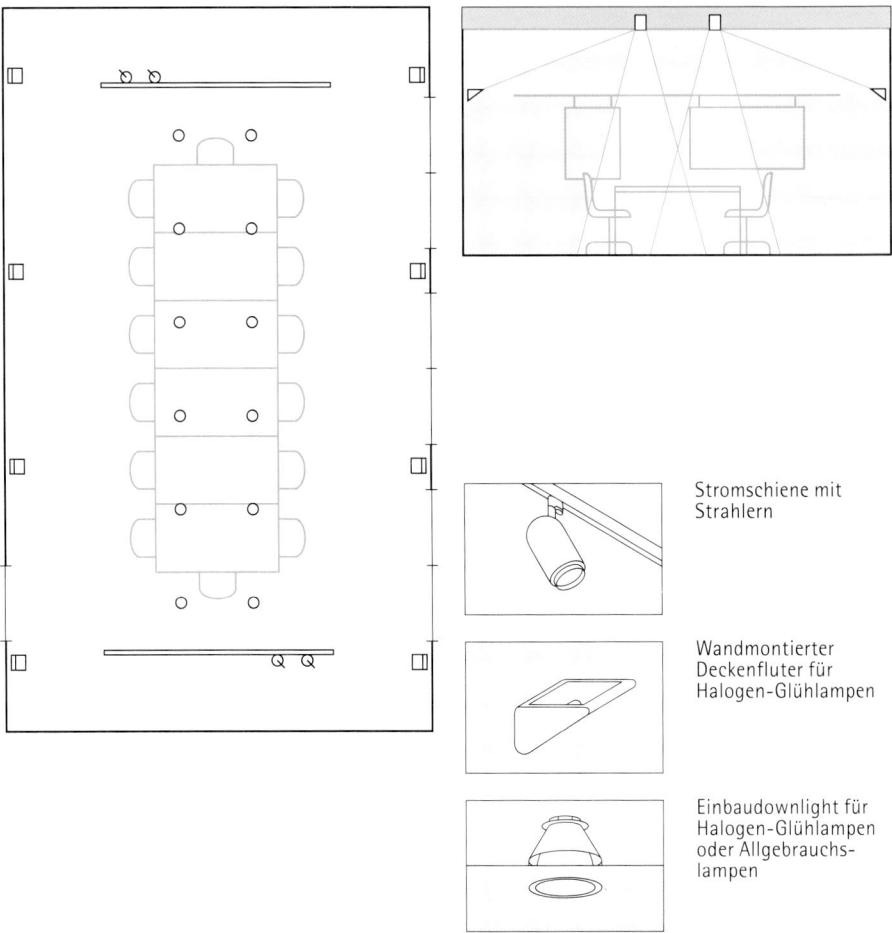

Stromschiene mit Strahlern

Wandmontierter Deckenfluter für Halogen-Glühlampen

Einbaudownlight für Halogen-Glühlampen oder Allgebrauchslampen

Sekundärleuchten, die sich über die gesamten Längswände des Raums erstrekken, sorgen für eine Grundbeleuchtung mit ausgewogenen horizontalen und vertikalen Beleuchtungsanteilen. Die auf die Raumgeometrie abgestimmte Leuchtenkonstruktion sorgt für eine optimale Begrenzung der Direkt- und Reflexblendung. Zwei Reihen von deckenintegrierten Downlights sorgen für gerichtetes, repräsentatives Licht auf dem Tisch, das sowohl als Hauptbeleuchtung z. B. bei Arbeitsessen als auch als Mitschreibbeleuchtung bei der Diaprojektion dienen kann. Stromschienen vor den Stirnwänden können Strahler zur Akzentuierung von didaktischen Materialien aufnehmen.

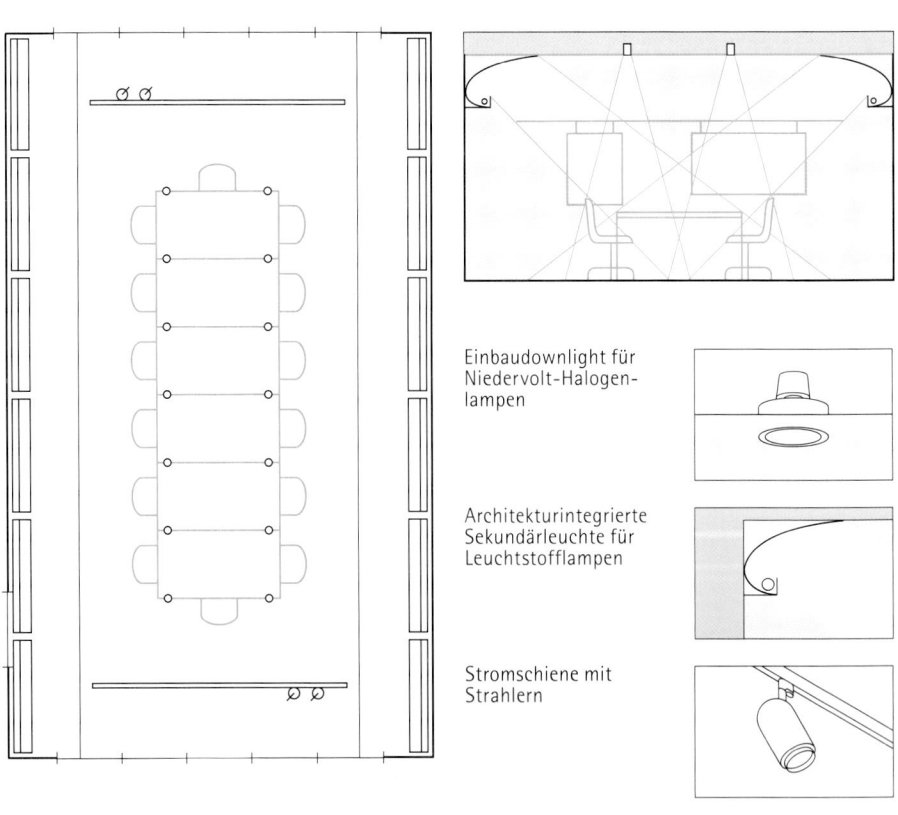

Einbaudownlight für Niedervolt-Halogenlampen

Architekturintegrierte Sekundärleuchte für Leuchtstofflampen

Stromschiene mit Strahlern

Über dem Tisch abgehängte, direkt-indirektstrahlende Leuchten sorgen für eine möblierungsbezogene Grundbeleuchtung. Downlights an den Längswänden hellen die Umgebung auf. Die Stirnwände können durch separat schaltbare Wandfluter zusätzlich beleuchtet werden; die Beleuchtung der Seitenwände kann gedimmt werden, um ein abgesenktes Beleuchtungsniveau, insbesondere als Mitschreibbeleuchtung, zu erreichen.

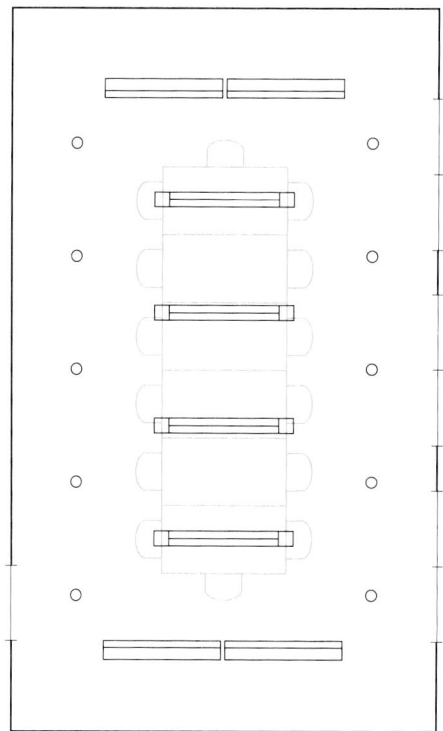

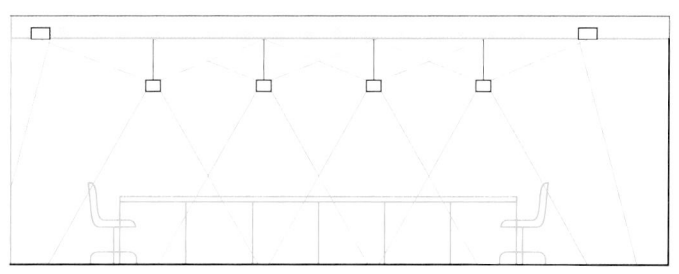

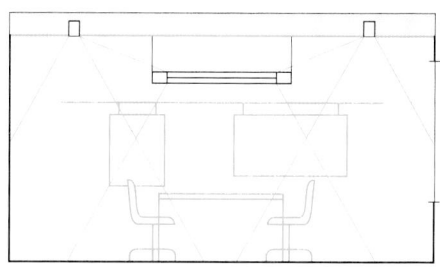

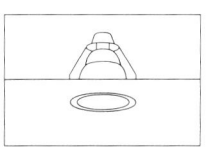

Deckenintegriertes Downlight für Halogen-Glühlampen oder Allgebrauchslampen

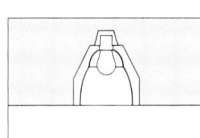

Abgehängte, direktindirektstrahlende Leuchte für Leuchtstofflampen

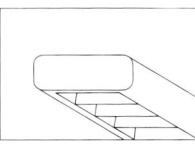

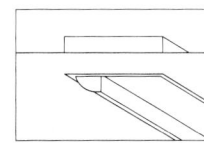

Einbauwandfluter für Leuchtstofflampen

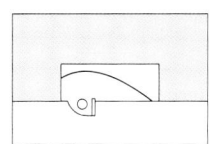

Träger der Beleuchtung ist eine abgehängte Decke, die in einem definierten Abstand
zur Wand verläuft. Sie nimmt zwei Reihen
von Downlights für Niedervolt-Halogenlampen auf. Auf der Tischfläche wird so
eine brillante Beleuchtung erzeugt, die
sowohl als Hauptbeleuchtung bei repräsen-
sentativen Anlässen als auch als Mitschreibbeleuchtung bei der Diaprojektion
dienen kann. Oberhalb der Deckenkante
sind an Stromschienen Fluter zur indirekten Raumbeleuchtung sowie Strahler
montiert. Hierbei sind die Fluter für
Leuchtstofflampen an Längs- und Stirnwand sowie die Strahler separat schalt-
bzw. dimmbar.

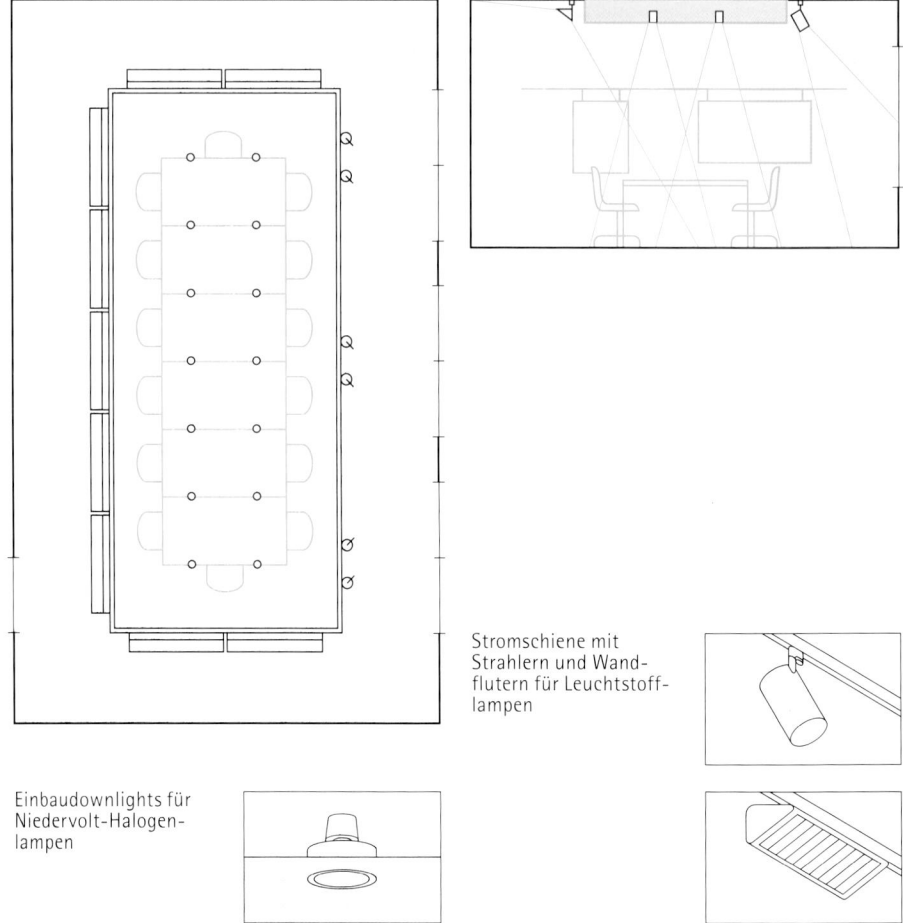

Stromschiene mit
Strahlern und Wand-
flutern für Leuchtstoff-
lampen

Einbaudownlights für
Niedervolt-Halogen-
lampen

Downlight-Wandfluter sorgen sowohl
für die direkte Tischbeleuchtung als auch
durch wandreflektiertes Licht für die
Allgemeinbeleuchtung des Konferenzraums. Aufgrund der Bestückung mit
Allgebrauchslampen kann die Beleuchtung problemlos auf das jeweils erforderliche Beleuchtungsniveau gedimmt werden;
die Zuordnung zu den Sitzplätzen bietet
optimalen Sehkomfort. Die zu den Stirnwänden liegenden Leuchtenpaare können
bei der Projektionsbeleuchtung separat
abgeschaltet werden. Stromschienen vor
den Stirnwänden können Strahler zur
Wand- oder Demonstrationsbeleuchtung
aufnehmen.

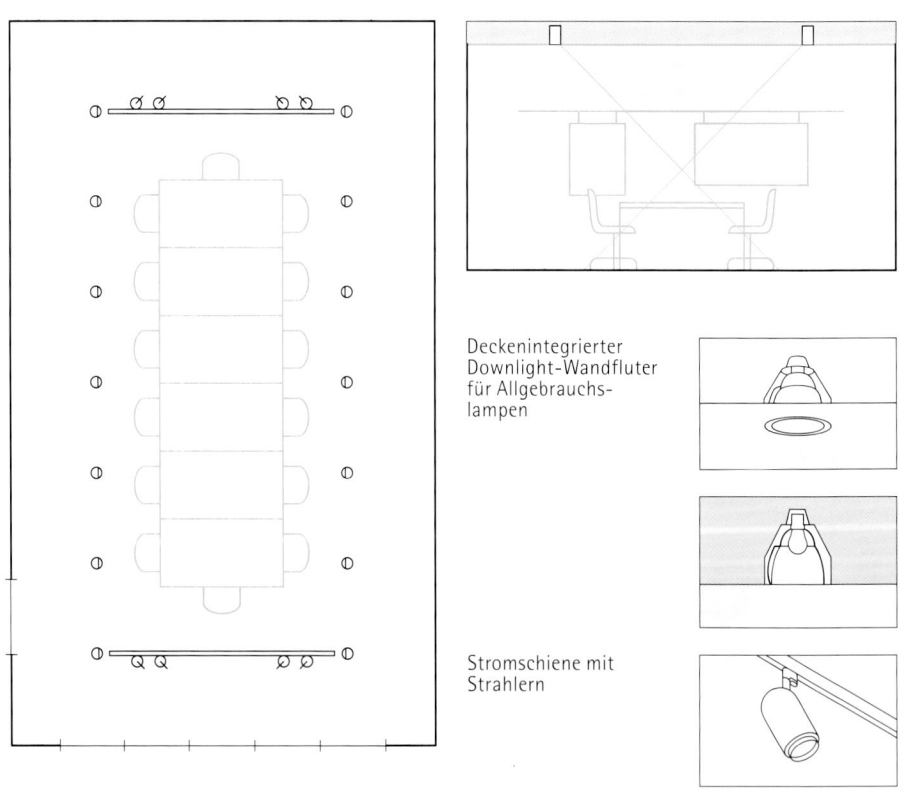

Deckenintegrierter
Downlight-Wandfluter
für Allgebrauchs-
lampen

Stromschiene mit
Strahlern

Leuchten für Leuchtstofflampen an einer abgehängten Lichtstruktur dienen zur Tischbeleuchtung. An den Stirnseiten sind zusätzlich dimmbare Wandfluter für Halogen-Glühlampen montiert. Strahler sorgen für die Akzentuierung von Blickpunkten an den Wänden; gedimmt können sie bei der Diaprojektion als Mitschreibbeleuchtung genutzt werden.

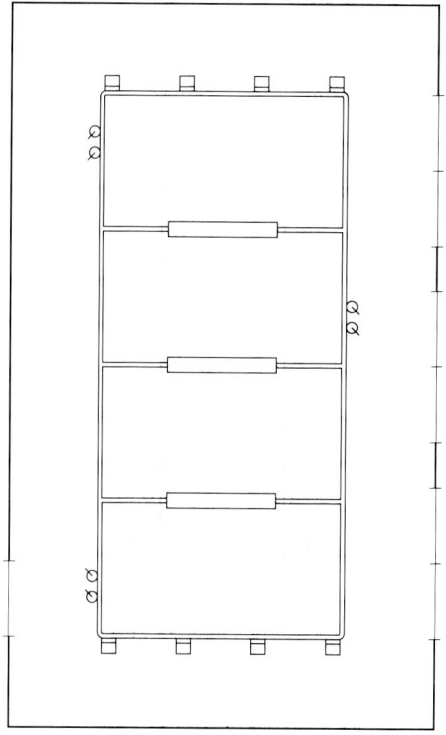

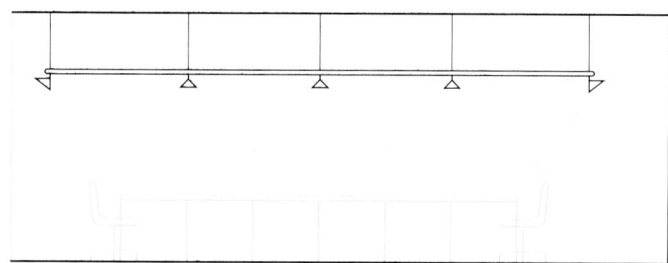

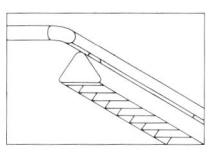 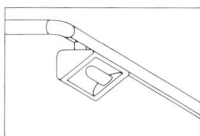 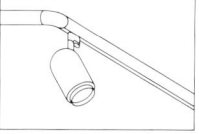

Lichtstruktur mit Rasterleuchten für Leuchtstofflampen, Wandflutern für Halogen-Glühlampen und Strahlern

Wandfluter sorgen durch wandreflektiertes Licht für die Allgemeinbeleuchtung des Konferenzraums. Als Mitschreibbeleuchtung dienen Downlights für Allgebrauchslampen. Stromschienen vor den Stirnwänden können Strahler zur Wand- oder Demonstrationsbeleuchtung aufnehmen.

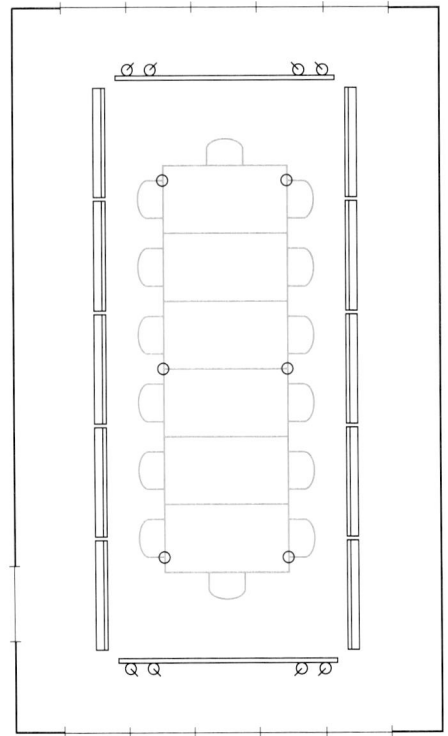

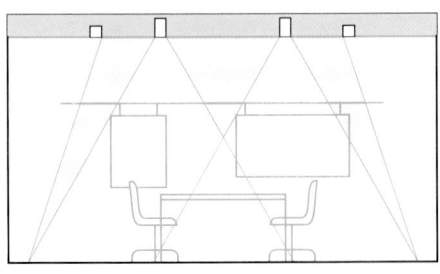

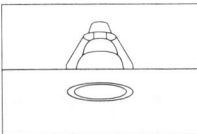

Einbaudownlight für
Allgebrauchslampen

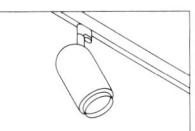

Stromschiene mit
Strahlern

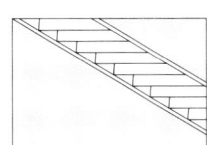

Einbauwandfluter für
Leuchtstofflampen

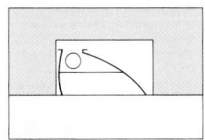

4.9 Auditorium

Auditorien dienen zu einer Reihe von Vortrags- und Präsentationsformen. Ihre Nutzung umfaßt den reinen Textvortrag, medienunterstützte Vorträge unter Einbeziehung von Dia-, Overhead-, Film- oder Videoprojektion, experimentelle Demonstrationen und Produktpräsentationen sowie Podiumsdiskussionen und Seminare. Die Auditoriumsbeleuchtung sollte also in jedem Fall multifunktional konzipiert sein, um den unterschiedlichen Nutzungsbedingungen gerecht zu werden.

Wesentlich für die Auditoriumsbeleuchtung ist die funktionale Trennung zwischen Aktions- und Hörerraum. Im Aktionsbereich liegt der Schwerpunkt auf einer akzentuierten Beleuchtung des Vortragenden, gegebenenfalls auch von präsentierten Objekten oder Experimenten. Bei der Verwendung von Overheadfolien, Dias, Filmen und Videos muß die Beleuchtung – zumal der vertikale Beleuchtungsanteil auf der Stirnwand – reduziert werden, um die Projektion nicht zu stören.

Im Hörerbereich dient die Beleuchtung zur Orientierung und zum Mitschreiben; bei der Projektion wird auch hier die Beleuchtung auf eine reine Mitschreibbeleuchtung abgesenkt. In jedem Fall sollte aber Blickkontakt zwischen dem Vortragenden und den Zuschauern sowie zwischen den Zuschauern selbst möglich sein, um die Diskussion und ein Feedback über die Zuhörerreaktionen zu ermöglichen.

Einbauwandfluter beleuchten die Stirnwand des Auditoriums. Separat schalt-
und dimmbare Downlights sowie Punktauslässe für zusätzliche Strahler dienen
zur akzentuierten Beleuchtung im
Aktionsbereich.
   Die Beleuchtung des Hörerbereichs
umfaßt zwei Komponenten. Für die Vortragsbeleuchtung steht ein versetztes
Raster von Downlights für kompakte
Leuchtstofflampen zur Verfügung. Zur
dimmbaren Projektionsbeleuchtung dienen dazwischen angeordnete Downlights
für Halogen-Glühlampen. Beide Leuchtenformen können sowohl separat als auch
additiv betrieben werden.

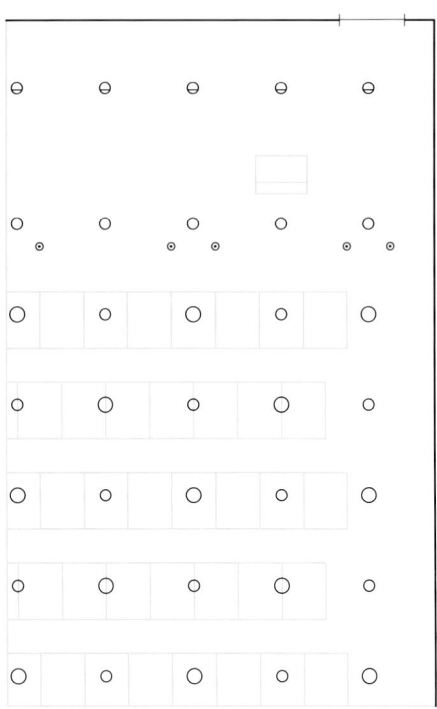

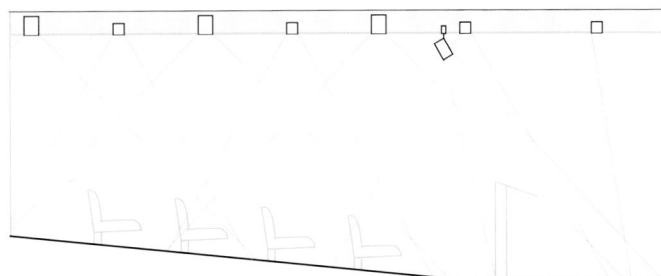

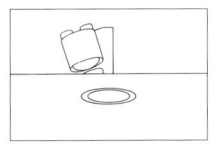

Deckenintegrierter
Downlight-Wandfluter
für PAR 38-Reflektor-
lampen

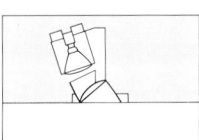

Einbaudownlight für
kompakte Leuchtstoff-
lampen

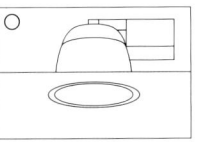

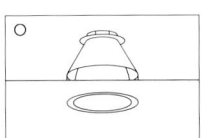

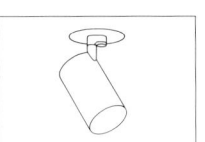

Punktauslaß mit
Strahler

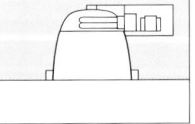

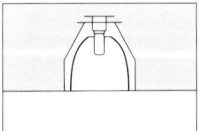

Einbaudownlight für
Halogen-Glühlampen

214

Eine Reihung von Wandflutern beleuchtet die Stirnwand. Auf die Aktionsfläche gerichtetes Licht wird durch Strahler an einer Stromschiene erzeugt.

Im Hörerbereich sorgen Wandfluter an den Längswänden für die Orientierungsbeleuchtung. Zusätzlich sind in einem regelmäßigen Deckenraster deckenintegrierte Doppelfokusdownlights für Halogen-Glühlampen angeordnet. Sie dienen als Vortragsbeleuchtung sowie im gedimmten Zustand als Mitschreibbeleuchtung bei der Dia- und Videoprojektion.

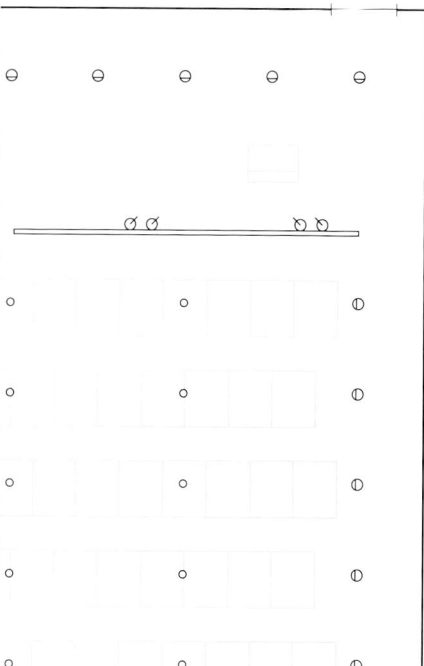

Deckenintegriertes Doppelfokusdownlight für Halogen-Glühlampen

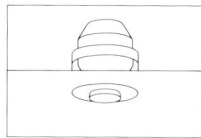
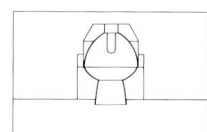

Einbauwandfluter für Halogen-Glühlampen

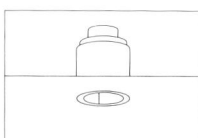
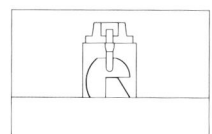

Stromschiene mit Strahlern

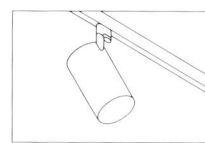

Im Hörerraum sind in Längsrichtung abwechselnd Rasterleuchten für die Grundbeleuchtung und dimmbare Downlights angeordnet. Im Aktionsbereich setzt sich diese Linienführung verdichtet fort. Zusätzlich wird die Stirnwand durch eine Reihe von Wandflutern beleuchtet. Punktauslässe an den Längswänden können zusätzliche Strahler zur Akzentuierung von Blickpunkten aufnehmen.

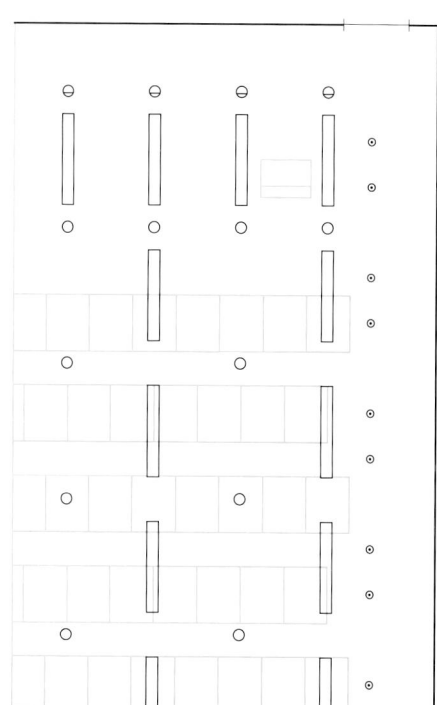

Einbaurasterleuchte für Leuchtstofflampen

Downlight-Wandfluter für Allgebrauchslampen

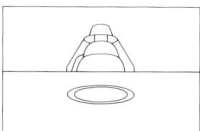
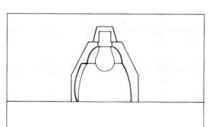

Einbaudownlight für Allgebrauchslampen

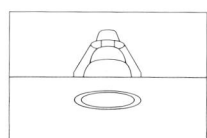
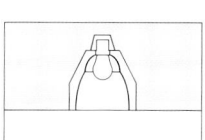

Punktauslaß mit Strahler

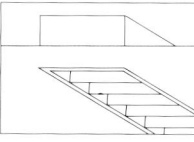

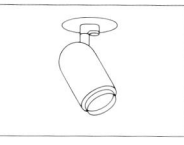

215

Im Aktionsbereich sind an zwei Reihen von Stromschienen sowohl Wandfluter zur Beleuchtung der Stirnwand als auch Strahler zur akzentuierten Beleuchtung montiert.

Im Hörerbereich sorgen Bodenfluter an den Längswänden für eine Orientierungsbeleuchtung, die Hauptbeleuchtung erfolgt durch eine abgehängte Lichtstruktur, die direkt-indirektstrahlende Leuchten für Leuchtstofflampen und eine dimmbare Komponente von Downlights für Niedervolt-Halogenlampen aufnimmt.

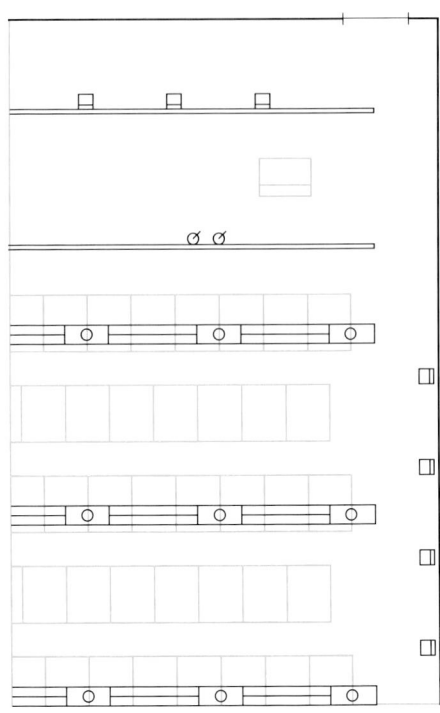

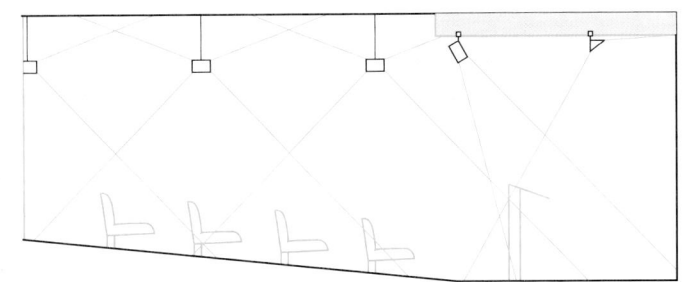

Stromschiene mit Strahlern und Wandflutern für Halogen-Glühlampen

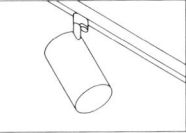

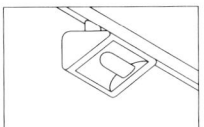

Abgehängte Lichtstruktur mit integrierten, direkt-indirektstrahlenden Leuchten für Leuchtstofflampen und integrierten Downlights für Niedervolt-Halogenlampen

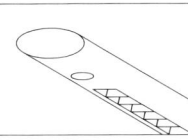

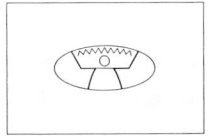

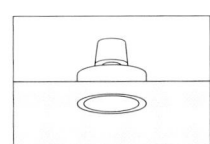

Wandmontierter Bodenfluter für kompakte Leuchtstofflampen

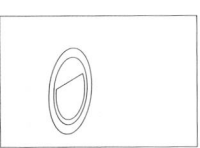

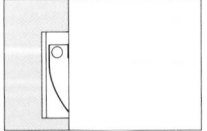

4.10 Kantine

In Kantinen werden große Gruppen von Menschen mit Mahlzeiten versorgt. Die Ausgabe des Essens erfolgt an einer Theke; die Verweildauer ist relativ kurz. Eine zusätzliche Nutzung der Räume für Feste und Versammlungen sollte in die Lichtplanung einbezogen werden.

Angestrebt wird eine wirtschaftliche Beleuchtung mit hohem Beleuchtungsniveau. Der Raumeindruck sollte freundlich sein; ausreichende vertikale Beleuchtungsanteile sorgen dabei auch für eine kommunikative Atmosphäre. Für die Nutzung als Fest- oder Versammlungsraum ist eine separat schaltbare zweite Komponente sinnvoll, die ein brillantes, warmweißes Licht erzeugt.

Träger der Beleuchtung ist eine abgehängte Lichtstruktur. Die Grundbeleuchtung erfolgt durch Leuchten für Leuchtstofflampen an der Struktur. Zusätzlich sind an der Unterseite der Struktur Strahler zur akzentuierten Beleuchtung des Thekenbereichs montiert.

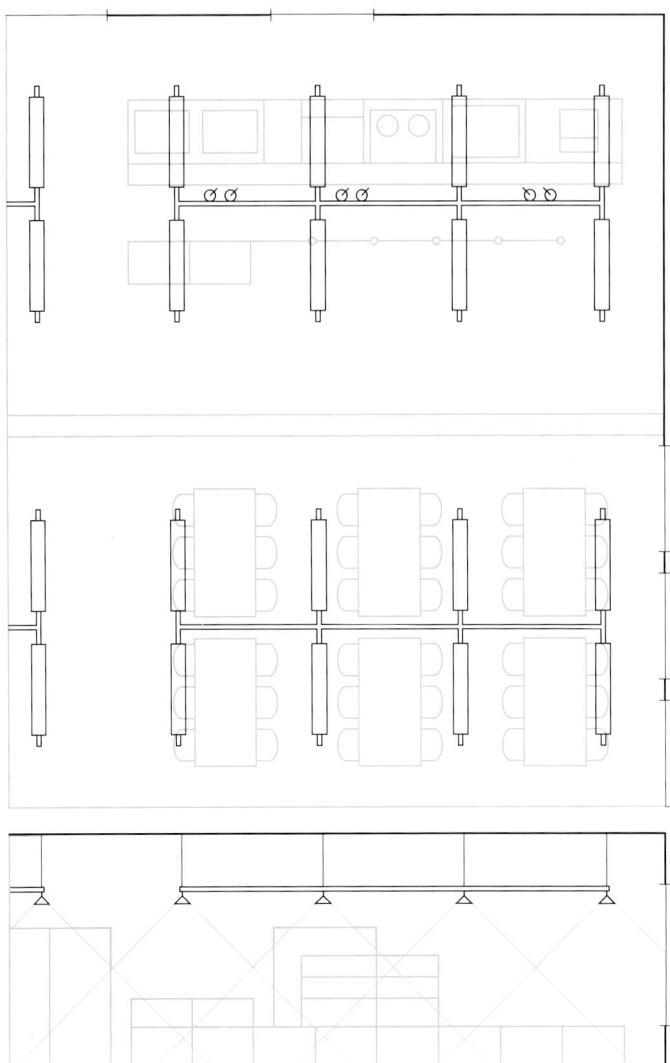

Lichtstruktur mit Leuchten für Leuchtstofflampen und integrierten Stromschienen für die Montage von Strahlern

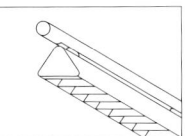

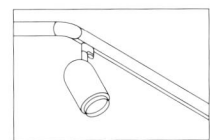

Eine versetzte Anordnung von quadratischen Rasterleuchten für kompakte Leuchtstofflampen sorgt für eine wirtschaftliche Grundbeleuchtung. Ein dazwischen angeordnetes zweites Raster von deckenintegrierten Downlights für Halogen-Glühlampen sorgt für eine repräsentative Raumatmosphäre. Rasterleuchten und Downlights können sowohl additiv als auch separat geschaltet werden.

Einbaurasterleuchte für kompakte Leuchtstofflampen

Einbaudownlight für Halogen-Glühlampen

Kombination einer Leuchtstoff- und einer Halogen-Glühlampenkomponente. Eingesetzt werden Rasterleuchten für konventionelle Leuchtstofflampen in einer linearen Leuchtenanordnung. Zur Betonung des Thekenbereichs ist die Leuchtenanordnung dort verdichtet.

Einbaurasterleuchte für Leuchtstofflampen

Deckenintegriertes Downlight für Halogen-Glühlampen

Eine linear angeordnete, abgehängte
Lichtstruktur, die direkt-indirektstrahlende Leuchten für Leuchtstofflampen aufnimmt, sorgt für die gleichmäßige und
wirtschaftliche Beleuchtung der Kantine.

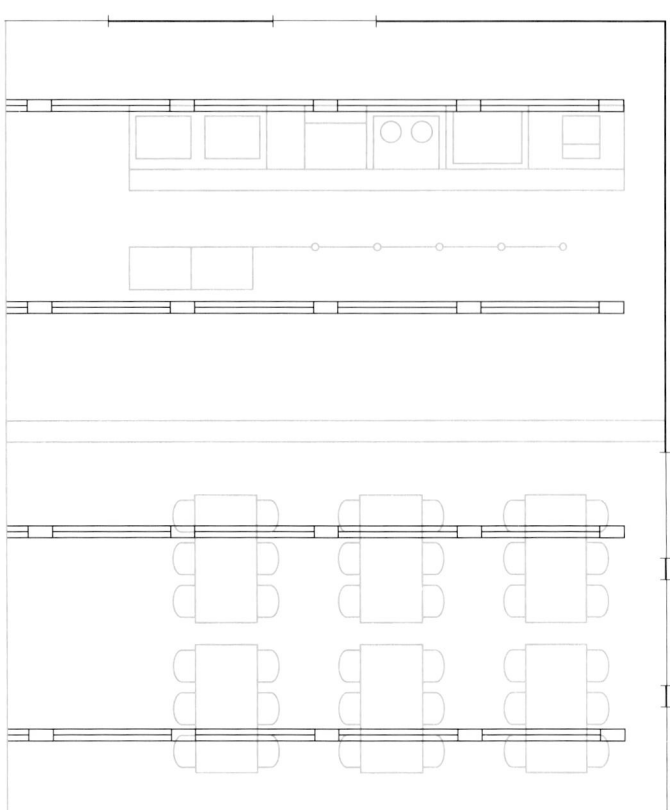

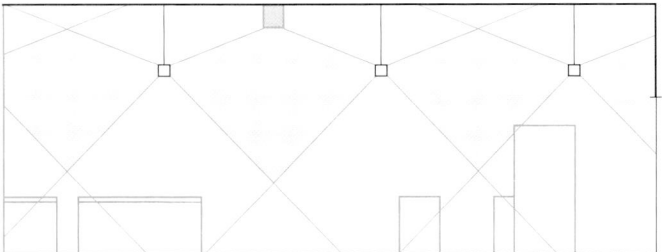

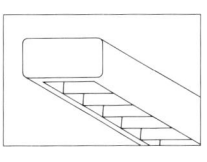

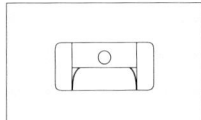

Abgehängte Licht-
struktur mit direkt-
indirektstrahlenden
Leuchten für Leucht-
stofflampen

4.11 Café, Bistro

Unter dem Begriff Café, Bistro lassen sich eine Reihe von Bewirtungsstätten zusammenfassen, die im Anspruch zwischen der funktionalen Kantine und dem anspruchsvollen Restaurant angesiedelt sind; das Spektrum reicht vom Schnellrestaurant über Eisdielen und Cafés bis hin zum Bistro. Bewirtet werden kleine Gruppen mit längerer Verweildauer, die das Lokal nicht nur zum Essen, sondern auch als Ort der Begegnung aufsuchen.

Gegenüber der Kantine wird eine repräsentativere Beleuchtung und ein geringeres Beleuchtungsniveau angestrebt; die Gestaltung des Raums und die Akzentuierung der Einzeltische tritt gegenüber einer wirtschaftlichen Allgemeinbeleuchtung in den Vordergrund. Ziel ist aber nicht eine stark abgesenkte Umgebungsbeleuchtung mit deutlich abgegrenzten Einzeltischen; der Gesamtraum sollte vielmehr durch eine deutliche Grundhelligkeit zusammengefaßt werden

und eine kommunikative Atmosphäre erhalten. Die konkrete Lichtplanung hängt allerdings stark von der gewünschten Atmosphäre und dem Zielpublikum ab, sie kann von gleichförmigen Beleuchtungskonzepten bis hin zur Einbeziehung von dramatischen Beleuchtungsformen und Lichteffekten reichen.

Durch den ganztägigen Betrieb ergeben sich unterschiedliche Anforderungen bei Tag und am Abend, die eine Konzeption mit der Möglichkeit zum Schalten und Dimmen mehrerer Komponenten oder eine programmierbare Lichtsteuerung sinnvoll machen.

Der Raum wird in Längsrichtung von drei Stromschienen durchzogen. Sie nehmen im Wandbereich Wandfluter auf, die durch reflektiertes Licht für die Grundbeleuchtung sorgen. Den Tischen sind an den Stromschienen jeweils Strahler zugeordnet. Die Theke wird durch dekorative Downlights in einem abgehängten Deckenelement hervorgehoben.

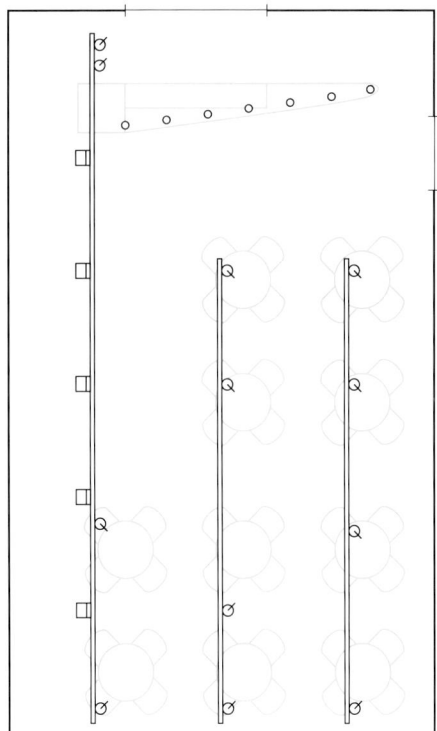

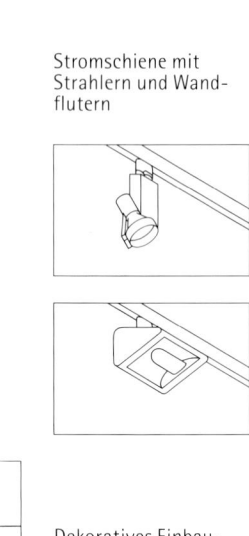

Stromschiene mit Strahlern und Wandflutern

Dekoratives Einbaudownlight für Niedervolt-Halogenlampen

Diagonal deckenmontierte Lichtstrukturen mit direktstrahlenden Leuchten sorgen für die Beleuchtung der Tische. Aufbaudownlights akzentuieren die Theke. An einer Längswand ermöglichen Punktauslässe die Montage von Strahlern zur Hervorhebung von Blickpunkten.

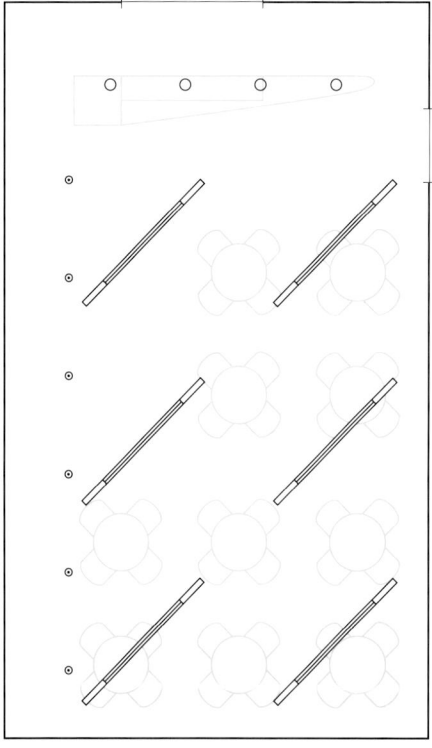

Aufbaudownlight für Halogen-Glühlampen

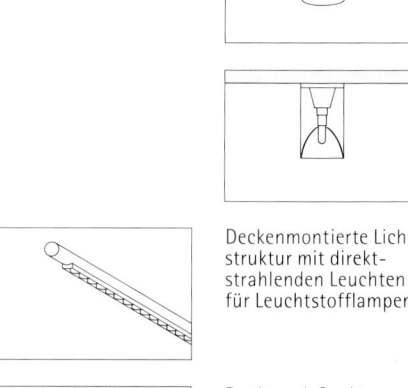

Deckenmontierte Lichtstruktur mit direktstrahlenden Leuchten für Leuchtstofflampen

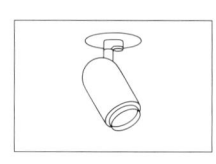

Punktauslaß mit Strahler

Quer zum Raum angeordnete Installationskanäle nehmen Richtstrahler auf, die sowohl zur Beleuchtung der einzelnen Tische als auch zur Akzentuierung der Theke dienen.

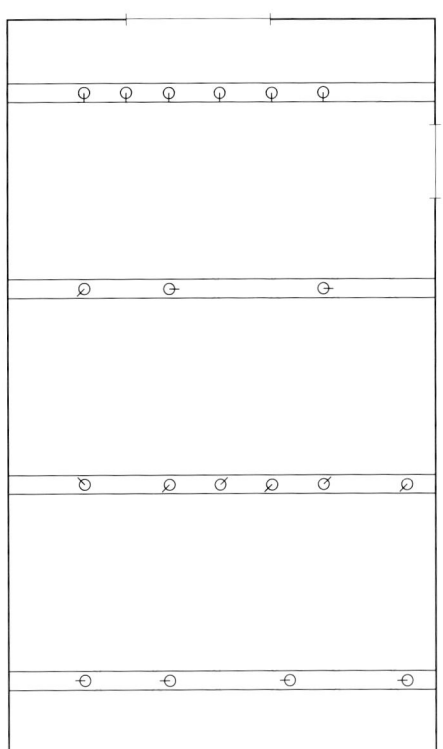

Installationskanal mit Einbaurichtstrahlern für Niedervolt-Halogenlampen

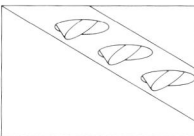
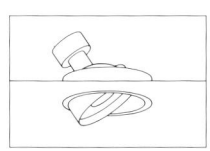
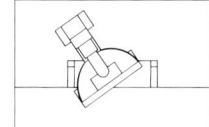

In einem regelmäßigen Raster angeordnete Einbaurichtstrahler akzentuieren die Tische. Die Theke wird durch eine lineare Anordnung von dekorativen Downlights betont.

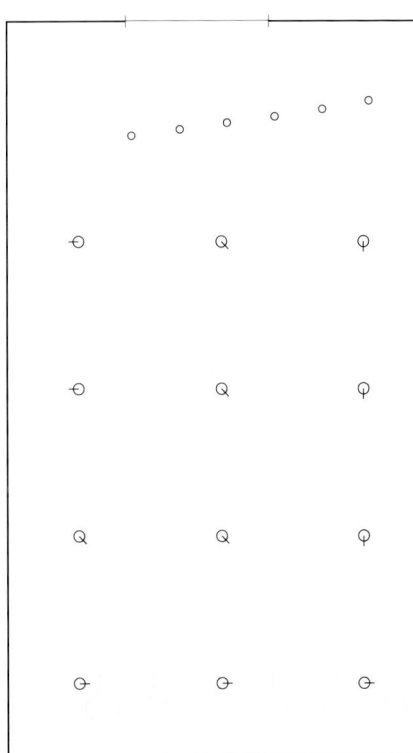
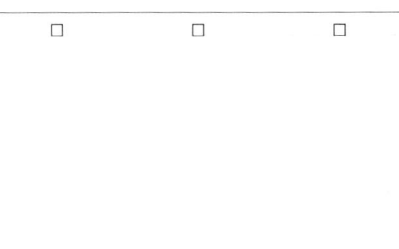

Deckenintegrierter Richtstrahler für Niedervolt-Halogenlampen

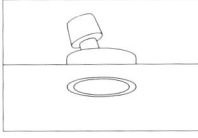
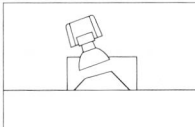

Dekoratives Einbaudownlight für Niedervolt-Halogenlampen

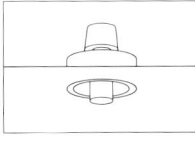
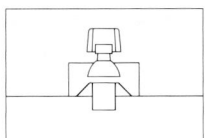

Einbauwandfluter sorgen durch wand-
reflektiertes Licht für die Grundbeleuch-
tung des Raums. Gerichtetes Licht auf den
Tischen wird durch deckenintegrierte
Doppelfokusdownlights erzeugt. Beide
Komponenten sind in einem gemeinsa-
men, regelmäßigen Raster angeordnet. Die
Theke wird durch Downlights akzentuiert.

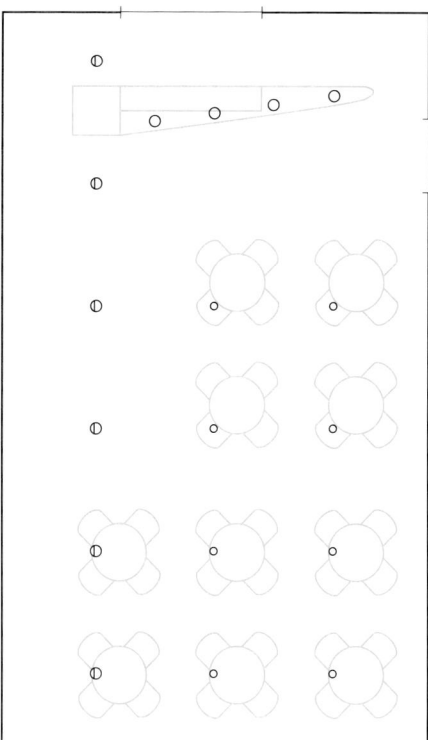

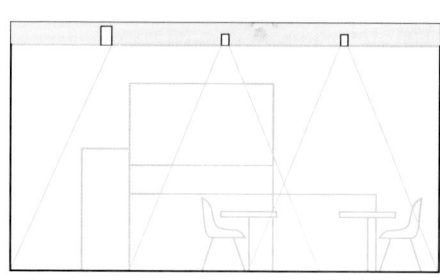

Einbauwandfluter für
Halogen-Glühlampen

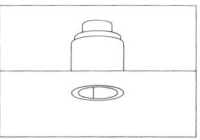

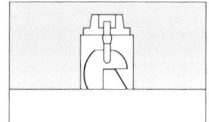

Deckenintegriertes
Doppelfokusdownlight
für Niedervolt-Halo-
genlampen

Einbaudownlight für
Niedervolt-Halogen-
lampen

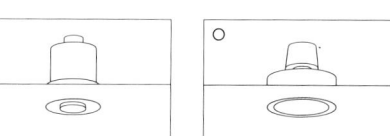

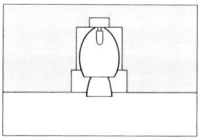

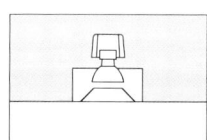

4.12 Restaurant

Restaurants lassen sich von Cafés und Bistros durch ihren höheren Anspruch an das Niveau von Angebot und Atmosphäre unterscheiden. Mehrgängige Menüs führen zu langen Verweildauern; für Gespräche ist eine angenehme, repräsentative Umgebung wichtig. Auch für die Privatheit der Gäste gilt ein höherer Anspruch; Raumausstattung und Beleuchtung sollten so gestaltet sein, daß visuelle oder akustische Störungen durch andere Gruppen begrenzt werden und jede einzelne Gruppe von Gästen das Gefühl eines eigenen privaten Bereichs erhält.

Ziel der Lichtplanung ist eine Beleuchtung, die das Ambiente, die Speisen, nicht zuletzt aber auch die Gäste selbst im günstigsten Licht erscheinen läßt. Das Beleuchtungsniveau ist gering, vor allem die Allgemeinbeleuchtung tritt zugunsten einer lokalen, festlichen Beleuchtung der einzelnen Tische zurück, die durch Lichtinseln private Bereiche schafft. Die Akzentuierung von Gemälden, Pflanzen oder anderen Dekorationen schafft Blickpunkte in der Umgebung und trägt zur Atmosphäre bei. Auch „Licht zum Ansehen" in Form von Kerzen, Brillanzeffekten oder dekorativen Leuchten und Lichtskulpturen kann im Restaurant sinnvoll genutzt werden.

Um die Raumwirkung auf die unterschiedlichen Anforderungen am Tag und am Abend abzustimmen, ist eine schalt- und dimmbare Beleuchtungskonzeption sinnvoll.

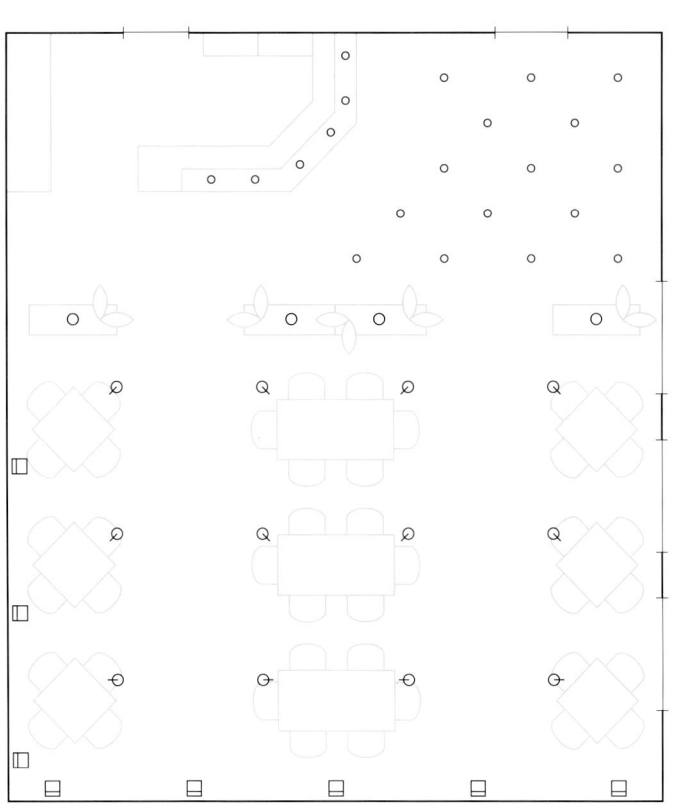

Wandmontierte, dekorative Deckenfluter sorgen für die Grundbeleuchtung des Restaurants. Die Tische werden durch Einbaurichtstrahler beleuchtet; dekorative Einbaudownlights akzentuieren die Bar und den Eingangsbereich. Uplights zwischen den Pflanzen projizieren ein Blättermuster an die Decke.

Wandmontierter, dekorativer Deckenfluter für Allgebrauchslampen

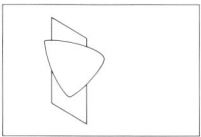

Dekoratives Einbaudownlight für Niedervolt-Halogenlampen

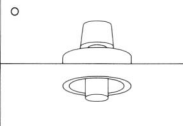
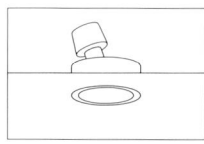

Einbaurichtstrahler für Niedervolt-Halogenlampen

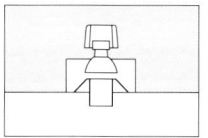

Uplight für PAR 38-Reflektorlampen

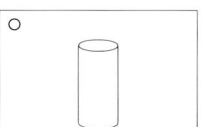
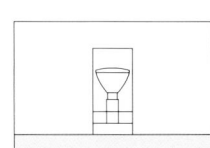

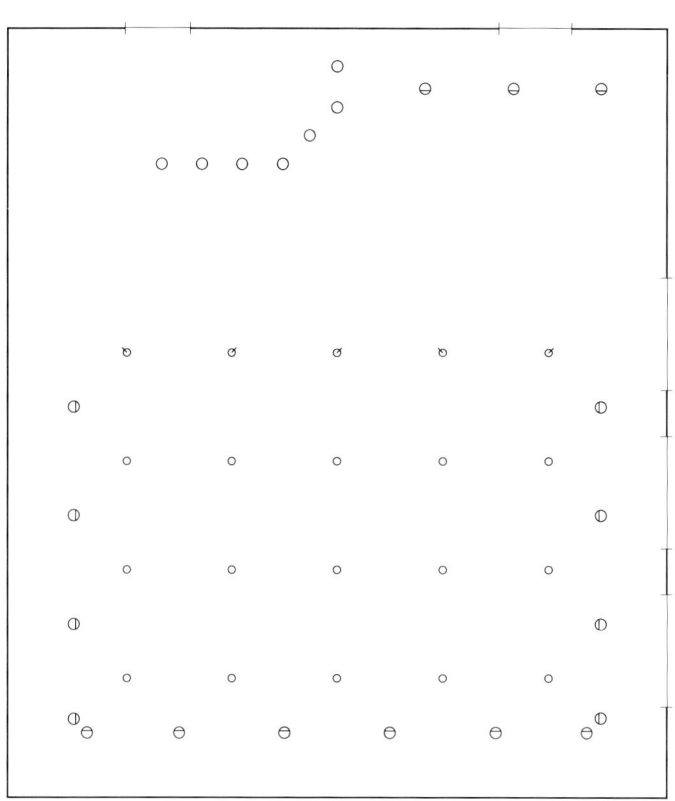

Wandfluter sorgen im Eingangs- und Tischbereich für eine indirekte Grundbeleuchtung. Über dem Innenbereich des Restaurants erzeugen in einem regelmäßigen Deckenraster angeordnete Doppelfokusdownlights gerichtetes Licht. Zur Beleuchtung der Pflanzen werden Richtstrahler eingesetzt, die das Raster der Doppelfokusdownlights um eine Reihe erweitern. Die Bar wird mit ihrem Verlauf folgenden Downlights akzentuiert.

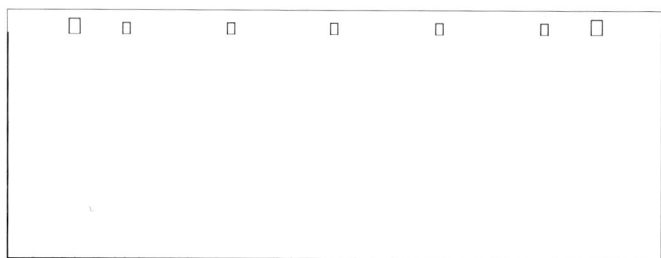

Einbauwandfluter für Halogen-Glühlampen

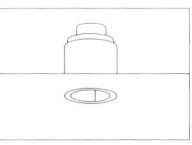

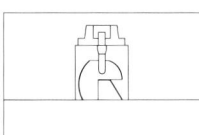

Einbaudownlight für Niedervolt-Halogenlampen

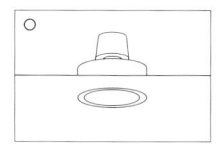

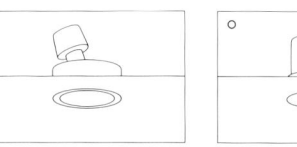

Einbaurichtstrahler für Niedervolt-Halogenlampen

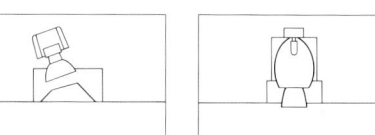

Deckenintegriertes Doppelfokusdownlight für Niedervolt-Halogenlampen

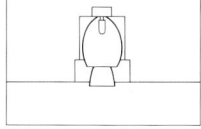

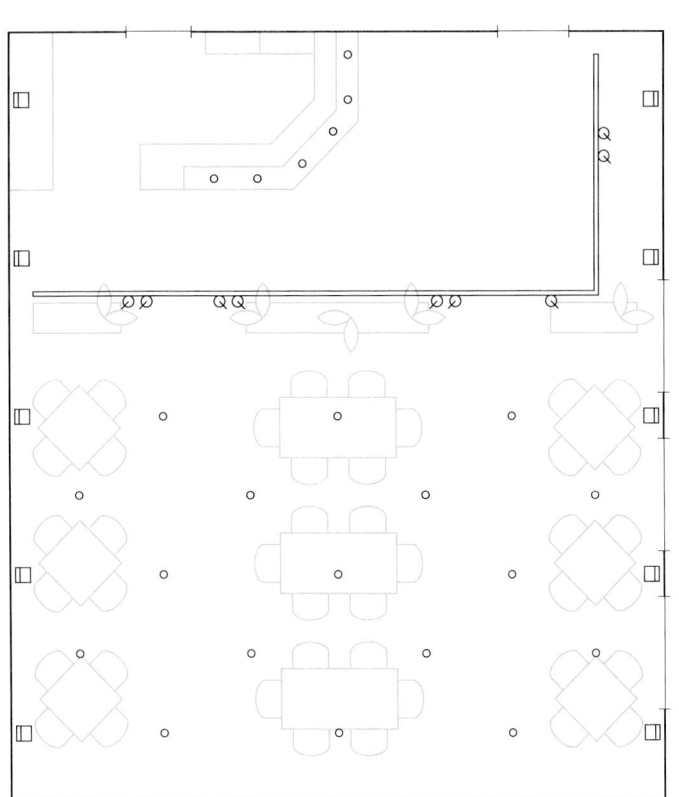

Deckenfluter an den Längswänden sorgen für eine indirekte Grundbeleuchtung des Restaurants. Ein versetztes Raster von dekorativen Einbaudownlights dient zur akzentuierten Beleuchtung der Tische und der Bar. Die Pflanzen und der Eingangsbereich werden durch Strahler an einer Stromschiene betont.

Wandmontierter Deckenfluter für Halogen-Glühlampen oder Allgebrauchs-lampen

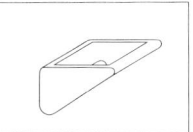

Dekoratives Einbaudownlight für Niedervolt-Halogenlampen

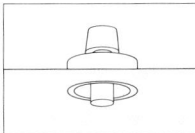

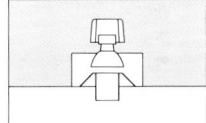

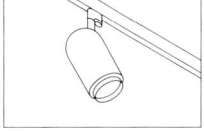

Stromschiene mit Strahlern

4.13 Multifunktionaler Raum

Multifunktionsräume werden als Versammlungsräume für eine Vielzahl von Veranstaltungsformen genutzt; sie finden sich in Hotels und Kongreßzentren, aber auch in öffentlichen Gebäuden und in der Industrie. Typische Nutzungen sind Konferenzen und Seminare, aber auch Empfänge und Unterhaltungsveranstaltungen. Häufig ist eine Unterteilung des Multifunktionsraums durch Trennwände möglich, so daß mehrere kleine Veranstaltungen parallel durchgeführt werden können; dies erfordert eine zur Trennlinie symmetrische, sowohl auf den gesamten Raum als auch auf die Einzelräume bezogene Leuchtenanordnung.

Der multifunktionalen Nutzung sollte eine variable Beleuchtung entsprechen, die sowohl funktionalen als auch repräsentativen Ansprüchen genügen kann. In der Regel wird die Beleuchtungsanlage mehrere Komponenten umfassen, die separat und additiv geschaltet bzw. elek-

tronisch gesteuert werden können. Für eine funktionale und wirtschaftliche Grundbeleuchtung sorgen z. B. Rasterleuchten für Leuchtstofflampen, variable Strahler ermöglichen die Präsentation von Produkten oder didaktischen Medien, während Glühlampendownlights einen akzentuierten und der Nutzung durch Dimmen anpaßbaren Beleuchtungsanteil erzeugen. Der Raumgestaltung entsprechend kann darüber hinaus der Einsatz dekorativer Leuchten sinnvoll sein.

Multifunktionale Räume werden für eine
Vielzahl von Veranstaltungsformen genutzt.
Ihre Beleuchtung soll gleichermaßen eine
funktionale Nutzung, Präsentationsveran-
staltungen und festliche Anläße unterstützen. Teilbare Räume stellen dabei besondere
Anforderungen an die Konzeption der Beleuchtungsanlage.

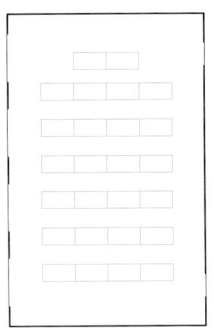

Seminarveranstaltung

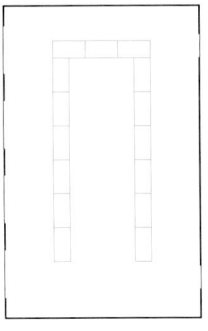

Konferenz

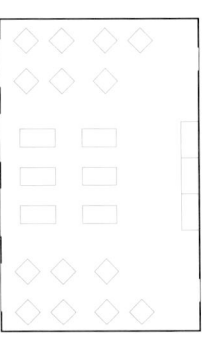

Festessen mit Einzel-
tischen und Buffet

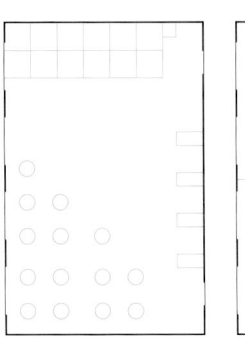

Festveranstaltung mit
Bühnenprogramm und
Tanzfläche

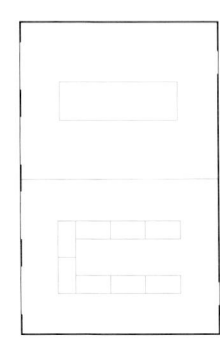

Doppelnutzung:
Feier und Sitzung

Zwei Leuchtenanordnungen von quadratischen Rasterleuchten für kompakte
Leuchtstofflampen beziehungsweise von
Downlights für Halogen-Glühlampen
erzeugen eine wirtschaftliche beziehungsweise eine akzentuierte, dimmbare Komponente der Grundbeleuchtung.

   Paare von bündig eingesetzten Stromschienen an den Stirnseiten tragen Strahler zur Präsentations- oder Bühnenbeleuchtung, durch die beidseitige Anordnung ist dies auch bei geteiltem Raum
möglich.

Einbaurasterleuchte für
kompakte Leuchtstoff-
lampen

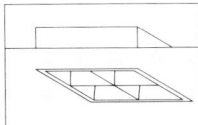

Doppelfokusdownlight
für Halogen-Glüh-
lampen

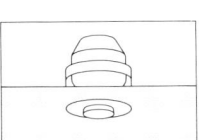

Stromschiene mit
Strahlern

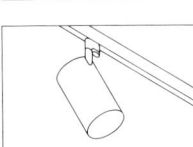

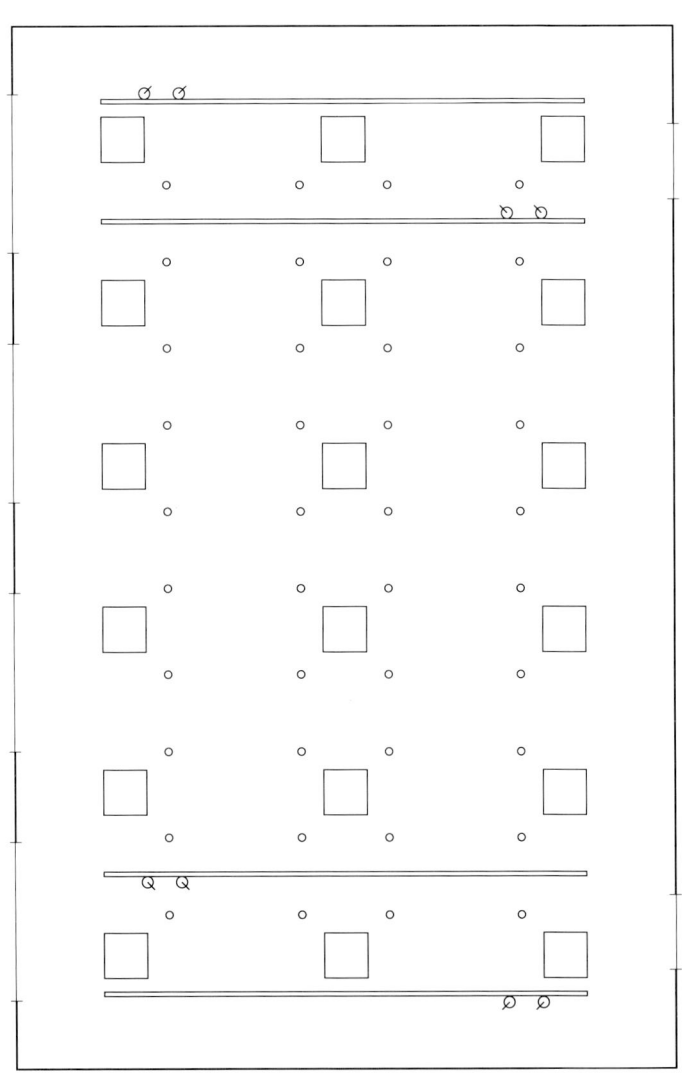

Die Grundbeleuchtung des Multifunktionsraums erfolgt durch eine spiegelsym-
metrische Leuchtenanordnung in beiden
Raumhälften. Downlights für kompakte
Leuchtstofflampen und Paare von Doppelfokusdownlights für Halogen-Glühlampen
sind in einem gemeinsamen gleichmäßigen
Raster angeordnet. Die Leuchtstoffdown-
lights dienen dabei der wirtschaftlichen
Beleuchtung von funktionalen Veranstaltungen, während die dimmbaren Glühlampendownlights zur Beleuchtung von
Festveranstaltungen und zur Mitschreibbeleuchtung bei der Dia- oder Videoprojektion dienen.
    Bündig eingesetzte Stromschienen
tragen Strahler zur Präsentations- oder
Akzentbeleuchtung.

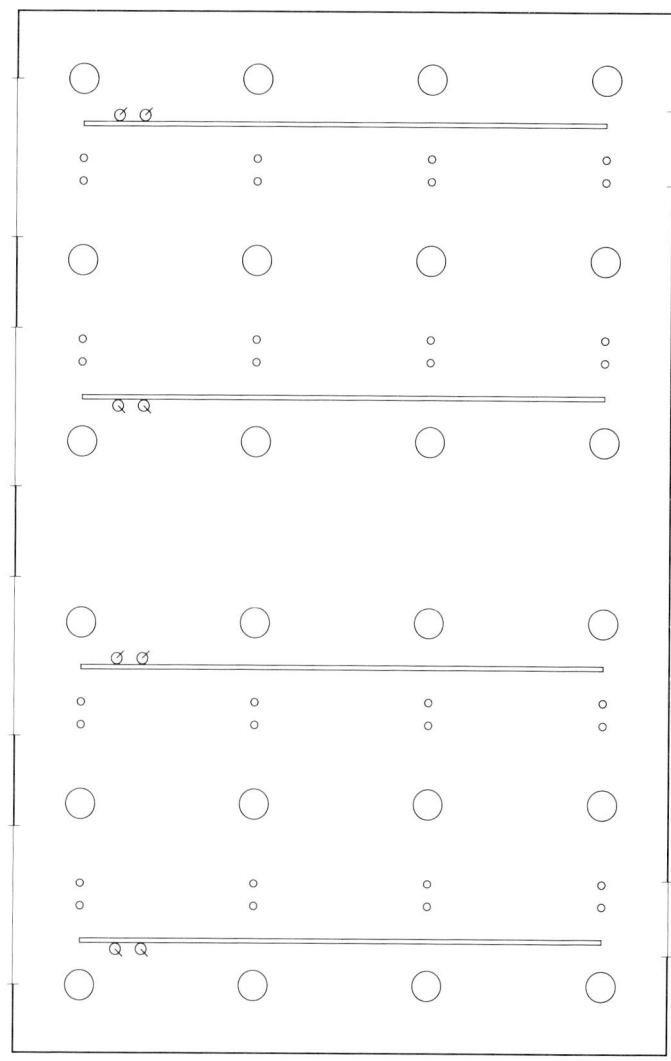

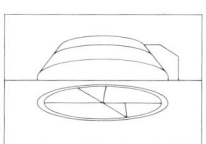

Einbaudownlight mit
Kreuzraster für kom-
pakte Leuchtstoff-
lampen

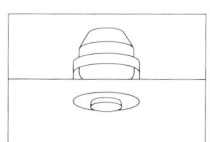

Deckenintegriertes
Doppelfokusdownlight
für Halogen-Glüh-
lampen

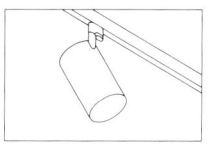

Stromschiene mit
Strahlern

Die Grundbeleuchtung des multifunktionalen Raums erfolgt durch drei längs angeordnete Leuchtenbänder, die abwechselnd Rasterleuchten für Leuchtstofflampen und Downlights für Allgebrauchslampen aufnehmen. An den Stirnwänden dienen Wandfluter zur flächigen Beleuchtung. An den Längswänden werden jeweils vier Downlights mit Paaren von Punktauslässen kombiniert, die zusätzliche Strahler für die Akzentbeleuchtung aufnehmen können.

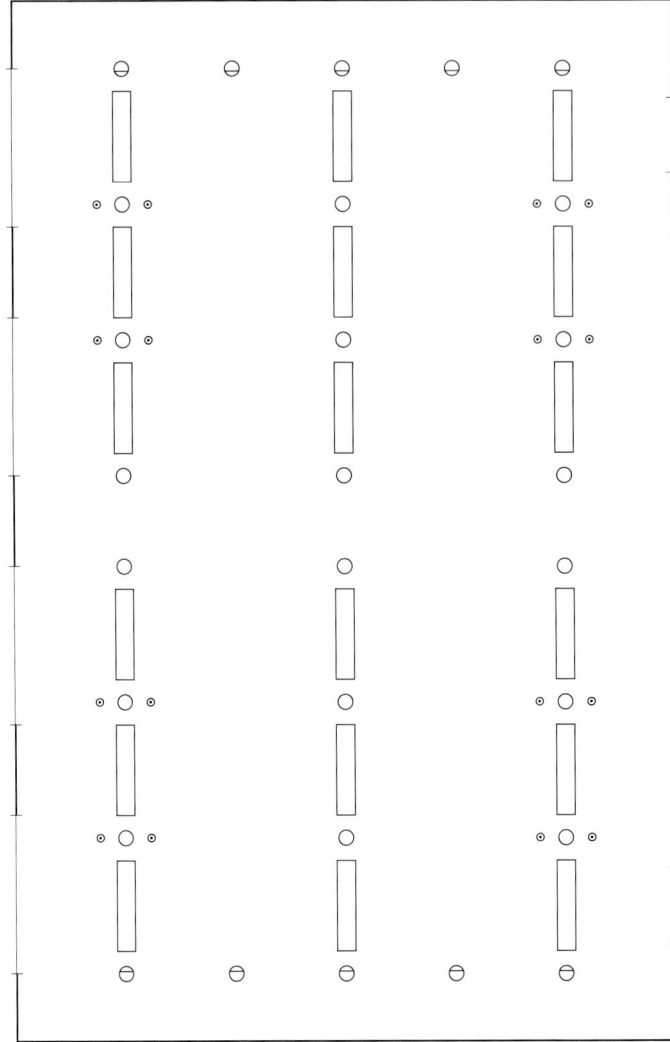

Einbaurasterleuchte für
Leuchtstofflampen

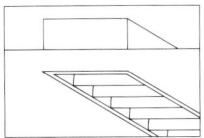

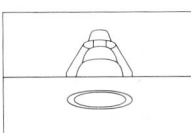

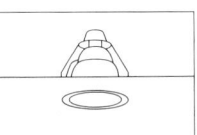

Deckenintegriertes
Downlight für Allgebrauchslampen

Deckenintegrierter
Downlight-Wandfluter
für Allgebrauchslampen

Punktauslaß mit
Strahler

Träger der Beleuchtung ist eine symmetrisch in vier Rechtecken abgehängte Lichtstruktur. Die Grundbeleuchtung erfolgt durch Uplights, während Downlightpaare gerichtetes Licht auf Tischen und Boden erzeugen. Zur Hervorhebung von Blickpunkten an den Wänden können an der Struktur Strahler montiert werden.

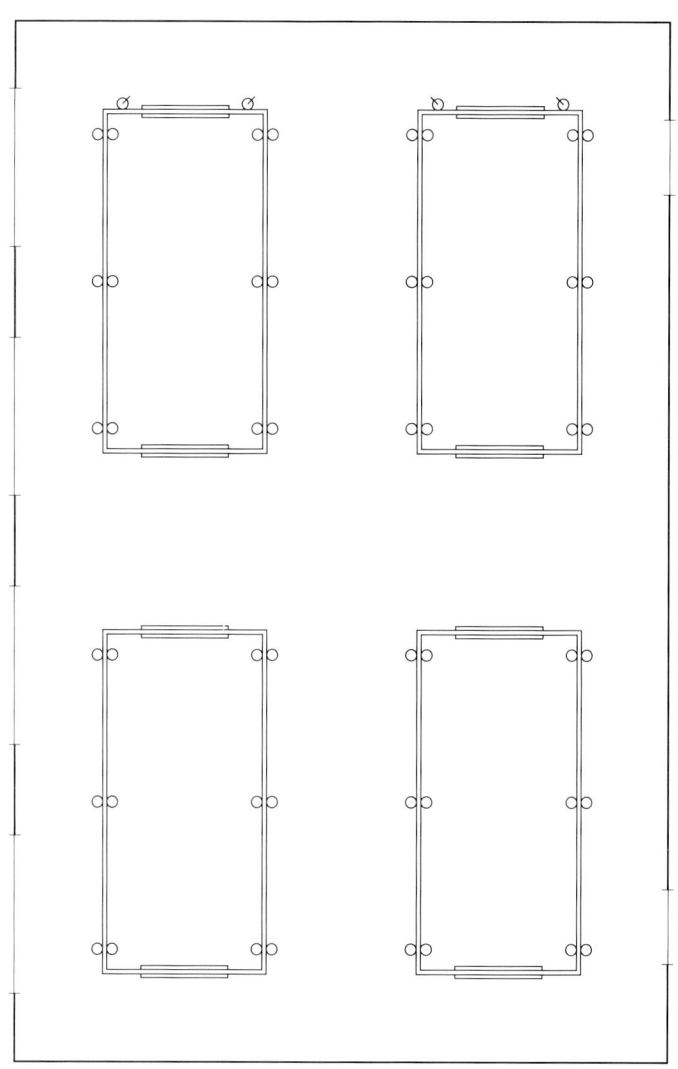

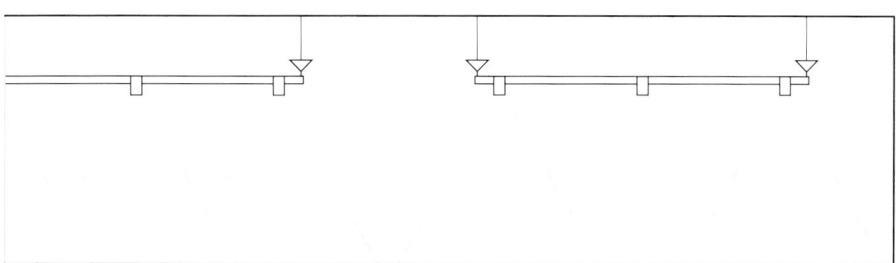

Lichtstruktur mit Uplights für kompakte Leuchtstofflampen, Downlights für Halogen-Glühlampen und Strahlern an Stromschienen

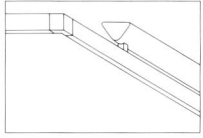

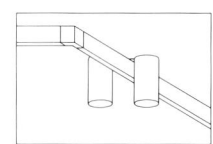

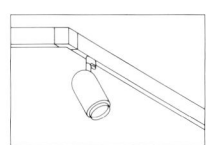

Die Grundbeleuchtung des Multifunktionsraums erfolgt durch eine quer verlaufende, lineare Lichtstruktur mit indirektstrahlenden Leuchten. Zwischen den Strukturelementen sind Downlights für Halogen-Glühlampen eingesetzt. Sie ermöglichen eine dimmbare Beleuchtung für repräsentative Anlässe oder eine Mitschreibbeleuchtung bei der Projektion. Punktauslässe an den Längswänden können Strahler zur akzentuierten Beleuchtung aufnehmen.

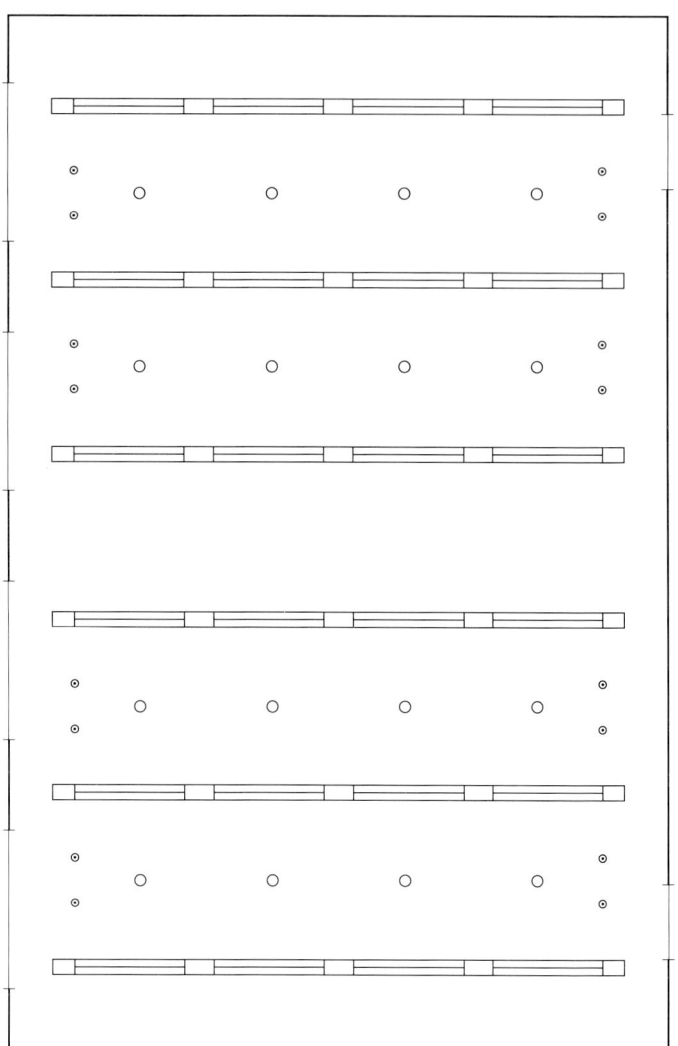

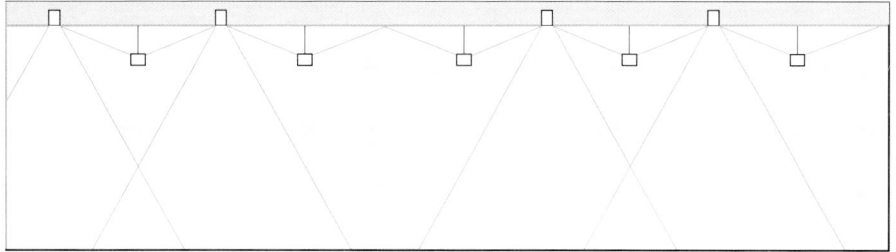

Abgehängte, indirektstrahlende Lichtstruktur mit Leuchten für Leuchtstofflampen

Einbaudownlight für Halogen-Glühlampen

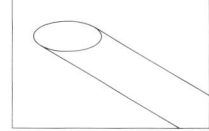

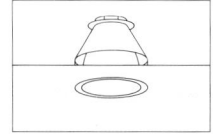

Punktauslaß mit Strahler

Die Beleuchtung des multifunktionalen Raums basiert auf einem gleichmäßigen Raster, das im Rauminneren Downlights, an den Stirnwänden Downlight-Wandfluter aufnimmt. Zwischen den Leuchtenreihen angeordnete Stromschienen nehmen zusätzliche Strahler für die Akzentbeleuchtung auf. Die durchgängige Bestückung mit Halogen-Glühlampen bewirkt einen repräsentativen Raumeindruck; durch das Dimmen einzelner Leuchtengruppen kann die Beleuchtung an unterschiedliche Nutzungen angepaßt werden.

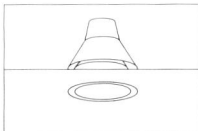

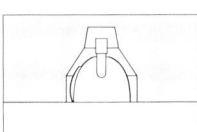

Deckenintegrierter
Downlight-Wandfluter
für Halogen-Glüh-
lampen

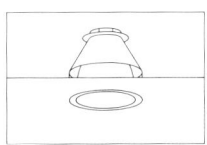

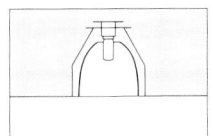

Einbaudownlight für
Halogen-Glühlampen

Stromschiene mit
Strahlern

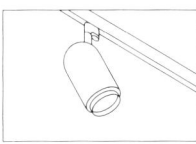

4.14 Museum, Vitrine

In vielen Museen, z. B. archäologischen, völkerkundlichen oder naturwissenschaftlichen Sammlungen, werden Exponate vorwiegend in Vitrinen präsentiert. Auch für die Lichtplanung sind die Vitrinen in diesem Fall von vorrangiger Bedeutung, während die Beleuchtung der umgebenden Architektur häufig zurücktritt, um keine konkurrierende Akzentuierung zu schaffen.

Erste Aufgabe der Lichtplanung ist es, präsentierte Exponate ihren Eigenschaften entsprechend zu beleuchten. Im Einzelfall können hier plastische Form, Struktur, Glanz und Transparenz von Oberflächen oder die Farbigkeit der Ausstellungsstücke von besonderer Bedeutung sein und eine entsprechend konzipierte Beleuchtung erfordern – sei sie akzentuiert, diffus oder von besonders guter Farbwiedergabe.

Neben der Präsentation spielen konservatorische Gesichtspunkte eine wesentliche Rolle für die Lichtplanung. Je nach der Art der beleuchteten Materialien muß die Belastung der Exponate durch geeignete Lampenauswahl, Filterung und die Begrenzung der Beleuchtungsstärke auf ein vertretbares Maß dimensioniert werden. Neben der Belastung durch sichtbares Licht, UV- und IR-Strahlung sollte in Vitrinen besonders die Erwärmung durch Konvektion berücksichtigt werden; bei empfindlichen Exponaten kann die Montage integrierter Leuchten in einem separaten Vitrinenteil nötig sein.

Als Richtwert für die Beleuchtungsstärke gelten bei der Museumsbeleuchtung 150 lx, dieser Wert bezieht sich auf Ölgemälde und eine Vielzahl weiterer Materialien. Unempfindlichere Materialien wie Stein und Metall können mit höheren Beleuchtungsstärken belastet werden; um den Kontrast zu angrenzenden, geringer beleuchteten Räumen nicht zu groß werden zu lassen, empfiehlt sich allerdings eine Begrenzung auf 300 lx. Hochempfindliche Materialien, vor allem Bücher, Aquarelle oder textile Exponate sollten mit maximal 50 lx beleuchtet werden; dies erfordert eine sorgfältige Balance der Objekt- und Umgebungsbeleuchtung mit weitgehend reduziertem Allgemeinanteil.

Bei der Beleuchtung von Vitrinen ist die Begrenzung der Reflexblendung auf horizontalen und vertikalen Glasflächen von besonderer Bedeutung. Vor allem bei der Beleuchtung von außen muß auf entsprechende Leuchtenplazierung und -ausrichtung geachtet werden. Darüber hinaus sollten mögliche Blendreflexe von Fenstern berücksichtigt und gegebenenfalls durch Abschirmung (z. B. durch Vertikallamellen) beseitigt werden.

Hohe Vitrinen können mit Hilfe einer integrierten Beleuchtung aus der Vitrinendecke beleuchtet werden. Bei der Beleuchtung transparenter Materialien – z. B. von Gläsern – kann die integrierte Beleuchtung auch vom Vitrinensockel aus erfolgen. Als Lichtquellen dienen meist Halogen-Glühlampen für akzentuiertes Licht bzw. kompakte Leuchtstofflampen für eine flächige Beleuchtung. Auch Lichtleitersysteme können sinnvoll verwendet werden, wenn die thermische Belastung und Gefährdung von Exponaten durch Lampen in der Vitrine vermieden werden soll oder die Vitrinenabmessungen konventionelle Leuchten nicht zulassen.

Zusätzlich zur integrierten Vitrinenbeleuchtung ist in der Regel eine eigenständige Umgebungsbeleuchtung erforderlich. Je nach der gewünschten Atmosphäre und der konservatorisch geforderten Beleuchtungsstärke reicht der Spielraum der Raumkomponente von einem Niveau knapp unterhalb der Vitrinenbeleuchtung bis auf eine ausschließlich durch das Streulicht der Vitrinen erzeugte Orientierungsbeleuchtung.

Bei der Vitrinenbeleuchtung von außen erfolgen Raum- und Objektbeleuchtung gleichermaßen von der Decke aus. Diese Form der Beleuchtung eignet sich vor allem für Ganzglasvitrinen und flache, von oben betrachtete Vitrinen, in denen sich keine Leuchten integrieren lassen. Tageslicht und Allgemeinbeleuchtung tragen hier ebenso zur Objektbeleuchtung bei, wie das Licht von Strahlern, mit denen eine akzentuiertere Präsentation erzielt wird. Um Blendreflexe zu vermeiden, muß die Leuchtenanordnung auf die Vitrinen bezogen sein. Ortsfeste Leuchtensysteme bedingen dabei ebenso ortsfeste Vitrinen; wechselnde Ausstellungen sollten durch variable Beleuchtungssysteme, z. B. Strahler an Stromschienen beleuchtet werden.

Die Beleuchtung der hohen Vitrinen erfolgt durch integrierte Leuchten. Zur Raumbeleuchtung und zur Beleuchtung der flachen Vitrine dienen Einbaudownlights an der Decke, die eine tiefstrahlende Ausstrahlungscharakteristik zur besseren Kontrolle von Reflexen auf den Glasflächen der Vitrinen besitzen.

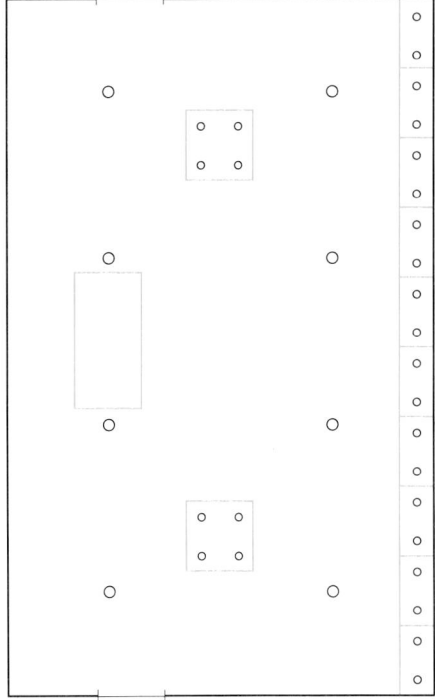

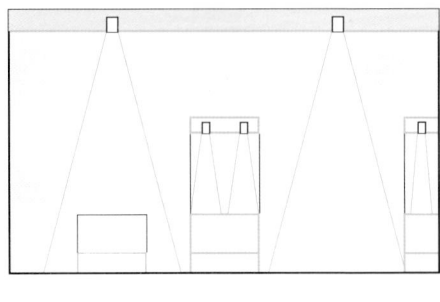

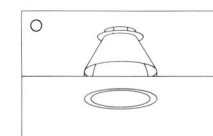

Einbaudownlight für Glühlampen oder Halogen-Glühlampen

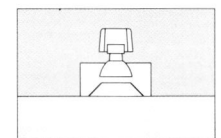

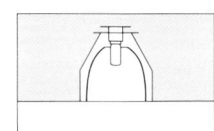

Downlight für Niedervolt-Halogenlampen

Akzentuierte Vitrinenbeleuchtung durch Einbaurichtstrahler für Niedervolt-Halogenlampen. Die Leuchte ist mit geschlossenen Reflektorlampen bestückt, so daß keine Gefährdung von Exponaten besteht.

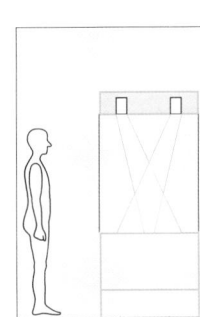

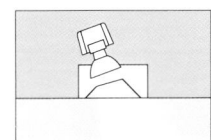

Vitrinenbeleuchtung durch Strahler. Die Vitrine ist durch eine Filterplatte und ein Blendschutzraster abgeschirmt, das Vitrinenoberteil kann separat belüftet werden.

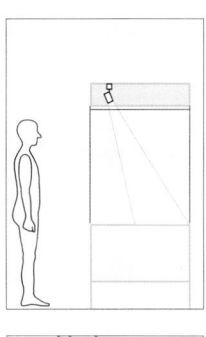

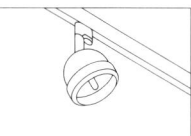

Flächige Beleuchtung der Vitrine durch Fluter für kompakte Leuchtstofflampen oder Halogen-Glühlampen.

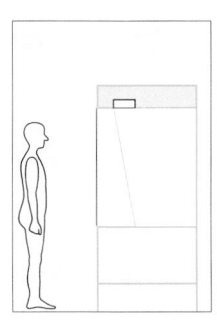

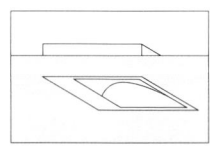

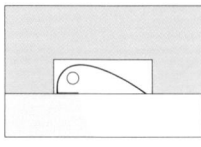

Beleuchtung von Ganzglasvitrinen. Träger
der Beleuchtung ist eine abgehängte
Lichtstruktur mit Strahlern. Die Raumbeleuchtung erfolgt durch Streulicht.

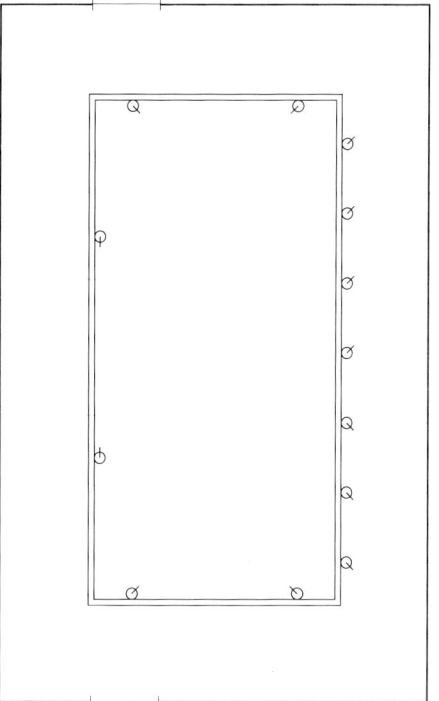

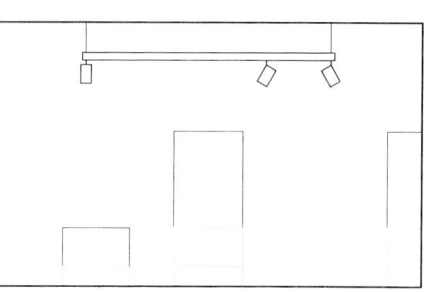

Strahler an Strom-
schienen. Zur Verrin-
gerung der UV- und IR-
Belastung können die
Strahler mit Filtern, zur
Blendungsbegrenzung
mit Abblendrastern
versehen werden.

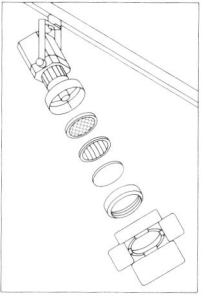

Vitrinenbeleuchtung
durch ein Lichtleiter-
system. Mehrere Licht-
austrittsöffnungen
werden von einer zen-
tralen Lichtquelle ver-
sorgt. Auch bei minima-
lem Installationsraum
ist so eine integrierte
Beleuchtung möglich.

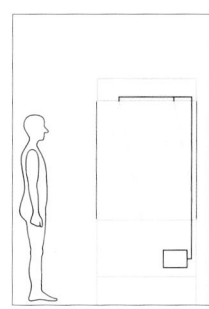
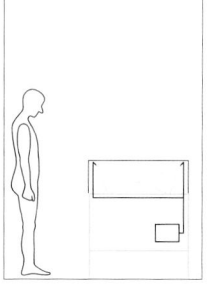

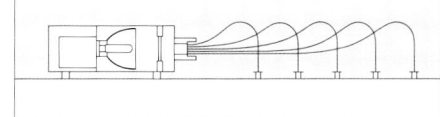

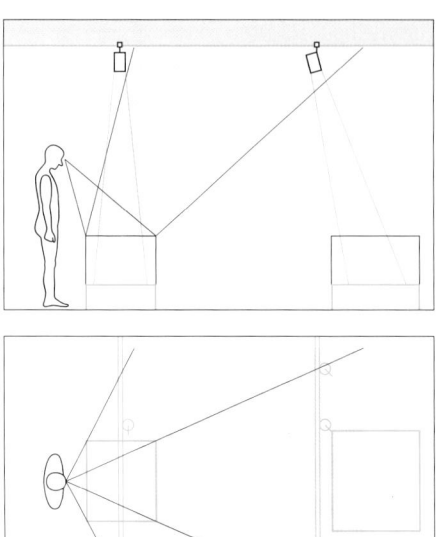

Ermittlung der „verbo-
tenen Zonen" bei verti-
kalen Reflexionsflächen.
Hier müssen auch
Fenster berücksichtigt
und ggf. abgeschirmt
werden.

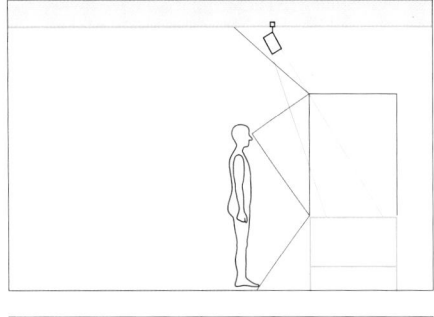

Ermittlung der „verbo-
tenen Zonen" bei hori-
zontalen Reflexions-
flächen. Aus diesen
Deckenzonen dürfen
keine Lampenleucht-
dichten auf die reflek-
tierende Fläche abge-
geben werden. Es
können in diesem
Bereich also durchaus
Leuchten plaziert wer-
den, die aber entspre-
chend abgeschirmt
oder ausgerichtet sein
müssen.

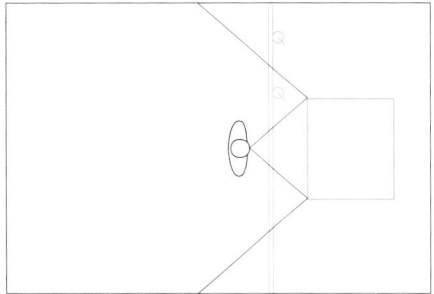

4.15 Museum, Galerie

Häufiger als bei der Beleuchtung von Vitrinenmuseen ist bei Gemälde- und Skulpturensammlungen auch die Museumsarchitektur gleichberechtigtes Objekt der Lichtplanung. Sowohl bei historischen Gebäuden als auch bei modernen Museumsbauten steht die Architektur häufig in Konkurrenz zu den Exponaten; Ziel der Lichtplanung wird es in der Regel sein, das jeweils angelegte Bedeutungsverhältnis von Kunst und Architektur in der Beleuchtungskonzeption weiterzuführen.

Häufig wird im Museum neben der künstlichen Beleuchtung auch Tageslicht genutzt. Aufgabe der Lichtplanung ist es dabei, das Tageslicht zu kontrollieren und mit dem künstlichen Licht zu koordinieren. Eine erste Kontrolle und Lenkung des Tageslichts kann dabei durch Teile der Architektur erfolgen; die Steuerung der Beleuchtungsstärke nach den jeweiligen konservatorischen Vorgaben erfordert zusätzliche Einrichtungen. Elektronische Kontrollsysteme erlauben inzwischen eine kombinierte Steuerung, die den Tageslichteinfall durch bewegliche Lamellen regelt und bei Bedarf durch künstliche Beleuchtung ergänzt. In jedem Fall ist aber ein Beleuchtungssystem erforderlich, das eine angemessene Beleuchtung bei nicht ausreichendem Tageslicht oder bei Nacht sicherstellt.

Zu beleuchtende Exponate sind vor allem Gemälde und Graphiken an den Wänden sowie Skulpturen im inneren Raumbereich. Die Beleuchtung der Gemälde kann dabei durch eine gleichmäßige Wandbeleuchtung mit Hilfe von Wandflutern oder durch eine akzentuierte Strahlerbeleuchtung erfolgen. In beiden Fällen sollte auf einen geeigneten Einfallswinkel des Lichts geachtet werden, um störende Reflexe auf Verglasungen oder glänzenden Oberflächen zu vermeiden. Als sinnvoll hat sich hier ein Lichteinfallswinkel von 30° zur Senkrechten erwiesen (Museumswinkel), bei dem die Kriterien Reflexblendung, Beleuchtungsstärke und Rahmenverschattung optimiert sind. Skulpturen erfordern in der Regel gerichtetes Licht, um ihre räumliche Form und Oberflächenstruktur herauszuarbeiten, zur Beleuchtung dienen vor allem Strahler oder Einbaurichtstrahler.

Träger der Beleuchtung ist eine abgehängte Lichtstruktur mit Uplights zur indirekten Raumbeleuchtung sowie Wandflutern zur direkten Beleuchtung der Wände.

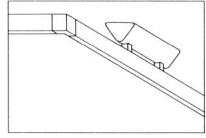

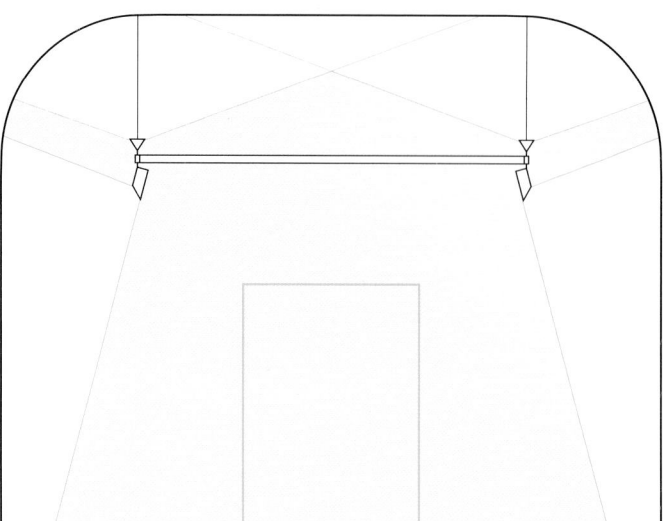

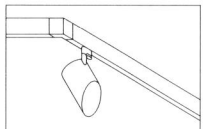

Lichtstruktur mit Uplights für kompakte Leuchtstofflampen oder Halogen-Glühlampen sowie Wandflutern für PAR 38-Reflektorlampen

Tageslichtmuseum mit einer Lichtdecke. Die Tageslichtergänzungs- und Nachtbeleuchtung erfolgt durch Wandfluter, die parallel zur Lichtdecke montiert sind. Stromschienen erlauben eine zusätzliche, akzentuierte Strahlerbeleuchtung.

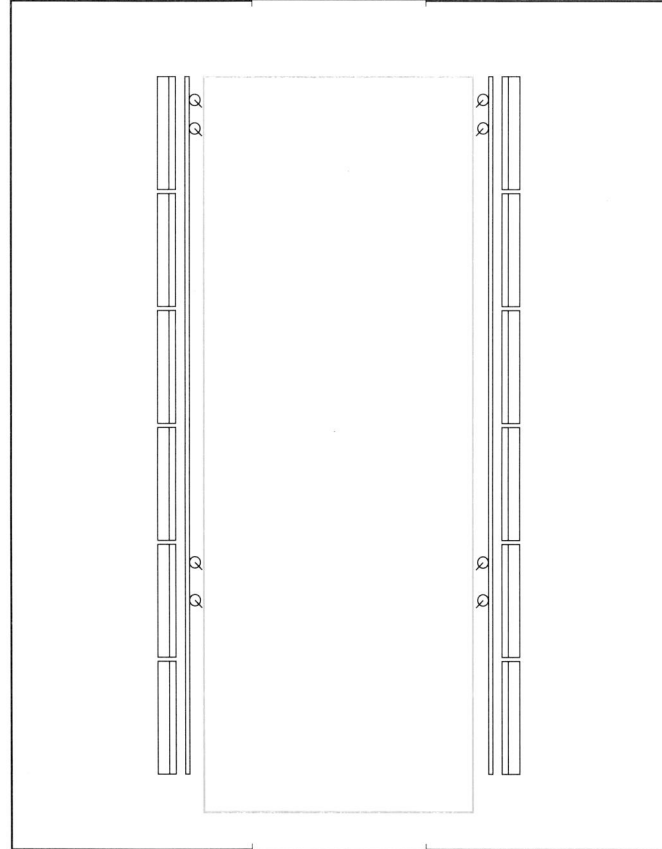

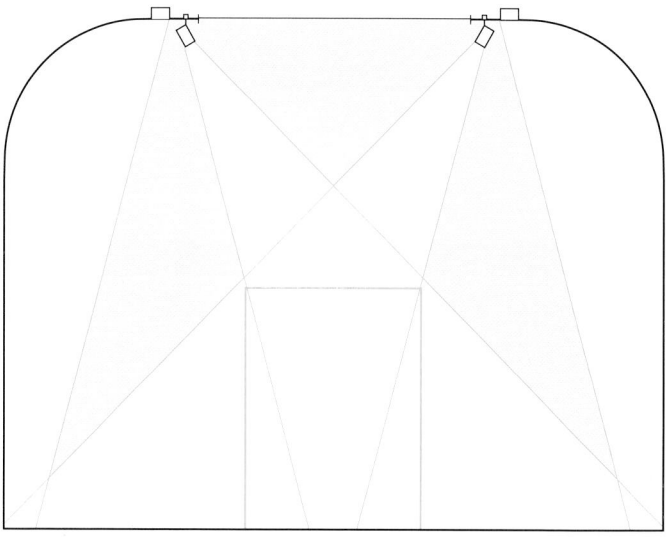

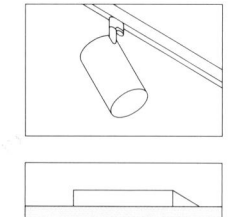

Stromschiene mit Strahlern

Wandfluter für Leuchtstofflampen

Beleuchtung eines historischen Museums.
Da eine Montage weder an der Decke
noch an den Wänden zulässig ist, erfolgt
die Beleuchtung durch freistehende Fluter,
die sowohl die Wand als auch die Decke
erfassen.

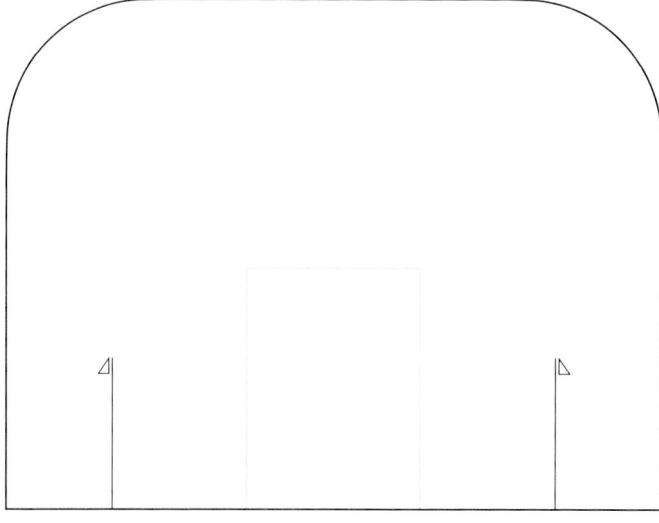

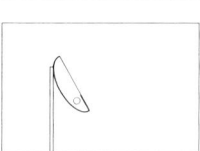

Freistehender Fluter für
Halogen-Glühlampen

Zur Beleuchtung dienen am Fries montierte Leuchten, die sowohl als Wandfluter
wirken, als auch durch ein Prismenraster
im Oberteil der Leuchte Licht zur Decke
lenken.

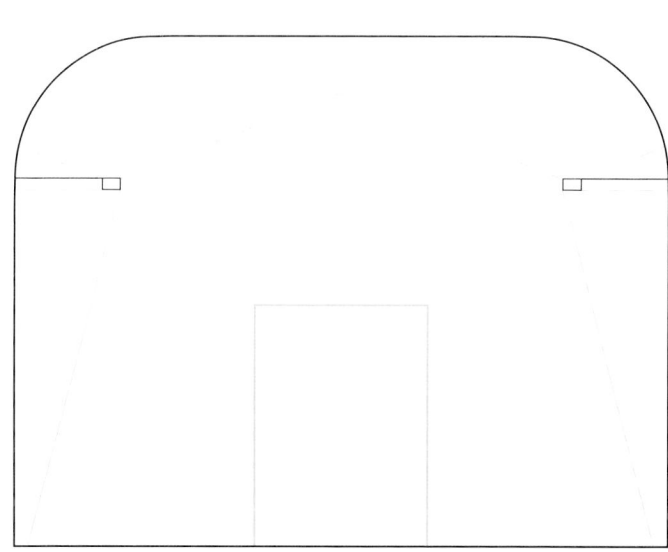

Museumsleuchte für
Leuchtstofflampen,
ausgestattet mit einem
Wandfluterreflektor
und einem Prismen-
raster zur Deckenbe-
leuchtung

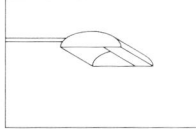

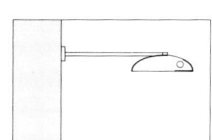

Wandfluter für Halo-
gen-Glühlampen und
Wandfluter für Leucht-
stofflampen an Strom-
schiene

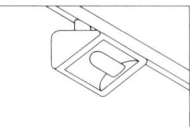

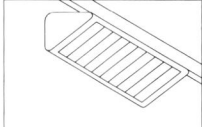

Einbaurichtstrahler für
Reflektorlampen

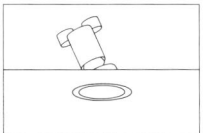

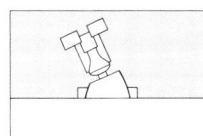

Träger der Beleuchtung ist eine abgehängte Decke, die in einem definierten Abstand
zur Wand verläuft. Oberhalb der Deckenkante sind an Stromschienen Fluter zur
Wandbeleuchtung montiert; durch eine
abwechselnde Anordnung von Wandflutern für Halogen-Glühlampen und
Leuchtstofflampen sind unterschiedliche
Beleuchtungsniveaus und Lichtqualitäten
auf der Wand schaltbar. In das Deckenelement sind Richtstrahler zur Beleuchtung von Skulpturen integriert.

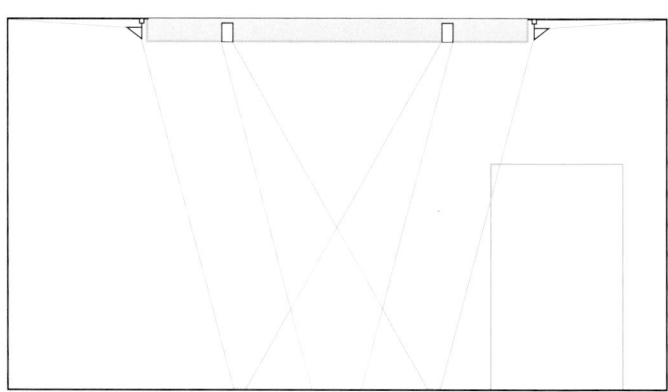

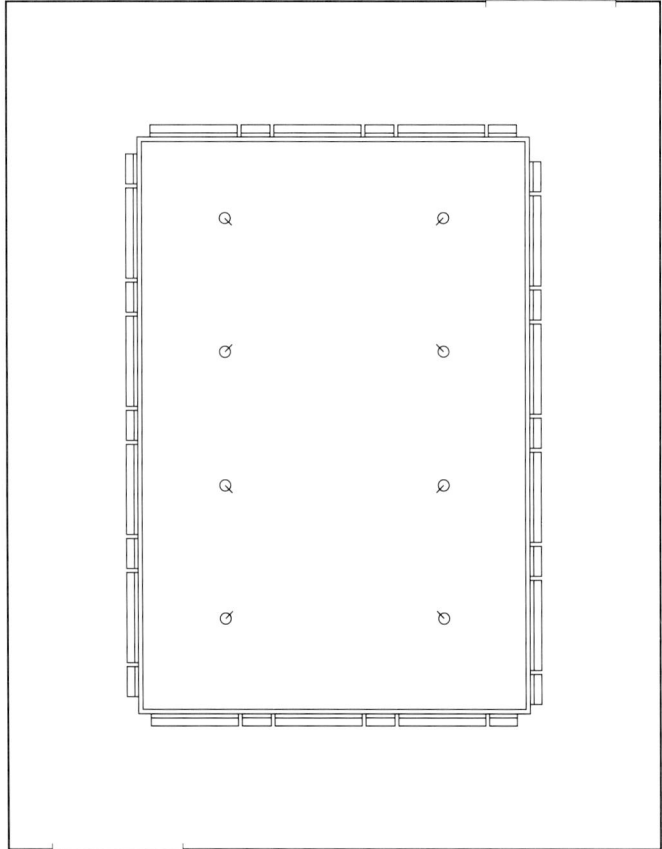

Wandfluter für
Leuchtstofflampen

Einbaudownlight für
Halogen-Glühlampen

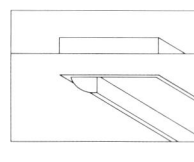
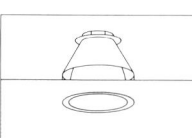
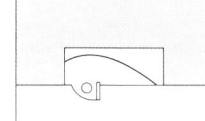
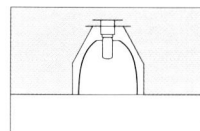

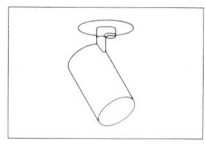

Punktauslaß mit
Strahler

Zur Beleuchtung dient ein Karree von
Wandflutern für Leuchtstofflampen,
ergänzt durch eine regelmäßige Anordnung von Downlights für Halogen-Glühlampen. Punktauslässe erlauben zusätzliche Akzentuierungen durch Strahler.

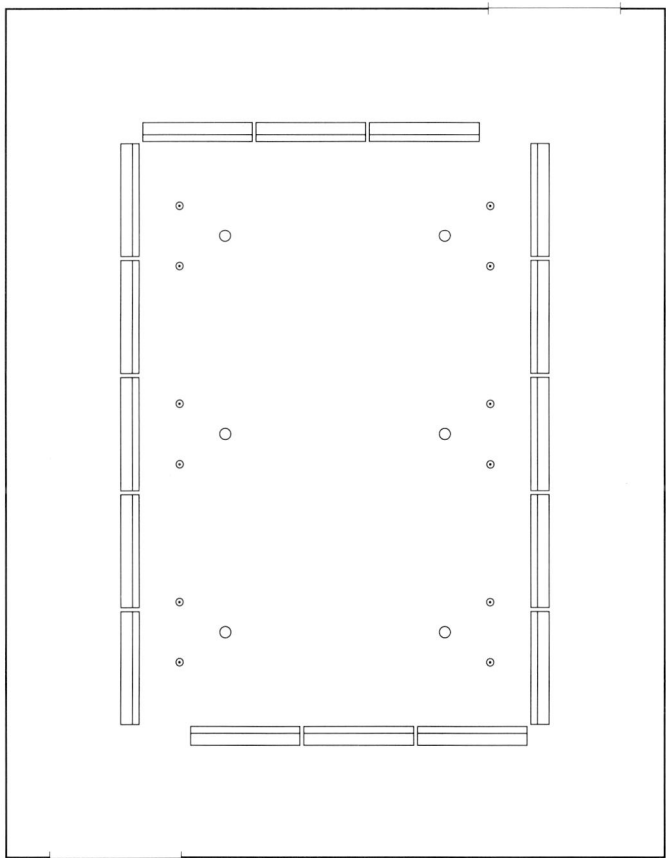

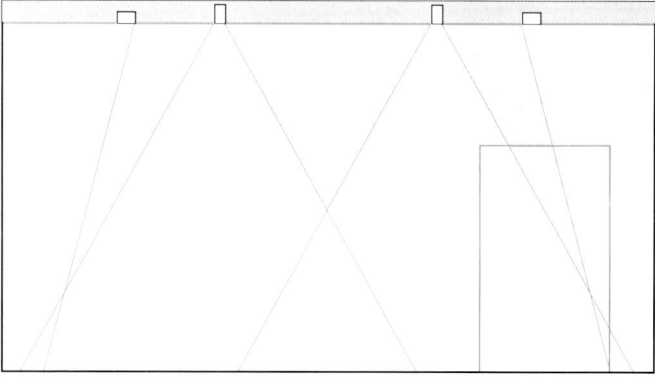

Einbauwandfluter für
Halogen-Glühlampen

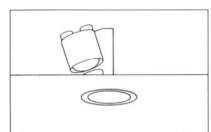

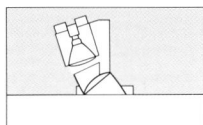

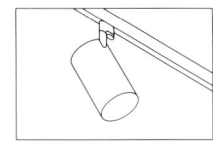

Stromschiene mit
Strahlern

Eine parallel zu den Wänden verlaufende
Anordnung von Wandflutern sorgt für die
Beleuchtung der Wände. Ein weiter im
Rauminneren plaziertes Karree von
Stromschienen kann Strahler für die
akzentuierte Beleuchtung aufnehmen.

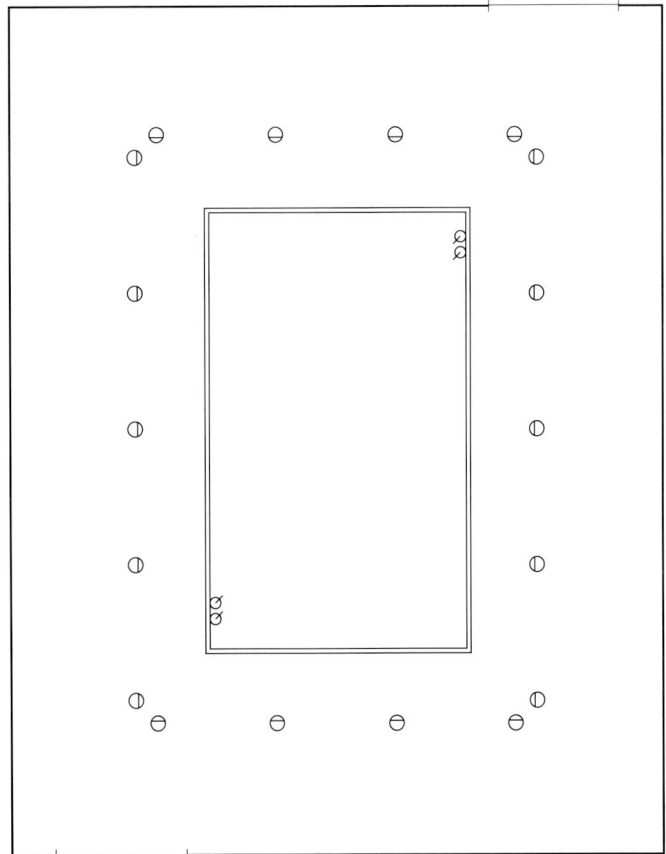

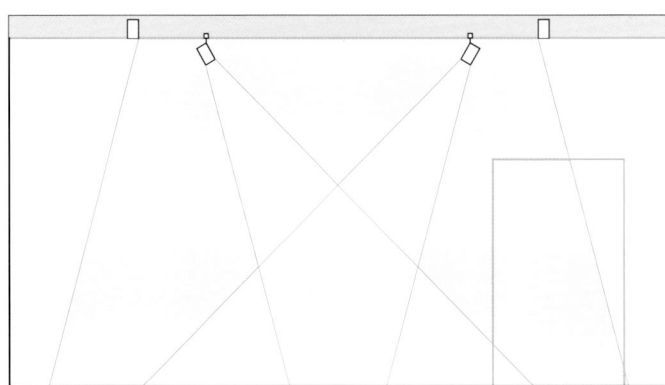

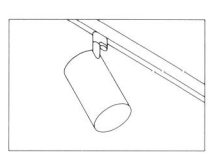

Stromschiene mit
Strahlern und Flutern

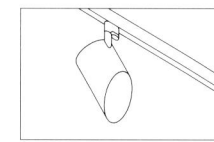

Museumsbeleuchtung mit einer Raster-
lichtdecke für Leuchtstofflampen. Stromschienen verlaufen sowohl am Rand der
Lichtdecke wie kreuzförmig innerhalb der
Lichtdeckenfläche. Auf diese Weise kann
die Beleuchtung durch frei plazierbare
Strahler und Fluter ergänzt werden.

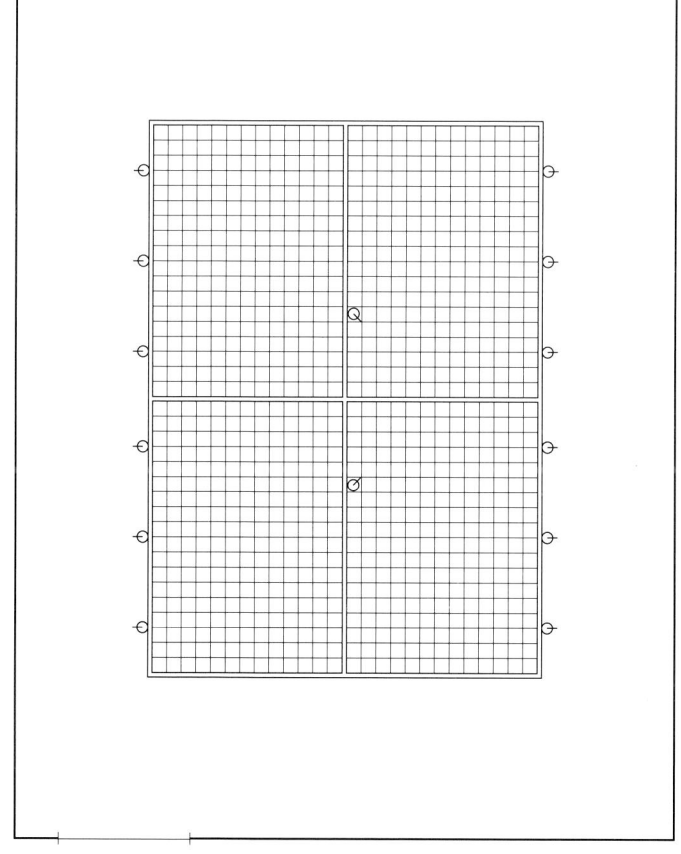

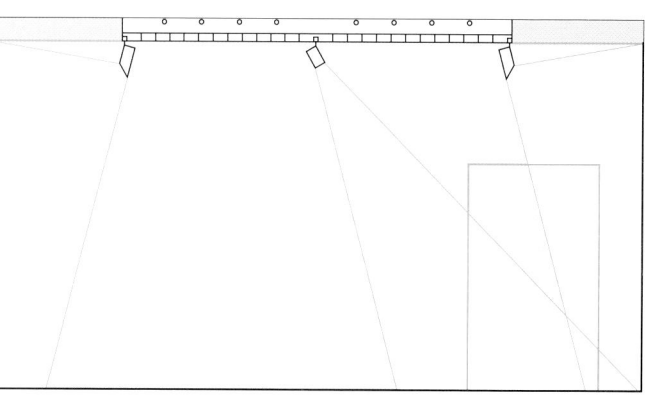

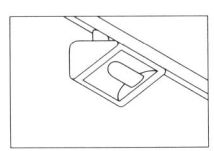

Stromschiene mit
Wandflutern für Halo-
gen-Glühlampen
und Wandfluter für
kompakte Leuchtstoff-
lampen

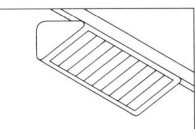

Träger der Beleuchtung sind deckenbündig
eingesetzte Stromschienen, die in zwei
überlagerten Rechtecken angeordnet sind.
Das äußere Rechteck trägt dabei Wandfluter zur gleichmäßigen Wandbeleuchtung, am inneren Rechteck sind Strahler
zur akzentuierten Beleuchtung von Skulpturen montiert. Durch eine abwechselnde
Anordnung von Wandflutern für Halogen-
Glühlampen und kompakte Leuchtstofflampen sind unterschiedliche Beleuchtungsniveaus und Lichtqualitäten auf der
Wand schaltbar.

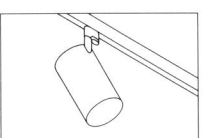

Stromschiene mit
Strahlern

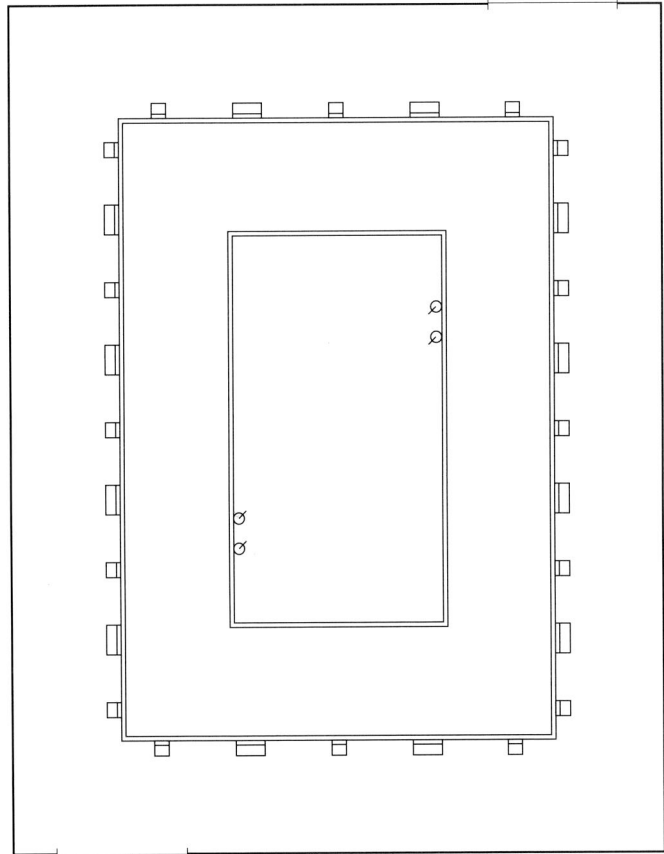

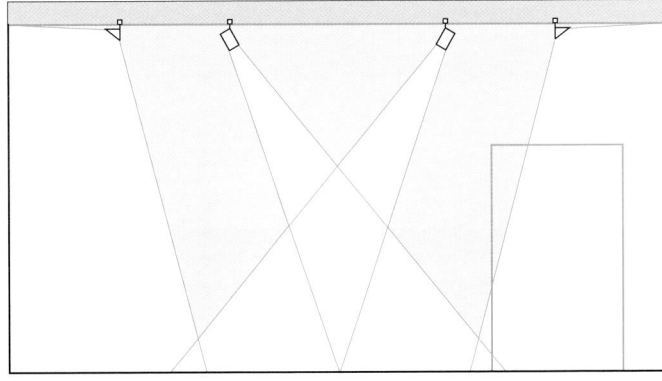

4.16 Gewölbe

Gewölbe finden sich meist in historischen Gebäuden. In der Regel wird daher die Verdeutlichung von Architektur und Gestaltungselementen, z. B. die Beleuchtung von Gewölbestrukturen oder Deckengemälden, zu den vorrangigen Beleuchtungsaufgaben gehören. Der Schwerpunkt der Lichtplanung liegt auf indirekten oder direkt-indirekten Beleuchtungsformen, die gleichzeitig der Beleuchtung der Architektur und der Allgemeinbeleuchtung dienen.

Da möglichst wenige Eingriffe in die Bausubstanz vorgenommen werden sollen, entfallen integrierte oder montageaufwendige Beleuchtungskonzepte; häufig kann die Decke in keiner Form als Montagefläche genutzt werden. Träger der Beleuchtung sind daher vor allem Pfeiler und Wände, gegebenenfalls auch abgehängte Leuchten und Lichtstrukturen.

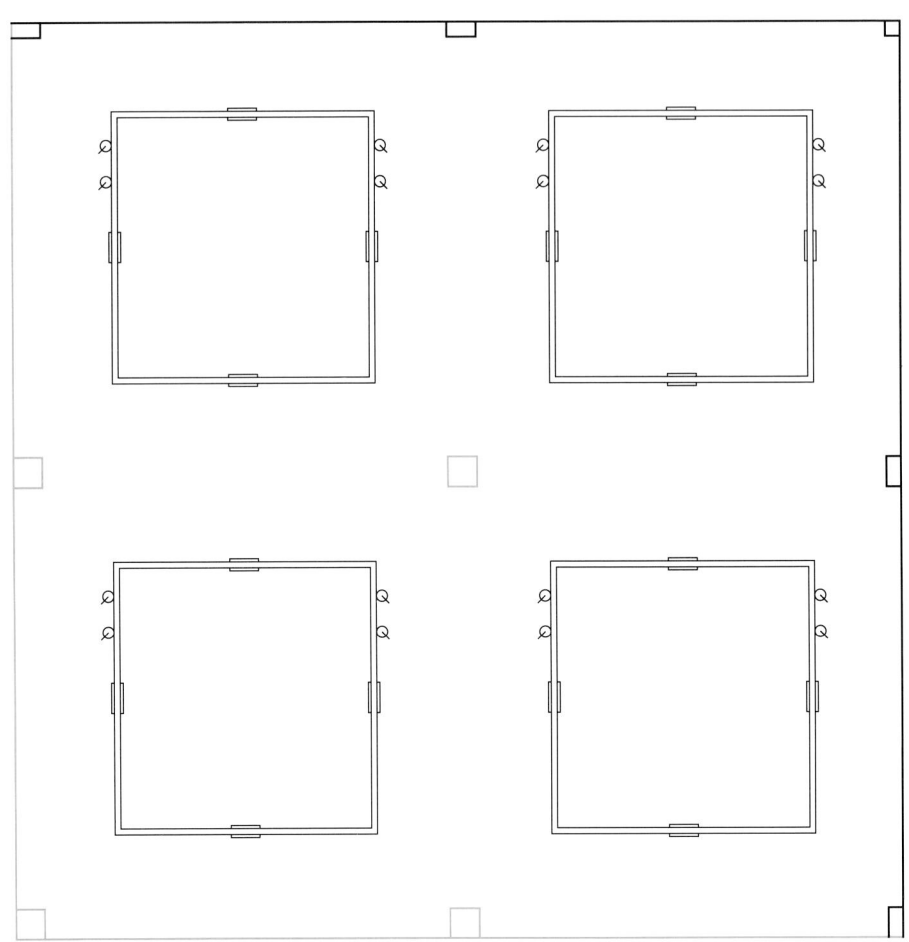

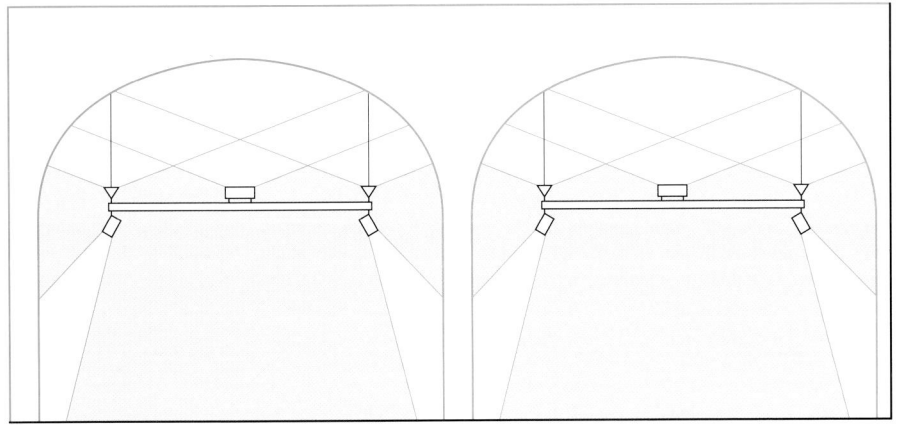

In jedem Gewölbe ist eine quadratische Lichtstruktur abgehängt, die Uplights zur indirekten Beleuchtung trägt. An der Unterseite der Struktur können zusätzlich Strahler zur akzentuierten Raumbeleuchtung montiert werden.

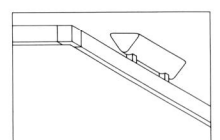

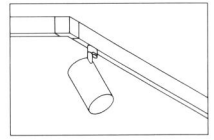

Lichtstruktur mit Uplights für Halogen-Glühlampen und Strahlern an Stromschienen

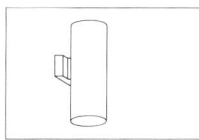

Up-Downlight für
Halogen-Glühlampen

Die Beleuchtung des Gewölbes erfolgt
durch an den Pfeilern montierte Up-
Downlights, wobei sich an jedem frei-
stehenden Pfeiler vier Leuchten und an
jedem Wandpfeiler eine Leuchte befinden.
Auf diese Weise wird eine ausreichende
Grundbeleuchtung erzeugt, die sowohl die
Architektur sichtbar macht als auch eine
sichere Orientierung ermöglicht.

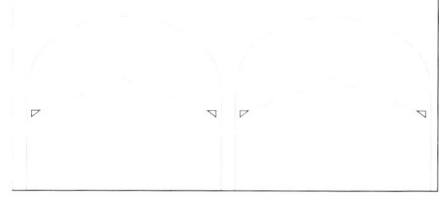

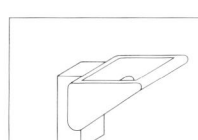

Freistehender oder
wandmontierter
Deckenfluter für Halo-
gen-Glühlampen oder
Halogen-Metalldampf-
lampen

Für eine ausschließlich indirekte, gleichmäßige Beleuchtung des Gewölbes sorgen
Deckenfluter, die an den Pfeilern montiert
sind. Bei besonders problematischen
Montagebedingungen können sie auch
freistehend eingesetzt werden.

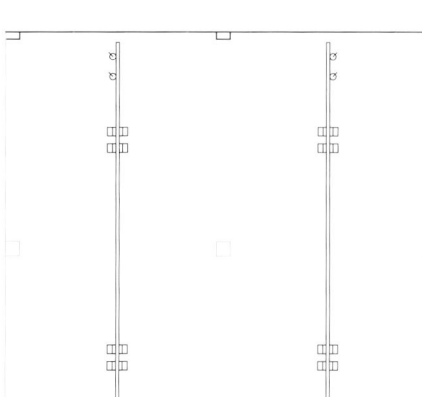

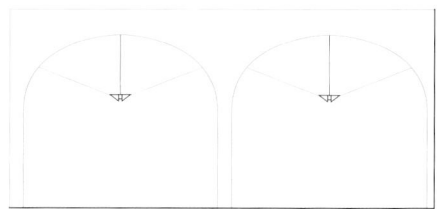

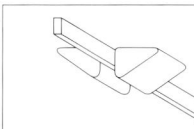

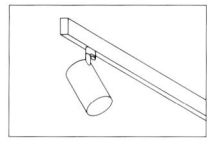

Lichtstruktur mit
Paaren von Decken-
flutern für Halogen-
Glühlampen sowie
Strahler an Strom-
schienen

Träger der Beleuchtung ist eine längs
durch die Gewölbeachsen verlaufende,
abgehängte Lichtstruktur, an der Vierer-
gruppen von Deckenflutern für eine indirekte Beleuchtung montiert sind. Zur
akzentuierten Raumbeleuchtung können
an der Unterseite der Struktur Strahler
angebracht werden.

4.17 Verkauf, Boutique

Bei der Beleuchtung von Boutiquen oder vergleichbar ausgestatteten Verkaufszonen stellen die akzentuierte Präsentationsbeleuchtung der Waren, die Schaffung eines attraktiven Eingangsbereichs und die Allgemeinbeleuchtung des Raums die wesentlichsten Beleuchtungsaufgaben dar. Die Beleuchtung der Kasse als Arbeitsplatz ist gesondert zu behandeln.

Generell steigt das Beleuchtungsniveau mit steigendem Anspruch an die Qualität der Waren und mit einer exklusiven Geschäftslage; gleichzeitig nimmt der Allgemeinbeleuchtungsanteil zugunsten einer differenzierten Beleuchtung ab. Preisgünstige Waren können so unter einer gleichförmigen, wirtschaftlichen Beleuchtung angeboten werden, während hochwertige Angebote eine betonte Präsentation durch Akzentlicht erfordern. Gegenüber gebräuchlichen Anschlußwerten von jeweils 15 W/m² für Grund- und Akzentbeleuchtung kann der Anschlußwert bei einer aufwendigen Akzentbeleuchtung bis über 60 W/m² betragen.

Häufig wird die Beleuchtungskonzeption über das Repertoire sachlicher Lichtwirkungen und Leuchten hinausgehen, um eine charakteristische Atmosphäre zu schaffen. Dramatische Lichteffekte wie farbiges Licht oder Projektionen sind hier ebenso denkbar wie raumprägende Lichtstrukturen oder dekorative Leuchten.

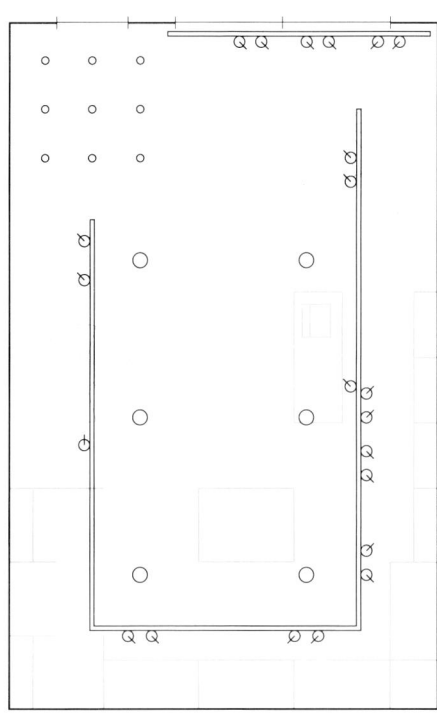

Zur Grundbeleuchtung der Boutique dient eine Gruppe von sechs Einbaudownlights; der Eingangsbereich wird zusätzlich durch dichtgesetzte Niedervolt-Downlights betont (welcome mat). Zur akzentuierten Beleuchtung von Schaufenstern, Regalen und Displays dienen Strahler an Stromschienen. Die Kasse als Arbeitsplatz und Anlaufpunkt wird ebenfalls von der Stromschiene aus beleuchtet.

Einbaudownlight für Halogen-Metalldampf-lampen

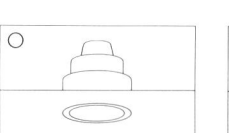

Einbaudownlight für Niedervolt-Halogen-lampen

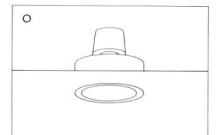

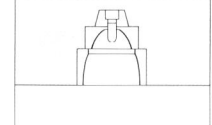

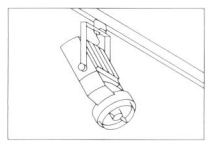

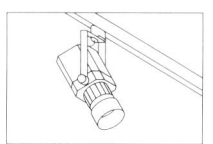

Stromschiene mit Strahlern für Halogen-Metalldampflampen und Niedervolt-Halo-genlampen

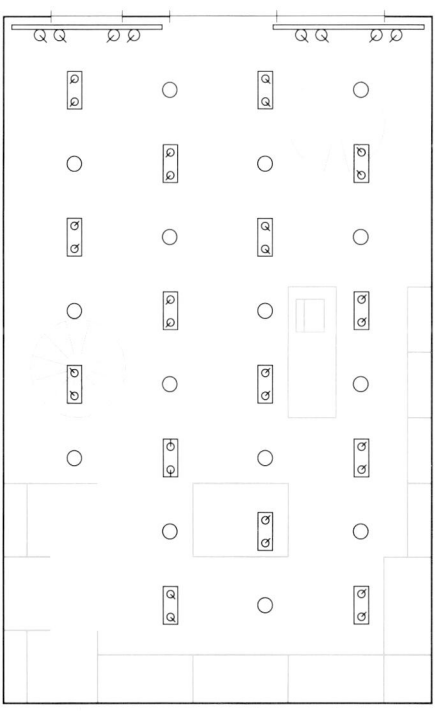

Die Beleuchtung der Boutique baut auf einem gleichförmigen Raster auf, in dem zwei Komponenten jeweils versetzt zueinander angeordnet sind. Hierbei sorgt die erste Komponente durch Downlights für kompakte Leuchtstofflampen für eine gleichmäßige Grundbeleuchtung, während Paare von Richtstrahlern als zweite Komponente akzentuiertes Licht auf Regalen und Displays erzeugen. Die Schaufenster werden separat durch Strahler an Stromschienen beleuchtet.

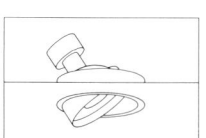

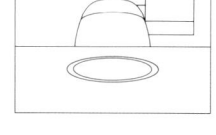

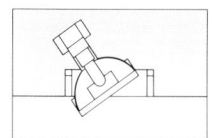

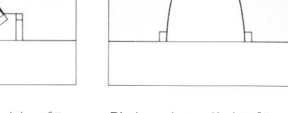

Einbaurichtstrahler für Niedervolt-Halogen-lampen

Einbaudownlight für kompakte Leuchtstoff-lampen

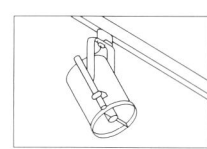

Stromschiene mit Strahlern

Träger der betont architektonischen Beleuchtung ist ein umlaufendes, abgehängtes Deckenelement mit integrierten Richtflutern. Dazwischen verlaufen parallel angeordnete Lichtstrukturelemente mit integrierten, indirektstrahlenden Leuchten, die an der Unterseite zusätzlich Strahler zur akzentuierten Beleuchtung von Waren und Kasse aufnehmen. Zur Schaufensterbeleuchtung dienen Strahler an Stromschienen.

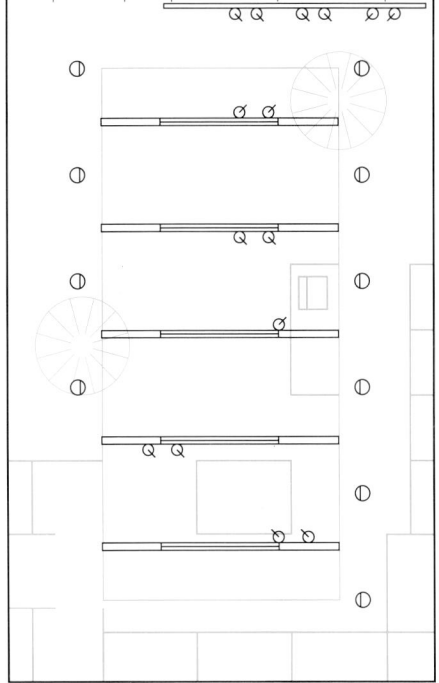

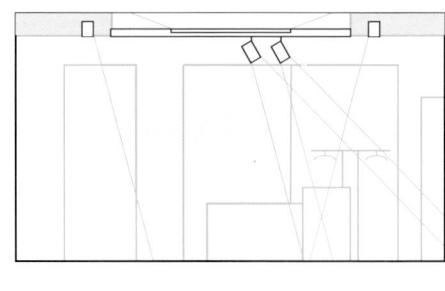

Lichtstruktur mit integrierten, indirektstrahlenden Leuchten für Leuchtstofflampen und Strahlern an integrierten Stromschienen

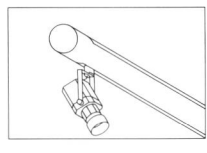

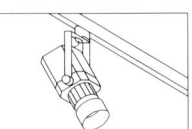

Stromschiene mit Strahlern

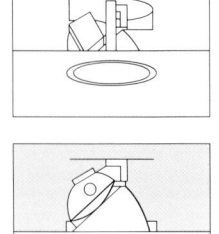

Einbaurichtfluter für Halogen-Metalldampflampen, Natriumdampf-Hochdrucklampen oder Halogen-Glühlampen

Ein L-förmiges, abgehängtes Deckenelement nimmt Richtstrahler zur akzentuierten Beleuchtung der Wandzone auf. Ein Doppelportal aus Stromschienen-Gitterträgern prägt die Atmosphäre der Boutique und dient zur Montage von Strahlern, die Displays im Rauminneren akzentuieren. Zur Schaufensterbeleuchtung dienen Strahler an einer Stromschiene.

In der Raummitte projizieren Linsenscheinwerfer besondere Lichteffekte auf Wandfläche oder Boden (z. B. farbige Lichtkegel, Muster oder ein Firmenlogo), der Eingangsbereich wird durch eine von Downlights erzeugte „welcome mat" hervorgehoben.

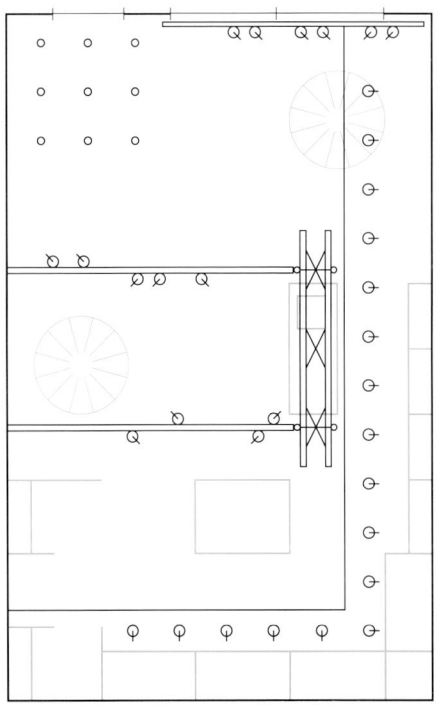

Einbaurichtstrahler für Niedervolt-Halogenlampen

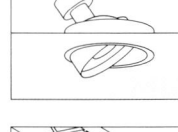

Stromschienen-Gitterträger mit Strahlern und Linsenscheinwerfern

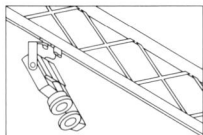

Downlight für Niedervolt-Halogenlampen

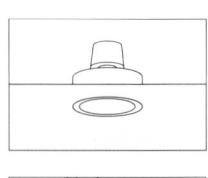

Stromschiene mit Strahlern

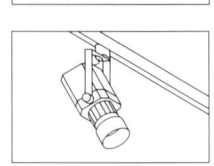

Die Grundbeleuchtung der Boutique erfolgt durch zwei längs durch den gesamten Raum verlaufende Lichtstrukturelemente mit indirektstrahlenden, die Deckenwölbungen beleuchtenden Leuchten. Parallel zu den Lichtstrukturelementen sind deckenbündig drei Stromschienen angeordnet, die Strahler zur Akzentuierung von Regalen und Displays tragen. Zur Schaufensterbeleuchtung dienen zwei Sechsergruppen von Richtstrahlern.

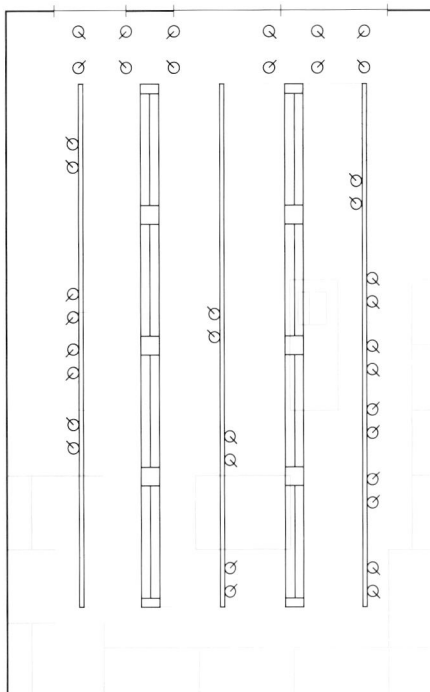

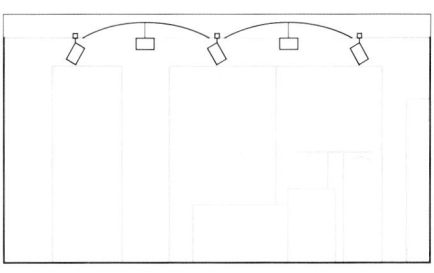

Lichtstruktur mit indirektstrahlenden Leuchten für Leuchtstofflampen

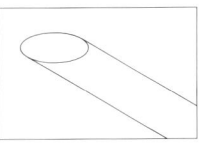

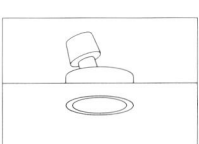

Richtstrahler für Niedervolt-Halogenlampen

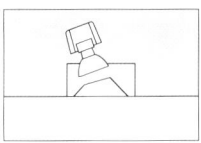

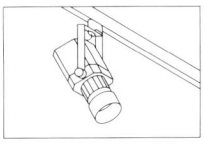

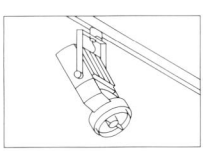

Stromschiene mit Strahlern

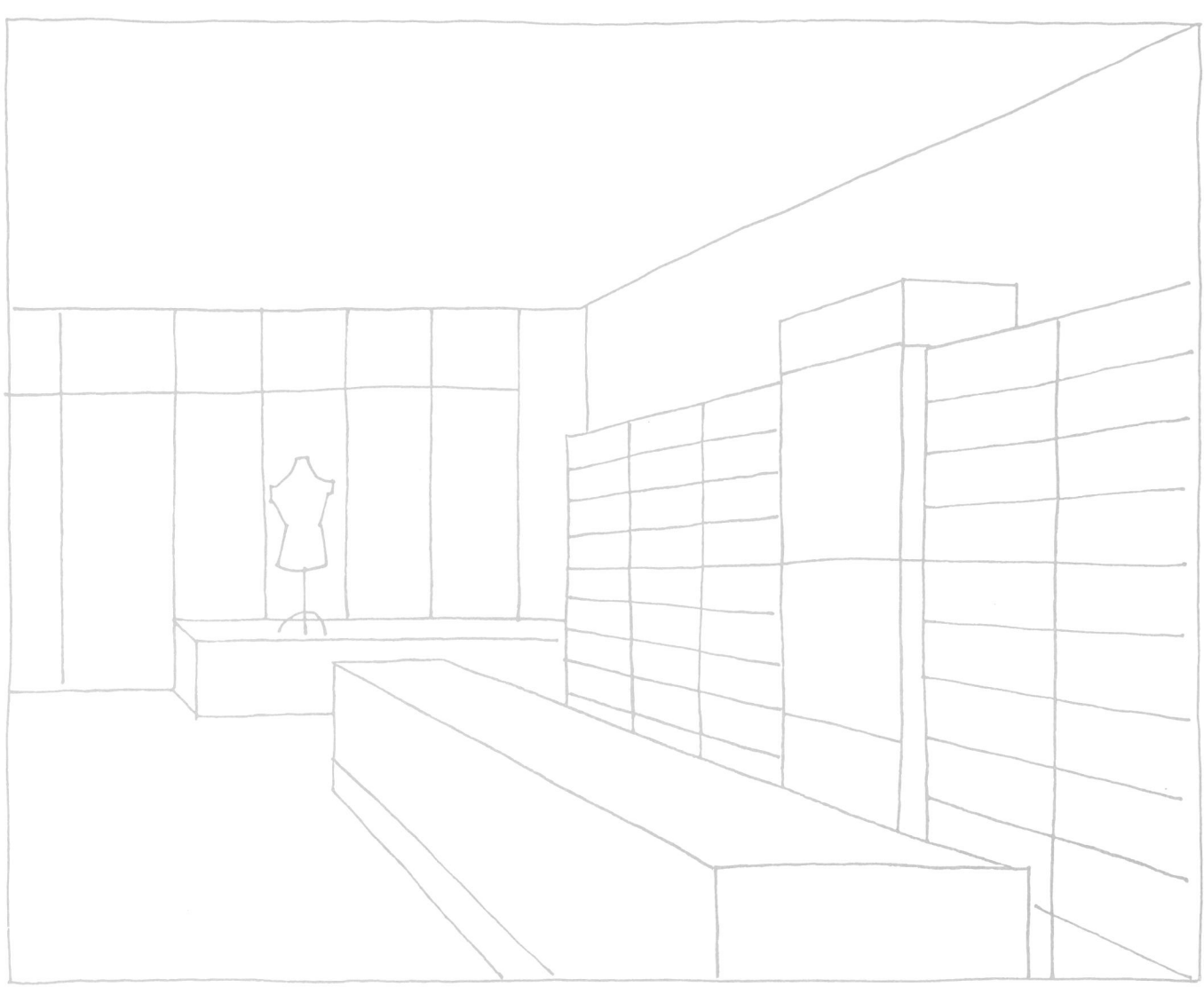

4.18 Verkauf, Theke

Verkaufsräume mit Thekenbedienung finden sich vor allem in beratungsintensiven Bereichen, z. B. bei Juwelieren. Durch die Theke ergibt sich eine deutliche Trennung unterschiedlicher Zonen mit eigenen Beleuchtungsaufgaben. Hier ist zunächst die Publikumszone zu nennen, die eine Allgemeinbeleuchtung erfordert. Regale oder Vitrinen benötigen dagegen eine vertikal ausgerichtete Präsentationsbeleuchtung, die Theke selbst eine blendfreie horizontale Beleuchtung.

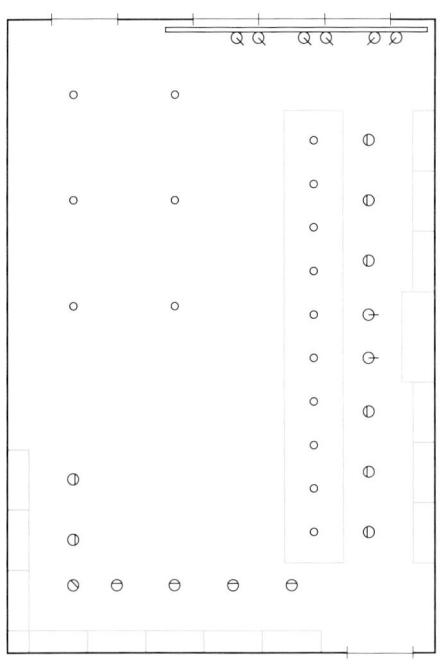

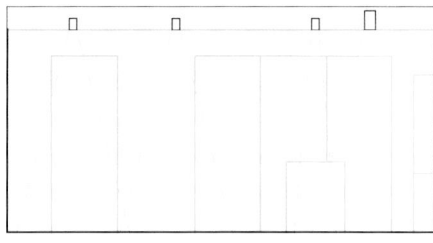

Zur Beleuchtung von Eingangsbereich und Theke dienen Einbaudownlights unterschiedlicher Ausstrahlungscharakteristik. Die Regale werden durch Richtfluter und Einbaurichtstrahler akzentuiert; für die Schaufensterbeleuchtung sorgen Strahler an einer Stromschiene.

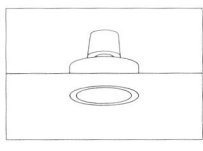

Einbaudownlight für Niedervolt-Halogen-lampen

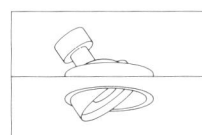

Deckenintegrierter Richtstrahler für Halogen-Glühlampen

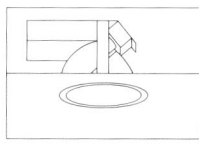

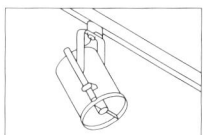

Stromschiene mit Strahlern

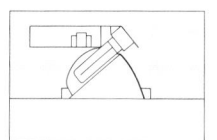

Richtfluter für kompakte Leuchtstofflampen

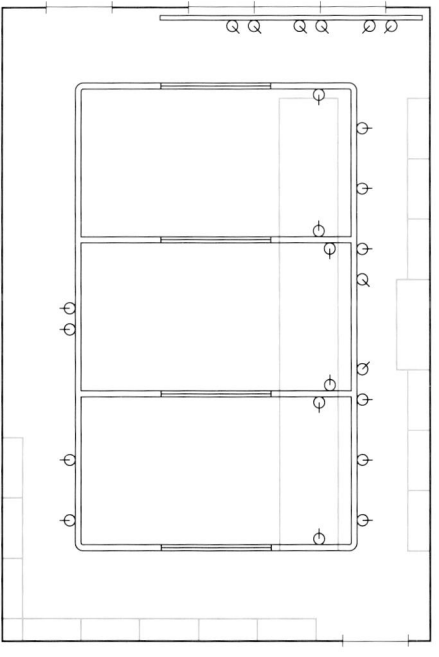

Träger der Beleuchtung ist eine abgehängte Lichtstruktur. Für die Grundbeleuchtung sorgen indirektstrahlende Leuchten. Strahler an der Struktur akzentuieren Regale und Theke; zur Schaufensterbeleuchtung dienen Strahler an einer separaten Stromschiene.

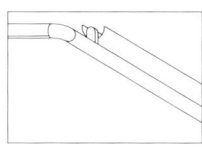

Lichtstruktur mit indirektstrahlenden Leuchten für Leuchtstofflampen und Strahlern

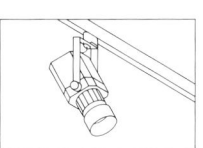

Stromschiene mit Strahlern

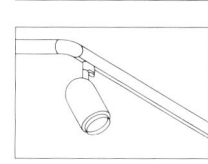

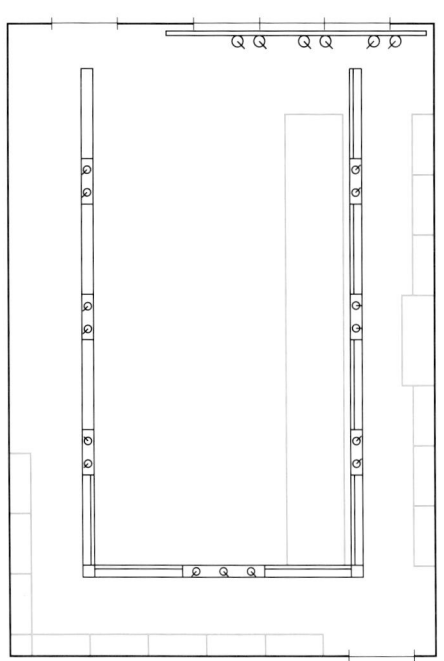

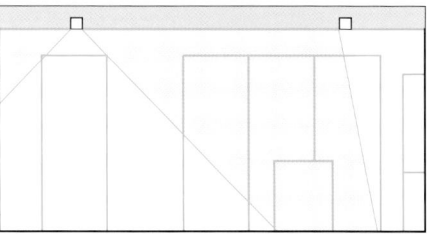

Träger der Beleuchtung ist ein U-förmiger Installationskanal mit symmetrischen Rasterleuchten zur Allgemeinbeleuchtung, asymmetrischen Rasterleuchten zur vertikalen Beleuchtung der Regale sowie zusätzlichen Richtstrahlern zur Akzentuierung spezieller Angebote. Zur Schaufensterbeleuchtung dienen Strahler an einer Stromschiene.

Installationskanal mit direktstrahlenden Einbaurasterleuchten für Leuchtstofflampen und Richtstrahlern für Niedervolt-Halogenlampen

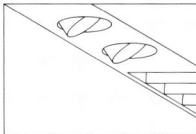

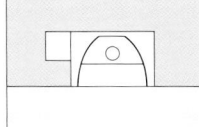 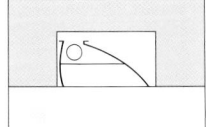

Einbauwandfluter für Leuchtstofflampen

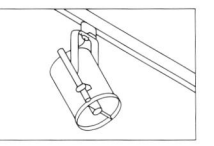 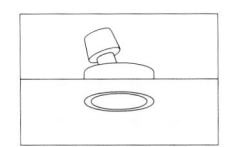

Stromschiene mit Strahlern

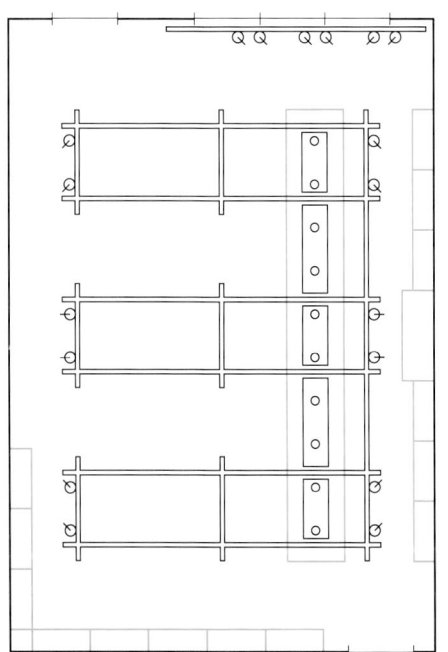

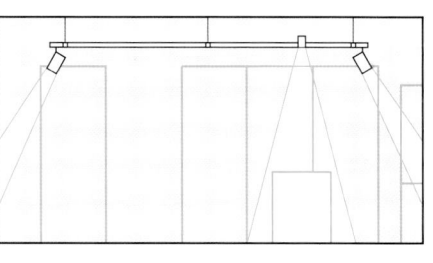

Träger der Beleuchtung ist eine abgehängte Lichtstruktur. Über der Theke sind Platten in die Struktur eingehängt, die dekorative Downlights aufnehmen. Zur Akzentuierung von Regalen und Blickpunkten an den Wänden dienen Strahler. Für die Beleuchtung des Schaufensters sorgen Strahler an einer separaten Stromschiene.

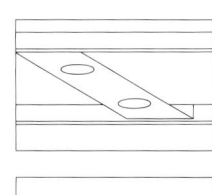

Lichtstruktur mit eingehängten Platten, dekorativen Einbaudownlights für Niedervolt-Halogenlampen und Stromschienen mit Strahlern für Niedervolt-Halogenlampen

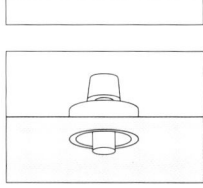

Stromschiene mit Strahlern

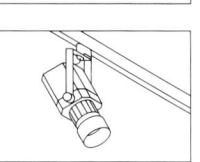 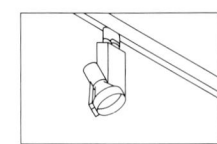

4.19 Verwaltung, Publikumsverkehr

Räume, in denen Büro- und Publikums-
zonen zusammentreffen, finden sich in
vielen Bereichen, seien es Behörden,
Versicherungen oder Banken. Zwischen
Publikumsbereich und Bürobereich findet
sich meist eine Theke oder eine Reihung
einzelner Thekenelemente.

Sowohl beide Raumzonen als auch
die Theke benötigen eine spezifische
Beleuchtung, wobei die Beleuchtung des
Publikumsbereichs mit der eines Foyers
verglichen werden kann, während der
Bürobereich eine Arbeitsplatzbeleuchtung
erfordert. Für die Theke ist eine Beleuch-

tung sinnvoll, die dem Verlauf dieses
Raumelements folgt und sie als Anlauf-
stelle hervorhebt. Wenn – etwa bei
Banken – ein direkter Zugang von der
Straße aus besteht, ist die Beleuchtung
des Eingangsbereichs eine zusätzliche
Beleuchtungsaufgabe.

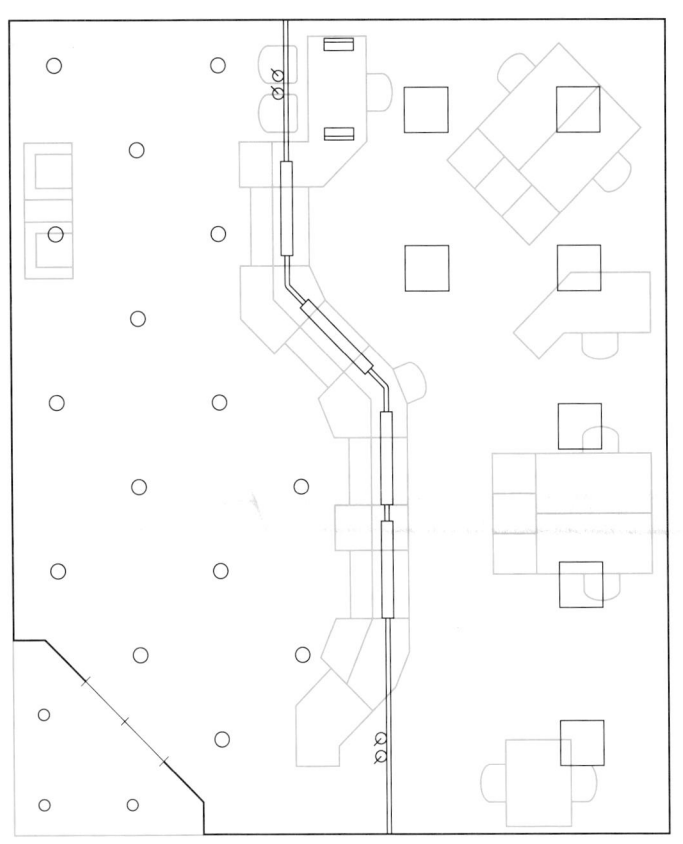

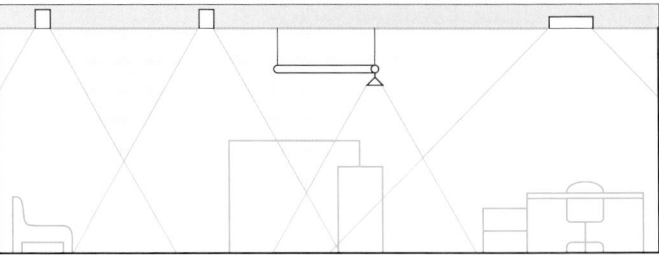

Zur Beleuchtung des Publikumsbereichs dient ein versetztes Raster von Downlights, der Eingangsbereich wird separat durch Downlights beleuchtet. Quadratische Rasterleuchten in einer regelmäßigen Anordnung beleuchten den Bürobereich. Dem Thekenverlauf folgt eine abgehängte Lichtstruktur mit direktstrahlenden Rasterleuchten; ein Beratungstisch erhält zusätzlich Tischleuchten. Strahler an der Lichtstruktur akzentuieren Blickpunkte.

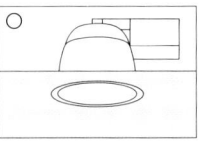
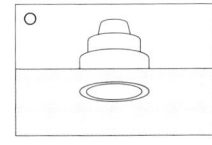
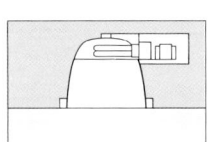
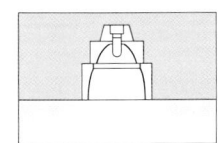

Einbaurasterleuchte für kompakte Leuchtstofflampen

Lichtstruktur mit Rasterleuchten für Leuchtstofflampen und mit Strahlern
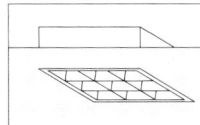

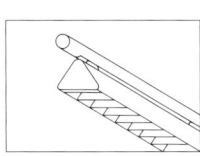

Einbaudownlight für kompakte Leuchtstofflampen

Einbaudownlight für Halogen-Metalldampflampen

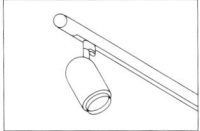

Tischleuchte für kompakte Leuchtstofflampen
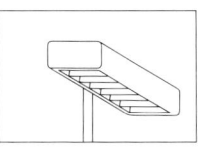

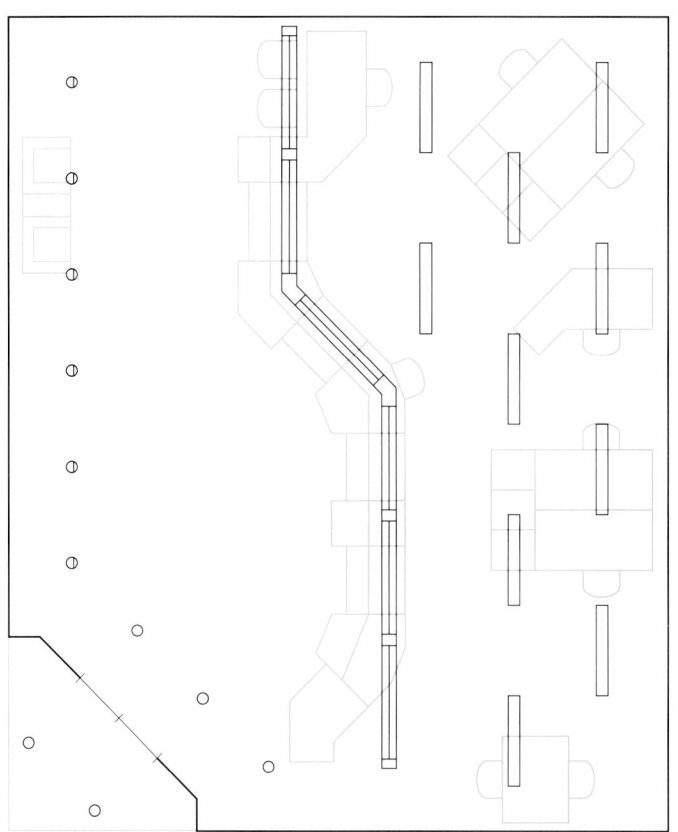

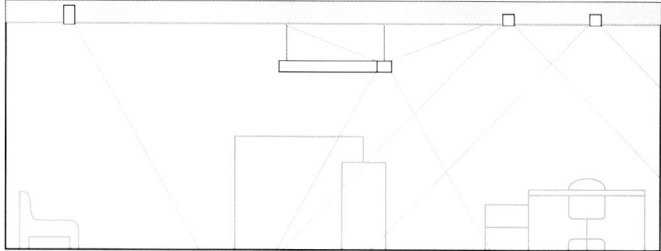

Der Publikumsbereich wird durch Downlight-Wandfluter beleuchtet, zusätzlich
betonen Downlights den Eingangsbereich.
Der Bürobereich wird durch eine versetzte
Anordnung von Rasterleuchten beleuchtet. Dem Thekenverlauf folgt eine abgehängte Lichtstruktur mit direkt-indirektstrahlenden Rasterleuchten.

Lichtstruktur mit
direkt-indirektstrah-
lenden Rasterleuchten
für Leuchtstofflampen

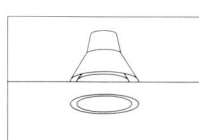

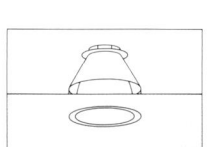

Einbaurasterleuchte für
Leuchtstofflampen

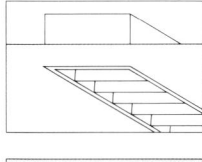

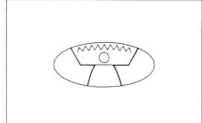

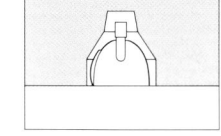

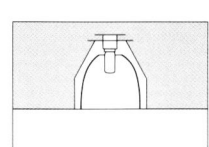

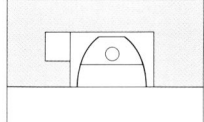

Deckenintegrierter
Downlight-Wandfluter
für Halogen-Glüh-
lampen

Einbaudownlight für
Halogen-Glühlampen

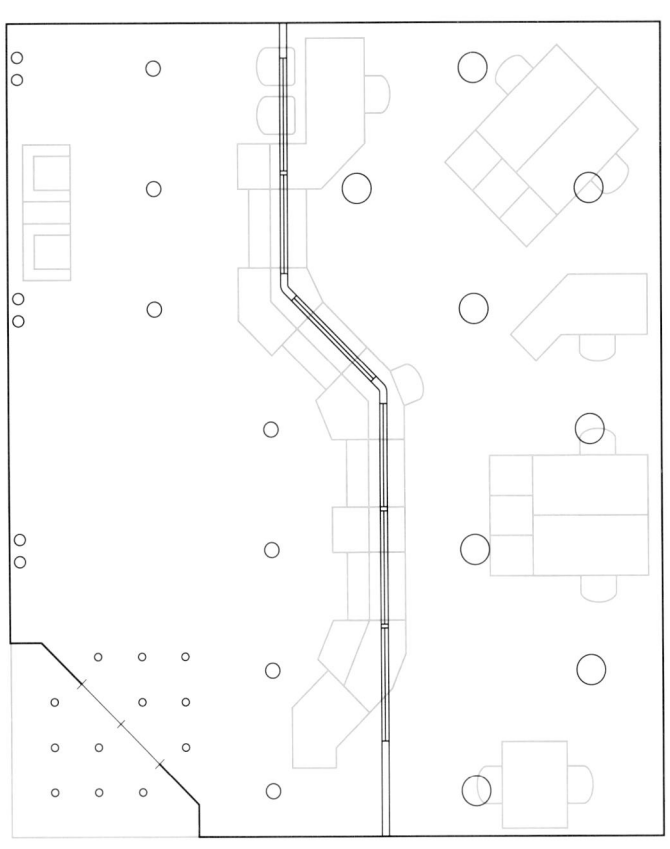

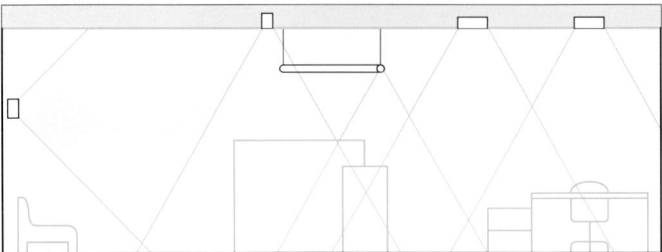

An der Längswand des Publikumsbereichs sind Paare von Up-Downlights montiert, die für indirektes Licht sorgen und die Wand durch Lichtkegelanschnitte gliedern. Vor der Theke sorgen Downlights für eine Zone erhöhter Beleuchtungsstärke. Der Eingangsbereich erhält mit Hilfe dekorativer Downlights eine „welcome mat". Über der Theke verläuft eine abgehängte Lichtstruktur mit Leuchten für Leuchtstofflampen. Der Bürobereich wird durch eine versetzte Anordnung von Downlights mit Kreuzraster beleuchtet.

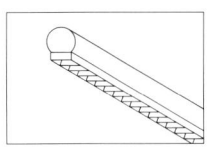

Lichtstruktur mit Leuchten für Leuchtstofflampen

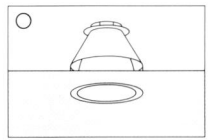

Einbaudownlight für Halogen-Glühlampen

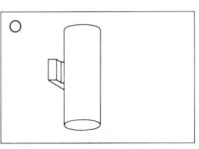

Wandmontiertes Up-Downlight für PAR 38-Reflektorlampen

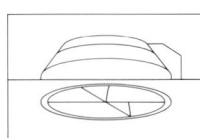

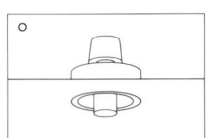

Einbaudownlight mit Kreuzraster für kompakte Leuchtstofflampen

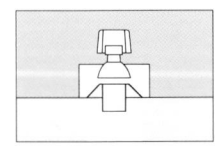

Dekoratives Einbaudownlight für Niedervolt-Halogenlampen

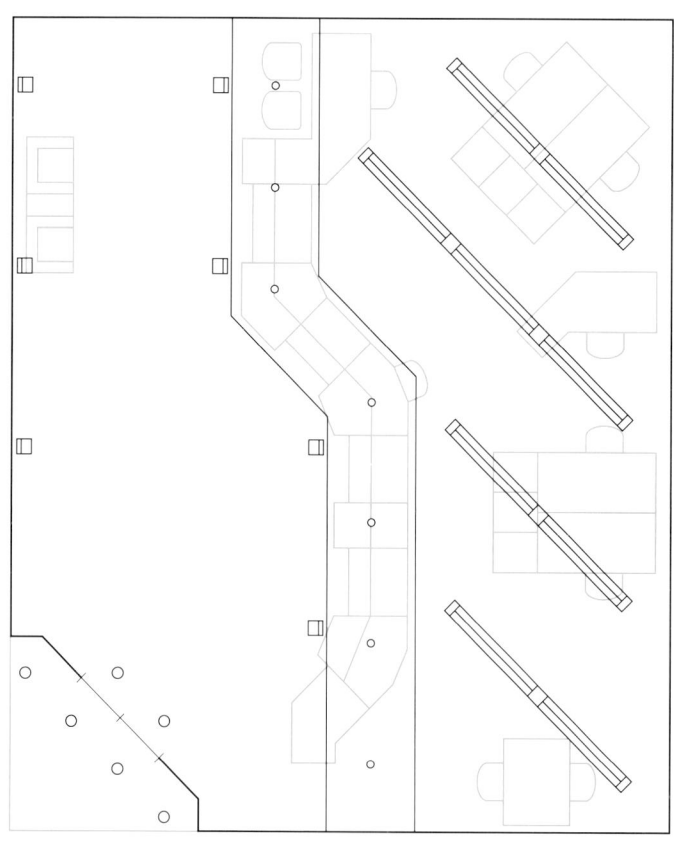

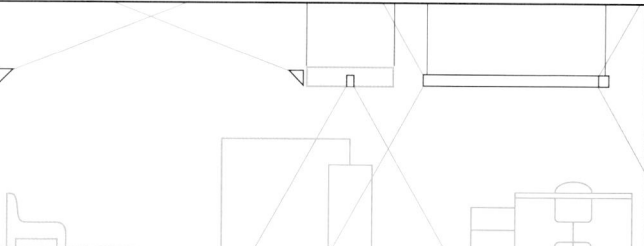

Der Publikumsbereich wird durch Deckenfluter indirekt beleuchtet. Downlights erzeugen eine „welcome mat" im Eingangsbereich. Über der Theke ist ein ihrem Verlauf folgendes Deckenelement mit integrierten Downlights abgehängt. Der Bürobereich wird durch diagonal abgehängte Lichtstrukturelemente mit direkt-indirektstrahlenden Rasterleuchten beleuchtet.

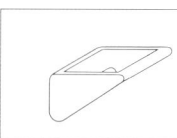

Wandmontierter Deckenfluter für Halogen-Glühlampen

Einbaudownlight für Niedervolt-Halogenlampen

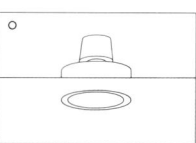

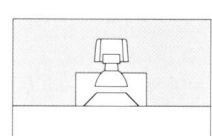

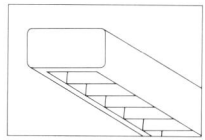

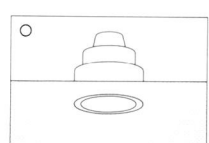

Lichtstruktur mit direkt-indirektstrahlenden Rasterleuchten für Leuchtstofflampen

Einbaudownlight für Halogen-Metalldampflampen

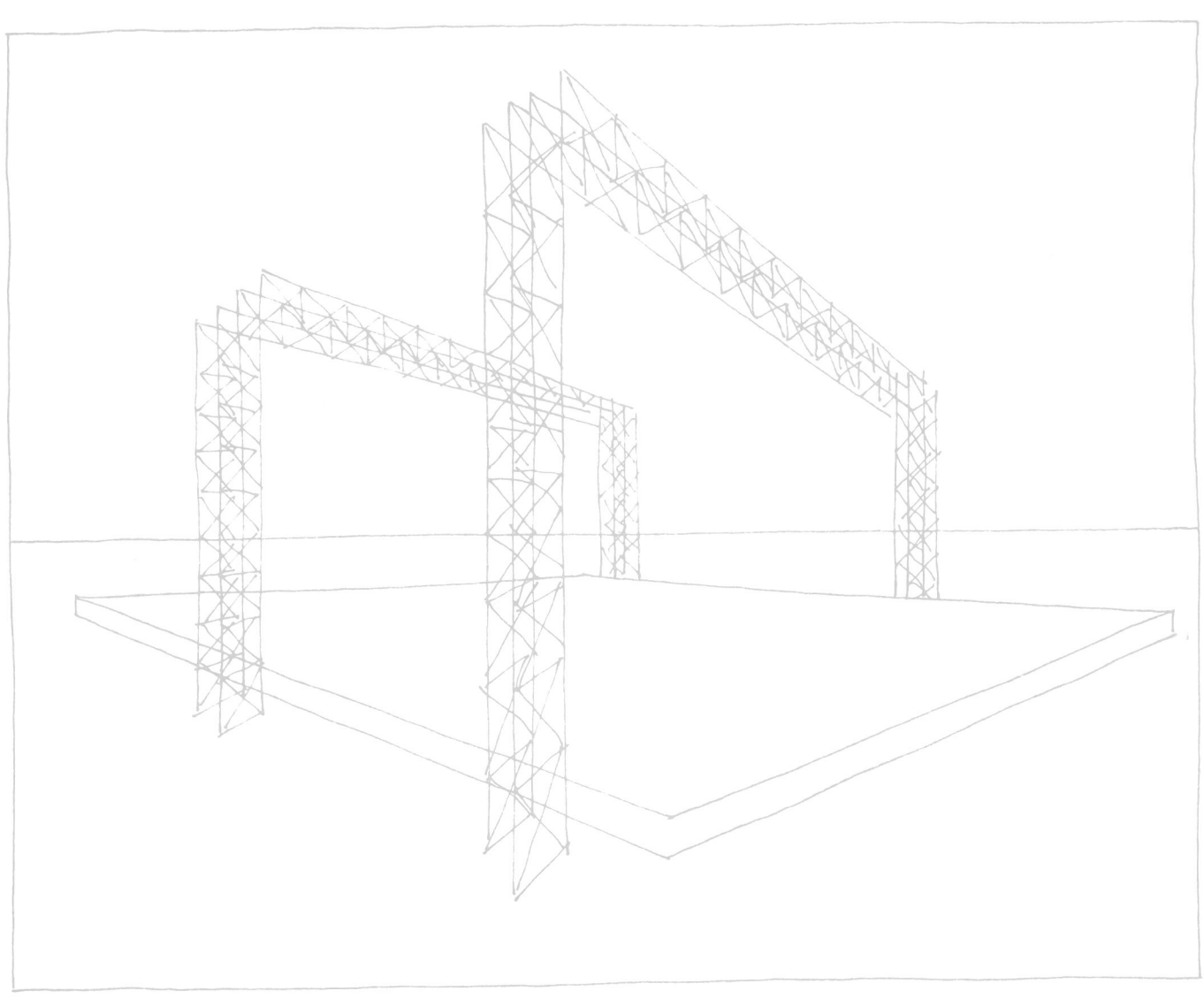

4.20 Präsentation

Eine häufige Aufgabe der Präsentationsbeleuchtung ist es, innerhalb größerer Räume umgrenzte Präsentationsbereiche zu schaffen. Derartige hervorgehobene Zonen finden sich in Messehallen, in Flughäfen und anderen Verkehrsbereichen, bei der Präsentation einzelner Produkte in Kaufhäusern oder beim Kraftfahrzeughandel, z. B. aber auch bei Modenschauen in Hotels oder Kongreßzentren.

Da die Beleuchtung meist nur befristet, häufig nur für wenige Tage, benötigt wird, ist ein mobiler, variabler Aufbau eine der wesentlichsten Forderungen an die Beleuchtungsanlage. Diesem Anspruch kommen vor allem modulare Tragstruktursysteme entgegen, die unabhängig von der umgebenden Architektur errichtet und durch ihren baukastenartigen Aufbau zahlreiche Konstruktionsvarianten ermöglichen. Gebräuchlich sind reine Tragstrukturen, die eine nachträgliche, mechanische Montage von Leuchten ermöglichen. Stromführende Tragstrukturen ersparen dagegen die zusätzliche Verdrahtung; sie bieten durch integrierte Stromschienen die problemlose Montage und Steuerung einer Vielzahl von Leuchten. Eine besonders variable Lösung stellen Stative dar,

die eine Beleuchtung mit minimalem Zeit- und Montageaufwand ermöglichen.

Wie bei jeder Präsentationsbeleuchtung überwiegt der akzentuierte Lichtanteil; eine Allgemeinbeleuchtung zusätzlich zur Grundbeleuchtung der umgebenden Architektur ergibt sich in der Regel nur bei Messeständen. Gebräuchliche Leuchten sind daher Strahler und Scheinwerfer, die ein gerichtetes Licht hervorragender Farbwiedergabe erzeugen und auf diese Weise die Eigenschaften der präsentierten Materialien betonen. Bei der Präsentation bietet sich aber auch der Einsatz von Bühneneffekten, z. B. von farbigem Licht oder Projektionen, an; die Gestaltung der Beleuchtung kann – abhängig vom Rahmen und den Objekten der Präsentation – das gesamte Repertoire lichtplanerischer Möglichkeiten umfassen.

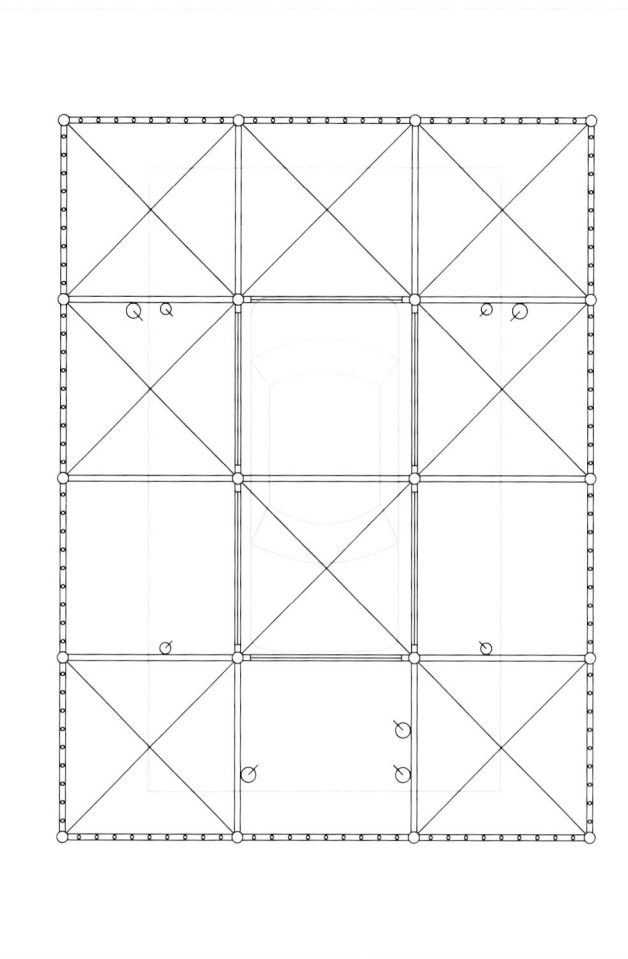

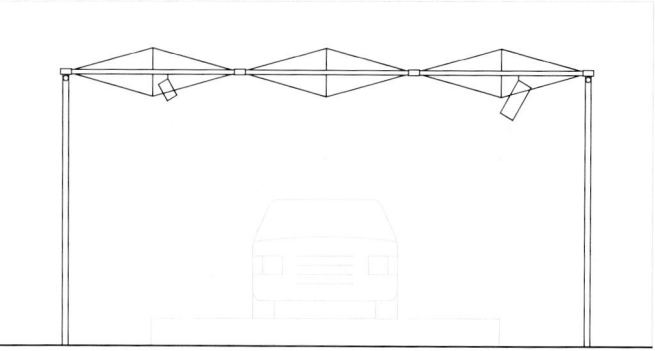

Träger der Beleuchtung ist eine weitgespannte Lichtstruktur mit textilen Deckenelementen. Die Struktur nimmt direktstrahlende Leuchten für Leuchtstofflampen und dekorative Kleinlampen auf, zur akzentuierten Beleuchtung trägt sie Strahler.

Weitgespannte Lichtstruktur mit Leuchten für Leuchtstofflampen, dekorativen Kleinlampen und Strahlern an Stromschienen

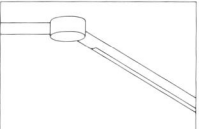

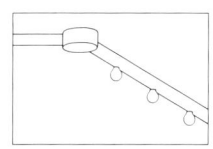

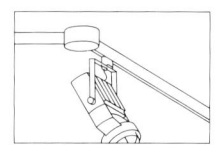

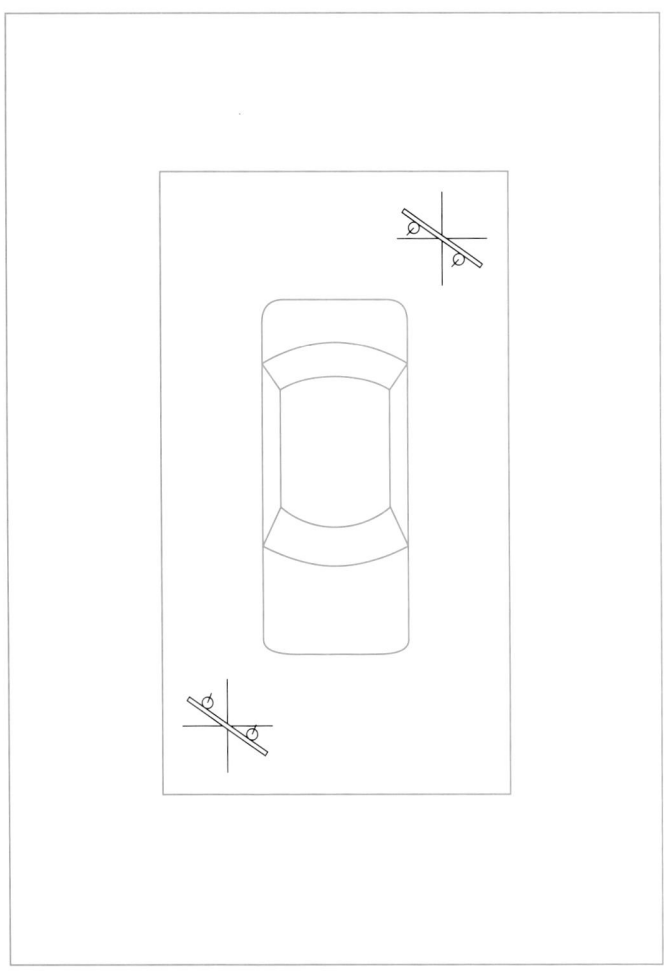

Zur variablen Präsentationsbeleuchtung
dient ein stromführendes Stativ mit
Strahlern.

Träger der Beleuchtung ist ein diagonal
angeordnetes Doppelportal aus stromführenden Gitterträgern. Als Leuchten
werden Strahler und Scheinwerfer eingesetzt, die eine lichtstarke Akzentbeleuchtung bzw. eine randscharfe Projektion von
Lichtkegeln und Gobos ermöglichen.

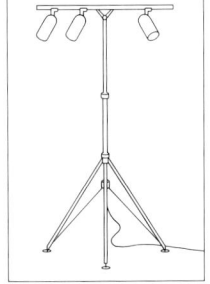

Stromführendes Stativ
mit Strahlern

Stromschienen-Gitter-
träger mit Scheinwer-
fern und Strahlern

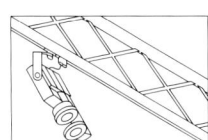

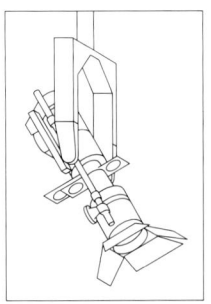

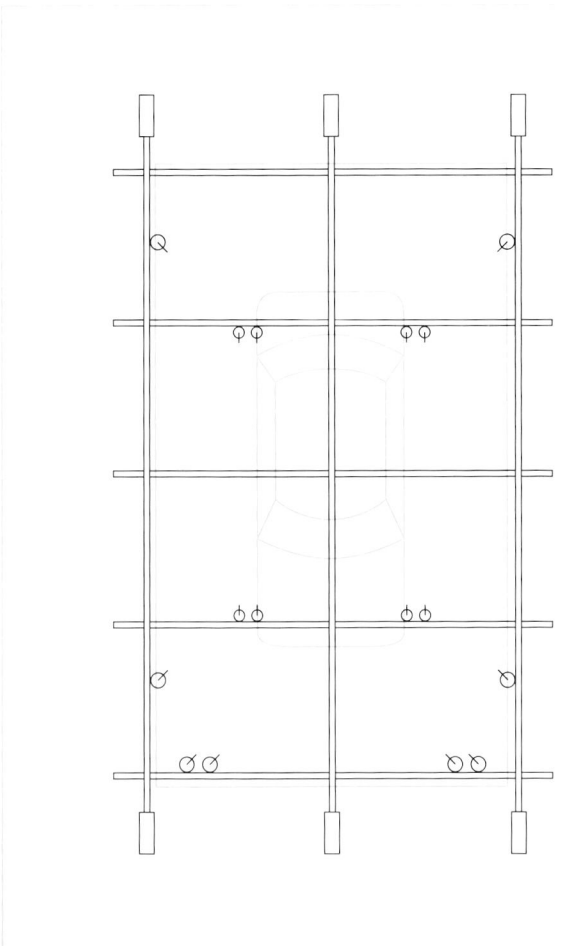

Träger der Beleuchtung ist eine freistehende, flächige Struktur aus stromführenden Gitterträgern. Als Leuchten werden Strahler und Scheinwerfer eingesetzt, die eine lichtstarke Akzentbeleuchtung bzw. eine randscharfe Projektion von Lichtkegeln und Gobos ermöglichen.

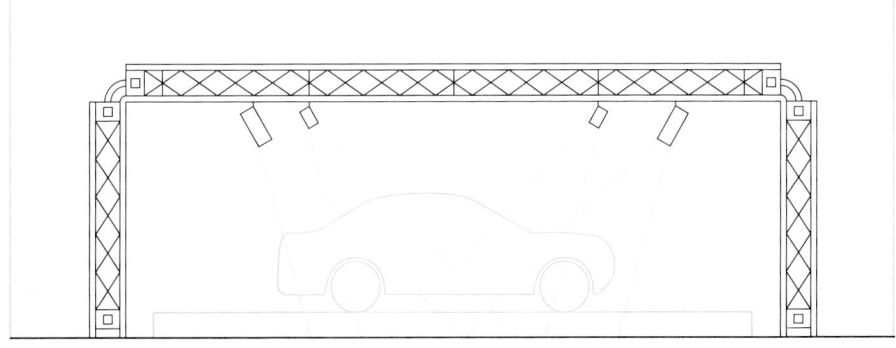

Stromschienen-Gitterträger mit Scheinwerfern und Strahlern

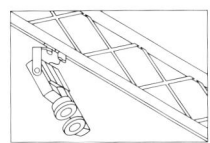

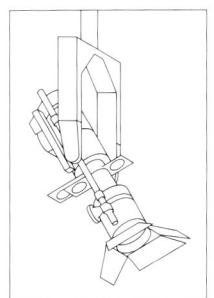

5.0   Anhang

Beleuchtungs-
stärken
Empfehlungen

Raumart / Tätigkeit	Empfohlene Mindestbeleuchtungsstärken E (lx)	Lampentyp
Büro	300	T, TC
Gruppenbüro	500	T
Großraumbüro	750	T, TC
Technisches Zeichenbüro	750	T, TC
Datenverarbeitung	500	T, TC
CAD	200/500	A, QT, T, TC
Monitorüberwachung	200	TC
Flur	50	TC
Treppe	100	T, TC
Kantine	200	A, QT, QT-LV, TC
Sanitärraum	100	T, TC
Verkaufsraum	300	QT, QT-LV, T, TC, HST, HSE, HIT
Kaufhaus	300	QT, QT-LV, T, TC, HST, HSE, HIT
Kassenarbeitsplatz	500	T, TC
Supermarkt	500	T, HIT
Empfangsraum	200	A, QT, QT-LV, TC
Restaurant	200	A, PAR, R, QT, QT-LV, TC
Café, Bistro	200	A, PAR, R, QT, QT-LV, TC
Selbstbedienungsgaststätte	300	T, TC
Großküche	500	T
Museum, Galerie	200	A, PAR, R, QT, QT-LV, T, TC
Ausstellungsraum	300	PAR, R, QT, QT-LV, T, TC, HST, HSE, HIT
Messehalle	300	T, HME, HIT
Bibliothek, Mediothek	300	T, TC
Leseraum	500	T, TC
Sporthalle Wettkampf	400	T, HME, HIE, HIT
Sporthalle Training	200	T, HME, HIE, HIT
Laborraum	500	T
Kosmetiksalon	750	QT, QT-LV, T, TC
Frisiersalon	500	T, TC
Krankenhaus, Bettenraum – Allgemeinbeleuchtung	100	T, TC
– Lesebeleuchtung	200	A, QT-LV, T,TC
– Untersuchungsbeleuchtung	300	QT, T, TC
Krankenhaus, Untersuchung	500	T
Empfangsraum, Foyer	100	QT, T, TC
Raum mit Publikumsverkehr	200	QT, T, TC
Unterrichtsraum	300/500	T, TC
Unterrichts-Großraum	750	T, TC
Fachsaal	500	T, TC
Zeichensaal, Malsaal	500	T, TC
Labor Schule	500	T, TC
Hörsaal, Auditorium	500	QT, T, TC
Mehrzweckraum	300	QT, T, TC
Konzert, Theater, Festsaal	300	A, PAR, R, QT
Konzertpodium	750	PAR, R, QT
Sitzungsraum	300	A, QT, TC
Kirche	200	A, PAR, R, QT

Empfohlene Mindestbeleuchtungsstärke E für typische Aufgaben der Innenraumbeleuchtung. Die Empfehlungen zielen auf ein den spezifischen Sehaufgaben eines Raumes oder einer Raumzone angemessenes Beleuchtungsniveau, sie lassen jedoch architektonische und situationsspezifische Beleuchtungskomponenten außer acht. Die Angaben für mittlere horizontale Beleuchtungsstärken orientieren sich an nationalen und internationalen Normen. Mit den angegebenen Lampentypen lassen sich den jeweiligen Sehaufgaben angemessene Lichtqualitäten in einem wirtschaftlichen Rahmen erreichen.

Bezeichnung von Lampen

Für die einheitliche Bezeichnung von elektrischen Lampen in der Allgemeinbeleuchtung existiert ein vom ZVEI (Zentralverband Elektrotechnik- und Elektroindustrie) erarbeitetes Kürzelsystem. Die von der Lampenindustrie verwendeten Lampenbezeichnungen weichen jedoch zum Teil von diesem System ab.

Das Bezeichnungssystem setzt sich aus drei Kennzeichen zusammen, ergänzt durch Abkürzungen für spezielle Ausführungen, die von den allgemeinen Kennzeichen durch Bindestrich getrennt werden.

Der 1. Buchstabe kennzeichnet die Lichterzeugungsart.

I	Glühlampe
H	Hochdruck-Entladungslampe
L	Niederdruck-Entladungslampe

Der 2. Buchstabe kennzeichnet das Kolbenmaterial bei Glühlampen bzw. Gasfüllungen bei Entladungslampen.

G	Glas
Q	Quarzglas
M	Quecksilber
I	Halogen-Metalldämpfe
S	Natriumdampf

Der 3. Buchstabe bzw. Buchstabenkombination kennzeichnet die Kolbenform.

A	Allgebrauch
E	Ellipsoid
PAR	Parabol-Reflektor
R	Reflektor
T	Röhren
TC	kompakte Röhren

Zur vollständigen Kennzeichnung einer Lampe können zusätzlich zu den Kennzeichen Lampen- bzw. Reflektordurchmesser, Leistung, Kolbenfarbe, Ausstrahlungswinkel, Sockel und Spannung angegeben werden.

Allgebrauchslampe	(I) (G) A	A
Parabol-Reflektorlampe	(I) (G) PAR	PAR
Reflektorlampe	(I) (G) R	R
Halogen-Reflektorlampe	(I) Q R	QR
Halogen-Glühlampe in Röhrenform	(I) Q T	QT
Quecksilberdampflampe (Ellipsoidform)	H M E	HME
Quecksilberdampflampe (Reflektorform)	H M R	HMR
Halogen-Metalldampflampe (Ellipsoidform)	H I E	HIE
Halogen-Metalldampflampe (Reflektorform)	H I R	HIR
Halogen-Metalldampflampe (Röhrenform)	H I T	HIT
Natriumdampf-Hochdrucklampe (Ellipsoidform)	H S E	HSE
Natriumdampf-Hochdrucklampe (Röhrenform)	H S T	HST
Leuchtstofflampe	(L) (M) T	T
kompakte Leuchtstofflampe	(L) (M) TC	TC
Natriumdampf-Niederdrucklampe	L S T	LST

Gebräuchliche Kürzel für Lampen in diesem Buch. Die Buchstaben in Klammern werden in der Praxis nicht gebraucht, so daß sich die Abkürzungen rechts ergeben.

Halogen-Glühlampe, zweiseitig gesockelt	QT-DE
Halogen-Reflektorlampe, Kaltlicht, vorne offen	QR-CB
Halogen-Reflektorlampe, Kaltlicht, vorne geschlossen	QR-CBC
Halogen-Metalldampflampe, zweiseitig gesockelt	HIT-DE
kompakte Leuchtstofflampe	TC
– ohne Starter für EVG	TC-EL
– mit 4fach-Rohr	TC-D
– mit 4fach-Rohr, mit eingebautem EVG	TC-DSE
– mit 4fach-Rohr, ohne Starter für EVG	TC-DEL
– lange Bauform	TC-L

Abkürzungen zur Kennzeichnung spezieller Ausführungsformen werden von den Kennzeichen mit einem Bindestrich getrennt.

Glossar

Abblendwinkel
Winkel, oberhalb dessen keine gerichtete
→Reflexion der Lichtquelle im →Reflek-
tor sichtbar ist. Bei →Darklightreflektoren
ist der Abblendwinkel mit dem →Abschirm-
winkel identisch, bei anderen Reflektor-
formen kann er kleiner sein, so daß oberhalb des Abschirmwinkels Blendreflexe im
Reflektor auftreten.

Aberration
Abbildungsfehler des Auges. Man unterscheidet zwischen der sphärischen Aberration, die durch die unterschiedliche
Brennweite zentraler und peripherer Lin-
senbereiche entsteht und der chromatischen Aberration, die durch die wechselnde Brechung des Lichts bei unterschiedlichen
Wellenlängen hervorgerufen wird.

Abschirmwinkel
Winkel zwischen der Horizontalen und
einer Geraden, die vom Leuchtenrand zum
Rand der Lichtquelle verläuft. Neben dem
→Abblendwinkel ein Maß für die Blen-
dungsbegrenzung einer Leuchte.

Absolutblendung
→Blendung

Absorption
Fähigkeit von Stoffen, Licht in andere Ener-
gieformen (vor allem Wärme) umzusetzen
und so weder zu reflektieren, noch zu transmittieren. Maß ist der Absorptionsgrad,
der als das Verhältnis von absorbiertem zu
auftreffendem Lichtstrom definiert ist.

Abstrahlcharakteristik
Charakterisierung der Lichtstärkeverteilung
einer Leuchte, sei es durch Zuordnung einer
→Leuchtenkennzeichnung oder durch
graphische Darstellung (→Lichtstärkever-
teilungskurve).

Adaptation
Anpassung des Auges an die →Leucht-
dichten im Sehfeld. Erfolgt zunächst durch
Vergrößerung oder Verkleinerung der Pupille, in weit größerem Umfang jedoch
durch Empfindlichkeitsänderung der Netz-
hautrezeptoren und den Wechsel zwischen
dem →Zapfensehen und dem →Stäbchen-
sehen.

Akkomodation
Anpassung des Auges, um Objekte in unterschiedlichen Entfernungen scharf abbilden
zu können. Erfolgt durch Verformung der
Augenlinse. Die Akkomodationsfähigkeit
sinkt mit zunehmendem Alter.

Akzentbeleuchtung
Betonung einzelner Raumbereiche oder
Objekte durch gezielte, über dem Niveau
der →Allgemeinbeleuchtung liegende
Beleuchtung. →Licht zum Hinsehen

Allgebrauchslampe
→Glühlampe

Allgemeinbeleuchtung
Einheitliche Beleuchtung eines gesamten
Raums ohne besondere Berücksichtigung
einzelner Sehaufgaben. →Licht zum Sehen

Anforderungen, architektonische
Architektonische Anforderungen an eine
Beleuchtungskonzeption ergeben sich aus
den Strukturen der zu beleuchtenden Architektur. Aufgabe der Beleuchtung ist es
dabei, die Gliederung des Raums, seine
Formen, Rhythmen und Module zu verdeutlichen, architektonische Besonderheiten hervorzuheben und die geplante
Stimmung des Gebäudes zu unterstützen.
Sowohl durch die Anordnung der Leuchten als auch durch ihre Lichtwirkungen
soll die Architektur also unterstützt, gegebenenfalls aber auch aktiv in ihrer Wirkung verändert werden.

Anforderungen, funktionale
Funktionale Anforderungen an eine Beleuchtungskonzeption ergeben sich aus
den Sehaufgaben der jeweiligen Umgebung; Ziel sind optimale Wahrnehmungsbedingungen für alle Tätigkeiten, die in
dieser Umgebung ausgeübt werden sollen.

Anforderungen, psychologische
Psychologische Anforderungen an eine
Beleuchtungskonzeption sind von den
spezifischen Tätigkeiten in einer Umgebung weitgehend unabhängig. Sie ergeben
sich aus den grundlegenden biologischen
Bedürfnissen nach Informationen über
Tageszeit, Wetter und das Geschehen, aus
dem Bedürfnis nach Sicherheit, räumlicher
Orientierung und einer eindeutig strukturierten, verständlichen Umgebung sowie
aus dem Bedürfnis nach einem ausgewogenen Verhältnis zwischen den Möglichkeiten zum Kontakt mit anderen Menschen
und dem Wunsch nach abgegrenzten Privatbereichen.

Arbeitsplatzbeleuchtung
Allgemein für die von Normen geregelte
Beleuchtung von Arbeitsplätzen gebräuch-
liche Bezeichnung. Spezieller eine über die
→Allgemeinbeleuchtung hinausgehende,
auf die jeweilige Sehaufgabe abgestimmte
Zusatzbeleuchtung von Arbeitsplätzen.

Auge

Das Auge besteht zunächst aus einem optischen System, bei dem die Hornhaut und die verformbare Linse für die Abbildung der Umgebung auf die Netzhaut sorgen; die Iris sorgt durch Anpassung der Pupillenöffnung für eine grobe Steuerung der einfallenden Lichtmenge. In der Netzhaut werden die auftreffenden Lichtreize daraufhin durch Rezeptorzellen in neuronale Impulse umgesetzt. Das Auge besitzt zwei Rezeptorapparate, das Stäbchen- und das Zapfensystem. Die Stäbchen sind dabei relativ gleichmäßig über die Netzhaut verteilt, sie sind sehr lichtempfindlich und erlauben ein weitwinkliges Sehen bei geringen Beleuchtungsstärken (→skotopisches Sehen). Die Sehschärfe ist jedoch gering, Farben werden nicht wahrgenommen. Die Zapfen sind dagegen vorwiegend in der Netzhautgrube (Fovea) konzentriert, die sich in Verlängerung der Sehachse befindet. Sie erlauben ein sehr scharfes und farbiges Sehen in einem engen Blickwinkel, erfordern aber hohe Beleuchtungsstärken (→photopisches Sehen).

Ausstrahlungswinkel

Winkel zwischen den Ausstrahlungsrichtungen einer →Lichtstärkeverteilungskurve, bei denen die →Lichtstärke auf 50 % des in der Hauptausstrahlungsrichtung gemessenen Wertes absinkt. Der Ausstrahlungswinkel ist die Grundlage für die Angabe von Lichtkegeldurchmessern bei symmetrischen Leuchten.

BAP

Abk. für Bildschirmarbeitsplatz

Barndoors

Bezeichnung für rechteckig angeordnete Abblendklappen, wie sie vor allem bei Bühnenscheinwerfern verwendet werden.

Batwing-Charakteristik

→Lichtstärkeverteilung einer Leuchte mit betont breitstreuender Lichtverteilungscharakteristik. Die flügelförmige Form der Lichtstärkeverteilungskurve ist verantwortlich für die Namensgebung.

Beleuchtungsstärke

Formelzeichen E (lx)
Die Beleuchtungsstärke ist als das Verhältnis des auf eine Fläche fallenden Lichtstroms zur Größe dieser Fläche definiert.

Belichtung

Formelzeichen H (lx·h)
Die Belichtung ist als das Produkt aus der Beleuchtungsstärke und der Belichtungsdauer, mit der eine Fläche beleuchtet wird, definiert.

Betriebsgeräte

Betriebsgeräte sind Einrichtungen, die zusätzlich zum eigentlichen Leuchtmittel für den Betrieb von Lichtquellen benötigt werden. Vorwiegend handelt es sich hierbei um strombegrenzende →Vorschaltgeräte und →Start- bzw. →Zündgeräte für den Betrieb von Entladungslampen sowie um Transformatoren für den Betrieb von Niedervolt-Halogenlampen.

Betriebswirkungsgrad

→Leuchtenwirkungsgrad

Blendung

Sammelbegriff für die Verminderung der →Sehleistung oder die Störung der Wahrnehmung durch hohe →Leuchtdichten oder →Leuchtdichtekontraste einer visuellen Umgebung. Unterschieden werden hierbei zunächst die vom Leuchtdichtekontrast unabhängige Absolutblendung durch extreme Leuchtdichten und die kontrastabhängige Relativblendung. Weiter wird unterschieden zwischen der physiologischen Blendung, bei der eine objektive Verminderung der Sehleistung vorliegt und der psychologischen Blendung, bei der eine subjektive Störung der Wahrnehmung durch das Mißverhältnis von Leuchtdichte und Informationsgehalt des betrachteten Bereichs entsteht. In allen Fällen kann die Blendung durch die Lichtquelle selbst verursacht werden (Direktblendung) oder durch Reflexion der Lichtquelle entstehen (Reflexblendung).

Brechung

Richtungsänderung der Lichts beim Wechsel zwischen Medien unterschiedlicher Dichte. Die Brechkraft eines Mediums wird durch den Brechungsindex angegeben.

Brillanz

Lichtwirkung auf glänzenden Oberflächen oder transparenten Materialien. Brillanz entsteht durch Spiegelung der Lichtquelle oder Brechung des Lichts; sie ist vom gerichteten Licht punktförmiger Lichtquellen abhängig.

Candela

Formelzeichen I (cd)
Einheit der →Lichtstärke, Grundgröße der Lichttechnik. 1 cd ist definiert als die Lichtstärke, die von einer monochromatischen Lichtquelle mit einer Strahlungsleistung von 1/683 W bei 555 nm in einem Raumwinkel von 1 sr abgegeben wird.

Chromatische Aberration

→Aberration

CIE

Abk. für Commission Internationale de l'Eclairage, internationale Beleuchtungskommission

Coolbeam

→Kaltlichtreflektor

Dämmerungssehen
→Mesopisches Sehen

Darklighttechnik
→Reflektor

Deckenspiegel
→Gespiegelter Deckenplan

Dichroitischer Reflektor
Reflektor mit selektiver →Reflexion, der durch aufgedampfte Interferenzschichten nur einen Teil des Spektrums reflektiert und andere Bereiche transmittiert. Dichroitische Reflektoren werden vorwiegend als sichtbares Licht reflektierende, →Infrarotstrahlung transmittierende →Kaltlichtreflektoren, daneben aber auch bei entgegengesetzt wirkenden Lampenkolben zur Erhöhung der Lampentemperatur (hot mirror) eingesetzt.

Diffuses Licht
Diffuses Licht geht von großen leuchtenden Flächen aus. Es erzeugt dabei eine gleichmäßige, weiche Beleuchtung mit geringer →Modellierung und →Brillanz.

Dimmer
Regeleinrichtung zum stufenlosen Regeln des Lichtstroms einer Lichtquelle. Meist als verlustfrei arbeitende Phasenanschnittssteuerung eingesetzt. Konventionelle Dimmer können bei Glühlampen für Netzspannung problemlos eingesetzt werden. Dimmer für Leuchtstoff- und Niedervolt-Halogenlampen erfordern einen höheren technischen Aufwand; das Dimmen von Hochdruck-Entladungslampen ist technisch möglich, aber aufwendig und wenig gebräuchlich.

Direktblendung
→Blendung

Doppelfokusreflektor
→Reflektor

Dreibandenleuchtstofflampe
→Leuchtstofflampe

Duo-Schaltung
Schaltung bei der eine induktiv betriebene →Leuchtstofflampe parallel mit einer kapazitiv kompensierten (überkompensierten) Leuchtstofflampe betrieben wird. Der Leistungsfaktor der gesamten Schaltung wird hierbei an 1 angenähert, zusätzlich wird durch die Phasenverschiebung zwischen beiden Lampen eine Verringerung der Lichtwelligkeit bewirkt.

Elliptischer Reflektor
→Reflektor

Eloxierung
Elektrochemische Oxidation von Metalloberflächen, meist von Aluminium. Die Eloxierung mit anschließendem Polieren oder chemischem Glänzen ergibt widerstandsfähige Oberflächen mit hohen →Reflexionsgraden.

Emitter
Material, das den Übertritt von Elektronen aus den Elektroden in die Säule einer →Entladungslampe erleichtert. Bei zahlreichen Entladungslampen sind die Elektroden zur Erleichterung der Zündung mit einem Emittermaterial (meist Bariumoxid) beschichtet.

Entfernungsgesetz, photometrisches
Gesetz, das die →Beleuchtungsstärke als Funktion der Entfernung von der Lichtquelle beschreibt. Die Beleuchtungsstärke nimmt dabei mit dem Quadrat der Entfernung ab.

Entladungslampe
Lichtquelle, bei der das Licht durch elektrische Entladung in Gasen oder Metalldämpfen erzeugt wird. Die Lampeneigenschaften hängen hierbei neben der verwendeten Lampenfüllung vor allem vom Betriebsdruck der Lampe ab. Man unterscheidet daher zwischen Niederdruck- und Hochdruck-Entladungslampen. Niederdruck-Entladungslampen besitzen große Lampenvolumina und entsprechend geringe Lampenleuchtdichten. Das abgegebene Licht umfaßt nur enge Spektralbereiche, wodurch die Farbwiedergabe beeinträchtigt wird. Durch den Einsatz von Leuchtstoffen kann die Farbwiedergabe jedoch erheblich verbessert werden. Hochdruck-Entladungslampen besitzen kleine Lampenvolumina und entsprechend hohe Leuchtdichten. Durch den hohen Betriebsdruck verbreitern sich die erzeugten Spektralbereiche, was zu einer Verbesserung der →Farbwiedergabe führt. Häufig bewirkt die Erhöhung des Lampendrucks auch eine Steigerung der Lichtausbeute.

EVG
Abk. für elektronische →Vorschaltgeräte

Evolventenreflektor
→Reflektor

Farbadaptation
Anpassung des Auges an die →Lichtfarbe einer Umgebung. Erlaubt eine weitgehend natürlich Farbwahrnehmung unter verschiedenen Lichtfarben.

Farbort
→Normvalenzsystem

Farbtemperatur
Kennzeichnung der →Lichtfarbe einer Lichtquelle. Entspricht bei Temperaturstrahlern annähernd der tatsächlichen Temperatur der Lampenwendel. Bei Entladungslampen wird die ähnlichste Farbtemperatur angegeben, dies ist die Temperatur, bei der ein →schwarzer Strahler Licht einer vergleichbaren Farbe abgibt.

Farbwiedergabe
Qualität der Wiedergabe von Farben unter einer gegebenen Beleuchtung. Der Grad der Farbverfälschung gegenüber einer Referenzlichtquelle wird durch den Farbwiedergabeindex R_a beziehungsweise die Farbwiedergabestufe angegeben.

Filter
Optisch wirksame Elemente mit selektiver →Transmission. Transmittiert wird nur ein Teil der auftreffenden Strahlung, wobei entweder farbiges Licht erzeugt oder unsichtbare Strahlungsanteile (→Ultraviolett, →Infrarot) ausgefiltert werden. Filtereffekte können durch selektive →Absorption oder durch →Interferenz erzielt werden. Eine Kombination beider Effekte erlaubt eine besonders scharfe Trennung transmittierter und ausgefilterter Spektralbereiche (Kantenfilter).

Flood
Gebräuchliche Kennzeichnung für breitstrahlende →Reflektoren oder →Reflektorlampen.

Fluoreszenz
Bei der Fluoreszenz werden Stoffe mit Hilfe von Strahlung angeregt und zum Leuchten gebracht, wobei die Wellenlänge des abgegebenen Lichts stets größer als die Wellenlänge der anregenden Strahlung ist. Technische Anwendung findet die Fluoreszenz vor allem bei →Leuchtstoffen, die →Ultraviolettstrahlung in sichtbares Licht umsetzen.

Fovea
→Auge

Fresnellinse
Stufenlinse, bei der die Wirkung einer erheblich dickeren Linse durch eine flache Anordnung von Linsensegmenten erreicht wird. Optische Störungen durch die Prismenkanten werden häufig durch eine gekörnte Linsenrückseite ausgeglichen. Fresnellinsen finden vor allem bei Bühnenscheinwerfern und Strahlern mit verstellbarem →Ausstrahlungswinkel Verwendung.

Gasglühlicht
Beleuchtungsform, bei der ein mit seltenen Erden beschichteter Glühstrumpf, in den Anfängen auch ein anderer Festkörper (z.B. Kalkstein, Kalklicht), durch eine Gasflamme zur →Thermolumineszenz angeregt wird. Hierbei ergibt sich eine erheblich größere Lichtausbeute und ein kurzwelligeres Licht als beim reinen →Gaslicht.

Gaslicht
Frühe Beleuchtungsform, bei der das Licht einer offen brennenden Gasflamme genutzt wird.

Gerichtetes Licht
Gerichtetes Licht geht von →Punktlichtquellen aus. Es besitzt eine Vorzugsrichtung und sorgt so für →Modellierung und →Brillanzwirkungen. Auch freistrahlende Punktlichtquellen erzeugen gerichtetes Licht, die dabei über den Raum wechselnden Vorzugsrichtungen des Lichts werden aber meist durch →Lichtlenkung zu einem einheitlich ausgerichteten Lichtkegel gebündelt.

Gespiegelter Deckenplan
In Aufsicht konstruierter Deckenplan mit Angaben zu Art und Anordnung der anzubringenden Leuchten und Installationen.

Gestaltwahrnehmung
Theorie der Wahrnehmung, die davon ausgeht, daß wahrgenommene Strukturen nicht aus Einzelelementen synthetisiert, sondern vorrangig als Gestalt, d. h. ganzheitlich erfaßt werden, wobei die Gestalt jeweils durch ein Gestaltgesetz geordnet und von ihrer Umgebung getrennt wird.

Glühlampe
→Temperaturstrahler, bei dem Licht durch Erhitzen einer Glühwendel (meist aus Wolfram) erzeugt wird. Die Glühwendel befindet sich dabei in einem Glaskolben, der mit einem Inertgas (Stickstoff oder Edelgas) gefüllt ist, um die Oxidation der Wendel zu verhindern und das Verdampfen des Wendelmaterials zu verlangsamen. Glühlampen existieren in zahlreichen Formen; Hauptgruppen sind die A-Lampe (Allgebrauchslampe) mit tropfenförmigem, klaren oder mattierten Kolben, die R-Lampe mit unterschiedlichen Innenverspiegelungen und die PAR-Lampe aus Preßglas mit integriertem Parabolreflektor.

Gobo
In der Bühnenbeleuchtung gebräuchlicher Begriff für eine Maske oder Bildschablone, die mit Hilfe eines abbildenden Scheinwerfers auf das Bühnenbild projiziert wird.

Goniophotometer
→Photometer

Grenzentfernung, photometrische
Mindestentfernung, oberhalb derer der Einfluß der Lampen- bzw. Leuchtengröße auf die Gültigkeit des →photometrischen Entfernungsgesetzes vernachlässigt werden kann. Die photometrische Grenzentfernung muß mindestens das Zehnfache des maximalen Lampen- bzw. Leuchtendurchmessers betragen; bei optischen Systemen ist die photometische Grenzentfernung experimentell zu ermitteln.

Grenzkurvenverfahren
Verfahren zur Beurteilung der Blendungswirkung einer Leuchte. Hierbei wird die Leuchtdichte der Leuchte unter verschiedenen Ausstrahlungswinkeln in ein Diagramm eingetragen, wobei die Leuchtdichtekurve die Grenzkurve der geforderten Blendungsbegrenzung nicht überschreiten darf.

Halogen-Metalldampflampe
→Hochdruck-Entladungslampe mit einer Lampenfüllung aus Metallhalogeniden. Mit Hilfe der leicht verdampfender Halogenide können auch Metalle mit niedrigem Dampfdruck verwendet werden. Durch die Verfügbarkeit einer Vielzahl von Ausgangsstoffen können so Metalldampfgemische erzeugt werden, die bei der Entladung hohe Lichtausbeuten und eine gute Farbwiedergabe ergeben.

Halogen-Glühlampe
Kompakte Glühlampe mit einer zusätzlichen Halogenfüllung, die eine Ablagerung verdampften Wendelmaterials auf dem Lampenkolben verhindert. Halogen-Glühlampen besitzen eine gegenüber Allgebrauchsglühlampen gesteigerte Lichtausbeute und Lebensdauer.

Helligkeitssteuerung
→Dimmer

Hochdruck-Entladungslampen
→Entladungslampen

Induktive Schaltung
Schaltung, bei der eine Entladungslampe unkompensiert an einem induktiven →Vorschaltgerät (→KVG, →VVG) betrieben wird. Der Leistungsfaktor der Anlage liegt in diesem Fall unter 1.

Infeld
Das Infeld ist weitgehend mit der eigentlichen Arbeitsfläche identisch, es umfaßt die Sehaufgabe und ihre nächste Umgebung. Das Infeld wird vom Umfeld als weiterer Umgebung umschlossen. Die Begrifflichkeit von In- und Umfeldfeld wird vor allem bei Leuchtdichtebetrachtungen verwendet.

Infrarotstrahlung
Jenseits des langwelligen Lichts liegende, unsichtbare Strahlung (Wärmestrahlung, Wellenlänge >780 nm). Infrarotstrahlung wird von allen Lichtquellen, vor allem aber von Temperaturstrahlern erzeugt; hier bildet sie den weitaus überwiegenden Teil der abgegebenen Strahlung. Infrarotstrahlung kann bei hohen Beleuchtungsstärken zu unzulässigen Wärmebelastungen und u. U. zur Schädigung von Materialien führen.

Interferenz
Physikalische Erscheinung bei der Überlagerung phasenverschobener Wellen, die zur selektiven Abschwächung von Wellenbereichen führen kann. Interferenz wird in →Filtern und →Reflektoren zur selektiven →Transmission bzw. →Reflexion genutzt.

Interferenzfilter
→Filter

Isoleuchtdichtediagramm
Diagramm zur Darstellung von Leuchtdichteverteilungen, bei dem in einer Bezugsebene Linien gleicher Leuchtdichte dargestellt werden.

Isoluxdiagramm
Diagramm zur Darstellung von Beleuchtungsstärkeverteilungen, bei dem in einer Bezugsebene Linien gleicher Beleuchtungsstärke dargestellt werden.

Kaltlichtreflektor

→Dichroitischer Reflektor, der vorwiegend sichtbares Licht reflektiert, Infrarotstrahlung dagegen transmittiert (Glasreflektoren) oder absorbiert (Metallreflektoren). Kaltlichtreflektoren führen zu geringerer Wärmebelastung angestrahlter Objekte. Gebräuchliche Bezeichnungen sind Coolbeam- oder Multimirror-Reflektor.

Kantenfilter

→Filter

Kapazitive Schaltung

Schaltung, bei der eine an einem induktiven →Vorschaltgerät (KVG, VVG) betriebene Entladungslampe durch einen in Reihe mit dem Vorschaltgerät angeordneten Kondensator kompensiert wird. Die Schaltung wird hierbei überkompensiert, so daß eine zweite Lampe parallel betrieben werden kann (→Duoschaltung).

Kompakte Leuchtstofflampe

→Leuchtstofflampen, die durch eine Kombination mehrerer, kurzer Entladungsrohre oder ein gefaltetes Entladungsrohr besonders kompakte Abmessungen erreichen. Kompakte Leuchtstofflampen sind einseitig gesockelt; Starter, gelegentlich auch →Vorschaltgeräte können im Sockel integriert sein.

Kompensation

Werden →Entladungslampen an induktiven →Vorschaltgeräten (KVG, VVG) betrieben, so liegt der Leistungsfaktor unter 1 – es entsteht durch die Phasenverschiebung der Spannung gegenüber dem Strom ein Blindstromanteil, der das Leitungsnetz belastet. Bei größeren Anlagen wird daher von den Energieversorgungsunternehmen eine Kompensation dieses Blindstromanteils durch einen Kompensationskondensator verlangt.

Konstanz

Fähigkeit der Wahrnehmung, gleichbleibende Eigenschaften von Objekten (Größe, Form, Reflexionsgrad/ Farbe) von Veränderungen in der Umgebung (Veränderung von Entfernung, räumlicher Lage, Beleuchtung) zu unterscheiden. Die Konstanzphänomene sind eine der wesentlichsten Voraussetzungen für den Aufbau eines geordneten Realitätsbildes aus den wechselnden Leuchtdichtemustern der Netzhaut.

Kontrast

Unterschied in der →Leuchtdichte oder der Farbe zwischen zwei Objekten oder einem Objekt und seiner Umgebung. Mit sinkendem Kontrast steigt die Schwierigkeit einer →Sehaufgabe.

Kontrastwiedergabe

Kriterium für die Begrenzung der Reflexblendung. Die Kontrastwiedergabe wird hierbei durch den Kontrastwiedergabefaktor (CRF) beschrieben, der als das Verhältnis des Leuchtdichtekontrasts der Sehaufgabe bei gegebener Beleuchtung zum Leuchtdichtekontrast bei Referenzbeleuchtung definiert ist.

Konvergenz

Ausrichtung der Augachsen auf ein betrachtetes Objekt, parallel bei weit entfernten Objekten, sich im Winkel schneidend bei näheren Gegenständen.

Kugelreflektor

→Reflektor

KVG

Abk. für konventionelle →Vorschaltgeräte

Lambertstrahler

Vollkommen diffus strahlende Lichtquelle, deren →Lichtstärkeverteilung (dem Cosinusgesetz folgend) einer Kugel bzw. einem Kreis entspricht.

Langfeldleuchten

Gebräuchliche Bezeichnung für mit stabförmigen Leuchtstofflampen bestückte, rechteckig-längliche Leuchten, als →Rasterleuchten häufig mit Spiegel-, Prismen- oder Abblendrastern ausgerüstet.

Leistungsfaktor

→Kompensation

Leuchtdichte

Formelzeichen L (cd/m^2)
Die Leuchtdichte beschreibt die Helligkeit einer Fläche, die durch Eigenleuchtdichte als Lichtquelle, →Transmission oder →Reflexion Licht abgibt. Die Leuchtdichte ist hierbei als Verhältnis von →Lichtstärke zu der senkrecht zur Beobachtungsrichtung projizierten Fläche definiert.

Leuchtdichtegebirge

Dreidimensionales →Isoleuchtdichtediagramm

Leuchtdichtegrenzkurve

→Grenzkurvenverfahren

Leuchtenbetriebswirkungsgrad

→Leuchtenwirkungsgrad

Leuchtenkennzeichnung

Schematische Kennzeichnung von Leuchteneigenschaften durch die Art der →Lichtstärkeverteilungskurve. Bei der Kennzeichnung der Lichtstärkeverteilung einer Leuchte durch Kennbuchstabe und Ziffern gibt der Kennbuchstabe die Leuchtenklasse an, definiert also, ob eine Leuchte ihren Lichtstrom vorwiegend in den oberen oder unteren Halbraum abgibt. Die folgende erste Kennziffer bezeichnet den Anteil des direkten Lichtstroms, der im unteren Halbraum auf die Nutzebene fällt, die zweite Kennziffer gibt den entsprechenden Wert für den oberen Halbraum an. Leuchten können zusätzlich nach ihrer →Schutzart und →Schutzklasse gekennzeichnet sein.

Leuchtenwirkungsgrad

Verhältnis des von einer Leuchte abgegebenen Lichtstroms zum Lichtstrom der verwendeten Lampen. Bezogen auf den tatsächlichen Lampenlichtstrom in der Leuchte ergibt sich der optische Leuchtenwirkungsgrad, bezogen auf den Nennlichtstrom der Lampen der Leuchtenbetriebswirkungsgrad.

Leuchtröhre
→Leuchtstofflampen vergleichbare Niederdruck- →Entladungslampen, die jedoch mit ungeheizten Elektroden und entsprechend hohen Zündspannungen arbeiten. Die rohrförmigen Entladungsgefäße können große Längen und unterschiedlichste Formen besitzen und werden vor allem in der Lichtwerbung und für Bühneneffekte eingesetzt. Durch unterschiedliche Füllgase (Neon, Argon), vor allem aber durch Leuchtstoffe, wird eine Vielzahl von Lichtfarben erreicht. Leuchtröhren benötigen →Zünd- und →Vorschaltgeräte.

Leuchtstofflampe
Mit Quecksilberdampf gefüllte, rohrförmige Niederdruck- →Entladungslampe. Die von der Quecksilberentladung erzeugte Ultraviolettstrahlung wird durch auf die Innenwand des Entladungsrohres aufgebrachte Leuchtstoffe in sichtbares Licht umgesetzt. Durch unterschiedliche Leuchtstoffe werden eine Reihe von Lichtfarben und unterschiedliche Farbwiedergabequalitäten erreicht. Die Leuchtstofflampe besitzt in der Regel beheizte Elektroden und kann so mit vergleichsweise niedrigen Spannungen gestartet werden. Leuchtstofflampen benötigen Start- und →Vorschaltgeräte.

Licht zum Sehen
Licht zum Sehen sorgt für eine allgemeine Beleuchtung der Umgebung. Es wird sichergestellt, daß die Architektur, die Objekte und die Menschen in ihr sichtbar sind, um Orientierung, Arbeit und Kommunikation zu ermöglichen.

Licht zum Hinsehen
Licht zum Hinsehen setzt Akzente. Licht wirkt hier aktiv bei der Vermittlung von Informationen mit, indem bedeutsame Bereiche visuell hervorgehoben, weniger bedeutsame Bereiche zurückgenommen werden.

Licht zum Ansehen
Licht zum Ansehen wirkt als dekoratives Element. Die Brillanzeffekte von Lichtquelle und beleuchteten Materialien – von der Kerzenflamme über den Kronleuchter bis hin zur Lichtskulptur – tragen zur Atmosphäre repräsentativer und stimmungsbetonter Umgebungen bei.

Lichtausbeute
Formelzeichen η (lm/W)
Die Lichtausbeute ist als das Verhältnis von abgegebenem Lichtstrom zu aufgewendeter Leistung definiert.

Lichtbeständigkeit
Bezeichnung für den Grad, in dem ein Material durch Lichteinwirkung verändert wird (Lichtechtheit). Die Lichtbeständigkeit betrifft vor allem die Veränderung von Farben, darüber hinaus aber auch die Veränderung des Materials selbst.

Lichtbrechung
Änderung der Richtung des Lichts durch Eintritt in ein Medium unterschiedlicher Dichte. Durch verschieden starke Brechung unterschiedlicher Spektralbereiche kann es bei der Lichtbrechung zur Bildung von Farbspektren kommen (Prisma).

Lichtfarbe
Farbe des von einer Lampe abgegebenen Lichts. Die Lichtfarbe kann durch x,y-Koordinaten als Farbort im →Normvalenzsystem, bei weißen Lichtfarben auch als Farbtemperatur T_F angegeben werden. Für weiße Lichtfarben existiert zusätzlich eine Grobklassifikation in die Lichtfarben Warmweiß (ww), Neutralweiß (nw) und Tageslichtweiß (tw). Gleiche Lichtfarben können unterschiedliche spektrale Verteilungen und eine entsprechend unterschiedliche →Farbwiedergabe haben.

Lichtleiter
Optisches Instrument zur Leitung von Licht in beliebigen, auch gebogenen Wegführungen. Licht wird hierbei durch Totalreflexion in zylindrischen Voll- oder Hohlleitern aus transparentem Material (Glas- oder Kunststofffasern, -schläuche, -stäbe) von einem Ende des Leiters zum anderen transportiert.

Lichtlenkung
Lichtlenkung durch Reflektoren oder Linsen wird genutzt, um Leuchten mit definierten optischen Eigenschaften als Instrumente der Lichtplanung zu entwickeln. Unterschiedliche Leuchtentypen erlauben dabei Lichtwirkungen von der gleichmäßigen Beleuchtung über die gezielte Hervorhebung einzelner Bereiche bis zur Projektion von Lichtmustern. Auch für den →Sehkomfort ist die Lichtlenkung von entscheidender Bedeutung. Mit Hilfe der Lichtlenkung kann die →Leuchtdichte im für Blendwirkungen kritischen Ausstrahlungsbereich auf ein zulässiges Maß reduziert werden.

Lichtstärke
Formelzeichen I (cd)
Die Lichtstärke ist der Lichtstromanteil pro Raumwinkel (lm/sr), sie beschreibt die räumliche Verteilung des Lichtstroms.

Lichtstärkeverteilungskurve
Die Lichtstärkeverteilungskurve ergibt sich als Schnitt durch den Lichtstärkeverteilungskörper, der die Lichtstärke einer Lichtquelle für alle Raumwinkel darstellt. Bei rotationssymmetrischen Lichtquellen kann die Lichtstärkeverteilung durch eine einzige Lichtstärkeverteilungskurve charakterisiert werden, bei achsensymmetrischen Lichtquellen sind zwei oder mehr Kurven erforderlich. Die Lichtstärkeverteilungskurve wird in der Regel in Form eines auf einen Lichtstrom von 1000 lm normierten Polarkoordinatendiagramms angegeben. Bei Kurven hoher Flankensteilheit (vor allem bei Scheinwerfern) erfolgt die Darstellung in kartesischen Koordinaten.

Lichtsteuerung
Lichtsteuerung ermöglicht es, die Beleuchtung eines Raumes an unterschiedliche Nutzungs- und Umgebungsbedingungen anzupassen. Jeder Nutzungssituation entspricht dabei eine Lichtszene, d. h. ein bestimmtes Muster von Schalt- und Dimmzuständen einzelner Lastkreise. Die Lichtszene ist elektronisch gespeichert ist und kann per Knopfdruck abgerufen werden.

Lichtstrom
Formelzeichen ϕ (lm)
Der Lichtstrom beschreibt die gesamte von einer Lichtquelle abgegebene Lichtleistung. Sie berechnet sich aus der spektralen Strahlungsleistung durch die Bewertung mit der spektralen Hellempfindlichkeit $V(\lambda)$ des Auges.

Linienspektrum
→Spektrum

LiTG
Abk. für Lichttechnische Gesellschaft e. V.

Lumen, lm
→Lichtstrom

Luminiszenz
Sammelbegriff für alle Leuchterscheinungen, die nicht durch Temperaturstrahler hervorgerufen werden. (Photo-, Chemo-, Bio-, Elektro-, Kathodo-, Thermo-, Triboluminiszenz)

Lux, lx
→Beleuchtungsstärke

LVK
→Lichtstärkeverteilungskurve

Mesopisches Sehen
(Dämmerungssehen). Übergangszustand vom →photopischen Tagsehen mit Hilfe der →Zapfen zum →skotopischen Nachtsehen mit Hilfe der →Stäbchen. Farbwahrnehmung und Sehschärfe nehmen entsprechende Zwischenwerte ein. Das mesopische Sehen umfaßt den Leuchtdichtebereich von 3 cd/m^2 bis 0,01 cd/m^2.

Mischlichtlampe
→Quecksilberdampf-Hochdrucklampe, bei der eine im Hüllkolben der Lampe angeordnete, in Reihe geschaltete Glühwendel zur Strombegrenzung und zur Verbesserung der Farbwiedergabe dient. Mischlichtlampen benötigen weder →Zünd- noch →Vorschaltgerät.

Modellierung
Akzentuierung von räumlichen Formen und Oberflächenstrukturen durch das gerichtete Licht punktförmiger Lichtquellen. Meist unter dem Begriff der →Schattigkeit beschrieben.

Monochromatisches Licht
Einfarbiges Licht eines sehr schmalen Spektralbereichs. Unter monochromatischem Licht steigt die Sehschärfe durch das Wegfallen der chromatischen →Aberration, eine Wiedergabe von Farben ist dagegen nicht möglich.

Multimirror
→Kaltlichtreflektor

Nachtsehen
→Skotopisches Sehen

Natriumdampf-Hochdrucklampe
Hochdruck- →Entladungslampe mit Natriumdampffüllung. Da der bei hohem Druck aggressive Natriumdampf Glas zerstören würde, besteht das eigentliche Entladungsgefäß aus Aluminiumoxydkeramik, umgeben von einem zusätzlichen Hüllkolben. Gegenüber →Natriumdampf-Niederdrucklampen ist die Farbwiedergabe deutlich verbessert, die Lichtausbeute ist jedoch geringer. Die Lichtfarbe liegt im warmweißen Bereich. Natriumdampf-Hochdrucklampen benötigen →Zünd- und →Vorschaltgeräte.

Natriumdampf-Niederdrucklampe
Niederdruck- →Entladungslampe mit Natriumdampffüllung. Das eigentliche Entladungsgefäß ist mit einem Infrarotstrahlung reflektierenden Hüllkolben umgeben, um die Lampentemperatur zu erhöhen. Natriumdampf-Niederdrucklampen besitzen eine ausgezeichnete Lichtausbeute. Da sie jedoch →monochromatisches, gelbes Licht abstrahlen, ist das Farbensehen bei einer Beleuchtung mit Natriumdampf-Niederdrucklampen nicht möglich. Natriumdampf-Niederdrucklampen benötigen →Zünd- und →Vorschaltgeräte.

Netzhaut
→Auge

Neutralweiß, nw
→Lichtfarbe

Niederdruck-Entladungslampe
→Entladungslampe

Niedervolt-Halogenlampe
Mit niedriger Spannung (meist 6, 12, 24 V) betriebene, sehr kompakte →Halogen-Glühlampen. Häufig auch mit Metall- oder →Kaltlichtreflektoren erhältlich.

Normvalenzsystem
System zur zahlenmäßigen Erfassung von Licht- und Körperfarben. Das Normvalenzsystem ergibt ein zweidimensionales Diagramm, in dem sich die Farborte aller Farben und Farbmischungen in Sättigungsstufen von der reinen Farbe bis zum Weiß auffinden und durch ihre x,y-Koordinaten numerisch beschreiben lassen. Farbmischungen finden sich jeweils auf einer Geraden zwischen den zu mischenden Farben; die Lichtfarbe von Temperaturstrahlern liegt auf dem definierten Kurvenzug der Planckschen Kurve.

Nutzebene
Normierte Ebene, auf die Beleuchtungsstärken und Leuchtdichten bezogen werden, meist 0,85 m bei Arbeitsflächen und 0,2 m bei Verkehrswegen.

Parabolreflektor
→Reflektor

PAR-Lampe
→Glühlampe

Phasenanschnittsteuerung
Methode der →Helligkeitssteuerung, bei der mit Hilfe des Anschnitts von Wechselstromwellen die Leistungsaufnahme von Lampen gesteuert wird.

Photometer
Gerät zur Messung lichttechnischer Größen (Photometrie). Gemessene Größe ist primär die →Beleuchtungsstärke, andere Größen werden aus der Beleuchtungsstärke abgeleitet. Photometer sind an die spektrale Empfindlichkeit des Auges angepaßt (V(λ)-Anpassung). Spezielle, große Meßvorrichtungen (Goniophotometer) werden zur Ermittlung der Lichtstärkeverteilung von Leuchten benötigt. Hierbei wird entweder der Meßkopf um die Leuchte bewegt (Spiralphotometer) oder der Lichtstrom über einen beweglichen Spiegel auf den feststehenden Meßkopf gelenkt.

Photometrisches Entfernungsgesetz
→Entfernungsgesetz

Photopisches Sehen
(Tagsehen). Sehen bei →Adaptation auf Leuchtdichten von über 3cd/m^2. Das photopische Sehen erfolgt mit den →Zapfen, es konzentriert sich daher auf den Bereich der →Fovea. Die →Sehschärfe ist hoch, es können Farben wahrgenommen werden.

Physiologische Blendung
→Blendung

Planckscher Strahler
(Schwarzer Strahler). Idealer Temperaturstrahler, dessen Strahlungseigenschaften durch das Plancksche Gesetz beschrieben werden.

Planungsfaktor
Reziproker Wert des →Verminderungsfaktors

Prismenraster
Element zur Lichtlenkung bei Leuchten oder zur Tageslichtlenkung mit Hilfe der Brechung und Totalreflexion in prismatischen Elementen.

Psychologische Blendung
→Blendung

Punktbeleuchtungsstärke
Im Gegensatz zur mittleren Beleuchtungsstärke, die eine Aussage über die durchschnittliche Beleuchtungsstärke eines Raums macht, beschreibt die Punktbeleuchtungsstärke die exakte Beleuchtungsstärke an beliebigen Raumpunkten.

Punktlichtquelle

Bezeichnung für kompakte, annähernd punktförmige Lichtquellen, von denen gerichtetes Licht ausgeht. Punktlichtquellen ermöglichen eine optimale Lenkung – vor allem Bündelung – des Lichts, während lineare oder flächige Lichtquellen mit zunehmender Ausdehnung ein zunehmend diffuses Licht erzeugen.

Quecksilberdampf-Hochdrucklampe

Hochdruck-→Entladungslampe mit Quecksilberdampffüllung. Gegenüber der fast ausschließlich →Ultraviolettstrahlung abstrahlenden Niederdruckentladung erzeugt Quecksilberdampf unter hohem Druck sichtbares Licht, allerdings mit geringem Rotanteil. Durch zusätzliche →Leuchtstoffe läßt sich der Rotanteil ergänzen und die →Farbwiedergabe verbessern. Quecksilberdampf-Hochdrucklampen benötigen →Vorschaltgeräte, aber keine →Zündgeräte.

Rasterleuchte

Gebräuchliche Bezeichnung für mit stabförmigen Leuchtstofflampen bestückte, rechteckig-längliche Leuchten (Langfeldleuchten), häufig mit Spiegel-, Prismen- oder Abblendrastern ausgerüstet.

Raumindex

Bei der Berechnung von →Beleuchtungsstärken nach dem →Wirkungsgradverfahren erfaßt der Raumindex die lichttechnisch wirksame Geometrie des Raums.

Raumwinkel

Formelzeichen Ω (sr)
Maß für die Winkelausdehnung einer Fläche. Der Raumwinkel ist als das Verhältnis der Fläche auf einer Kugel zum Quadrat des Kugelradius definiert.

Raumwirkungsgrad

Der Raumwirkungsgrad beschreibt das Verhältnis des auf die →Nutzebene auftreffenden →Lichtstroms zum von einer Leuchte abgegebenen Lichtstrom. Er resultiert aus dem Zusammenspiel von Raumgeometrie, Reflexionsgraden der Raumbegrenzungsflächen und Leuchtencharakteristik.

Reflektor

Lichtlenkendes System auf der Grundlage reflektierender Flächen. Die Charakteristik eines Reflektors beruht zunächst auf seinem Reflexions- und Streugrad, bei Spiegelreflektoren darüber hinaus vor allem auf der Kurvenart seines Querschnitts (Reflektorkontur). Parabolreflektoren richten das Licht einer (Punkt-)Lichtquelle in ihrem Brennpunkt parallel aus, Kugelreflektoren werfen es zum Brennpunkt zurück, elliptische Reflektoren bündeln es in einem zweiten Brennpunkt.

Reflektorlampe

→Glühlampe

Reflexblendung

→Blendung

Reflexion

Fähigkeit von Stoffen, Licht zurückzuwerfen. Maß der Reflexion ist der Reflexionsgrad, er ist als das Verhältnis von reflektiertem Lichtstrom zu auftreffendem Lichtstrom definiert.

Relativblendung

→Blendung

Retroreflexion

Reflexion in rechtwinkligen Reflektorsystemen (Tripelspiegeln) oder transparenten Kugeln, bei der das reflektierte Licht parallel zum einfallenden Licht zurückgestrahlt wird.

Rinnenreflektor

Reflektor für lineare Leuchtmittel, bei dem vor allem der zur Längsachse senkrechte Querschnitt die lichtlenkende Wirkung bestimmt.

Scallop

Hyperbelförmiger Kegelanschnitt eines Lichtkegels. Scallops entstehen z. B. bei einer streifenden Wandbeleuchtung durch Downlights.

Schattigkeit

Maß für die →Modellierungsfähigkeit einer Beleuchtung. Die Schattigkeit ist als das Verhältnis der mittleren vertikalen (zylindrischen) zur horizontalen →Beleuchtungsstärke an einem Raumpunkt definiert.

Schutzart

Kennzeichnung von Leuchten bezüglich der Art ihres Schutzes gegen Berührung, Fremdkörper und Wasser.

Schutzklasse

Kennzeichnung von Leuchten bezüglich der Art ihres Schutzes gegen elektrischen Schlag.

Schwarzer Strahler

→Planckscher Strahler

Sehaufgabe

Ausdruck für die zu erbringende Wahrnehmungsleistung des Auges bzw. die visuellen Eigenschaften des wahrzunehmenden Gegenstands. Die Schwierigkeit einer Sehaufgabe wächst mit der Verringerung des Farb- oder Leuchtdichtekontrasts sowie mit der Verringerung der Detailgröße.

Sehkomfort

Als Sehkomfort wird üblicherweise die Qualität einer Beleuchtung unter einer Zahl von Gütekriterien verstanden. (→Beleuchtungsstärke, →Leuchtdichteverhältnisse, →Farbwiedergabe, →Schattigkeit).

Sehschärfe

Fähigkeit des Auges zur Wahrnehmung von Details. Maß ist der Visus, der als Kehrwert der Größe des kleinsten wahrnehmbaren Details einer vereinbarten Sehaufgabe (meist die Öffnung von Landoltringen) in Bogenminuten definiert ist.

Sehwinkel

Winkel, unter dem ein betrachtetes Objekt wahrgenommen wird, Maß für die Größe der Abbildung des Objekts auf der →Netzhaut.

Sekundärtechnik

Leuchtentechnik, bei der eine indirekte oder direkt/indirekte Beleuchtung nicht durch Beleuchtung der Raumbegrenzungsflächen, sondern durch einen eigenen Sekundärreflektor erzeugt wird. Sekundärleuchten verfügen häufig über eine Kombination von Primär- und Sekundärreflektor, durch die eine weitgehende Kontrolle der abgegebenen direkten und indirekten →Lichtströme möglich ist.

Skotopisches Sehen

(Nachtsehen). Sehen bei →Adaptation auf Leuchtdichten von unter 0,01 cd/m². Das skotopische Sehen erfolgt mit den →Stäbchen, es umfaßt daher auch und vor allem die Peripherie der →Netzhaut. Die →Sehschärfe ist niedrig, es können keine Farben wahrgenommen werden, die Empfindlichkeit für Bewegungen wahrgenommener Objekte ist dagegen hoch.

Sonnenlicht
→Tageslicht

Sonnensimulator
→Tageslichtsimulator

Sphärische Aberration
→Aberration

Spektrum

Verteilung der Strahlungsstärke einer Lichtquelle über der Wellenlänge. Aus der spektralen Verteilung ergeben sich sowohl →Lichtfarbe als auch →Farbwiedergabe. Je nach Art der Lichterzeugung können Grundtypen von Spektren unterschieden werden: das kontinuierliche Spektrum (Tageslicht und →Temperaturstrahler), das Linienspektrum (Niederdruckentladung) sowie das Bandenspektrum (Hochdruckentladung).

Spiegelraster
→Reflektor

Spiralphotometer
→Photometer

Spot

Gebräuchliche Kennzeichnung für engstrahlende →Reflektoren oder →Reflektorlampen.

Stäbchen
→Auge

Stäbchensehen
→Skotopisches Sehen

Starter

Zündgerät für →Leuchtstofflampen. Der Starter schließt beim Einschalten der Lampe einen Vorheizkreis, der die Lampenelektroden erhitzt. Bei ausreichender Vorheizung wird der Stromkreis geöffnet, was im →Vorschaltgerät durch Induktion den zur Zündung erforderlichen Spannungsstoß erzeugt.

Steradiant, sr
→Raumwinkel

Stroboskopeffekt

Flimmereffekte oder scheinbare Geschwindigkeitsänderung bewegter Objekte bei (durch die Netzfreqenz) pulsierendem Licht, bis hin zu scheinbarem Stillstand oder der Umkehrung der Bewegungsrichtung. Stroboskopeffekte treten bei der Beleuchtung durch →Entladungslampen, vor allem bei gedimmten Leuchtstofflampen auf. Sie sind störend und bei der Bedienung von Maschinen auch gefährlich. Abhilfe kann durch phasenverschobenen Betrieb (→Duoschaltung, Anschluß am Drehstromnetz) oder durch hochfrequente elektronische →Vorschaltgeräte erfolgen.

Stufenlinse
→Fresnellinse

Tageslicht

Das Tageslicht umfaßt sowohl das direkte, gerichtete Sonnenlicht, als auch das diffuse Licht des (bedeckten oder unbedeckten) Himmels. Die →Beleuchtungsstärken des Tageslichts liegen weit über den Beleuchtungsstärken der künstlichen Beleuchtung, die →Lichtfarbe liegt stets im →tageslichtweißen Bereich.

Tageslichtergänzungsbeleuchtung

Künstliche Zusatzbeleuchtung, vor allem in tiefen, einseitig durch Fenster beleuchteten Räumen. Die Tageslichtergänzungsbeleuchtung gleicht den starken Beleuchtungsstärkeabfall aus, der in größerem Abstand von den Fenstern entsteht, und sorgt durch die Verminderung des Leuchtdichtekontrasts zwischen Fenstern und ihrer Umgebung für die Vermeidung von →Blendung.

Tageslichtquotient

Verhältnis der durch →Tageslicht erzeugten →Beleuchtungsstärke auf der →Nutzebene eines Raums zur Außenbeleuchtungsstärke.

Tageslichtsimulator

Technische Vorrichtung zur Simulation von Sonnen- und →Tageslicht. Tageslicht wird entweder durch eine halbkugelförmige Anordnung zahlreicher Leuchten oder durch Vielfachreflexion einer Lichtdecke in einem Spiegelraum simuliert, Sonnenlicht durch einen Parabolstrahler, dessen Bewegung den Verlauf der Sonne über die Dauer eines Tages oder Jahres nachvollzieht. Ein Tageslichtsimulator ermöglicht Modellsimulationen der Licht- und Schattenverhältnisse geplanter Gebäude, die Erprobung lichtlenkender Elemente und die Messung von →Tageslichtquotienten am Modell.

Tageslichtweiß, tw
→Lichtfarbe

Tagsehen
→Photopisches Sehen

Tandemschaltung

Betrieb zweier in Serie geschalteter →Leuchtstofflampen an einem einzigen →Vorschaltgerät.

Temperaturstrahler

Strahlungsquelle, die durch Erhitzung eines Materials Licht abgibt. Ein idealer →Planckscher Strahler gibt dabei ein dem Planckschen Gesetz folgendes →Spektrum ab; bei in der Praxis verwendeten Stoffen (z. B. dem Wolfram von Glühwendeln) weicht das abgegebene Spektrum stoffspezifisch geringfügig von dieser Spektralverteilung ab.

Thermoluminiszenz
→Luminiszenz

Transformator
→Betriebsgeräte

Transmission
Fähigkeit von Stoffen, Licht durchtreten zu lassen. Maß dieser Fähigkeit ist der Transmissionsgrad, der als das Verhältnis von transmittiertem Lichtstrom zu auftreffendem Lichtstrom definiert ist.

Ultraviolettstrahlung
Jenseits des kurzwelligen Lichts liegende unsichtbare Strahlung (Wellenlänge < 380 nm). Zur Architekturbeleuchtung verwendete Lichtquellen geben nur einen geringen Anteil an Ultraviolettstrahlung ab. Spezielle Lichtquellen erzeugen einen höheren Anteil an Ultraviolettstrahlung, der für medizinische und kosmetische Zwecke (Bräunung, Desinfektion) sowie in der Photochemie genutzt wird. Ultraviolettstrahlung kann schädliche Auswirkungen haben, dies betrifft vor allem das Ausbleichen von Farben und die Versprödung von Materialien.

Umfeld
→Infeld

Verminderungsfaktor
Faktor (meist 0,8), der in die Beleuchtungsstärkeberechnung z. B. nach dem →Wirkungsgradverfahren einbezogen wird, um die Leistungsminderung der Beleuchtungsanlage infolge der Alterung von Lampen und der Verschmutzung von Leuchten zu berücksichtigen.

Vorschaltgerät
Strombegrenzendes →Betriebsgerät für →Entladungslampen. Die Strombegrenzung erfolgt entweder induktiv durch eine Drosselspule oder elektronisch. Induktive Vorschaltgeräte sind in konventioneller (KVG) oder verlustarmer Bauform (VVG) erhältlich. Sie erfordern gegebenenfalls ein zusätzliches Zünd- oder Startgerät. Elektronische Vorschaltgeräte (EVG) arbeiten ohne zusätzliche Zündgeräte, sie vermeiden störende Brummgeräusche oder →Stroboskopeffekte.

Voute
Architekturelement an Wand oder Decke, das Leuchten (meist →Leuchtstofflampen oder →Leuchtröhren) zur indirekten Beleuchtung aufnimmt und abschirmt.

VVG
Abk. für verlustarme →Vorschaltgeräte

Zapfen
→Auge

Zapfensehen
→Photopisches Sehen

Zonierung
Aufteilung eines Raumes in je nach Funktion unterschiedlich beleuchtete Bereiche.

Zündgerät
→Betriebsgerät, das die Zündung von →Entladungslampen durch Erzeugung von Spannungsspitzen ermöglicht. Als Zündgeräte können Streufeldtransformatoren, Zündtransformatoren, Zündpulser, aber auch elektronische Zündgeräte dienen.

Zündhilfe
Vorrichtung zur Erleichterung der Zündung, z. B. bei →Leuchtstofflampen mit ungeheizten Elektroden. Häufig in Form einer Hilfselektrode (Zündstrich) oder eines außenliegenden Zündnetzes.

Wahrnehmungsphysiologie
Wissenschaftszweig, der sich mit den biologischen Aspekten der Wahrnehmung, vor allem der neuronalen Aufnahme und Verarbeitung von Sinnesreizen beschäftigt.

Wahrnehmungspsychologie
Wissenschaftszweig, der sich mit den geistigen Aspekten der Wahrnehmung, vor allem mit der Verarbeitung aufgenommener Sinnesreize beschäftigt.

Warmweiß, ww
→Lichtfarbe

Wiederzündung
Erneute Zündung nach Abschalten oder Stromunterbrechung. Zahlreiche →Entladungslampen können erst nach einer Abkühlphase wieder gezündet werden. Eine sofortige Wiederzündung ist nur durch spezielle Hochspannungs- →Zündgeräte möglich.

Wirkungsgrad
→Leuchtenwirkungsgrad, →Raumwirkungsgrad

Wirkungsgradverfahren
Verfahrung zur Berechung der mittleren →Beleuchtungsstärke von Räumen mit Hilfe des →Leuchtenwirkungsgrades, des →Raumwirkungsgrades und des Lampenlichtstroms.

Literatur

Appel, John; MacKenzie, James J.: How Much Light Do We Really Need? Building Systems Design 1975, February, March

Arnheim, Rudolf: Visual Thinking. University of California, Berkeley 1971

Bartenbach, Christian: Licht- und Raummilieu. Technik am Bau 1978, Nr. 8

Bartenbach, Christian: Neue Tageslichtkonzepte. Technik am Bau 1986, Nr. 4

Bauer, G.: Strahlungsmessung im optischen Spektralbereich. Friedrich Vieweg & Sohn, Braunschweig 1962

Bedocs, L.; Pinniger, M. J. H.: Development of Integrated Ceiling Systems. Lighting Research and Technology 1975, Vol. 7 No. 2

Beitz, Albert; Hallenbeck, G. H.; Lam, William M.: An Approach to the Design of the Luminous Environment. MIT, Boston 1976

Bentham, F.: The Art of Stage Lighting. Pitman, London 1969

Bergmann, Gösta: Lighting the Theatre. Stockholm 1977

Birren, Faber: Light, Color and Environment. Van Nostrand Reinhold, New York 1969

Birren, Faber; Logan, Henry L.: The Agreable Environment. Progressive Architecture 1960, August

Blackwell, H. R. et al.: Developement and Use of a Quantitative Method for Specification of Interior Illumination Levels on the Basis of Performance Data. Illuminating Engineering 1959, Vol. LIV

Bodmann, H. W.: Illumination Levels and Visual Performance. International Lighting Review 1962, Vol. 13

Bodmann, H. W.; Voit, E. A.: Versuche zur Beschreibung der Hellempfindung. Lichttechnik 1962, Nr. 14

Boud, John: Lighting Design in Buildings. Peter Peregrinus Ltd., Stevenage Herts. 1973

Boud, J.: Shop, Stage, Studio. Light & Lighting 1966, Vol. 59 No. 11

Boud, J.: Lighting for Effect. Light & Lighting 1971, Vol. 64 No. 8

Bouma, P. J.: Farbe und Farbwahrnehmung. Philips Techn. Bücherei, Eindhoven 1951

Boyce, Peter R.: Bridging the Gap – Part II. Lighting Design + Application 1987, June

Boyce, P. C.: Human Factors in Lighting. Applied Science Publishers, London 1981

Brandston, Howard: Beleuchtung aus der Sicht des Praktikers. Internationale Lichtrundschau 1983, 3

Breitfuß, W.; Hentschel, H.-J.; Leibig, J.; Pusch, R.: Neue Lichtatmosphäre im Büro – Direkt-Indirektbeleuchtung und ihre Bewertung. Licht 34, 1982, Heft 6

Breitfuß, W.; Leibig, J.: Bildschirmarbeitsplätze im richtigen Licht. Data Report 15, 1980

Brill, Thomas B.: Light. Its Interaction with Art and Antiquity. Plenum, New York 1980

British Lighting Council: Interior Lighting Design Handbook. 1966

Buschendorf, Hans Georg: Lexikon Licht- und Beleuchtungstechnik. VDE Verlag Berlin, Offenbach 1989

Cakir, Ahmet E.: Eine Untersuchung zum Stand der Beleuchtungstechnik in deutschen Büros. Ergonomic, Institut für Arbeits- und Sozialforschung, Berlin 1990

Caminada, J. F.: Über architektonische Beleuchtung. Internationale Lichtrundschau 1984, 4

Caminada, J. F.; Bommel, W. J. M. van: New Lighting Criteria for Residential Areas. Journal of the Illuminating Engineering Society 1984, July Vol. 13 No. 4

CIE: International Lighting Vocabulary. Commission Internationale de l'Eclairage, Paris 1970

CIE: Guide on Interior Lighting. Commission Internationale de l'Eclairage 1975, Publ. No. 29 (TC-4.1)

CIE: Committee TC-3.1: An Analytic Model for Describing the Influence of Lighting Parameters on Visual Performance. Commission Internationale de l'Eclairage, Paris 1981, Publ. No. 19/2.1

Council for Care of Churches: Lighting and Wiring of Churches. Council for Care of Churches 1961

Cowan, H. J.: Models in Architecture. American Elsevier, New York 1968

Danz, Ernst: Sonnenschutz. Hatje, Stuttgart 1967

Davis, Robert G.: Closing the Gap. Lighting Design + Application 1987, May

De Boer, J. B.: Glanz in der Beleuchtungstechnik. Lichttechnik 1967, Nr. 28

De Boer, J. B.: Performance and Comfort in the Presence of Veiling Reflections. Lighting Research and Technology 1977

De Boer, J. B.; Fischer, D.: Interior Lighting. Philips Technical Library, Antwerp 1981

Diemer, Helen, K.; Prouse, Robert; Roush, Mark L.; Thompson, Thomas: Four Young Lighting Designers Speak Out. Lighting Design + Application 1986, March

Egan, David M.: Concepts in Architectural Lighting. McGraw-Hill, New York 1983

Egger, W.: Kontrastwiedergabefaktor – ein neues Qualitätsmerkmal einer Beleuchtungsanlage? Licht-Forschung 6 1984, Heft 2

Elmer, W. B.: The Optical Design of Reflectors. Wiley, New York 1979

Erhardt, Louis: Radiation, Light and Illumination. Camarillo Reproduction Center, Camarillo 1977

Erhard, Louis: Views on the Visual Environment. A Potpourri of Essays on Lighting Design IES 1985

Erhard, Louis: Creative Design. Lighting Design + Application 1987, August

Evans, Benjamin H.: Daylight in Architecture. McGraw-Hill, New York 1981

Feltman, S.: A Designers Checklist for Merchandise Lighting. Lighting Design + Application 1986, May Vol. 16 No. 5

Fischer, D.: The European Approach to the Integration of Lighting and Air-Conditioning. Lighting Research and Technology 1970, Vol. 2

Fischer, Udo: Tageslichttechnik. R. Müller, Köln-Braunsfeld 1982

Fördergemeinschaft Gutes Licht: Hefte 1–12 div. Titel u. Sachgebiete. Fördergemeinschaft Gutes Licht, Postf. 70 09 69, Frankfurt/M.

Fördergemeinschaft Gutes Licht: Informationen zur Lichtanwendung. ZVEI, Frankfurt/Main 1975–80

Frisby, John P.: Sehen. Optische Täuschungen, Gehirnfunktionen, Bildgedächtnis. Heinz Moos, München 1983

Gibson, James J.: Wahrnehmung und Umwelt. Der ökologische Ansatz in der visuellen Wahrnehmung. Urban & Schwarzenberg, München, Wien, Baltimore 1982

Gregory, R. L.: Eye and Brain: The Psychology of Seeing. McGraw-Hill, New York 1979

Gregory, R. L.: Seeing in the Light of Experience. Lighting Research & Technology 1971, Vol. 3 No. 4

Grenald, Raymond: Perception – The Name of the Game. Lighting Design + Application 1986, July

Gut, G.: Handbuch der Lichtwerbung. Stuttgart 1974

Hartmann, Erwin: Optimale Beleuchtung am Arbeitsplatz. Ludwigshafen 1977

Hartmann, E.; Müller-Limmroth, W.: Stellungnahme zur Verträglichkeit des Leuchtstofflampenlichts. LiTG, Karlsruhe 1981

Hartmann, E.; Leibig, J.; Roll, K.-F.: Optimale Sehbedingungen am Bildschirmarbeitsplatz I, II, III. Licht 35 1983, Heft 7/8, 9, 10

Hentschel, Hans-Jürgen: Licht und Beleuchtung. Hüthig, Heidelberg 1987

Hentschel, H.-J.; Roll, K.-F.: Die Indirektkomponente der Beleuchtung und optimale Leuchtdichteverhältnisse im Innenraum. Licht 36 1984, Heft 6

Herzberg, Rose: Beleuchtung und Klima im Museum. Institut für Museumswesen, Bd. 14, Berlin 1979

Hickish, Gerd: Lichtplanung in Kirchen. Licht 1980, Dezember, Vol. 32 No. 12

Hilbert, J. S.; Krochmann, J.: Eine neue konservatorische Bewertung der Beleuchtung in Museen. Institut für Museumskunde, Staatliche Museen Preußischer Kulturbesitz, Berlin. Materialien Heft 5, Berlin 1983

Hochberg, J. E.: Perception. Prentice-Hall, New Jersey 1964

Hohauser, S.: Architectural and Interior Models. Van Nostrand Reinhold, New York 1970

Hopkinson, R. G.: Architectural Physics: Lighting. Her Majesty's Stationery Office, London 1963

Hopkinson, R. G.; Kay, J. D.: The Lighting of Buildings. Faber & Faber, London 1972

Hopkinson, R. G.; Petherbridge, P.; Longmore, J.: Daylighting. Heinemann, London 1966

Hopkins, R. G.: A Code of Lighting Quality, A Note on the Use of Indices of Glare Discomfort in Lighting Codes. Building Research Station, Garston, England 1960, April, Note No. E 999

IES (Kaufman, John E. ed.): Illuminating Engineering Society Lighting Handbook Reference Volume. IES 1981

IES, (Kaufman, John E. ed.): Illuminating Engineering Society Lighting Handbook Application Volume. IES 1981

IES (Kaufman, John E. ed.): Lighting Ready Reference. IES 1985

Institut für Landes- und Stadtentwicklungsforschung des Landes NRW: Licht im Hoch- und Städtebau. Dortmund 1979

Ishii, Motoko: My Universe of Lights. Libro, Tokyo 1985

Ishii, Motoko: Motoko Lights. A Selection. Motoko Ishii International Inc.

James, William: Psychology. Fawcett, New York 1963

Jankowski, Wanda: The Best of Lighting Design. PBC International (Hearst), New York 1987

Jay, P. A.: Light and Lighting. 1967

Kanisza, Gaetono: Organisation in Vision. Essay on Gestalt Perception. Praeger, New York 1979

Keller, Max: Handbuch der Bühnenbeleuchtung. Köln 1985

Kellogg-Smith, Fran; Bertolone, Fred J.: Bringing Interiors to Light. The Principles and Practices of Lighting Design. Whitney Library of Design, Watson-Guptill Publications, New York 1986

Köhler, Walter: Lichttechnik. Helios, Berlin 1952

Köhler, Walter; Wassili, Luckhardt: Lichtarchitektur. Berlin 1955

Krochmann, Jürgen: Zur Frage der Beleuchtung von Museen. Lichttechnik 1978, Nr. 2

Krochmann, J.; Kirschbaum C. F.: Gerät zur Ermittlung der ergonomisch notwendigen Beleuchtung am Arbeitsplatz. Forschungsbericht Nr. 355. Wirtschaftsverlag NW, Bremerhaven 1983

Lam, William M. C.: Perception and Lighting as Formgivers for Architecture. McGraw Hill, New York 1977

Lam, William M. C.: Sunlighting as Formgiver for Architecture. Van Nostrand Reinhold, New York 1986

Lam, William M. C.; Beitz, Albert; Hallenbeck, G. H.: An Approach to the Design of the Luminous Environment. MIT, Boston 1976

Lamb, C.: Die Wies, das Meisterwerk von Dominikus Zimmermann. Berlin 1937

Lemons, T. M.; MacLeod, R. B. Jr.: Scale Models Used in Lighting Systems Design and Evaluation. Lighting Design + Application 1972, February

LiTG: Beleuchtung in Verbindung mit Klima und Schalltechnik. Karlsruhe 1980

LiTG: Projektierung von Beleuchtungsanlagen für Innenräume. Berlin 1988

McCandless, Stanley: A Method of Lighting the Stage. Theatre Arts Books, New York 1973

Metcalf, Keyes D.: Library Lighting. Associates of Research Libraries, Washington DC 1970

Metzger, Wolfgang: Gesetze des Sehens. Waldemar Kramer, Frankfurt/M. 1975

Moon, Parry; Eberle Spencer, Domina: Lighting Design. Addison-Wesley, Cambridge, Mass. 1948

Moore, Fuller: Concepts and Practice of Architectural Daylighting. Van Nostrand Reinhold, New York 1985

Murdoch, Joseph B.: Illuminating Engineering. Macmillan, New York 1985

Ne'eman, E.; Isaacs, R. L.; Collins, J. B.: The Lighting of Compact Plan Hospitals. Transactions of the Illuminating Engineering Society 1966, Vol. 31 No. 2

Nuckolls, James L.: Interior Lighting for Environmental Designers. John Wiley & Sons, New York 1976

Olgyay, V.; Olgyay, A.: Solar Control and Shading Devices. Princeton University Press, Princeton 1963

O'Dea, W. T.: The Social History of Lighting. Routledge and Kegan Paul, London 1958

Pelbrow, Richard: Stage Lighting. Van Nostrand Reinhold, New York 1970

Philips: Lighting Manual. 3rd Edition. Philips, Eindhoven 1981

Philips: Correspondence Course Lighting Application. Bisher 12 Hefte. Philips, Eindhoven 1984 f.

Plummer, Henry: Poetics of Light. Architecture and Urbanism 1987, December, vol. 12

Pritchard, D. C.: Lighting. Longman, London 1978

Rebske, Ernst: Lampen, Laternen, Leuchten. Eine Historie der Beleuchtung. Franck, Stuttgart 1962

Reeb, O.: Grundlagen der Photometrie. G. Braun, Karlsruhe 1962

Riege, Joachim: Handbuch der lichttechnischen Literatur. TU, Institut für Lichttechnik, Berlin 1967

Ritter, Manfred (Einf.): Wahrnehmung und visuelles System. Spektrum der Wissenschaft, Heidelberg 1986

Robbins, Claude L.: Daylighting. Design and Analysis. Van Nostrand Reinhold, New York 1986

Rock, Irvin: Wahrnehmung. Vom visuellen Reiz zum Sehen und Erkennen. Spektrum der Wissenschaft, Heidelberg 1985

Rodman, H. E.: Models in Architectural Education and Practice. Lighting Design + Application 1973, June

SLG; LTAG; LiTG: Handbuch für Beleuchtung. W. Giradet, Essen 1975

Santen, Christa van; Hansen, A. J.: Licht in de Architectuur – een beschouwing vor dag- en kunstlicht. de Bussy, Amsterdam 1985

Santen, Christa van; Hansen A. J.: Zichtbarmaaken van schaduwpatroonen. Visuele communicatie in het bouwproces. Faculteit der bouwkunde, Delft 1989

Schivelbusch, Wolfgang: Lichtblicke. Zur Geschichte der künstlichen Helligkeit im 19. Jhdt. Hanser, München 1983

Schober, H.: Das Sehen. VEB Fachbuchverlag, Leipzig 1970 Bd. I, 1964 Bd. II

Schober, H; Rentschler, I.: Das Bild als Schein der Wirklichkeit. Optische Täuschungen in Wissenschaft und Kunst. Moos, München 1972

Sewig, Rudolf: Handbuch der Lichttechnik. Würzburg 1938, 2 Bände

Sieverts, E.: Bürohaus- und Verwaltungsbau. W. Kohlhammer GmbH, Stuttgart, Berlin, Köln, Mainz 1980

Sieverts, E.: Beleuchtung und Raumgestaltung. In: Beleuchtung am Arbeitsplatz, BAU Tb49. Wirtschaftsverlag NW, Bremerhaven 1988

Söllner, G.: Ein einfaches System zur Blendungsbewertung. Lichttechnik 1965, Nr. 17

Sorcar, Parfulla C.: Rapid Lighting Design and Cost Estimating. McGraw-Hill, New York 1979

Sorcar, Praefulla C.: Energy Saving Light Systems. Van Nostrand Reinhold, New York 1982

Spieser, Robert: Handbuch für Beleuchtung. Zentrale für Lichtwirtschaft, Zürich 1950

Steffy, Gary: Lighting for Architecture and People. Lighting Design + Application 1986, July

Sturm, C. H.: Vorschaltgeräte und Schaltungen für Niederspannungs-Entladungslampen. BBC, Mannheim, Essen

Taylor, J.: Model Building for Architects and Engineers. McGraw-Hill, New York 1971

Teichmüller, Joachim: Moderne Lichttechnik in Wissenschaft und Praxis. Union, Berlin 1928

Teichmüller, Joachim: Lichtarchitektur. Licht und Lampe, Union 1927, Heft 13, 14

Twarowski, Mieczyslaw: Sonne und Architektur. Callwey, München 1962

Wahl, Karl: Lichttechnik. Fachbuchverlag, Leipzig 1954

Waldram, J. M.: The Lighting of Gloucester Cathedral by the „Designed Appearence" Method. Transactions of the Illuminating Engineering Society 1959, Vol. 24 No. 2

Waldram, J. M.: A Review of Lighting Progress. Lighting Research & Technology 1972, Vol. 4 No. 3

Walsh, J. W. T.: Photometry. Dover Publications Inc., New York 1965

Weigel, R.: Grundzüge der Lichttechnik. Girardet, Essen 1952

Weis, B.: Notbeleuchtung. Pflaum, München 1985

Welter, Hans: Sportstättenbeleuchtung, Empfehlungen für die Projektierung und Messung der Beleuchtung. Lichttechnik 1974, März, Vol. 26 No. 3

Wilson, Forrest: How we create. Lighting Design + Application 1987, February

Yonemura, G. T.: Criteria for Recommending Lighting Levels. U.S. National Bureau of Standarts 1981, March 81-2231

Yonemura, G. T.; Kohayakawa, Y.: A New Look at the Research Basis for Lighting Level Recommendations. US Government Printing Office, NBS Building Science Series 82, Washington, D.C. 1976

Zekowski, Gerry: Wie man die Augen eines Designers erwirbt. Internationale Lichtrundschau 1983, 3

Zekowski, Gerry: Why I am an Perceptionist. Lighting Design + Application 1987, August

Zekowski, Gerry: How to Grab a Footcandle. Lighting Design + Application 1986, June

Zekowski, Gerry: Beleuchtung – Kunst und Wissenschaft. Internationale Lichtrundschau 1982, 1

Zekowski, Gerry: The Art of Lighting is a Science/The Science of Lighting is an Art. Lighting Design + Application 1981, March

Zekowski, Gerry: Undeification of the Calculation. Lighting Design + Application 1984, Februar

Zieseniß, Carl Heinz: Beleuchtungstechnik für den Elektrofachmann. Hüthig, Heidelberg 1985

Zijl, H.: Leitfaden der Lichttechnik. Philips Technische Bibliothek Reihe B, Bd. 10, Eindhoven 1955

Zimmer, R. (Hrsg.): Technik Wörterbuch Lichttechnik (8-spr.). VEB Verlag Technik, Berlin 1977

Normen, Anonyme Artikel

A Special Issue on Hotel Lighting. International Lighting Review 1963, Vol. 14 No. 6

A Special Issue on Museum and Art Gallery Lighting. International Lighting Review 1964, Vol. 15 No. 5–6

A Special Issue on Shop and Display Lighting. International Lighting Review 1969, Vol. 20 No. 2

Arbeitsstättenrichtlinien ASR 7/3, (6/79)

Besseres Licht im Büro. Licht 1985, Februar, Vol. 37 No. 1

DIN 5034 Teil 1 (2/83), Tageslicht in Innenräumen, Allgemeine Anforderungen

DIN 5035 Teil 1 (6/90), Beleuchtung mit künstlichem Licht; Begriffe und allgemeine Anforderungen

DIN 5035 Teil 2 (9/90), Beleuchtung mit künstlichem Licht; Richtwerte für Arbeitsstätten in Innenräumen und im Freien

DIN 5035 Teil 7 (9/88), Innenraumbeleuchtung mit künstlichem Licht; Spezielle Empfehlungen für die Beleuchtung von Räumen mit Bildschirmarbeitsplätzen und mit Arbeitsplätzen mit Bildschirmunterstützung

DIN 66234 Teil 7 (12/84), Bildschirmarbeitsplätze, Ergonomische Gestaltung des Arbeitsraums; Beleuchtung und Anordnung

Lichtarchitektur. Daidalos 1988, März, Heft 27

Lighting Technology Terminology. BS 4727, 1972

Lighting Up the CRT Screen – Problems and Solutions. Lighting Design + Application 1984, February

Bildquellen

Archiv für Kunst und Geschichte
17 Schaufensterbeleuchtung mit Gaslicht

CAT Software GmbH
165 Beleuchtungsstärkeverteilung
165 Leuchtdichteverteilung

Daidalos 27. Lichtarchitektur. März 1988
23 Wassili Luckhardt: Kristall auf der Kugel
23 Tabakfabrik van Nelle, Rotterdam

Deutsches Museum, München
20 Goebel-Lampen

ERCO
24 Licht zum Sehen
25 Licht zum Hinsehen
25 Licht zum Ansehen

Institut für Landes- und Stadtentwicklungsforschung des Landes Nordrhein-
Westfalen ILS (Hrsg.): Licht im Hoch- und
Städtebau. Band 3.021. S. 17. Dortmund
1980
13 Lichteinfluß auf nördliche und südliche
Formgebung

Addison Kelly
116 Richard Kelly

William M. C. Lam: Sunlighting as
Formgiver for Architecture. New York
(Van Nostrand Reinhold) 1986
117 William Lam

Osram Fotoarchiv
20 Heinrich Goebel

Correspondence Course Lighting Application. Vol. 2. History of Light and Lighting.
Eindhoven 1984
13 Öllampe aus Messing
15 Christiaan Huygens
15 Isaac Newton
17 Carl Auer v. Welsbach
18 Jablochkoff-Kerzen
20 Joseph Wilson Swan
20 Thomas Alva Edison
21 Theaterfoyer mit Moorelampen
23 Joachim Teichmüller

Henry Plummer: Poetics of Light. In: Architecture and Urbanism. 12. 1987
12 Sonnenlichtarchitektur

Michael Raeburn (Hrsg.): Baukunst des
Abendlandes. Eine kulturhistorische Dokumentation über 2500 Jahre Architektur.
Stuttgart 1982
12 Tageslichtarchitektur

Ernst Rebske: Lampen, Laternen, Leuchten.
Eine Historie der Beleuchtung. Stuttgart
(Franck) 1962
16 Leuchtturmbefeuerung mit Fresnellinsen und Argandbrenner
17 Drummondsches Kalklicht
19 Siemens-Bogenlampe von 1868
20 Swan-Lampe

Wolfgang Schivelbusch: Lichtblicke.
Zur Geschichte der künstlichen Helligkeit
im 19. Jhdt. München (Hanser) 1983
18 Bogenlicht auf der Place de la Concorde
22 Amerikanischer Lichtturm

Trilux: Lichter und Leuchter. Entwicklungs-
geschichte eines alten Kulturgutes. Arns-
berg 1987
14 Lampen und Brennerkonstruktionen
der 2. Hälfte des 19. Jahrhunderts
15 Petroleumlampe mit Argandbrenner
16 Fresnellinsen und Argandbrenner
17 Glühstrumpf nach Auer v. Welsbach
18 Bogenlampe von Hugo Bremer
20 Edison-Lampen
21 Quecksilber-Niederdrucklampe von
Cooper-Hewitt

Ullstein Bilderdienst
16 Augustin Jean Fresnel

Sigrid Wechssler-Kümmel: Schöne Lampen, Leuchter und Laternen. Heidelberg,
München 1962
13 Griechische Öllampe

Register